“在实践中成长”丛书

Oracle 数据库应用与开发

刘西奎 李艳 孔元 主编

王海燕 方泳 赵茂先 吴杰芳 冯娟娟 张玉林 副主编

QST青软实训 编著

清華大學出版社

北京

内容简介

本书从开发者的角度出发，由 Q_MicroChat 微聊项目贯穿全书，并通过通俗易懂的语言、丰富多彩的实例，以 Oracle 12c 为平台详细介绍了数据库的原理和开发技术。全书共 10 章，内容包括：数据库系统概述，Oracle 数据库系统，表空间、用户、权限和角色，表管理，SQL 基础，数据查询，常用模式对象，PL/SQL 基础，PL/SQL 高级应用，数据库性能优化、备份与恢复。

本书适合作为高等学校各专业的 Oracle 数据库相关课程教材，也可供从事计算机相关工作的科技人员、计算机技术爱好者及各类自学人员参考。

图书在版编目(CIP)数据

Oracle 数据库应用与开发/刘西奎，李艳，孔元主编. —北京：清华大学出版社，2020.9
(“在实践中成长”丛书)
ISBN 978-7-302-54948-2

Ⅰ. ①O… Ⅱ. ①刘… ②李… ③孔… Ⅲ. ①关系数据库系统 Ⅳ. ①TP311.138

中国版本图书馆 CIP 数据核字(2020)第 024634 号

责任编辑：付弘宇
封面设计：刘 键
责任校对：梁 毅
责任印制：宋 林

出版发行：清华大学出版社
网 址：http://www.tup.com.cn，http://www.wqbook.com
地 址：北京清华大学学研大厦 A 座 **邮 编**：100084
社 总 机：010-62770175 **邮 购**：010-83470235
投稿与读者服务：010-62776969，c-service@tup.tsinghua.edu.cn
质量反馈：010-62772015，zhiliang@tup.tsinghua.edu.cn
课件下载：http://www.tup.com.cn，010-83470236
印 装 者：三河市铭诚印务有限公司
经 销：全国新华书店
开 本：185mm×260mm **印 张**：30 **字 数**：751 千字
版 次：2020 年 11 月第 1 版 **印 次**：2020 年 11 月第 1 次印刷
印 数：1～1500
定 价：79.00 元

产品编号：067475-01

前言

当今 IT 产业发展迅猛，各种技术日新月异，在发展变化如此之快的年代，学习者已经变得越来越被动。在这种大背景下，如何快速地学习一门技术并做到学以致用，是很多人关心的问题。一本书、一堂课只是学习的形式，而真正能够达到学习的目标则是融合在书中及课堂上的学习方法，使学习者具备了学习技术的能力。

为适应工程教育人才培养的课程改革要求，以能力为导向培养能够解决复杂工程问题的、高素质的应用型软件人才，山东科技大学阿里云大数据学院与 QST 青软实训积极探索"产教深度融合　校企协同育人"的人才培养模式，实现专业链与产业链、课程内容与职业标准、教学过程与生产过程的对接。通过多年的合作与探索，集成高校教师的完备知识体系与企业教师的丰富实践经验，完成了这本《Oracle 数据库应用与开发》教材。本书在编写上突破了传统的章节结构，转化为具体的项目任务型，内容不再是知识点的铺陈，而是采用项目引领的模块化教学方法，将知识点融入实际项目的开发中，达到项目系统化的学习目的，提高学生对项目的分析、规划、实施的能力。

Oracle 数据库是由甲骨文公司发布的世界上第一个关系数据库管理系统，也是目前应用最为广泛的大型关系数据库管理系统。Oracle 数据库以其较好的可移植性、使用方便性、功能性，适用于各类大、中、小、微机环境，是一种高效率、高可靠性、适应高吞吐量的数据库解决方案。本书以 Oracle 12c 为平台，详细讲述了数据库的原理和开发技术。全书共 10 章，内容包括：数据库系统概述，Oracle 数据库系统，表空间、用户、权限和角色，表管理，SQL 基础，数据查询，常用模式对象，PL/SQL 基础，PL/SQL 高级应用，数据库性能优化、备份与恢复。本书偏重应用、案例丰富，各知识点均配以示例、实例，同时以一个微聊项目贯穿全书，对所有章节重点技术进行分解与贯穿，每章代码层次迭代、不断完善，便于读者通过应用更深刻地理解和掌握 Oracle 数据库的应用与开发，全面提高分析问题、解决问题以及实践的能力。

1. 项目简介

Q_MicroChat 微聊项目是一个基于用户关系进行信息沟通、传播以及获取的，分享简短实时信息的社交网络平台。该项目数据项包括：用户、微聊群、用户与群关系、群聊记录、好友关系、个人动态、相册动态、文章动态、动态评论、评论回复、私聊记录。项目数据流图如图 1 所示。

2. 贯穿项目模块

本书根据各章节内容，逐步将核心知识点运用到 Q_MicroChat 微聊项目中，每个章节在前一章节的基础上不断对项目进行完善和升级，最终形成一个完整项目的数据库应用。Q_MicroChat 微聊项目的数据库应用模块图如图 2 所示。

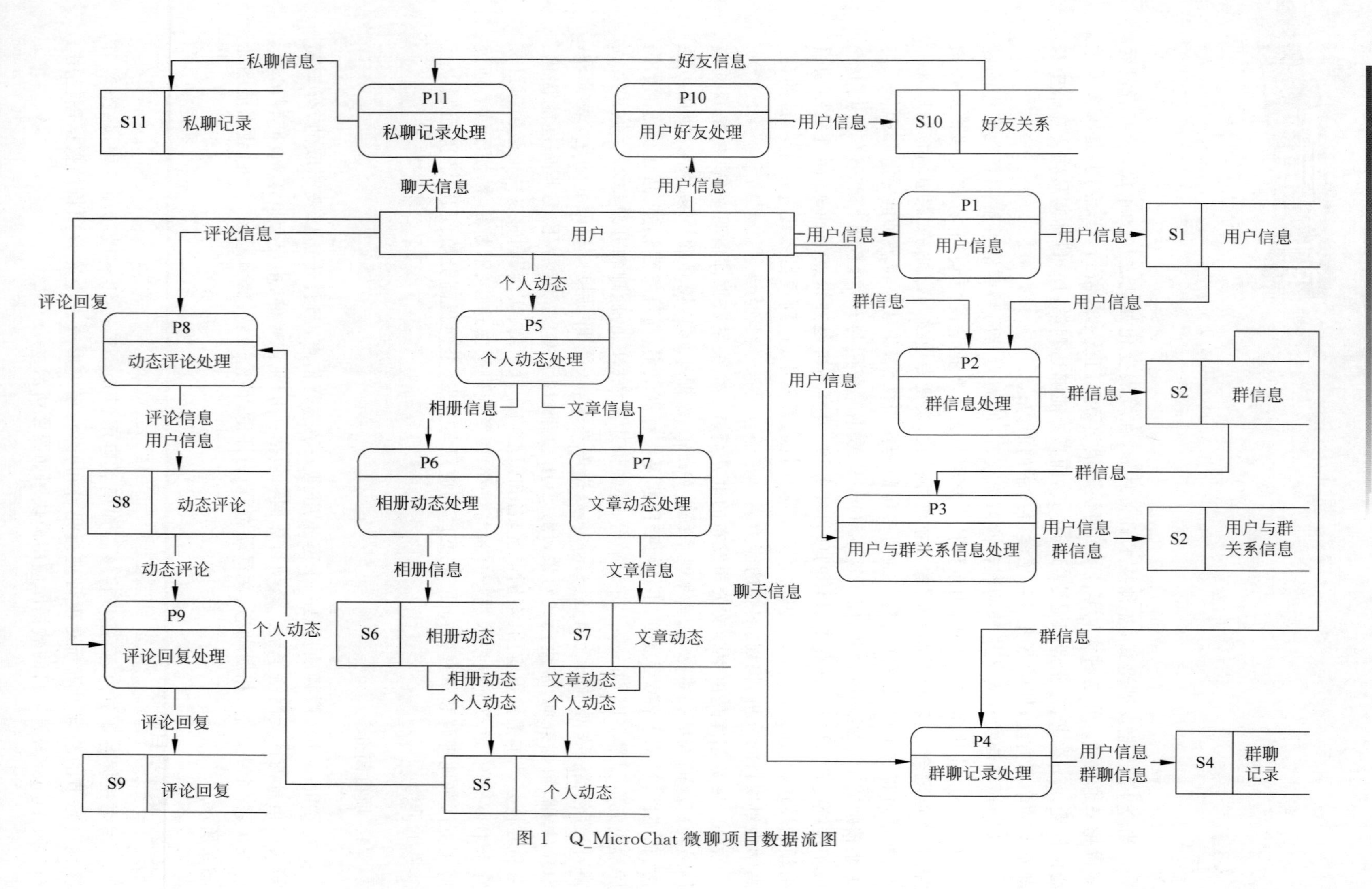

图1 Q_MicroChat 微聊项目数据流图

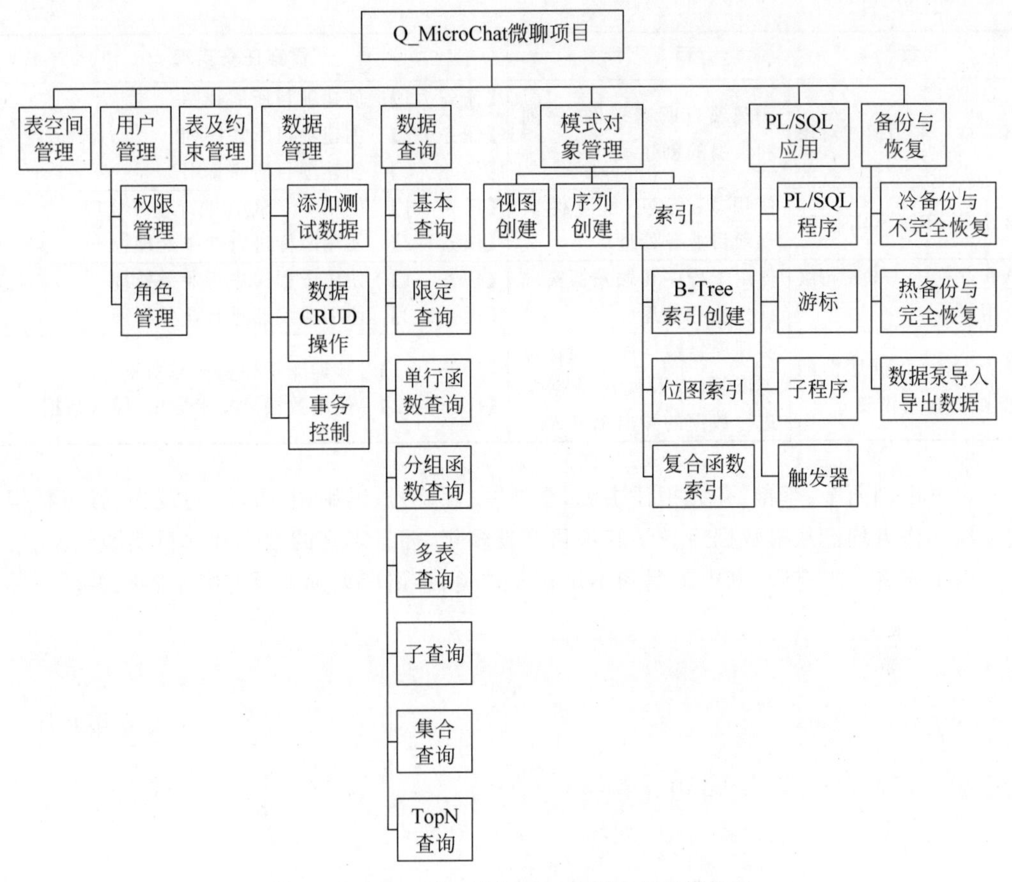

图 2 Q_MicroChat 微聊项目数据库应用模块图

3. 章节任务实现

章节任务实现如表 1 所示。

表 1 章节任务实现

章	目 标	贯穿任务实现
第 1 章 数据库系统概述	实现项目需求分析和概念模型设计	【任务 1-1】 数据库软件产品的选择 【任务 1-2】 项目需求分析 【任务 1-3】 项目概念模型设计
第 2 章 Oracle 数据库系统	实现项目数据库创建和逻辑模型设计	【任务 2-1】 项目数据库创建 【任务 2-2】 项目逻辑模型设计
第 3 章 表空间、用户、权限和角色	实现项目表空间创建、用户管理及权限设置和角色管理	【任务 3-1】 项目表空间创建 【任务 3-2】 项目用户管理 【任务 3-3】 项目权限设置及角色管理
第 4 章 表管理	实现项目表及约束的创建	【任务 4-1】 创建项目表及约束
第 5 章 SQL 基础	实现项目数据管理和事务控制	【任务 5-1】 项目数据管理 【任务 5-2】 项目事务控制
第 6 章 数据查询	实现项目业务的数据查询	【任务 6-1】 项目业务的数据查询

续表

章	目　标	贯穿任务实现
第7章　常用模式对象	实现项目所需视图、序列和索引的创建	【任务7-1】　创建项目所需视图 【任务7-2】　创建项目所需序列 【任务7-3】　创建项目所需索引
第8章　PL/SQL基础	使用PL/SQL和游标实现项目业务处理	【任务8-1】　使用PL/SQL进行业务处理 【任务8-2】　使用游标进行业务处理
第9章　PL/SQL高级应用	使用子程序和触发器实现项目业务处理	【任务9-1】　使用子程序进行业务处理 【任务9-2】　使用触发器进行业务处理
第10章　数据库性能优化、备份与恢复	实现项目数据库物理备份与恢复，以及使用数据泵进行数据的导出和导入	【任务10-1】　数据库物理备份与恢复 【任务10-2】　使用数据泵技术导出、导入数据

本书由刘西奎、李艳、孔元担任主编，李战军、郭晓丹、冯娟娟、方泳、赵茂先、张玉林担任副主编。作者均已从事数据库教学和项目开发多年，拥有丰富的教学和项目实践经验。

由于作者水平有限，书中疏漏和不足在所难免，恳请广大读者及专家不吝赐教。

作　者

2020年6月

目 录

数据库系统概述

本章任务完成 Q_MicroChat 微聊项目数据库软件产品的选择、项目需求分析和项目的概念模型设计。具体任务分解如下：

- 【任务 1-1】 数据库软件产品的选择
- 【任务 1-2】 项目需求分析
- 【任务 1-3】 项目概念模型设计

学习导航/课程定位

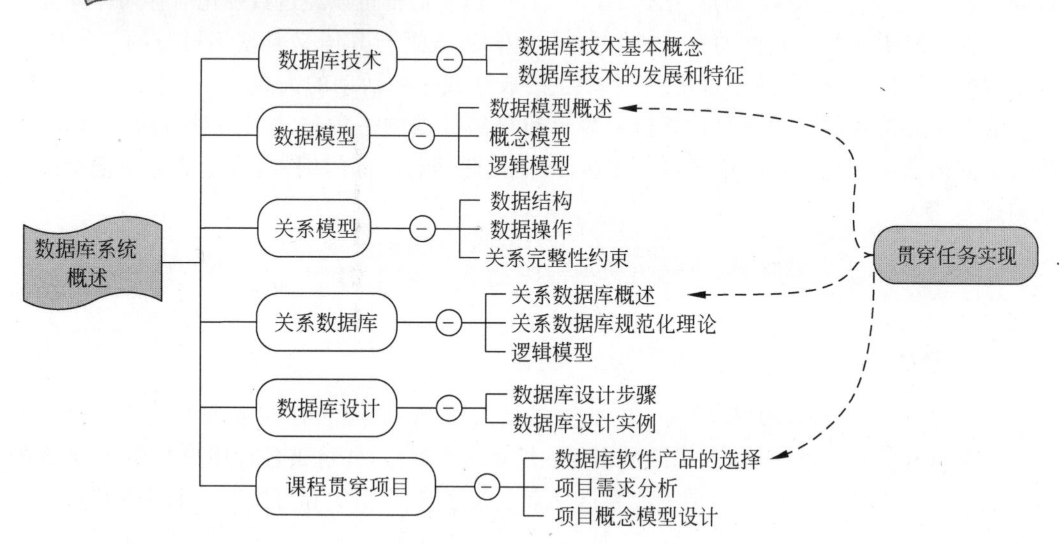

本章目标

知　识　点	Listen(听)	Know(懂)	Do(做)	Revise(复习)	Master(精通)
数据库技术基本概念	★	★			
概念模型	★	★			
逻辑模型	★	★			

续表

知 识 点	Listen(听)	Know(懂)	Do(做)	Revise(复习)	Master(精通)
关系模型	★	★	★	★	★
关系数据库规范化理论	★	★	★		
数据库设计步骤	★	★	★	★	★

1.1 数据库技术

数据库技术产生于20世纪60年代,伴随着计算机软硬件技术的产生和发展而迅速发展,是计算机技术在各行业数据管理技术的延伸、渗透、发展的产物。如今,数据库技术已成为当前信息管理最重要的技术之一。

1.1.1 数据库技术基本概念

数据、数据库、数据库管理系统和数据库系统是与数据库技术密切相关的4个基本概念。

1. 数据

数据(Data)是描述事物的符号,是数据库中存储的基本对象。描述事物的符号种类很多,可以是数字,也可以是文本、图形、图像、音频、视频等,它们都可以经过数字化后存入计算机。

数据是有语义的。数据的含义称为数据的语义,数据与其语义是密不可分的。例如90这个数据,可以是一件商品的价格、一个学生的成绩或一项活动的人数。

数据是有结构的。记录是计算机中表示和存储数据的一种格式或一种方法。例如,某位员工的档案信息包括:工号、姓名、性别、出生日期、职务、部门编号,这些信息用记录的形式描述为

```
(20150901,张三,男,1985-10-12,程序员,10)
```

2. 数据库

数据库(DataBase,DB)是指按一定的数据模型组织、描述和存储数据的集合。数据库中的数据具有较小的冗余度、较高的数据独立性和易扩展性,并可被各种用户共享,由数据库管理系统统一管理。概括地讲,数据库数据具有永久存储、有组织和可共享3个基本特点。

3. 数据库管理系统

为了科学地组织和存储数据库中的数据、高效地获取和维护数据,可以使用一种称为数据库管理系统(DataBase Management System,DBMS)的系统软件管理数据库。

DBMS是位于用户与操作系统之间的一层数据管理软件。它的主要功能包括以下几个方面:

- 数据定义功能。DBMS提供数据定义语言(Data Definition Language,DDL),用户通过它可以方便地对数据库中的数据对象进行定义。

- 数据组织、存储和管理功能。DBMS要对各种数据进行分类组织、存储和管理，其基本目标是提高存储空间利用率和方便存取、提供多种存取方法（如索引查找、Hash查找、顺序查找等）提高存取效率。
- 数据操纵功能。DBMS提供数据操纵语言（Data Manipulation Language，DML），用户可以使用DML操纵数据，实现对数据的基本操作，如查询、增加、修改和删除等。
- 数据库的事务管理和运行管理功能。数据库管理系统对数据库的建立、运用和维护进行统一管理和控制，从而保证数据的安全性、完整性、多用户对数据的并发使用及发生故障后的系统恢复。
- 数据库的建立和维护功能。DBMS提供一些实用程序或管理工具完成如下功能：数据库初始数据的输入、转换功能；数据库的转储、恢复功能；数据库的重组织功能；数据库的性能监视、分析功能等。
- 其他功能。DBMS提供的功能还包括：与网络中其他软件系统的通信功能、与其他DBMS或文件系统的数据转换功能、异构数据库之间的互访和互操作功能等。

4. 数据库系统

数据库系统（DataBase System，DBS）是指在计算机系统中引入数据库后的系统，一般由数据库、操作系统、数据库管理系统、开发工具、应用系统、数据库管理员及数据库用户构成。通常，在不引起混淆的情况下将数据库系统简称为数据库。

注意

> 在数据库系统中，数据库的建立、使用和维护等工作只靠DBMS是远远不够的，还要有专门的人员完成，这些人被称为数据库管理员（DataBase Administrator，DBA）。

数据库系统可以用图1-1表示。

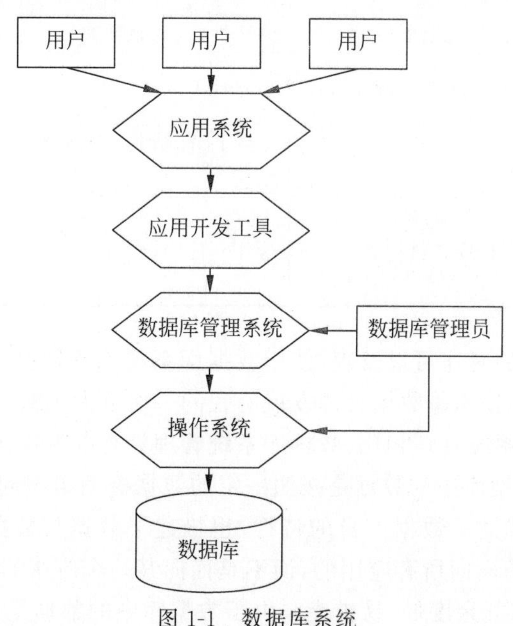

图1-1　数据库系统

在数据库系统中，数据库存储数据，应用程序使用数据，数据库管理系统管理数据，三者相辅相成。

注意

> 通常所说的数据库产品，如 Oracle、SQL Server、DB2、MySQL、Access 等，指的是“数据库管理系统”，而不是完整的数据库系统。

1.1.2 数据库技术的发展和特征

数据库技术是应数据管理任务的需要而产生的。数据管理是指对数据进行分类、组织、编码、存储、检索和维护，是数据处理的中心问题。数据处理是指对各种数据进行收集、存储、加工和传播的一系列活动的总和。

在应用需求的推动下，在计算机硬件、软件发展的基础上，数据管理技术经历了人工管理、文件系统管理和数据库系统管理 3 个阶段。这 3 个阶段的比较如表 1-1 所示。

表 1-1　数据管理发展的 3 个阶段的比较

比较项目		阶段		
		人工管理	文件系统管理	数据库系统管理
背景	应用背景	科学计算	科学计算、管理	大规模管理
	硬件背景	无直接存取设备	磁盘、磁鼓	大容量磁盘
	软件背景	没有操作系统	联机实时处理、批处理	联机实时处理、分布处理、批处理
	处理方式	批处理	联机实时处理、批处理	联机实时处理、分布处理、批处理
特点	数据的管理者	用户(程序员)	文件系统	数据库管理系统
	数据面向的对象	某一应用程序	某一应用	现实世界中的一定范围
	数据的共享程度	无共享、冗余度极大	共享性差、冗余度大	共享性高、冗余度小
	数据的独立性	不独立，完全依赖于程序	独立性差	具有高度的物理独立性和一定的逻辑独立性
	数据的结构化	无结构	记录内有结构、整体无结构	整体结构化，用数据模型描述
	数据控制能力	应用程序自己控制	应用程序自己控制	由数据库系统提供数据安全性、完整性、并发控制和恢复能力

通过表中 3 个阶段的对比可以发现，使用数据库系统管理数据比文件系统在各方面都具有明显的优势，数据库技术是数据管理发展历程的一次重大飞跃。

与人工管理和文件系统管理相比，数据库系统管理具有以下特征：

- 数据结构化。数据库中的数据是按照一定的数据模型组织起来的，实现了整体数据的结构化，不仅描述了数据本身的特性，也描述了数据与数据之间的关系。数据是一个有机整体，是面向所有应用的，而不是面向某一个应用的。
- 数据的共享性高、冗余度低、易扩充。由于数据库中的数据是从整体角度进行组织和描述的，是面向整个系统的，因此数据可以被多个用户、多个应用共享使用。由于不需要为不同的应用重复存储数据，因而减少了数据的冗余度，同时提供了数据的一致性。

- 数据独立性高。由于采用数据库管理系统软件来进行专门的数据管理与维护，所以实现了应用程序与数据之间的独立性，包括物理独立性和逻辑独立性，将数据的描述、定义从应用程序中分离出来。
- 统一数据管理与控制。由于数据共享是并发的，多个用户、多个应用可能同时存取数据库中的数据，因此需要使用数据库管理系统统一进行数据库的管理与控制，包括数据安全性控制、数据完整性控制、并发控制以及数据备份与恢复等。

在数据库系统管理阶段，应用程序与数据之间的关系如图 1-2 所示。

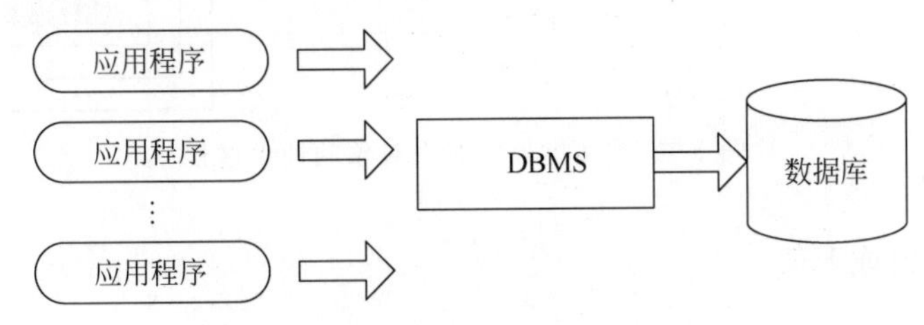

图 1-2 应用程序与数据之间的关系

1.2 数据模型

1.2.1 数据模型概述

数据模型(Data Model)是对现实世界数据特征的抽象，用来描述数据、组织数据和对数据进行操作。由于计算机不可能直接处理现实世界中的具体事物，人们必须事先通过某个工具把具体事物转换成计算机能够处理的数据。在数据库中采用数据模型这个工具抽象、表示和处理现实世界中具体的人、物、活动和概念等数据信息。通俗地讲，数据模型就是对现实世界具体事物的模拟。

1. 数据模型分类

数据模型是数据库系统的核心和基础。各种机器上运行的 DBMS 软件都是基于某种数据模型或者说是支持某种数据模型的。在数据库系统中针对不同的使用对象和应用目的，可将数据模型分为三类：概念模型、逻辑模型和物理模型。

- 概念模型(Conceptual Model)。概念模型也称信息模型，它按照用户的观点对数据和信息建模，主要用于数据库设计。
- 逻辑模型。逻辑模型主要包括：层次模型、网状模型、关系模型、面向对象模型和对象关系模型等。它按照计算机系统的观点对数据建模，主要用于 DBMS 的实现。
- 物理模型。物理模型是对数据最低层的抽象，它描述数据在系统内部的表示方式和存取方法以及在磁盘或磁带上的存储方式和存取方法，是面向计算机系统的。物理模型的具体实现是 DBMS 的任务，数据库设计人员要了解和选择物理模型，一般用户则不必考虑物理级的细节。

在数据库系统中，数据设计人员可以将现实世界中的具体事物抽象为某一种信息结构，这种信息结构并不依赖于具体的计算机系统，是概念级的模型，然后再把概念模型转换为计算机上某一DBMS支持的数据模型即逻辑模型，最后再由DBMS完成从逻辑模型到物理模型的转换。主要过程如图1-3所示。

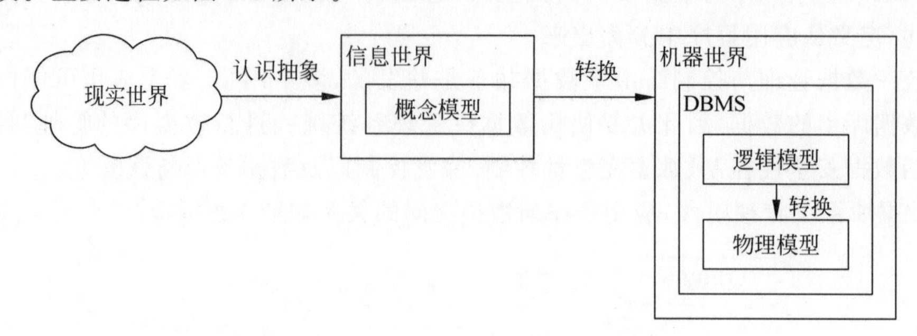

图1-3 现实世界中客观对象的抽象过程

2. 数据模型组成要素

数据模型通常由数据结构、数据操作和数据的完整性约束条件三部分组成。

- 数据结构。数据结构描述数据库的组成对象以及对象之间的联系。数据结构是刻画一个数据模型性质最重要的方面，在数据库系统中，人们通常按照其数据结构的类型来命名数据模型。例如层次结构、网状结构和关系结构的数据模型分别命名为层次模型、网状模型和关系模型。数据结构是所描述的对象类型的集合，是对系统静态特性的描述。
- 数据操作。数据操作是指对数据库中各种对象的实例允许执行的操作的集合，包括操作及有关的操作规则，如数据库的查询和更新(包括增加、删除、修改)两大类操作。数据模型必须定义这些操作的确切含义、操作符号、操作规则以及实现操作的语言。数据操作是对系统动态特性的描述。
- 数据的完整性约束条件。数据的完整性约束条件是一组完整性规则。完整性规则是给定的数据模型中数据及其联系所具有的制约和依存规则，用以限定符合数据模型的数据库状态以及状态的变化，以保证数据的正确、有效、相容。

1.2.2 概念模型

概念模型是现实世界到机器世界的中间层次。概念模型用于信息世界的建模，是现实世界到信息世界的第一层抽象，是数据库设计人员进行数据库设计的有力工具，也是数据库设计人员和用户之间进行交流的语言。

1. 概念模型中的基本概念

- 实体(Entity)：客观存在并可相互区别的事物称为实体。实体可以是具体的人、事、物，也可以是抽象的概念或联系，例如，一名员工、一个部门、一个项目、员工加入某个项目、员工与部门的关系等都是实体。
- 属性(Attribute)：实体所具有的某一特性称为属性。一个实体可以由若干个属性描述。例如，员工实体可以由工号、姓名、性别、年龄、职位、所属部门等属性组成，

(2014082201,张三,男,25,数据库开发工程师,研发部)这些属性组合起来表征了一名员工。

- 码(Key):唯一标识实体的属性集称为码,如工号是员工实体的码。
- 域(Domain):域是一组具有相同数据类型的值的集合。属性的取值范围来自某个域。例如,员工号的域为10位整数,姓名的域为字符串集合,性别的域为(男,女)。
- 实体型(Entity Type):具有相同属性的实体必然具有共同的特征和性质。用实体名及其属性名集合来抽象和刻画同类实体,称为实体型。例如,员工(员工号、姓名、性别、年龄、职位、所属部门)就是一个实体型。
- 实体集(Entity Set):同一类型实体的集合称为实体集。例如,全体员工就是一个实体集。
- 联系(Relationship):在现实世界中,事物内部以及事物之间是有联系的,这些联系在信息世界中反映为实体(型)内部的联系和实体(型)之间的联系。实体内部的联系通常是指组成实体的各属性之间的联系;实体之间的联系通常是指不同实体集之间的联系。

2. 实体型之间的联系

1) 两个实体型之间的联系

- 一对一联系(1∶1)。如果对于实体集A中的每一个实体,实体集B中至多有一个(也可以没有)实体与之联系,反之亦然,则称实体集A与实体集B具有一对一联系,记为1∶1。例如,班级与班主任、项目与项目经理、电影院中观众与座位。
- 一对多联系(1∶n)。如果对于实体集A中的每一个实体,实体集B中有n个实体($n \geqslant 0$)与之联系,对于实体集B中的每一个实体,实体集A中至多只有一个实体与之联系,则称实体集A与实体集B有一对多联系,记为1∶n。例如系与班级,部门与员工,省与市。
- 多对多联系(m∶n)。如果对于实体集A中的每一个实体,实体集B中有n个实体($n \geqslant 0$)与之联系,对与实体集B中的每一个实体,实体集A中也有m个实体($m \geqslant 0$)与之联系,则称实体集A与实体集B具有多对多联系,记为m∶n。例如,学生与课程、项目与程序员、工厂与产品。

注意

> 在两个实体型之间的这三种联系中,实际上,一对一联系是一对多联系的特例,而一对多联系又是多对多联系的特例。

2) 两个以上的实体型之间的联系

两个以上的实体型之间通常也存在一对一、一对多、多对多的联系。例如,一个班级只有一位班主任,一个班级中有多名学生,一名学生可以选择多门课程,一门课程可以被多名学生选修。

3) 单个实体型内的联系

同一个实体集内的各实体之间也可以存在一对一、一对多、多对多的联系。例如,员工实体集中存在若干员工，这些员工之间必然存在一种领导与被领导的关系。

3. 概念模型的表示方法

概念模型对信息世界建模的表示方法很多，其中最为著名、最为常用的是 P. P. S. Chen 于 1976 年提出的实体-联系方法（Entity-Relationship Approach）。该方法用 E-R 图（E-R Diagram）描述现实世界的概念模型。E-R 图提供了表示实体型、属性和联系的方法。

- 实体型：用矩形表示，矩形框内写明实体名。
- 属性：用椭圆形表示，并用无向边将其与相应的实体型连接起来。例如，员工实体型的属性如图 1-4 所示。

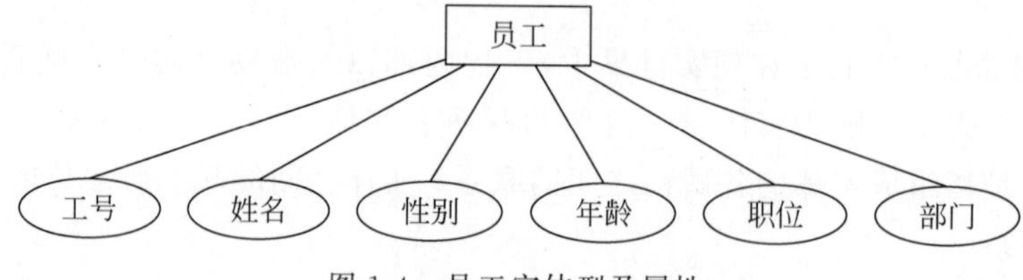

图 1-4　员工实体型及属性

- 联系：用菱形框表示，菱形框内写明联系名，并用无向边分别与有关实体型连接起来，同时在无向边旁标上联系的类型（1：1，1：n 或 m：n）。例如，实体型项目与合同、部门与员工、员工与项目间的联系如图 1-5 所示。

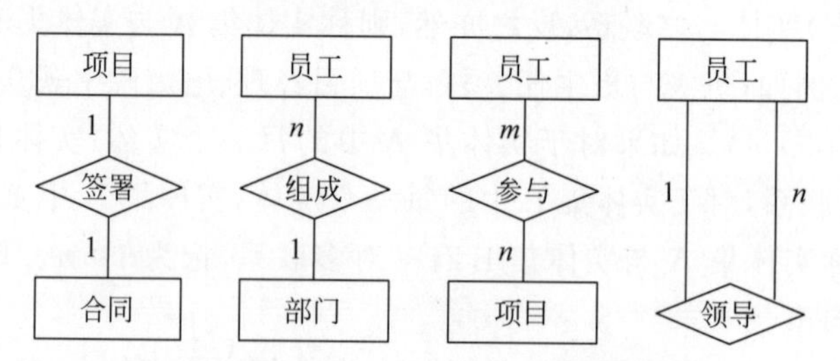

图 1-5　两个实体型间的三类联系

某企业项目管理中员工、部门、项目、物资实体型间的联系如图 1-6 所示。

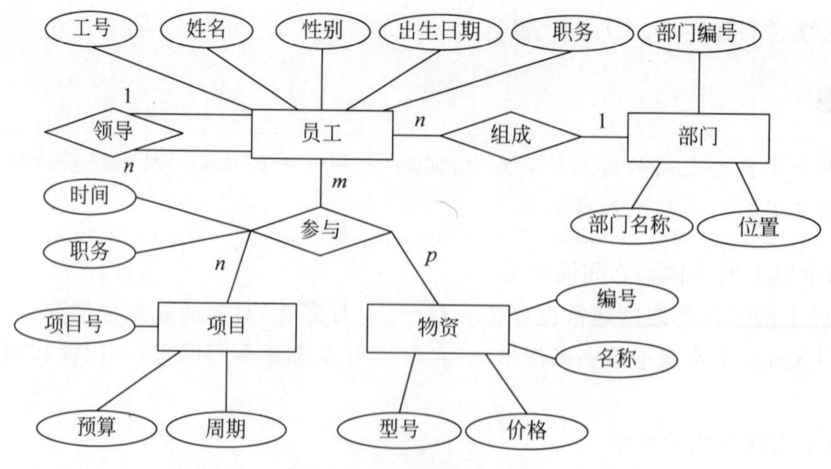

图 1-6　项目管理 E-R 图

1.2.3　逻辑模型

逻辑模型从数据组织方式的角度描述信息，它决定了数据在数据库中的组织结构。从20世纪60年代后期开始，在文件系统基础上先后发展起来几种典型的逻辑模型：层次模型、网状模型、关系模型和面向对象模型。根据采用的组织数据模型的不同，数据库系统也相应分为层次数据库系统、网状数据库系统、关系数据库系统和面向对象数据库系统。随着数据库系统的发展，早期的一些逻辑模型已不再使用，为了方便读者比较，本节对层次模型和网状模型做一下简要介绍。

1. 层次模型

层次模型(Hierarchical Model)是数据库系统中最早出现的数据模型，层次数据库采用层次模型作为数据的组织方式。层次数据库系统的典型代表是IBM公司的IMS数据库管理系统，是IBM公司于1968年推出的第一个大型的商用数据库管理系统，曾得到广泛应用。

层次模型的层次联系需要满足以下两个条件：

- 有且只有一个节点没有双亲节点，这个节点称为根节点。
- 根节点以外的其他节点有且只有一个双亲节点。

【示例】　企业、员工、产品层次模型。

图1-7所示的层次模型中，每个节点表示1个记录类型，该层次模型共有5个记录类型(企业、部门、员工、产品类别、产品)。记录类型之间的联系用有向边表示，表示父子之间的一对多联系。

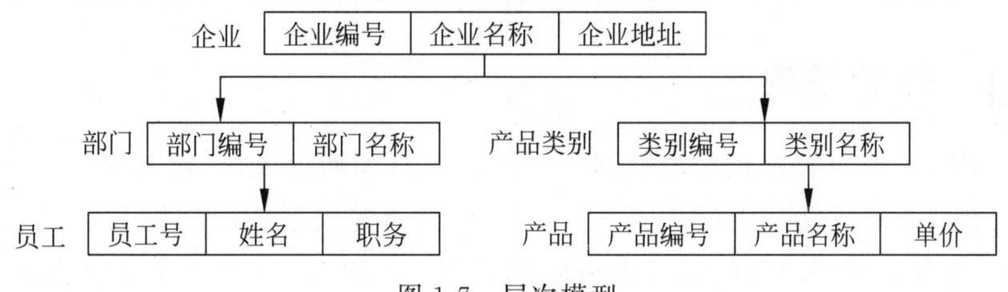

图1-7　层次模型

2. 网状模型

在现实世界中，事物之间联系更多的是非层次关系，对于无法用层次模型表示的非树状结构，通过网状模型(Network Model)可轻松实现。

网状数据库系统采用网状模型作为数据的组织方式。典型的网状数据库系统如DBTG系统，是由数据系统语言研究会下属的数据库任务组于20世纪70年代提出的。DBTG系统虽然不是实际的数据库系统软件，但是它提出的基本概念、方法和技术具有普遍意义，它对于网状数据库系统的研制和发展产生了重大影响，

网状模型的层次联系需要满足以下两个条件：

- 允许一个以上的节点无双亲。
- 一个节点可以有多于一个的双亲。

【示例】 学生选课网状模型。

同层次模型一样，网状模型中每个节点表示一个记录类型，节点间的连线表示记录类型之间一对多的父子关系。在图 1-8 中所示的网状模型中，有 3 个记录类型(学生、课程、选课)，其中选课记录类型有两个双亲节点，表示一个学生可以选择多门课程，一门课程可以被多名学生选择。

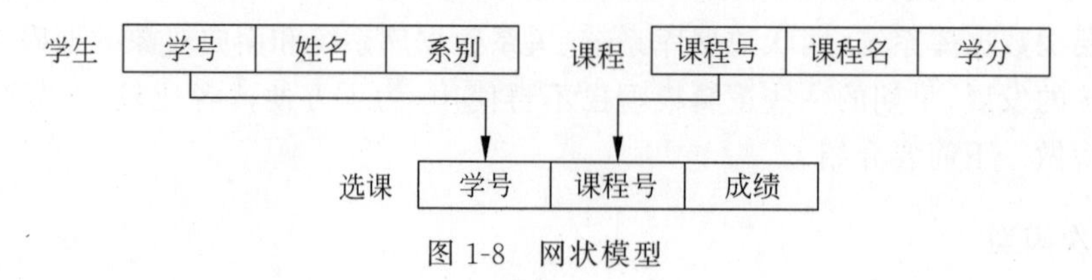

图 1-8 网状模型

网状模型是一种比层次模型更具有普遍性的结构，它允许多个节点没有双亲节点，也允许每个节点有多个双亲节点。因此，网状模型可以更直接地去描述现实世界，而层次模型实际上是网状模型的一个特例。

1.3 关系模型

关系模型是当前最重要的一种数据模型。当前最常用的数据库产品，如 Oracle、SQL Server 等都是采用关系数据模型的关系数据库产品。1970 年，美国 IBM 公司研究员 E. F. Codd 首次提出了数据库系统的关系模型，开创了数据库关系方法和关系数据理论的研究，为数据库技术奠定了理论基础。由于 E. F. Codd 的杰出工作，他于 1981 年获得 ACM 图灵奖。

数据结构、数据操作和关系的完整性约束条件 3 方面可用来完整地描述一个数据模型。

1.3.1 数据结构

关系模型以二维表的方式组织数据。二维表由行和列组成，一行对应一个实体的实例，一列对应一个实体的属性。无论是实体还是实体之间的关系均以二维表形式表示。例如，员工、部门以及员工和部门之间的关系可以用如表 1-2 和表 1-3 所示的二维表表示。

表 1-2 员工信息表

工 号	姓名	性别	出 生 日 期	职 务	部门号
100101	张千	男	1983-09-22	工程师	10
100202	王宫	男	1984-03-15	工程师	10
200101	李平	女	1983-08-15	策划	20
300101	王东	男	1985-10-24	行政专员	30

表 1-3 部门信息表

部门号	名称	位置	负责人
10	研发部	A 座 301	100101
20	市场部	B 座 201	200101
30	行政部	B 座 101	300101

在关系模型中，二维表必须满足以下要求：

- 表中每一列都是类型相同的数据。
- 表中各列不可重名。
- 表中列的顺序可以任意安排。
- 表中行的顺序可以任意安排。
- 表中任意两行不能完全相同，即没有重复行。
- 表中的列不包含其他数据项，即不允许表中有表。

关系模型中，常涉及以下术语：

- 关系(Relation)：一个关系对应通常说的一张表，如员工信息表、部门信息表。
- 元组(Tuple)：表中的一行即为一个元组，相当于一条记录。例如，员工信息表中的一个元组为(1001，张千，男，1983-09-22，工程师，10)。
- 属性(Attribute)：表中的一列即为一个属性，给每一个属性起一个名称即为属性名。例如，部门信息表中的属性有部门号、名称、位置、负责人。
- 主码(Primary Key)：也称为主键。表中的某个属性组，它可以唯一确定一个元组。例如，员工信息表中的工号、部门信息表中的部门号。
- 域(Domain)：属性的取值范围。例如，员工信息表中工号属性的域可以为字符串类型，性别属性的域为(男，女)，出生日期属性的域为日期类型。
- 分量：元组中的一个属性值。例如，员工信息表中元组(1001，张千，男，1983-09-22，工程师，10)中的6个属性值均为分量。
- 关系模式：对关系的描述。一般表示为：关系名(属性1，属性2，…，属性 n)。例如，部门信息表的关系模式为：部门(部门号，名称，位置，负责人)。

关系模型与现实生活中的表格所使用的术语间的对比如表1-4所示。

表1-4 术语对比表

关系术语	表格术语	关系术语	表格术语
关系名	表名	属性名	列名
关系模式	表头(表格的描述)	属性值	列值
关系	(一张)二维表	分量	一条记录中的一个列值
元组	记录或行	非规范关系	表中嵌表
属性	列		

1.3.2 数据操作

关系模型的数据操作主要是指对关系的插入(Insert)、删除(Delete)、修改(Update)、检索(Query)操作。数据模型要定义这些操作的确切含义、操作符号、操作规则以及实现操作的语言等。

关系查询操作是关系模型数据操作中最主要的部分，它主要分为：选择(Select)、投影(Projection)、连接(Join)、除(Division)、并(Union)、交(Intersection)、差(Difference)、笛卡儿积(Production)等。其中，选择、投影、并、差、笛卡儿积是5种基本操作，其他操作可以用基本操作来定义和导出。

在关系数据库系统中，为了实现这些关系操作，为用户提供了一种介于关系代数和关系演算之间的语言——SQL(Structured Query Language，结构化查询语言)。SQL 集数据查询、数据操作、数据定义和数据控制功能于一体，主要可分为以下几部分：

- 数据操作语言(Data Manipulation Language，DML)：用于检索或者修改数据。
- 数据定义语言(Data Definition Language，DDL)：用于定义数据的结构，创建、修改或者删除数据库对象。
- 数据控制语言(Data Control Language，DCL)：用于定义数据库用户的权限。
- 完整性(Integrity)：SQL DDL 包括定义完整性约束的命令，保存在数据库中的数据更新时必须满足所定义的完整性要求，否则无法更新。
- 视图定义(View Definition)：SQL DDL 包括定义视图的命令。
- 嵌入式 SQL(Embedded SQL)和动态 SQL(Dynamic SQL)：定义如何将 SQL 嵌入通用编程语言中，如 C、C++、Java。
- 事务控制(Transaction Control)：定义包含事务开始和结束的相关命令。

SQL 充分体现了关系数据库语言的特点和优点，是关系数据库的标准语言。目前几乎所有的关系数据库管理系统软件都支持 SQL，多数软件厂商都拥有各自的 SQL 软件或 SQL 的接口软件，这就使大多数数据库均使用 SQL 作为共同的数据存取语言和标准接口，使不同的数据库系统之间的互操作有了共同的基础。

1.3.3 关系的完整性约束条件

关系模型中的数据操作必须满足关系的完整性约束条件。关系的完整性约束条件包括三个方面：实体完整性(Entity Integrity)、参照完整性(Referential Integrity)和用户定义的完整性(User-defined Integrity)。

1. 实体完整性

实体完整性规则：若属性(指一个或一组属性)A 是基本关系 R 的主属性，则 A 不能取空值。

空值(null value)是指“不存在”或“不知道”的值。例如，在关系“员工(工号，姓名，性别，出生日期，职务，部门)”中，工号这个属性为主码，不能取空值。

对于主码由若干属性组成的，则所有这些属性都不能取空值。例如，员工参与项目的关系“项目组(工号，项目号，参与时间)”中，“工号、项目号”为主码，则工号和项目号两个属性都不能取空值。

2. 参照完整性

现实世界中的实体之间往往存在某种联系，在关系模型中实体及实体间的联系都是用关系来描述的，这样就自然存在着关系与关系间的引用。在关系模型中，通过引入外码(外键)的概念表达实体之间关系的相互引用。

如果 F 是基本关系 R 的一个或一组属性，但不是关系 R 的主码，而 K 是基本关系 S 的主码，那么如果 F 与 K 相对应，则称 F 是 R 的外码或外键(Foreign Key)，并称基本关系 R 为参照关系(Referencing Relation)，基本关系 S 为被参照关系(Referenced Relation)或目标关系(Target Relation)。

【示例】　员工实体和部门实体间的关系(其中主码用下画线标识)。

```
员工(工号,姓名,性别,出生日期,职务,部门)
部门(部门号,名称,位置,负责人)
```

上述示例中两个实体间存在着属性的引用,员工关系中通过部门属性引用了部门关系的主码"部门号",部门关系中通过负责人属性引用了员工关系的主码"工号"。这样,通过外码"部门"就建立了参照关系"员工"和被参照关系"部门"间的联系;通过外码"负责人"则建立了参照关系"部门"和被参照关系"员工"间的联系。

参照完整性需要遵循的规则:若属性(或属性组)F是基本关系R的外码,它与基本关系S的主码K相对应(基本关系R和S不一定是不同的关系),则R中每个元组在F上的值必须为以下两种情况之一:

- 空值(F的每个属性值均为空值);
- 等于S中某个元组的主码值。

在上述员工和部门实体关系中,员工关系中每个元组的"部门"属性只能取两类值:空值,表示尚未给该员工分配部门;非空值,这时该值必须是部门关系中某个元组的"部门号"属性值,表示该员工不可能分配到一个不存在的部门中。

3. 用户定义的完整性

实体完整性和参照完整性是任何关系数据库系统都应该支持的。除此之外,不同的关系数据库系统根据其应用环境的不同,往往还需要一些特殊的约束条件,用户定义的完整性就是针对某一具体关系数据库的约束条件。它反映某一具体应用所涉及的数据必须满足的语义要求。例如,某个属性必须取值唯一、某个非主属性也不能取空值等。

关系模型提供定义和检验这类完整性的机制,以便用统一的系统的方法处理它们,而不应由应用程序承担这一功能。例如,每次向员工关系中插入一条记录时,都应该由DBMS负责检验和提示工号是否已存在、引用的部门是否等于部门关系中的某个部门号,而不完全依赖应用系统通过程序进行检测。

1.4　关系数据库

1.4.1　关系数据库概述

20世纪70年代至80年代初,层次数据库和网状数据库占据主导地位,随着80年代初以Oracle为代表的关系数据库产品的发展和成熟,关系数据库逐渐取代了层次数据库和网状数据库,主导了当前的数据库市场。

所谓关系数据库,是指采用关系模型来组织数据的数据库。它通过数据结构、数据操作和完整性约束条件三部分描述:

- 数据结构方面采用二维表的形式组织各种类型的数据。
- 数据操作上使用SQL语言实现各种关系操作。
- 满足关系完整性约束的三个条件:实体完整性、参照完整性和用户定义的完整性。

1.4.2 关系数据库规范化理论

在关系数据库中，为了保证构造的表(关系)既能准确地反映现实世界，又方便进行具体操作和应用，还需要对构造的表进行规范化。

E. F. Codd 于 1971—1972 年提出了范式理论，讨论了数据库关系规范化的问题。目前关系数据库有 6 种范式：第一范式(1NF)、第二范式(2NF)、第三范式(3NF)、巴斯-科德范式(BCNF)、第四范式(4NF)和第五范式(5NF)。满足最低要求的范式是第一范式，在第一范式的基础上满足进一步要求的称为第二范式，其余范式以此类推。一般来说，数据库只需满足第三范式即可。本节仅对 1NF、2NF、3NF 做一下介绍。

1. 第一范式

第一范式(1NF)是指关系模式中每个属性值都是一个不可分割的基本数据项，简称 1NF。

第一范式规定了一个关系中的属性值必须是“原子”的，即实体的某个属性值不能是元组、数组或某种复合数据，只能是数字、字符串、日期时间等基本数据类型。例如，表 1-5 所示的关系符合 1NF，而表 1-6 所示的关系是不符合 1NF 的，因为属性“联系方式”包含了邮箱、手机号两个子项。

表 1-5 员工信息表

工 号	姓名	电 话	部门名称	部门位置	项目编号	项目名称	加入时间
100101	张千	13519999999	研发部	A 区	10	OA 系统	2010-10-23

表 1-6 员工信息表

工 号	姓名	性别	部门名称	部门位置	联 系 方 式
100101	张千	男	研发部	A 区	Zhangq@mail.com，13519999999

第一范式使得关系数据库中所有关系的属性值都成为“最简形式”，这样的意义在于使数据库的初始结构尽可能简单，为后续复杂情形的构造带来方便。一般而言，对于任何一个关系数据库，第一范式是对关系模式的基本要求，不满足第一范式的数据库不能称为关系数据库。

2. 第二范式

第二范式(2NF)是在第一范式的基础上建立起来的，即满足第二范式必须先满足第一范式。第二范式要求实体的属性完全依赖于主键。所谓完全依赖，是指不能存在仅依赖主键一部分的属性，如果存在，那么这个属性和主键的这一部分应该分离出来形成一个新的实体，新实体与原实体之间是一对多的关系。为实现区分，通常需要为表加上一列，以存储各个实体的唯一标识。简言之，第二范式就是每一个非主属性完全依赖于码，消除非主属性对码的部分函数依赖。

假定表 1-5 员工信息表中，为表示员工参与项目的信息，以(工号，项目编号)为组合关键字，非主属性(姓名、电话、部门名称)依赖于主键部分属性“工号”，非主属性(项目名称)依赖于主键部分属性“项目编号”。因此，这些属性部分函数依赖于主键(工号，项目编号)，即存在组合关键字中的部分字段决定非关键字的情况。由于不符合2NF，这个员工信息表还会存在如下问题：

- 数据冗余。每名员工、每个项目、每个部门的基本信息分别随着员工参与项目数、项目的参与人数、部门的员工数大量重复出现，浪费存储空间。
- 更新异常。如果某个部门的位置更新，就必须修改该部门每名员工的记录，修改量大、易出错。
- 插入异常。如果员工没有参与任何项目、某个部门没有员工、某个项目没人参与，则该员工、部门、项目的信息就无法存入数据库。
- 删除异常。删除一个部门的全部员工、一个项目或一名员工参与所有项目的记录，则该部门、项目、员工的信息将一并删除。

为克服上述问题，可以把上述关系改为如下3个表：

```
员工信息表(工号,姓名,电话,部门名称,部门位置)
项目信息表(项目编号,项目名称)
员工参与项目信息表(工号,项目编号,参与时间)
```

3. 第三范式

满足第三范式(3NF)必须先满足第二范式，第三范式要求关系表不存在非关键字段对任一候选关键字段的传递函数依赖。所谓传递函数依赖，就是指如果存在关键字段x决定非关键字段y，而非关键字段y决定非关键字段z，则称非关键字段z传递函数依赖于关键字段x。

例如，员工信息表(工号，姓名，电话，部门名称，部门位置)满足2NF，但是不符合3NF，因为存在如下决定关系：(工号)→(部门名称)→(部门位置)，即存在非关键字段“部门位置”对关键字段“工号”的传递函数依赖。该关系表也会存在数据冗余、更新异常、插入异常和删除异常的情况。因此可以把员工信息关系表分解为如下两个表：

```
员工信息表(工号,姓名,电话,部门编号)
部门信息表(部门编号,部门名称,部门位置)
```

这样关系表就符合了第三范式，消除了数据冗余、更新异常、插入异常和删除异常。

1.4.3 常见的关系数据库

据统计，20世纪70年代末以来新发展的DBMS产品中，近百分之九十是采用关系数据模型，其中涌现出了许多性能良好的商品化关系数据库管理系统(Relational DataBase Management System，RDBMS)，例如小型数据库系统FoxPro、Access等，大型数据库系统DB2、Oracle、Sybase、SQL Server等。因此可以说20世纪80年代和90年代是RDBMS产品发展和竞争的时代。RDBMS产品经历了从集中到分布，从单机环境到网络，从支持信息管理到联机事务处理(On-Line Transaction Processing，OLTP)，再到联机分析处理的发展过程，系统的功能不断增强。

目前商用数据库产品很多，本节仅对当前使用较为广泛的关系数据库产品做一下介绍。

1. Oracle

Oracle数据库系统是当今最大的数据库厂商Oracle(甲骨文)公司提供的以分布式数

据库为核心的一组软件产品。它是世界上第一个商品化的关系型数据库管理系统,也是第一个推出与数据库结合的、应用第四代语言开发工具开发的数据库产品。

Oracle 数据库采用标准 SQL 语言,支持多种数据类型,提供面向对象操作的数据支持,支持 UNIX、VMS、Windows、OS/2 等多种平台。目前市场上使用的 Oracle 数据库版本主要有 Oracle 8、Oracle 8i、Oracle 9i、Oracle 10g、Oracle 11g、Oracle 12c 等,从版本后缀特点可以看出该数据库产品的技术发展路线。

2. DB2

DB2 是 IBM 公司开发的一款适应于多平台的大型关系型数据库产品,它起源于早期的实验系统 System R。因为其具有良好的开放性和并行性,DB2 在企业级的应用相当广泛,目前广泛应用于金融、电信、保险等领域,尤其在金融系统中备受青睐。

3. Microsoft SQL Server

Microsoft SQL Server 是 Microsoft(微软)公司推出的、应用于 Windows 操作系统上的关系数据产品。Microsoft SQL Server 是 Microsoft 公司从 Sybase 公司购买技术而开发的产品,与 Sybase 数据库完全兼容,它支持客户机/服务器结构。

Microsoft SQL Server 只支持 Windows 操作平台。它不提供直接的客户开发工具和平台,只提供 ODBC 和 DB-Library 两个接口。ODBC 接口是一个开放的、标准的访问数据库的接口,允许程序员在多种软件平台上使用第三方的开发工具;DB-Library 是用 C 语言开发的 API,供程序员访问 Microsoft SQL Server。

4. MySQL

MySQL 是一个关系型数据库管理系统,由瑞典 MySQL AB 公司开发,目前属于 Oracle 公司旗下产品。在 Web 应用方面 MySQL 是最好的 RDBMS 应用软件之一。

MySQL 软件采用了双授权政策,分为社区版和商业版。其社区版体积小、速度快、总体拥有成本低,尤其是开放源码这一特点,使得无数的互联网公司通过使用 LAMP(Linux+Apache+MySQL+PHP)这个开源免费的架构实现了盈利,是中小型 Web 应用系统开发的首选。

1.5 数据库设计

对于一个高性能的应用程序,良好的数据库设计非常重要,它是应用系统的根基,是软件设计的起点。数据库设计是指通过对数据库逻辑结构和物理结构的设计,构建数据库及其应用系统,使之能够有效地存储和管理数据,以满足用户的各种应用需求。

数据库设计不仅涉及采用的技术,还涉及管理技术和原始数据。"三分技术、七分管理、十二分基础数据"是数据库设计的特点之一。数据库设计过程中,技术只是一个基础,若要设计出好的、高效的数据库,还需要提高企业的管理技术,使其数据的流转、管理更为合理,同时要在原始数据的基础上,能够使数据库的数据得以不断更新,以保证数据库可以真正体现企业的数据特征和需求。

1.5.1 数据库设计步骤

为了保证数据库的设计更为合理，数据库的设计工作通常要分阶段进行，在不同的阶段采用不同的方法完成不同的设计内容。数据库设计可以分为以下5个阶段：

- 需求分析阶段。收集和分析用户对系统的信息需求和处理需求，得到设计系统所必需的需求信息，建立系统的需求说明文档。
- 概念结构设计阶段。通过对用户的需求进行综合、归纳与抽象，形成一个独立于具体DBMS的概念模型。
- 逻辑结构设计阶段。在概念模型的基础上导出一种DBMS支持的逻辑数据库模型，该模型应满足数据库存取、一致性及运行等各方面的用户需求。
- 物理结构设计阶段。为逻辑数据模型选取一个最适合应用环境的物理结构。
- 数据库实施与维护阶段。根据逻辑结构设计和物理结构设计的结果建立数据库，编写与调试应用程序，将数据录入数据库中，进行数据库系统的试运行。试运行后，便可以投入正式运行。在此过程中必须不断地对其进行评价、调整与修改。

设计一个完善的数据库应用系统不可能一蹴而就，往往需要不断重复上述5个阶段。

1.5.2 数据库设计实例

本节以一个新闻阅读系统为例讲解数据库各个设计阶段的实现过程。该系统的需求为：用户通过系统浏览新闻、对某个新闻发表评论，系统管理员发布新闻、管理新闻及评论。

1. 需求分析阶段

需求分析阶段是设计数据库的起点。需求分析的结果是否准确地反映了用户的实际需求，将直接影响后面各个阶段的设计，并影响设计结果是否合理、实用。在这个阶段，设计人员需要深入提出设计需求的企业内部，采取各种方法明确用户对系统的需求，包括数据需求和围绕这些数据的业务处理需求等。

常见的需求分析的方法有：调查组织结构情况、调查各部门的业务活动情况、协助用户明确对新系统的各种要求、确定新系统的边界等。

常用的调查方法有：跟班作业、开调查会、请专人介绍、询问、设计调查表请用户填写、查阅现有数据记录等。

需求分析所调查的重点是“数据”和“处理流程”，通常需要编写数据字典记录数据结构，并绘制数据流图以表达数据和处理过程的关系。

1）数据字典

数据字典（Data Dictionary，DD）是对数据库中各类数据的描述，即元数据，而不是数据本身。数据流图（Data Flow Diagram，DFD）表达了数据和处理过程的关系。

数据字典通常包括数据项、数据结构、数据流、数据存储和处理过程5个部分。

- 数据项：是提取出来最基本的数据表示。数据项描述＝{数据项名，数据项含义说明，别名，数据类型，长度，取值范围，取值含义，与其他数据项的逻辑关系}。
- 数据结构：是有关数据项的整体描述。数据结构描述＝{数据结构名，含义说明，组成：{数据项或数据结构}}。

- 数据流：描述数据处理过程中流转的数据。数据流描述={数据流名，说明，数据流来源，数据流去向，组成：{数据结构}，平均流量，高峰期流量}。
- 数据存储：表示由数据处理流转过来的数据流。数据存储描述={数据存储名，说明，编号，流入的数据流，流出的数据流，组成：{数据结构}，数据量，存取方式}。
- 处理过程：描述数据流的处理过程。处理过程描述={处理过程名，说明，输入：{数据流}，输出：{数据流}，处理：{简要说明}}。

新闻阅读系统中部分数据的数据字典描述如下(见表1-7～表1-9)。

【示例】 新闻信息数据项的描述。

表1-7 新闻信息数据项的描述

编号	名　　称	说　　明	类　　型	长度	取值范围	与其他数据项的关系
1	编号	新闻编号	数值型		大于等于1	主码
2	标题	新闻标题	字符型	50		
3	作者	新闻作者	字符型	20		
4	发布时间	发布时间	日期型			
5	内容	新闻内容	大数据类型			

【示例】 新闻信息数据结构描述。

```
新闻信息数据结构={新闻信息,表示新闻的各项基本信息,组成:{编号、标题、作者、发布时间、内容}}
```

【示例】 新闻、用户、评论三部分数据流的描述。

表1-8 数据流的描述

编号	名　称	说　　明	来　　源	去　　向	组　　成	平均流量(条/日)	高峰流量(条/日)
F1	用户信息	用户在系统注册的个人信息	用户填写提交	"用户信息管理"处理	用户信息数据结构	10	30
F2	新闻信息	录入系统中的新闻信息	系统管理员录入	"新闻信息管理"处理	新闻信息数据结构、管理员数据结构	30	50
F3	评论信息	用户对新闻的评论	用户输入提交	"用户评论管理"处理	用户数据结构、新闻数据结构、评论数据结构	20	50

【示例】 评论的数据存储描述。

```
评论信息存储={评论信息存储,存储用户对新闻的评论,S1,评论信息,评论信息,组成:{用户信息、新闻信息},每天最高可达3000条评论,可读写}
```

【示例】 用户对评论的处理过程的描述。

表1-9 评论处理过程的描述

编号	名　　称	说　　明	输　入	输　出	处　　理
P1	评论信息处理	处理用户发布的评论信息	评论信息	评论信息	实现对评论的添加、查询、删除

2）数据流图

数据字典设计好后，便可以开始设计数据流图了。数据流图是描述数据处理过程的一种图形工具。数据流图从数据传递和加工的角度，以图形的方式描述数据在系统流程中流动和处理的移动变换过程，反映数据的流向、自然逻辑过程和必要的逻辑数据存储。

数据流图常用的基本图形符号及含义如表1-10所示。

表 1-10 数据流图常用的基本图形符号

符号	名称	说明
	数据源点或汇点	表示数据流图中要处理数据的输入来源或处理结果要输出的目标地址，是系统与系统外部环境的接口
	数据流	表示系统内数据的流向
	数据处理	表示输入数据在此进行变换产生输出数据，以数据结构或数据内容作为处理的对象
	数据存储	表示对数据的保存，可以是数据库文件或任何形式的数据组织

通常，数据流图的绘制是一个逐步求精的过程，需要首先绘制顶层数据流图，然后是第一层、第二层……依次逐步细化上一层的处理。由于本实例功能比较简单，这里仅演示用户发表新闻评论过程的数据流图（见图1-9）。

【示例】 新闻评论数据流图。

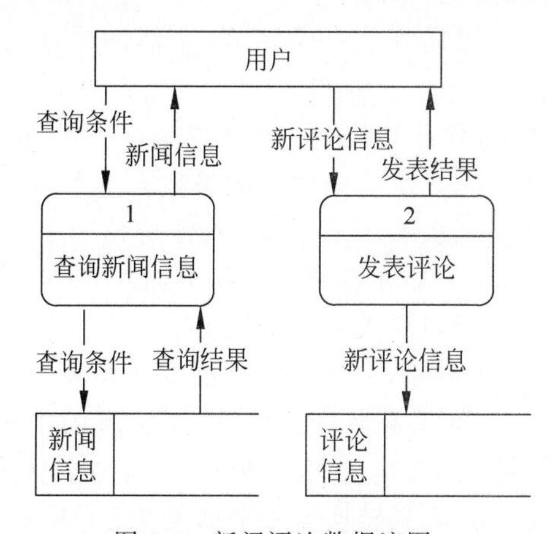

图1-9 新闻评论数据流图

2. 数据库概念结构设计阶段

概念结构设计是在需求分析的基础上形成数据库的概念模型。它是语义层的描述，与具体的DBMS无关，使用E-R图表示。

概念结构的设计可以在需求分析阶段所完成的数据流图基础上，从每一层数据流图中抽取包含的实体，得到局部E-R图，再将局部E-R图进行整合形成最终的E-R图。下述示例演示新闻评论部分的E-R图（见图1-10）。

【示例】 新闻评论 E-R 图。

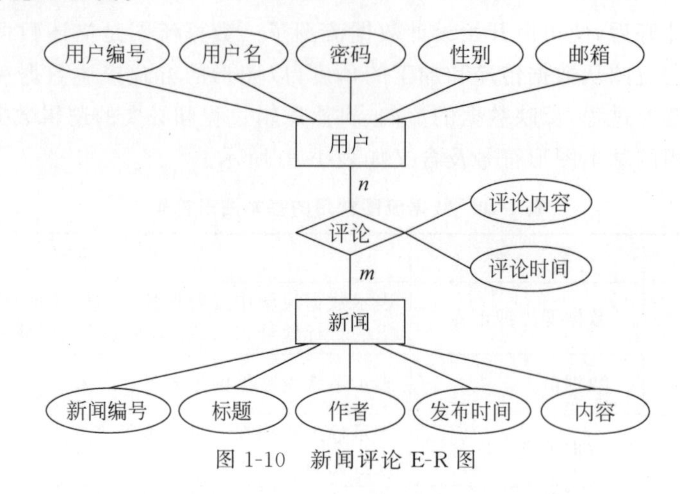

图 1-10 新闻评论 E-R 图

3. 数据库逻辑结构设计阶段

逻辑结构设计的任务是将概念结构设计阶段产生的 E-R 图转换为具体的 DBMS 产品所支持的数据模型。对于关系数据库，逻辑结构设计就是将 E-R 图转换成关系模型，并对关系模型进行优化，同时保证关系的完整性。

1）将 E-R 图转换为关系模型

E-R 图转换为关系模型的转换原则为：

- E-R 图中的每个实体可以转换为一个关系，实体的属性即为关系的属性，实体的码即为关系的主码。
- E-R 图中实体间的 1∶1 联系转换为一个独立的新关系，也可以与任意一端的实体合并，将 1∶1 联系体现在某一个实体中。如果独立一个新关系，新关系中的属性为各实体的主码的集合以及新关系自身的属性，任选一个实体的码作为新关系的主码；如果为实体间的合并，则需要在合并的实体中加入另一个实体的码以及联系本身的属性作为合并后的实体所对应关系的属性。
- E-R 图中实体间的 1∶n 联系，一种方式是可以转换为一个新的关系，该关系的属性为各实体的码的集合以及联系自身的属性，新关系的主码为"n"端对应实体的码；另一种方式是将"1"端实体对应的码添加到"n"端实体中。
- E-R 图中实体间的 n∶m 联系转换为一个新的关系，该关系中的属性为各实体的码的集合以及联系自身的属性，各实体的码联合构成新关系的主码。
- E-R 图中三个或三个以上实体间的多元关系可以参照 n∶m 联系处理。

按照上述规则，可以将图 1-10 所示的 E-R 图转换为如下关系模式。

用户信息(<u>用户编号</u>,用户名,密码,性别,邮箱)
新闻信息(<u>新闻编号</u>,标题,作者,发布时间,内容)
新闻评论(<u>评论编号</u>,用户编号,新闻编号,评论时间,评论内容)

2）关系模型的优化

由 E-R 图直接转换而来的关系模式，不一定是一个好的关系模式，需要按照每个关系模式中的函数依赖关系来确定关系模式是否需要进行分解。由于本实例比较简单，故关系模式也较简单，每个关系模式已经是比较优化的关系模式，已符合关系数据库的第三范式。

数据库逻辑结构设计的结果并不是唯一的。为了进一步提高数据库应用系统的性能，通常以规范化理论为指导，适当地修改、调整数据模型的结构，即关系模式优化。

关系模式优化的步骤如下：

（1）确定数据依赖。分析出每个关系模式的各属性之间的依赖关系及不同关系模式各属性之间的数据依赖关系。

（2）对各个关系模式之间的数据依赖进行极小化处理，消除冗余的关系。

（3）按照数据依赖的理论对关系模式逐一进行分析，考查是否存在部分函数依赖、传递函数依赖等，确定各关系模式分别属于第几范式。根据应用需求，分析模式是否合适，是否需要进行合并或分解。

3）保证数据的完整性

在设计好的关系模式基础上，需要根据需求设计数据库的完整性，主要从实体完整性、参照完整性以及用户自定义完整性方面进行设计。在本实例中，每个关系模式中都设计了主码，保证了实体完整性；在新闻评论关系中设计了外码，确保了参照完整性；此外，还可以在用户信息关系中设计用户名的唯一性、性别属性的域，实现用户自定义完整性。

4. 数据库物理结构设计阶段

为一个给定的逻辑数据模型选取一个最适合应用要求的物理结构的过程，就是数据库的物理设计。物理结构设计一般会从数据的存储结构、数据的存取路径、数据的存放位置、系统配置、备份及恢复策略等方面进行考虑。

物理结构设计的目的是利用已经确定的逻辑结构的结果及 DBMS 提供的方法、技术，以适当的存储结构、存取路径、合理的存储位置及存储分配，设计出一个高效的、可实现的数据库结构。

评价物理数据库的方法完全依赖于所选用的 DBMS，主要是从定量估算各种方案的存储空间、存取时间和维护代价入手，对估算结果进行权衡、比较，选择出一个较优的合理的物理结构。如果该结构不符合用户需求，则需要重新修改设计。

关于数据库的物理结构设计，需要明确一点，即使不进行物理结构设计，数据库系统照样能够正常运行，物理结构设计主要是为了进一步提高数据的存取效率。如果项目的规模不大，数据量不多，可以不进行物理结构设计。

5. 数据库实施与维护阶段

完成了数据库的逻辑结构和物理结构设计之后，设计人员须用 RDBMS 提供的数据定义语言将数据库逻辑设计和物理设计结果严格描述出来，成为 DBMS 可以接受的源代码，再经过调试产生目标模式。然后，便可以进行数据库数据的加载和试运行以及数据库的运行和维护了。

1）数据库数据的加载和试运行

数据库结构建立好后，可以向数据库中装载数据。对于数据量不是很大的小型系统，可以用人工方式完成数据库的入库。对于大中型系统，由于数据量极大，用人工方式进行数据入库将耗费大量的人力、物力，而且很难保证数据的正确性，因此应该设计一个数据录入子系统，由计算机辅助完成数据的入库工作。

当应用程序所需的数据输入数据库后，便可以开始对数据库系统进行联合调试，这又称为数据库的试运行。这一阶段要实际运行数据库应用程序，执行对数据库的各种操作，测试应用程序的功能是否满足设计要求。同时在数据库试运行时，还要测试系统的性能指标，分析其是否达到设计目标。在进行数据库物理设计时已初步确定了系统的物理参数值，但有些参数的最佳值往往是经过运行调试找到的。

2）数据库的运行和维护

数据库试运行合格后，数据库开发工作便基本完成，即可投入正式运行了。在数据库运行阶段，对数据库经常性的维护工作主要是由数据库系统管理员完成的，其主要工作包括数据库的备份和恢复、数据库性能的调整、数据库的重新改造等。

1.6 课程贯穿项目

1.6.1 【任务1-1】 数据库软件产品的选择

目前市面上的数据库软件产品种类繁多，并以关系型数据库为主。其中，中大型数据库产品有Oracle、SQL Server、DB2、Sybase等，小型的有MySQL、Access等。一个应用系统该如何选择它所需要的数据库？合适的就是最好的！选择一个数据库软件产品通常可以从以下几个方面考虑。

1. 性能

通常对于面向大吞吐量的应用系统，数据库的性能是考虑的首要因素，需要从大型数据库产品中选择。大型数据库产品Oracle、DB2、SQL Server中哪一个性能更高、处理速度更快、可扩展性更好？这个问题在数据库领域讨论和争论多年，每个公司也在不断地进行技术更新、版本升级，从目前这些数据库产品有代表性的应用上看，这三个产品中的任何一个都有足够的能力提供比大多数应用程序所需要的更快的速度、更好的可扩展性及性能。对于目前大多数的企业应用来说都已足够。

2. 平台

每个数据库产品与操作系统平台的结合度情况都不一样，所以企业对于平台的选择也会影响数据库产品的选择。在大型的数据库产品中，IBM的DB2毫无疑问占领了大型机的市场；SQL Server致力于为Windows操作系统提供最优解决方案，不支持其他平台；Oracle支持多平台操作系统，并且提供较低风险的移植。

3. 价格

价格是目前一些中小企业需要重点考虑的问题，也是一个很复杂的因素。因为这个价格不单指数据库产品的购买价格，还包括服务器配置、产品系统的维护、个人许可、额外工具、开发成本以及技术支持等费用。

以Oracle与SQL Server数据库产品为例进行对比，在数据库服务器的要求方面，Oracle数据库的要求要高于SQL Server；从人力成本的角度考虑，根据人力资源市场情况，一个Oracle数据库管理员的成本也远高于SQL Server数据库管理员；从软件本身的购买价格而言，对于具有一定规模的企业级应用需求，Oracle数据库产品的价格也是高于SQL Server的。

4. 可用资源

对于一个应用的数据库解决方案，还需要具备一定的配套支持资源，如数据库服务器、人力资源等。对于数据库服务器需要推算出符合业务规模的服务器配置，同时要考虑在做系统管理时所消耗的资源，如在做备份、恢复、问题诊断、性能分析、软件维护时都会对资源带来附加的消耗，对重要资源要考虑为将来留下升级和可扩展的余地。人力资源主要是数据库管理员，需要其具备对新产品的配置和维护能力。如果原产品的相关配套在满足系统现有需求的基础上还有一定的可发展空间，是可以考虑沿用原有的数据库系统的。

综上所述，如果一个应用处理的数据量稍大，但不是海量数据，对数据库的可靠性和稳定性要求稍高，同时希望维护成本不高的情况下，SQL Server是一个不错的选择；如果要实现的是较高端的企业应用，并且需要处理的并发数据量较大，同时对于数据库的可靠性、安全性和可扩展性有很高的要求，那么可以选择Oracle，当然，也要注意考虑其较高的维护成本。对于一般的小型Web应用，则可以考虑免费的MySQL，因为其简单易用、维护成本等各方面成本都相对较低。

Q_MicroChat微聊项目基于对其未来发展空间、配套可用资源的充分考虑，计划采用Oracle 12c作为项目使用的数据库管理系统。

1.6.2 【任务1-2】 项目需求分析

数据库设计人员通过设计网络调查表、开调查研讨会等调查手段对Q_MicroChat微聊项目进行深入调查后，开始着手数据字典的编写和数据流图的绘制。

1. 项目数据字典

项目中各数据项的描述如表1-11～表1-21所示。

表1-11　用户数据项的描述

编号	名　称	说　明	类　型	长度(字符)	取值范围	与其他数据项的关系
1	user_id	用户编号	数值型		≥1	主码
2	username	登录用户名	字符串	20		
3	userpwd	登录密码	字符串	20		
4	nickname	用户昵称	字符串	30		
5	uprofile	头像	字节流			
6	sex	性别	字符型	3		
7	telephone	电话	字符串	20		
8	email	邮箱	字符串	50		
9	address	地址	字符串	100		
10	signature	个性签名	字符串	100		
11	note	备注	字符串	200		

表1-12　好友关系数据项的描述

编号	名　称	说　明	类　型	长度(字符)	取值范围	与其他数据项的关系
1	user_id	用户编号	数值型		≥1	用户数据项主码
2	friend_id	好友编号	数值型		≥1	用户数据项主码

表 1-13　个人动态数据项的描述

编号	名　称	说　明	类　型	长度(字符)	取值范围	与其他数据项的关系
1	dynamic_id	动态编号	数值型		≥1	主码
2	user_id	发布人	数值型			用户数据项主码
3	send_time	发布时间	日期型		发布时系统时间	
4	send_address	发布地点	字符串	50		
5	idea	动态感想	字符串	1000		
6	dytype	动态类型	数值型	1	1：相册；2：文章	
7	authority	开放权限	数值型	1	1：公开；2：私密	

表 1-14　相册动态数据项的描述

编号	名　称	说　明	类　型	长度(字符)	取值范围	与其他数据项的关系
1	photo_id	相册编号	数值型		≥1	主码
2	dynamic_id	动态编号	数值型		≥1	个人动态数据项主码
3	photo	照片	字节流			
4	display_order	照片显示顺序	数值型		≥1	

表 1-15　文章动态数据项的描述

编号	名　称	说　明	类　型	长度(字符)	取值范围	与其他数据项的关系
1	article_id	文章编号	数值型		≥1	主码
2	dynamic_id	动态编号	数值型		≥1	个人动态数据项主码
3	picture	文章宣传图片	字节流			
4	article_url	文章地址	字符串	500		
5	reading_num	阅读次数	数值型			
6	report_num	举报次数	数值型			

表 1-16　动态评论数据项的描述

编号	名　称	说　明	类　型	长度(字符)	取值范围	与其他数据项的关系
1	comment_id	评论编号	数值型		≥1	主码
2	dynamic_id	动态编号	数值型		≥1	个人动态数据项主码
3	user_id	评论人	数值型		≥1	用户数据项主码
4	dycomment	评论内容	字符串	500		
5	comm_time	评论时间	日期型		评论时系统时间	

表 1-17　动态评论回复数据项的描述

编号	名　称	说　明	类　型	长度(字符)	取值范围	与其他数据项的关系
1	reply_id	回复编号	数值型		≥1	主码
2	comment_id	评论编号	数值型		≥1	动态评论数据项主码
3	user_id	回复人	数值型		≥1	用户数据项主码
4	reply_content	回复内容	字符串	500		

表 1-18 私聊记录数据项的描述

编号	名　称	说　明	类　型	长度(字符)	取值范围	与其他数据项的关系
1	userchat_id	记录编号	数值型		≥1	主码
2	send_user_id	发送者编号	数值型		≥1	用户数据项的主码
3	receive_user_id	接收者编号	数值型		≥1	用户数据项的主码
4	chat_content	聊天内容	字符串			
5	chat_time	发送时间	日期型			

表 1-19 微聊群数据项的描述

编号	名　称	说　明	类　型	长度(字符)	取值范围	与其他数据项的关系
1	group_id	群编号	数值型		≥1	主码
2	group_name	群名称	字符串	20		
3	group_logo	群 LOGO	字节流			
4	user_id	创建人	数值型		≥1	用户数据项的主码
5	creation_time	创建时间	日期型		当前系统时间	
6	max_person_num	最多容纳人数	数值型		>1	
7	real_person_num	实际容纳人数	数值型		≥1	

表 1-20 用户与群关系数据项的描述

编号	名　称	说　明	类　型	长度(字符)	取值范围	与其他数据项的关系
1	user_id	用户编号	数值型		≥1	用户数据项的主码
2	group_id	群编号	数值型		≥1	微聊群数据项的主码
3	group_nickname	用户在此群的昵称	字符串	20		
4	top_group	是否置顶	数值型	1	0：否；1：是	
5	escape_disturb	消息免打扰	数值型	1	0：否；1：是	

表 1-21 群聊记录数据项的描述

编号	名　称	说　明	类　型	长度(字符)	取 值 范 围	与其他数据项的关系
1	groupchat_id	群聊编号	数值型		≥1	主码
2	group_id	群编号	数值型		≥1	微聊群数据项的主码
3	user_id	发言人编号	数值型		≥1	用户数据项的主码
4	send_time	发言时间	日期型		发言时系统当前时间	
5	send_content	发言内容	字符串	500		

项目各数据结构的描述如表 1-22 所示。

表 1-22 项目各数据结构的描述

编号	名　称	说　明	组　成
1	用户	系统用户信息	用户编号、用户名、密码、昵称、头像、性别、电话、email、地址、签名、备注
2	群	由用户创建的用户群	群编号、群名称、群 LOGO、创建人、创建时间、最大容纳人数、实际入群人数

续表

编号	名　称	说　明	组　成
3	用户与群	用户与其所参与的群的关联关系	用户编号、群编号、用户在此群的昵称、是否置顶该群、是否开启消息免打扰
4	群聊记录	用户所参与的群的聊天记录	群聊编号、所在群编号、发言人编号、发言时间、发言内容
5	用户与好友	用户与其好友的关联关系(要求好友必须也为注册用户)	用户编号、好友编号
6	个人动态	用户所发表的个人动态信息	动态编号、发布人、发布时间、发布地点、发布感想、动态类型(相册或文章)、开放权限
7	相册动态	用户个人动态所关联的相册信息	相册编号、个人动态编号、照片内容、照片显示顺序
8	文章动态	用户个人动态所关联的文章信息	文章编号、个人动态编号、文章地址、文章阅读次数、文章举报次数
9	动态评论	用户对个人动态的评论	评论编号、个人动态编号、评论人、评论内容、评论时间
10	评论回复	用户对评论的回复	回复编号、评论编号、回复人、回复内容
11	私聊记录	一对一用户的聊天记录	记录编号、发送者、接收者、聊天内容、发送时间

项目各数据流的描述如表 1-23 所示。

表 1-23　项目各数据流的描述

编号	名　称	说　明	来　源	去　向	组　成	平均流量(条/日)	高峰流量(条/日)
F1	用户信息	用户在系统注册的个人信息	用户注册提交	用户信息表	用户数据结构	1000	5000
F2	群信息	用户在系统创建的群信息	用户创建	群信息表	群数据结构	300	600
F3	用户与群关系信息	用户参与群时建立的关系信息	用户加入群	用户与群关系表	用户与群数据结构	400	700
F4	群聊记录	用户在群的聊天信息	用户在群发表言论	群聊记录表	群聊记录数据结构	2000	6000
F5	用户好友	用户添加好友时建立的关系信息	用户添加好友	用户好友关系表	用户与好友数据结构	400	800
F6	个人动态	用户发表的个人动态信息	用户创建	个人动态信息表	个人动态数据结构	6000	9000
F7	相册动态	用户个人动态所关联的相册信息	用户创建的个人动态类型为相册时创建	相册信息表	相册动态数据结构	4000	7000
F8	文章动态	用户个人动态所关联的文章信息	用户创建的个人动态类型为文章时创建	文章信息表	文章动态数据结构	5000	8000
F9	动态评论	用户对好友发表的动态的评论	用户评论好友动态时创建	动态评论表	动态评论数据结构	3000	5000
F10	评论回复	用户对好友动态评论的回复	用户回复好友动态评论时创建	评论回复表	评论回复数据结构	2000	3000
F11	私聊记录	用户与好友的聊天记录	用户发起与好友的聊天时创建	私聊记录表	私聊记录数据结构	3000	7000

项目各数据存储项的描述如表 1-24 所示。

表 1-24 项目各数据存储项的描述

编号	名　称	说　明	流入的数据流	流出的数据流	组　成	数据量	存取方式
S1	用户信息存储	存储用户的注册信息	用户信息	用户信息	用户数据结构	日均注册1000人	可读写
S2	群信息存储	存储群信息	群信息	群信息	群数据结构	日均创建300个	可读写
S3	用户与群关系信息存储	存储用户与群关系信息	用户信息、群信息	用户与群关系信息	用户与群数据结构	日均创建400条	可读写
S4	群聊记录存储	存储群聊记录	用户信息、群信息	群聊记录	群聊记录数据结构	日均创建2000条	可读写
S5	个人动态存储	存储个人动态	用户信息、个人动态	个人动态	个人动态数据结构	日均创建400条	可读写
S6	相册动态存储	存储相册动态	个人动态、相册动态	相册动态	相册动态数据结构	日均创建6000条	可读写
S7	文章动态存储	存储文章动态	个人动态、文章动态	文章动态	文章动态数据结构	日均创建4000条	可读写
S8	动态评论存储	存储动态评论	个人动态、用户信息、动态评论	动态评论	动态评论数据结构	日均创建5000条	可读写
S9	评论回复存储	存储评论回复	用户信息、动态评论	评论回复	评论回复数据结构	日均创建3000条	可读写
S10	用户好友存储	存储用户好友	用户信息	用户好友	用户数据结构	日均创建2000条	可读写
S11	私聊记录存储	存储私聊记录	用户信息、私聊记录	私聊记录	私聊记录数据结构	日均创建3000条	可读写

项目各数据处理过程的描述如表 1-25 所示。

表 1-25 项目各数据处理过程的描述

编号	名　称	说　明	输　入	输　出	处　理
P1	用户信息处理	处理用户的注册信息	用户信息	用户信息	实现用户对注册信息的添加、查看、修改
P2	群信息处理	处理用户创建的群信息	群信息	群信息	实现用户对群信息的添加、查询
P3	用户与群关系信息处理	处理用户在群的信息以及加入或退出群	用户信息、群信息	用户与群关系信息	实现用户加入或退出群、用户在群信息的修改、查询
P4	群聊记录处理	处理用户在群的聊天记录	用户信息、群信息、聊天信息	群聊记录	实现用户在群添加聊天记录
P5	个人动态处理	处理用户发表的个人动态信息	用户信息、个人动态	个人动态	实现用户对个人动态的添加、删除
P6	相册动态处理	处理用户发表的相册动态信息	个人动态、相册动态	相册动态	实现用户对相册动态的添加、删除
P7	文章动态处理	处理用户发表的文章动态信息	个人动态、文章动态	文章动态	实现用户对文章动态的添加、删除
P8	动态评论处理	处理用户对个人动态的评论	个人动态、用户信息、评论信息	动态评论	实现用户对个人动态添加评论、删除评论

续表

编号	名　称	说　明	输　入	输　出	处　理
P9	评论回复处理	处理用户对评论的回复信息	个人动态、评论信息、用户信息、回复信息	评论回复	实现用户对评论添加回复、删除回复
P10	用户好友处理	处理用户的好友关系	用户信息	用户好友关系	实现用户添加好友、删除好友
P11	私聊记录处理	处理用户与好友的聊天记录	用户信息、聊天信息	私聊记录	实现用户与好友聊天记录的查看、添加

2. 项目数据流图

根据项目数据字典中的数据处理过程,以个人动态处理、相册动态处理、文章动态处理为例,创建如图 1-11 所示的数据流图。

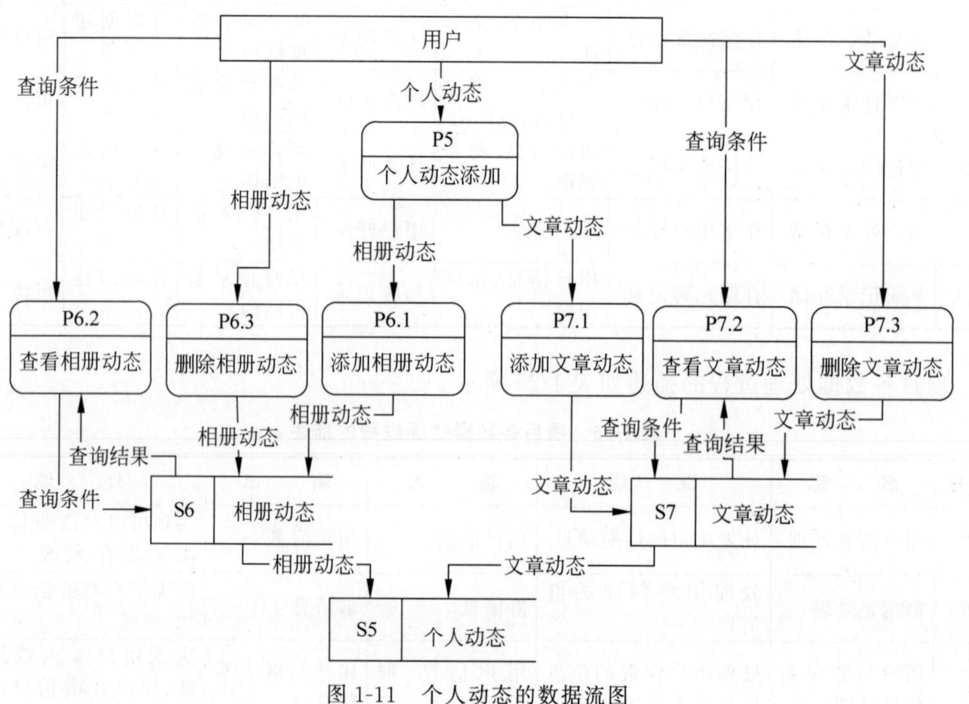

图 1-11　个人动态的数据流图

项目整体的数据流图如图 1-12 所示。

1.6.3 【任务 1-3】 项目概念模型设计

需求分析阶段完成后,在所完成的数据流图基础上,从每一层数据流图中抽取包含的实体,得到局部 E-R 图,再将局部 E-R 图进行整合形成最终的 E-R 图。为方便读者的理解这里首先给出 Q_MicroChat 微聊项目最终的概念模型,如图 1-13 所示。

项目整体 E-R 图如图 1-14 所示。

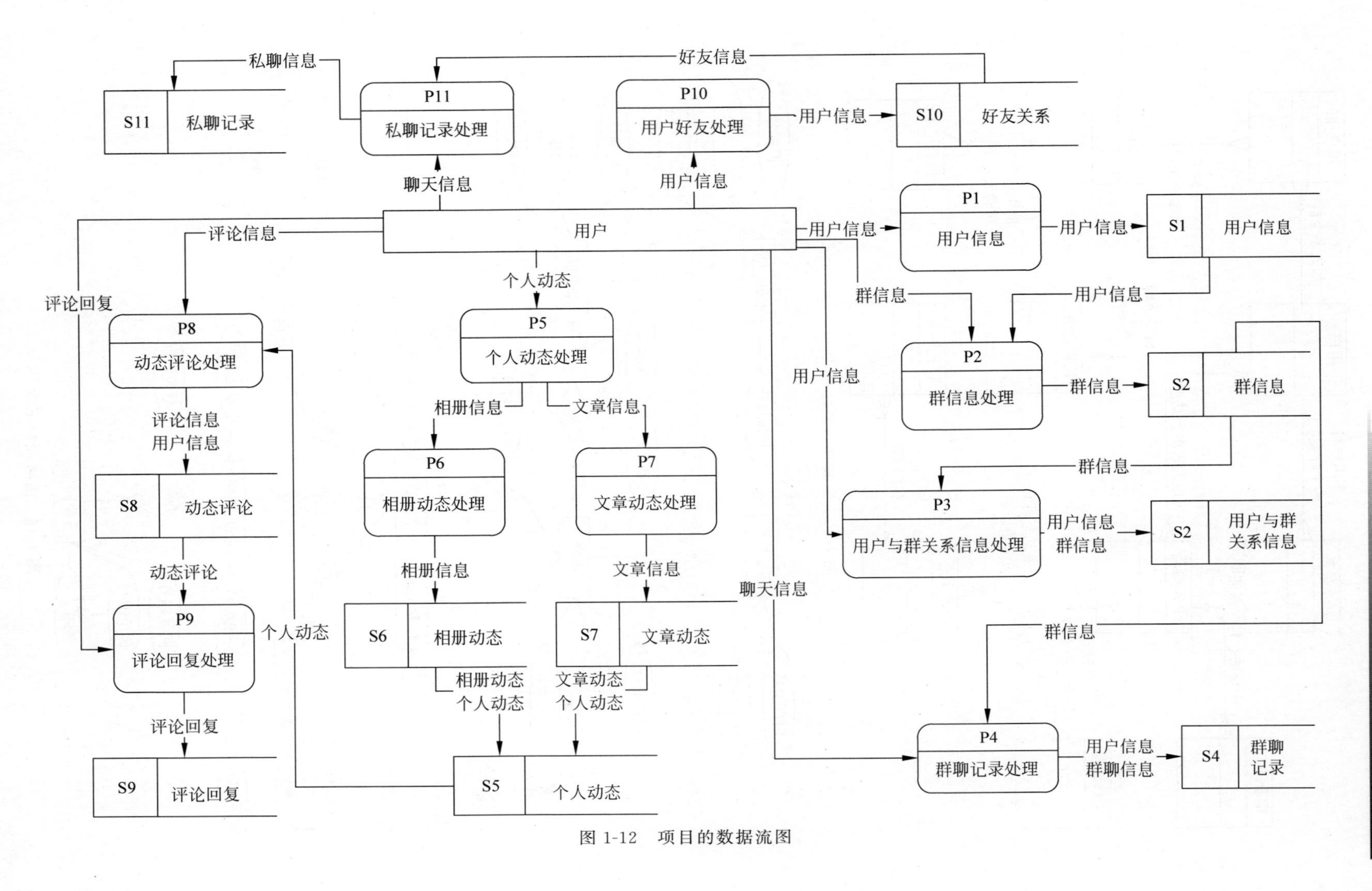

图 1-12 项目的数据流图

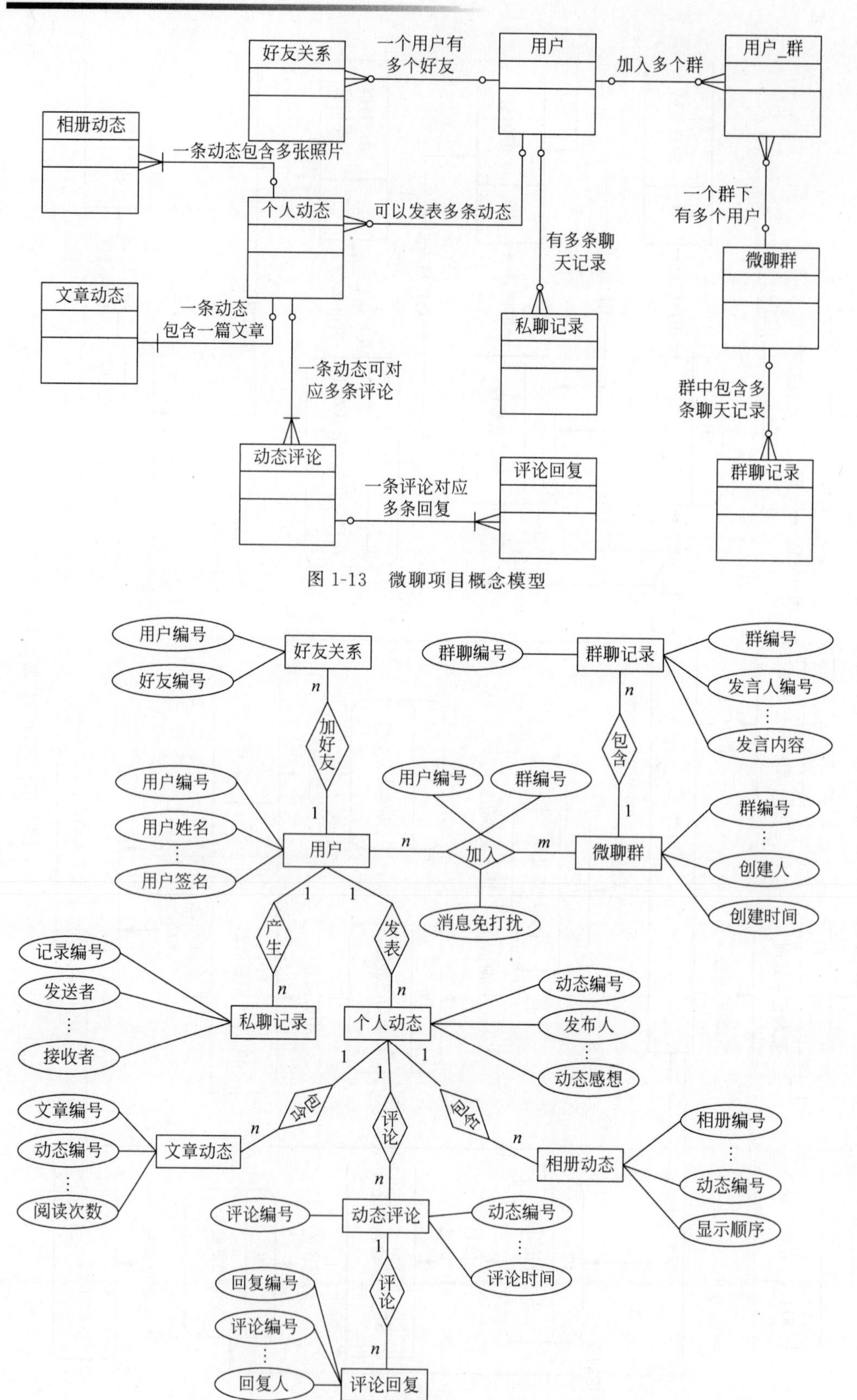

图 1-13 微聊项目概念模型

图 1-14 微聊项目 E-R 图

本章小结

小结

- 数据是数据库中存储的基本对象，描述事物的符号记录称为数据。数据是有语义和结构的。
- 数据库是指按一定的数据模型组织、描述和存储数据的集合，具有永久存储、有组织和可共享 3 个基本特点。
- 数据库管理系统是一款数据管理软件，用于科学地组织和存储数据，高效地获取和维护数据。
- 数据库系统是指在计算机系统中引入数据库后的系统，一般由数据库、操作系统、数据库管理系统、开发工具、应用系统、数据库管理员以及数据库用户构成。
- 数据模型是对现实世界数据特征的抽象，用来描述数据、组织数据和对数据进行操作。
- 数据模型分为三类：概念模型、逻辑模型和物理模型。
- 数据模型通常由数据结构、数据操作和完整性约束条件三部分组成。
- 概念模型是现实世界到机器世界的中间层次，用于信息世界的建模。
- 实体型间存在一对一、一对多、多对多三种联系。
- E-R 图是目前最为著名、最为常用的概念模型表示方法之一。
- 逻辑模型从数据组织方式的角度描述信息，它决定了数据在数据库中的组织结构。
- 关系模型以二维表的方式组织数据。
- 关系模型的数据操作主要是指对关系的插入、删除、修改、检索操作。在关系数据库系统中，使用 SQL 实现这些关系操作。
- 关系的完整性约束条件包括三个方面：实体完整性、参照完整性和用户定义的完整性。
- 关系数据库是指采用关系模型来组织数据的数据库。它通过数据结构、数据操作、完整性约束条件三部分来描述。
- 目前关系数据库有 6 种范式：第一范式(1NF)、第二范式(2NF)、第三范式(3NF)、巴斯-科德范式(BCNF)、第四范式(4NF)和第五范式(5NF)。
- 数据库设计可以分为 5 个阶段：需求分析阶段、概念结构设计阶段、逻辑结构设计阶段、物理结构设计阶段、数据库实施与维护阶段。

Q&A

1. 问：为何会产生数据库技术？

答：数据库，顾名思义即存储数据的仓库。以图书的管理为例，在没有数据库之前，图书的管理通常用手工编写表格的方式整理，这样当图书的数据量增大后，数据的维护工作将变得非常困难。例如，要查询某本书就需要人为地一项项筛选数据，不仅效率低下而且容易出现查询不准确的情况。同时,这种数据存储方式也不利于共享和并行管理,表格复制形式的共享会造成数据的重复,同一表格的共享在修改时也可能造成数据的不同步问题。因此一个能够提供数据存储、数据共享和数据管理的技术便应运而生。

2. 问:数据模型有何作用?

答:数据模型是对客观世界中某些事物的特征进行的数据抽象和模拟,用来描述、组织、操作数据,是整个数据库系统的核心,是实现项目分析的重要手段。数据模型根据应用的不同目的,分为概念模型、逻辑模型和物理模型。概念模型根据用户的观点对数据和信息进行建模,用于数据库设计;逻辑模型按照计算机系统的观点对数据建模,用于数据库管理系统的实现;物理模型描述数据在系统内部的表示和存取方法,是面向计算机系统的,由数据库管理系统具体实现。

3. 问:SQL有何作用?它的产生有何重要意义?

答:SQL即结构化查询语言,它是关系数据库的标准语言。在SQL规范推出之前,各种数据库有着各自的数据操作方式,SQL的出现,统一了不同数据库间的数据操作问题,很大程度上解决了程序开发人员的困难。SQL功能强大,同时又简洁易学,集数据查询、数据操作、数据定义和数据控制等功能于一体,为用户和业界所青睐,并成为国际标准。

章节练习

习题

1. 试述数据、数据库、数据库管理系统、数据库系统的概念。

2. 列举适合用文件系统而不适用数据库系统的应用例子及适用数据库系统的应用例子。

3. 试述数据模型的概念、数据模型的作用和数据模型的3个要素。

4. 试述关系模型的概念,定义并解释以下术语:

(1) 关系　(2) 属性　(3) 域　(4) 元组

(5) 码　(6) 分量　(7) 关系模式

上机

1. 训练目标:概念模型。

培养能力	理解掌握概念模型,并能用图形表示		
掌握程度	★★★★★	难度	中等
代码行数	0	实施方式	绘画图形
结束条件	独立使用工具画出图形		

参考训练内容:

某学校有若干系,每个系有若干班级和教研室,每个教研室有若干教员,其中有的教授和副教授每人带若干研究生,每个班有若干学生,每个学生选修若干课程,每门课程可由若干学生选修。请用E-R图画出此学校的概念模型

2. 训练目标：概念模型。

培养能力	理解和掌握概念模型，并能用图形表示		
掌握程度	★★★★★	难度	中等
代码行数	0	实施方式	绘画图形
结束条件	独立使用工具画出图形		

参考训练内容：

某工厂生产若干产品，某种产品由不同的零件组成，有的零件可用在不同的产品上。这些零件由不同的原材料制成，不同零件所用的材料可以相同。这些零件按所属的不同产品分别放在仓库中，原材料按照类别放在若干仓库中。请用 E-R 图画出此工厂产品、零件、材料、仓库的概念模型

3. 训练目标：概念模型与关系模型。

培养能力	理解和掌握概念模型与关系模型，并能够用图形表示		
掌握程度	★★★★★	难度	中等
代码行数	0	实施方式	绘画图形
结束条件	独立使用工具画出图形		

参考训练内容：

企业库存管理的操作步骤一般如下：

(1) 企业采购部采购商品后，填写采购入库单，并将商品发送给仓库，办理入库。

(2) 仓库收到采购部门的商品后，办理入库业务，并更新库存总账。

(3) 根据使用或销售的需要，操作员或业务员拿着出库单到仓库中提货或仓库根据出库单发货，并更新库存总账。

操作要求：

(1) 根据场景描述，提炼出实体、属性，并确定实体之间的关系。

(2) 用 E-R 图表示数据库的概念模型。

(3) 根据数据库概念模型到关系模型的转换原则，设计出数据库的关系模式

Oracle数据库系统

本章任务完成 Q_MicroChat 微聊项目所需的数据库软件产品的安装和项目的逻辑模型设计。具体任务分解如下：

- 【任务 2-1】 项目数据库创建
- 【任务 2-2】 项目逻辑模型设计

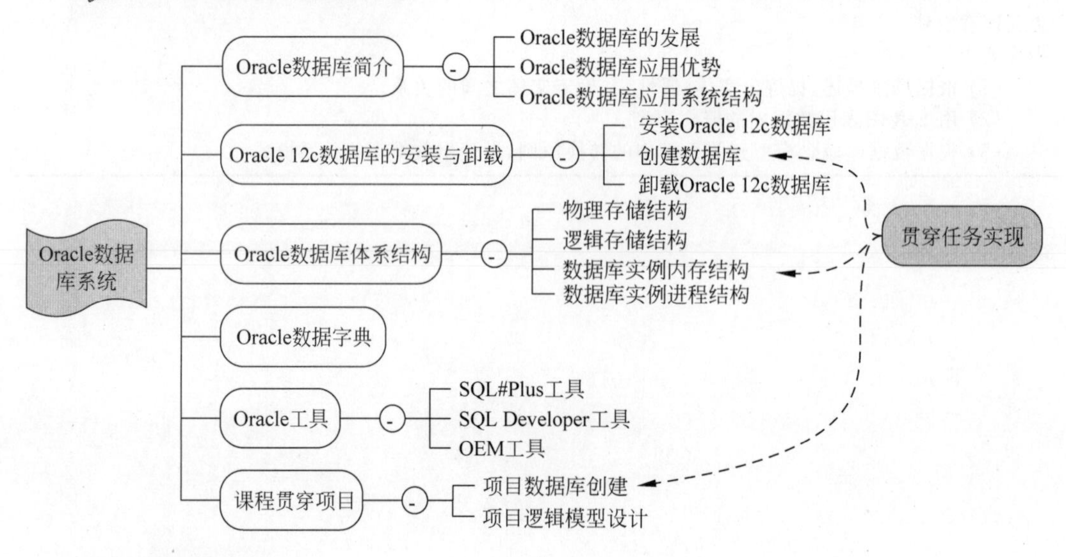

本章目标

知　识　点	Listen(听)	Know(懂)	Do(做)	Revise(复习)	Master(精通)
Oracle 数据库的发展	★	★			
Oracle 数据库应用系统结构	★	★			
Oracle 数据库的安装与卸载	★	★	★	★	★
Oracle 的物理存储结构	★	★			

续表

知　识　点	Listen(听)	Know(懂)	Do(做)	Revise(复习)	Master(精通)
Oracle 的逻辑存储结构	★	★			
Oracle 数据库实例和进程	★	★			
Oracle 数据字典	★	★			
Oracle 工具的使用	★	★	★	★	★

2.1 Oracle 数据库简介

2.1.1 Oracle 数据库的发展

Oracle 数据库系统是 Oracle(甲骨文)公司于 1979 年发布的世界上第一个关系数据库管理系统。经过多年的发展,Oracle 数据库系统已经是当前应用最广泛的大型关系数据库管理系统之一,在数据库市场占据主导地位。Oracle 公司也成为当今世界上最大的数据库厂商和最大的商用软件供应商,向遍及全球的一百多个国家和地区的用户提供数据库、应用服务器、开发工具包、电子商务套件以及产品的培训认证。

Oracle 数据库一直处于不断升级状态,在其发展历史中,先后出现过以下几个比较重要的版本。

- Oracle 8:支持面向对象的开发及 Java 工业标准。Oracle 8 的出现使 Oracle 数据库构造大型应用系统成为可能。
- Oracle 8i:表示 Oracle 正式向 Internet 上发展,其中的 i 表示 Internet。Oracle 的发展战略由面向应用转向面向网络计算。
- Oracle 9i:Oracle 8i 是一个过渡版本的数据库,而 Oracle 9i 是一个更加完善的数据库版本。Oracle 9i 借助真正应用集群技术实现无限的可伸缩性和总体可用性,是第一个跨越多个计算机的集群系统。
- Oracle 10g:其中的 g 表示网格,是业界第一个基于网格计算的关系数据库。其所使用的网格计算架构可以将网络上的多个服务器的资源(包括 CPU、内存和硬盘等)进行整合,组合成一个整体对外提供运算服务,并能将所有服务器合并起来作为一个整体管理。
- Oracle 11g:是 Oracle 10g 的稳定版本,其高性能、可靠性得到市场的广泛认可,是现在使用得比较广泛的版本。
- Oracle 12c:是 2013 年 Oracle 发布的数据库版本,其中 c 代表云计算,同时也支持大数据处理。
- Oracle 18c:于 2017 年 7 月发布,被看作是 Oracle 12c 的第一个补丁。此版本增加了多租户体系结构、本地数据库切分等功能,同时在数据库的性能、可用性、安全性、分析与应用开发方面都有所增强。
- Oracle 19c:是 Oracle 12c、Oracle 18c 系列产品中最后一个获得长期支持的版本,为客户的数据库运营和分析工作提供出色的性能、可扩展性、可靠性和安全性。

由于Oracle产品的特殊性，作为全球最大的数据库厂商，Oracle公司为数据库技术人员提供了3个层次的认证体系：Oracle操作专员认证(OCA)、Oracle专业认证(OCP)和Oracle专家级认证(OCM)。这些专业的认证体系课程使受训者能够更快、更准确地掌握Oracle核心产品的服务与支持，成为具有娴熟操作能力与广泛理论知识的专业人士。一经认证，在行业内的专业资格将被确认，从而使个人或企业更具竞争实力。

2.1.2 Oracle数据库应用优势

Oracle数据库产品是当前市场占有率最高的数据库产品，约为49%。Oracle数据库客户遍布工业、金融、商业、保险等各个领域。在当今世界500强企业中，70%企业使用的是Oracle数据库。Oracle数据库之所以能够在数据库市场上占主导地位，得到广泛的应用，与其具有以下应用优势息息相关。

- 支持多用户、大事务量的事务处理。Oracle数据库是一个大容量、多用户的数据库系统，可以同时支持20 000个用户同时访问，支持数据量达百吉字节的应用。
- 提供标准操作接口。Oracle数据库是一个开放的系统，它所提供的各种操作接口都遵守数据存取语言、操作系统、用户接口和网络通信协议的工业标准。
- 实施安全性控制和完整性控制。Oracle通过权限设置限制用户对数据库的访问，通过用户管理、权限管理限制用户对数据的存取，通过数据库审计、追踪等方法监控数据库的使用情况。
- 支持分布式数据处理。Oracle支持分布式数据处理，允许利用计算机网络系统，将不同区域的数据库服务器连接起来，实现软件、硬件、数据等资源共享，实现数据的统一管理与控制。
- Oracle RAC(Real Application Clusters，真正应用集群)实现可用性和可伸缩性，使单个数据库能够跨网格中的多个集群化的节点运行，从而集中多台机器的处理资源。
- 具有可移植性、可兼容性和可连接性。Oracle产品可运行于很宽范围的硬件与操作系统平台上，可以安装在70种以上不同大、中、小型机上，可在VMS、DOS、UNIX、Windows等多种操作系统下工作。Oracle应用软件从一个平台移植到另一个平台时，不需要修改或只需修改少量的代码。Oracle产品采用标准SQL，并且能与多种通信网络相连，支持多种网络协议。

2.1.3 Oracle数据库应用系统结构

随着网络技术的发展，Oracle数据库在各个领域得到了广泛应用。基于Oracle数据库的应用系统结构，主要分为客户/服务器结构、终端/服务器结构、浏览器/服务器结构和分布式数据库系统结构等。

1. 客户/服务器结构

客户/服务器(Client/Server，C/S)结构是两层结构，如图2-1所示。在C/S结构中，需要在前端客户机上安装应用程序，通过网络连接访问后台数据库服务器。用户信息的输入、逻辑的处理和结果的返回都在客户端完成，后台数据库服务器接收客户端对数据库的操作请求并执行。

C/S结构的优点是客户机与服务器可采用不同软、硬件系统，应用与服务分离，安全性高，执行速度快；缺点是维护、升级不方便。

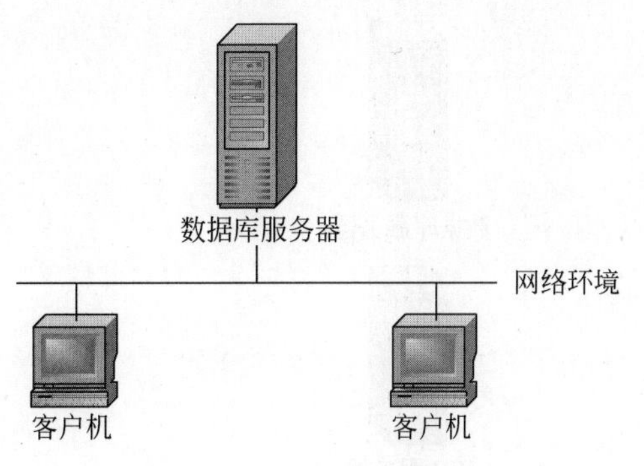

图 2-1 客户/服务器结构

2. 终端/服务器结构

终端/服务器结构类似于客户/服务器结构。与客户/服务器结构的不同之处在于其所有的软件安装、配置、运行、通信、数据存储等都在服务器端完成，终端只作为输入和输出的设备，直接运行服务器上的应用程序，而没有处理能力。终端把鼠标和键盘输入传递到服务器上集中处理，服务器把信息处理结构传回终端。

终端/服务器结构的优点是便于实现集中管理，系统安全性高，网络负荷低，对终端设备的要求低；缺点是对服务器性能的要求较高。

3. 浏览器/服务器结构

浏览器/服务器(Browser/Server，B/S)结构是3层结构，如图2-2所示。在B/S结构中，客户端只需安装浏览器，不需要安装具体的应用程序；中间的Web服务器层是连接前端客户机与后台数据库服务器的桥梁，所有数据计算和应用逻辑处理都在此层实现；Web服务器根据应用的需要，与数据库进行数据的存取交互。

浏览器/服务器结构的优点是通过Web服务器处理应用程序逻辑，这样方便了应用程序的维护和升级。通过增加Web服务器的数量可以增加支持客户机的数量。其缺点是增加了网络连接环节，降低了执行效率，同时也降低了系统的安全性。

4. 分布式数据库系统结构

数据库系统按数据分布方式的不同可以分为集中式数据库和分布式数据库。集中式数据库是将数据库集中在一台数据库服务器中，而分布式数据库是由分布于计算机网络上的多个逻辑相关的数据库所组成的集合，每个数据库都具有独立的处理能力，可以执行局部应用，也可以通过网络执行全局应用，如图2-3所示。

分布式数据库系统具有以下特点：

- 数据分布于计算机网络的不同数据库中，这些数据库在物理上相互独立，但是在逻辑上集中，是一个统一的整体。
- 可以数据共享。一个数据库用户既可以访问本地的数据库，也可以访问远程的数据库。
- 兼容性好，各个分散的数据库服务器的软件、硬件平台可以互不相同。
- 网络扩展性好，可以实现异构网络的互联。

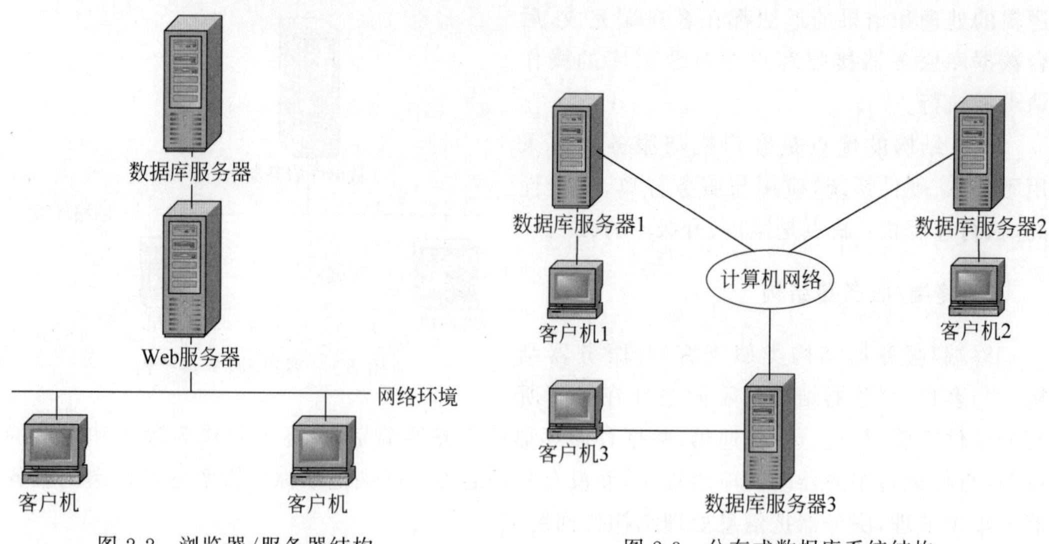

图 2-2 浏览器/服务器结构

图 2-3 分布式数据库系统结构

2.2 Oracle 12c 数据库的安装与卸载

2.2.1 安装 Oracle 12c 数据库

本书以 Windows 平台为例，介绍 Oracle 12c 数据库服务器的安装。安装之前，需要先了解 Oracle 12c 对系统的软、硬件需求。

1. Oracle 12c 对系统硬件配置的需求

任何一种软件的使用，都离不开相应硬件系统的支持，Oracle 12c 所需的硬件条件如表 2-1 所示。

表 2-1 Oracle 12c 安装的硬件需求

硬件名称	要求	硬件名称	要求
物理内存(RAM)	建议 2GB 以上	磁盘空间	建议 6GB 以上
虚拟内存	物理内存的两倍	处理器主频	最小 550MHz

2. Oracle 12c 对系统软件配置的需求

Oracle 12c 的安装对系统软件也有要求，具体需求如表 2-2 所示。

表 2-2 Oracle 12c 安装的软件需求

软件名称	要求
操作系统	Windows x64(64 位)
网络协议	TCP/IP、支持 SSL 的 TCP/IP、Named Pipes
浏览器	IE5、IE6、IE7、IE8

3. Oracle 12c 数据库服务器的安装

Oracle 支持各种主流操作系统,其官方网站上提供了与各个操作系统平台相对应的 Oracle 产品软件。Oracle 数据库官方网站下载地址为 http://www.oracle.com/cn/downloads/index.html,下载页面如图 2-4 所示。从 Oracle 官方网站下载的软件只能用于个人学习,不得用于商业用途。

图 2-4　Oracle 12c 官方下载页面

Oracle 数据库按照面向的应用的范围不同,通常有以下几个版本。

- 企业版:面向企业级应用,应用于对安全性要求较高并且任务至上的联机事务处理和数据仓库环境。
- 标准版:适用于工作组或部门级别的应用,也适用于中小企业。它用于提供核心的关系数据库管理服务和选项。
- 个人版:个人版数据库只提供基本数据库管理服务,适用于单用户开发环境,对系统配置的要求也比较低,主要面向开发技术人员。

Oracle 12c 企业版下载完成后,直接将下载的两个压缩文件解压缩到同一个目录下。解压缩后的目录文件如图 2-5 所示。

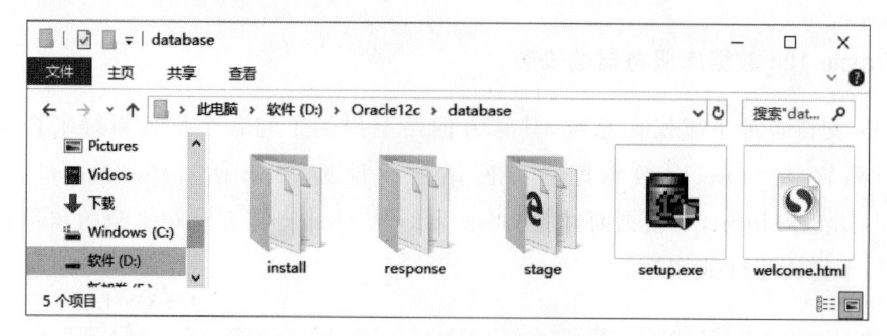

图 2-5　Oracle 12c 解压缩后的目录文件

注意

> 为保证 Oracle 安装顺利，在安装之前，需要将计算机上安装的病毒防火墙、网络防火墙等全部关闭再进行安装。

运行解压缩目录中的 setup. exe 启动 Oracle 的安装程序，接着会自动进入如图 2-6 所示的邮件配置对话框，用户如果不需要接收 Oracle 的相关邮件，可以直接单击"下一步"按钮，此时会弹出未提供电子邮件的警告对话框，单击"是"按钮，进入下一步。

图 2-6　Oracle 12c 邮件配置

随之进入如图 2-7 所示的创建数据库选择对话框。此处有三个选项，默认选项"创建和配置数据库"可以同时完成数据库使用平台以及数据库的创建；如果用户仅想创建数据库的使用平台，随后再利用其他工具(如 DBCA)进行数据库的单独创建，则可以选择"仅安装数据库软件"选项；"升级现有的数据库"选项用于对已安装的数据库进行版本升级。这里选择默认选项"创建和配置数据库"。

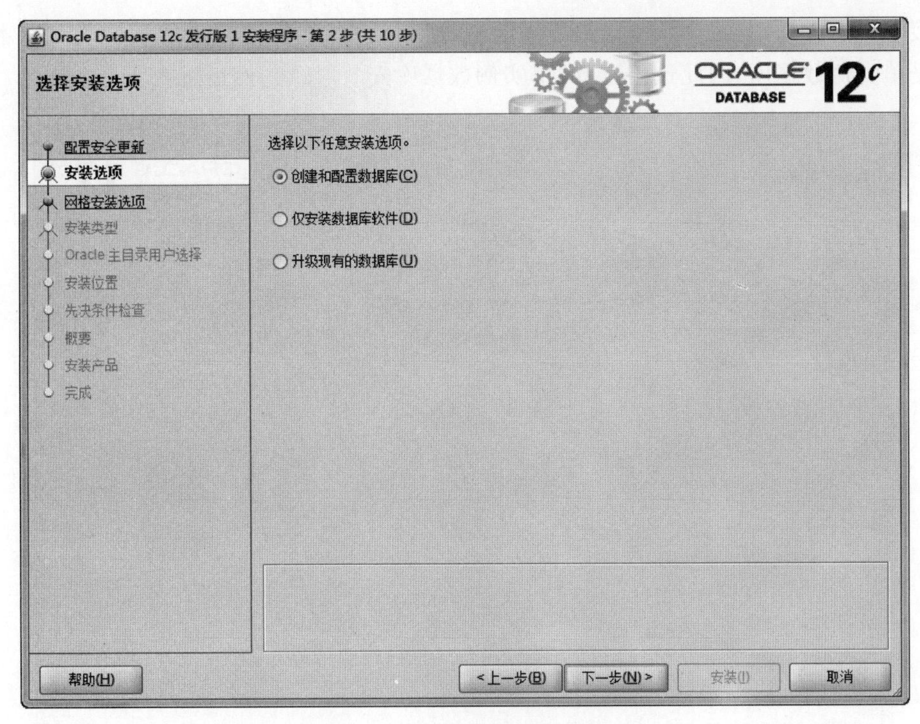

图 2-7　创建和配置数据库

单击“下一步”按钮，进入如图 2-8 所示的“系统类”对话框，选择要创建的数据库类型。这里选择“服务器类”选项，然后进入下一步。

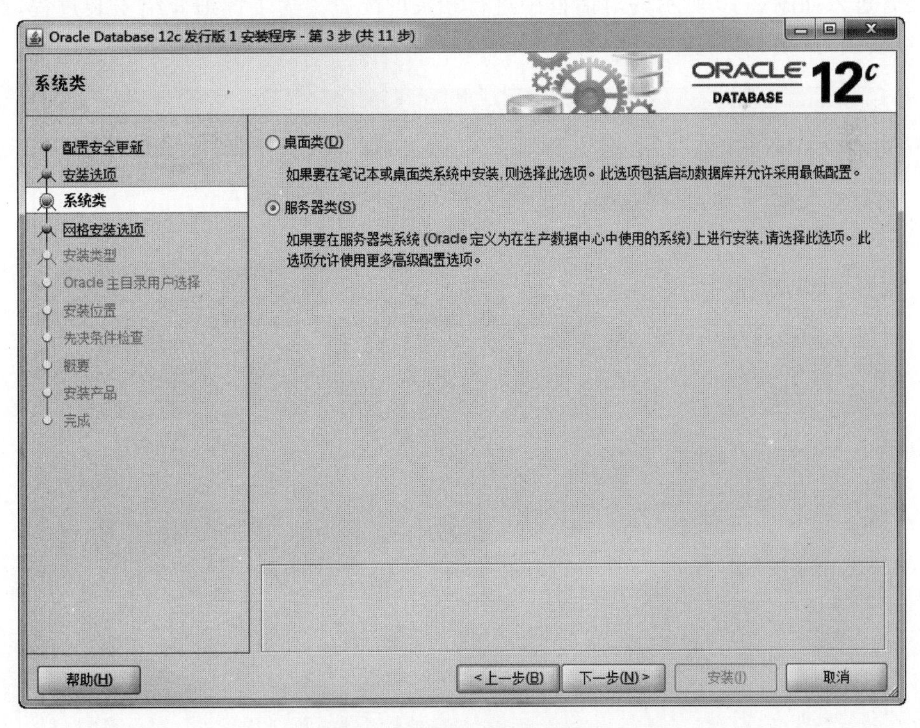

图 2-8　创建服务器类数据库

接下来进入如图 2-9 所示的“网格安装选项”对话框，选择数据库的安装类型。本书使用的是单实例数据库，因此这里选择“单实例数据库安装”按钮，然后进入下一步。

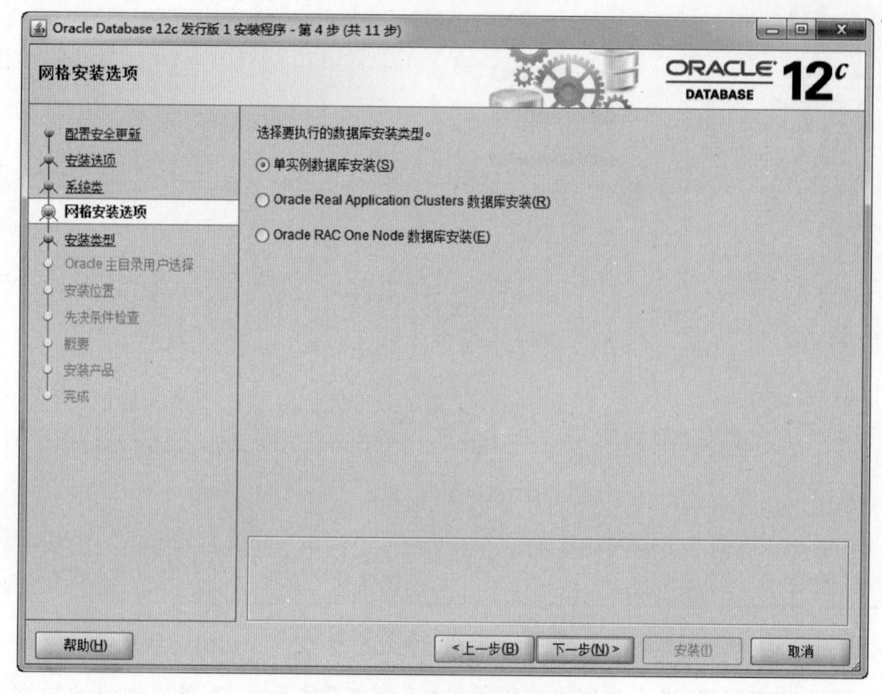

图 2-9　单实例数据库安装

接着进入如图 2-10 所示的对话框中进行相关的配置。为了详细介绍安装过程，这里选择“高级安装”选项，然后进入下一步。

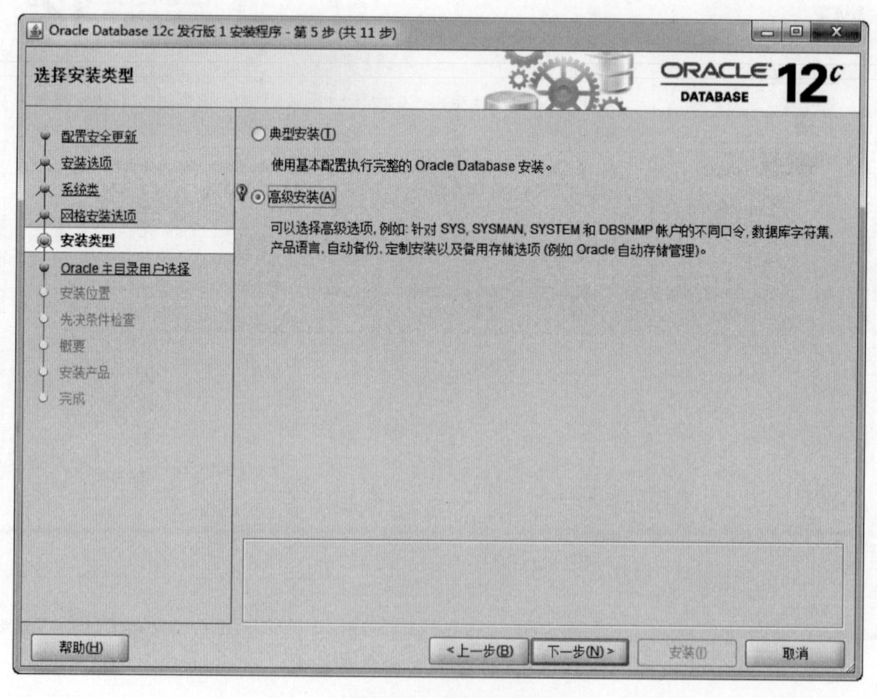

图 2-10　高级安装

进入高级安装之后，首先出现的是如图 2-11 所示的“选择产品语言”对话框，用来选择运行产品时使用的语言。这里选择默认的“简体中文”和“英语”选项，然后进入下一步。

图 2-11　选择产品语言

而后进入如图 2-12 所示的“选择数据库版本”对话框，选择 Oracle 的安装版本。此处选择“企业版”选项，然后进入下一步。

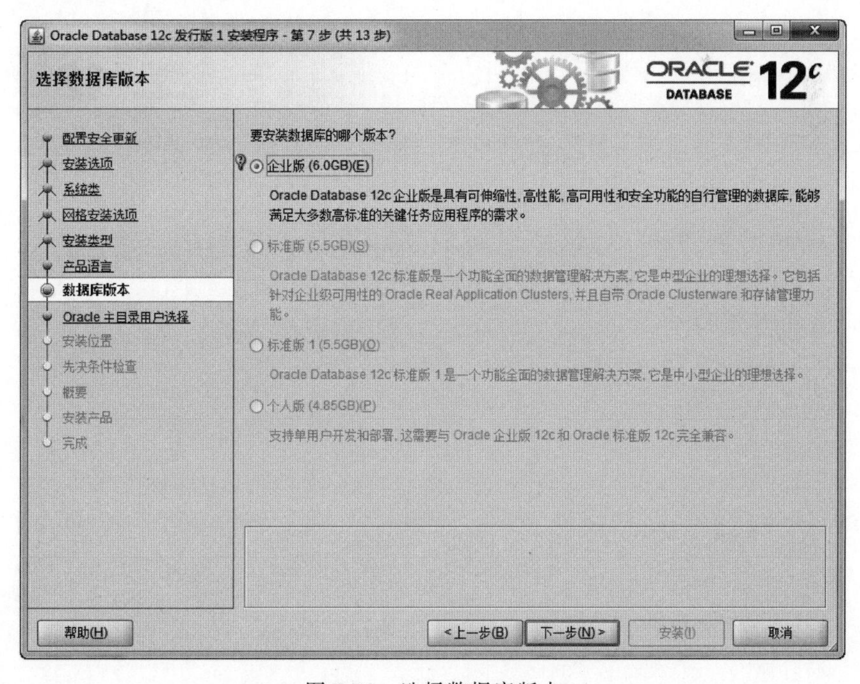

图 2-12　选择数据库版本

接着进入图 2-13 配置 Oracle 的安全认证模式。为了方便管理，此处创建一个新的 Windows 用户(qrsx/qrsx2015)，然后进入下一步。

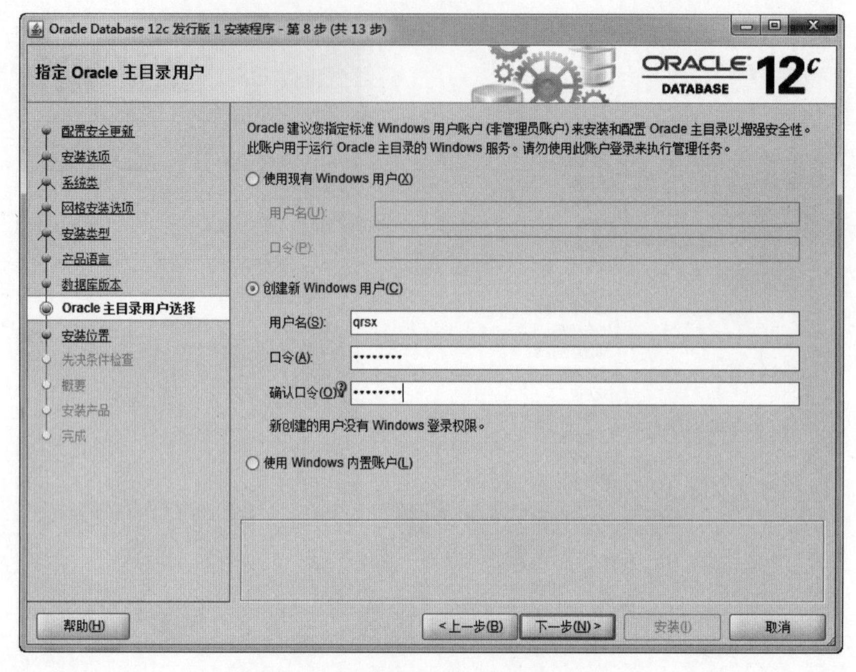

图 2-13　配置数据库的安全认证模式

随后进入如图 2-14 所示的安装路径对话框。这里选择将数据库安装在“d:\app\用户名”格式的目录下，然后进入下一步。

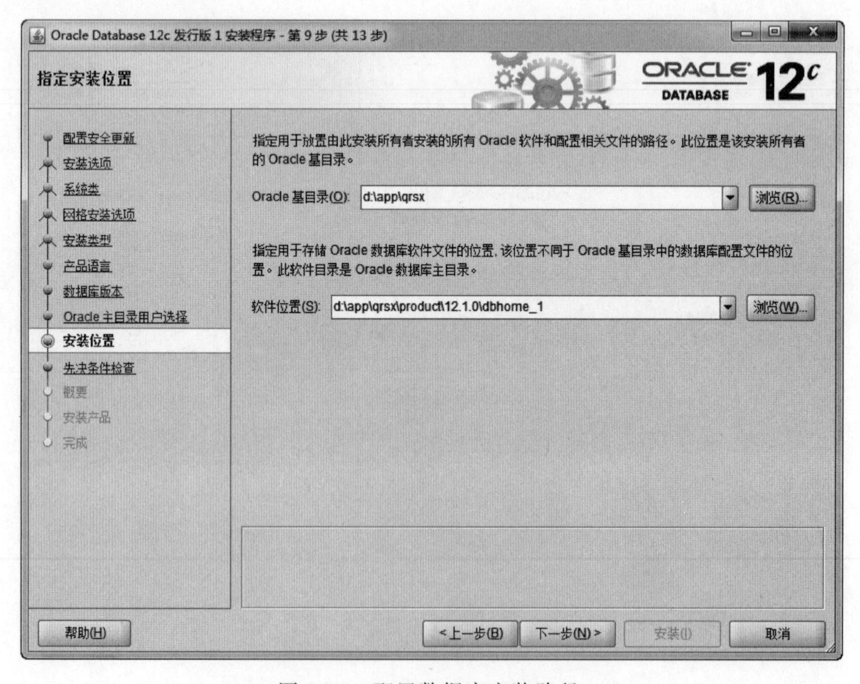

图 2-14　配置数据库安装路径

接着进入如图 2-15 所示的“选择配置类型”对话框。选择创建“一般用途/事务处理”数据库,然后进入下一步。

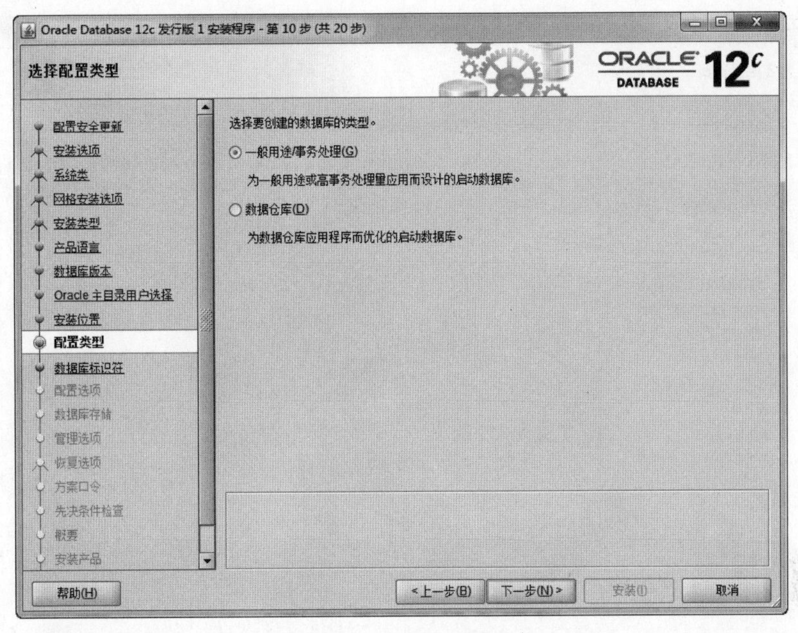

图 2-15 创建数据库类型

随后进入如图 2-16 所示的“指定数据库标识符”对话框,设置数据库的名称和数据库系统标识符(SID)。SID 用于标识 Oracle 数据库的特定实例,通常为了便于维护,SID 名称与数据库名称保持一致,此处统一设置为默认值“orcl”。在 Oracle 12c 中新引入了可插入数据库(PDB)功能,此处暂不使用,取消“创建为容器数据库”选项的勾选,然后进入下一步。

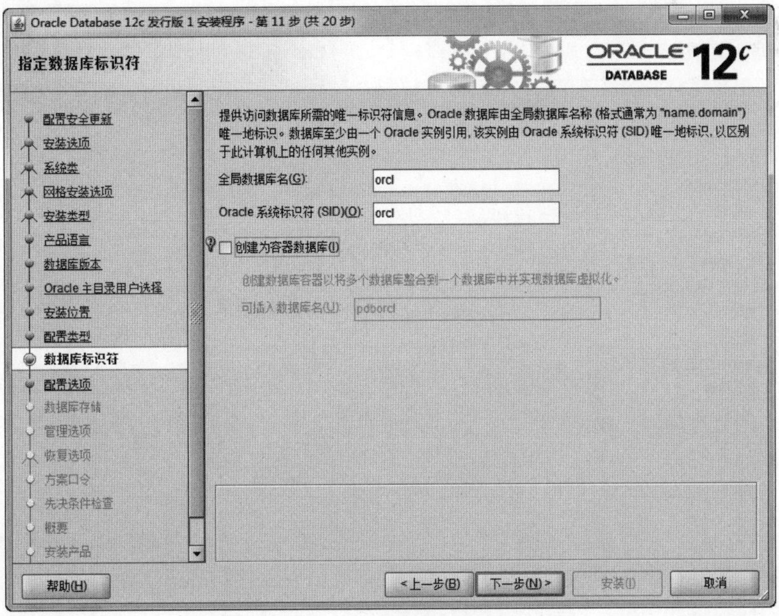

图 2-16 配置数据库名称

接着进入如图 2-17 所示的“指定配置选项”对话框，在“内存”选项卡中进行数据库内存分配的设置。这里选择“启用自动内存管理”选项。

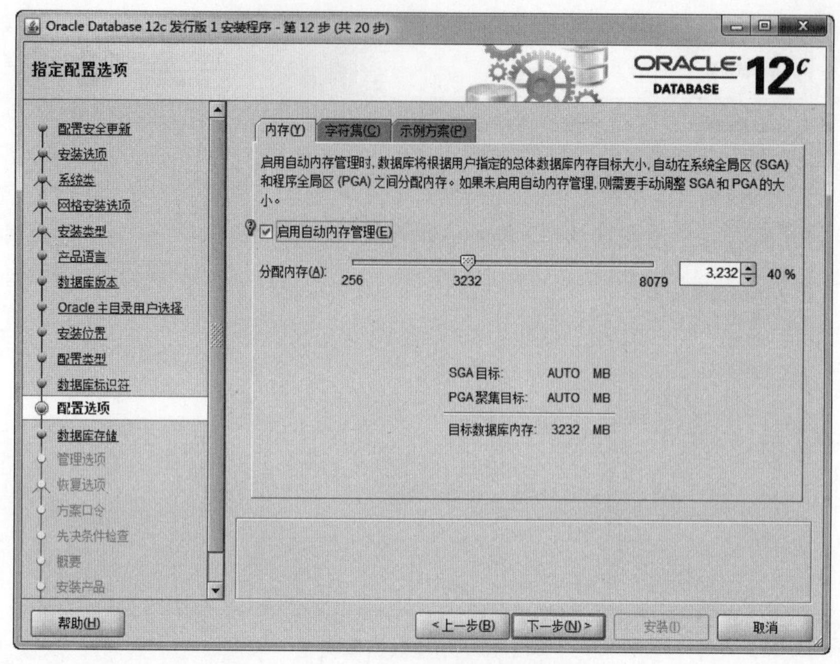

图 2-17　配置数据库内存

接着切换到如图 2-18 所示的“字符集”选项卡，设置字符数据在数据库中的存储方式。此处建议选择“使用 Unicode(AL32UTF8)”，以便支持多种国家语言。如果用户确定是在中文下使用，也可以设置为“简体中文 ZHS16GBK”。

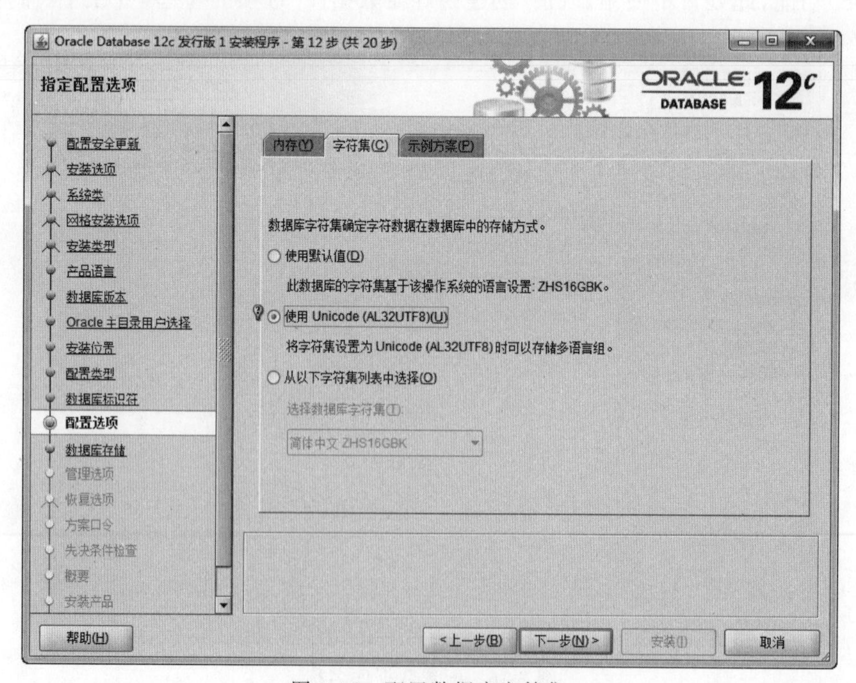

图 2-18　配置数据库字符集

接着再切换到如图 2-19 所示的“示例方案”选项卡，选中“创建具有示例方案的数据库”选项。这样会同时创建一个带有示例数据的数据库。继续单击“下一步”按钮。

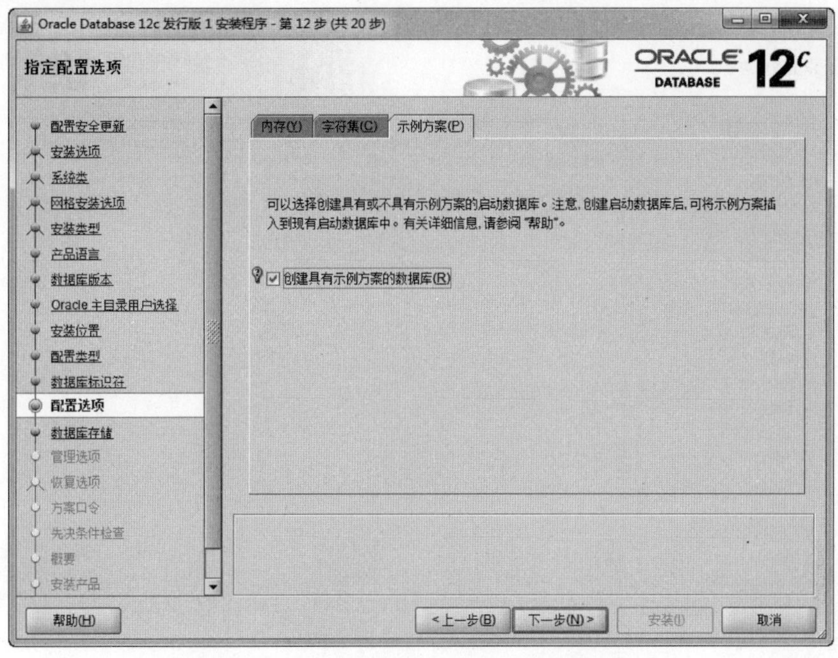

图 2-19　创建具有示例方案的启动数据库

接着进入如图 2-20 所示的“指定数据库存储选项”对话框，为使初学者更易于理解和学习，此处选择使用“文件系统”，软件会按照前面步骤中指定的数据库安装位置设置默认的数据库文件存储位置，此处采用默认值即可，然后进入下一步。

图 2-20　设置数据文件存储目录

随后进入如图 2-21 所示的“指定管理选项”对话框，这里使用数据库默认的 Oracle Database Express 管理，然后进入下一步。

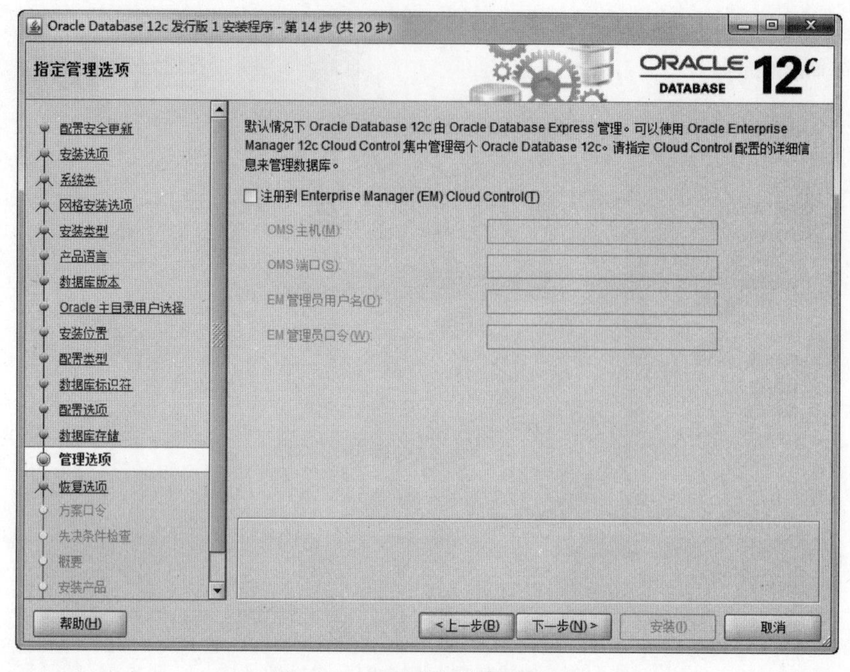

图 2-21　配置数据库管理方式

接着进入如图 2-22 所示的“指定恢复选项”对话框，设置是否启用数据库的自动恢复功能。此处选中“启用恢复”选项，并通过文件系统进行恢复，然后进入下一步。

图 2-22　启用数据库自动恢复

接下来进入如图 2-23 所示的用户密码配置对话框，为 Oracle 数据库默认创建的一些主要用户设置密码。

- SYS 用户：当创建一个数据库时，SYS 用户将被默认创建并授予 DBA 角色，有权查看数据库的所有数据字典。
- SYSTEM 用户：与 SYS 用户一样，在创建 Oracle 数据库时，SYSTEM 用户被默认创建并被授予 DBA 角色，用于创建显示管理信息的表或视图，以及被各种 Oracle 数据库应用和工具使用的内容表或视图。
- DBSNMP 用户：是 Oracle 数据库中用于智能代理(Intelligent Agent)的用户，用来监控和管理数据库相关性能，如果停止该用户，则无法提取相关的数据信息。
- PDBADMIN 用户：Oracle 12c 中新引入的可插拔数据库(PDB)的管理员用户。

此处为了使用方便，先将所有用户的密码统一设置为“admin2015”，然后进入下一步。

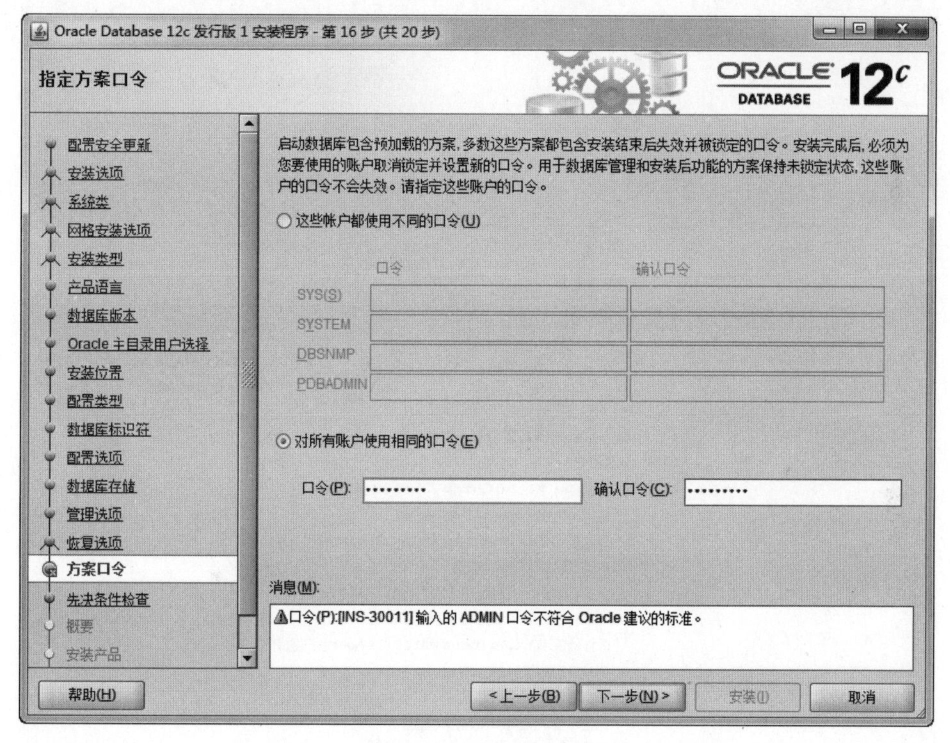

图 2-23 设置账户密码

注意

> 此处设置的密码只是方便使用，安装完成后还可以针对用户对密码进行修改。在 Oracle 中，同时包含大写字母、小写字母、数字和下画线的密码才是一个合格的密码。

接下来就进入如图 2-24 所示的安装前的环境检查对话框。

安装环境检查完成后，进入如图 2-25 所示的安装信息确认对话框，然后单击“安装”按钮启动安装程序，出现如图 2-26 所示的安装进度对话框。

图 2-24　安装环境检查

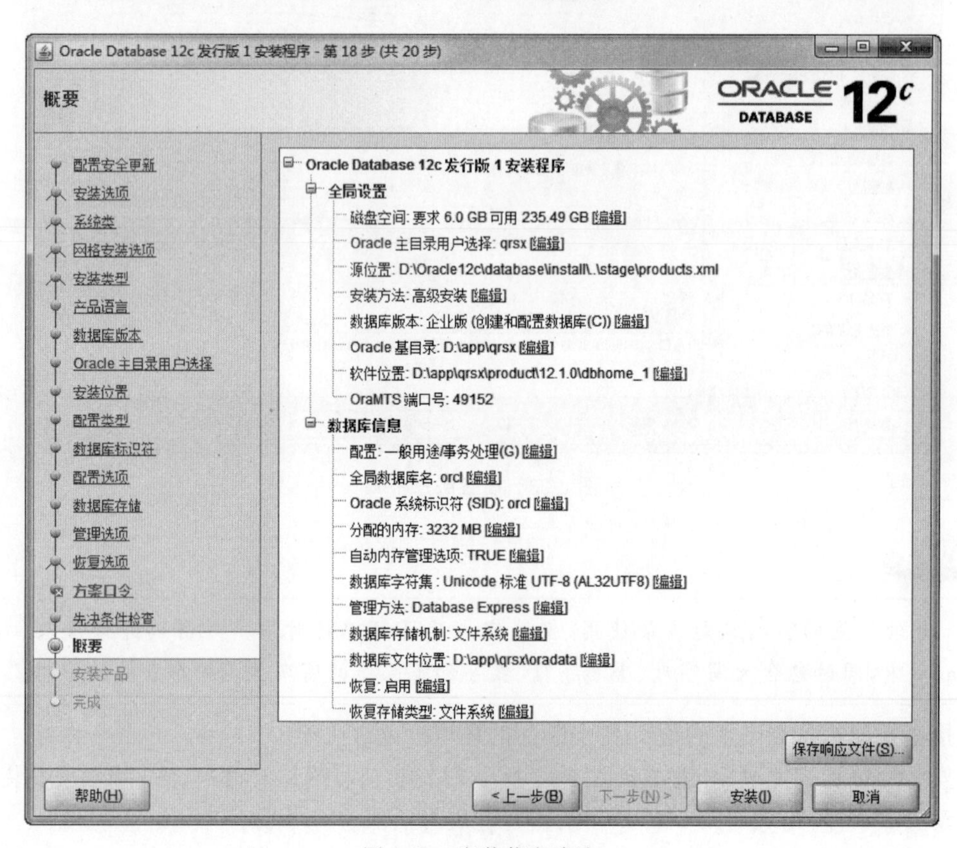

图 2-25　安装信息确认

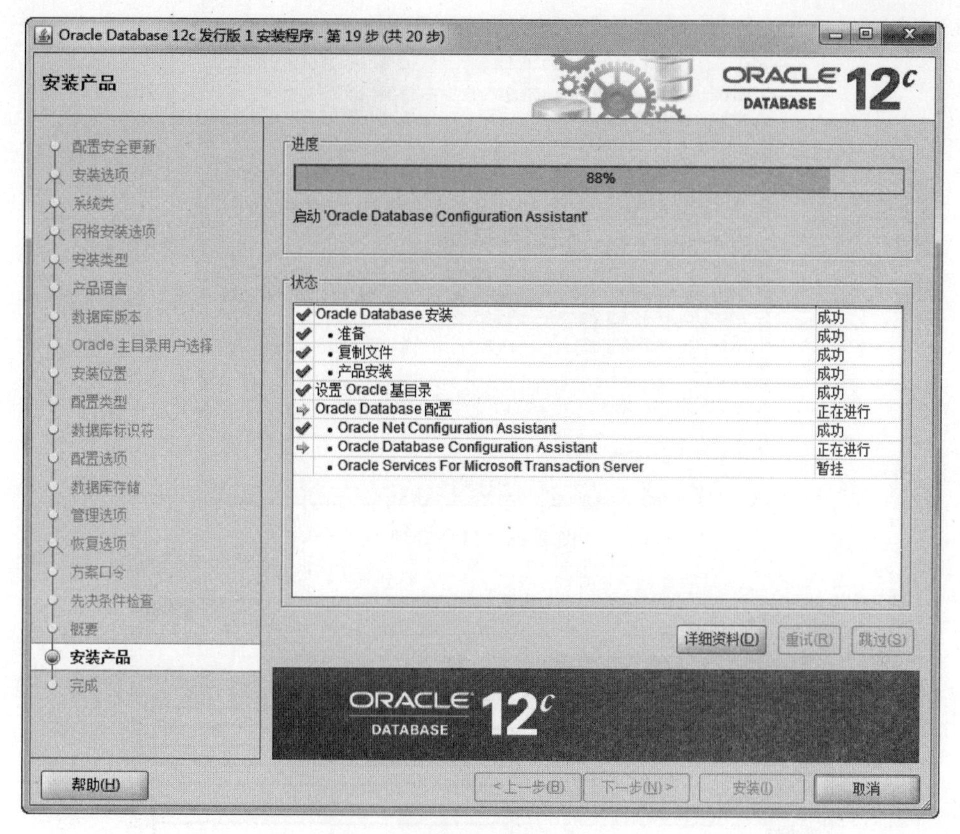

图 2-26 安装进度

在 Oracle 数据库平台安装完成后，自动进入 orcl 数据库的安装对话框，如图 2-27 所示。此安装过程会花费较长时间，随后出现如图 2-28 所示的数据库口令管理对话框，此时如果想重新设置账户的密码或为某些账户解锁，可以单击“口令管理”按钮，将出现如图 2-29 所示的对话框。

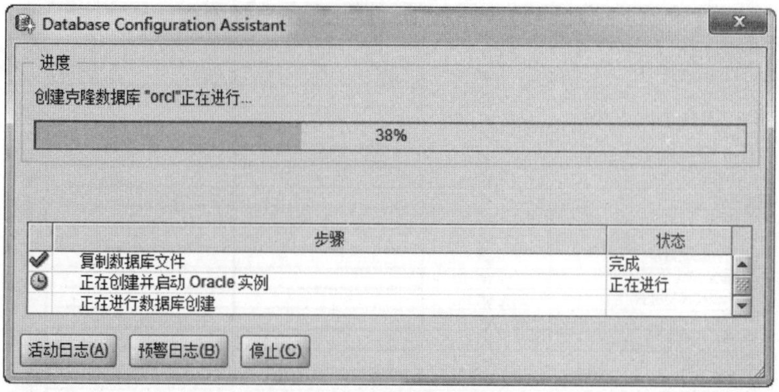

图 2-27 数据库安装

配置完口令管理后，直接单击“确定”按钮，Oracle 数据库便安装完成了，会出现如图 2-30 所示的安装成功提示对话框。此时单击“关闭”按钮，关闭此对话框即可。

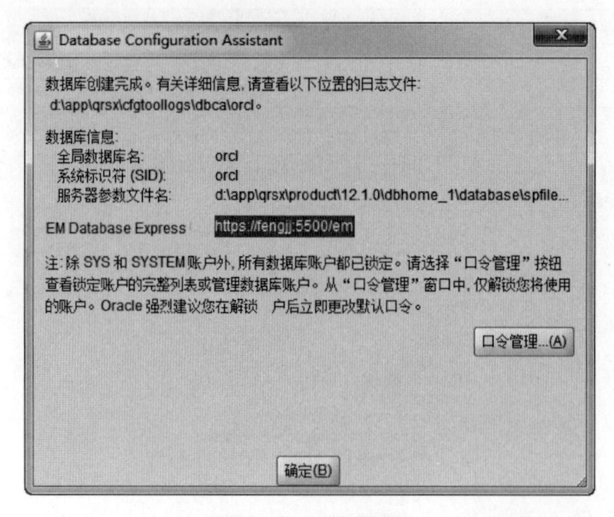

图 2-28　口令管理

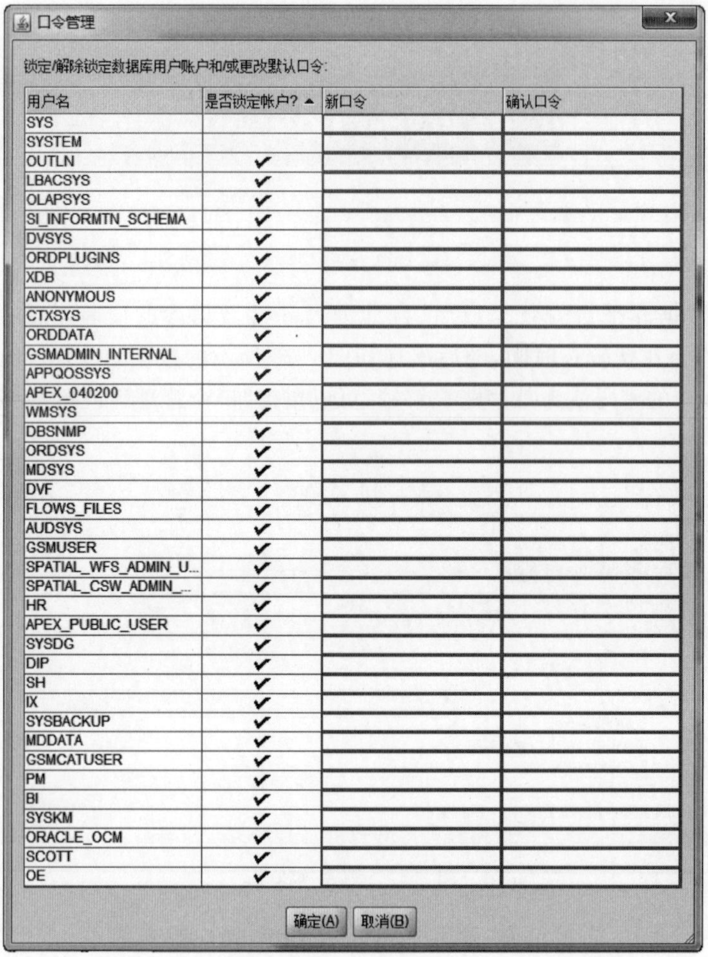

口令管理

锁定/解除锁定数据库用户账户和/或更改默认口令:

用户名	是否锁定帐户? ▲	新口令	确认口令
SYS			
SYSTEM			
OUTLN	✔		
LBACSYS	✔		
OLAPSYS	✔		
SI_INFORMTN_SCHEMA	✔		
DVSYS	✔		
ORDPLUGINS	✔		
XDB	✔		
ANONYMOUS	✔		
CTXSYS	✔		
ORDDATA	✔		
GSMADMIN_INTERNAL	✔		
APPQOSSYS	✔		
APEX_040200	✔		
WMSYS	✔		
DBSNMP	✔		
ORDSYS	✔		
MDSYS	✔		
DVF	✔		
FLOWS_FILES	✔		
AUDSYS	✔		
GSMUSER	✔		
SPATIAL_WFS_ADMIN_U...	✔		
SPATIAL_CSW_ADMIN_...	✔		
HR	✔		
APEX_PUBLIC_USER	✔		
SYSDG	✔		
DIP	✔		
SH	✔		
IX	✔		
SYSBACKUP	✔		
MDDATA	✔		
GSMCATUSER	✔		
PM	✔		
BI	✔		
SYSKM	✔		
ORACLE_OCM	✔		
SCOTT	✔		
OE	✔		

确定(A)　取消(B)

图 2-29　口令管理

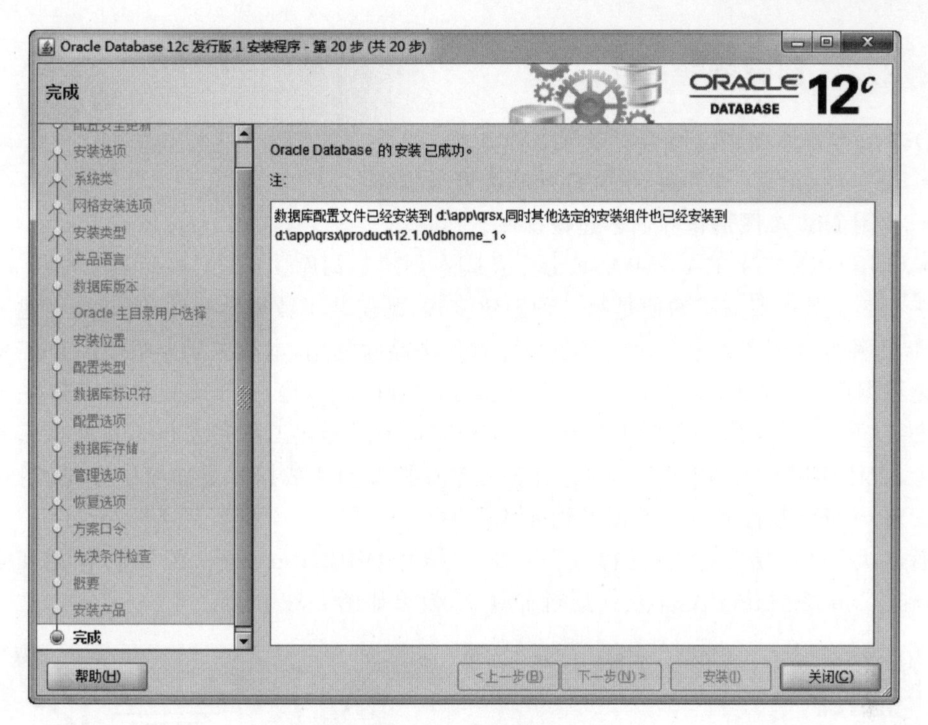

图 2-30　安装成功

4. Oracle 12c 数据库服务的启动

Oracle 安装成功后，会在 Windows 系统中出现如图 2-31 所示的服务选项，其中有以下两个服务最为重要，是应用程序开发中必须启动的两个服务。

- OracleServiceORCL：数据库主服务。命名格式为：OracleService　数据库名称。
- OracleOraDB12Home1TNSListener：数据库监听服务。当需要通过应用程序进行数据库访问时，必须启动此服务，否则将无法进行数据库的连接。

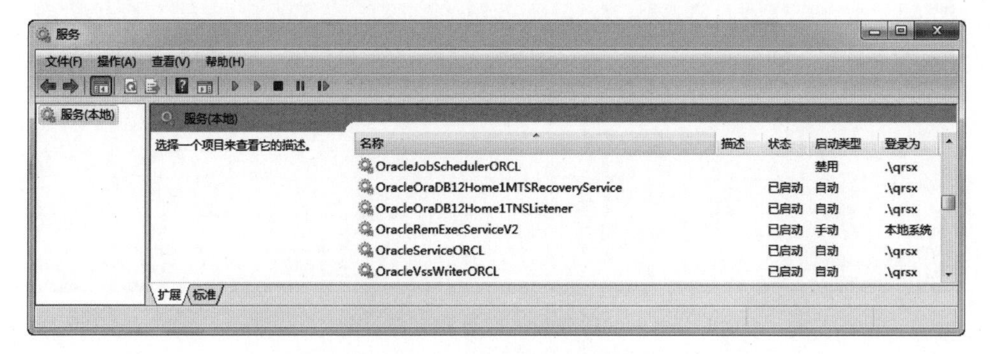

图 2-31　Oracle 数据库服务

注意

在一台计算机中可以配置多个数据库，每配置一个新的数据库，系统服务中便会多出现一个名为 OracleService＋数据库名称的服务，如图 2-31 中的 OracleServiceORCL。

2.2.2 创建数据库

Oracle 数据库的创建通常有以下 3 种方式:

- 在安装 Oracle 软件时,选择创建和配置数据库。
- 使用 DBCA 图形化界面创建数据库。
- 使用 CREATE DATABASE 命令及脚本创建数据库。

在 2.2.1 节中所演示的便是第一种创建方式,既安装了数据库软件,同时也创建了数据库 orcl,此种方式适合于第一次安装数据库软件产品时使用,本节主要介绍使用 DBCA 的方式创建数据库。DBCA(DataBase Configuration Assistant)是在 Oracle 数据库软件安装时自动安装的一个数据库配置助手工具,它使用 DBCA 图形化工具完成 Oracle 数据库的创建和配置,它比使用 CREATE DATABASE 命令及脚本创建数据库更加简单方便,同时具有与在安装 Oracle 软件时创建数据库相同的效果。

通过执行“开始”→“所有程序”→ Oracle-OraDB12Home1 →“配置和移植工具”→ Database Configuration Assistant 运行 DBCA,效果如图 2-32 所示。

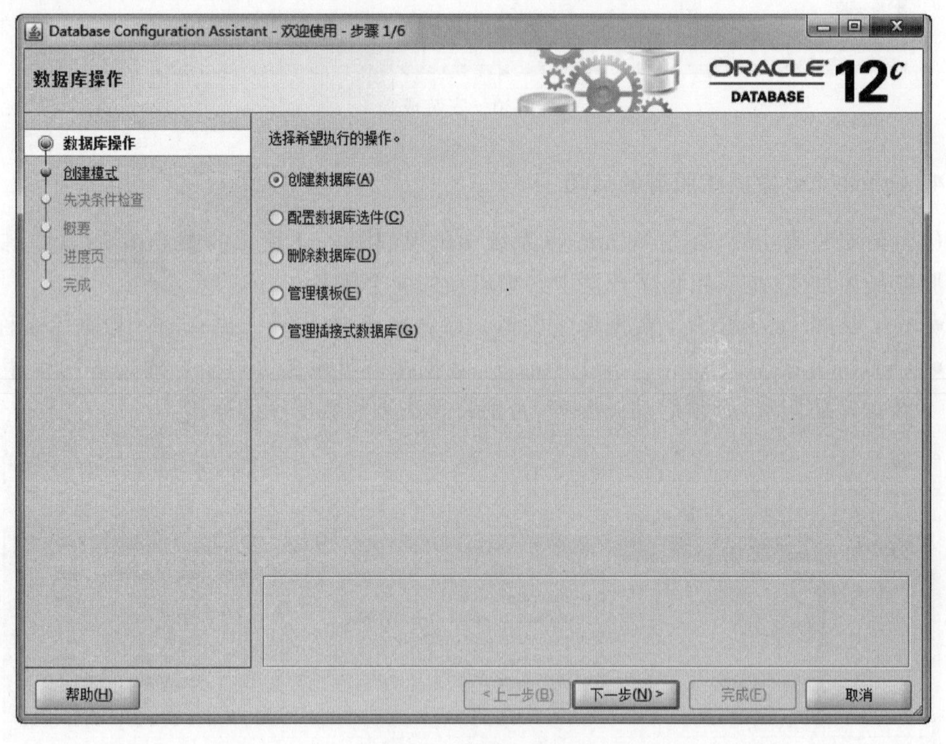

图 2-32 启动 DBCA

在图 2-32 中选择“创建数据库”,然后单击“下一步”按钮,进入如图 2-33 所示的数据库“创建模式”对话框。其中,“高级模式”的创建方式配置较为详细,与 2.2.1 节介绍的数据库创建过程类似;“使用默认配置创建数据库”模式可以采用默认配置创建一个较为通用的数据库。

在图 2-33 中,各配置项的含义如下。

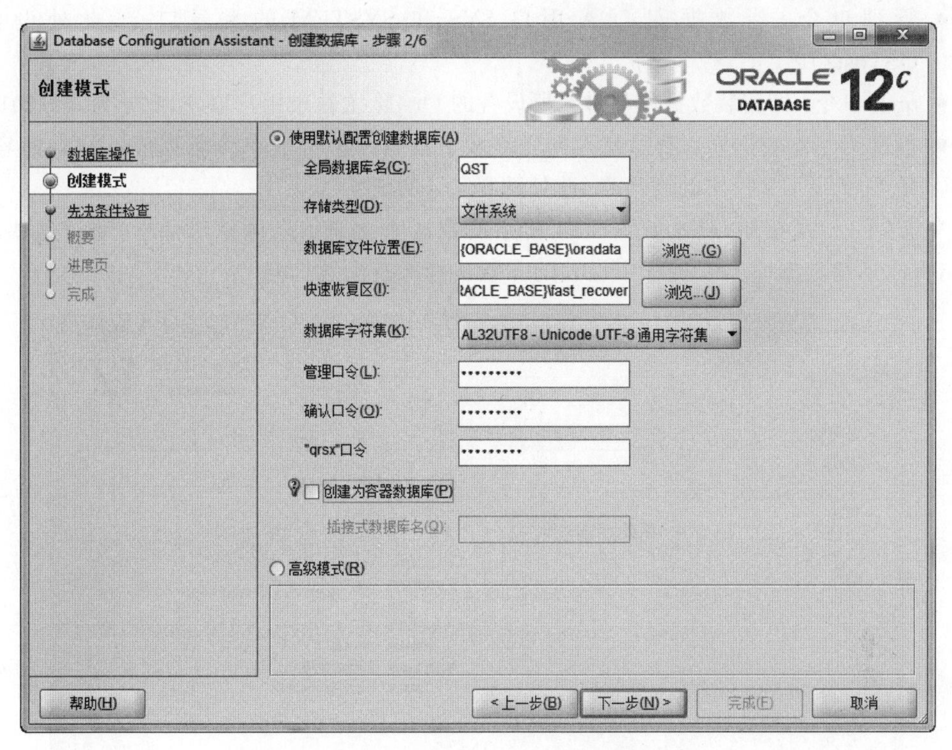

图 2-33 使用默认配置创建数据库

- 全局数据库名：唯一标识 Oracle 数据库，命名格式为“<database_name>.<database_domain>”，对于简单环境的应用，输入<database_name>部分即可，<database_name>部分长度不能超过 8 个字符，并且是只能包含字母和数字的字符。在本例中，以“QST”作为要创建的数据库名。在默认情况下，系统标识符(SID)与全局数据库名相同。
- 存储类型：Oracle 数据库的存储类型包括文件系统和自动存储管理。文件系统可以在当前文件系统的目录中保存和维护数据库文件，默认情况下 DBCA 工具使用标准命名和位置保存数据库文件，从而使数据库文件管理井然有序；自动存储管理可以简化数据库文件的管理，只需管理少量的存盘组而无须管理众多的数据文件。对于初学者，选择使用文件系统更易于理解和学习。
- 数据库文件位置：是指数据库的数据文件、控制文件、重做日志文件等数据库文件的存放目录，默认位于 Oracle 数据库安装的主目录，在本例中根据 2.2.1 节数据库软件的安装目录，目录默认为“D:\app\qrsx\oradata”。
- 快速恢复区：在数据库系统发生故障进行恢复时，会根据快速恢复区地址查找存储在其中的备份文件、归档日志文件等进行数据库恢复。在本例中，地址默认为“D:\app\qrsx\fast_recovery_area”。
- 数据库字符集：数据库字符集关系到数据库中存储及显示不同编码方案的字符，而且还会影响读取数据的性能、存储数据的空间等。此处默认为操作系统的语言设置。如果数据库存储及显示内容涉及多个国家的字符编码方案，则应该选择 Unicode 的 AL32UTF8 字符集。

- 管理口令：指数据库 DBA 用户 SYS 和 SYSTEM 的登录口令，此处设置为 QSTqst2015。
- qrsx 口令：即安装数据库软件时所设置的 Oracle 主目录用户口令，此处为 qrsx2015。
- 创建为容器数据库：表示是否创建将多个数据库整合成单个数据库的数据库容器，是 Oracle 12c 推出的新特性，此处选择暂不创建。

单击“下一步”按钮，进入如图 2-34 所示的数据库创建信息确认对话框，通过这些配置信息，可以了解数据库安装过程中设置的和默认的所有配置信息。

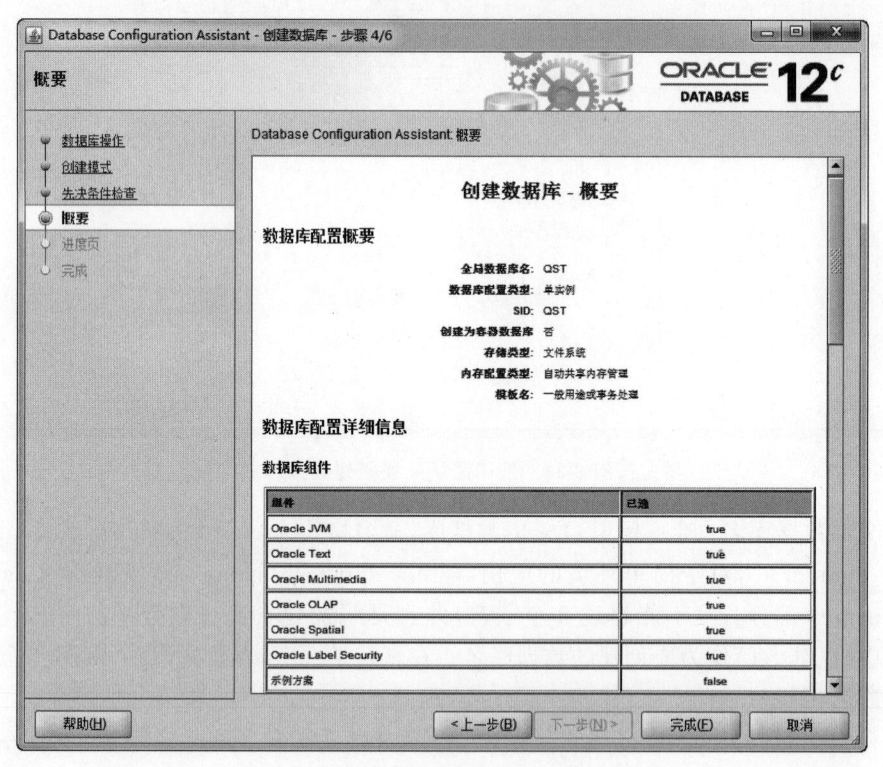

图 2-34 数据库配置信息概要

单击“完成”按钮，进入如图 2-35 所示的数据库创建进度对话框。创建完成后，接着弹出如图 2-36 所示的数据库创建完成提示对话框。在此对话框中，可以通过“口令管理”选项修改 SYS 或 SYSTEM 用户的密码，也可以为其他用户解锁和设置口令。

单击图 2-36 中的“关闭”按钮，使用 DBCA 创建数据库完成。

2.2.3 卸载 Oracle 12c 数据库

Oracle 10g、Oracle 11g 等数据库软件产品的卸载是相当烦琐的，Oracle 12c 在软件卸载方面进行了改进，通过运行一个批处理文件便可以轻松完成，无须再进行注册表的清理。

找到 Oracle 12c 数据库的安装目录，如 2.2.1 节中的安装目录 D:\app\qrsx\product\12.1.0\dbhome_1\deinstall，执行目录下的批处理文件 deinstall.bat，运行效果如图 2-37 所示。

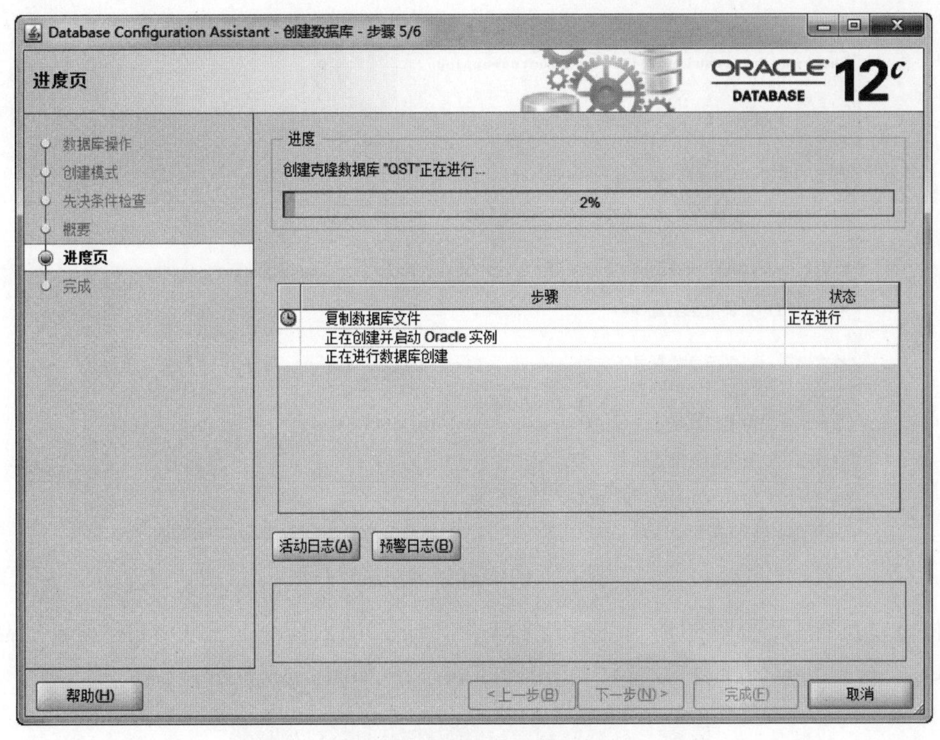

图 2-35 数据库创建进度

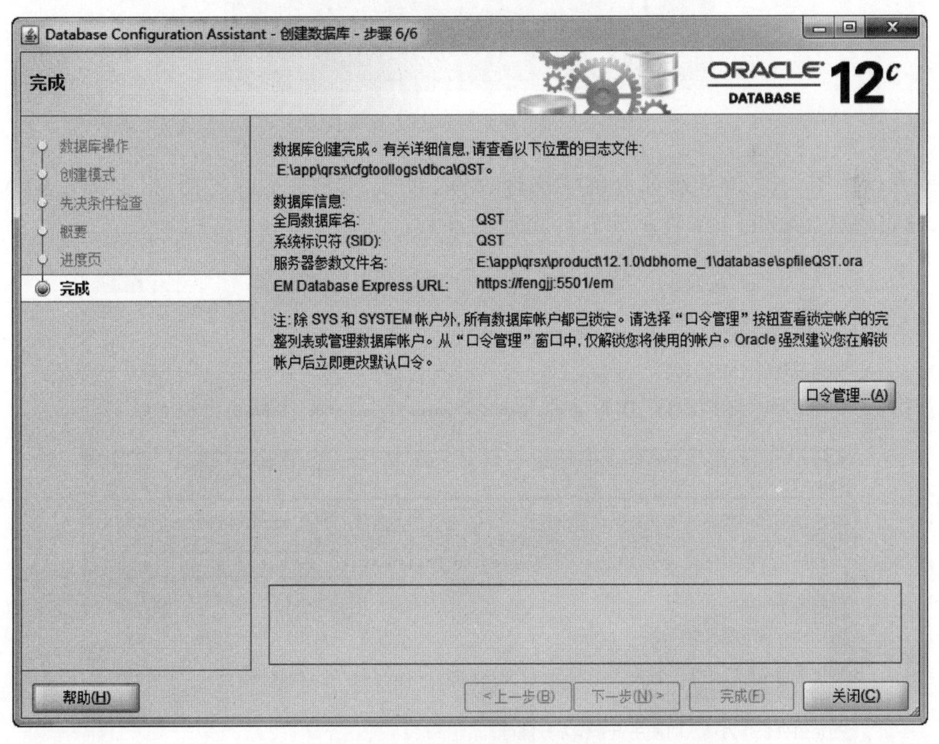

图 2-36 数据库创建完成提示

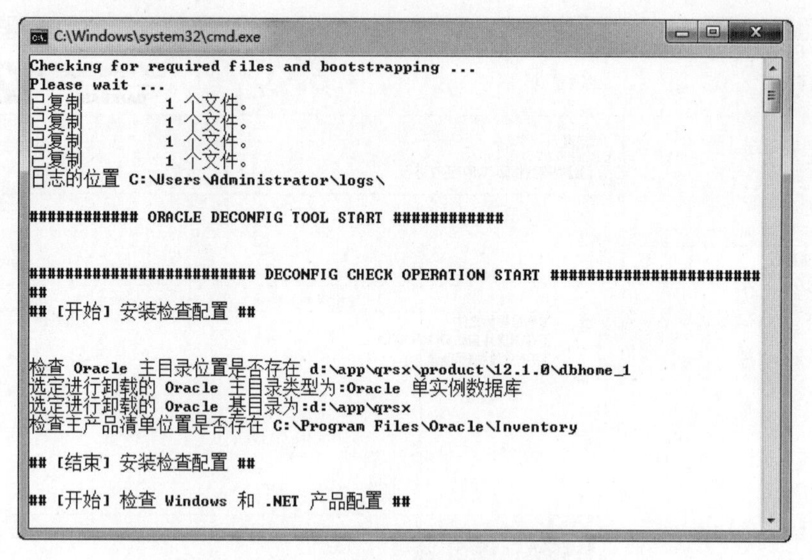

图 2-37　Oracle 12c 数据库软件卸载

也可以执行“开始”→“所有程序”→Oracle-OraDB12Home1→“Oracle 安装产品”→Universal Installer，同样会提示需要使用的卸载命令，如图 2-38 所示。

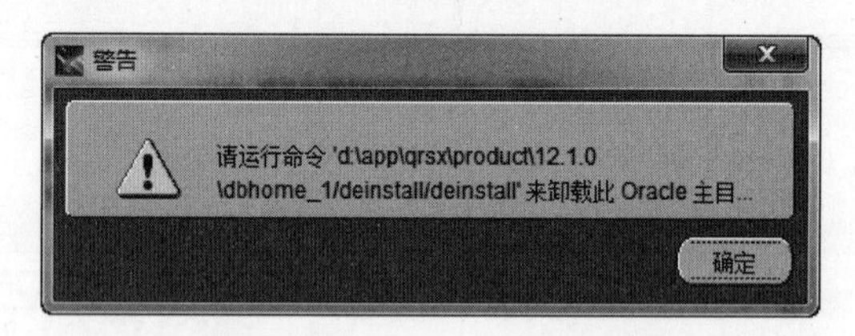

图 2-38　Oracle 12c 产品卸载提示

接着按照图 2-37 的卸载命令继续执行，出现如图 2-39 所示的界面，根据提示输入相应选项，便可完成 Oracle 12c 数据库软件产品的卸载。

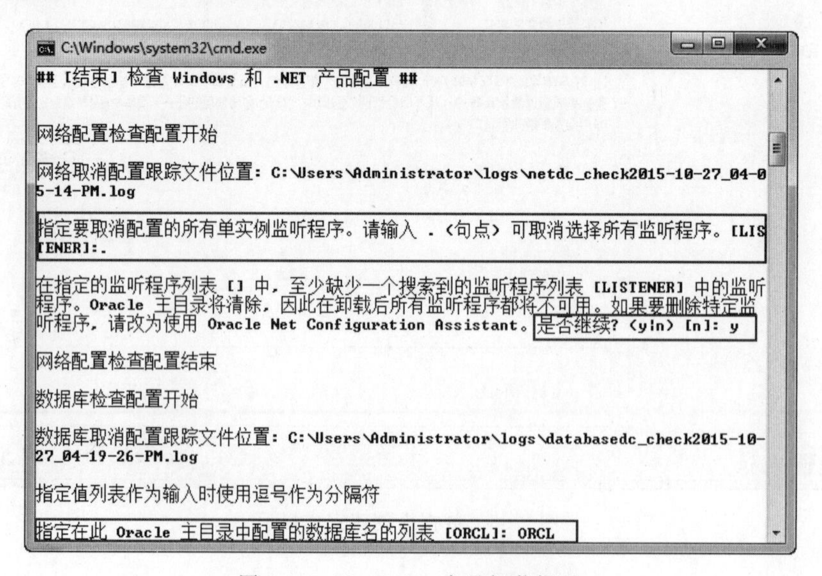

图 2-39　Oracle 12c 产品卸载提示

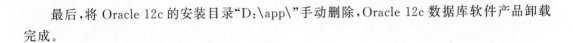

最后，将 Oracle 12c 的安装目录“D:\app\”手动删除，Oracle 12c 数据库软件产品卸载完成。

2.3 Oracle 数据库体系结构

Oracle 数据库体系结构是指 Oracle 数据库的组成、工作原理和工作过程，包括数据在数据库内外的组织与管理机制、内存的分配与管理、进程的分工协作，以及各个组成部分的功能、联系等。虽然 Oracle 数据库版本不断升级，新功能不断增加，系统不断完善，但 Oracle 数据库的体系结构基本保持不变。

Oracle 数据库由存放在磁盘的数据库和对磁盘上的数据库进行管理的数据库管理系统两部分构成，这两部分分别对应着数据库的存储结构和软件结构。

Oracle 数据库的存储结构分为物理存储结构和逻辑存储结构，分别描述了在操作系统中和数据库系统内部数据的组织与管理方式。其中，物理存储结构表现为操作系统中的一系列文件；逻辑存储结构是对物理存储结构的逻辑组织与管理。

Oracle 数据库的软件结构，即 Oracle 数据库实例(Instance)，包括内存结构和后台进程结构两部分。其中，内存结构主要由系统全局区(SGA)和程序全局区(PGA)两部分组成，分别用于缓存共享的数据库信息，以及存储后台进程的数据信息和控制信息；后台进程结构是内存结构与物理存储结构之间沟通的桥梁，负责处理内存和文件间的数据交互。

Oracle 数据库基本的体系结构如图 2-40 所示。

2.3.1 物理存储结构

Oracle 数据库在物理上由存储在磁盘中的操作系统文件组成，这些文件组成 Oracle 的物理存储结构。主要的物理文件包括数据文件(*.dbf)、控制文件(*.ctl)和重做日志文件(*.log)。

1. 数据文件

数据文件(Data File)是指存储数据库数据的文件。每一个 Oracle 数据库都有一个或多个物理的数据文件，所有数据文件大小的和构成了数据库的大小。逻辑数据库结构(如表、索引)的数据都物理地存储在数据库的数据文件中。

数据文件具有以下特点：

- 一个表空间由一个或多个数据文件组成。
- 一个数据文件只对应一个数据库，而一个数据库通常包含多个数据文件。
- 数据文件可以通过设置参数，实现自动扩展的功能。

2. 控制文件

控制文件(Control File)记录了数据库的结构信息，用于控制数据库的物理结构。控制文件中的数据库结构信息包括数据库名称、数据库建立日期、数据库中数据文件与日志文件的名称及位置、表空间信息、归档日志信息、当前的日志序列号、检查点信息等。

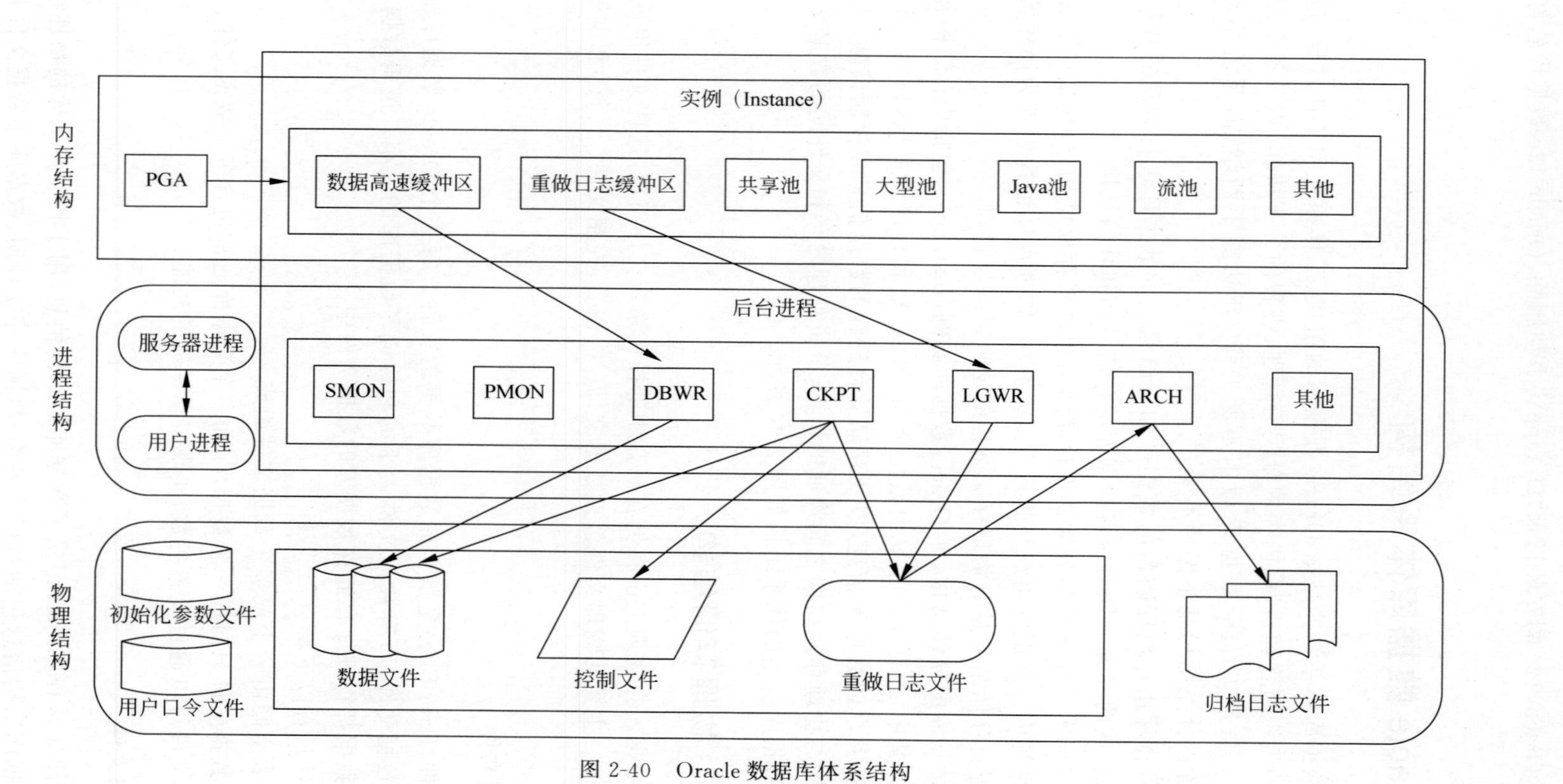

图 2-40　Oracle 数据库体系结构

一个 Oracle 数据库通常包含多个控制文件，在安装 Oracle 系统时，会自动创建控制文件。在数据库的使用过程中，数据库需要不断更新控制文件，一旦控制文件受损，数据库将无法正常工作。

3. 重做日志文件

重做日志文件(Redo Log File)简称日志文件，是指记录数据库中所有变更操作信息的文件。借助于日志文件，可以进行事务的重做或回退，是数据库实例恢复的基础，保证了数据库的安全。

为了确保日志文件的安全，在实际应用中，允许对日志文件进行镜像。一个日志文件和它的所有镜像文件构成一个日志文件组，同一组中所有重做日志文件成员的内容完全相同，同一组中的日志文件最好保存到不同的磁盘中以防止物理损坏。

4. 其他文件

在 Oracle 中，除了前面介绍的数据文件、控制文件和重做日志文件以外，还有以下几个比较重要的文件。

- 归档重做日志文件：数据库在归档模式下会把已经写满了的重做日志文件保存到指定的一个或多个位置，被保存的重做日志文件的集合称为归档重做日志文件，这个过程称为归档。
- 初始化参数文件：用于在数据库启动实例时配置数据库，该文件主要设置数据库实例名称、实例所需要的内存区域大小等。
- 配置参数文件：该文件在数据库对应多个实例时才会存在，如果一个数据库只对应一个实例则不会产生此文件。此文件一般被命名为 config. ora，一般由初始化参数文件调用。
- 备份文件：当文件受损时，可以借助于备份文件对受损文件进行恢复。
- 跟踪文件：该文件包含数据库系统运行过程中所遇到的重大事件的有关信息，为数据库运行故障的解决提供重要信息。

2.3.2 逻辑存储结构

Oracle 数据库通常从逻辑的角度分析数据库的构成，数据库创建后，利用逻辑概念描述数据库内部数据的组织和管理形式。在操作系统中，没有数据库逻辑存储结构信息，而只有物理存储结构信息，这两种结构体系既相互对应又相互独立。数据库的逻辑存储结构概念存储在数据库的数据字典中，可以通过数据字典查询逻辑存储结构信息。

Oracle 的逻辑存储结构主要包括表空间(Tablespace)、段(Segment)、区(Extent)和数据块(Data Block)。一个数据库包括多个表空间，一个表空间包括多个段，一个段由多个区构成，一个区又由多个数据块组成。

Oracle 数据库逻辑存储结构如图 2-41 所示。

1. 表空间

表空间(Tablespace)是 Oracle 数据库中最大的逻辑存储单元。表空间与物理上的数据

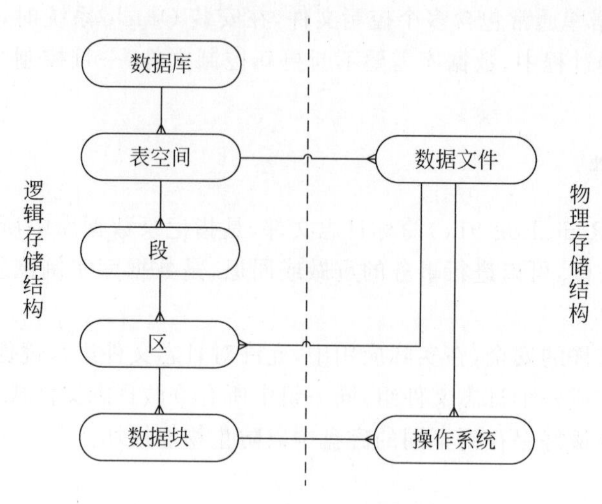

图 2-41　Oracle 数据库逻辑存储结构

文件相对应,一个表空间可以对应多个数据文件,但是一个数据文件只能对应一个表空间。一个表空间的大小等于构成该表空间的所有数据文件大小的总和。

在安装 Oracle 时,系统会自动创建一系列表空间,这些表空间的说明如下:

- SYSTEM:系统表空间。用于存储系统的数据字典、数据对象定义、系统的管理信息等。
- SYSAUX:辅助系统表空间。用于减少系统表空间的负荷,提高系统的作业效率。
- TEMP:临时表空间。用于存储临时的数据,如存储排序时产生的临时数据。
- EXAMPLE:实例表空间。其中存放实例数据库的模式对象信息等。
- UNDOTBS1:撤销表空间。用于在自动撤销管理方式下存储撤销信息。
- USERS:用户表空间。用于存储用户创建的数据库对象。

通过查询数据字典视图 V$TABLESPACE 和 V$DATAFILE,可以获取表空间与数据文件的关系。

【示例】 获取表空间与数据文件的关系。

```
SQL> SELECT T.NAME TNAME,D.NAME DNAME
     FROM V$TABLESPACE T,V$DATAFILE D
     WHERE T.TS# = D.TS#;
TNAME                 DNAME
-------------------   ----------------------------------------
SYSTEM                D:\APP\QRSX\ORADATA\ORCL\SYSTEM01.DBF
SYSAUX                D:\APP\QRSX\ORADATA\ORCL\SYSAUX01.DBF
UNDOTBS1              D:\APP\QRSX\ORADATA\ORCL\UNDOTBS01.DBF
USERS                 D:\APP\QRSX\ORADATA\ORCL\USERS01.DBF
EXAMPLE               D:\APP\QRSX\ORADATA\ORCL\EXAMPLE01.DBF
```

2. 段

段(Segment)是由一个或多个连续或不连续的区组成的逻辑存储单元,是表空间的组成单位。段用于存储表空间中某一种特定的、具有独立存储结构的数据库对象的数据,如表数据、索引数据等。因此，段一般是数据库终端用户处理的最小存储单位。

按照段中所存储数据的特征，可以将段分为5种类型：数据段、索引段、临时段、LOB段和回退段。

- 数据段：又称表段。用于存储表中的数据。如果用户在表空间中创建一个表，系统会自动在该表空间中创建一个数据段，而且数据段的名称与表的名称相同。
- 索引段：用于存储表中的所有索引数据。如果用户创建一个索引，系统会为该索引创建一个索引段，而且索引段的名称与索引的名称相同。
- 临时段：用于存储临时数据。在Oracle中，排序或者汇总时所产生的临时数据都存储在临时段中，该段由系统在用户的临时表空间中自动创建，并在排序或汇总结束时自动消除。
- LOB段：用于存储表中的大型数据对象。在Oracle中，大型数据对象类型主要有CLOB和BLOB。
- 回退段：用于存储用户数据被修改之前的值。在Oracle中，如果需要对用户的数据进行回退操作，也就是恢复操作，就要使用回退段。

3. 区

区(Extent)是磁盘空间分配的最小单位，由一系列连续的数据块组成。当创建一个数据库对象时，Oracle会为该对象分配若干个区，以构成一个段为对象提供初始的存储空间。当段中已分配的区都写满后，会为段再分配一个新区，以容纳更多的数据。Oracle数据库中引入区的目的是提高系统存储空间分配的效率，以区为单位的存储空间分配大大减少了磁盘分配的次数。

4. 数据块

数据块(Data Block)是数据库中最基本的存储单元，它是数据库分配给数据库对象的最小存储单元，也是Oracle中最小的I/O单元。Oracle数据库以块为单位进行逻辑读写操作。数据库块由一个或多个操作系统块组成，数据块的大小在数据库创建时设定，由参数DB_BLOCK_SIZE决定。可以通过命令SHOW PARAMETER db_block_size查看当前数据库数据块的大小。

【示例】 查看数据块的大小。

```
SQL> SHOW PARAMETER db_block_size;
NAME                                 TYPE              VALUE
------------------------------------ ----------------- --------------------
db_block_size                        integer           8192
```

2.3.3 数据库实例内存结构

Oracle数据库实例(Instance)是处于用户与物理数据库之间的一个中间层软件，通常，数据库与实例是一一对应的，即一个数据库对应一个实例，如图2-42所示。在并行Oracle数据库服务器结构(Oracle实时应用集群)中，数据库与实例是一对多的关系，即一个数据库对应多个实例,如图 2-43 所示。同一时间,一个用户只能与一个实例联系,当某一个实例出现故障时,其他实例照常运行,从而保证了数据库的安全运行。

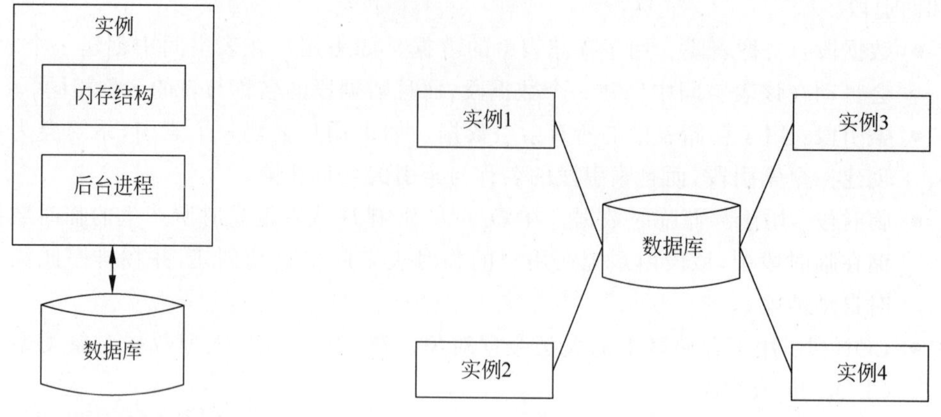

图 2-42　单实例数据库系统　　图 2-43　多实例数据库系统

Oracle 数据库实例由一系列内存结构和后台进程组成。在启动数据库时,Oracle 首先在内存中获取一定的空间,启动各种后台进程,即创建一个数据库实例,然后由实例装载数据文件和重做日志文件,最后打开数据库。用户操作数据库的过程实质上是与数据库实例建立连接,然后通过实例操作数据库的过程。用户的所有操作都在内存中进行,最后由数据库后台进程将操作结果写入各种物理文件中永久性保存。

Oracle 内存结构是 Oracle 数据库体系结构的重要组成部分,是 Oracle 数据库重要的信息缓存和共享区域。数据库内存的大小、速度直接影响数据库的运行效率,Oracle 数据库内存管理就是根据数据库运行状态的改变不断优化内存结构的过程。Oracle 数据库具有自动内存管理功能。

Oracle 的内存结构根据内存区域信息使用范围的不同,分为系统全局区(System Global Area,SGA)和程序全局区(Program Global Area,PGA)。

1. SGA

SGA 是由 Oracle 分配的共享内存结构,包含一个数据库实例的数据信息和控制信息。SGA 数据供所有的服务器进程和后台进程共享,又称为共享全局区(Shared Global Area)。用户对数据库的各种操作主要在 SGA 中进行。该内存区随数据库实例的创建而分配,随实例的终止而释放。

SGA 主要由共享池、数据高速缓冲区、重做日志缓冲区、大型池、Java 池和流池组成。

1) 共享池

共享池用于缓存最近被执行的 SQL 语句和最近被使用的数据字典信息。它主要由两个内存结构构成:库缓存(Library Cache)和数据字典缓存(Data Dictionary Cache)。

- 库缓存:库缓存存储了最近被执行的 SQL 和 PL/SQL 信息,实现常用 SQL 或 PL/SQL 语句的缓存和共享。库缓存由共享 SQL 区和共享 PL/SQL 区两个内存结构组成。
- 数据字典缓存:用于存储最近被使用的数据字典信息,主要包括关系数据库的结构、用户信息和数据库的表、视图等信息。数据字典缓存的作用就是把相关的数据字典信息放入缓存以提高查询的响应时间。

2）数据高速缓冲区

数据高速缓冲区是SGA中的一个高速缓冲区域，用来存储最近从数据文件中读出的数据块，如表、索引等数据块。当用户处理查询时，服务器进程会先从数据库缓冲区查找所需要的数据，当缓冲区中没有时才会访问磁盘数据。Oracle使用LRU(Least Recently Used，最近最少使用)算法管理数据高速缓冲区，即把最近没有被使用的数据从数据高速缓冲区中去除，为常用的查询数据块保留空间。

3）重做日志缓冲区

在用户通过INSERT、UPDATE、DELETE等SQL命令更改了数据库之后，服务器进程会将这些修改记录到重做日志缓冲区内，这些修改记录也叫重做记录(Entry)。数据库发生意外后，可从重做日志缓冲区内读取修改记录恢复数据库。

4）大型池

大型池是一个可选的内存区，当用户使用共享服务器执行备份和恢复操作时使用，它主要为一些需要消耗大量内存的操作提供更大的内存空间。

5）Java池

Java池内存储了Java语句的文本、语法分析表等信息。如果要安装Java虚拟机，就必须启用Java池。

6）流池

流池是从Oracle 10g开始新增加的一个SGA结构，用于缓存流进程在数据库间移动或复制数据时使用的队列消息。队列并不是使用持久的基于磁盘的队列，而是使用内存中的队列。当内存队列写满时才会写出到磁盘。如果使用内存队列的Oracle实例因某种原因失败了，则会从重做日志重建这些内存中的队列。

2. PGA

PGA是服务器进程专用的一块内存，它存储了服务器进程或单独的后台进程的数据信息和控制信息。它随着服务器进程的创建而被分配内存，随着进程的终止而释放内存。PGA不是一个共享区域，而是服务器进程专有的区域。

PGA主要包括会话信息、堆栈空间、排序区及游标状态。其中，会话信息存放的是会话的权限、角色、会话性能统计等信息；堆栈空间内存放的是变量、数组和属于会话的其他信息；排序区则是用于排序的一段专用空间；游标状态存放的是当前使用的各种游标的处理阶段。

2.3.4 数据库实例进程结构

进程是操作系统中一个独立的可以调度的活动，用于完成指定的任务。Oracle的进程结构主要包括用户进程、服务器进程和后台进程。其中用户进程和服务器进程是用户和数据库服务器建立连接时涉及的两个概念，而通常所说的Oracle进程结构是指后台进程结构。

Oracle的用户进程、服务器进程和后台进程之间的关系如图2-44所示。

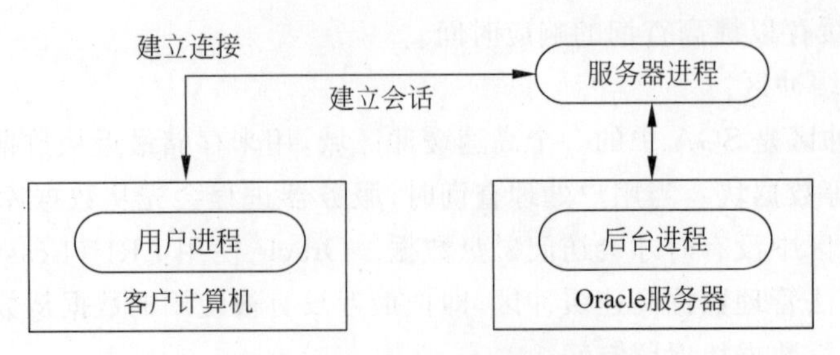

图 2-44 Oracle 数据库进程结构

1. 用户进程

当用户连接数据库执行一个应用程序时，会创建一个用户进程完成用户所指定的任务。在 Oracle 数据库中有两个与用户进程相关的概念：连接和会话。

- 连接(Connect)：是指用户进程与数据库实例之间的通信路径。该路径由硬件线路、网络协议和操作系统进程通信机制构成。
- 会话(Session)：指用户到数据库的指定连接。在用户连接数据库的过程中，会话始终存在，直到用户断开连接或终止应用程序为止。

会话是通过连接实现的，同一个用户可以创建多个连接产生多个会话。

2. 服务器进程

服务器进程由 Oracle 数据库自身创建，用于处理连接到数据库实例的用户进程所提出的请求。用户进程只有通过服务器进程才能实现对数据库的访问和操作。

服务器进程主要完成以下任务：

- 解析并执行用户提交的 SQL 语句和 PL/SQL 程序。
- 在 SGA 的数据高速缓冲区中搜索用户进程所要访问的数据，如果数据不在缓冲区中，则需要从硬盘数据文件中读取所需的数据，再将它们复制到缓冲区。
- 将用户改变数据库的操作信息写入日志缓冲区。
- 将查询或执行后的结果数据返回给用户进程。

3. 后台进程

后台进程是 Oracle 数据库内存结构和物理结构之间沟通的桥梁。在实例启动时，Oracle 数据库服务器端将启动一系列后台进程，这些后台进程负责处理内存和文件间的数据交互。

Oracle 数据库打开时，有 5 个后台进程是必须启动的，它们分别是：数据库写入进程(DBWR)、重做日志写入进程(LGWR)、检查点进程(CKPT)、系统监控进程(SMON)和进程监控进程(PMON)。这 5 个进程的作用如下。

- 数据库写入进程(DBWR)：负责在数据高速缓冲区中的数据与当前数据文件的数据不一致时，将这些不一致的数据在特定条件下写入物理数据文件中。
- 重做日志写入进程(LGWR)：负责将 SGA 中重做日志缓冲区的数据写入物理的重做日志文件中。

- 检查点进程(CKPT):负责在检查点事件发生时,通知数据库写进程工作,触发检查点进程写入信息到数据文件和控制文件中。
- 系统监控进程(SMON):主要负责数据库崩溃后的实例恢复。
- 进程监控进程(PMON):负责服务器进程的管理和维护工作。例如,在进程失败或连接异常发生时负责清理工作。

2.4 Oracle 数据字典

Oracle 数据字典由一系列表和视图构成,在创建数据库时生成,记录了数据库系统信息以及数据库中所有的对象信息。数据字典拥有者为 SYS 用户,物理存储在 SYSTEM 表空间中。数据字典的表和视图对于所有用户(包括 DBA)都是只读的,用户只能通过 SELECT 语句访问查询数据,数据的维护与管理由 Oracle 数据库服务器内部完成。

Oracle 数据字典主要包括以下内容:

- 数据库中所有模式对象的信息,如表、视图、索引和簇等。
- 逻辑和物理的数据库结构。
- 对象的定义和空间分配。
- 用户、角色和权限。
- 用户访问或使用的审计信息。
- 列的缺省值、约束信息的完整性。
- 其他产生的数据库信息。

Oracle 数据字典除了用于 Oracle 数据库系统管理外,对于 DBA 及普通数据库用户也有着非常重要的作用。数据字典主要有以下用途:

- Oracle 通过访问数据字典获取用户、模式对象、数据库对象定义与存储等信息,以判断用户权限的合法性、模式对象存在性及存储空间的可用性等。
- 使用 DDL 语句修改数据库对象后,Oracle 将在数据字典中记录所做的修改。
- 任何数据库用户都可以从数据字典只读视图中获取各种数据库对象的信息。
- DBA 可以从数据字典动态性能视图中获取数据库的运行状态,作为性能调整的依据。

Oracle 数据字典有静态数据字典和动态数据字典两种,静态数据字典在用户访问数据字典时不会发生改变;动态数据字典依赖于数据库运行的性能,反映数据库运行的一些内在信息,因此数据是动态变化的。

1. 静态数据字典

静态数据字典主要由表和视图组成,这里的表是基表,表中存储的信息用户不能直接访问,因此对于数据字典的使用,主要是使用数据字典视图。

静态数据字典中的视图根据所查询的范围不同可以分为三类:USER 视图、ALL 视图和 DBA 视图。

- USER 视图:USER 视图的名称以"USER_"为前缀,该视图记录了当前用户所拥有的对象的信息。例如,USER_TABLES 视图记录了用户拥有的表信息。

- ALL 视图：ALL 视图的名称以“ALL_”为前缀，用来记录当前用户能够访问的对象的信息，包括被授权访问的对象信息，范围比 USER 视图更广。例如，ALL_TABLES 视图，通过它可以访问用户所能访问的所有表信息。
- DBA 视图：DBA 视图的名称以“DBA_”为前缀，用来记录数据库实例的所有对象的信息，一般具有管理员权限的用户才具有访问这些信息的权限。例如，DBA_TABLES 视图，通过它可以访问所有用户的表信息。

上述三类视图根据用户的权限不同，从而能够查询的数据范围也不同。具体来说，由于数据字典视图是由 SYS 用户所拥有的，所以在默认情况下，只有 SYS 和拥有 DBA 系统权限的用户才能看到所有的视图，没有 DBA 权限的用户只能看到 USER 和 ALL 视图。

【示例】 查询当前用户所拥有的表的信息、可以访问的表的信息、当前数据库所有表的信息。

```
SQL > SELECT * FROM USER_TABLES;
SQL > SELECT * FROM ALL_TABLES;
SQL > SELECT * FROM SYS.DBA_TABLES;
```

Oracle 数据库中常用的数据字典的名称和作用请参见本书附录 A。

2. 动态数据字典

动态数据字典包括动态性能表和动态性能视图，由 Oracle 内部维护。这些表和视图记录了当前数据库的行为，在数据库运行的时候会不断进行更新，所以称为动态数据字典。动态性能表在数据库实例启动后动态创建，用于存放数据库运行过程中与性能相关的信息，Oracle 使用这些表生成动态性能视图。默认情况下，只有 SYS 用户和拥有 DBA 权限的用户可以访问动态性能视图，并且在数据库启动的不同阶段只能访问不同的动态性能视图。

动态性能视图以“V＄”或“GV＄”开头，V＄视图用来记录与数据库活动相关的性能统计动态信息；GV＄视图用来记录分布式环境下所有实例的动态信息。DBA 可使用动态性能视图监视和调优数据库。

【示例】 查询当前数据库的动态数据字典中的所有表和视图的名称。

```
SQL > SELECT name FROM V_ $ FIXED_TABLE;
NAME
-----------------------------------------------------------
GV $ XS_SESSIONS
V $ XS_SESSIONS
GV $ PING
V $ PING
GV $ CACHE
...
```

【示例】 查询当前数据库实例的名称和状态。

```
SQL > SELECT instance_name, status FROM V $ INSTANCE;
INSTANCE_NAME                       STATUS
--------------------------------    --------------------------
orcl                                OPEN
```

【示例】 查询当前数据库数据文件的名称。

```
SQL > SELECT name FROM V $ DATAFILE;
NAME
------------------------------------------------------------
D:\APP\QRSX\ORADATA\ORCL\SYSTEM01.DBF
D:\APP\QRSX\ORADATA\ORCL\PDBSEED\SYSTEM01.DBF
D:\APP\QRSX\ORADATA\ORCL\SYSAUX01.DBF
D:\APP\QRSX\ORADATA\ORCL\PDBSEED\SYSAUX01.DBF
D:\APP\QRSX\ORADATA\ORCL\UNDOTBS01.DBF
D:\APP\QRSX\ORADATA\ORCL\USERS01.DBF
D:\APP\QRSX\ORADATA\ORCL\PDBORCL\SYSTEM01.DBF
D:\APP\QRSX\ORADATA\ORCL\PDBORCL\SYSAUX01.DBF
D:\APP\QRSX\ORADATA\ORCL\PDBORCL\SAMPLE_SCHEMA_USERS01.DBF
D:\APP\QRSX\ORADATA\ORCL\PDBORCL\EXAMPLE01.DBF

已选择 10 行。
```

2.5 Oracle 工具

Oracle 数据库为方便数据库的管理和交互操作提供了一系列专门的工具，主要包括基于命令行窗口的 SQL * Plus 工具、使用图形化界面的 SQL Developer 工具及采用 Web 应用方式的 OEM 工具。

2.5.1 SQL * Plus 工具

SQL * Plus 是 Oracle 数据库提供的一个专门用于数据库管理的交互式工具。使用 SQL * Plus 可以管理 Oracle 数据库的所有任务。利用 SQL * Plus 可以实现以下操作。

- 输入、编辑、存储、提取、运行和调试 SQL 语句和 PL/SQL 程序。
- 开发、执行批处理脚本。
- 执行数据库管理。
- 处理数据，生成报表，存储、打印、格式化查询结果。
- 检查表和数据库对象定义。
- 启动或关闭数据库实例。

本节主要介绍 SQL * Plus 以下 5 个常用操作。

1. SQL * Plus 的启动

SQL * Plus 可以通过命令行方式和菜单命令方式进行启动。

1) 命令行方式

命令行方式是通过在操作系统的命令提示符界面中执行 sqlplus 命令实现的。在 Windows 操作系统中选择“开始”，在“搜索程序和文件”文本框中输入 cmd 命令，打开命令提示符窗口，在命令提示符窗口中执行 sqlplus 命令。sqlplus 命令的语法如下：

【语法】

```
sqlplus [username]/[password][@connect_identifier] [nolog]
```

其中：

- username 为连接数据库实例的用户名。
- password 为用户名对应的密码。
- connect_identifier 为数据库实例名称。
- nolog 表示只是启动 SQL * Plus 而不连接到数据库。

【示例】 **非登录启动 SQL * Plus**。

```
c:\Users\Administrator > sqlplus /nolog
```

示例执行效果如图 2-45 所示。

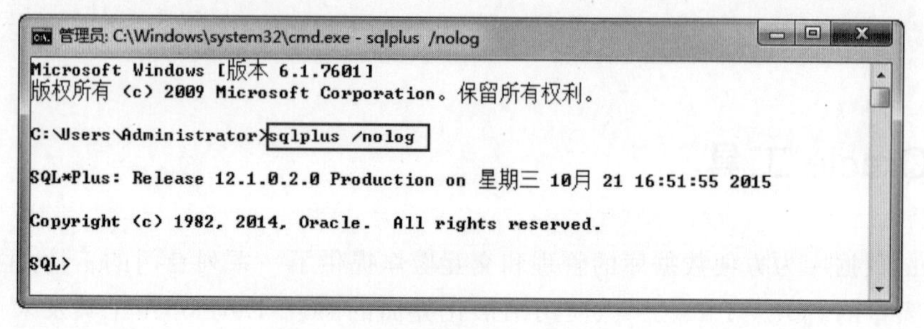

图 2-45 非登录启动 SQL * Plus

如果要在启动 SQL * Plus 的同时连接到数据库，则需输入用户名、密码和连接描述符(数据库的网络服务名)。

【示例】 **在 SQL * Plus 启动时连接到 ORCL 数据库**。

```
c:\Users\Administrator > sqlplus system/admin2015@ORCL
```

示例执行效果如图 2-46 所示。

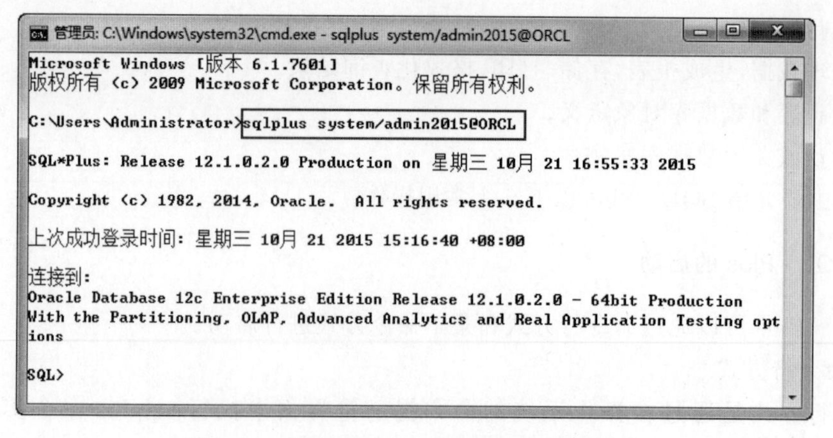

图 2-46 在 SQL * Plus 启动时连接到数据库

如果没有指定连接描述符，则连接到系统环境变量 ORACLE_SID 所指定的数据库；如果没有设定 ORACLE_SID，则连接到默认的数据库。

【示例】 在 SQL * Plus 启动时连接到默认数据库。

```
c:\Users\Administrator > sqlplus system/admin2015
```

如果要以 SYS 用户连接数据库，则必须以 SYSDBA 身份登录数据库。

【示例】 在 SQL * Plus 启动时以 SYS 用户连接到数据库。

```
c:\Users\Administrator > sqlplus sys/admin2015@ORCL AS SYSDBA
```

2）菜单命令方式

在 Windows 操作系统中执行“开始”→“所有程序→Oracle-OraDB12Home1→“应用程序开发”→SQL * Plus 命令，打开 SQL * Plus 窗口，如图 2-47 所示。

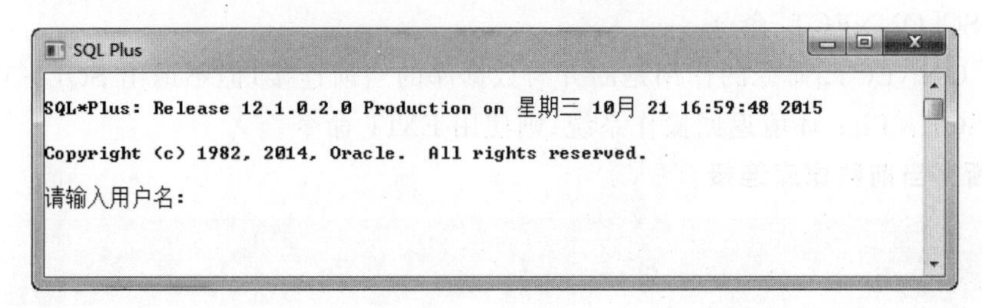

图 2-47 菜单命令方式打开的 SQL * Plus 窗口

根据提示依次输入用户名和口令，连接到系统默认数据库，如图 2-48 所示。如果要连接到非默认数据库，需要在“请输入用户名”提示后，以 SQL * Plus 命令的语法形式进行连接。例如，以 SYS 账户登录名称为 QST 的数据库，命令形式如图 2-49 所示。

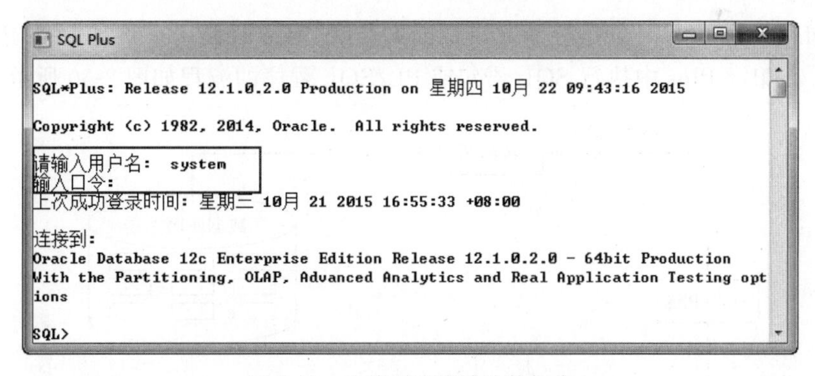

图 2-48 连接到系统默认数据库

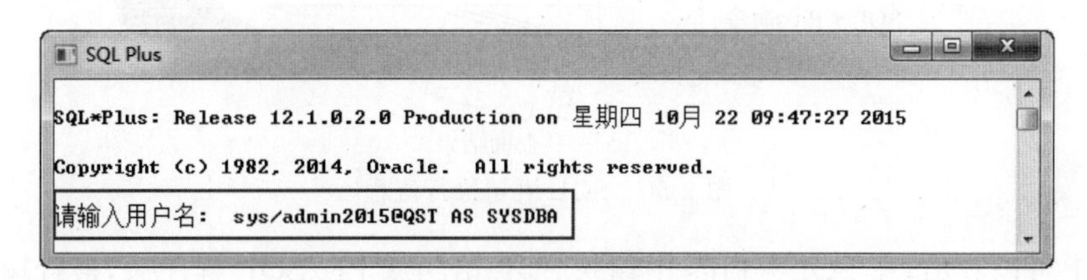

图 2-49 连接到非默认数据库

2. 数据库的连接与断开

用户连接到数据库后,可以使用 CONN[ECT]命令进行用户切换或连接到新的数据库,使用 DISC[ONNECT]命令断开与数据库的连接。

1) CONN[ECT]命令

CONN[ECT]命令先断开当前连接,然后建立新的连接。

【语法】

```
CONN[ECT] [username]/[password][@connect_identifier]
```

【示例】 **以 SYS 账户连接 ORCL 数据库。**

```
SQL> CONN sys/admin2015@ORCL AS SYSDBA
```

2) DISC[ONNECT]命令

DISC[ONNECT]命令的作用是断开与数据库的当前连接,但不退出 SQL * Plus 环境。若要退出 SQL * Plus 环境返回操作系统,则使用 EXIT 命令。

【示例】 **断开当前数据库连接。**

```
SQL> DISC
从 Oracle Database 12c Enterprise Edition Release 12.1.0.2.0 - 64bit Production
With the Partitioning, OLAP, Advanced Analytics and Real Application Testing opt
ions 断开
SQL>
```

3. 执行和编辑 SQL 语句

在 SQL * Plus 中除可以执行 SQL * Plus 命令外,更多时候用来执行 SQL 语句或 PL/SQL 程序。SQL * Plus 中执行 SQL 语句或 PL/SQL 程序的流程如图 2-50 所示。

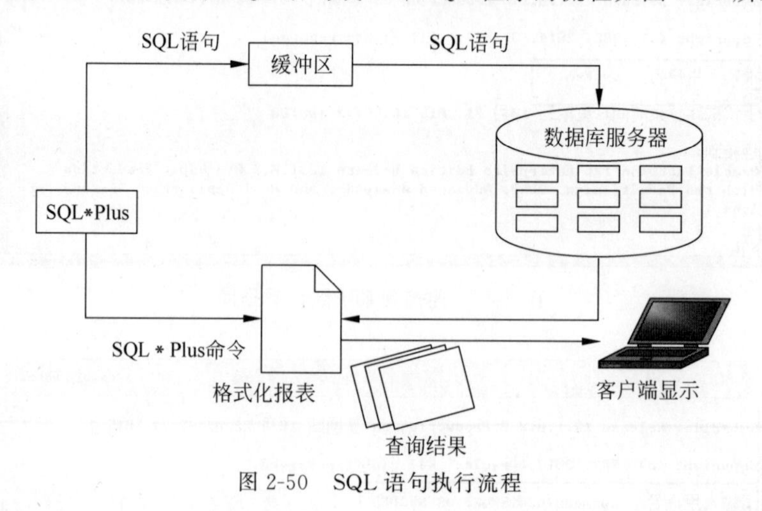

图 2-50　SQL 语句执行流程

从图中可以看出,在 SQL * Plus 中输入 SQL 语句或 PL/SQL 程序后,最近输入的一条 SQL 语句或 PL/SQL 程序代码会被暂时存放到 SQL 缓冲区中,缓冲区中的内容将一直被保留下来，直到被下一条 SQL 语句或 PL/SQL 程序覆盖。

当缓冲区存有内容后，可以使用编辑命令对缓冲区中内容进行编辑。表 2-3 列出了 SQL * Plus 中的一些常用行编辑命令。

表 2-3 常用行编辑命令

字典名称	缩写	说明
LIST	L	列出缓冲区中所有行
LIST n	L n 或 n	列出缓冲区中行号为 *n* 的行
LIST *	L *	列出当前行
LIST n *	L n *	列出从行号为 *n* 的行到当前行
DEL	无	删除当前行
DEL n	无	删除行号为 *n* 的行
CLEAR BUFFER	无	删除缓冲区中所有行
APPEND text	A text	在当前行的末尾添加 text 文本
INPUT text	I text	添加包含 text 文本的行

【示例】 缓冲区中的 SQL 语句操作。

```
SQL> SELECT instance_name, status
  2  FROM V$INSTANCE
  3
SQL> L*                                        -- 显示当前行内容
  2* FROM V$INSTANCE
SQL> L1                                        -- 显示行号为 1 的行,并设置为当前行
  1* SELECT instance_name, status
SQL> A ,version                                -- 向当前行中追加文本
  1* SELECT instance_name, status, version
SQL> L                                         -- 显示当前缓冲区内容
  1  SELECT instance_name, status, version
  2* FROM V$INSTANCE
SQL> /                                         -- 执行缓冲区中内容
INSTANCE_NAME                  STATUS              VERSION
------------------------------ ------------------- -------------
orcl                           OPEN                12.1.0.2.0
SQL> CLEAR BUFFER                              -- 删除缓冲区中内容
buffer 已清除
```

在 SQL * Plus 中输入完 SQL 语句后，有以下 3 种处理方式：

- 在 SQL 语句最后加“；”并按回车键，则立即执行该语句；
- 在 SQL 语句输入结束后按回车键，换行后再按“/”键，则立即执行该语句；
- 在 SQL 语句输入结束后回车换行，然后再按回车键，结束语句输入但不执行该语句。

4. 文件操作

在实际应用中，对于经常执行的 SQL * Plus 命令、SQL 语句或 PL/SQL 程序通常会存储到 SQL 脚本文件中，然后执行 SQL 脚本文件。使用 SQL 脚本文件，一方面可以降低命令的输入量；另一方面可以避免输入错误。SQL * Plus 对 SQL 脚本文件的操作包括脚本

文件的创建、文件的装载与编辑、文件的执行。

1）脚本文件的创建

在 SQL * Plus 中，可以通过 SAVE 命令直接将缓冲区中的 SQL 语句或 PL/SQL 程序保存到指定的文件中，文件的扩展名为“.sql”。

【语法】

```
SAVE filename [CREATE]|[REPLACE]|[APPEND]
```

其中：

- 如果 filename 指定的文件不存在，则创建该文件，默认参数为 CREATE。
- 如果要覆盖已存在的文件，则使用参数 REPLACE。
- 如果要在已存在的文件中追加内容，则使用参数 APPEND。

【示例】 将缓冲区中的内容保存到脚本文件。

```
SQL> SELECT instance_name,status FROM V$INSTANCE
  2
SQL> SAVE D:\qrsx.sql
已创建 file D:\qrsx.sql
```

2）脚本文件的编辑

对于保存在磁盘中的脚本文件，可以使用 EDIT 命令打开文件进行编辑。

【语法】

```
EDIT filename
```

【示例】 打开或编辑脚本文件。

```
SQL> EDIT D:\qrsx.sql
```

示例执行结果如图 2-51 所示。

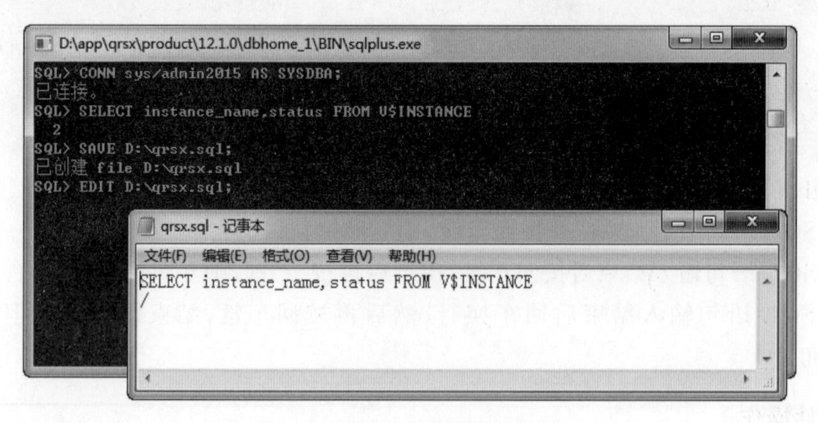

图 2-51 打开或编辑脚本文件

3）脚本文件的执行

在 SQL * Plus 中，通过 START 命令或@命令执行脚本文件。

【语法】

```
START filename [arg1 arg2 ...] 或
@filename [arg1 arg2 ...]
```

其中:

- filename 为要执行的脚本文件名,默认扩展名为.sql。
- 如果没有指定文件路径,系统先从当前目录中查找该文件,如果没有查找到,则从SQLPATH环境变量定义的文件夹中查找该文件。
- arg1,arg2,...为传递给脚本文件的参数。
- START命令仅能在SQL * Plus会话内部运行,而@命令既可以在SQL * Plus会话内部运行也可以在启动SQL * Plus时的命令行级别运行。

【示例】 **通过START命令执行脚本文件。**

```
SQL > START D:\qrsx.sql
INSTANCE_NAME                              STATUS
------------------------------------------ ----------------------------
orcl                                       OPEN
```

【示例】 **通过@命令执行脚本文件。**

```
C:\> sqlplus system/admin2015@ORACL @D:\qrsx.sql
INSTANCE_NAME                        STATUS
------------------------------------ ----------------------------
orcl                                 OPEN
```

2.5.2 SQL Developer 工具

从Oracle 11g开始,Oracle数据库开始提供一个方便的前台开发工具"SQL Developer",用户可以通过"开始"→"所有程序"→Oracle-OraDB12Home1→"应用程序开发"→SQL Developer打开此程序。启动完成后的界面如图2-52所示。

工具启动完成后,如果想使用此工具,首先需要设置相关的用户连接。在图2-52窗口左侧选中"连接",单击鼠标右键,选择"新建连接"选项,如图2-53所示。接着进入如图2-54所示的新建数据库连接配置对话框。

在图2-54中,首先任意输入一个能够说明功能性的连接名,随后输入需要连接到数据库的用户名和密码,然后"连接类型"选项选择"基本","角色"选项对于SYSTEM用户和其他普通用户选择"默认值",如果是SYS用户,则需选择SYSDBA。"主机名"需输入数据库服务器的主机名或IP地址;"端口号"默认为1521;SID取值为Oracle系统标识符。

图2-54中配置信息输入完成后,单击"测试"按钮,进行数据库连接测试,如果测试成功,则会出现图2-54窗口中的"状态:成功"字样的提示信息。如果连接测试不成功,可检测数据库的监听服务OracleOraDB12Home1TNSListener和数据库的主服务OracleServiceORCL是否已启动。

测试成功后,单击"连接"按钮,便可成功连接Oracle数据库服务器。

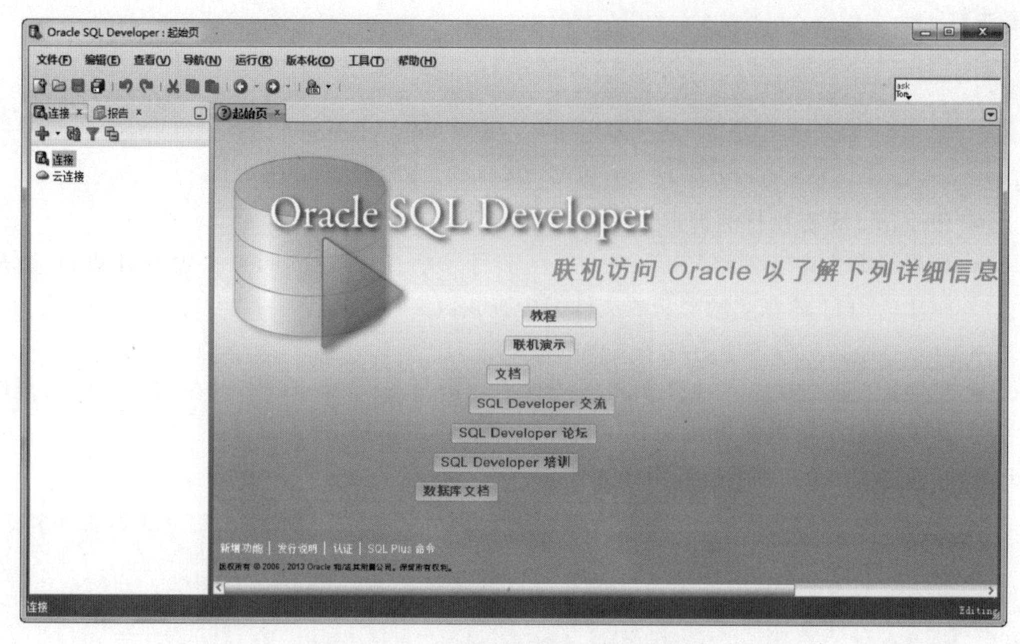

图 2-52 启动 SQL Developer 工具

图 2-53 新建连接

在 SQL Developer 工具的工作表中任意输入一条测试语句，单击工作表左上方三角形的“运行语句”按钮，在“脚本输出”窗口中查看运行结果，如图 2-55 所示。

2.5.3 OEM 工具

OEM(Oracle Enterprise Manager)，即 Oracle 企业管理器，是一个基于 Java 框架开发的集成化管理工具，采用 Web 应用方式实现对 Oracle 数据库的完全管理、维护及性能优化。在 Oracle 12c 的版本中，引入了简化的 OEM 版本：Enterprise Manager Database Express 12c。Express 版本的 OEM 对之前的 OEM 做了大量简化，使之更加轻量级(整个

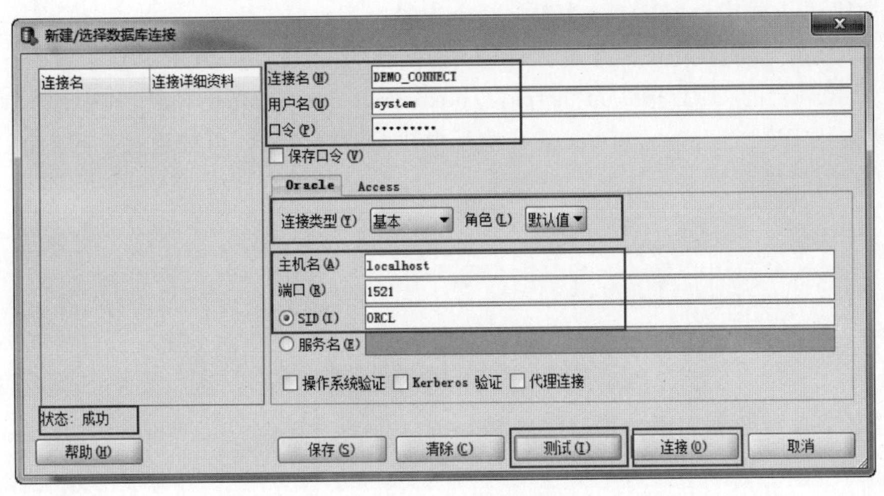

图 2-54 新建数据库连接

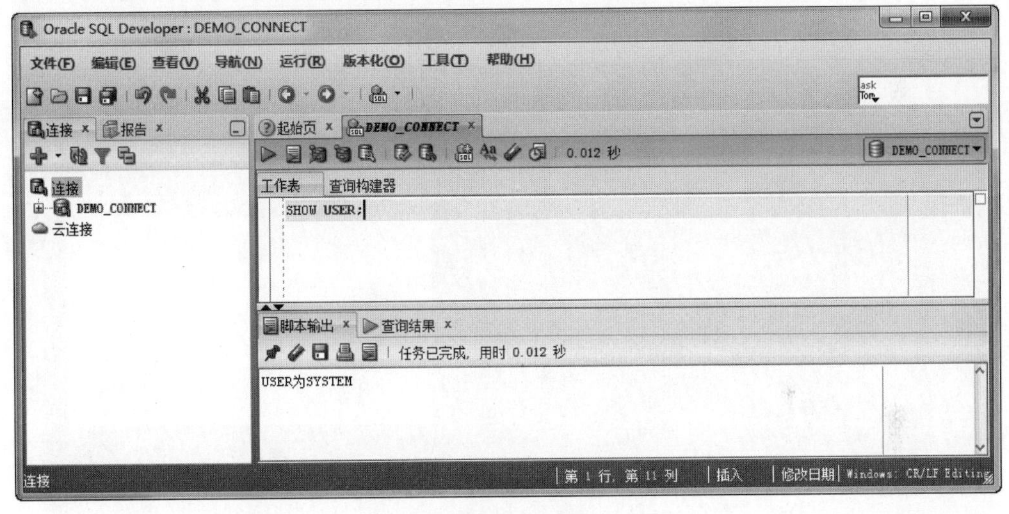

图 2-55 测试语句运行结果

部署的空间需求为 50MB～100MB)，更加适合用于轻量级的数据库监控和性能管理。同时 Express 版本的 OEM 也不再像之前的版本需要通过 OracleDBConsole < SID >服务控制，而是直接在监听中注册端口实现，因此在使用前只要确定 OracleService < SID >服务和 Oracle < ORACLE_HOME_NAME > TNSListener 服务启动即可。

通过 Oracle 企业管理器，DBA 可以完成对数据库的以下管理：

- 实现对 Oracle 运行环境的安全管理，包括 Oracle 数据库、Oracle 应用服务器、HTTP 服务器等的管理。
- 实现对单个 Oracle 数据库的本地管理，包括系统监控、性能诊断与优化、系统维护、对象管理、存储管理、安全管理、作业管理、数据备份与恢复、数据移植等。
- 实现对多个 Oracle 数据库的集中管理。
- 实现对 Oracle 应用服务器的管理。
- 检查与管理目标计算机系统软硬件配置。

通过 Web 方式启动 OEM 分为以下几个步骤。

(1) 打开浏览器,在地址栏中输入 OEM 控制台的 URL,进入 OEM 登录界面。

OEM 控制台的 URL 格式为"https://hostname:portnumber/em",其中,hostname 为主机名或主机 IP 地址,portnumber 为在监听中注册的端口号。可以通过下述 SQL 语句查询 OEM 的端口号。

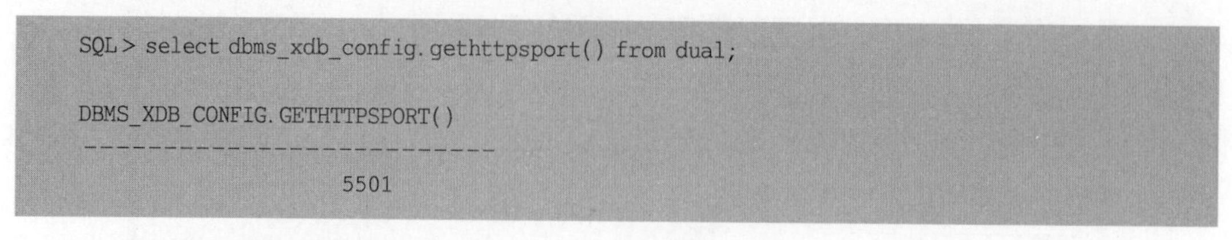

```
SQL> select dbms_xdb_config.gethttpsport() from dual;

DBMS_XDB_CONFIG.GETHTTPSPORT()
------------------------------
                  5501
```

对于作者本机数据库服务器,OEM 的访问地址为"https://localhost:5501/em",进入如图 2-56 所示的 OEM 登录界面。

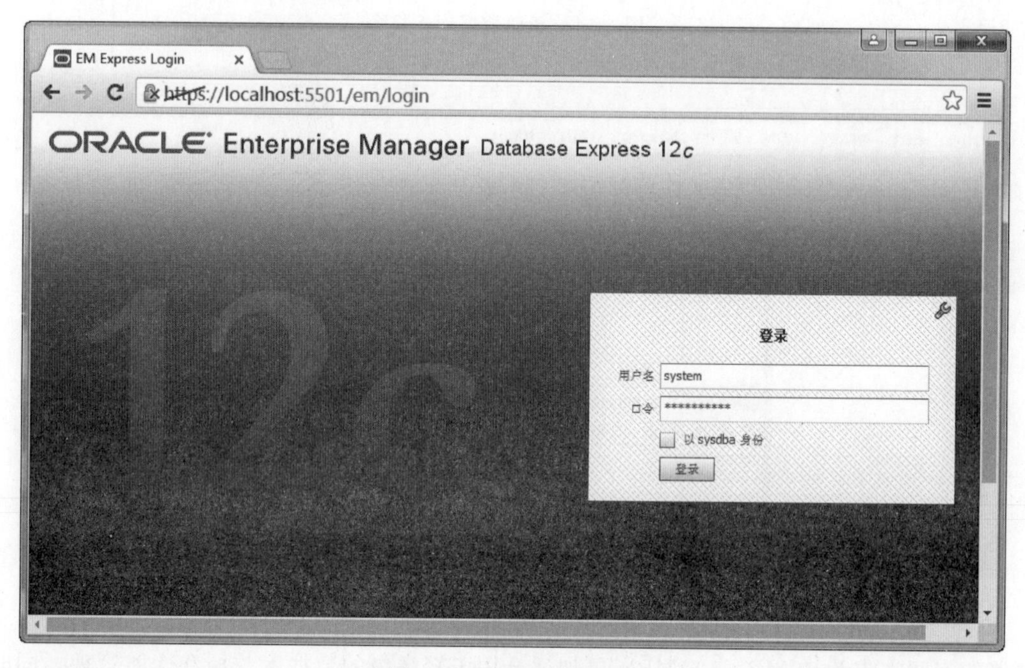

图 2-56　OEM 登录界面

> 在请求 OEM 的 URL 地址时,浏览器页面会提示证书错误,访问被阻止,此时可以单击页面中的"继续浏览此网站(不推荐)"链接,继续打开页面。

(2) 在登录界面中输入用户名(如 system)、口令(如 QSTqst2015),使用默认的连接身份(Normal)后,单击"登录"按钮,进入如图 2-57 所示的 OEM 数据库主目录界面。

(3) 在"数据库主目录"界面中,可以对 Oracle 系统进行一系列管理操作,包括数据库的配置、存储、安全和性能。通过选择各菜单选项,单击各操作名链接,可以进入到相应的操作页面。例如,图 2-58 为数据库内存管理界面,图 2-59 为用户管理界面。

图 2-57 数据库主目录界面

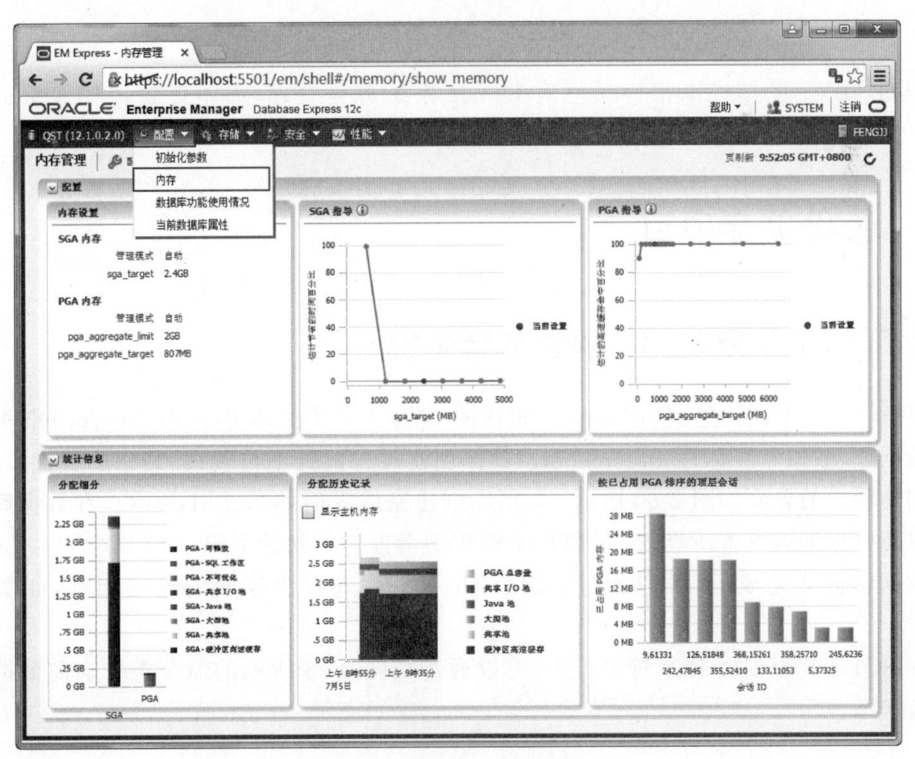

图 2-58 数据库内存管理界面

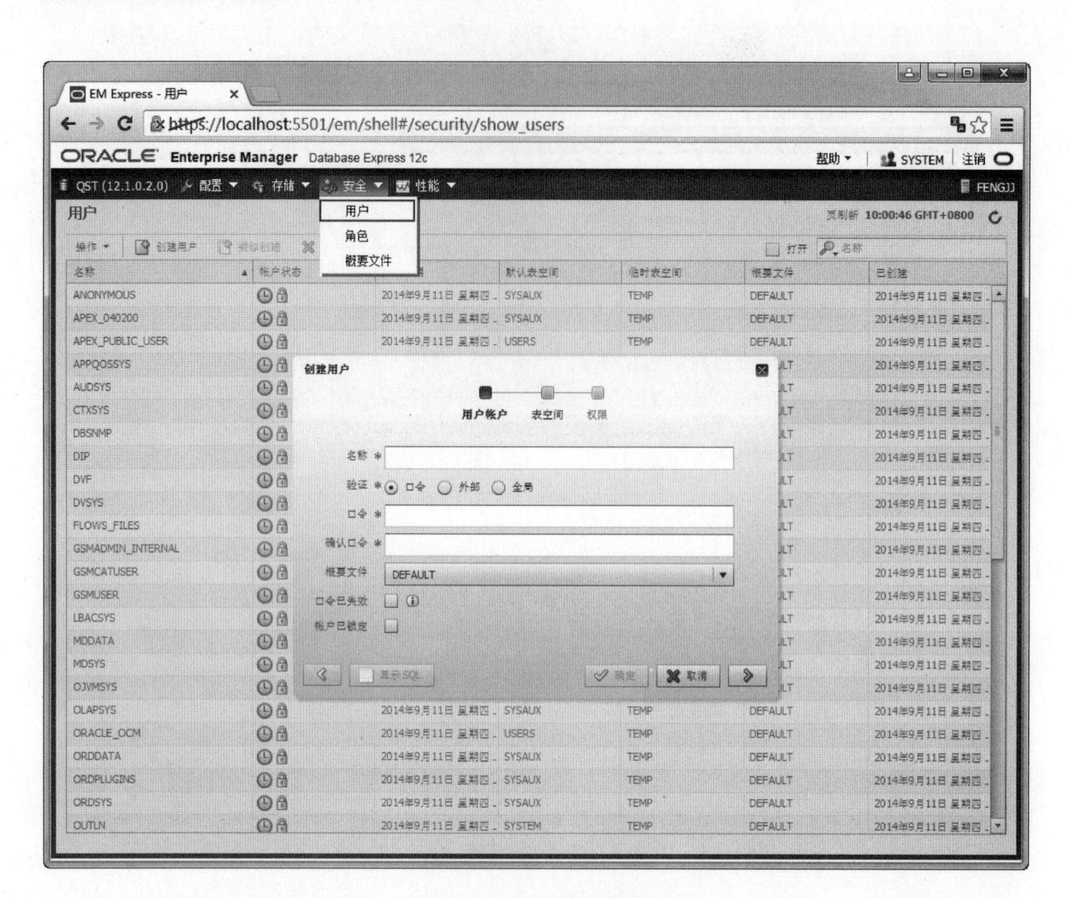

图 2-59 用户管理界面

通过 OEM 工具可以很容易地对 Oracle 系统进行管理，而不需要记住大量的管理命令。

2.6 课程贯穿项目

2.6.1 【任务 2-1】 项目数据库创建

参考 2.2.2 节的内容，使用 Oracle 提供的 GUI 工具 DBCA 创建 Q_MicroChat 微聊项目的数据库，数据库名称为 qmicrochat。具体创建过程此处不再赘述，其中的关键步骤、数据库创建模式的界面如图 2-60 所示；数据库创建完成界面如图 2-61 所示。在数据库创建完成界面可根据需求重新修改 SYSTEM 或 SYS 等账户的初始密码。

数据库创建完成后，可以通过 SQL * Plus 工具进行数据库的连接测试，如图 2-62 所示。

在 SQL * Plus 命令提示符窗口中，可以通过如图 2-63 所示的命令查看当前数据库的名称及状态。

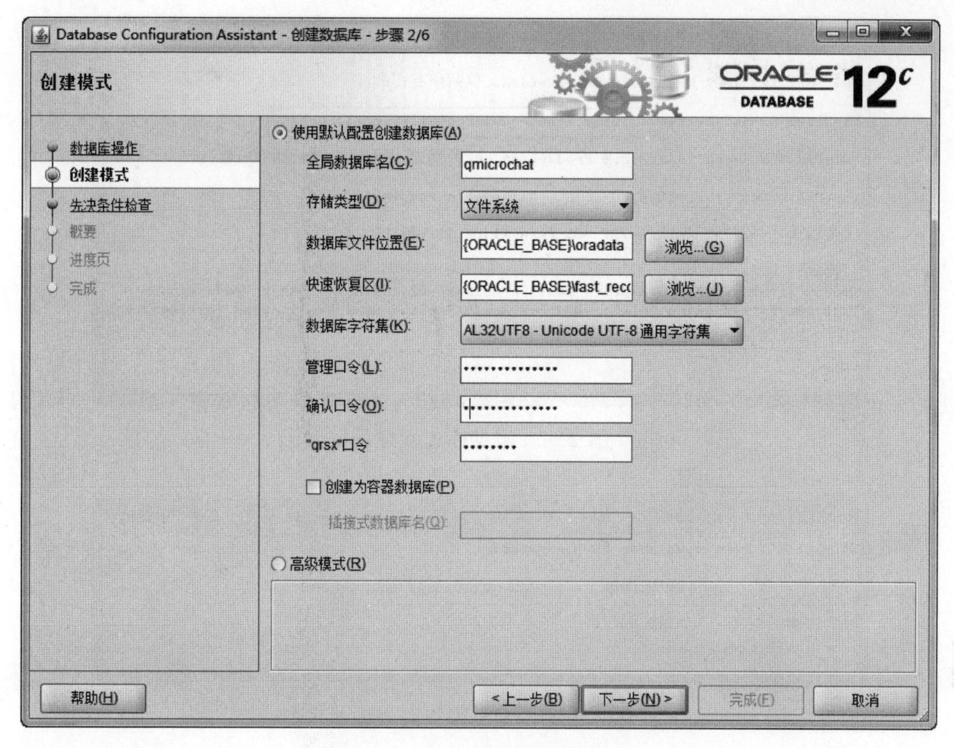

图 2-60 数据库创建模式界面

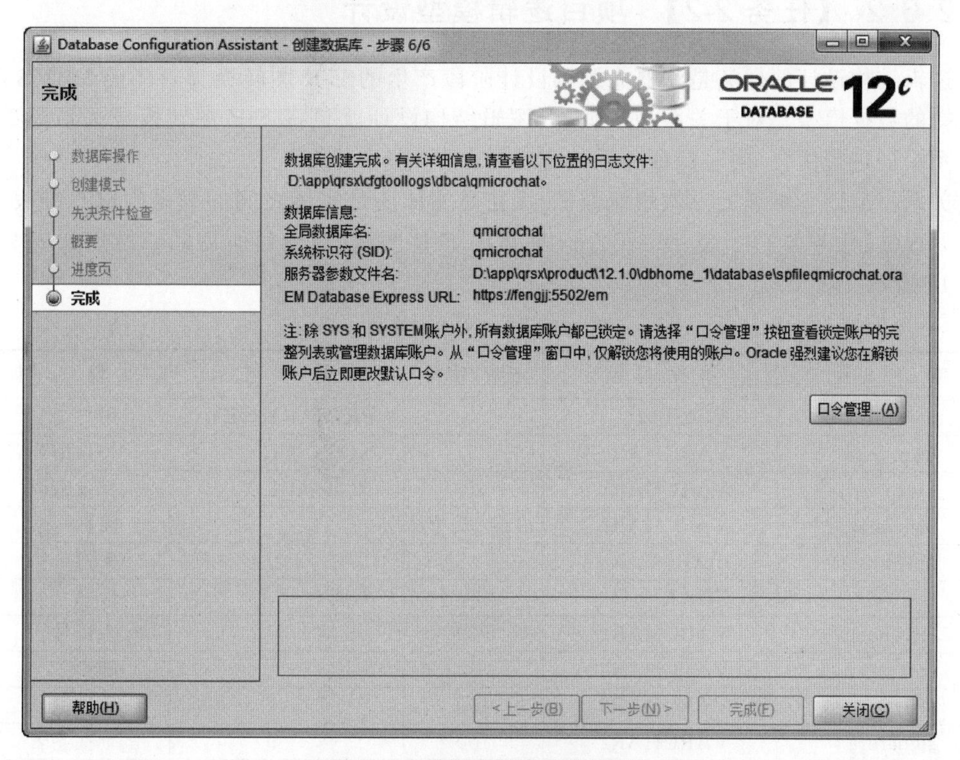

图 2-61 数据库创建完成界面

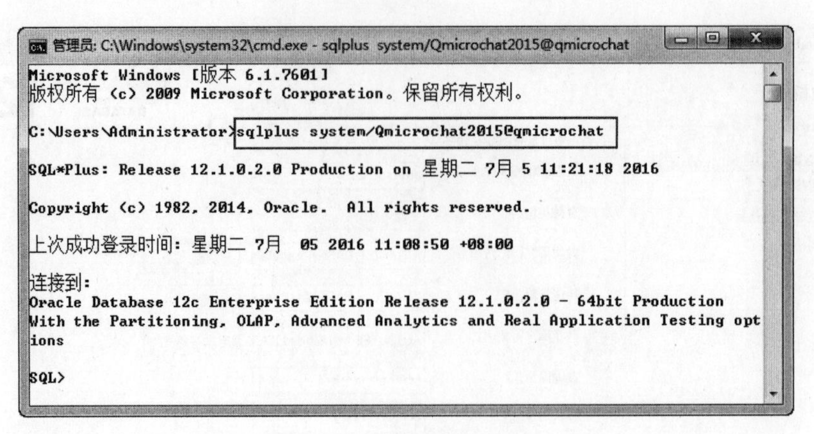

图 2-62 数据库连接登录

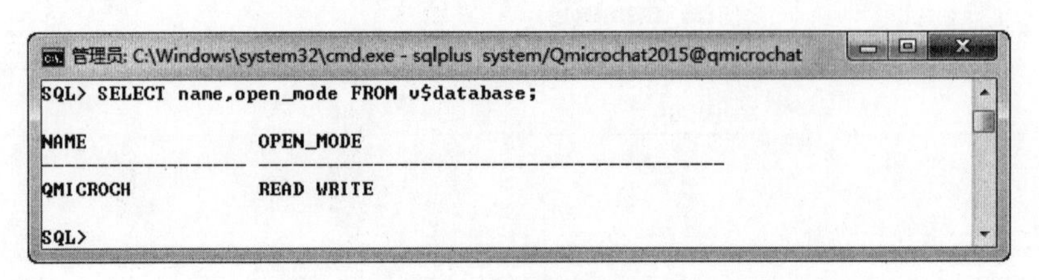

图 2-63 查看当前数据库的名称及状态

2.6.2 【任务 2-2】 项目逻辑模型设计

逻辑结构设计的任务是将概念结构设计阶段产生的 E-R 图转换为具体的 DBMS 产品所支持的数据模型。对于关系型数据库,逻辑结构设计就是将 E-R 图转换成关系模型,并对关系模型进行优化,同时保证关系的完整性。

关系模型以二维表的方式组织数据,无论是实体还是实体之间的关系均以二维表形式表示。根据【任务 1-3】中 Q_MicroChat 项目的 E-R 图,创建项目所需的二维表如表 2-4~表 2-14 所示。

表 2-4 TB_USERS(用户)

字 段 名	数 据 类 型	长度/字符	约 束	说 明
user_id	NUMBER		PRIMARY KEY	用户编号
username	VARCHAR2	20	NOT NULL	登录用户名
userpwd	VARCHAR2	20	NOT NULL	登录密码
nickname	VARCHAR2	30		昵称
uprofile	BLOB			头像
sex	CHAR	3	男或女	性别
telephone	VARCHAR2	20		手机号
email	VARCHAR2	50		邮箱
address	VARCHAR2	100		地址
signature	VARCHAR2	100		个性签名
note	VARCHAR2	200		备注

表 2-5 TB_FRIENDS(好友关系)

字段名	数据类型	长度/字符	约束	说明
user_id	NUMBER		PRIMARY KEY	用户编号
friend_id	NUMBER			好友编号

表 2-6 TB_PERSONAL_DYNAMICS(个人动态)

字段名	数据类型	长度/字符	约束	说明
dynamic_id	NUMBER		PRIMARY KEY	动态编号
user_id	NUMBER		NOT NULL、FOREIGN KEY	发布人
send_time	DATE		NOT NULL	发布时间
send_address	VARCHAR2	50		发布地点
idea	VARCHAR2	1000	NOT NULL	感想
dtype	NUMBER		1：相册；2：文章	动态类型
authority	NUMBER		1：公开；2：私密	开放权限

表 2-7 TB_PHOTOS_DYNAMICS(相册动态)

字段名	数据类型	长度/字符	约束	说明
photo_id	NUMBER		PRIMARY KEY	相册编号
dynamic_id	NUMBER		NOT NULL、FOREIGN KEY	动态编号
photo	BLOB		NOT NULL	照片
display_order	NUMBER		NOT NULL	显示顺序

表 2-8 TB_ARTICS_DYNAMICS(文章动态)

字段名	数据类型	长度/字符	约束	说明
article_id	NUMBER		PRIMARY KEY	文章编号
dynamic_id	NUMBER		NOT NULL、FOREIGN KEY	动态编号
picture	BLOB		NOT NULL	文章宣传图片
article_url	VARCHAR2	500	NOT NULL	文章地址
reading_num	NUMBER			阅读次数
report_num	NUMBER			举报次数

表 2-9 TB_COMMENT(动态评论)

字段名	数据类型	长度/字符	约束	说明
comment_id	NUMBER		PRIMARY KEY	评论编号
dynamic_id	NUMBER		NOT NULL、FOREIGN KEY	动态编号
user_id	NUMBER		NOT NULL、FOREIGN KEY	评论人
dycomment	VARCHAR2	500	NOT NULL	评论内容
comm_time	DATE			评论时间

表 2-10　TB_COMMENT_REPLY(评论回复)

字段名	数据类型	长度/字符	约束	说明
reply_id	NUMBER		PRIMARY KEY	回复编号
comment_id	NUMBER		NOT NULL、FOREIGN KEY	评论编号
user_id	NUMBER		NOT NULL、FOREIGN KEY	回复人
reply_content	VARCHAR2	500	NOT NULL	回复内容

表 2-11　TB_USER_CHAT(私聊记录表)

字段名	数据类型	长度/字符	约束	说明
userchat_id	NUMBER		PRIMARY KEY	记录编号
send_user_id	NUMBER		NOT NULL、FOREIGN KEY	发送者
receive_user_id	NUMBER		NOT NULL、FOREIGN KEY	接收者
chat_content	VARCHAR2	500	NOT NULL	聊天内容
chat_time	DATE		NOT NULL	发送时间

表 2-12　TB_GROUPS(微聊群)

字段名	数据类型	长度/字符	约束	说明
group_id	NUMBER		PRIMARY KEY	群编号
group_name	VARCHAR2	20	NOT NULL	群名称
group_logo	BLOB		NOT NULL	群 logo
user_id	NUMBER		NOT NULL、FOREIGN KEY	创建人
creation_time	DATE		NOT NULL	创建时间
max_person_num	NUMBER	4	NOT NULL	最多容纳人数
real_person_num	NUMBER	4	NOT NULL	实际人数

表 2-13　USERS_GROUPS(用户_群)

字段名	数据类型	长度/字符	约束	说明
user_id	NUMBER		PRIMARY KEY	用户编号
group_id	NUMBER			群编号
group_nickname	VARCHAR2	20		用户在此群的昵称
top_group	NUMBER		0：否；1：是	置顶聊天
escape_disturb	NUMBER		0：否；1：是	消息免打扰

表 2-14　TB_GROUP_CHAT(群聊记录)

字段名	数据类型	长度/字符	约束	说明
groupchat_id	NUMBER		PRIMARY KEY	群聊编号
group_id	NUMBER		NOT NULL、FOREIGN KEY	群编号
user_id	NUMBER		NOT NULL、FOREIGN KEY	发言人编号
send_time	DATE		NOT NULL	发言时间
send_content	VARCHAR2	500	NOT NULL	发言内容

本章小结

小结

- Oracle 数据库结构分为存储结构和软件结构。
- Oracle 数据库的存储结构分为物理存储结构和逻辑存储结构。
- Oracle 数据库的软件结构即 Oracle 数据库实例(Instance),包括内存结构和后台进程结构。
- Oracle 物理存储结构由存储在磁盘中的操作系统文件组成,主要的物理文件包括数据文件(*.dbf)、控制文件(*.ctl)和重做日志文件(*.log)。
- 数据文件用来存储数据库的数据;控制文件记录了数据库的结构信息,用于控制数据库的物理结构;重做日志文件记录了数据库中所有变更操作信息。
- Oracle 逻辑存储结构是从逻辑的角度来分析数据库的构成,主要包括表空间、段、区和数据块。
- 一个数据库包括多个表空间,一个表空间包括多个段,一个段由多个区构成,一个区又由多个数据块组成。
- Oracle 数据库实例的内存结构是数据库重要的信息缓存和共享区域;Oracle 数据库实例的后台进程负责处理数据库内存和数据文件间的数据交互。
- Oracle 的内存结构根据内存区域信息使用范围的不同,分为系统全局区(SGA)和程序全局区(PGA)。
- SGA 是由 Oracle 分配的共享内存结构,包含一个数据库实例的数据和控制信息。SGA 数据供所有的服务器进程和后台进程共享,又被称为共享全局区。用户对数据库的各种操作主要在 SGA 中进行。
- PGA 是服务器进程专用的一块内存,它存储了服务器进程或单独的后台进程的数据信息和控制信息。它随着服务器进程的创建而被分配内存,随着进程的终止而释放内存。
- Oracle 数据字典由一系列的表和视图构成,在创建数据库时生成,记录了数据库系统信息以及数据库中所有的对象信息。数据字典拥有者为 SYS 用户,物理存储在 SYSTEM 表空间中。

Q&A

1. 问:Oracle 数据库逻辑存储结构的组成和相互关系是什么?

答:Oracle 数据库逻辑存储结构是 Oracle 数据库创建后利用逻辑概念来描述数据库内部数据的组织和管理形式,包括表空间、段、区和块 4 种。一个表空间由多个段构成,一个段由多个区构成,一个区由多个块构成。数据库是由表空间构成的,数据存储在表空间中。一个表空间包含一个或多个数据文件,但一个数据文件只能属于一个表空间。逻辑存储结构概念存储在数据字典中,用户可通过查询数据字典获取逻辑存储结构信息。

2. 问：Oracle 数据库内存结构中 SGA 和 PGA 的组成是什么？这两个内存区存放信息的区别是什么？

答：Oracle 的内存结构根据内存区域信息使用范围的不同，分为系统全局区（SGA）和程序全局区（PGA）。SGA 存放整个系统的共享信息，任何服务器进程都可以访问，SGA 包括高速缓冲区、重做日志缓冲区、共享池、大型池等。PGA 是服务器进程专用的一块内存，存储了服务器进程或单独的后台进程的数据信息和控制信息。PGA 主要包括会话信息、堆栈空间、排序区及游标状态。

3. 问：在创建数据库时如何合理规划数据库的物理存储结构和逻辑存储结构？

答：逻辑结构规划是指通过增加、减少或调整逻辑结构提高应用的效率，通过对基本表的设计及索引、聚簇的讨论分析 Oracle 逻辑结构的优化。物理存储结构优化，主要是合理地分配逻辑结构的物理存储地址，这样虽不能减少对物理存储的读写次数，但却可以使这些读写尽量并行，减少磁盘读写竞争，从而提高效率，也可以通过对物理存储进行精密的计算，减少不必要的物理存储结构扩充，从而提高系统利用率。

章节练习

习题

1. 根据个人理解描述 Oracle 数据库的体系结构。
2. 试述 Oracle 数据库、表空间、数据文件及数据库对象之间的关系。
3. Oracle 数据库进程的类型有哪些？分别完成什么任务？
4. 试述 Oracle 数据字典的作用。

上机

1. 训练目标：数据库软件的下载安装。

培养能力	掌握 Oracle 数据库软件的下载和安装		
掌握程度	★★★★★	难度	容易
代码行数	0	实施方式	工具操作
结束条件	软件安装成功		
参考训练内容：在 Windows 服务器下下载安装 Oracle 12c 数据库软件			

2. 训练目标：数据库的创建。

培养能力	掌握 Oracle 数据库的创建		
掌握程度	★★★★★	难度	容易
代码行数	0	实施方式	工具操作
结束条件	数据库创建成功		
参考训练内容：使用 DBCA 图形化界面创建一个自定义实例名的数据库			

3. 训练目标：SQL * Plus 工具的使用。

培养能力	掌握 SQL * Plus 工具的使用		
掌握程度	★★★★★	难度	中等
代码行数	4	实施方式	工具操作
结束条件	熟练使用工具		

参考训练内容：

使用 SQL * Plus 工具完成下述任务。

(1) 通过命令行方式使用 SYSTEM 账户连接数据库。

(2) 在 SQL * Plus 窗口中执行查询语句查看当前数据库实例的名称和状态。

(3) 断开与数据库的连接。

(4) 通过菜单命令方式使用 SYS 用户，以 SYSDBA 身份登录数据库

4. 训练目标：SQL Developer 工具的使用。

培养能力	掌握 SQL Developer 工具的使用		
掌握程度	★★★★★	难度	容易
代码行数	1	实施方式	工具操作
结束条件	熟练使用工具		

参考训练内容：

(1) 通过 SQL Developer 工具，使用 SYSTEM 账户创建与数据库的连接。

(2) 在查询构建器窗口中执行查询语句查看当前数据库实例的名称和状态。

(3) 熟悉 SQL Developer 工具的菜单项目

第3章 表空间、用户、权限和角色

任务驱动

本章任务完成 Q_MicroChat 微聊项目表空间创建、用户管理和权限设置及角色管理。具体任务分解如下：

- 【任务 3-1】 项目表空间创建
- 【任务 3-2】 项目用户管理
- 【任务 3-3】 项目权限设置及角色管理

学习导航/课程定位

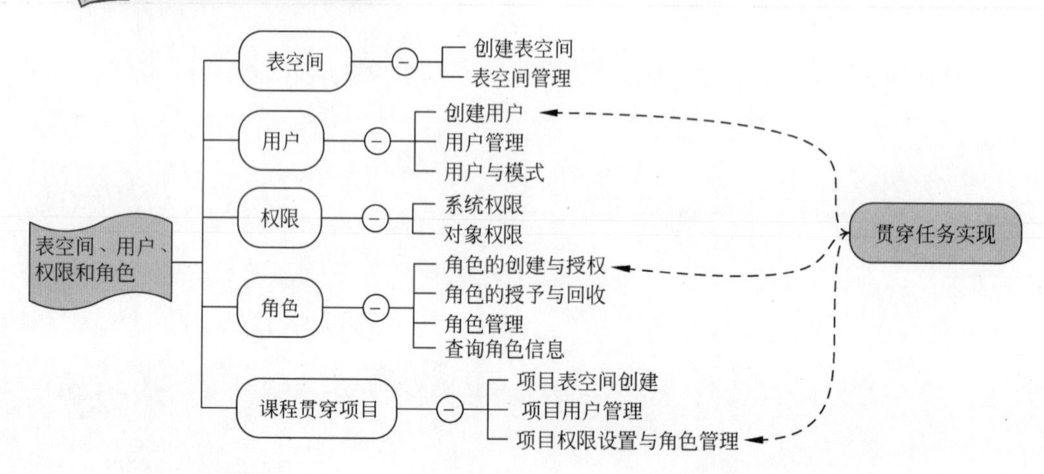

本章目标

知　识　点	Listen(听)	Know(懂)	Do(做)	Revise(复习)	Master(精通)
表空间的作用	★	★			
表空间的创建及管理	★	★	★	★	★
用户的作用	★	★			
用户的创建及管理	★	★	★	★	★
系统权限的作用与使用	★	★	★	★	★
对象权限的作用与使用	★	★	★	★	★
角色的作用与使用	★	★	★	★	★

3.1 表空间

表空间是 Oracle 逻辑存储结构中数据的逻辑组织形式，Oracle 使用表空间将各种数据库对象组合在一起，当用户对数据库对象进行操作时，面向的是逻辑对象，而非直接操作物理文件，极大地方便了数据库操作。

在 Oracle 中，可以通过查询数据字典 DBA_TABLESPACES 了解系统已存在的表空间的详细信息，如下述示例所示。

【示例】 查询系统中所有表空间的信息。

```
SQL > SELECT tablespace_name,status,extent_management,
  2  allocation_type,segment_space_management,contents
  3  FROM dba_tablespaces;
TABLESPACE_NAME   STATUS   EXTENT_MANAGEMENT   ALLOCATION_TYPE   SEGMENT_SPAC   CONTENTS
---------------   ------   -----------------   ---------------   ------------   --------
SYSTEM            ONLINE   LOCAL               SYSTEM            MANUAL         PERMANENT
SYSAUX            ONLINE   LOCAL               SYSTEM            AUTO           PERMANENT
UNDOTBS1          ONLINE   LOCAL               SYSTEM            MANUAL         UNDO
TEMP              ONLINE   LOCAL               UNIFORM           MANUAL         TEMPORARY
USERS             ONLINE   LOCAL               SYSTEM            AUTO           PERMANENT
```

其中：

- tablespace_name 表示表空间的名称。
- status 表示表空间的状态。
- extent_management 表示表空间的管理方式。
- allocation_type 表示表空间中区的分配方式。
- segment_space_management 表示表空间中段的管理方式。
- contents 表示表空间的类型。

在 Oracle 数据库创建时，系统会自动创建 SYSTEM(系统表空间)、SYSAUX(辅助系统表空间)、TEMP(临时表空间)、UNDOTBS1(撤销表空间)、USERS(用户表空间)，其中，SYSTEM 表空间主要用于存储数据字典信息、数据库对象定义等信息，用户对象尽量不要存放在此表空间，以免影响数据库的稳定性与执行效率；SYSAUX 表空间是 Oracle 10g 开始新增的辅助系统表空间，主要用于存储数据库组件信息、示例数据库对象信息等，以减少 SYSTEM 表空间的负荷；TEMP 是 Oracle 数据库专门进行临时数据管理的表空间，只存储临时数据，临时数据在会话结束时自动释放；UNDOTBS1 是 Oracle 数据库专门用于回退信息管理的表空间；USERS 是专用于存储用户所创建的数据库对象的表空间，也是整个数据库的默认表空间，即如果某个普通用户(非系统用户)创建时没有为其分配表空间，则默认使用 USERS 表空间。

3.1.1 创建表空间

在数据库应用中对于表空间的使用，Oracle 数据库建议每个应用分别对应一个独立的表空间，所有用户对象和数据保存在非系统表空间中，这样不仅能够分离不同应用的数据，而且能够减少读取数据文件时产生的 I/O 冲突。

根据表空间的功能特性，一个表空间的创建，应该需要确定表空间的名称、表空间的管理方式、表空间的类型、表空间的数据文件、区的分配方式、段的管理方式、表空间数据块大小等参数。Oracle 数据库表空间创建脚本的基本语法如下。

【语法】

```
CREATE [ TEMPORARY | UNDO ] TABLESPACE tablespace_name
DATAFILE datafile_spacification
[ BLOCKSIZE number K ]
[ ONLINE | OFFLINE ]
[ LOGGING | NOLOGGING ]
[ FORCE LOGGING ]
[ COMPRESS | NOCOMPRESS ]
[ EXTENT MANAGEMENT DICTIONARY | LOCAL [AUTOALLOCATE | UNIFORM SIZE number K|M]]
[ SEGMENT SPACE MANAGEMENT AUTO | MANUAL ];
```

其中：

- TEMPORARY|UNDO 表示创建的表空间类型，分为永久表空间(PERMANENT)、临时表空间(TEMPORARY)和撤销表空间(UNDO)，默认为永久表空间。
- DATAFILE 用于指定表空间所对应的数据文件的信息，具体参数在下方单独介绍。
- BLOCKSIZE 表示表空间所基于的数据块大小，默认为标准块表空间。
- ONLINE|OFFLINE 表示新建表空间处于脱机状态还是联机状态。
- LOGGING|NOLOGGING 表示指定所有保存在该表空间中的默认日志选项，其中 LOGGING 表示数据库对象的创建以及数据的 DML 操作信息都写入重做日志文件，NOLOGGING 表示数据的加载操作不写入重做日志文件。
- FORCE LOGGING 表示表空间中所有对象发生的变化信息都将被写入重做日志文件，忽略 NOLOGGING 子句的作用。
- COMPRESS|NOCOMPRESS 表示是否将数据块中的数据进行压缩，COMPRESS 表示压缩，压缩的结果是消去列中的重复值，当检索数据时，Oracle 会自动对数据解压缩；NOCOMPRESS 表示不执行压缩。
- EXTENT MANAGEMENT 用于指定表空间的管理方式，包括字典管理方式(DICTIONARY)和本地管理方式(LOCAL)，默认为 LOCAL；本地管理表空间中区的分配方式默认为自动分配，用参数 AUTOALLOCATE 表示；参数 UNIFORM 表示定制分配。
- SEGMENT SPACE MANAGEMENT 表示本地管理表空间中段的管理方式，默认为自动管理方式 AUTO。

上述语法中，除数据文件配置外，各可选参数采用其默认值便可以完成一个本地管理的永久表空间的创建。其中，数据文件的详细配置语法如下。

【语法】

```
CREATE TABLESPACE tablespace_name
DATAFILE path/file_name SIZE number K|M [REUSE]
```

```
[ AUTOEXTEND OFF|ON
    [ NEXT number K|M MAXSIZE UNLIMITED|number K|M ]
];
```

其中：

- tablespace_name 为创建的表空间名称。
- path/file_name 为所创建的表空间实际存储在磁盘中的数据文件地址。
- SIZE 指定数据文件初始大小。
- REUSE 表示如果该数据文件已经存在，则清除该文件并重新创建；如果未使用该关键字，则当数据文件已经存在时将出错。
- AUTOEXTEND 指定数据文件是否可以自动扩展。如果可以自动扩展，需要设置 NEXT 值指明每次扩展的大小，设置 MAXSIZE 值指明文件的最终大小。默认值为 OFF，不可扩展。

根据 CREATE TABLESPACE 命令参数的默认值，创建一个本地管理的永久表空间 qstspace，区采用自动分配方式，段采用自动管理方式，如下述示例所示。

【示例】 创建名为 qstspace 的本地管理的永久表空间。

```
SQL> CREATE TABLESPACE qstspace
  2  DATAFILE 'e:\oracle12c\userspace\tbs.dbf' SIZE 30M;
表空间已创建。
```

创建一个本地管理的永久表空间 qstspace2，区采用定制配置方式，区的大小为 512KB，段采用自动管理方式。如下述示例所示。

【示例】 创建名为 qstspace2 的本地管理的永久表空间。

```
SQL> CREATE TABLESPACE qstspace2
  2  DATAFILE 'e:\oracle12c\userspace\tbs2.dbf' SIZE 30M
  3  EXTENT MANAGEMENT LOCAL UNIFORM SIZE 512K;
表空间已创建。
```

表空间设计理念灵活性的一个方面在于数据文件的可扩展性。当存储在某个数据文件中的数据量超过了初始大小时，数据文件可以进行自动扩展，同时为避免频繁扩展影响数据库性能，应该设定一个合理的增长幅度，并且为防止无限制的增长带来硬盘空间耗尽的风险，还应为每个表空间的数据文件设定最大尺寸。如下述示例所示。

【示例】 指定数据文件的可扩展性。

```
SQL> CREATE TABLESPACE qstspace3
  2  DATAFILE 'e:\oracle12c\userspace\tbs3.dbf' SIZE 30M
  3  AUTOEXTEND ON NEXT 5M  MAXSIZE 500M;
表空间已创建。
```

一个表空间也可以对应多个数据文件，为一个表空间创建多个数据文件需要指定多个数据文件的完整路径和详细的选项参数，各数据文件之间用逗号分隔，如下述示例所示。

【示例】 为一个表空间创建多个数据文件。

```
SQL > CREATE TABLESPACE qstspace4
  2  DATAFILE 'e:\oracle12c\userspace\data_1.dbf' size 20M,
  3  'e:\oracle12c\userspace\data_2.dbf' size 5M;
表空间已创建。
```

注意

表空间的创建还有很多其他选项，由于本书不过多涉及数据库管理知识，此处不再一一列举，读者可根据需求查看 Oracle 帮助文档进行详细了解。

3.1.2 表空间管理

表空间创建完成后，可以对表空间进行管理和维护，包括改变表空间大小、设置默认表空间、重命名表空间、删除表空间等。

1. 改变表空间大小

由于表空间的大小是由其所拥有的数据文件的数量及大小决定的，因此通过为表空间添加数据文件、改变现有数据文件的大小、改变数据文件的扩展方式，都可以达到改变表空间大小的目的。

ALTER TABLESPACE...ADD DATAFILE 命令可以为永久表空间添加数据文件，如下述示例所示。

【示例】 为 qstspace 表空间添加一个大小为 10MB 的新的数据文件。

```
SQL > ALTER TABLESPACE qstspace
  2  ADD DATAFILE 'e:\oracle12c\userspace\tbs_1.dbf' SIZE 10M;
表空间已更改。
```

通过 ALTER DATABASE DATAFILE...RESIZE 命令可以改变表空间已有数据文件的大小，如下述示例所示。

【示例】 将 qstspace 表空间的数据文件 tbs_1.dbf 的大小增加到 20MB。

```
SQL > ALTER DATABASE DATAFILE 'e:\oracle12c\userspace\tbs_1.dbf' RESIZE 20M;
数据库已更改。
```

在创建表空间或为表空间添加数据文件时如果没有指定 AUTOEXTEND 选项，则该数据文件的大小默认是固定的，通过 ALTER DATABASE DATAFILE ... AUTOEXTEND 命令可以将数据文件设置为可以自动扩展。

【示例】 将 qstspace 表空间的数据文件 tbs_1.dbf 设置为自动扩展。

```
SQL > ALTER DATABASE DATAFILE 'e:\oracle12c\userspace\tbs_1.dbf'
  2  AUTOEXTEND ON NEXT 5M MAXSIZE 100M;
数据库已更改。
```

2. 设置默认表空间

默认表空间是相对用户来说的，每个登录 Oracle 数据库的用户都有一个默认表空间，如果在创建用户时未为该用户显示指定默认表空间，则将统一使用数据库的默认表空间 USERS。通过查询数据字典 DATABASE_PROPERTIES 可以获取当前数据库的默认永久表空间，如下述示例所示。

【示例】 查询数据库默认表空间。

```
SQL> SELECT property_name,property_value FROM database_properties
  2  WHERE property_name = 'DEFAULT_PERMANENT_TABLESPACE';
PROPERTY_NAME                          PROPERTY_VALUE
------------------------------         ---------------
DEFAULT_PERMANENT_TABLESPACE           USERS
```

如果需要将数据库的默认表空间指定为其他，则可以使用 ALTER DATABASE DEFAULT TABLESPACE 命令进行重设。如下述示例所示。

【示例】 修改数据库默认表空间为 qstspace。

```
SQL> ALTER DATABASE DEFAULT TABLESPACE qstspace;
数据库已更改。
```

重设之后，无论是新建的用户还是已有用户，创建时如果未显示指定默认表空间，则将使用重设后的新的数据库默认表空间。

3. 重命名表空间

对于用户创建的表空间，可以使用 ALTER TABLESPACE...RENAME TO 命令对表空间的名称进行修改。

【示例】 修改数据库表空间 qstspace 的名称为 new_qstspace。

```
SQL> ALTER TABLESPACE qstspace RENAME TO new_qstspace;
表空间已更改。
```

当重命名一个表空间时，数据库会自动更新数据字典、控制文件以及数据文件对该表空间的引用。重命名表空间时，该表空间 ID 号并没有修改，因此如果该表空间是数据库的默认表空间，那么重命名后仍然是数据库的默认表空间。另外，处于脱机状态、只读状态以及数据库的系统表空间 SYSTEM 和 SYSAUX 不能重命名。

4. 删除表空间

对于用户创建的某个表空间，如果不再有存在的必要，则可以使用 DROP TABLESPACE 命令将该表空间从数据库中删除，从而释放磁盘空间。

删除表空间有两种方式，一种是仅删除其在数据库中的记录(数据字典和控制文件中与该表空间相关的信息)；另一种是将记录和数据文件一起删除。

【示例】 仅删除表空间在数据库中的记录。

```
SQL> DROP TABLESPACE qstspace4;
表空间已删除。
```

上述示例在数据库中成功删除了表空间 qstspace4 的信息，但是查看其对应的数据文件，会发现仍然存在于磁盘中。若想在删除表空间时同时删除数据文件，需要添加 INCLUDING 参数，如下述示例所示。

【示例】 删除表空间及其数据文件。

```
SQL> DROP TABLESPACE qstspace3 INCLUDING CONTENTS AND DATAFILES;
表空间已删除。
```

表空间一旦被删除，该表空间中的所有数据也将永久性丢失，因此在删除前一定要确认该表空间的数据不再使用。Oracle 建议在删除之前和之后分别对数据库进行一次完全备份，这样即使是误删除了表空间或删除表空间后数据库无法正常运行，也可以通过备份恢复数据库。此外，需要注意的是，数据库的默认表空间不能删除，如果要删除，需要重新指定数据库的默认表空间，然后才可以删除原有的默认表空间。

3.2 用户

用户是数据库中最基本的对象之一，Oracle 中的用户可以分为两类：一类是创建数据库时系统预定义的用户，也称为系统用户；另一类是根据应用需要由系统用户创建的用户。在创建 Oracle 数据库时，系统用户根据作用不同又可分为以下 3 类。

- 管理员用户：包括 SYS、SYSTEM 等。其中 SYS 是数据库中具有最高权限的数据库管理员，拥有数据字典，可以创建、启动、修改和关闭数据库；SYSTEM 是一个辅助的数据库管理员，主要负责一些管理工作，如创建用户、删除用户等。
- 示例方案用户：在安装 Oracle 数据库软件时创建数据库或利用 DBCA 创建数据库时，如果选择了"示例方案"，则在数据库中会创建一些用户以及这些用户对应的数据库应用案例，如 HR、SCOTT、BI、SH 等。默认情况下，这些用户的状态为账户锁定、口令过期。
- 内置用户：有一些 Oracle 数据特性或 Oracle 组件需要自己单独的模式，因此为它们创建了一些内置用户，如 APEX_PUBLIC_USER、DIP 等非管理员内置用户。默认情况下，这些用户的状态为账户锁定、口令过期。

通过查询数据字典 DBA_USERS 可以了解当前数据库的所有用户信息，如下述示例所示。

【示例】 查看当前数据库所有用户信息。

```
SQL> SELECT username,account_status,default_tablespace FROM dba_users;
USERNAME                ACCOUNT_STATUS              DEFAULT_TABLESPACE
------------------      -------------------------   ---------------------
SYSTEM                  OPEN                        SYSTEM
SYS                     OPEN                        SYSTEM
DBSNMP                  EXPIRED & LOCKED            SYSAUX
SCOTT                   EXPIRED & LOCKED            USERS
ORACLE_OCM              EXPIRED & LOCKED            USERS
OJVMSYS                 EXPIRED & LOCKED            USERS
SYSKM                   EXPIRED & LOCKED            USERS
...
```

其中：

- USERNAME 列标识用户的登录名。
- ACCOUNT_STATUS 列标识账号的当前状态，处于 OPEN 状态的账号为可用账号，处于 EXPIERD&LOCKED 状态的账号是过期和锁定账号，此状态的用户不能登录数据库。
- DEFAULT_TABLESPACE 列标识用户的默认表空间。

3.2.1 创建用户

Oracle 的管理员用户拥有数据库大多数对象的操作权限，然而在正式开发过程中，使用该用户是不安全的，一旦操作失误，将有可能对数据库造成严重损害。因此，在实际应用中，可以通过管理员用户创建一个新用户，然后通过设置该用户的权限控制用户对数据库的访问和操作。

在 Oracle 数据库中，使用 CREATE USER 命令创建新用户，执行该语句的用户必须具有 CREATE USER 权限。CREATE USER 命令语法如下：

【语法】

```
CREATE USER user_name
IDENTIFIED BY password
[DEFAULT TABLESPACE default_tablespace]
[TEMPORARY TABLESPACE temp_tablespace]
[PASSWORD EXPIRE]
[ACCOUNT LOCK|UNLOCK];
```

其中：

- user_name 指定要创建的数据库用户名。
- IDENTIFIED BY password 指定用户采用的数据库身份认证，口令为 password，口令由大小写字母、数字混合组成，总长度大于等于 8 个字符。
- DEFAULT TABLESPACE 指定用户的默认表空间，如果用户没有指定该表空间，则系统将使用数据库默认表空间存储。
- TEMPORARY TABLESPACE 指定用户的临时表空间，如果用户没有指定该表空间，则系统将使用数据库默认的临时表空间存储。
- PASSWORD EXPIRE 指定用户口令的初始状态为过期，用户在首次登录数据库时必须修改口令。
- ACCOUNT LOCK|UNLOCK 设置用户的初始状态为锁定或不锁定，默认为不锁定。

【示例】 创建一个名为 test 的普通用户。

```
SQL> CREATE USER test IDENTIFIED BY TESTtest123;
用户已创建。
SQL> -- 查询用户的属性信息
SQL> SELECT username,account_status,default_tablespace,temporary_tablespace
  2  FROM dba_users WHERE lower(username) = 'test';
USERNAME        ACCOUNT_STATUS        DEFAULT_TABLESPACE        TEMPORARY_TABLESPACE
---------    ----------------    -------------------    -------------------
TEST            OPEN                  USERS                     TEMP
```

通过示例运行结果可知，用户 test 已经成功创建。对于在创建时未显示指定默认表空间和临时表空间的用户，其默认表空间为 USERS，临时表空间为 TEMP。

下述示例演示在创建用户的同时，重新为其指定默认表空间。

【示例】 创建用户的同时为其指定默认表空间。

```
SQL > CREATE USER test02 IDENTIFIED BY TESTtest02123 DEFAULT TABLESPACE qstspace;
用户已创建。
SQL > --查询用户的属性信息
SQL > SELECT username,account_status,default_tablespace,temporary_tablespace
FROM dba_users WHERE lower(username) = 'test02';
USERNAME        ACCOUNT_STATUS        DEFAULT_TABLESPACE        TEMPORARY_TABLESPACE
--------        ----------------      --------------------      --------------------
TEST02               OPEN                    QSTSPACE                   TEMP
```

3.2.2 用户管理

用户创建完成后，可以对用户设置进行修改，包括口令、默认表空间、用户状态等，对于永久不再使用的用户，也可以进行删除。

1. 修改用户密码

ALTER USER...IDENTIFIED BY 命令用于修改用户密码，使用示例如下。

【示例】 修改用户口令。

```
SQL > ALTER USER test02 IDENTIFIED BY TESTtest2015;
用户已更改。
```

其中，TESTtest2015 为用户新设置的密码。

2. 修改用户默认表空间

ALTER USER...DEFAULT TABLESPACE 命令用于修改用户默认表空间，使用示例如下。

【示例】 修改用户默认表空间。

```
SQL > ALTER USER test02 DEFAULT TABLESPACE users;
用户已更改。
```

其中，users 为数据库默认表空间。修改完成后，此表空间也将作为用户 test02 的默认表空间。

3. 用户的锁定与解锁

Oracle 允许在任何时候对用户账户进行锁定与解锁。用户账户被锁定后，用户就不能再登录数据库了，但不影响其所有数据库对象的正常使用。当用户账户被解锁后，用户重新恢复正常的数据库连接和登录。通常在下列情况下可以考虑锁定用户账户，而不是删除用户账户：

- 用户需要中断工作一段时间再回来工作，此时可以临时将该用户账户锁定。
- 用户永久性离开，但其拥有的数据库对象仍然被其他用户引用，此时为避免其他用户的数据库对象失效，可以将该用户永久锁定，而不是删除该用户。
- 在应用程序开发过程中使用的一些数据库账户，在系统开发完成后，这些账户不再使用，应该将其锁定。
- 在数据库中有一些 Oracle 的内置账户，其所拥有的数据库对象对数据库特定功能特性、特定组件提供支持，应该将其锁定。

ALTER USER...ACCOUNT LOCK|UNLOCK 命令用于对用户账户进行锁定或解锁，如下述示例所示。

【示例】 用户账户的锁定与解锁。

```
SQL> ALTER USER test ACCOUNT LOCK;
用户已更改。
SQL> ALTER USER test ACCOUNT UNLOCK;
用户已更改。
```

【示例】 将示例用户 scott 解锁。

```
SQL> ALTER USER scott ACCOUNT LOCK;
用户已更改。
```

4. 删除用户

DROP USER 命令用于删除数据库用户，执行该命令的用户需要具有 DROP USER 系统权限，该命令的基本语法如下：

【语法】

```
DROP USER username [CASCADE];
```

删除用户时，不能删除当前正在连接数据库的用户，需要先终止该用户的会话然后再删除。如果该用户拥有数据库对象，则必须先删除该用户的所有数据库对象，然后再删除该用户，此时 DROP USER 命令需要使用 CASCADE 选项。

【示例】 删除用户。

```
SQL> DROP USER test02 CASCADE;
用户已删除。
```

3.2.3 用户与模式

模式(Schema)是指用户所拥有的所有对象的集合。模式与用户相对应，当在 Oracle 数据库中创建一个用户时，系统会自动在数据库中创建一个与用户同名的模式。模式作为数据库对象的容器而存在，用于数据库对象的管理，这些数据库对象包括：表、索引、视图、序列、同义词、PL/SQL 包、存储函数、存储过程等，而表空间、用户、角色等数据库对象不属于任何模式，称为非模式对象。

模式必须依赖于用户的存在而存在，即不存在不属于任何用户的模式对象。通常情况下，用户所创建的数据库对象都保存在与自己同名的模式中。“模式.对象名”的组合可以标识某个对象的所有者，默认情况下，用户在命令中引用的对象是同名模式中的对象。例如，以 SYSTEM 用户登录后编写的 SQL 语句“SELECT * FROM dual”，在执行时会被翻译为“SELECT * FROM system.dual”。如果要引用其他模式中的对象，则必须在该对象名之前指明对象所属模式。例如，在 SYSTEM 模式下访问 SCOTT 模式中的 EMP 表，SQL 语句为“SELECT * FROM scott.emp”。

3.3 权限

Oracle 数据库使用权限控制用户对数据库的访问和用户在数据库中所能执行的操作。所谓权限就是执行特定类型 SQL 命令或访问其他数据对象的权利。用户在数据库中可以执行什么样的操作，以及可以对哪些对象进行操作，完全取决于该用户所拥有的权限。

在 Oracle 数据库中，用户权限分为系统权限和对象权限两类。

- 系统权限：是指在数据库级别执行某种操作的权限，或针对某一类对象执行某种操作的权限，如 CREATE SESSION 权限、CREATE TABLE 权限。
- 对象权限：是指对某个特定的数据库对象执行某种操作的权限，如对某个表的 DML 操作。

3.3.1 系统权限

在 Oracle 数据库中，有 200 多种系统权限，每种系统权限都为用户提供了执行某一种或某一类数据库操作的能力。由于系统权限有较大的数据库操作能力，因此，应该只将系统权限授予值得信赖的用户。可以通过数据字典视图 DBA_SYS_PRIVS 获得所有系统权限的信息。

【示例】 获取所有系统权限名称。

```
SQL> SELECT DISTINCT privilege FROM dba_sys_privs;
PRIVILEGE
----------------------------------------
CREATE JOB
INHERIT ANY PRIVILEGES
DROP ANY PROCEDURE
DROP ANY MATERIALIZED VIEW
ALTER ANY RULE SET
ALTER ANY TABLE
CREATE ANY CUBE DIMENSION
DROP ANY DIRECTORY
ALTER ANY OPERATOR
DROP ANY DIMENSION
EM EXPRESS CONNECT
...
```

系统权限可以分为以下两大类：

- 一类是对数据库某一类对象的操作能力，与具体的数据库对象无关，通常带有 ANY

关键字。例如,CREATE ANY TABLE 系统权限允许用户在任何模式中创建表;SELECT ANY TABLE 系统权限允许用户查询数据库中任何模式中的表和视图。

- 另一类系统权限是数据库级别的某种操作能力。例如,CREATE SESSION 系统权限允许用户登录数据库。

常用的数据库系统权限及其功能说明如表 3-1 所示。

表 3-1 常用的数据库系统权限及其功能说明

系统权限	功　能	系统权限	功　能
CREATE TABLE	在当前用户模式中创建、修改、删除表	CREATE USER	创建用户
CREATE ANY TABLE	在任何模式中创建表	ALTER USER	修改用户
ALTER ANY TABLE	修改任何模式中的表或视图	DROP USER	删除用户
DROP ANY TABLE	删除任何模式中的表	CREATE SESSION	连接登录数据库
CREATE ROLE	创建角色	CREATE ANY INDEX	在任何模式中创建索引
ALTER ANY ROLE	修改任何角色	ALTER ANY INDEX	修改任何模式中的索引
DROP ANY ROLE	删除任何角色	DROP ANY INDEX	删除任何模式中的索引

1. 系统权限的授予

在给用户授予系统权限时,应该根据用户的身份进行。例如,数据库管理员用户应该具有创建表空间、修改数据库结构、修改用户权限、可以对数据库中任何模式中的对象进行管理的权限;数据库开发人员应该具有在自己的模式中创建表、视图、索引等数据库对象的权限;普通用户可以只具有连接登录数据库的系统权限。

系统权限授予的语法如下。

【语法】

```
GRANT system_privilege_list | [ALL PRIVILEGES] TO user_list [WITH ADMIN OPTION];
```

其中:

- system_privilege_list 表示系统权限列表,多个系统权限以逗号分隔。
- ALL PRIVILEGES 表示所有系统权限。
- user_list 表示用户列表,多个用户以逗号分隔。
- WITH ADMIN OPTION 表示允许系统权限接收者再把此权限授予其他用户。

【示例】 为用户授予连接登录数据库的系统权限。

```
SQL> CONN SYSTEM/QSTqst2015;
已连接。
SQL> GRANT CREATE SESSION TO test;
授权成功。
```

【示例】 为用户授予创建表、创建序列的系统权限。

```
SQL> CONN SYSTEM/QSTqst2015;
已连接。
SQL> GRANT CREATE TABLE,CREATE SEQUENCE TO test;
授权成功。
```

在 Oracle 数据库中，特定条件下，用户可以将其获得的权限全部或部分再授予其他用户，这称为权限的传递性，使用 WITH ADMIN OPTION 选项实现。如下述示例所示。

【示例】 为用户授予一定的系统权限，且具有传递性。

```
SQL> CONN SYSTEM/QSTqst2015;
已连接。
SQL> GRANT CREATE TABLE,CREATE SEQUENCE TO test WITH ADMIN OPTION;
授权成功。
SQL> CONN test/QSTqst2015;
已连接。
SQL> GRANT CREATE TABLE TO test02;
授权成功。
```

上述示例中，用户 test 获得了在 test 模式中创建表和创建序列的权限，用户 test02 也获得了在 test02 模式中创建表的系统权限。

2. 系统权限的回收

数据库管理员可以使用 REVOKE 命令回收用户获得的系统权限。语法如下。

【语法】

```
REVOKE sys_privilege_list | [ALL PRIVILEGES] FROM user_list;
```

【示例】

```
SQL> CONN SYSTEM/QSTqst2015;
已连接。
SQL> REVOKE CREATE TABLE,CREATE SEQUENCE FROM test;
撤销成功。
```

如果一个用户获得的系统权限具有传递性，并且给其他用户进行了授权，那么当该用户的系统权限被回收后，其他用户的系统权限并不受影响。例如上述示例中，用户 test 的系统权限被回收后，并不会影响用户 test02 从其获得的创建表的系统权限。

3.3.2 对象权限

对象权限是指对某个特定模式对象的操作权限。数据库模式对象所有者拥有该对象的所有对象权限，对象权限的管理实际上是对象所有者对其他用户操作该对象的权限管理。

在 Oracle 数据库中，不同类型的模式对象具有不同的对象权限，还有一些对象没有对象权限，只能通过系统权限进行控制，如索引、触发器、数据库链接等对象。Oracle 数据库中常用的数据库对象权限及功能说明如表 3-2 所示。

表 3-2 常用的数据库对象权限及其功能说明

对象权限	功能
SELECT	用于查询表、视图和序列
UPDATE	更新表、视图中的数据
INSERT	向表、视图中插入新的记录

续表

对象权限	功能
DELETE	删除表、视图中的数据
ALTER	修改表、序列的属性
INDEX	在表上创建索引
REFERENCE	为表创建外键
EXECUTE	函数、存储过程、程序包等的调用或执行

1. 对象权限的授予

在 Oracle 数据库中，用户可以直接访问同名模式中的数据库对象，如果要访问其他模式中的数据库对象，就要具有相应模式对象的对象权限。为用户赋予对象权限使用 GRANT 命令，语法如下。

【语法】

```
GRANT object_privilege_list | ALL [PRIVILEGES]
ON [schema.]object
TO user_list [WITH GRANT OPTION];
```

其中：

- object_privilege_list 表示对象权限列表，多个对象权限以逗号分隔。
- ALL [PRIVILEGES]表示某对象上的所有对象权限。
- [schema.]object 表示模式对象，默认为当前模式中的对象。
- user_list 表示用户列表，多个用户以逗号分隔。
- WITH GRANT OPTION 表示允许对象权限接收者把此对象权限授予其他用户。

【示例】 将 scott 模式中的 emp 表的部分对象权限授予用户 test。

```
SQL> CONN SYSTEM/QSTqst2015;
已连接。
SQL> GRANT SELECT,INSERT,UPDATE ON scott.emp TO test;
授权成功。
SQL> CONN test/QSTqst2015;
已连接。
SQL> SELECT * FROM scott.emp WHERE empno = 7782;
EMPNO   ENAME    JOB      MGR     HIREDATE     SAL     COMM     DEPTNO
-----   ------   ------   ------  ----------   ------  -------  -------
7782    CLARK    MANAGER  7839    09-6月 -81   2450             10
```

上述示例中，通过管理员用户将 scott 模式中的 emp 表的 SELECT、INSERT、UPDATE 对象权限授予用户 test，然后在 test 模式下，便可以对表 scott.emp 进行查询、插入和更新的操作了。

下述示例演示管理员将 scott 模式中的 emp 表的 SELECT、INSERT、UPDATE 对象权限授予用户 test，用户 test 再将 scott.emp 表的 SELECT、INSERT 权限传递授予 test02。

【示例】 对象权限的传递。

```
SQL > CONN SYSTEM/QSTqst2015;
已连接。
SQL > GRANT SELECT,INSERT,UPDATE ON scott.emp TO test WITH GRANT OPTION;
授权成功。
SQL > CONN test/QSTqst2015;
已连接。
SQL > GRANT SELECT,INSERT ON scott.emp TO test02;
授权成功。
SQL > CONN test02/QSTqst2015;
已连接。
SQL > SELECT * FROM scott.emp WHERE empno = 7782;
EMPNO   ENAME    JOB      MGR     HIREDATE     SAL     COMM     DEPTNO
-----   -------  -------  ------- -----------  ------  -------  --------
7782    CLARK    MANAGER  7839    09-6月 -81   2450              10
```

如果一个用户需要具有某模式对象的所有对象权限，则可以使用 ALL[PRIVILEGES]选项一次性分配。

【示例】 为用户赋予 scott.emp 表的所有对象权限。

```
SQL > CONN SYSTEM/QSTqst2015;
已连接。
SQL > GRANT ALL ON scott.emp TO test;
授权成功。
```

2. 对象权限的回收

数据库管理员或模式对象所有者可以使用 REVOKE 命令回收用户获得的对象权限，命令语法如下。

【语法】

```
REVOKE object_privilege_list | ALL [PRIVILEGE]
ON [schema.]object
FROM user_list [CASCADE CONSTRAINTS];
```

其中：

- CASCADE CONSTRAINTS 表示当回收 REFERENCE 对象权限或回收 ALL PRIVILEGES 对象权限时，删除利用 REFERENCE 对象权限创建的外键约束。

【示例】 回收用户 test02 在 scott.emp 表上的某些权限。

```
SQL > CONN SYSTEM/QSTqst2015;
已连接。
SQL > REVOKE SELECT,INSERT ON scott.emp FROM test02
撤销成功。
```

【示例】 回收用户 test 在 scott.emp 表上的所有权限。

```
SQL > CONN SYSTEM/QSTqst2015;
已连接。
```

```
SQL> REVOKE ALL ON scott.emp FROM test
撤销成功。
```

如果一个用户获得的对象权限具有传递性,并且已给其他用户授权,那么当该用户的对象权限被回收后,其他用户的对象权限也将被回收。如下述示例将 scott.emp 表的所有对象权限授予用户 test,且具有传递性,然后用户 test 再将 scott.emp 表的 SELECT 对象权限授予用户 test02。当用户 test 在 scott.emp 表上的 SELECT 对象权限被回收后,用户 test02 在 scott.emp 表上的 SELECT 对象权限也被回收。

【示例】 权限操作示例。

```
SQL> CONN SYSTEM/QSTqst2015;
已连接。
SQL> GRANT ALL ON scott.emp TO test WITH GRANT OPTION;
授权成功。
SQL> CONN test/QSTqst2015;
已连接。
SQL> GRANT SELECT ON scott.emp TO test02;
授权成功。
SQL> CONN SYSTEM/QSTqst2015;
已连接。
SQL> REVOKE SELECT ON scott.emp FROM test;
撤销成功。
SQL> CONN test02/QSTqst2015;
已连接。
SQL> SELECT * FROM scott.emp;
SELECT * FROM scott.emp
                    *
第 1 行出现错误:
ORA-00942: 表或视图不存在
```

3.4 角色

虽然可以利用 GRANT 命令为所有用户分配权限,但是如果数据库的用户众多,而且权限关系复杂的话,则为用户分配权限的工作量将变得十分庞大。因此 Oracle 提出了角色的概念。

角色是指系统权限或者对象权限的集合。Oracle 允许首先创建一个角色,然后将角色信息赋予用户,从而间接地将权限分配给用户。因为角色的可复用性,因此可以将角色再次分配给其他用户,从而减少了重复工作。用户直接使用权限和使用角色管理权限的方式比较如图 3-1 所示。

在 Oracle 数据库中,角色分为系统预定义角色和用户自定义角色两类。系统预定义角色由系统创建,并由系统授权了相应的权限;用户自定义角色由用户定义,并由用户为其授权。

Oracle 数据库中有 50 多个系统预定义角色,表 3-3 列举了几个比较常用的系统预定义角色的名称及其具有的权限。

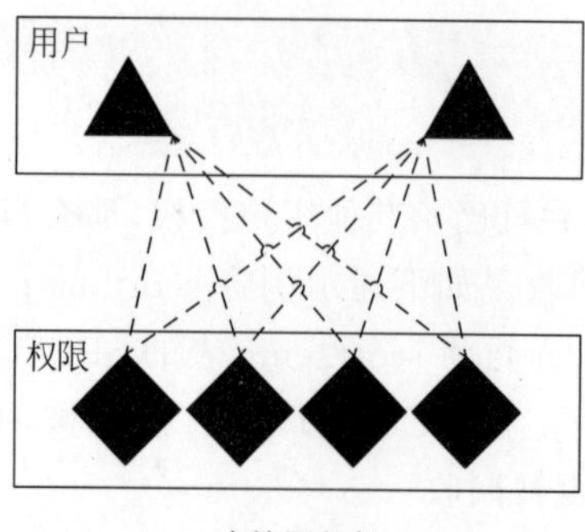

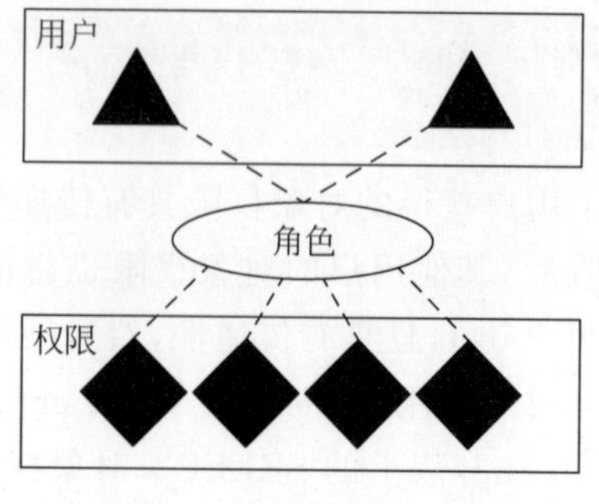

图 3-1 角色和权限的使用

表 3-3 常用的系统预定义角色

角色名称	权限
DBA	包含所有系统权限，且带有 WITH ADMIN OPTION 选项，即可以将系统权限授予其他用户
CONNECT	CREATE SESSION、ALTER SESSION、CREATE SEQUENCE、CREATE SYNONYM、CREATE VIEW、CREATE CLUSTER、CREATE DATABASE LINK
RESOURCE	CREATE SEQUENCE、CREATE TABLE、CREATE TRIGGER、CREATE TYPE、CREATE CLUSTER、CREATE PROCEDURE

3.4.1 角色的创建与授权

Oracle 数据库允许用户自定义角色，并对自定义角色进行权限的授予与回收。用户自定义角色的创建语法如下。

【语法】

```
CREATE ROLE role_name [NOT IDENTIFIED] | [IDENTIFIED BY password];
```

其中：

- role_name 表示自定义角色的名称，该名称不能与任何用户名或其他角色名相同。
- NOT IDENTIFIED 表示角色采用数据库认证，激活角色时不需要口令。
- IDENTIFIED BY password 表示角色采用数据库认证，激活角色时需要输入口令。

【示例】 创建一个不需要口令的数据库认证的角色。

```
SQL> CONN system/QSTqst2015;
已连接。
SQL> CREATE ROLE role_emp;
角色已创建。
```

【示例】 创建一个需要口令的数据库认证的角色。

```
SQL> CONN system/QSTqst2015;
已连接。
SQL> CREATE ROLE role_manager IDENTIFIED BY rolemanager;
角色已创建。
```

创建一个角色后，如果不给角色授权，那么角色是没有用处的。给角色授权实际上是给角色授予适当的系统权限、对象权限或已有角色。角色权限的授予和回收的过程与用户权限类似，同时还需注意以下事项：

- 为角色授权的用户本身必须具有要授予的权限，并且在其获得权限时具有传递性，即指定了 WITH ADMIN OPTION 或 WITH GRANT OPTION 选项。
- 给角色授权时不能指定传递性，即不能带有 WITH ADMIN OPTION 或 WITH GRANT OPTION 选项。

下述示例演示使用管理员用户为角色 role_emp 和 role_manager 进行授权和回收。

【示例】 角色的授权和回收。

```
SQL> CONN system/QSTqst2015;
已连接。
SQL> GRANT ALL ON scott.emp TO role_emp;
授权成功。
SQL> GRANT CREATE SESSION,CREATE TABLE,CREATE VIEW TO role_manager;
授权成功。
SQL> REVOKE UPDATE,DELETE ON scott.emp FROM role_emp;
撤销成功。
SQL> REVOKE CREATE TABLE,CREATE VIEW FROM role_manager;
撤销成功。
```

3.4.2 角色的授予与回收

创建完角色并给角色授权后，可以将角色授予用户或其他角色，实现权限的间接管理。将角色授予用户或其他角色，用户需要具有 GRANT ANY ROLE 系统权限或者用户是角色的创建者，或者用户在被授予该角色时使用了 WITH ADMIN OPTION 选项。

角色授予的语法如下。

【语法】

```
GRANT role_list TO user_list | role_list [WITH ADMIN OPTION];
```

其中：WITH ADMIN OPTION 表示被授予用户可以将此角色再授予其他用户，或从任何具有该角色的用户那里回收该角色。

【示例】 将系统预定义角色授予一个角色。

```
SQL> CONN system/QSTqst2015;
已连接。
SQL> GRANT CONNECT,RESOURCE TO role_emp;
授权成功。
```

【示例】 将用户自定义角色授予一个用户。

```
SQL> CONN system/QSTqst2015;
已连接。
SQL> GRANT role_emp TO test WITH ADMIN OPTION;
授权成功。
```

在角色授予时，可以在一个 GRANT 命令中同时为用户或角色授予系统权限和角色，但不能同时授予对象权限和角色。如下述示例所示。

【示例】 系统权限、对象权限和角色的组合授予。

```
SQL> CONN system/QSTqst2015;
已连接。
SQL> GRANT CONNECT,role_emp TO test;
授权成功。
SQL> GRANT role_emp,SELECT ON scott.emp TO test;
GRANT role_emp,SELECT ON scott.emp TO test
         *
第 1 行出现错误:
ORA-00990: 权限缺失或无效
```

角色的回收与权限的回收类似，使用 REVOKE 命令从用户或其他角色回收角色，如下述示例所示。

【示例】 从其他角色或用户回收角色。

```
SQL> CONN system/QSTqst2015;
已连接。
SQL> REVOKE RESOURCE FROM role_emp;
撤销成功。
SQL> REVOKE role_emp FROM test;
撤销成功。
```

3.4.3 角色管理

角色创建完成后，可以对自定义的角色进行维护管理，如修改角色的认证方式、禁用与激活角色以及删除角色等。

1. 修改角色

角色的修改是指修改角色的认证方式，角色的名称不能修改，如果要修改角色名称，需要先删除角色，然后重建新名称的角色，再对新角色进行重新授权。

角色认证方式的修改语法如下。

【语法】

```
ALTER ROLE role [NOT IDENTIFIED] | [IDENTIFIED BY password];
```

【示例】 为角色 role_emp 添加认证口令，取消 role_manager 的认证口令。

```
SQL> CONN system/QSTqst2015;
已连接。
SQL> ALTER ROLE role_emp IDENTIFIED BY roleemp;
角色已丢弃。
SQL> ALTER ROLE role_manager NOT IDENTIFIED;
角色已丢弃。
```

2. 禁用与激活角色

当一个角色授予某一个用户后，该角色即成为该用户的默认角色。当用户登录数据库时，用户所有默认角色都处于激活状态，而非默认角色处于禁用状态，因此可以通过设置用户的默认角色禁止或激活用户拥有的角色，使用的命令为 ALTER USER，语法如下。

【语法】

```
ALTER USER user
DEFAULT ROLE role_list | [ALL [EXCEPT role_list]] | NONE;
```

其中：

- user 表示设置默认角色的用户名称。
- role_list 表示指定的默认角色，多个角色名称以逗号分隔。
- ALL 表示将用户的所有角色都设置为默认角色，处于激活状态。
- EXCEPT role_list 表示除了指定的角色被禁用外，其余所有角色都为默认角色，处于激活状态。
- NONE 表示禁用用户的所有角色，即用户登录时所有角色都处于禁用状态。

【示例】 禁用用户 test 的所有角色。

```
SQL> CONN system/QSTqst2015;
已连接。
SQL> ALTER USER test DEFAULT ROLE NONE;
用户已更改。
```

【示例】 将用户 test 的所有角色设置为默认角色。

```
SQL> ALTER USER test DEFAULT ROLE ALL;
用户已更改。
```

【示例】 将用户 test 的部分角色设置为默认角色。

```
SQL> ALTER USER test DEFAULT ROLE CONNECT,role_emp;
用户已更改。
```

【示例】 将用户 test 除某个角色外其他所有角色设置为默认角色。

```
SQL> ALTER USER test DEFAULT ROLE ALL EXCEPT role_emp;
用户已更改。
```

3. 删除角色

如果不再需要某个角色，可以使用 DROP ROLE 命令删除该角色。角色被删除后，系统将回收所有用户或其他角色从该角色中获得的权限，同时从数据字典中删除该角色的定义信息。

【示例】 删除用户自定义角色。

```
SQL> CONN system/QSTqst2015;
已连接。
SQL> DROP ROLE role_emp;
角色已删除。
```

3.4.4 查询角色信息

在 Oracle 数据库中,可以通过查询包含角色信息的数据字典 DBA_ROLE_PRIVS 了解用户所具有的角色信息以及角色所具有的权限或角色信息。

【示例】 查询示例用户 scott 所具有的角色信息。

```
SQL> CONN system/QSTqst2015;
已连接。
SQL> SELECT grantee,granted_role,admin_option,default_role
  2   FROM dba_role_privs
  3   WHERE grantee = 'SCOTT';
GRANTEE         GRANTED_ROLE          ADMIN_            DEFAUL
---------       ----------------      ------------      ---------------
SCOTT           RESOURCE              NO                YES
SCOTT           CONNECT               NO                YES
```

【示例】 查询用户 test 所具有的角色信息。

```
SQL> CONN system/QSTqst2015;
已连接。
SQL> ALTER USER test DEFAULT ROLE CONNECT,role_emp;
用户已更改。
SQL> SELECT grantee,granted_role,admin_option,default_role
  2   FROM dba_role_privs
  3   WHERE grantee = 'TEST';
GRANTEE           GRANTED_ROLE            ADMIN_             DEFAUL
----------        ------------------      -------------      ---------------
TEST              ROLE_EMP                NO                 YES
TEST              CONNECT                 NO                 YES
```

【示例】 查询角色 role_emp 所具有的对象权限。

```
SQL> CONN system/QSTqst2015;
已连接。
SQL> GRANT SELECT ON scott.emp TO role_emp;
授权成功。
SQL> SELECT role,owner,table_name,privilege
  2   FROM role_tab_privs
  3   WHERE role = 'ROLE_EMP';
ROLE           OWNER              TABLE_NAME                PRIVILEGE
---------      --------------     ---------------------     ------------------
ROLE_EMP       SCOTT              EMP                       SELECT
```

【示例】 查询角色 role_emp 所具有的系统权限。

```
SQL> CONN system/QSTqst2015;
已连接。
SQL> GRANT CREATE TABLE,CREATE VIEW TO role_emp;
授权成功。
SQL> SELECT role,privilege,admin_option
  2  FROM role_sys_privs
  3  WHERE role = 'ROLE_EMP';
ROLE                  PRIVILEGE                ADMIN_
------------          ------------------       ---------
ROLE_EMP              CREATE VIEW              NO
ROLE_EMP              CREATE TABLE             NO
```

【示例】 查询角色 role_emp 所具有的角色。

```
SQL> CONN system/QSTqst2015;
已连接。
SQL> GRANT CONNECT,RESOURCE TO role_emp;
授权成功。
SQL> SELECT role,granted_role,admin_option
  2  FROM role_role_privs
  3  WHERE role = 'ROLE_EMP';
ROLE                  GRANTED_ROLE             ADMIN_
------------          ------------------       --------------
ROLE_EMP              RESOURCE                 NO
ROLE_EMP              CONNECT                  NO
```

3.5 课程贯穿项目

3.5.1 【任务 3-1】 项目表空间创建

在数据库应用中，Oracle 数据库建议每个应用分别对应一个独立的表空间，并且将所有用户对象和数据保存在非系统表空间中，通过此种方式分离不同应用的数据，从而减少读取数据文件时产生的 I/O 冲突。

本节任务完成 Q_MicroChat 微聊项目表空间的创建，以及将该表空间设置为默认表空间。根据表空间的功能特性，一个表空间的创建，应该需要确定表空间的名称、表空间的类型、表空间的管理方式、表空间的数据文件、区的分配方式、段的管理方式、表空间数据块大小等参数。本项目创建的表空间名称为 ts_qmicrochat，表空间类型为永久表空间，表空间数据文件的位置和名称为 e:\oracle12c\userspace\ts_qmicrochat.dbf，数据文件大小为 100MB，数据文件自动扩展且每次扩展大小为 100MB。开启表空间的日志记录功能，设置表空间状态为可用，表空间采取本地管理方式自动分配区，段的管理方式为自动管理。具体 SQL 脚本如下所示。

【任务 3-1】（1）创建表空间。

```
SQL> CREATE TABLESPACE ts_qmicrochat
  2     DATAFILE 'e:\oracle12c\userspace\ts_qmicrochat.dbf' SIZE 100M
  3     AUTOEXTEND ON NEXT 100M
  4     LOGGING
  5     ONLINE
  6     EXTENT MANAGEMENT LOCAL AUTOALLOCATE
  7     SEGMENT SPACE MANAGEMENT AUTO;
表空间已创建。
```

下述任务完成将 ts_qmicrochat 表空间设置为默认表空间。

【任务 3-1】（2）设置默认表空间。

```
SQL> ALTER DATABASE DEFAULT TABLESPACE ts_qmicrochat;
数据库已更改。
```

3.5.2 【任务 3-2】 项目用户管理

Q_MicroChat 微聊项目对于用户管理有以下要求：

- 设置项目管理员用户，负责该项目所需要的所有数据库对象的创建及维护。
- 设置项目基础数据维护用户，负责对用户数据、个人动态数据（包括相册信息、文章信息）、群组数据的管理。
- 设置项目终端用户，负责对账户数据、好友数据、好友聊天数据、动态及评论数据、群组及群聊数据的部分管理。

根据用户分类需求，分别创建以下 3 个用户作为各类型用户代表，脚本实现如下。

【任务 3-2】（1）创建管理员用户 **qmicrochat_admin**。

```
SQL> CONN system/Qmicrochat2015@qmicrochat;
已连接。
SQL> CREATE USER qmicrochat_admin IDENTIFIED BY admin2015
  2  DEFAULT TABLESPACE ts_qmicrochat
  3  TEMPORARY TABLESPACE temp;
用户已创建。
```

【任务 3-2】（2）创建基础数据维护用户 **qmicrochat_operator**。

```
SQL> CREATE USER qmicrochat_operator IDENTIFIED BY operator2015;
用户已创建。
```

【任务 3-2】（3）创建终端用户 **qmicrochat_guest**。

```
SQL> CREATE USER qmicrochat_guest IDENTIFIED BY guest2015;
用户已创建。
```

创建完成后，通过下述脚本可以查询当前数据库所有用户的信息。

【任务 3-2】（4）查询所有用户信息。

```
SQL > SELECT username,default_tablespace,temporary_tablespace
  2  FROM dba_users
  3  WHERE account_status = 'OPEN';

USERNAME                 DEFAULT_TABLESPACE          TEMPORARY_TABLESPACE
------------------------ --------------------------- ------------------------------
QMICROCHAT_ADMIN         TS_QMICROCHAT               TEMP
QMICROCHAT_GUEST         TS_QMICROCHAT               TEMP
QMICROCHAT_OPERATOR      TS_QMICROCHAT               TEMP
SYSTEM                   SYSTEM                      TEMP
SYS                      SYSTEM                      TEMP
```

3.5.3 【任务 3-3】 项目权限设置及角色管理

Q_MicroChat 微聊项目中三类用户的权限要求如下：

- 项目管理员用户：需要具有创建及维护所有项目所需数据库对象的系统权限。
- 项目基础数据维护用户：需要具有对用户数据、个人动态数据（包括相册信息、文章信息）、群组数据进行管理的对象权限。
- 项目终端用户：需要具有对账户数据进行添加、修改、查询的对象权限；对好友关系数据、好友聊天数据、动态及评论数据、群组及群聊数据进行查询、添加、修改、删除的对象权限。

对于项目管理员用户，首先需要为其授予 UNLIMITED TABLESPACE 系统权限指定表空间限额，使其能够在表空间中创建数据库对象，同时通过授予 CONNECT 和 RESOURCE 角色的方式为其赋予对项目所需数据库对象的创建及维护的系统权限。

【任务 3-3】（1）项目管理员用户角色分配。

```
SQL > CONN system/Qmicrochat2015;
已连接。
SQL > GRANT UNLIMITED TABLESPACE TO qmicrochat_admin;
授权成功。
SQL > GRANT CONNECT,RESOURCE TO qmicrochat_admin;
授权成功。
```

对于项目基础数据维护用户，首先其需要具有连接登录数据库的系统权限 CREATE SESSION，其次需要具有对用户数据、个人动态数据（包括相册信息、文章信息）、群组数据进行管理的所有对象权限，此时可以使用 ALL PRIVILEGES 选项进行一次性分配。

【任务 3-3】（2）项目基础数据维护用户权限分配。

```
SQL > CONN system/Qmicrochat2015;
已连接。
SQL > GRANT create session TO qmicrochat_operator;
授权成功。
SQL > --以下的对象权限因还未创建相应的表,读者可以在第 4 章贯穿任务完成后再进行测试
SQL > GRANT ALL ON qmicrochat_admin.tb_users TO qmicrochat_operator;
授权成功。
```

```
SQL> GRANT ALL ON qmicrochat_admin.tb_personal_dynamics TO qmicrochat_operator;
授权成功。
SQL> GRANT ALL ON qmicrochat_admin.tb_photos_dynamics TO qmicrochat_operator;
授权成功。
SQL> GRANT ALL ON qmicrochat_admin.tb_artics_dynamics TO qmicrochat_operator;
授权成功。
SQL> GRANT ALL ON qmicrochat_admin.tb_groups TO qmicrochat_operator;
授权成功。
```

对于项目终端用户，首先需要具有连接登录数据库的系统权限 CREATE SESSION，其次需要具有对账户数据进行添加(INSERT)、修改(UPDATE)、查询(SELECT)的对象权限以及对好友关系数据、好友聊天数据、动态及评论数据、群组及群聊数据进行查询、添加、修改、删除的对象权限。

【任务 3-3】 (3) 项目终端用户权限分配。

```
SQL> CONN system/Qmicrochat2015;
已连接。
SQL> GRANT create session TO qmicrochat_guest;
授权成功。
SQL> CONN qmicrochat_admin/admin2015;
已连接。
SQL> --以下的对象权限因还未创建相应的表,读者可以在第 4 章贯穿任务完成后再进行测试
SQL> GRANT INSERT,UPDATE,SELECT ON tb_users TO qmicrochat_guest;
授权成功。
SQL> GRANT DELETE,INSERT,UPDATE,SELECT ON tb_friends TO qmicrochat_guest;
授权成功。
SQL> GRANT DELETE,INSERT,UPDATE,SELECT ON tb_personal_dynamics TO qmicrochat_guest;
授权成功。
SQL> GRANT DELETE,INSERT,UPDATE,SELECT ON tb_artics_dynamics TO qmicrochat_guest;
授权成功。
SQL> GRANT DELETE,INSERT,UPDATE,SELECT ON tb_photos_dynamics TO qmicrochat_guest;
授权成功。
SQL> GRANT DELETE,INSERT,UPDATE,SELECT ON tb_comment TO qmicrochat_guest;
授权成功。
SQL> GRANT DELETE,INSERT,UPDATE,SELECT ON tb_comment_reply TO qmicrochat_guest;
授权成功。
SQL> GRANT DELETE,INSERT,UPDATE,SELECT ON tb_user_chat TO qmicrochat_guest;
授权成功。
SQL> GRANT DELETE,INSERT,UPDATE,SELECT ON tb_groups TO qmicrochat_guest;
授权成功。
SQL> GRANT DELETE,INSERT,UPDATE,SELECT ON tb_group_chat TO qmicrochat_guest;
授权成功。
```

注意

当需要为多个用户赋予类似上述多个表的对象权限时，为了方便，可以先创建一个角色，给角色授予这些表的对象权限，然后将此角色授予多个用户。

用户权限、角色分配完成后，可以通过下述数据字典进行查询验证。

【任务 3-3】（4）查询用户具有的对象权限。

```
SQL > CONN system/Qmicrochat2015;
已连接。
SQL > SELECT grantee,owner,table_name,grantor,privilege,grantable
    FROM dba_tab_privs WHERE LOWER(grantee) = 'qmicrochat_operator';

GRANTEE              OWNER              TABLE_NAME  GRANTOR            PRIVILEGE   GRANTABLE
-------------------- ------------------ ----------- ------------------ ----------- ---------
QMICROCHAT_OPERATOR  QMICROCHAT_ADMIN   TB_USERS    QMICROCHAT_ADMIN   FLASHBACK   NO
QMICROCHAT_OPERATOR  QMICROCHAT_ADMIN   TB_GROUPS   QMICROCHAT_ADMIN   INSERT      NO
QMICROCHAT_OPERATOR  QMICROCHAT_ADMIN   TB_USERS    QMICROCHAT_ADMIN   INDEX       NO
QMICROCHAT_OPERATOR  QMICROCHAT_ADMIN   TB_GROUPS   QMICROCHAT_ADMIN   SELECT      NO
...

SQL > SELECT grantee,owner,table_name,grantor,privilege,grantable
    FROM dba_tab_privs WHERE LOWER(grantee) = 'qmicrochat_guest';

GRANTEE           OWNER              TABLE_NAME  GRANTOR            PRIVILEGE   GRANTABLE
----------------- ------------------ ----------- ------------------ ----------- ---------
QMICROCHAT_GUEST  QMICROCHAT_ADMIN   TB_USERS    QMICROCHAT_ADMIN   INSERT      NO
QMICROCHAT_GUEST  QMICROCHAT_ADMIN   TB_USERS    QMICROCHAT_ADMIN   SELECT      NO
QMICROCHAT_GUEST  QMICROCHAT_ADMIN   TB_USERS    QMICROCHAT_ADMIN   UPDATE      NO
QMICROCHAT_GUEST  QMICROCHAT_ADMIN   TB_USERS    QMICROCHAT_ADMIN   DELETE      NO
QMICROCHAT_GUEST  QMICROCHAT_ADMIN   TB_PERSONAL_DYNAMICS  QMICROCHAT_ADMIN   INSERT  NO
...
```

【任务 3-3】（5）查询用户具有的系统权限。

```
SQL > SELECT grantee,privilege,admin_option
    FROM dba_sys_privs WHERE LOWER(grantee) = 'qmicrochat_operator';

GRANTEE                  PRIVILEGE            ADMIN_OPTION
------------------------ -------------------- ---------------------------------
QMICROCHAT_OPERATOR      CREATE SESSION       NO
```

【任务 3-3】（6）查询用户具有的角色。

```
SQL > SELECT grantee,granted_role FROM dba_role_privs
  2      WHERE LOWER(grantee) = 'qmicrochat_admin';

GRANTEE                  GRANTED_ROLE
------------------------ ------------------------------------------------------------
QMICROCHAT_ADMIN         CONNECT
QMICROCHAT_ADMIN         RESOURCE
```

本章小结

小结

- 在 Oracle 数据库创建时，系统会自动创建 SYSTEM（系统表空间）、SYSAUX（辅助系统表空间）、TEMP（临时表空间）、UNDOTBS1（撤销表空间）、USERS（用户表空间）。其中，SYSTEM 和 SYSAUX 称为系统表空间；USERS 为整个数据库的默认表空间。
- 表空间的创建需要确定表空间的名称、表空间的管理方式、表空间的类型、表空间的数据文件、区的分配方式、段的管理方式、表空间数据块大小等参数。
- 每个应用应该分别对应一个独立的表空间，所有用户对象和数据保存在非系统表空间中，这样不仅能够分离不同应用的数据，而且能够减少读取数据文件时产生的 I/O 冲突。
- Oracle 中的用户可以分为两类：一类是创建数据库时系统预定义的用户，也称为系统用户；另一类是根据应用需要由系统用户创建的用户。在 Oracle 数据库中通过创建新用户，然后设置该用户的权限控制用户对数据库的访问和操作。
- Oracle 数据库使用权限控制用户对数据库的访问和用户在数据库中所能执行的操作。所谓权限就是执行特定类型 SQL 命令或访问其他数据对象的权利。
- 在 Oracle 数据库中，用户权限分为系统权限和对象权限两类。系统权限是指在数据库级别执行某种操作的权限，或针对某一类对象执行某种操作的权限；对象权限是指对某个特定的数据库对象执行某种操作的权限。
- 角色是指系统权限或者对象权限的集合。角色分为系统预定义角色和用户自定义角色两类。系统预定义角色由系统创建，并由系统授权了相应的权限；用户自定义角色由用户定义，并由用户为其授权。

Q&A

1. 问：在数据库创建时，会自动创建哪些表空间？哪个是系统默认表空间？有何作用？如何更改系统默认表空间？

答：在 Oracle 数据库创建时，系统会自动创建 SYSTEM（系统表空间）、SYSAUX（辅助系统表空间）、TEMP（临时表空间）、UNDOTBS1（撤销表空间）、USERS（用户表空间）。数据库的默认表空间为 USERS，用于存储用户所创建的数据库对象。可以通过 ALTER DATABASE DEFAULT TABLESPACE 命令重设数据库默认表空间。

2. 问：Oracle 数据库中有哪些用户？如何分类？哪些用户可以创建新用户？

答：Oracle 中的用户可以分为两类：一类是创建数据库时系统预定义的用户，也称为系统用户，常用的如 SYS、SYSTEM、HR、SCOTT、SH 等；另一类是根据应用需要由系统用户创建的用户。管理员用户（SYS、SYSTEM）及具有 CREATE USER 权限的用户可以创建新的用户。

3. 问：如何理解权限、角色及它们之间的关系？

答：Oracle 数据库中的权限包括系统权限和对象权限两类。系统权限是数据库级别的权限，而对象权限是特定数据库对象所具有的权限。对用户的授权有两种方式，一种方式是直接给用户授予系统权限或对象权限；另一种方式是通过角色间接给用户授权。角色是一系列权限的集合，包括系统预定义角色和用户自定义角色两种。DBA 可以根据需要创建角色，然后给角色授权，最后将角色授予用户。通过角色可以方便地管理不同身份用户的权限。

章节练习

习题

1. 下面(　　)不是对象权限。

A. Insert　　B. Update　　C. Delete　　D. Add

2. 下列(　　)属于模式对象。

A. 数据段　　B. 盘区　　C. 表　　D. 表空间

3. 收回用户权限的关键字为(　　)。

A. Grant　　B. Revoke　　C. Drop　　D. Create

4. 为用户分配权限的关键字为(　　)。

A. Comment　　B. Lock　　C. Select　　D. Grant

5. 删除用户的关键字为(　　)。

A. Drop　　B. Delete　　C. Create　　D. Alter

6. 一个模式只能被一个________所拥有，其创建的所有模式对象都保存在自己的________中。

7. 把用户名为 User01 的密码修改为 password 的语句为____________________。

8. 将用户 User 解锁的语句为____________________。

9. 简述用户和角色的区别。

上机

1. 训练目标：表空间的创建。

培养能力	掌握表空间的创建		
掌握程度	★★★★★	难度	容易
代码行数	1	实施方式	重复编码
结束条件	独立编写，运行不出错		
参考训练内容：创建一个表空间 testsize，其数据文件大小为 2MB，并设置自动增长尺寸为 1MB			

2. 训练目标：表空间、用户、权限的创建和维护。

培养能力	熟练掌握表空间、用户和权限的创建和维护		
掌握程度	★★★★★	难度	容易
代码行数	10	实施方式	重复编码
结束条件	独立编写，运行不出错		

参考训练内容：

创建表空间 team，在此表空间下创建数据表 player，表的创建语句如下所示。

```
CREATE TABLE player{
    playid  NUMBER(6)  PRIMARY KEY,
    playname  VARCHAR2(30)  NOT NULL,
    teamnum  NUMBER(6)  NOT NULL  UNIQUE,
    info  VARCHAR2(50)
} TABLESPACE team;
```

在此条件下执行以下操作。

(1) 创建一个新账户，用户名为 account1，密码为 oldpwd1。

(2) 授权该用户对数据库中 player 表的 SELECT 和 INSERT 权限，并且授权该用户对 player 表的 info 字段的 UPDATE 权限。

(3) 用 SYSTEM 账号登录数据库，为用户 account1 授予对表 player 的 SELECT 和 INSERT 权限；授予更新 player 表 info 字段的 UPDATE 权限。

(4) 更改 account1 用户的密码为 newpwd2。

(5) 收回 account1 用户的权限。

(6) 将 account1 用户的账号信息从系统中删除

表管理

任务驱动

本章任务完成 Q_MicroChat 微聊项目所需的表及完整性约束的创建。具体任务分解如下：

- 【任务 4-1】 创建项目表及约束

学习导航/课程定位

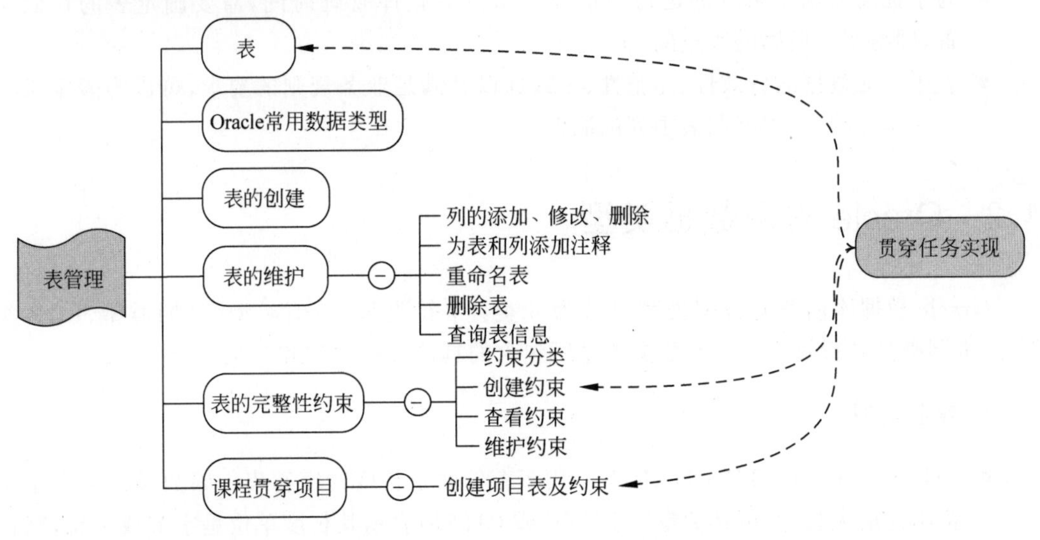

本章目标

知 识 点	Listen(听)	Know(懂)	Do(做)	Revise(复习)	Master(精通)
表	★	★			
Oracle 数据类型	★	★	★	★	★
表的创建	★	★	★	★	★
表的维护	★	★	★	★	★
表的完整性约束	★	★	★	★	★

4.1 表

表是数据库的基本对象，是数据库数据存储的基本单元，数据库中所有数据都以二维表的形式存在。表与现实世界中的对象相对应，可以把所有的基本实体都看成表，不管应用中的实体有多复杂，都可以使用一个或多个表表示。表由行和列两部分组成，表中一行存放一条记录，对应一个实体的实例；一列表示一个存储字段，对应一个实体的属性。例如，一个员工实体可以对应一个员工表，员工实体的属性“员工ID、员工姓名、性别、年龄、所属部门”对应表的列，具有这些属性的一名员工对应员工表的一行记录。

在应用程序开发过程中，程序开发人员根据应用需求确定需要保存在表中的信息，数据库开发人员结合数据库特性设计出表结构。在设计表时，通常需要考虑以下因素：

- 表名和列名必须以字母开头，可以含符号 A～Z，a～z，0～9，_，$，# 等字符，长度不能超过30个字符。使用有意义的名称，做到“见名知意”，不能使用Oracle服务器的保留字。表名称、列名称大小写不敏感。
- 表的设计需要规范化，要达到3NF的要求。
- 需要为表中各列设置合适的数据类型和长度。
- 为了提高数据库系统的运行性能以及减少数据库管理时间，需要确定表的存储位置，即指明表所属的表空间。
- 为了保证数据的有效性、完整性、一致性以及满足业务规则的要求，可以为表定义一些完整性约束，以限制表中列的取值。

4.2 Oracle 常用数据类型

Oracle数据库内置的数据类型可分为6类：字符类型、数值类型、日期类型、LOB类型、二进制类型和行类型。这些数据类型所包含的具体数据类型和含义介绍如下。

1. 字符类型

- CHAR[(size[BYTE|CHAR])]：用于存储固定长度的字符串。参数size规定了字符串的最大长度，可选关键字BYTE或CHAR表示其长度单位是字节或字符，默认值为1B，允许最大长度为2000B。如果CHAR类型的列中实际保存的字符串长度小于指定的size大小，Oracle将自动使用空格填满。
- VARCHAR2(size[BYTE|CHAR])：用于存储可变长度的字符串。参数size规定了字符串的最大长度，可选关键字BYTE或CHAR表示其长度单位是字节或字符，默认单位为BYTE，允许字符串的最大长度为4000B。与CHAR类型不同，当VARCHAR2类型的列中实际保存的字符串长度小于size时，将按字符串实际长度分配空间。
- NCHAR[(size)]：用于存储多字节编码(UNICODE)的定长字符串。参数size指定了字符串的最大字符数。如果字符采用AL16UTF16编码，存储容量可以提高2

倍,如果采用 UTF8 编码,存储容量可以提高 3 倍。size 的取值最大为 2000B,默认为 1。

- NVARCHAR2(size):用于存储多字节编码(UNICODE)的变长字符串。参数 size 指定了字符串的最大字符数,最大为 4000B。
- LONG:用于存储变长字符串,最大长度为 2GB。这是为了与早期版本兼容而保留的字符类型。

2. 数值类型

- NUMBER[(p[,s])]:可以存储 0、正数和负数,数值的绝对值为 $10^{-130} \sim 10^{126}$。NUMBER 类型数据占用 1～22B 的存储空间。p 表示数值的总位数(精度),默认值为 38;s 表示刻度,取值为－84～127,s 为正数时表示保留小数的位数,s 为负数时表示对小数点左侧 s 位进行舍入,默认值为 0。

3. 日期类型

- DATE:用于存储日期和时间。可以存储的日期范围为公元前 4712 年 1 月 1 日到公元后 9999 年 12 月 31 日,占据 7B 的空间,由世纪、年、月、日、时、分、秒组成。
- TIMESTAMP[(p)]:表示时间戳,是 DATE 数据类型的扩展,允许存储小数形式的秒值。p 表示秒的小数位数,取值范围为 0～9,默认值为 6。根据 p 值的设置不同,TIMESTAMP 类型数据占据 7～11B 空间,由世纪、年、月、日、时、分、秒组成,如 30-MAY-12 07.56.07.544000PM。

4. LOB 类型

- CLOB:用于存储单字节或多字节的大型字符串对象,支持使用数据库字符集的定长或变长字符。在 Oracle 12c 中 CLOB 类型最大存储容量为 128TB。
- BLOB:用于存储大型的、未被结构化的变长的二进制数据,如二进制文件、图片文件、音频和视频等非文本文件。在 Oracle 12c 中 BLOB 类型最大存储容量为 128TB。
- BFILE:用于存储指向二进制格式文件的定位器,该二进制文件保存在数据库外部的操作系统中。在 Oracle 12c 中 BFILE 文件最大容量为 128TB,不能通过数据库操作修改 BFILE 定位器所指向的文件。

5. 二进制类型

- ROW(size):用于存储变长的二进制数据,size 表示数据长度,取值范围为 1～2000B。
- LONG RAW:用于存储变长的二进制数据,最大存储数据量为 2GB。Oracle 建议使用 BLOB 类型代替 LONG RAW 类型。

6. 行类型

- ROWID:行标识符,表示表中行的物理地址的伪劣类型。ROWID 类型数据由 18

位十六进制数构成，其中第1～6位表示对象编号，第7～8位表示文件编号，第9～15位表示数据块编号，第16～18位表示数据块内行号。

4.3 表的创建

创建表是进行数据库中数据存储管理的基础，也是应用程序开发的基础。CREATE TABLE命令用于表的创建，语法如下。

【语法】

```
CREATE TABLE [schema.]table_name(
    column_name datatype [column_level_constraint]
    [,column_name datatype [column_level_constraint]...]
    [,table_level_constraint]
)[TABLESPACE tablespace];
```

其中：

- schema表示表所属的模式，默认为当前模式。
- table_name表示表名，该名称必须为合法标识符，并且不能与所属模式中其他对象同名，也不能是数据库的保留字。
- datatype表示列的数据类型，具体数据类型参见4.2节。
- column_level_constraint表示列级约束，关于列级约束可参见4.5节。
- table_level_constraint表示表级约束，关于表级约束可参见4.5节。
- tablespace表示表所属的表空间，默认为当前用户的默认表空间。

【示例】 在当前用户默认表空间创建department表。

```
SQL> CREATE TABLE department(
  2  deptno NUMBER(2) PRIMARY KEY,
  3  dname VARCHAR2(14),
  4  loc VARCHAR2(13)
  5  );
表已创建。
```

【示例】 在USERS表空间创建employee表。

```
SQL> CREATE TABLE employee(
  2  empno NUMBER(4) PRIMARY KEY,
  3  ename VARCHAR2(10),
  4  job VARCHAR2(20),
  5  mgr NUMBER(4),
  6  hiredate DATE,
  7  sal NUMBER(7,2),
  8  comm NUMBER(7,2),
  9  deptno NUMBER(2) NOT NULL
 10      CONSTRAINT fk_emp_dept REFERENCES department(deptno)
 11  )
 12  TABLESPACE USERS;
表已创建。
```

在上面第一个示例中，创建 department 表时，没有使用 TABLESPACE 选项为表指明表空间，此时系统会默认将表存储在当前用户的默认永久表空间中，如果当前用户没有指定默认永久表空间，则表将存储在数据库的默认永久表空间(USERS)中。

Oracle 数据库建议，不同的应用分别创建独立的表空间，属于同一个应用的表建立在同一个表空间中。这样不但可以提高数据库系统的运行性能，还能减少对数据库管理所花费的时间。如果属于同一个应用的表被分散存储在不同的表空间中，在执行某些数据管理和维护操作(如数据的备份与恢复)时，就要花费更多时间，并且无法对一个应用的数据进行集中式管理和维护。

表创建完成后，可以使用 DESC 命令查看表结构，语法如下。

【语法】

```
DESC table_name;
```

【示例】

```
SQL> DESC employee;
 名称                                  是否为空    类型
 ----------------------------------- ---------- ----------------------
 EMPNO                                 NOT NULL    NUMBER(4)
 ENAME                                             VARCHAR2(10)
 JOB                                               VARCHAR2(9)
 MGR                                               NUMBER(4)
 HIREDATE                                          DATE
 SAL                                               NUMBER(7,2)
 COMM                                              NUMBER(7,2)
 DEPTNO                                NOT NULL    NUMBER(2)
```

4.4 表的维护

表创建完成后，如果应用需求有所变动，则需要对表进行维护。表的维护使用 ALTER TABLE 语句，该语句可以实现对列的添加、修改、删除；对表约束的添加、修改、删除；对表的重命名以及对表的删除等。

用户可以修改自己模式中的表，如果要修改其他模式中的表，用户需要具有相应表的 ALTER 对象权限或者具有 ALTER ANY TABLE 系统权限。

4.4.1 列的添加、修改、删除

1. 添加列

ALTER TABLE...ADD 语句用于为表添加列，语法如下。

【语法】

```
ALTER TABLE table_name ADD(
column1 datatype [DEFAULT value] [NOT NULL]
```

```
[,column2 datatype ...]
);
```

【示例】

```
SQL > ALTER TABLE employee ADD(
  2  sex CHAR(3),
  3  registdate DATE DEFAULT SYSDATE NOT NULL
  4  );
表已更改。
```

在为表添加列时，如果表中已有数据，那么新列不能用 NOT NULL 约束，除非为新列设置默认值，如上面示例所示。在默认情况下，新插入列的值为 NULL。

2. 修改列定义

可以使用 ALTER TABLE...MODIFY 命令修改列的数据类型、长度、默认值、是否为空等，语法如下。

【语法】

```
ALTER TABLE table_name MODIFY column [datatype] [DEFAULT expression] [NOT NULL];
```

修改表中列的数据类型时，必须注意下列事项：

- 可以增大字符类型列的长度和数值类型列的精度。
- 可以在现有字符类型列和数值类型列满足新的长度和精度时，缩小列的长度或精度。
- 如果不改变字符串的长度，则可以将 VARCHAR2 类型与 CHAR 类型互转。
- 如果更改列的数据类型为另一种不同类型的数据类型，则列中数据必须为 NULL。

【示例】

```
SQL > ALTER TABLE employee MODIFY job VARCHAR2(10);
表已更改。
SQL > ALTER TABLE employee MODIFY sex DEFAULT '男';
表已更改。
```

3. 修改列名

使用 ALTER TABLE...RENAME 命令修改列的名称，语法如下。

【语法】

```
ALTER TABLE table_name RENAME COLUMN oldname TO newname;
```

当修改一个列的名称时，数据库系统按下列方式处理依赖于该列的其他数据库对象。

- 依赖于该列的函数索引和检查约束继续保持有效状态。
- 依赖于该列的视图、触发器、函数、存储过程和包变为失效状态。当这些对象下次被调用时，系统自动进行重新编译，使之变为有效状态；如果自动编译不成功，需要进行手动修改这些对象。

【示例】

```
SQL > ALTER TABLE employee RENAME COLUMN registdate TO regist_date;
表已更改。
```

4. 删除列

当不再需要表中某些列时，可以将其删除，但是不能将表中所有列都删除，也不能删除SYS模式中任何表中的列。删除表中的列时，系统将删除表中每条记录相应的列值，同时释放所占用的存储空间。

列的删除有两种方式，可以直接删除表中的列，也可以先将列标记为UNUSED状态，然后再删除UNUSED状态列。

1）直接删除列

使用ALTER TABLE...DROP命令可以直接删除表中的一列或多列，同时删除与列相关的索引和约束。语法如下。

【语法】

```
ALTER TABLE table_name DROP
[COLUMN column] | [(column1,column2,...)]
[CASCADE CONSTRAINTS];
```

其中：

- CASCADE CONSTRAINTS表示如果被删除的列被其他表的外键引用，则必须使用此选项同时删除引用表的外键。
- COLUMN表示如果仅删除一列，则使用此选项。
- (column1,column2,...)表示如果删除多列时，需要将列名放在小括号中，此时不能使用COLUMN选项。

【示例】

```
SQL > ALTER TABLE employee DROP COLUMN regist_date;
表已更改。
SQL > ALTER TABLE employee ADD registdate DATE;
表已更改。
SQL > ALTER TABLE employee DROP (sex,registdate);
表已更改。
```

2）将列标记为UNUSED状态，然后删除UNUSED状态列

由于删除列时，将删除表中每条记录的相应列值，因此，如果要删除一个大的表中的列，就需要对每条记录进行处理，并写入重做日志文件，这需要很长的处理时间。为了避免在数据库使用高峰期间由于删除列的操作而占用过多的资源，可以暂时将列设置为UNUSED状态，在适当的时候再将所有标记为UNUSED状态的列删除。

ALTER TABLE...SET UNUSED命令用于将列标记为UNUSED状态，语法如下。

【语法】

```
ALTER TABLE table_name SET UNUSED
[COLUMN column] | [(column1,column2,...)]
[CASCADE CONSTRAINTS];
```

【示例】

```
SQL> ALTER TABLE employee ADD registdate DATE;
表已更改。
SQL> ALTER TABLE employee SET UNUSED COLUMN registdate;
表已更改。
```

对用户来说,被标记为UNUSED状态的列同该列被删除效果一样,无法再被查询到,但实际上该列仍然存在,并占用存储空间。这样在数据库空闲时,可以使用ALTER TABLE...DROP UNUSED COLUMNS命令删除处于UNUSED状态的所有列,该命令的使用如下述示例所示。

【示例】

```
SQL> ALTER TABLE employee DROP UNUSED COLUMNS;
表已更改。
```

4.4.2 为表和列添加注释

可以使用COMMENT ON命令为表或列添加注释,以便说明表或列的作用。

为表添加注释的命令语法如下。

【语法】

```
COMMENT ON TABLE table IS 'comment';
```

【示例】 为表添加注释。

```
SQL> COMMENT ON TABLE employee IS '员工表';
注释已创建。
```

为列添加注释的语法如下。

【语法】

```
COMMENT ON COLUMN table.column IS 'comment';
```

【示例】 为列添加注释。

```
SQL> COMMENT ON COLUMN employee.empno IS '工号';
注释已创建。
```

4.4.3 重命名表

表创建后,可以根据需要对表重新命名。表重命名后,Oracle会自动将旧表上的对象权限、约束条件等转移到新表上，但是所有与旧表相关联的对象都会失效，需要重新编译。

ALTER TABLE... RENAME TO 或 RENAME... TO 命令用于对表重命名，语法如下。

【语法】

```
ALTER TABLE table_old_name RENAME TO table_new_name;
或
RENAME table_old_name TO table_new_name;
```

【示例】 修改表名。

```
SQL > ALTER TABLE employee RENAME TO tb_employee;
表已更改。
SQL > RENAME tb_employee TO employee;
表已重命名。
```

4.4.4 删除表

如果表不再需要，可以使用 DROP TABLE 命令将其删除。用户可以删除自己模式中的表，如果要删除其他模式中的表，用户需要具有 DROP ANY TABLE 系统权限。

删除表的命令语法如下。

【语法】

```
DROP TABLE [schema.]table [CASCADE CONSTRAINTS];
```

其中：

- CASCADE CONSTRAINTS 表示如果要删除的表中包含被其他表外键引用的主键列或唯一性约束列，则需使用此选项在删除该表的同时删除其他表中相关的外键约束。

【示例】 删除 department 表及对其的外键引用。

```
SQL > DROP TABLE department CASCADE CONSTRAINTS;
表已删除。
```

在删除一个表的同时，Oracle 将执行下列操作：

- 删除该表中的所有记录。
- 从数据字典中删除该表的定义。
- 删除与该表相关的所有索引和触发器。
- 依赖于该表的数据库对象处于 INVALID 状态。
- 为该表定义的同义词不会被删除，但是在使用时将返回错误。
- 回收为该表分配的存储空间。

4.4.5 查询表信息

在 Oracle 12c 数据库中，可通过如表 4-1 所示的数据字典查询表的相关信息，表中

XXX 分别对应数据字典视图的前缀 DBA、ALL、USER。

表 4-1　与表相关的数据字典

数据字典名称	说　明
XXX_TABLES	包含表的基本描述信息和统计信息
XXX_TAB_COLUMNS	包含表中列的描述信息和统计信息
XXX_TAB_COMMENTS	包含表和视图的注释信息
XXX_COL_COMMENTS	包含表和视图的列的注释信息
XXX_UNUSED_COL_TABS	包含表中 UNUSED 列的信息

【示例】　查询当前用户的所有表的名称、表空间及状态。

```
SQL> SELECT table_name,tablespace_name,status FROM user_tables;
TABLE_NAME                    TABLESPACE_NAME                      STATUS
----------------------   ------------------------------   ----------------
EMPLOYEE                      USERS                                 VALID
```

【示例】　查询某个表中某列的描述信息。

```
SQL> SELECT column_name,data_type,data_length,nullable
  2  FROM user_tab_columns
  3  WHERE table_name = 'EMPLOYEE';
COLUMN_NAME          DATA_TYPE           DATA_LENGTH        NU
----------------  ----------------  --------------  --
EMPNO                NUMBER              22                 N
ENAME                VARCHAR2            10                 Y
JOB                  VARCHAR2            10                 N
MGR                  NUMBER              22                 Y
HIREDATE             DATE                7                  Y
SAL                  NUMBER              22                 Y
COMM                 NUMBER              2                  Y
DEPTNO               NUMBER              22                 N
已选择 8 行。
```

【示例】　查询当前用户所有表的注释信息。

```
SQL> SELECT table_name,comments FROM user_tab_comments;
TABLE_NAME         COMMENTS
------------  -----------
EMPLOYEE            员工表
```

4.5　表的完整性约束

4.5.1　约束分类

约束是在表中定义的用于维护数据库完整性的一些规则，用于规范表中列的取值。在 Oracle 数据库中，可以通过为表设置约束防止无效数据输入表中，在插入、更新行或者从表中删除行时，强制表中的数据遵循规则，如果数据不满足约束的要求，操作将失败。

在 Oracle 数据库中，约束分为主键约束、外键约束、非空约束、唯一性约束和检查约束。

1. 主键约束

主键约束（PRIMARY KEY）用于约束表中的列不能为空、不能重复，唯一标识一条记录。主键约束有以下特点：

- 主键约束可以定义在一列或多列上。
- 一个表中只能定义一个主键约束。
- Oracle 数据库会在创建主键约束的列上建立一个唯一性索引。
- 主键约束不能定义在 LOB、LONG、LONG RAW 等数据类型的列上。

2. 外键约束

外键约束（FOREIGN KEY）用于约束表中列的取值来源于参照表中某参照列的值。外键约束有如下特点：

- 定义外键约束的列的取值只能为参照表的主键约束列、唯一约束列的值，或空值。
- 可以在一列或多列组合（最多不超过 32 列）上定义外键约束。
- 外键约束不能定义在 LOB、LONG、LONG RAW 等数据类型的列上。
- 外键约束列所在的表与参照表必须在同一个数据库中。

3. 唯一性约束

唯一性约束（UNIQUE）用于约束表中列的取值的唯一性。唯一性约束有如下特点：

- 可以定义在一列或多列上（最多不超过 32 列）。
- 如果某列仅定义唯一性约束而没有定义非空约束，则该约束列可以包含多个空值。
- Oracle 会自动在唯一性约束列上建立唯一性索引。
- 外键约束不能定义在 LOB、LONG、LONG RAW 等数据类型的列上。
- 在唯一性约束列上不能定义主键约束。

4. 检查约束

检查约束（CHECK）用于约束表中列的取值范围，且具有如下特点：

- 约束条件使用表达式表示，在表达式中引用相应的列，并且表达式结果必须是一个布尔值。
- 检查约束的表达式中不能包含子查询，也不能包含如 SYSDATE、USER 等 SQL 函数和 CURRVAL、NEXTVAL、ROWID、ROWNUM 等伪列。
- 检查约束不能定义在 LOB、LONG、LONG RAW 等数据类型的列上。
- 一个列可以定义多个检查约束。

5. 非空约束

非空约束（NOT NULL）用于约束表中列的取值不能为空。非空约束具有以下特点：

- 只能定义在单个列上。

● 非空约束不能定义在对象类型列上。

4.5.2 创建约束

可以在使用 CREATE TABLE 命令创建表时创建约束，也可以在表创建后使用 ALTER TABLE 命令为表添加，本节先介绍在表创建时添加约束。

约束的定义有两种，一种是列级约束，另一种是表级约束。在列定义的同时定义的约束称为列级约束；作为表的独立的一项定义的约束称为表级约束。两种约束实现的效果相同，但也有下述区别。

● 非空约束和 DEFAULT 默认值只能用于列级约束，除此之外的其他约束既可用于列级约束也可用于表级约束。
● 如果需要定义多列组合的约束，则只能定义为表级约束，如联合主键、多列间的检查性约束。

1. 列级约束

列级约束是对某一个特定列的约束，在列的定义中直接跟在该列的其他定义之后。列级约束的创建语法如下。

【语法】

```
column_definition [[NOT] NULL] | [UNIQUE] | [PRIMARY KEY] |
    [CHECK(condition)] | [REFERENCES [schema.]object[(column)]]
```

【示例】 创建表时为各列添加列级约束 1。

```
SQL > CREATE TABLE board(
  2  bid NUMBER(2) PRIMARY KEY,                          -- 主键约束
  3  bname VARCHAR2(20) NOT NULL,                        -- 非空约束
  4  status NUMBER CHECK(status IN(0,1))                 -- 检查性约束
  5  );
表已创建。
```

【示例】 创建表时为各列添加列级约束 2。

```
SQL > CREATE TABLE register(
  2  rid NUMBER(10) PRIMARY KEY,                             -- 主键约束
  3  logname VARCHAR2(20) UNIQUE,                            -- 唯一性约束
  4  password VARCHAR2(10) NOT NULL,                         -- 非空约束
  5  age NUMBER(3) CHECK(age >= 13 AND age <= 80),           -- 检查性约束
  6  registboard NUMBER(2) NOT NULL REFERENCES board(bid)    -- 非空约束、外键约束
  7  );
表已创建。
```

2. 表级约束

表级约束多用于定义作用于多列组合的约束。采用表级约束定义方式，需要指定约束作用的列，语法如下。

【语法】

```
CONSTRAINT constraint
[PRIMARY KEY(column1[,column2...])] |
[UNIQUE(column1[,column2...])] |
[CHECK(condition)] |
[FOREIGN KEY(column1[,column2...])
    REFERENCES [schema.]object[(column[,column2...])]]
```

【示例】 创建工资等级表时添加表级约束。

```
SQL> CREATE TABLE salgrade(
  2  grade VARCHAR2(20),
  3  losal NUMBER(6),
  4  hisal NUMBER(6),
  5  CONSTRAINT lo_hi CHECK(losal<hisal)
  6  );
表已创建。
```

【示例】 创建工资发放记录表时添加表级约束。

```
SQL> CREATE TABLE payroll(
  2  empno NUMBER(4) REFERENCES employee(empno),
  3  payrolldate DATE NOT NULL,
  4  deptno NUMBER(2),
  5  sal NUMBER(7,2),
  6  comm NUMBER(7,2),
  7  CONSTRAINT pk_payroll PRIMARY KEY(empno,payrolldate),
  8  CONSTRAINT fk_dept FOREIGN KEY(deptno) REFERENCES department(deptno)
  9  );
表已创建。
```

4.5.3 查看约束

在 Oracle 数据库中,包含约束信息的数据字典如表 4-2 所示。其中,XXX 分别对应数据字典视图的前缀 DBA、ALL、USER。

表 4-2 与表相关的数据字典

数据字典名称	说　明
XXX_CONSTRAINTS	包含表的约束的定义信息
XXX_CONS_COLUMNS	包含表的约束列的信息

【示例】 查询 PAYROLL 表的所有约束信息。

```
SQL> SELECT constraint_name,constraint_type,status
  2  FROM user_constraints
  3  WHERE table_name='PAYROLL';
CONSTRAINT_NAME                CO              STATUS
------------------------  --------------  ------------
PK_PAYROLL                     P               ENABLED
SYS_C0010018                   R               ENABLED
FK_DEPT                        R               ENABLED
SYS_C0010016                   C               ENABLED
```

【示例】 查询 PAYROLL 表中各个约束所作用的列。

```
SQL> SELECT constraint_name,table_name,column_name
  2  FROM user_cons_columns
  3  WHERE table_name = 'PAYROLL';
CONSTRAINT_NAME              TABLE_NAME                COLUMN_NAME
-------------------------  -------------------------  --------------------------
SYS_C0010016                 PAYROLL                   PAYROLLDATE
PK_PAYROLL                   PAYROLL                   EMPNO
PK_PAYROLL                   PAYROLL                   PAYROLLDATE
SYS_C0010018                 PAYROLL                   EMPNO
FK_DEPT                      PAYROLL                   DEPTNO
```

4.5.4 维护约束

在表创建完成后，可以使用 ALTER TABLE 命令为表追加约束，或者对表已有的约束进行重命名和删除。

1. 添加约束

ALTER TABLE...ADD 命令用于为表添加约束，语法如下。

【语法】

```
ALTER TABLE table_name ADD
[CONSTRAINT constraint] constraint_type(column1[,column2,...])
[constraint_parameters];
```

其中：CONSTRAINT 选项用于指定约束的名称，如果省略则由系统自动命名。指定约束名称可以方便地对约束进行维护。

以下述示例所创建的一个没有添加任何约束的职位表为例，介绍对该表完整性约束的维护操作。

【示例】 创建职位表 JOB 和部门表 DEPARTMENT。

```
SQL> CREATE TABLE job(
  2  jobid NUMBER,
  3  jobname VARCHAR2(20),
  4  jobdesc CLOB,
  5  workplace VARCHAR2(20),
  6  minsalary NUMBER(6),
  7  maxsalary NUMBER(6),
  8  department NUMBER(2)
  9  )TABLESPACE USERS;
表已创建。
SQL> CREATE TABLE department(
  2  deptno NUMBER(2) PRIMARY KEY,
  3  dname VARCHAR2(14),
  4  loc VARCHAR2(13)
```

```
  5  );
表已创建。
```

【示例】 添加主键约束。

```
SQL> ALTER TABLE job ADD PRIMARY KEY(jobid);
表已更改。
```

【示例】 添加唯一性约束。

```
SQL> ALTER TABLE job ADD UNIQUE(jobname);
表已更改。
```

【示例】 添加外键约束。

```
SQL> ALTER TABLE job ADD CONSTRAINT fk_job_dept FOREIGN KEY(department) REFERENCES department
(deptno);
表已更改。
```

【示例】 添加检查约束。

```
SQL> ALTER TABLE job ADD CONSTRAINT CHECK(maxsalary > minsalary);
表已更改。
```

【示例】 添加非空约束。

```
SQL> ALTER TABLE job MODIFY jobname NOT NULL;
表已更改。
```

在上述添加非空约束示例中,需要使用 MODIFY 选项代替 ADD 选项。

2. 重命名约束

约束定义后,可以使用 ALTER TABLE...RENAME 命令重命名约束,语法如下。

【语法】

```
ALTER TABLE table_name RENAME CONSTRAINT old_name TO new_name;
```

【示例】 对外键约束 fk_job_dept 重命名。

```
SQL> ALTER TABLE job RENAME CONSTRAINT fk_job_dept TO fk_jobdept;
表已更改。
```

利用该命令还可以将由系统自动命名的约束重新命名为有意义的名称,如下述示例所示。

【示例】 对系统自动命名的检查约束 SYS_C0010023 进行重命名。

```
SQL> -- 查询 JOB 表的约束信息
SQL> SELECT constraint_name,table_name,column_name
  2  FROM user_cons_columns
  3  WHERE table_name = 'JOB';
```

```
CONSTRAINT_NAME          TABLE_NAME        COLUMN_NAME
--------------------  ----------------  --------------------
SYS_C0010020             JOB               JOBID
SYS_C0010021             JOB               JOBNAME
SYS_C0010023             JOB               MAXSALARY
SYS_C0010023             JOB               MINSALARY
FK_JOBDEPT               JOB               DEPARTMENT
已选择 5 行。
SQL> --重命名检查约束
SQL> ALTER TABLE job RENAME CONSTRAINT SYS_C0010023 TO Ck_JOB_SALARY;
表已更改。
SQL> SELECT constraint_name,table_name,column_name
  2  FROM user_cons_columns
  3  WHERE table_name='JOB';
CONSTRAINT_NAME          TABLE_NAME        COLUMN_NAME
--------------------  ----------------  --------------------
SYS_C0010020             JOB               JOBID
SYS_C0010021             JOB               JOBNAME
FK_JOBDEPT               JOB               DEPARTMENT
Ck_JOB_SALARY            JOB               MAXSALARY
Ck_JOB_SALARY            JOB               MINSALARY
已选择 5 行。
```

3. 删除约束

如果需要删除某个已定义的约束,可以使用 ALTER TABLE...DROP 命令,语法如下。

【语法】

```
ALTER TABLE table_name DROP
[CONSTRAINT constraint] |
[PRIMARY KEY] | [UNIQUE(column1[,column2,...])]
[CASCADE][KEEP|DROP INDEX];
```

其中:

- 对于主键约束和唯一性约束可以通过指定约束的类型删除约束。
- 自定义名称的约束可以通过约束名称删除。
- CASCADE 表示如果删除的主键约束或唯一性约束的列被其他表中的外键约束列引用,则必须使用此选项同时删除关联表中的相应外键约束。
- KEEP INDEX 表示在删除主键约束或唯一性约束时,如果要保留在定义这两类约束时自动生成的唯一性索引,则使用此选项,否则默认该唯一性索引也会被自动删除。

【示例】 通过名称删除外键约束。

```
SQL> ALTER TABLE job DROP CONSTRAINT FK_JOBDEPT;
表已更改。
```

【示例】 删除主键约束。

```
SQL> ALTER TABLE job DROP PRIMARY KEY;
表已更改。
```

【示例】 删除主键约束时保留唯一索引。

```
SQL> ALTER TABLE job DROP PRIMARY KEY KEEP INDEX;
表已更改。
```

【示例】 删除唯一性约束。

```
SQL> ALTER TABLE job DROP UNIQUE(jobname);
表已更改。
```

【示例】 删除检查约束。

```
SQL> ALTER TABLE job DROP CONSTRAINT Ck_JOB_SALARY;
表已更改。
SQL> SELECT constraint_name,table_name,column_name
  2  FROM user_cons_columns
  3  WHERE table_name = 'JOB';
未选定行。
```

4.6 课程贯穿项目:【任务4-1】 创建项目表及约束

根据【任务2-2】项目逻辑模型设计的二维表结构,编写项目所需表及约束的SQL脚本qmicrochat_table.sql,具体脚本如下。

【任务4-1】 (1)项目表及约束的创建脚本qmicrochat_table.sql。

```
----- TB_USERS(用户)
CREATE TABLE tb_users(
  user_id NUMBER PRIMARY KEY,
  username VARCHAR2(20) NOT NULL,
  userpwd VARCHAR2(20) NOT NULL,
  nickname VARCHAR2(30),
  uprofile BLOB,
  sex CHAR(3),
  telephone VARCHAR2(20),
  email VARCHAR2(50),
  address VARCHAR2(100),
  signature VARCHAR2(100),
  note VARCHAR2(200),
  CONSTRAINT chk_sex CHECK (sex = '男' or sex = '女')
) TABLESPACE ts_qmicrochat;

-- TB_FRIENDS(好友关系)
CREATE TABLE tb_friends(
  user_id NUMBER,
  friend_id NUMBER,
  CONSTRAINT pk_user_friend PRIMARY KEY(user_id,friend_id)
);

--- TB_PERSONAL_DYNAMICS(个人动态)
CREATE TABLE tb_personal_dynamics(
```

```
    dynamic_id NUMBER PRIMARY KEY,
    user_id NUMBER NOT NULL,
    send_time DATE NOT NULL,
    send_address VARCHAR2(50),
    idea VARCHAR2(1000) NOT NULL,
    dtype NUMBER,
    authority NUMBER,
    CONSTRAINT chk_type CHECK (dtype = 1 or dtype = 2 ),
    CONSTRAINT chk_authority CHECK (authority = 1 or authority = 2 ),
    CONSTRAINT fk_personal_dynamics_users FOREIGN key (user_id)
      REFERENCES tb_users(user_id)
);

------ TB_PHOTOS_DYNAMICS(相册动态)
CREATE TABLE tb_photos_dynamics(
    photo_id NUMBER PRIMARY KEY,
    dynamic_id NUMBER NOT NULL,
    photo BLOB,
    display_order NUMBER NOT NULL,
    CONSTRAINT fk_photos_personal_dynamics FOREIGN key (dynamic_id)
      REFERENCES tb_personal_dynamics(dynamic_id)
);

---- TB_ARTICS_DYNAMICS(文章动态)
CREATE TABLE tb_artics_dynamics(
    article_id NUMBER PRIMARY KEY,
    dynamic_id NUMBER NOT NULL,
    picture BLOB,
    article_url VARCHAR2(500) NOT NULL,
    reading_num NUMBER DEFAULT 0,
    report_num NUMBER DEFAULT 0,
    CONSTRAINT fk_artics_personal_dynamics FOREIGN key (dynamic_id)
      REFERENCES tb_personal_dynamics(dynamic_id)
);

---- TB_COMMENT(动态评论)
CREATE TABLE tb_comment(
    comment_id NUMBER PRIMARY KEY,
    dynamic_id NUMBER NOT NULL,
    user_id NUMBER NOT NULL,
    dycomment VARCHAR2(500) NOT NULL,
    comm_time DATE,
    CONSTRAINT fk_comment_dynamics FOREIGN key (dynamic_id)
       REFERENCES tb_personal_dynamics(dynamic_id),
    CONSTRAINT fk_comment_users FOREIGN key (user_id)
       REFERENCES tb_users(user_id)
);

----- TB_COMMENT_REPLY(评论回复)
CREATE TABLE tb_comment_reply(
    reply_id NUMBER PRIMARY KEY,
    comment_id NUMBER NOT NULL,
    user_id NUMBER NOT NULL,
```

```
    reply_content VARCHAR2(500) NOT NULL,
    CONSTRAINT fk_comment_reply_comment FOREIGN key( comment_id)
        REFERENCES tb_comment(comment_id),
    CONSTRAINT fk_comment_reply_users FOREIGN key (user_id)
        REFERENCES tb_users(user_id)
 );

----- TB_USER_CHAT(私聊记录表) --
CREATE TABLE tb_user_chat(
  userchat_id NUMBER PRIMARY KEY,
  send_user_id NUMBER NOT NULL,
  receive_user_id NUMBER NOT NULL,
  chat_content VARCHAR2(500)   NOT NULL,
  chat_time DATE NOT NULL,
  CONSTRAINT fk_chat_send_users FOREIGN key (send_user_id)
      REFERENCES tb_users(user_id),
  CONSTRAINT fk_chat_receive_users FOREIGN key (receive_user_id)
      REFERENCES tb_users(user_id)
);

---- TB_GROUPS(微聊群) ----
CREATE TABLE tb_groups(
  group_id NUMBER PRIMARY KEY,
  group_name VARCHAR2(50) NOT NULL,
  group_logo BLOB,
  user_id NUMBER NOT NULL,
  creation_time DATE NOT NULL,
  max_person_num NUMBER(4) NOT NULL,
  real_person_num NUMBER(4) NOT NULL,
  CONSTRAINT fk_groups_users FOREIGN key(user_id)
    REFERENCES tb_users(user_id)
);

---- USERS_GROUPS(用户_群) ----
CREATE TABLE users_groups(
  user_id NUMBER ,
  group_id NUMBER,
  group_nickname VARCHAR2(20),
  top_group NUMBER,
  escape_disturb NUMBER,
  CONSTRAINT pk_user_group PRIMARY KEY(user_id,group_id),
  CONSTRAINT chk_top_group CHECK (top_group = 0 or top_group = 1 ),
  CONSTRAINT chk_escape_disturb CHECK (escape_disturb = 0 or escape_disturb = 1 )
);

----- TB_GROUP_CHAT(群聊记录) ------
CREATE TABLE tb_group_chat(
  groupchat_id NUMBER PRIMARY KEY,
  group_id NUMBER NOT NULL,
  user_id NUMBER NOT NULL,
```

```
    send_time DATE NOT NULL,
    send_content VARCHAR2(500) NOT NULL,
    CONSTRAINT fk_group_chat_groups FOREIGN key(group_id)
        REFERENCES tb_groups(group_id),
    CONSTRAINT fk_group_chat_users FOREIGN key(user_id)
        REFERENCES tb_users(user_id)
);
```

在项目管理员 qmicrochat_admin 模式下，通过以下命令执行 SQL 脚本 qmicrochat_table.sql。

【任务 4-1】（2）执行脚本 qmicrochat_table.sql。

```
SQL> CONN qmicrochat_admin/admin2015;
已连接。
SQL> START E:\qmicrochat_table.sql
表已创建。
```

本章小结

小结

- 表是数据库的基本对象，是数据库数据存储的基本单元，数据库中所有数据都以二维表的形式存在。
- Oracle 数据库内置的数据类型可分为 6 类：字符类型、数值类型、日期类型、LOB 类型、二进制类型和行类型。
- 创建表时，如果没有使用 TABLESPACE 选项为表指明表空间，则系统会默认将表存储在当前用户的默认永久表空间中；如果当前用户没有指定默认永久表空间，则表将存储在数据库的默认永久表空间(USERS)中。
- Oracle 数据库建议，不同的应用应该分别创建独立的表空间，属于同一个应用的表建立在同一个表空间中。
- 约束是在表中定义的用于维护数据库完整性的一些规则，用于规范表中列的取值。
- 在 Oracle 数据库中，约束分为主键约束、外键约束、非空约束、唯一性约束和检查约束。

Q&A

问：约束的作用是什么？Oracle 数据库中有哪些约束？

答：约束是在表中定义的用于维护数据库完整性的一些规则，用于规范表中列的取值。在 Oracle 数据库中，可以通过为表设置约束防止无效数据输入表中。在插入、更新行或者从表中删除行时，强制表中的数据遵循规则，如果数据不满足约束的要求，操作将失败。在 Oracle 数据库中，约束分为主键约束、外键约束、非空约束、唯一性约束和检查约束。

章节练习

习题

1. 如果一个表中某条记录的一个字段暂时不具有任何值，那么在其中将保存(　　)。

A. 空格字符　　B. 数字 0

C. NULL　　D. 该字段数据类型的默认值

2. 下列(　　)错误地描述了默认值的作用。

A. 为表中某列定义默认值后，如果向表中添加记录而未为该列提供值，则使用定义的默认值代替

B. 如果向表中添加记录并且为定义默认值的列提供值，则该列仍然使用定义的默认值

C. 如果向表中添加记录并且为定义默认值的列提供值，则该列使用提供的值

D. 向表中添加记录时，如果定义默认值的列提供值为 NULL 值，则该列使用 NULL 值

3. 唯一性约束与主键约束的一个区别是(　　)。

A. 唯一性约束的列的值不可以有重复值

B. 唯一性约束的列的值可以不是唯一的

C. 唯一性约束的列不可以为空值

D. 唯一性约束的列可以为空值

4. 如果为表 Employee 添加一个字段 Email，并且规定每个雇员都必须具有唯一的 Email 地址，则应当为 Email 字段建立(　　)约束。

A. Primary Key　　B. UNIQUE　　C. CHECK　　D. NOT NULL

5. 在 SQL 中，修改数据表结构应使用的命令是(　　)。

A. ALTER　　B. CREATE　　C. CHANGE　　D. DELETE

6. 在 studentsdb 数据库的 student_info 表中录入数据时，常常需要一遍又一遍的输入“男”到学生性别列，以下(　　)方法可以解决这个问题。

A. 创建一个 DEFSULT 约束(或默认值)

B. 创建一个 CHECK 约束

C. 创建一个 UNIQUE 约束(或唯一值)

D. 创建一个 PRIMARY KEY 约束(或主键)

7. 在 Oracle 数据库中有 4 种约束，以下(　　)不属于这 4 种约束。

A. 主键约束　　B. 外键约束　　C. 唯一性约束　　D. 关联约束

8. 下列关于唯一性约束的叙述中，不正确的是(　　)。

A. 唯一性约束指定一个或多个列的组合的值具有唯一性，以防止在列中输入重复的值

B. 唯一性约束指定的列可以有 NULL 属性

C. 主键也强制执行唯一性约束,但主键不允许空值,故主键约束强度大于唯一性约束

D. 主键列可以设定唯一性约束

9. 根据约束的作用域,约束可以分为________和________两种。

10. ________是字段定义的一部分,只能应用在一个列上;而________的定义独立于列的定义,它可以应用于一个表中的多个列上。

11. 填写下面语句,使其可以为 Class 表的 ID 列添加一个名为 PK_CLASS_ID 的主键约束。

```
ALTER  TABLE Class
Add ________ PK_CLASS_ID
PRIMARY  KEY;
```

12. 如果要确保一个表中的非主键列不输入重复值,应在该列上定义________。

13. CHECK 约束被称为________,UNIQUE 约束被称为________。

14. 在一个表中最多只能有一个关键字为________的约束,关键字为 FOREIGN KEY 的约束可以出现________次。

15. 简要介绍 Oracle 数据表的各类约束及其用法。

16. 在主从表具有外键约束的情况下,如何重建主表?

上机

1. 训练目标:表的创建和维护。

培养能力	熟练掌握表的创建和维护		
掌握程度	★★★★★	难度	容易
代码行数	6	实施方式	重复编码
结束条件	独立编写,运行不出错		

参考训练内容:

根据表 4-3 所示的表结构完成以下需求。

(1) 根据表结构,创建表 customer。

(2) 将 c_name 字段数据类型改为 VARCHAR2(70)。

(3) 将 c_contact 字段改名为 c_phone。

(4) 增加 c_gender 字段,数据类型为 VARCHAR2(1)。

(5) 将表名修改为 customers_info。

(6) 删除字段 c_city

表 4-3 customers 表结构

字 段 名	数据类型	主键	外键	非空	唯一	自增
c_num	NUMBER(11)	是	否	是	是	是
c_name	VARCHAR2(50)	否	否	否	否	否
c_contact	VARCHAR2(50)	否	否	否	否	否
c_city	VARCHAR2(50)	否	否	否	否	否
c_birth	DATE	否	否	是	否	否

2. 训练目标：表的维护和完整性约束。

培养能力	熟练掌握表的维护及约束语句		
掌握程度	★★★★★	难度	容易
代码行数	4	实施方式	重复编码
结束条件	独立编写，运行不出错		

参考训练内容：

（1）创建 teacher 表，属性 id，类型为 number(3)；属性 teacher_name，类型为 varchar2(30)。

（2）为表 teacher 的 id 列添加主键约束和检查约束，要求 id>0。

（3）为 teacher_name 创建唯一性约束。

（4）重命名唯一性约束为“uq_teachername”

3. 训练目标：表的创建和完整性约束。

培养能力	熟练掌握表的约束管理语句		
掌握程度	★★★★★	难度	容易
代码行数	5	实施方式	重复编码
结束条件	独立编写，运行不出错		

参考训练内容：

（1）创建学生表 student，属性 id，类型为 number(10)；属性 teacher_id，类型为 number(3)；属性 student_name，类型为 varchar2(20)；属性 sex，类型为 varchar2(2)。

（2）为 id 添加主键约束。

（3）为 teacher_id 添加外键约束。

（4）为 sex 添加检查约束，设定为男或女。

（5）删除 student 表的所有约束

第5章 SQL基础

任务驱动

本章任务完成 Q_MicroChat 微聊项目的数据管理及事务控制功能。具体任务分解如下：

- 【任务 5-1】 项目数据管理
- 【任务 5-2】 项目事务控制

学习导航/课程定位

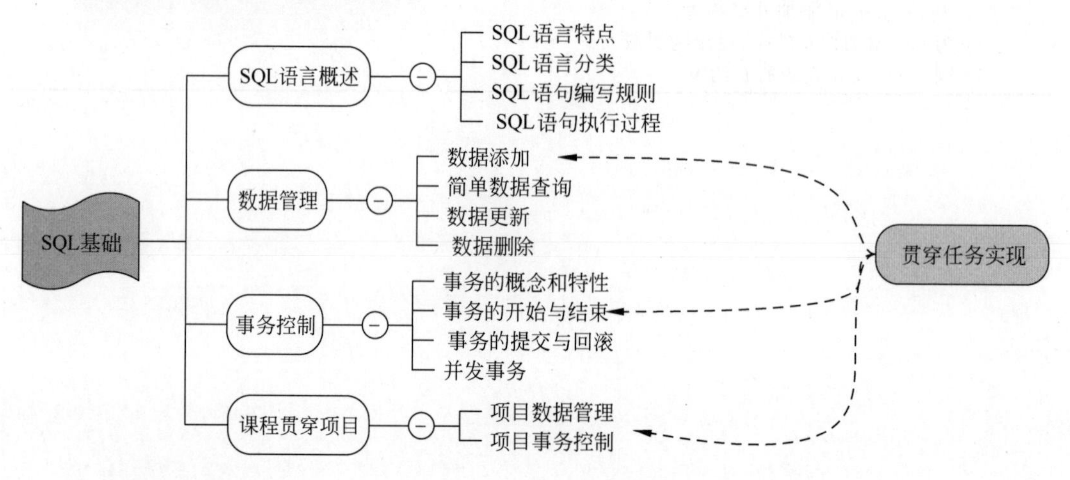

本章目标

知　识　点	Listen(听)	Know(懂)	Do(做)	Revise(复习)	Master(精通)
SQL 语言分类	★	★	★	★	★
SQL 语言编写规则	★	★	★	★	★
SQL 语句执行过程	★	★	★	★	★
数据管理	★	★	★	★	★
事务控制	★	★	★	★	★
并发事务	★	★	★	★	

5.1 SQL语言概述

SQL(Structured Query Language,结构化查询语言)是关系数据库的标准语言,是Oracle数据库中定义和操作数据的基本语言,是用户与数据库之间交互的接口。

SQL语言于1974年由Boyce和Chamberlin提出,并在IBM公司研制的关系数据库原型系统System R上实现。1986年10月美国国家标准学会颁布了SQL语言的美国标准,1987年6月国际标准化组织将其采纳为国际标准,SQL语言成为关系数据库的标准语言。随着数据库技术的发展,SQL标准也在不断地进行扩展和修正,国际标准化组织(ISO)相继颁布了SQL-89标准、SQL-92标准和SQL-99标准。Oracle数据库完全遵循SQL标准,将最新的SQL-99标准集成到了Oracle产品中,并进行了部分功能扩展。

SQL语言是关系数据库操作的基础语言,将数据查询、数据操纵、数据定义、事务控制、系统控制等功能集于一体,使得数据库应用开发人员、数据库管理员等都可以通过SQL语言实现对数据库的访问和操作。

5.1.1 SQL语言特点

SQL语言之所以能成为关系数据库的标准语言,并得到广泛应用,主要在于SQL语言具有以下特点。

- SQL是一种一体化的语言。尽管设计SQL的最初目的是查询,数据查询也是其最重要的功能之一,但SQL绝不仅仅是一个查询工具,它集数据定义、数据查询、数据操纵和数据控制功能于一体,可以独立完成数据库的全部操作。
- SQL是一种高度的非过程化的语言。执行SQL语句时,用户只需要知道其逻辑含义,而不需要关心SQL语句的具体执行步骤,这大大降低了对用户的技术要求。
- SQL采用集合的操作方式,对数据的处理是成组进行的,不仅操作对象、查找结果可以是记录集合,而且一次插入、删除、更新操作的对象也可以是记录的集合。通过使用集合操作方式,极大地提高了对数据操作的效率。
- SQL使用方式多样,既可以直接以命令方式交互使用,也可以将SQL语句嵌入高级语言中执行。
- SQL非常简洁。SQL语言命令数量有限,语法简单,接近于英语自然语言,容易学习和掌握。

5.1.2 SQL语言分类

根据SQL语言实现功能的不同,Oracle数据库中的SQL语言可以分为以下6类。

- 数据定义语言(Data Definition Language,DDL):用于定义、修改、删除数据库模式对象、进行权限管理等。它包括创建模式对象语句CREATE、修改模式对象语句ALTER、删除模式对象语句DROP、重命名模式对象语句RENAME、删除表中所有行但不删除表的语句TRUNCATE、管理权限的语句GRANT和REVOKE、审核数据库语句AUDIT和NOAUDIT、为表或列添加注释的语句COMMENT等。

- 数据查询语言(Data Query Language,DQL):用于数据检索,包括数据检索语句SELECT。
- 数据操纵语言(Data Manipulation Language,DML):用于改变数据库中的数据。它包括数据插入语句INSERT、数据修改语句UPDATE、数据删除语句DELETE等。
- 事务控制语言(Transaction Control Language,TCL):用于将一组DML操作组合起来,形成一个事务并进行事务控制。它包括事务提交语句COMMIT、事务回滚语句ROLLBACK、设置保存点语句SAVEPOINT和设置事务状态语句SET TRANSACTION。
- 系统控制语言(System Control Language):用于设置数据库系统参数,只有一条语句ALTER SYSTEM。
- 会话控制语言(Session Control Language):用于设置用户会话相关参数。它包括设置会话属性语句ALTER SESSION、切换角色语句SET ROLE。

本章将主要介绍数据查询、数据操纵和事务控制的SQL语句在Oracle数据库中的应用。

5.1.3 SQL语句编写规则

SQL语句在编写时具有以下特性:

- SQL关键字不区分大小写,既可以使用大写格式,也可以使用小写格式,或者混用大小写格式。
- 对象名和列名不区分大小写,既可以使用大写格式,也可以使用小写格式,或者混用大小写格式。
- 字符值和日期值区分大小写。
- SQL语句以分号结束。在编写时如果SQL语句很长,可以使用回车和缩进将语句分布到多行,从而提高语句的可读性。

下述示例中的SQL语句均符合SQL语言的编写规则。

【示例】 **SQL语言的编写规则1。**

```
SQL> select empno,ename,sal from emp where lower(ename) = 'smith';
```

【示例】 **SQL语言的编写规则2。**

```
SQL> Select EmpNO,EnaMe,Sal
FroM Emp
Where Lower(ENAME) = 'smith';
```

通过上述示例可以看出,SQL这种不区分大小写的编写规则,虽然灵活方便,但同时会使写出来的代码变得毫无规律、不易阅读。另外,由于SQL语句在执行期间时,会首先检查系统全局区SGA中是否已缓存完全相同的SQL语句,如果没有,则将此SQL语句存入共享池中,因此如果SQL语句没有按统一的编写规则编写,还将导致共享池中缓存的SQL语句不能重复使用而造成性能的损失。为此Oracle建议用户按照以下大小写规则编写代码:

- SQL关键字使用大写字母,如SELECT、INTO、UPDATE、WHERE等。

- 预定义类型使用大写字母，如 NUMBER、VARCHAR2、BOOLEAN、DATE 等。
- 内置函数使用大写字母，如 SUBSTR、COUNT、TO_CHAR 等。
- 数据库对象使用小写字母，如数据库表名、列名、视图名等。
- PL/SQL 保留字使用大写字母，如 BEGIN、DECLARE、LOOP、ELSEIF 等。
- 用户声明的标识符使用小写字母。

按照上述 SQL 语言编写规则，规范后的示例代码如下。

【示例】

```
SQL> SELECT empno, ename, sal
FROM emp
WHERE LOWER(ename) = 'smith';
```

在实际开发中，通过设计项目中 SQL 的代码规则并遵守这些规则，使待被处理的语句与共享池中的相一致，将会大大提高项目的开发效率以及提升数据库对 SQL 语句的执行性能。

5.1.4 SQL 语句执行过程

用户执行 SQL 语句时，通过数据库连接，先将该语句发送到 Oracle 服务器，再由服务器进程处理该语句。Oracle 服务器进程处理 SQL 语句的过程包括：语句解析、语句执行、返回结果。

1. 语句解析

服务器进程在接到客户端传送过来的 SQL 语句时，不会直接去数据库查询，而是会先在数据库的高速缓存区中查找是否存在相同的 SQL 语句及其执行计划。如果存在，则服务器进程会直接执行此 SQL 语句；如果不存在，则会依次执行对该 SQL 语句的语法及语义的检查、给对象加解析锁、访问权限的核对等操作。此过程中，如果语法不正确，就将语法错误消息返回给客户机；如果语法正确，就通过查询数据字典，检查该 SQL 语句的语义，以确定表名、列名是否正确。如果表名和列名不正确，就将语义错误消息返回给客户机。当语法、语义都正确后，系统就会给所操作的对象加解析锁，以防止在解析期间其他用户改变这些对象的结构或删除这些对象。接下来，服务器进程还会检查当前操作用户是否具有访问该对象的相应权限，如果没有相应权限，会将权限不足的消息返回给客户机；如果具有相应的权限，则由 SQL 语句的优化器来确定该 SQL 语句的最佳执行计划，为该 SQL 语句在数据高速缓存区中分配空间，将该 SQL 语句及其执行计划装入其中，以便执行。具体语句解析过程如图 5-1 所示。

2. 语句执行

语句执行指服务器进程按照 SQL 语句的执行计划执行 SQL 语句。在此期间，服务器进程执行如下操作：

- 确定被操纵对象的数据所在的数据块是否已经被读取到 SGA 区的数据高速缓存区中了，如果数据块在数据高速缓存中，则直接在其中操作。

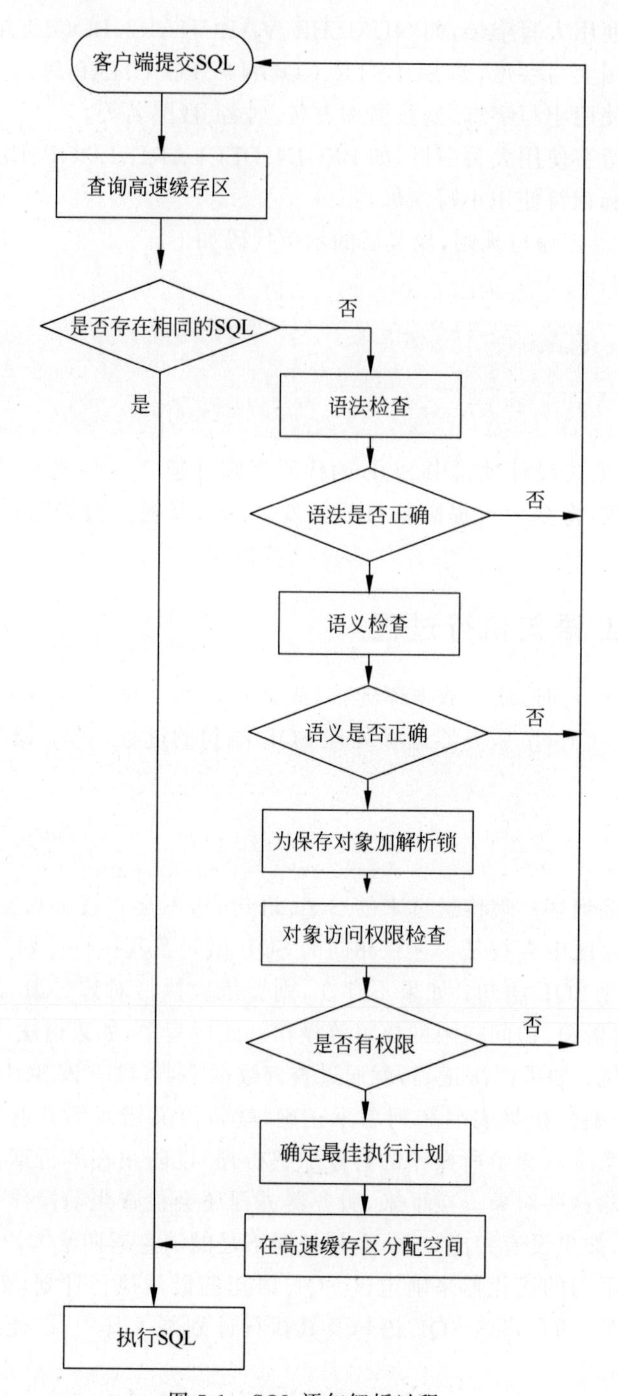

图 5-1　SQL 语句解析过程

- 如果数据块不在数据高速缓存中，则从数据文件所对应的物理存储设备中读取该数据块，并在数据高速缓存中寻找空闲数据块，将读入的数据放入。
- 对于 UPDATE 和 DELETE 语句，将需要修改或删除的行锁住，以便在事务结束之前相同的行不会被其他进程修改。对于 SELECT 和 INSERT 语句，因为不会修改数据，所以不需要锁住行。

3. 返回结果

语句执行完成之后，查询到的数据还是在服务器进程中，还没有被传送到客户端的用户进程。所以，在服务器端的进程中，有专门负责数据提取的代码，它的作用就是把查询到的数据结果返回给用户端进程，从而完成整个查询动作。

对于DBA或者基于Oracle数据库的开发人员，如果能够了解整个SQL语句的处理过程，那么在数据库应用开发中对于涉及的SQL语句的开发与调试是非常有帮助的，可以大大减少排错的时间。

5.2 数据管理

使用数据操纵语言(DML)和数据查询语言(DQL)可以对表中数据进行管理，包括数据的添加、数据的查询、数据的更新以及数据的删除等操作。

5.2.1 数据添加

在Oracle数据库中，使用INSERT语句向表中插入数据。数据的插入方式主要有两种，一种是每次插入单行记录；另一种是利用子查询插入查询到的结果集。

1. 插入单行记录

INSERT INTO...VALUES语句用于向表中插入单行记录，语法如下。

【语法】

```
INSERT INTO table_name [(column1[,column2...])]
VALUES(value1[,value2,...]);
```

其中：

- 如果INTO子句中没有指明任何列名，则VALUES子句中列值的个数、顺序、类型必须与表中列的个数、顺序、类型相匹配。
- 如果在INTO子句中指明了列名，则VALUES子句中提供的列值的个数、顺序、类型必须与指定列的个数、顺序、类型按位置对应。

本小节将以下述示例创建的部门表和员工表为例，进行数据管理的讲解。

【示例】 创建部门表department和员工表employee。

```
SQL> CREATE TABLE department(
  2  deptno NUMBER(2) PRIMARY KEY,
  3  dname VARCHAR2(14),
  4  loc VARCHAR2(13)
  5  )
  6  TABLESPACE USERS;
表已创建。
SQL> CREATE TABLE employee(
  2  empno NUMBER(4) PRIMARY KEY,
```

```
  3  ename VARCHAR2(10),
  4  job VARCHAR2(20),
  5  mgr NUMBER(4),
  6  hiredate DATE,
  7  sal NUMBER(7,2),
  8  comm NUMBER(7,2),
  9  deptno NUMBER(2) CONSTRAINT fk_emp_dept REFERENCES department(deptno)
 10  )
 11  TABLESPACE USERS;
表已创建。
```

对表进行数据添加时,如果插入的数据为字符型或日期型,需要加单引号,对于日期型数据需要按系统默认格式输入或使用 TO_DATE()函数进行日期转换。如下述示例所示。

【示例】 向部门表插入一行记录。

```
SQL> INSERT INTO department(deptno,dname,loc) VALUES(50,'研发部','青岛');
已创建 1 行。
```

【示例】 向员工表插入一条记录。

```
SQL> INSERT INTO employee VALUES(
  2  7210,'Jenny','PROGRAMMER',null,TO_DATE('20150302','yyyy-MM-dd'),
  3  3000,null,50);
已创建 1 行。
```

在进行记录添加时,需要注意记录插入后不能违反被插入表的完整性约束,如主键不能重复、引用的外键必须存在等,否则系统会报完整性约束异常,如下述示例所示。

【示例】 向员工表插入一条记录,部门号为一个不存在的编号。

```
SQL> INSERT INTO employee VALUES(
  2  7211,'Fanny','PROGRAMMER',7210,TO_DATE('20140522','yyyy-MM-dd'),
  3  2000,500,60);
INSERT INTO employee VALUES(
*
第 1 行出现错误:
ORA-02291: 违反完整约束条件 (TEST.FK_EMP_DEPT) - 未找到父项关键字
```

2. 利用子查询插入数据

利用子查询可以将子查询的结果集一次插入一个表中,语法如下。

【语法】

```
INSERT INTO table_name [(column1[,column2...])] subquery;
```

其中:

- 子查询中列的个数、顺序和类型必须与 INTO 子句中指定的列的个数、顺序和类型相匹配。

【示例】 将 scott 模式的 dept 表的记录插入 department 表中。

```
SQL > INSERT INTO department SELECT * FROM scott.dept;
已创建 4 行。
```

【示例】 将 scott 模式的 emp 表的记录插入 employee 表中。

```
SQL > INSERT INTO employee SELECT * FROM scott.emp;
已创建 12 行。
```

在上述示例中,除了要求子查询的结果记录插入后不能违反被插入表的完整性约束外,还需要操作用户具有访问 SCOTT 模式对象的权限。

5.2.2 简单数据查询

数据查询是 SQL 语言中最常用,也是最复杂的操作。本节先介绍使用 SELECT 语句对表数据进行简单查询,较复杂的查询请查看本书第 6 章。

SELECT 语句进行简单数据查询的语法如下。

【语法】

```
SELECT * | column_name [,column_name2...]
FROM table_name
[WHERE condition];
```

其中:

- "*"表示查询该表中的所有列。
- WHERE 用于指定查询条件。如果不省略,则在执行 SELECT 语句时,系统会首先根据 WHERE 子句的条件表达式 condition 从 FROM 子句指定的基本表中查找满足条件的记录,再按 SELECT 子句中的目标列或目标表达式形成结果表。

【示例】 查询部门表中所有列的记录。

```
SQL > SELECT * FROM department;
    DEPTNO   DNAME                          LOC
---------- ------------------------------ ----------------
        50   研发部                           青岛
        10   ACCOUNTING                     NEW YORK
        20   RESEARCH                       DALLAS
        30   SALES                            CHICAGO
        40   OPERATIONS                     BOSTON
```

【示例】 查询符合条件的员工的部分列的信息。

```
SQL > SELECT empno,ename,job,sal,comm
  2  FROM employee
  3  WHERE comm IS NULL;
     EMPNO ENAME                    JOB              SAL              COMM
-------------------------------- ---------------- ----------------- ---------------
      7210 Jenny                    PROGRAMMER       3000
```

```
       7369 SMITH           CLERK        800
       7566 JONES           MANAGER      2975
       7698 BLAKE           MANAGER      2850
       7782 CLARK           MANAGER      2450
       7839 KING            PRESIDENT    5000
       7900 JAMES           CLERK        950
       7902 FORD            ANALYST      3000
       7934 MILLER          CLERK        1300
已选择 9 行。
```

5.2.3 数据更新

表中数据的修改使用 UPDATE 语句,可以一次修改一条记录,也可以一次修改多条记录,语法如下。

【语法】

```
UPDATE table_name
SET column1 = value1[,column2 = value2...]
[WHERE condition];
```

【示例】 **将员工表中所有员工的奖金更新为 200 元。**

```
SQL> UPDATE employee SET comm = 200;
已更新 13 行。
```

【示例】 **将工号为 7210 的员工的工资更新为原有工资与奖金的和。**

```
SQL> UPDATE employee SET sal = sal + comm WHERE empno = 7210;
已更新 1 行。
SQL> SELECT empno, ename, job, sal, comm FROM employee;
     EMPNO ENAME                    JOB          SAL              COMM
---------------------------- ---------- -------------- ------------
      7210 Jenny                    PROGRAMMER   3200             200
      7369 SMITH                    CLERK        800              200
      7499 ALLEN                    SALESMAN     1600             200
      7521 WARD                     SALESMAN     1250             200
      7566 JONES                    MANAGER      2975             200
      7654 MARTIN                   SALESMAN     1250             200
      7698 BLAKE                    MANAGER      2850             200
      7782 CLARK                    MANAGER      2450             200
      7839 KING                     PRESIDENT    5000             200
      7844 TURNER                   SALESMAN     1500             200
      7900 JAMES                    CLERK        950              200
      7902 FORD                     ANALYST      3000             200
      7934 MILLER                   CLERK        1300             200
已选择 13 行。
```

5.2.4 数据删除

DELETE 语句用于删除数据库中的一条或多条记录,语法如下。

【语法】

```
DELETE FROM table_name
[WHERE condition];
```

【示例】 依据条件子句删除记录。

```
SQL> DELETE FROM employee WHERE empno = 7210;
已删除 1 行。
```

【示例】 删除表中所有记录。

```
SQL> DELETE FROM department;
DELETE FROM department
*
第 1 行出现错误:
ORA-02292: 违反完整约束条件 (TEST.FK_EMP_DEPT) - 已找到子记录
```

在上述示例中,由于 EMPLOYEE 表创建了引用 DEPARTMENT 表主键的外键约束,因此,此时 DEPARTMENT 表的记录不能删除。如果需要删除,可以先删除 EMPLOYEE 表的外键约束或所有记录,然后再删除 DEPARTMENT 表的记录。如下述示例所示。

【示例】 删除有外键约束引用的表中的所有记录。

```
SQL> DELETE FROM employee;
已删除 12 行。
SQL> DELETE FROM department;
已删除 5 行。
```

使用 DELETE 语句删除数据时,实际上数据库会将数据标记为 UNUSED,同时将操作过程写入日志文件,此时并不释放空间,因此 DELETE 操作可以回滚数据。但是,如果要删除的数据量非常大,此过程将会非常耗时,为此,Oracle 数据库提供了另一种删除数据的命令 TRUNCATE。TRUNCATE 语句执行时将释放存储空间,并且不写入日志文件,因此也不能回滚操作,但执行效率较高。TRUNCATE 语句的语法如下。

【语法】

```
TRUNCATE TABLE table_name;
```

【示例】 使用 TRUNCATE 语句删除有外键约束引用的表中的所有记录。

```
SQL> INSERT INTO department SELECT * FROM scott.dept;
已创建 4 行。
SQL> ALTER TABLE employee DROP CONSTRAINT fk_emp_dept;
表已更改。
SQL> TRUNCATE TABLE department;
表被截断。
SQL> ROLLBACK;
回退已完成。
SQL> SELECT * FROM department;
未选定行
```

5.3 事务控制

数据库中使用约束保证数据的完整性之外，保证数据的一致性同样十分重要。数据一致性是指数据库的数据在每一时刻都是稳定且可靠的状态，而事务是保证数据一致性的主要手段。

5.3.1 事务的概念和特性

事务(Transaction)是由一系列相关的SQL语句组成的最小逻辑工作单元。Oracle系统以事务为单位来处理数据，用来保证数据的一致性。对于事务中的每一个操作要么全部完成，要么全部不执行。例如，用户A向用户B转账，其中包括两条SQL语句：一条UPDATE语句负责在用户A的账户中减去转账额度，另一条UPDATE语句负责在用户B的账户中增加转账额度。这两条减少和增加用户账户额度的SQL语句必须全部执行成功，被永久性地记录到数据库中才算成功完成此次转账操作，否则如果任何一条语句执行异常，转账就会出现问题，此时需要做的就是同时取消减少和增加这两条SQL语句操作，恢复到转账前的初始账户状态。

事务具有四个特性：原子性(Atomicity)、一致性(Consistency)、隔离性(Isolation)和持久性(Durability)。这四个特性简称为ACID特性，具体说明如下。

- 原子性：事务是原子的，事务中包含的所有SQL语句组成一个不可分割的工作单元，要么所有SQL语句全部操作成功，要么全部操作失败。例如，用户转账事务中，用户A的转账操作和用户B的接账操作便是一个不可分割的工作单元，是一次原子性的操作。
- 一致性：事务执行的结果必须是使数据库从一个一致性状态转变到另一个一致性状态，不存在中间的状态。例如，用户转账事务中，如果用户A和用户B转账成功，则它们将保持转账后账户的一致性，如果用户A和用户B转账失败，则保持转账操作前账户的一致性，即用户A的钱不会减少，用户B的钱不会增加。
- 隔离性：数据库中一个事务的执行不受其他事务干扰，每个事务都感觉不到还有其他事务在并发执行。例如，如果用户A向用户B转账的同时用户C也向用户B转账，则A向B转账的事务和C向B转账的事务会并发执行，执行过程中两个事务之间也无法互访，只有当两个事务都完成最终操作时，才可以看见操作结果。
- 持久性：一个事务一旦提交，则对数据库中数据的改变是永久性的，以后的操作或故障不会对事务的操作结果产生任何影响。例如，用户转账事务被提交后，用户账户数据便会被永久性地保存在磁盘中，此次事务的操作结果即已生效。

5.3.2 事务的开始与结束

数据库中，每个事务都有清晰的开始与结束事件点。当下列事件发生时，事务开始。

- 第一个DML语句(INSERT、UPDATE、DELETE)执行时事务开始。
- 前一个事务结束后，又输入一条DML语句执行时新事务开始。

遇到下面事件之一时，事务结束。

- 执行 COMMIT(事务提交)或 ROLLBACK(事务回滚)语句后，事务结束。
- 执行一条 DDL 语句(如 CREATE TABLE)时，会自动执行 COMMIT 语句提交事务，事务结束。
- 使用 EXIT 命令正常退出 SQL * Plus 时，会自动执行 COMMIT 语句提交事务，事务结束。如果 SQL * Plus 被意外终止，则自动执行 ROLLBACK 回滚事务，事务结束。

下述示例演示数据库事务的开始与结束。

【示例】 事务的开始与结束。

```
SQL> CONNECT test/QSTqst2015;
SQL> CREATE TABLE account(
  2     account_id VARCHAR2(16),
  3     account_name VARCHAR2 (10),
  4     account_balance NUMBER(16,3),
  5     CONSTRAINT pk_accountid PRIMARY KEY(account_id)
  6   );
表已创建。
SQL> INSERT INTO account VALUES('1001','张三',1000);
SQL> --第一个 DML 语句执行,事务 A 开始
已创建 1 行。
SQL> INSERT INTO account VALUES('1002','李四',1);
已创建 1 行。
SQL> SELECT * FROM account;
ACCOUNT_ID                      ACCOUNT_NAME          ACCOUNT_BALANCE
------------------------------  --------------------  ----------------
1001                            张三                             1000
1002                            李四                                1
SQL> COMMIT;
提交完成。
SQL> --事务提交,事务 A 结束
SQL> UPDATE account SET account_balance = account_balance - 1000
  2  WHERE account_id = '1001';
已更新 1 行。
SQL> --执行 DML 语句,新的事务 B 开始
SQL>  UPDATE account SET account_balance = account_balance + 1000
  2  WHERE account_id = '1002';
已更新 1 行。
SQL> ALTER TABLE account
  2  ADD CONSTRAINT ck_accountbalance CHECK(account_balance >= 0);
表已更改。
SQL> --执行 DDL 语句,事务 B 自动提交,事务 B 结束
SQL> SELECT * FROM account;
ACCOUNT_ID                      ACCOUNT_NAME          ACCOUNT_BALANCE
------------------------------  --------------------  ----------------
1001                            张三                                0
1002                            李四                             1001
SQL> DELETE FROM account WHERE account_id = '1001';
已删除 1 行。
```

```
SQL> -- 新的事务 C 开始
SQL> EXIT; -- 正常退出 SQL Plus,事务 C 被自动提交,事务 C 结束
```

5.3.3 事务的提交和回滚

事务的成功完成,以事务被提交后事务中 SQL 语句的结果被永久性地记录为标志。当事务提交后,用户对数据库修改操作的日志信息由日志缓冲区写入重做日志文件中,事务所占据的系统资源和数据库资源被释放。此时,其他用户可以看到该事务对数据库的修改结果。

下述示例演示当一个用户的数据操作事务未提交时,数据库中数据的变化以及该用户和其他用户对数据的查询现象。首先开启一个 SQL * Plus 连接,执行一条 DML 语句,对部门表数据进行更新,但不进行事务提交,然后开启另一个 SQL * Plus 连接,查看部门表的数据结果,如图 5-2 所示。

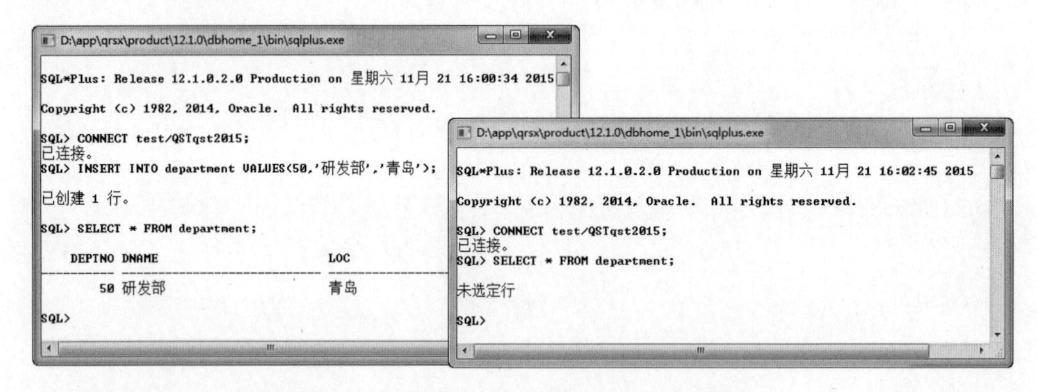

图 5-2 通过不同窗口查看未提交的事务数据

从上述示例结果可以看出,左边 SQL * Plus 连接会话中通过执行 INSERT 语句开启一个事务,然后在该事务中可以查看到对部门表的数据更新结果,但此时事务仍没有被提交,因此新增的数据并没有被永久性地写入数据库中,这样,在右边开启的另一个 SQL * Plus 会话中便不能查看到部门表更新后的结果。

在 Oracle 数据库中,事务提交有两种方式:一种方式是执行 COMMIT 命令显式提交;另一种方式是执行特定操作(如 DDL 语句)时系统自动提交,即隐式提交。

通过 COMMIT 命令显式提交的语法示例如下所示。

【示例】 通过 COMMIT 命令显式提交事务。

```
SQL> CREATE TABLE department(
  2  deptno NUMBER(2) PRIMARY KEY,
  3  dname VARCHAR2(14),
  4  loc VARCHAR2(13)
  5  )
  6  TABLESPACE USERS;
表已创建。
SQL> INSERT INTO department VALUES(50,'研发部','青岛');
已创建 1 行。
```

```
SQL> COMMIT;
提交完成。
SQL> SELECT * FROM department;
    DEPTNO  DNAME                         LOC
----------  ----------------------  ------------
        50  研发部                        青岛
SQL> INSERT INTO department VALUES(60,'产品部','青岛');
已创建 1 行。
SQL> UPDATE department SET loc = '高新区' WHERE deptno = 60;
已更新 1 行。
SQL> COMMIT;
提交完成。
SQL> SELECT * FROM department;
    DEPTNO  DNAME                         LOC
----------  ----------------------  ------------
        50  研发部                        青岛
        60  产品部                        高新区
```

在事务执行过程中，如果需要取消已执行的 SQL 语句的结果，可以使用事务回滚命令 ROLLBACK。执行该命令后，事务中的所有操作都将被取消，数据库恢复到事务开始之前的状态，同时事务所占用的系统资源和数据库资源被释放，如下述示例所示。

【示例】 通过 ROLLBACK 命令回滚单条 DML 语句事务。

```
SQL> SELECT * FROM department;
    DEPTNO  DNAME                         LOC
----------  ----------------------  ------------
        50  研发部                        青岛
        60  产品部                        高新区
SQL> DELETE FROM department WHERE deptno = 60;
已删除 1 行。
SQL> ROLLBACK;
回退已完成。
SQL> SELECT * FROM department;
    DEPTNO  DNAME                         LOC
----------  ----------------------  ------------
        50  研发部                        青岛
        60  产品部                        高新区
```

【示例】 通过 ROLLBACK 命令回滚多条 DML 语句事务。

```
SQL> INSERT INTO department VALUES(70,'市场部','青岛');
已创建 1 行。
SQL> UPDATE department SET loc = '高新区' WHERE deptno = 70;
已更新 1 行。
SQL> ROLLBACK;
回退已完成。
SQL> SELECT * FROM department;
    DEPTNO  DNAME                         LOC
----------  ----------------------  ------------
        50  研发部                        青岛
        60  产品部                        高新区
```

从上述示例可以看出，在由多个 SQL 语句组成的事务中，默认情况下，ROLLBACK 命令意味着全部的操作都要回滚，而在多数情况下，事务中大部分的工作都是必须执行的，仅有少量的工作有可能出现异常，并需要回滚。此时，则可以使用 SAVEPOINT 命令，通过设置保存点的方式，使事务仅回滚到指定的保存点处。SAVEPOINT 的操作流程如图 5-3 所示。

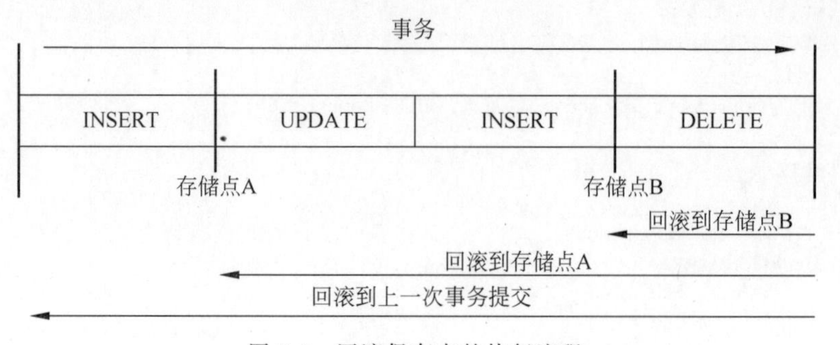

图 5-3　回滚保存点的执行流程

SAVEPOINT 命令设置保存点的语法如下。

【语法】

```
SAVEPOINT savepoint_name;
```

【示例】　设置和回滚保存点。

```
SQL > SELECT * FROM department;
      DEPTNO   DNAME                      LOC
----------  ----------------------  ------------
        50   研发部                      青岛
        60   产品部                      高新区
SQL > UPDATE department SET loc = 'QING DAO' WHERE deptno = 50;
已更新 1 行。
SQL > SAVEPOINT sp1;
保存点已创建。
SQL > DELETE department WHERE deptno = 50;
已删除 1 行。
SQL > SAVEPOINT sp2;
保存点已创建。
SQL > ROLLBACK TO sp1;
回退已完成。
SQL > SELECT * FROM department;
      DEPTNO   DNAME                      LOC
----------  ----------------------  ------------------
        50   研发部                      QING DAO
        60   产品部                      高新区
SQL > ROLLBACK;
回退已完成。
SQL > SELECT * FROM department;
      DEPTNO   DNAME                      LOC
----------  ----------------------  ------------
        50   研发部                      青岛
        60   产品部                      高新区
```

通常情况下，回滚操作是非常耗费时间和资源的，因此，回滚往往被用于处理异常，而不用作终端用户的可操作选项。因为如果终端用户经常性地使用回滚操作，那么将为数据库带来非常大的负担。所以应让终端用户在提交事务之前进行确认，以此来代替允许用户执行回滚，从而实现提交与回滚操作的平衡。

5.3.4 并发事务

在一般的数据库应用中，不太可能出现在一个时刻有且只有一个事务在操作数据库的情况。对于大多数数据库应用来说，往往都会出现两个或两个以上事务试图修改数据库中的同一个数据的情况，这种情况就被称为事务的并发(Concurrent Transaction)。

并发能力是衡量数据库性能的重要指标之一，数据库允许并发数量越大，标志着该数据库的性能越好。另一方面，并发会带来数据库不一致性的风险。数据库事务的并发运行，可能导致下列3类问题。

- **脏读**：一个事务对数据的修改在提交之前被其他事务读取，如表5-1所示的示例。

表5-1 事务并发问题之读脏数据

时间	转账事务 A	取款事务 B
T1		开始事务
T2		查询余额为1000元
T3		取款200元，更新余额为800元
T4	开始事务	
T5	查询余额为800元	
T6		撤销事务，余额恢复为1000元
T7	汇入100元，更新余额为900元	
T8	提交事务	

- **不可重复读**：在某个事务读取一次数据后，其他事务修改了这些数据并进行了提交，当该事务重新读取这些数据时就会得到与前一次不一样的结果，如表5-2所示的示例。

表5-2 事务并发问题之不可重复读

时间	取款事务 A	取款事务 B
T1		开始事务
T2	开始事务	
T3		查询余额为1000元
T4	查询余额为1000元	
T5		取款200元，更新余额为800元
T6		提交事务
T7	查询余额为800元，与T4查询时不同	

- **幻读**：同一查询在同一事务中多次进行，由于其他提交事务所做的插入或删除操作，每次返回不同的结果集，如表5-3所示的示例。

表 5-3　事务并发问题之幻读

时间	统计事务 A	开户事务 B
T1		开始事务
T2	开始事务	
T3	统计余额总额为 10000 元	
T4		新增账户，初始余额为 1000 元
T5		提交事务
T6	统计余额总额为 11000 元，与 T3 不同	

为了处理这些可能出现的并发问题，数据库提供了不同级别的事务隔离性，以防止并发事务相互影响。SQL92 标准定义了以下几种事务隔离级别，按照隔离性级别从低到高依次如下。

- READ UNCOMMITTED：称为未授权读取或读未提交。表示即使一个更新操作的事务没有提交，其他事务仍然可以读取到改变的数据。
- READ COMMITTED：称为授权读取或读提交。表示在一个更新操作的事务提交以后，其他的事务才能读取到改变的数据。
- REPEATABLE READ：称为可重复读取。表示在同一事务里面先后执行同一个查询语句时，得到的结果集相同。
- SERIALIZABLE：称为序列化。提供严格的事务隔离，要求事务序列化执行，即事务只能一个接着一个地执行，不能并发执行。

这 4 种事务的隔离级别对并发事务有可能产生的脏读、不可重复读和幻读这 3 类问题的处理程度如表 5-4 所示。

表 5-4　事务隔离级别与并发问题

隔离级别 SQL92 标准	脏　读	不可重复读	幻　读
READ UNCOMMITTED	会出现	会出现	会出现
READ COMMITTED	不会出现	会出现	会出现
REPEATABLE READ	不会出现	不会出现	会出现
SERIALIZABLE	不会出现	不会出现	不会出现

由上述 4 种隔离级别可以看出，隔离级别越高，越能保证数据的完整性和一致性。但同时隔离级别也同数据库的并发性能成反比，隔离级别越高，数据库的并发性能越低。对于多数应用程序，可以优先考虑把数据库系统的隔离级别设为 READ COMMITTED，它能够避免脏读，而且具有较好的并发性能。但它会导致不可重复读、幻读和第二类丢失更新这些并发问题，在可能出现这类问题的个别场合，可以由应用程序端进行解决。

SQL92 标准定义的上述 4 种隔离级别中，Oracle 数据库仅支持 READ COMMITTED 和 SERIALIZABLE 两种事务隔离级别，因此 Oracle 数据库的查询永远不会读取脏数据(未提交的数据)。在 Oracle 支持的这两种事务隔离级别中，READ COMMITTED 隔离级别是 Oracle 默认使用的事务隔离级别。另外，Oracle 还增加了一个非 SQL92 标准的 READ ONLY(只读)事务模式，在 READ ONLY 事务模式下，只读事务只能看到事务执行前就已经提交的数据，且事务中不能执行 INSERT、UPDATE 及 DELETE 操作，因此

READ ONLY 事务模式可以避免脏读、不可重复读和幻读问题。

数据库管理员及应用程序的设计开发者可以依据应用程序的需求及系统负载而为不同的事务选择不同的隔离级别。用户可以在事务开始时使用以下语句设定事务的隔离级别。

【示例】 设置数据库事务为 SERIALIZABLE 隔离级别。

```
SQL > SET TRANSACTION ISOLATION LEVEL SERIALIZABLE;
事务处理集。
```

【示例】 设置数据库事务为 READ COMMITTED 隔离级别。

```
SQL > SET TRANSACTION ISOLATION LEVEL READ COMMITTED;
事务处理集。
```

【示例】 设置数据库事务为 READ ONLY 隔离级别。

```
SQL > SET TRANSACTION READ ONLY;
事务处理集。
```

如果数据库中具有大量并发事务,并且应用程序的事务处理能力和响应速度是关键因素,则 READ COMMITED 隔离级别比较合适。如果数据库中多个事务并发访问数据的概率很低,并且大部分的事务都会持续执行很长时间,则应用程序适合使用 REALIZABLE 隔离级别。事务隔离级别修改的示例如下。

【示例】 修改数据库事务的隔离级别为 SERIALIZABLE。

```
SQL > ALTER SESSION SET ISOLATION_LEVEL = SERIALIZABLE;
会话已更改。
```

【示例】 修改数据库事务的隔离级别为 READ COMMITTED。

```
SQL > ALTER SESSION SET ISOLATION_LEVEL = READ COMMITTED;
会话已更改。
```

下述实例演示 Oracle 在使用默认事务隔离级别 READ COMMITTED 时,通过两个 SQL * Plus 的会话对同一表数据进行操作时出现的幻读现象。

【实例 1】 创建一个事务测试表 tran_test。

```
SQL > CONN test/QSTqst2015;
已连接。
SQL > CREATE TABLE tran_test(num NUMBER);
表已创建。
```

【会话 1】 插入一条记录,不提交。

```
SQL > CONN test/QSTqst2015;
已连接。
SQL > SET TRANSACTION ISOLATION LEVEL READ COMMITTED;
事务处理集。
SQL > INSERT INTO tran_test VALUES(10);
已创建 1 行。
SQL > SELECT * FROM tran_test;
```

```
      NUM
----------
       10
```

【会话 2】 插入一条记录并提交。

```
SQL> CONN test/QSTqst2015;
已连接。
SQL> INSERT INTO tran_test VALUES(20);
已创建 1 行。
SQL> COMMIT;
提交完成。
```

【会话 1】 再次进行表数据查询。

```
SQL> SELECT * FROM tran_test;
      NUM
----------
       10
       20
```

上述【实例 1】中，在【会话 1】中可以看到【会话 2】中已提交的数据。在该隔离级别中，只要其他事务已提交(即使其他事务在该事务之后才开始)，该事务就能看到其他事务对数据操作的结果，因此 READ COMMITTED 隔离级别不能阻止不可重复读和幻读。

下述【实例 2】演示在事务隔离级别为 SERIALIZABLE 时，执行和【实例 1】相同的事务操作时数据的读取现象。

【实例 2】 清空表中记录。

```
SQL> DELETE FROM tran_test;
已删除 2 行。
SQL> EXIT;
```

【会话 1】 插入一条记录，不提交。

```
SQL> CONN test/QSTqst2015;
已连接。
SQL> ALTER SESSION SET ISOLATION_LEVEL = SERIALIZABLE;
会话已更改。
SQL> INSERT INTO tran_test VALUES(10);
已创建 1 行。
SQL> SELECT * FROM tran_test;
      NUM
----------
       10
```

【会话 2】 插入一条记录并提交。

```
SQL> CONN test/QSTqst2015;
已连接。
SQL> INSERT INTO tran_test VALUES(20);
已创建 1 行。
```

```
SQL> COMMIT;
提交完成。
```

【会话 1】 再次进行表数据查询。

```
SQL> SELECT * FROM tran_test;
       NUM
----------
        10
```

从上述【实例 2】可以看出,【会话 1】中的事务仅能看见在本事务中所做的更改。这种隔离级别查询的结果已经在事务启动的时候确定,事务启动后其他事务对数据的改变,对本事务的查询没有影响,因此 SERIALIZABLE 隔离级别不会出现不可重复读和幻读。

下述【实例 3】演示在事务模式为 READ ONLY 时,执行和【实例 1】相同的事务操作时数据的读取现象。

【实例 3】 清空表中记录。

```
SQL> DELETE FROM tran_test;
已删除 2 行。
SQL> EXIT;
```

【会话 1】 插入一条记录,不提交。

```
SQL> CONN test/QSTqst2015;
已连接。
SQL> SET TRANSACTION READ ONLY;
事务处理集。
SQL> INSERT INTO tran_test VALUES(10);
INSERT INTO tran_test VALUES(10)
*
第 1 行出现错误:
ORA-01456: 不能在 READ ONLY 事务处理中执行插入/删除/更新操作
```

从上述【会话 1】可以看出,READ ONLY 事务模式中不允许在本事务中进行 DML 操作。此时在【会话 1】中查询当前表中的数据结果集如下所示。

【会话 1】 查询此时表中的数据。

```
SQL> SELECT * FROM tran_test;
未选定行
```

【会话 2】 插入一条记录并提交。

```
SQL> CONN test/QSTqst2015;
已连接。
SQL> INSERT INTO tran_test VALUES(20);
已创建 1 行。
SQL> COMMIT;
提交完成。
```

【会话 1】 再次进行表数据查询。

```
SQL> SELECT * FROM tran_test;
未选定行
```

由【实例 3】可以看出,READ ONLY 事务模式也可以避免不可重复读和幻读,它和 SERIALIZABLE 隔离级别唯一的不同是它不允许在本事务中进行 DML 操作。

5.4 课程贯穿项目

5.4.1 【任务 5-1】 项目数据管理

本阶段需要添加一些测试数据到系统中供功能测试使用,同时根据业务需求对一些数据进行更新、删除和简单查询操作。

1) 为项目各表添加测试数据

执行下述测试数据添加脚本 qmicrochat_testdata. sql,为项目各表添加测试数据。

【任务 5-1】 数据添加脚本 qmicrochat_testdata. sql。

```
-- TB_USERS 表测试数据
INSERT INTO tb_users(
  user_id, username, userpwd, nickname, uprofile, sex, telephone,
  email, address, signature, note)
VALUES(1, '张三', '123456', '张小三', null, '男', '15515436543',
  'zhangs@test.com', '青岛', '数据库学习', '');
INSERT INTO tb_users(
  user_id, username, userpwd, nickname, uprofile, sex, telephone,
  email, address, signature, note)
VALUES(2, '李四', '234567', '李小四', null, '男', '15367894325',
  'lisi@test.com', '青岛', '学习加油', '');
INSERT INTO tb_users(
  user_id, username, userpwd, nickname, uprofile, sex, telephone,
  email, address, signature, note)
VALUES(3, '王五', '345678', '王小五', null, '女', '13189654354',
  'wangw@test.com', '北京', '走自己的路', '');

-- TB_FRIENDS 表测试数据
INSERT INTO tb_friends VALUES(1,3);
INSERT INTO tb_friends VALUES(2,3);

-- TB_PERSONAL_DYNAMICS 表测试数据
INSERT INTO tb_personal_dynamics
VALUES(1,1,to_date('2012-12-01 03:03:02', 'yyyy-mm-dd hh24:mi:ss'),
  '青岛', '现在是凌晨 3 点', 1, 1);
INSERT INTO tb_personal_dynamics
VALUES(2,1,to_date('2016-12-29 00:00:00', 'yyyy-mm-dd hh24:mi:ss'),
  '青岛', '新年快乐', 2, 1);
INSERT INTO tb_personal_dynamics
VALUES(3,2,to_date('2016-06-01 05:03:02', 'yyyy-mm-dd hh24:mi:ss'),
```

```
  '青岛','今天是六一儿童节',2,1);

-- TB_PHOTOS_DYNAMICS 表测试数据
INSERT INTO tb_photos_dynamics(photo_id,dynamic_id ,display_order)
VALUES(1,1,1);
INSERT INTO tb_photos_dynamics(photo_id,dynamic_id ,display_order)
VALUES(2,1,2);

-- TB_ARTICS_DYNAMICS 表测试数据
INSERT INTO tb_artics_dynamics(article_id,dynamic_id,article_url,reading_num)
VALUES(1,2,'http://www.itshixun.com',10);
INSERT INTO tb_artics_dynamics(article_id,dynamic_id,article_url,reading_num)
VALUES(2,3,'http://book.moocollege.cn',50);

-- TB_COMMENT 表测试数据
INSERT INTO tb_comment
VALUES (1,1,3,'拍的不错',
  to_date('2014-07-29 21:00:00','yyyy-mm-dd hh24:mi:ss'));
INSERT INTO tb_comment
VALUES(2,2,3,'好文章!', to_date('2015-07-29 21:00:00','yyyy-mm-dd hh24:mi:ss'));
INSERT INTO tb_comment
VALUES(3,3,3,'点个赞',to_date('2016-07-29 21:00:00','yyyy-mm-dd hh24:mi:ss'));

-- TB_COMMENT_REPLY 表测试数据
INSERT INTO tb_comment_reply VALUES (1,1,1,'谢谢夸奖');
INSERT INTO tb_comment_reply VALUES (2,3,1,'哈哈');

-- TB_USER_CHAT 表测试数据
INSERT INTO tb_user_chat
VALUES(1,1,3,'在干嘛?',to_date('2015-07-29 21:00:00','yyyy-mm-dd hh24:mi:ss'));
INSERT INTO tb_user_chat
VALUES 2,3,1,'学习呢!',to_date('2015-07-29 21:00:07','yyyy-mm-dd hh24:mi:ss'));
INSERT INTO tb_user_chat
VALUES(3,2,3,'你好?',to_date('2015-07-29 21:01:00','yyyy-mm-dd hh24:mi:ss'));

-- TB_GROUPS 表测试数据
INSERT INTO tb_groups(
  group_id ,group_name,user_id,creation_time,max_person_num,real_person_num)
VALUES (1,'数据库技术交流群',1,
  to_date('2015-06-29 21:00:00','yyyy-mm-dd hh24:mi:ss'),500,100);
INSERT INTO tb_groups(
  group_id ,group_name,user_id,creation_time,max_person_num,real_person_num)
VALUES(2,'Java 技术分享群',1,
  to_date('2016-06-29 21:00:00','yyyy-mm-dd hh24:mi:ss'),300,200);
INSERT INTO tb_groups(
  group_id ,group_name,user_id,creation_time,max_person_num,real_person_num)
VALUES(3,'大数据技术交流群',2,
  to_date('2013-06-29 21:00:00','yyyy-mm-dd hh24:mi:ss'),500,400);

-- USERS_GROUPS 表测试数据
INSERT INTO users_groups VALUES(1,1,'无敌',0,0);
INSERT INTO users_groups VALUES(3,1,'西伯利亚',1,0);
```

```
INSERT INTO users_groups VALUES(2,3,'寒冷',0,1);

-- TB_GROUP_CHAT 表测试数据
INSERT INTO tb_group_chat
VALUES(1,1,1,to_date('2016-05-12 20:00:00','yyyy-mm-dd hh24:mi:ss'),'大家好!');
INSERT INTO tb_group_chat
VALUES(2,1,1,to_date('2016-05-14 17:00:00','yyyy-mm-dd hh24:mi:ss'),'欢迎大家');
INSERT INTO tb_group_chat
VALUES(3,1,3,to_date('2016-05-17 20:00:00','yyyy-mm-dd hh24:mi:ss'),'我来啦!');
```

【任务 5-1】 执行脚本 qmicrochat_testdata.sql。

```
SQL> CONN qmicrochat_admin/admin2015;
已连接。
SQL> START E:\qmicrochat_testdata.sql
1 行已插入。
...
```

2）数据的简单查询

根据以下任务需求，进行数据的简单查询。

- 查询项目所有注册用户的编号、姓名、昵称、性别和电话。
- 查询编号为 1 的用户创建的所有群信息。
- 查询 2015 年以前创建的所有群的编号、群名、创建人、创建时间。

【任务 5-1】 (1) 查询项目所有注册用户的编号、姓名、昵称、性别和电话。

```
SQL> SELECT user_id,username,nickname,sex,telephone FROM tb_users;

   USER_ID    USERNAME     NICKNAME    SEX    TELEPHONE
----------- ---------- ---------- ---- ----------------
          1   张三          张小三       男     15515436543
          2   李四          李小四       男     15367894325
          3   王五          王小五       女     13189654354
```

【任务 5-1】 (2) 查询编号为 1 的用户创建的所有群信息。

```
SQL> SELECT * FROM tb_groups WHERE user_id = 1;

GROUP_ID GROUP_NAME        GROUP_LOGO  USER_ID CREATION_TIME   MAX_PERSON_NUM  REAL_PERSON_NUM
------ ------------- -------- ---------------- ----------- -----------
1        数据库技术交流群               1  29-6月 -15         500             100
2        Java 技术分享群                1  29-6月 -16         300             200
```

【任务 5-1】 (3) 查询 2015 年以前创建的所有群的编号、群名、创建人、创建时间。

```
SQL> SELECT group_id,group_name,user_id,creation_time
  2     FROM tb_groups
  3     WHERE creation_time <= '1-1月 -15';
  GROUP_ID     GROUP_NAME          USER_ID        CREATION_TIME
---------- ----------------- -------- -------------------
         3   大数据技术交流群      2             29-6月 -13
```

3）数据的修改

根据以下任务需求，进行数据的修改操作。

- 重置编号为3的用户的密码为“000000”。
- 将当前所有阅读次数为0的动态文章的初始值设为100，已有阅读次数的在现有阅读次数基础上增加100。
- 将编号为2的用户在3号群的昵称修改为“学霸”。

【任务5-1】（4）重置编号为3的用户的密码为“000000”。

```
SQL> UPDATE tb_users SET userpwd = '000000' WHERE user_id = 3;
已更新 1 行。
```

【任务5-1】（5）修改阅读次数。

```
SQL> UPDATE tb_artics_dynamics SET reading_num = reading_num + 100;
已更新 2 行。
```

【任务5-1】（6）将编号为2的用户在3号群的昵称修改为“学霸”。

```
SQL> UPDATE users_groups SET group_nickname = '学霸'
  2      WHERE user_id = 2 AND group_id = 3;
已更新 1 行。
```

4）数据的删除

根据以下任务需求，进行数据的删除操作。

- 解除编号为1的用户与编号为3的用户的好友关系。
- 删除编号为1的用户与编号为3的用户的所有私聊信息。
- 删除编号为1的用户群的所有聊天信息。

【任务5-1】（7）解除用户的好友关系。

```
SQL> DELETE FROM tb_friends WHERE user_id = 1 AND friend_id = 3;
```

【任务5-1】（8）删除用户间的私聊信息。

```
SQL> DELETE FROM tb_user_chat
  2      WHERE send_user_id = 1 AND receive_user_id = 3
  3          OR send_user_id = 3 AND receive_user_id = 1;
```

【任务5-1】（9）删除某个群的所有聊天信息。

```
SQL> DELETE FROM tb_group_chat WHERE group_id = 1;
```

注意

为保证本项目测试数据的完整性，此处的删除任务仅给出SQL语句，不执行。读者可自行添加测试数据进行练习。

5.4.2 【任务5-2】 项目事务控制

通过数据库事务控制，完成 Q_MicroChat 微聊项目的以下需求。

1）编号为3的用户发表相册动态

【任务5-2】（1）发表相册动态。

```
SQL> --3号用户添加个人动态,并指定动态类型为相册
SQL> INSERT INTO tb_personal_dynamics
  2  VALUES(4,3,to_date('2015-12-12 08:03:02','yyyy-mm-dd hh24:mi:ss'),
  3    '青岛','看看我拍的照片',1,1);
已创建 1 行。
SQL> --为3号用户添加的个人动态添加相册动态
SQL> INSERT INTO tb_photos_dynamics(photo_id,dynamic_id,display_order)
  2  VALUES(3,4,1);
已创建 1 行。
SQL> COMMIT;
提交完成。
```

2）编号为3的用户发表文章动态

【任务5-2】（2）发表文章动态。

```
SQL> --3号用户添加个人动态,并指定动态类型为文章
SQL> INSERT INTO tb_personal_dynamics
  2  VALUES(5,3,to_date('2015-10-23 12:03:02','yyyy-mm-dd hh24:mi:ss'),
  3    '青岛','鸡汤分享',2,1);
已创建 1 行。
SQL> --为3号用户添加的个人动态添加文章动态
SQL> INSERT INTO tb_artics_dynamics(article_id,dynamic_id,article_url)
  2  VALUES(3,5,'http://book.moocollege.cn/oracle.html');
已创建 1 行。
SQL> COMMIT;
提交完成。
```

3）删除编号为5的个人动态

【任务5-2】（3）删除某条个人动态。

```
SQL> --删除5号个人动态对应的文章动态
SQL> DELETE FROM tb_artics_dynamics WHERE dynamic_id=5;
已删除 1 行。
SQL> --删除5号个人动态
SQL> DELETE FROM tb_personal_dynamics WHERE dynamic_id=5;
已删除 1 行。
SQL> COMMIT;
提交完成。
```

4）删除编号为3的用户发表的所有个人动态，包括该动态对应的相册动态及对该动态的所有评论和评论回复

【任务5-2】（4）添加对该动态的评论和评论回复测试数据。

```
SQL> --为4号个人动态添加评论
SQL> INSERT INTO tb_comment
```

```
VALUES(4,4,1,'好技术',to_date('2015 - 12 - 12 08:30:10','yyyy - mm - dd hh24:mi:ss'));
已创建 1 行。
SQL > -- 为 4 号评论添加评论回复
SQL > INSERT INTO tb_comment_reply VALUES (3,4,3,'相机好');
已创建 1 行。
```

【任务 5-2】（5）删除某人的所有个人动态。

```
SQL > -- 删除对 4 号评论的所有回复
SQL > DELETE FROM tb_comment_reply WHERE comment_id = 4;
已删除 1 行。
SQL > -- 删除 4 号个人动态对应的评论
SQL > DELETE FROM tb_comment WHERE dynamic_id = 4;
已删除 1 行。
SQL > -- 删除 4 号个人动态对应的相册动态
SQL > DELETE FROM tb_photos_dynamics WHERE dynamic_id = 4;
已删除 1 行。
SQL > -- 删除 3 号用户发表的所有个人动态
SQL > DELETE FROM tb_personal_dynamics WHERE user_id = 3;
已删除 1 行。
SQL > COMMIT;
提交完成。
```

5）删除群编号为 4 的群，包括解散该群的用户，以及删除所有群聊记录

【任务 5-2】（6）添加 4 号群及群用户、群聊测试数据。

```
SQL > -- 新增 4 号群
SQL > INSERT INTO tb_groups(
  2  group_id ,group_name,user_id,creation_time,max_person_num,real_person_num)
  3  VALUES(4,'Oracle 技术交流群',3,
  4  to_date('2015 - 12 - 29 21:00:00','yyyy - mm - dd hh24:mi:ss'),500,400);
已创建 1 行。
SQL > -- 添加 4 号群的参与用户
SQL > INSERT INTO users_groups VALUES(3,4,'甲骨文',0,0);
已创建 1 行。
SQL > INSERT INTO users_groups VALUES(2,4,'SCOTT',0,0);
已创建 1 行。
SQL > -- 添加 4 号群的群聊记录
SQL > INSERT INTO tb_group_chat
  2  VALUES(4,4,3,to_date('2015 - 12 - 29 21:10:10','yyyy - mm - dd hh24:mi:ss'),
  3  '欢迎加入!');
已创建 1 行。
SQL > INSERT INTO tb_group_chat
  2  VALUES(5,4,2,to_date('2015 - 12 - 29 21:11:20','yyyy - mm - dd hh24:mi:ss'),
  3  '我捧场!');
已创建 1 行。
```

【任务 5-2】（7）解散 4 号群。

```
SQL > -- 删除 4 号群的群聊记录
SQL > DELETE FROM tb_group_chat WHERE group_id = 4;
```

```
已删除 2 行。
SQL> --删除4号群的参与用户
SQL> DELETE FROM users_groups WHERE  group_id = 4;
已删除 2 行。
SQL> --删除4号群信息
SQL> DELETE FROM tb_groups WHERE group_id = 4;
已删除 1 行。
SQL> COMMIT;
```

本章小结

小结

- SQL 语言是关系数据库操作的基础语言，将数据查询、数据操纵、数据定义、事务控制、系统控制等功能集于一体，使得数据库应用开发人员、数据库管理员等都可以通过 SQL 语言实现对数据库的访问和操作。
- 根据 SQL 语言实现功能的不同，Oracle 数据库中的 SQL 语言可以分为：数据定义语言(DDL)、数据查询语言(DQL)、数据操纵语言(DML)、事务控制语言、系统控制语言、会话控制语言。
- 遵守 SQL 的代码规则，可以使要处理的语句与共享池中的相一致，会大大地提高项目的开发效率以及提升数据库对 SQL 语句的执行性能。
- 约束保证数据的完整性，事务保证数据的一致性。
- 事务(Transaction)是由一系列相关的 SQL 语句组成的最小逻辑工作单元。
- 事务具有四个特性：原子性(Atomicity)、一致性(Consistency)、隔离性(Isolation)、持久性(Durability)。
- 数据库事务的并发运行可导致脏读、不可重复读、幻读这 3 类问题。
- 为了处理可能出现的并发问题，SQL92 标准定义了 READ UNCOMMITTED、READ COMMITTED、REPEATABLE READ、SERIALIZABLE 4 种事务隔离级别。
- Oracle 数据库仅支持 READ COMMITTED 和 SERIALIZABLE 两种事务隔离级别，同时增加了一个非 SQL92 标准的 READ ONLY(只读)事务模式。
- 如果数据库中具有大量并发事务，并且应用程序的事务处理能力和响应速度是关键因素，则应用程序适合 READ COMMITED 隔离级别；如果数据库中多个事务并发访问数据的概率很低，并且大部分的事务都会持续执行很长时间，则应用程序适合使用 REALIZABLE 隔离级别。

Q&A

1. 问：SQL 有何作用？它的产生有何重要意义？

答：SQL 即结构化查询语言，它是关系数据库的标准语言。在 SQL 规范推出之前，各种数据库有着各自的数据操作方式，SQL的出现，统一了不同数据库间的数据操作问题，很大程度上解决了程序开发人员的困难。SQL功能强大，同时又简洁易学，集数据查询、数据操作、数据定义和数据控制等功能于一体，被用户和业界所青睐，并成为国际标准。

2. 问：Oracle数据库中有哪几种常用的SQL语言？

答：Oracle数据库中常用的SQL语言类别有：数据定义语言(DDL)，用于定义、修改、删除数据库模式对象，如CREATE、ALTER、DROP等；数据查询语言(DQL)，用于数据检索，如SELECT；数据操纵语言(DML)，用于改变数据库中的数据，如INSERT、UPDATE、DELETE等；事务控制语言(TCL)，用于将一组DML操作组合起来，形成一个事务并进行事务控制，如COMMIT、ROLLBACK、SAVEPOINT等。

3. 问：Oracle数据库为何要引入事务？

答：数据一致性是指数据库的数据在每一时刻都是稳定且可靠的状态，而事务是保证数据一致性的主要手段。Oracle系统以事务为单位来处理数据，以保证数据的一致性。对于事务中的每一个操作要么全部完成，要么全部不执行。

4. 问：Oracle数据库如何保障事务的并发运行？

答：Oracle数据库通过支持READ COMMITTED、SERIALIZABLE两种级别的事务隔离性以及READ ONLY事务模式，防止并发事务的相互影响。其中，READ COMMITTED隔离级别是Oracle默认使用的事务隔离级别，保障Oracle数据库的查询永远不会读取脏数据(未提交的数据)；SERIALIZABLE隔离级别可以避免脏读、不可重复读和幻读问题；READ ONLY事务模式同样可以避免脏读、不可重复读和幻读问题。

章节练习

习题

1. 要建立一个语句向Types表中插入数据，这个表只有两列，T_ID和T_Name列。如果要插入一行数据，这一行的T_ID值是100，T_Name值是FRUIT，应该使用的SQL语句是(　　)。

A. INSERT INTO Types Values(100,'FRUIT')

B. SELECT * FROM Types WHERE T_ID=100 AND T_Name='FRUIT'

C. UPDATE SET T_ID=100 FROM Types WHERE T_Name='FRUIT'

D. DELETE * FROM Types WHERE T_ID=100 AND T_Name='FRUIT'

2. 用(　　)语句修改表的一行或多行数据。

A. UPDATE　　B. SET　　C. SELECT　　D. WHERE

3. 要建立一个UPDATE语句更新表的某列数据，且更新的数据为表统计的结果，则需要在UPDATE语句中使用(　　)语句。

A. UPDATE　　B. SET　　C. SELECT　　D. WHERE

4. DELETE语句中用(　　)语句或子句来指明表中所要删除的行。

A. UPDATE　　B. WHERE　　C. SELECT　　D. INSERT

5. 使用(　　)命令可以清除表中所有的内容。

A. INSERT　　B. UPDATE　　C. DELETE　　D. TRUNCATE

6. 下列(　　)语句会终止事务。

A. SAVEPOINT　　B. ROLLBACK TO SAVEPOINT

C. END TRANSACTION　　D. COMMIT

7. 假如当前数据库中有两个并发的事务,其中,第一个事务修改表中的数据,第二个事务在将修改提交给数据库前查看这些数据。如果第一个事务执行回滚操作,则会发生(　　)。

A. 假读　　B. 非重复读取　　C. 错读　　D. 重复读

8. 在 SQL 语句中,用于向表中插入数据的语句是________。

9. 如果需要向表中插入一批已经存在的数据,可以在 INSERT 语句中使用________语句。

10. 事务的 ACID 特性包括________、一致性、________和永久性。

11. 在众多的事务控制语句中,用来撤销事务的操作的语句为________,用于持久化事务对数据库操作的语句是________。

12. 简述 DELETE 语句与 TRUNCATE 语句的差异。

13. 简述事务的四个属性及其作用。

上机

训练目标:数据管理的 SQL 语句。

培养能力	熟练掌握数据管理 SQL 语句		
掌握程度	★★★★★	难度	中等
代码行数	11	实施方式	重复编码
结束条件	独立编写,运行不出错		

参考训练内容:

(1) 根据表 5-5 所示的表结构创建数据表 pet。
(2) 将表 5-6 中的记录插入 pet 表中。
(3) 使用 UPDATE 语句将名称为 Fang 的狗的主人改为 Kevin。
(4) 将没有主人的宠物的 Owner 字段值都改为 Duck。
(5) 删除已经死亡的宠物记录。
(6) 删除所有表中的记录

表 5-5　pet 表结构

字段名	字段说明	数据类型	主键	外键	非空	唯一
Name	宠物名称	VARCHAR2(20)	否	否	是	否
Owner	宠物主人	VARCHAR2(20)	否	否	否	否
Species	种类	VARCHAR2(20)	否	否	是	否
Sex	性别	VARCHAR2(20)	否	否	是	否
Birth	出生日期	DATE	否	否	是	否
Death	死亡日期	DATE	否	否	否	否

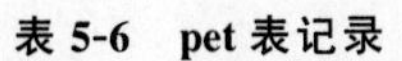

表 5-6　pet 表记录

Name	Owner	Species	Sex	Birth	Death
Fluffy	Harold	Cat	f	2003-10-12	2010-8-12
Claws	Gwen	Cat	m	2004-8-10	NULL
Buffy	NULL	Dog	f	2009-8-11	NULL
Fang	Benny	Dog	m	2000-5-15	NULL
Bowser	Diane	Dog	m	2003-4-16	2009-11-12
Chirpy	NULL	Brid	f	2008-5-19	NULL

第6章 数据查询

任务驱动

本章任务完成 Q_MicroChat 微聊项目数据的相关查询工作。具体任务分解如下：

- 【任务 6-1】 项目业务的数据查询

学习导航/课程定位

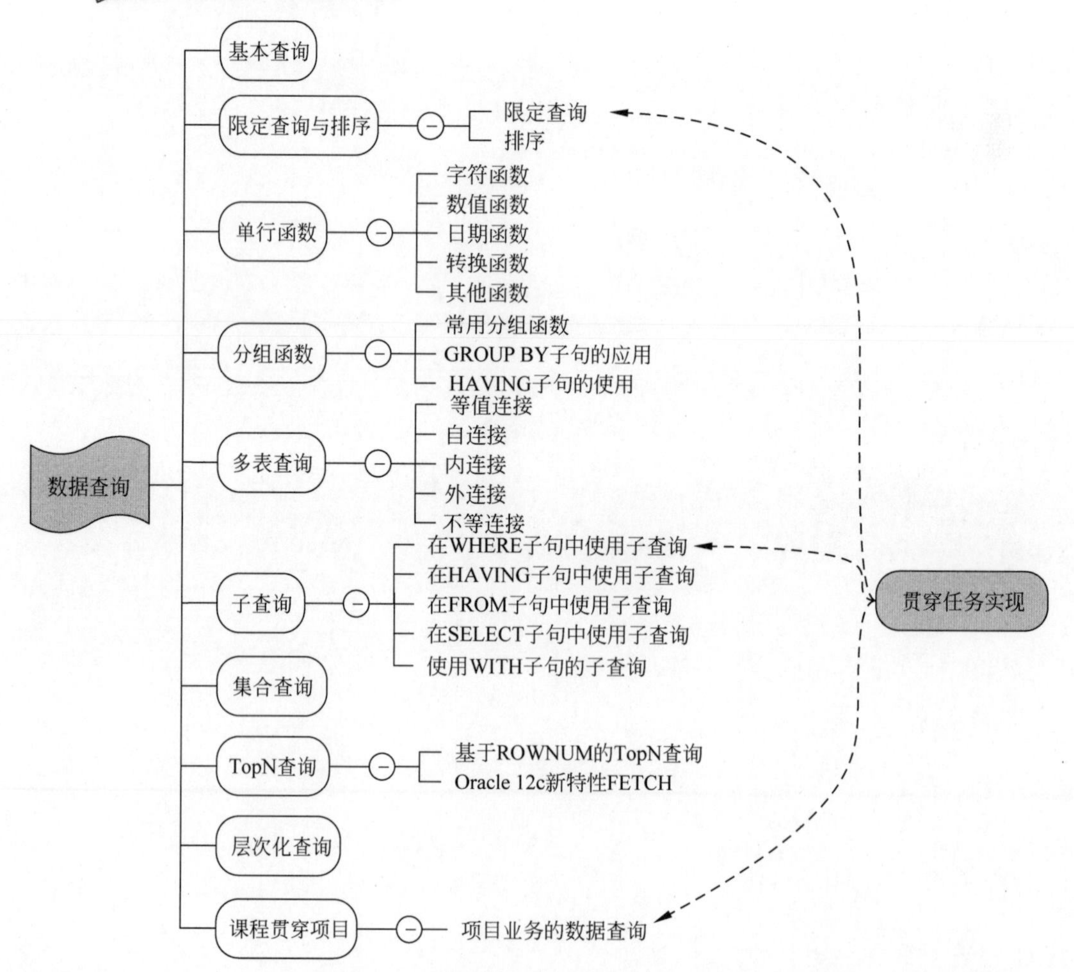

知　识　点	Listen(听)	Know(懂)	Do(做)	Revise(复习)	Master(精通)
基本查询	★	★	★	★	★
限定查询与排序	★	★	★	★	★
单行函数	★	★	★	★	★
分组函数	★	★	★	★	★
多表查询	★	★	★	★	★
子查询	★	★	★	★	★
集合查询	★	★	★		
TopN 查询	★	★	★	★	★
层次化查询	★	★	★		

6.1 基本查询

数据查询是数据库最常使用的操作,其基本查询语句的格式如下:

【语法】

```
SELECT * | [DISTINCT column | expression [alias],...]
FROM table_name;
```

其中:

- ＊指示查询数据表的所有列。
- DISTINCT 指示消除结果集中的重复记录。
- column 指定需要查询的表的列名,多列之间用逗号“,”分隔。
- alias 指定列(表达式)的别名。
- table_name 指定需要查询的表的名字。

在查询语句中 SELECT 和 FROM 子句是必需的、也是最简单的查询语句,如下述示例所示。

【示例】 查询 emp 表中所有员工的信息。

```
SQL> SELECT * FROM emp;
     EMPNO  ENAME   JOB         MGR   HIREDATE       SAL     COMM    DEPTNO
---------  -------------- ----  ----------- ------ -------  -----------
      7369  SMITH   CLERK       7902  17-12月-80     800             20
      7499  ALLEN   SALESMAN    7698  20-2月 -81     1600    300     30
      7521  WARD     SALESMAN   7698  22-2月 -81     1250    500     30
...
```

1. 在查询中选择特定的列

在基本查询语句中,可以在 SELECT 子句中选择任意列进行显示,列与列之间以逗号隔开,同时列的排列次序决定了列的显示次序。

例如,以 scott 模式下的 emp 表为基础表,公司的会计在每次发工资时,可能需要确定每个员工的工号(empno)、名字(ename)和工资(sal),则相应的查询如下述示例所示。

【示例】 选择特定的列查询。

```
SQL> SELECT empno, ename, sal FROM emp;
     EMPNO    ENAME                      SAL
----------  --------------------  ----------
      7369    SMITH                      800
      7499    ALLEN                     1600
      7521    WARD                      1250
...
```

2. 使用算术表达式

可以在基本查询语句中使用表达式。在表达式中可以使用以下 4 种运算符:+、-、*、/。例如,领导需要一份将公司各种补助(共计 500 元/月)与基本工资合计后的工资清单,则相应的查询语句如下。

【示例】 查询语句中使用算数表达式 1。

```
SQL> SELECT empno, ename, sal, 500 + sal FROM emp;
     EMPNO  ENAME                       SAL       500 + SAL
----------  --------------------  ----------  ----------
      7369  SMITH                       800        1300
      7499  ALLEN                      1600        2100
      7521  WARD                       1250        1750
...
```

如果需要获取每位员工加入补助后的年薪,则相应的查询语句如下。

【示例】 查询语句中使用算数表达式 2。

```
SQL> SELECT empno, ename, (500 + sal) * 12 FROM emp;
     EMPNO  ENAME                 (500 + SAL) * 12
----------  --------------------  -------------
      7369  SMITH                         15600
      7499  ALLEN                         25200
      7521  WARD                          21000
...
```

3. 使用列的别名

为了使查询结果列标题易于理解,可以为列起一个别名。列的别名只需在列名和别名之间使用 AS 或空格即可。别名可以使用双引号,也可以不用。如果别名为英文字符,则在没有使用双引号时,别名的显示结果为大写;如果别名中包含了特殊字符,或者让别名原样显示,则需要使用双引号,如下述示例所示。

【示例】 列的别名为英文字符。

```
SQL> SELECT empno AS EmployeeNO, ename "Employee Name", (500 + sal) * 12 "Annual Salary"
  2  FROM emp;
```

```
EMPLOYEENO  Employee Name          Annual Salary
--------  ------------------  -------------
     7369  SMITH                       15600
     7499  ALLEN                       25200
     7521  WARD                        21000
...
```

【示例】 列的别名为中文。

```
SQL> SELECT empno AS 员工编号, ename 员工姓名, (500 + sal) * 12 年薪 FROM emp;
   员工编号   员工姓名                  年薪
----------  --------------------  ----------
      7369   SMITH                   15600
      7499   ALLEN                   25200
      7521   WARD                    21000
...
```

4. 连接运算符

为了方便查询结果的连续显示,Oracle 数据库还特别提供了连接运算符。连接运算符由两个竖线“||”表示,可以把一列或多列或与字符串连接在一起,其中字符串需要加单引号,如下述示例所示。

【示例】

```
SQL> SELECT ename || '的年薪为:' || (500 + sal) * 12 AS "员工年薪列表" FROM emp;
员工年薪列表
----------------------
SMITH 的年薪为:15600
ALLEN 的年薪为:25200
WARD 的年薪为:21000
...
```

5. DISTINCT 运算符

如果需要知道公司究竟有多少部门,此时可以使用如下查询语句。

【示例】

```
SQL> SELECT deptno FROM emp;
    DEPTNO
----------
        20
        30
        30
        20
        30
        30
        10
        10
```

```
         30
         30
         20
         10
已选择 12 行。
```

从上述查询结果可以发现，虽然可以查询出公司存在哪些部门，但是显示结果出现了很多重复的内容，因为会有多位雇员在同一部门工作。此时如果想去除这些重复内容，可以使用 DISTINCT 运算符，如下述示例所示。

【示例】 DISTINCT 的用法。

```
SQL> SELECT DISTINCT  deptno  FROM emp;
    DEPTNO
----------
        30
        20
        10
```

DISTINCT 运算符还可以用于多列，此时判断重复会以一整行数据来判断，如果有一列的数据不重复，那么这一行数据就是不重复的，如下述示例所示。

【示例】

```
SQL> SELECT DISTINCT job, deptno FROM emp;
JOB                        DEPTNO
------------------ ----------
MANAGER                        20
PRESIDENT                      10
CLERK                          10
SALESMAN                       30
ANALYST                        20
MANAGER                        30
MANAGER                        10
CLERK                          30
CLERK                          20
已选择 9 行。
```

使用 DISTINCT 运算符需要注意：当查询较大的表时尽可能地避免使用 DISTINCT，因为 Oracle 系统是通过排序的方式来完成 DISTINCT 这一功能的，所以它会造成 Oracle 系统的效率降低。通常可以通过不同的查询语句来完成不同需求的工作。

6.2 限定查询与排序

6.2.1 限定查询

在使用基本查询进行数据查询时，会将表中所有的数据全部查询出来并显示，这样也会出现一些问题。例如，如果一张表中有几百万条数据，仍通过“SELECT * FROM 表”语句进行查询，则会出现屏幕数据不断刷新，系统长时间不能停止操作的问题，这样不仅不方便

查看,而且可能造成内存大量占用、甚至死机的情况。因此对于大数据量的查询,只需找出对自己有用的即可。

限定查询是指在数据查询时设置一系列的过滤条件,只有满足指定条件的数据才进行显示。限定查询使用 WHERE 关键字,语法如下。

【语法】

```
SELECT * | [DISTINCT column | expression [alias],...]
FROM table
[WHERE < condition expression >];
```

其中:

- WHERE 用来构成一个限制检索表中行数据的条件表达式。
- < condition expression >指定进行数据筛选的条件表达式。在条件表达式中可以使用常用的关系运算符、逻辑运算符等。

例如,需要查询 SALES 部门(部门编号为 30)的所有员工的姓名、月薪及年薪(假设该部门年终奖金为 10 000/人)。实现语句如下述示例所示。

【示例】 限定查询。

```
SQL > SELECT ename, sal, 12 * sal + 10000 FROM emp WHERE deptno = 30;
ENAME                      SAL          12 * SAL + 10000
--------------------- ----------  ------------
ALLEN                      1600         29200
WARD                       1250         25000
MARTIN                     1250         25000
BLAKE                      2850         44200
TURNER                     1500         28000
JAMES                       950         21400
```

限定查询中的 WHERE 条件表达式非常灵活,可以支持如:关系运算符、逻辑运算符、BETWEEN...AND 范围查询操作符、IN(NOT IN)列表范围查询操作符、NULL 值判断操作符、LIKE 模糊查询操作符等,下面分别依次进行介绍。

1. 关系运算符与逻辑运算符

Oracle 限定查询支持的关系运算符包括:>、<、>=、<=、=、!=、<>。关系运算符用于进行大小或相等的比较,其中不等于有两种:!=和<>。逻辑运算符包括:AND、OR、NOT。其中,AND 表示多个条件必须同时满足;OR 表示只需要有一个条件满足即可;NOT 表示条件取反。

关系运算符的使用示例如下所示。例如,需要一份工资高于 1500 元(包括 1500 元)的员工的清单。

【示例】 关系运算符的使用。

```
SQL > SELECT empno, ename, sal FROM emp WHERE sal >= 1500;
     EMPNO    ENAME                          SAL
---------- --------------------- ----------
      7499    ALLEN                         1600
      7566    JONES                         2975
```

```
        7698     BLAKE                          2850
        7782     CLARK                          2450
        7839     KING                           5000
        7844     TURNER                         1500
        7902     FORD                           3000
已选择 7 行。
```

逻辑运算符的使用示例如下。例如,需要查询工资在1500到2900之间的员工名单。

【示例】 逻辑运算符的使用。

```
SQL> SELECT empno,ename,sal FROM emp WHERE sal>= 1500 AND sal<=2900;
     EMPNO      ENAME                          SAL
----------  --------------------  ----------
      7499      ALLEN                         1600
      7698      BLAKE                         2850
      7782      CLARK                         2450
      7844      TURNER                        1500
```

关系运算符和逻辑运算符不但可以用于数字型数据,而且还可用于字符型和日期型数据,但这两种类型的数据必须用单引号括起来。如下述示例所示。

例如,查询职位为销售(salesman)的人员名单。

【示例】 关系运算符用于字符型数据1。

```
SQL> SELECT empno,ename,job FROM emp WHERE job='salesman';
未选定行
```

员工表中确实存在销售人员的数据,为什么查询不到呢?这是因为WHERE子句中字符串是区分大小写的。因此上述示例需要改成如下写法。

【示例】 关系运算符用于字符型数据2。

```
SQL> SELECT empno,ename,job FROM emp WHERE job='SALESMAN';
     EMPNO      ENAME                JOB
----------  ----------------  ------------------
      7499      ALLEN                SALESMAN
      7521      WARD                 SALESMAN
      7654      MARTIN               SALESMAN
      7844      TURNER               SALESMAN
```

日期型数据默认的格式在Oracle 12c版本中为“DD-MON-RR”,其中DD代表日、RR代表年、MON代表月。例如,查询在1981年1月1日和1981年12月31日之间加入该公司的员工名单。

【示例】 逻辑运算符用于日期型数据。

```
SQL> SELECT empno,ename,hiredate
  2  FROM emp
  3  WHERE hiredate>='01-1月-81' AND hiredate<='31-12月-81';
     EMPNO     ENAME                HIREDATE
---------  ------------------  ---------------
      7499     ALLEN                20-2月 -81
      7521     WARD                 22-2月 -81
```

```
        7566      JONES                   02-4月 -81
        7654      MARTIN                  28-9月 -81
        7698      BLAKE                   01-5月 -81
        7782      CLARK                   09-6月 -81
        7839      KING                    17-11月-81
        7844      TURNER                  08-9月 -81
        7900      JAMES                   03-12月-81
        7902      FORD                    03-12月-81
已选择10行。
```

2. BETWEEN...AND 范围查询

BETWEEN...AND 操作符主要用于针对一个指定的数据范围进行查询,指定范围中在 BETWEEN 和 AND 之间的值叫下限,AND 之后的值叫上限,显示的结果包含下限和上限的值。指定范围的数据可以是数字、字符串或者是日期型数据。使用方法如下述示例所示。

例如,使用逻辑运算符查询工资在 1500 到 2900 之间的员工名单的语句"sal >=1500 AND sal <=2900",使用 BETWEEN...AND 操作符的写法如下。

【示例】 BETWEEN...AND 范围查询 1。

```
SQL> SELECT empno,ename,sal FROM emp WHERE sal BETWEEN 1500 AND 2900;
     EMPNO    ENAME                    SAL
---------- ---------------------- ----------
      7499    ALLEN                    1600
      7698    BLAKE                    2850
      7782    CLARK                    2450
      7844    TURNER                   1500
```

例如,查询在 1981 年 1 月 1 日和 1981 年 12 月 31 日之间加入公司的员工,如下述示例所示。

【示例】 BETWEEN...AND 范围查询 2。

```
SQL> SELECT empno,ename,hiredate
  2  FROM emp
  3  WHERE hiredate BETWEEN '01-1月-81' AND '31-12月-81';
     EMPNO    ENAME                  HIREDATE
---------- ------------------ ---------------
      7499    ALLEN                  20-2月 -81
      7521    WARD                   22-2月 -81
      7566    JONES                  02-4月 -81
      7654    MARTIN                 28-9月 -81
      7698    BLAKE                  01-5月 -81
      7782    CLARK                  09-6月 -81
      7839    KING                   17-11月-81
      7844    TURNER                 08-9月 -81
      7900    JAMES                  03-12月-81
      7902    FORD                   03-12月-81
已选择10行。
```

BETWEEN...AND操作符按照指定的数据范围进行查询，如若要查询指定范围之外的数据可以使用NOT BETWEEN...AND操作符。例如，查询不是在1981年1月1日与1981年12月31日之间加入公司的员工，如下述示例所示。

【示例】 **NOT BETWEEN...AND范围查询**。

```
SQL > SELECT empno, ename, hiredate
  2   FROM emp
  3   WHERE hiredate NOT BETWEEN '01 - 1 月 - 81' AND '31 - 12 月 - 81';
      EMPNO     ENAME                 HIREDATE
---------  ----------------  ---------------
       7369     SMITH                 17 - 12 月 - 80
       7934     MILLER                23 - 1 月  - 82
```

3. IN、NOT IN列表范围查询

IN是SQL语句中一个非常有用的比较运算符。IN用来测试某些值是否在列表中出现。IN之前加上NOT，NOT IN用来测试某些值是否不在列表中出现。

例如，查询职位为销售、文员或经理的人员。此示例可以使用逻辑运算符实现如下。

【示例】 **使用逻辑运算符进行列表范围查询**。

```
SQL > SELECT empno, ename, job
  2   FROM emp
  3   WHERE job = 'SALESMAN' OR job = 'CLERK' OR job = 'MANAGER';
      EMPNO     ENAME                 JOB
----------  ------------------  --------------------
       7369     SMITH                 CLERK
       7499     ALLEN                 SALESMAN
       7521     WARD                  SALESMAN
       7566     JONES                 MANAGER
...
已选择 10 行。
```

使用IN操作符后表示如下。

【示例】 **使用IN进行列表范围查询**。

```
SQL > SELECT empno, ename, job
  2   FROM emp
  3   WHERE job IN('SALESMAN', 'CLERK', 'MANAGER');
      EMPNO     ENAME                 JOB
----------  ------------------  --------------------
       7369     SMITH                 CLERK
       7499     ALLEN                 SALESMAN
       7521     WARD                  SALESMAN
       7566     JONES                 MANAGER
...
已选择 10 行。
```

上述示例中，只要某一记录的JOB列的值等于IN列表中的任何一个，该记录就会显示出来。同时通过上述示例可以看出，使用IN操作符进行列表范围查询更加方便。

下述示例演示 NOT IN 操作符的使用。例如，查询除分析员（analyst）和总经理（president）以外的人员。

【示例】 **使用 NOT IN 进行列表范围查询。**

```
SQL > SELECT empno, ename, job
  2  FROM emp
  3  WHERE job NOT IN('ANALYST', 'PRESIDENT');
     EMPNO     ENAME                  JOB
---------- ----------------    --------------------
      7369     SMITH                  CLERK
      7499     ALLEN                  SALESMAN
      7521     WARD                   SALESMAN
...
已选择 10 行。
```

4. NULL 值操作

NULL 在 SQL 中是一个特殊的值，称为空值。它既不是 0，也不是空格。它的值是没有定义的、未知的、不确定的。例如，下述示例在对 EMP 表中 COMM（奖金）列进行查询时，所有 CLERK（文员）人员此列都没有值显示，其含义为 CLERK 职位没有奖金，即表示 CLERK 人员的 COMM 列值为 NULL。

【示例】

```
SQL > SELECT ename, job, sal, comm
  2  FROM emp
  3  WHERE job IN('CLERK','SALESMAN');
ENAME                    JOB                          SAL         COMM
----------------- ------------------- ---------- ----------
SMITH                    CLERK                        800
ALLEN                    SALESMAN                    1600          300
WARD                     SALESMAN                    1250          500
MARTIN                   SALESMAN                    1250         1400
TURNER                   SALESMAN                    1500            0
JAMES                    CLERK                        950
MILLER                   CLERK                       1300
已选择 7 行。
```

NULL 值的使用有以下两个规则：

- NULL 值和任意值进行算术运算时，结果仍然是 NULL 值。
- NULL 值和任意值进行比较运算时，结果都为 UNKNOWN。

例如，查询不包括销售人员的员工收入（工资+奖金）列表，如下述示例所示。

【示例】 **NULL 值的算术运算。**

```
SQL > SELECT ename, job, sal, comm, sal + comm
  2  FROM emp
  3  WHERE job!= 'SALESMAN';
```

```
ENAME              JOB                  SAL         COMM      SAL + COMM
------------------ -------------------- ----------- --------- ----------
SMITH              CLERK                800
JONES              MANAGER              2975
BLAKE              MANAGER              2850
CLARK              MANAGER              2450
KING               PRESIDENT            5000
JAMES              CLERK                950
FORD               ANALYST              3000
MILLER             CLERK                1300
已选择 8 行。
```

上述示例中,因查询的人员的奖金都为 NULL,因此 NULL 值在和 SAL 列值进行算数运算时,表达式的值仍为 NULL。

NULL 值的比较运算如下述示例所示。例如,查询所有没有奖金的员工列表。

【示例】 **NULL 值的比较运算。**

```
SQL > SELECT empno, ename, job, sal, comm
  2  FROM emp
  3  WHERE comm = NULL;
未选定行
```

由上述示例可以看出,NULL 值进行关系运算是一个未知的结果。由于关系运算符并不能判断某列的值是否为 NULL,所以为了解决这个问题,Oracle 引入了一个新的运算符"IS NULL"。使用 IS NULL 来重写上述示例表示如下。

【示例】 **NULL 值的判断。**

```
SQL > SELECT empno, ename, job, sal, comm
  2  FROM emp
  3  WHERE comm IS NULL;
     EMPNO   ENAME              JOB                 SAL          COMM
---------  ----------------- ------------------ ----------- -----------
      7369   SMITH              CLERK               800
      7566   JONES              MANAGER             2975
      7698   BLAKE              MANAGER             2850
      7782   CLARK              MANAGER             2450
      7839   KING               PRESIDENT           5000
      7900   JAMES              CLERK               950
      7902   FORD               ANALYST             3000
      7934   MILLER             CLERK               1300
已选择 8 行。
```

同理,对于一个非 NULL 值列的判断,使用 NOT NULL,如下述示例所示。

【示例】 **非 NULL 值的判断。**

```
SQL > SELECT empno, ename, job, sal, comm
  2  FROM emp
  3  WHERE comm IS NOT NULL;
```

```
    EMPNO    ENAME             JOB               SAL          COMM
---------  ----------------  ----------------  ----------  ----------
     7499    ALLEN             SALESMAN          1600          300
     7521    WARD              SALESMAN          1250          500
     7654    MARTIN            SALESMAN          1250         1400
     7844    TURNER            SALESMAN          1500            0
```

5. LIKE 模糊查询

在进行限定条件查询时，如果对所查询的数据记得不是很清楚，则可使用模糊查询。模糊查询使用 LIKE 操作符，其基本语法如下。

【语法】

```
SELECT * | [DISTINCT column | expression [alias],...]
FROM table
WHERE column [NOT] LIKE 'matchedCondition';
```

其中：

- NOT LIKE 表示不满足模糊查询。
- matchedCondition 表示匹配条件，由关键字和通配符组成。

LIKE 子句中有以下两个通配符：

- %：可以匹配任意类型和长度(0 个或多个)的字符。
- _：匹配单个任意字符。常用来限制表达式的字符长度。

例如，查询员工姓名是以 M 开头的所有员工的信息，如下述示例所示。

【示例】 **LIKE 模糊查询 1**。

```
SQL> SELECT empno,ename,job FROM emp WHERE ename LIKE 'M%';
    EMPNO    ENAME                JOB
---------  --------------------  ------------------
     7654    MARTIN               SALESMAN
     7934    MILLER               CLERK
```

上述示例中，匹配条件要求以某个字母开头，因此第一个字母设置为 M，而后面的内容可以是任意字符，通过%通配符进行匹配。

LIKE 匹配中，还可以通过不同通配符的组合来构造一些复杂的限制条件。例如，下述示例查询姓名以 A 开头、姓名最后两个字符为 E 和一个任意字符的员工信息。

【示例】 **LIKE 模糊查询 2**。

```
SQL> SELECT empno,ename,job FROM emp WHERE ename LIKE 'A%E_';
    EMPNO    ENAME                JOB
---------  --------------------  ------------------
     7499    ALLEN                SALESMAN
```

在 LIKE 匹配条件中，如果要查询的字符串中含有“-”或“%”该如何处理呢？可以使用转义操作符 ESCAPE 来实现。通过 ESCAPE 操作符可以指定任意一个字符作为转义字符。其使用方式如下述示例所示。

【示例】 LIKE 模糊查询中转义操作符的使用。

```
SQL> CREATE TABLE department AS SELECT * FROM scott.dept;
表已创建。
SQL> INSERT INTO department VALUES(60,'IT_RESEARCH','QINGDAO');
已创建 1 行。
SQL> SELECT * FROM department WHERE dname LIKE 'IT\_%'ESCAPE '\';
    DEPTNO      DNAME                          LOC
---------- ------------------------- ----------------------------
        60      IT_RESEARCH                    QINGDAO
```

在上述示例的 LIKE 匹配条件中,定义了"\"为转义字符。由于"\"字符在很多操作系统和语言中都作为转义字符,因此也常被许多 Oracle 专业人员所使用。

6. 限定查询操作符的优先级

根据上述介绍的限定查询操作符,可以组合实现一些较为复杂的限定查询条件。此时,就需要注意这些操作符的优先级问题。限定查询操作符的优先级按由高到低依次为:算术运算符>连接运算符>比较运算符>IS NULL、IS NOT NULL>LIKE、NOT LIKE、IN、NOT IN>BETWEEN、NOT BETWEEN>NOT>AND>OR。

下述示例通过使用多种限定查询操作符,演示实现一个较为复杂的查询需求。例如,查询需求要求找出部门 20 的经理(MANAGER)、部门 30 中所有销售人员(SALESMAN)、既不是经理又不是销售人员但其工资大于 2000 元的所有员工的详细信息,并且要求这些员工的姓名中包含字母 F 或字母 K。

【示例】 操作符的优先级。

```
SQL> SELECT * FROM emp
  2  WHERE (
  3   (deptno=20 AND job='MANAGER') OR (deptno=30 AND job='SALESMAN')
  4   OR (job NOT IN('MANAGER','SALESMAN') AND sal>2000)
  5  ) AND (ename LIKE '%F%' OR ename LIKE '%K%');

     EMPNO   ENAME    JOB          MGR   HIREDATE       SAL    COMM     DEPTNO
---------- ------- ---------- ---- ----------- ---- -------- ---------
      7839   KING     PRESIDENT         17-11月-81     5000              10
      7902   FORD     ANALYST      7566 03-12月-81     3000              20
```

6.2.2 排序

在执行查询操作时,默认情况下会按照行数据插入的先后顺序来显示行数据。在实际应用中经常需要对数据进行排序,以显示更直观的数据,数据排序是使用 ORDER BY 子句来完成的,其语法如下。

【语法】

```
SELECT * | [DISTINCT column | expression [alias],...]
FROM table[,<table2>[,…]]
[WHERE <condition expression>]
[ORDER BY <column_order> [ASC | DESC]];
```

其中：

- column_order 应该是查询结果中的一个字段，且可以进行大小比较（如数值、时间日期等）。
- ASC 代表升序，为默认值，可以省略。
- DESC 代表降序。

默认情况下，使用 ORDER BY 执行排序操作时，数据以升序方式排列，此时 ASC 关键字可以省略不写。如下述示例所示，查询销售部门（编号 30）员工的工资，从低到高按升序显示。

【示例】 升序排序。

```
SQL> SELECT ename,job,sal FROM emp WHERE deptno = 30 ORDER BY sal;
ENAME                 JOB                    SAL
--------------------  -------------------  ----------
JAMES                 CLERK                  950
WARD                  SALESMAN               1250
MARTIN                SALESMAN               1250
TURNER                SALESMAN               1500
ALLEN                 SALESMAN               1600
BLAKE                 MANAGER                2850
已选择 6 行。
```

下述示例演示查询销售部门（编号 20）员工的工资信息，并按工资降序排列显示。

【示例】 降序排序。

```
SQL> SELECT ename,job,sal FROM emp WHERE deptno = 30 ORDER BY sal DESC;
ENAME                 JOB                    SAL
--------------------  -------------------  ----------
BLAKE                 MANAGER                2850
ALLEN                 SALESMAN               1600
TURNER                SALESMAN               1500
WARD                  SALESMAN               1250
MARTIN                SALESMAN               1250
JAMES                 CLERK                   950
已选择 6 行。
```

ORDER BY 子句的排序操作不仅可以基于单列或单个表达式，也可以基于多列或多个表达式。当以多列或多个表达式进行排序时，首先按照第一列或第一个表达式进行排序，当第一列或第一个表达式存在相同数据时，再以第二列或第二个表达式进行排序。例如，下述示例查询销售部门（编号 30）员工的工资及奖金信息，工资以升序排序，奖金以降序排序。

【示例】 多列排序。

```
SQL> SELECT ename,job,sal,comm FROM emp WHERE deptno = 30
  2  ORDER BY sal ASC,comm DESC;
ENAME                 JOB                    SAL         COMM
--------------------  -------------------  ----------  ----------
JAMES                 CLERK                   950
MARTIN                SALESMAN               1250        1400
WARD                  SALESMAN               1250         500
TURNER                SALESMAN               1500           0
ALLEN                 SALESMAN               1600         300
BLAKE                 MANAGER                2850
已选择 6 行。
```

6.3 单行函数

单行函数同时只能对表中的一行数据进行操作，并且对每一行数据只产生一个输出结果。单行函数主要有以下 5 种。

- 字符函数：对由字符组成的字符串进行操作。
- 数值函数：对数值进行计算。
- 日期函数：对日期和时间进行处理。
- 转换函数：将一种数据库类型转换成另一种数据库类型。
- 其他函数。

单行函数的格式如下所示。

【语法】

```
函数名 [(参数 1,参数 2,参数 3,...)]
```

其中参数可以为：用户定义的常量、变量、列名、表达式。单行函数可以用在 SELECT、WHERE、ORDER BY 子句中，同时单行函数可以嵌套使用。

6.3.1 字符函数

字符函数主要用于进行字符串处理。字符函数的输入参数为字符类型，其返回值是字符类型或数字类型。Oracle 提供的常用字符函数如表 6-1 所示。

表 6-1　常用字符函数

函数名称	描　述
UPPER(列|字符串)	将字符串的内容全部转大写
LOWER(列|字符串)	将字符串的内容全部转小写
LENGTH(列|字符串)	返回字符串的长度
INITCAP(列|字符串)	将字符串的开头首字母大写
SUBSTR(列|字符串,开始点[,长度])	字符串的截取
REPLACE(列|字符串,要搜索的字符串,替换的字符串)	字符串的替换
CONCAT(列|字符串,列|字符串)	字符串的连接
RPAD(列|字符串,长度,填充字符) LPAD(列|字符串,长度,填充字符)	在字符串右侧或左侧填充字符达到参数指定的长度
LTRIM(字符串)、RTRIM(字符串)	去字符串左空格、右空格
TRIM(列|字符串)	去字符串左右空格
INSTR(列|字符串,要查找的字符串[,开始位置])	查找字符串出现的位置

上述常用字符函数的使用如下述示例所示。

【示例】 LOWER(列|字符串)的使用。

```
SQL > SELECT LOWER('Structural Query Language') FROM dual;
LOWER('STRUCTURALQUERYLANGUAGE')
--------------------------------------------------------
structural query language
```

上述示例中使用到了一个表 dual，dual 表被称为虚表或伪表，所有用户都可以访问，只会返回一条记录，用来实现一些特定查询。

【示例】 UPPER(列|字符串)的使用。

```
SQL> SELECT empno,ename,job FROM emp WHERE job = UPPER('clerk');
     EMPNO      ENAME                    JOB
----------  -----------------  ------------------
      7369      SMITH                    CLERK
      7900      JAMES                    CLERK
      7934      MILLER                   CLERK
```

【示例】 LENGTH(列|字符串)的使用。

```
SQL> SELECT LENGTH('SQL is an english like language') FROM dual;
LENGTH('SQLISANENGLISHLIKELANGUAGE')
------------------------------------
                                  31
```

【示例】 INITCAP(列|字符串)的使用。

```
SQL> SELECT empno,ename,INITCAP(ename) FROM emp;
     EMPNO      ENAME     INITCAP(ENAME)
----------  ------  --------------
      7369      SMITH     Smith
      7499      ALLEN     Allen
      7521      WARD      Ward
...
```

【示例】 SUBSTR(列|字符串,开始点[,长度])的使用。

```
SQL> SELECT SUBSTR('SQL is an english like language',3) FROM dual;
SUBSTR('SQLISANENGLISHLIKELANGUAGE',3)
------------------------------------------------------------
L is an english like language

SQL> SELECT SUBSTR('SQL is an english like language',1,3) FROM dual;
SUBSTR
------
SQL
```

【示例】 REPLACE(列|字符串,要搜索的字符串,替换的字符串)的使用。

```
SQL> SELECT REPLACE('SQL Plus supports loops or if statements','supports','not supports') FROM
dual;
REPLACE('SQLPLUSSUPPORTSLOOPSORIFSTATEMENTS','SUPPORTS','NOTSUPPORTS')
------------------------------------------------------------------------
SQL Plus not supports loops or if statements
```

【示例】 CONCAT(列|字符串,列|字符串)的使用。

```
SQL> SELECT CONCAT('hello,','world!') FROM dual;
CONCAT('HELLO,','WORLD!'
-------------------------
hello,world!
```

【示例】 **RPAD(列|字符串,长度,填充字符)的使用。**

```
SQL> SELECT RPAD(ename,10,'*'),LPAD(ename,10,'*') FROM emp;
RPAD(ENAME,10,'*')              LPAD(ENAME,10,'*')
-------------------------- --------------------------
SMITH*****                       *****SMITH
ALLEN*****                       *****ALLEN
WARD******                       ******WARD
...
```

【示例】 **LTRIM(字符串)、RTRIM(字符串)的使用。**

```
SQL> SELECT ' QST 青软实训 ',LTRIM(' QST 青软实训 '),RTRIM(' QST 青软实训 ')
  2  FROM dual;
'QST青软实训'              LTRIM('QST青软实训')             RTRIM('QST青软实训')
-------------------- ---------------------------- ----------------------
 QST 青软实训             QST 青软实训                      QST 青软实训
```

【示例】 **TRIM(列|字符串)的使用。**

```
SQL> SELECT ' QST 青软实训 ',TRIM(' QST 青软实训 ') FROM dual;
'QST青软实训'                          TRIM('QST青软实训')
-------------------------------- ----------------------------------
 QST 青软实训                          QST 青软实训
```

【示例】 **INSTR(列|字符串,要查找的字符串[,开始位置])的使用。**

```
SQL> SELECT DISTINCT job,INSTR(job,UPPER('man')) FROM emp;
JOB                     INSTR(JOB,UPPER('MAN'))
------------------- ------------------------
SALESMAN                                   6
ANALYST                                    0
MANAGER                                    1
CLERK                                      0
PRESIDENT                                  0

SQL> SELECT DISTINCT job,INSTR(job,UPPER('man'),2) FROM emp;
JOB                     INSTR(JOB,UPPER('MAN'),2)
------------------- --------------------------
SALESMAN                                   6
ANALYST                                    0
MANAGER                                    0
CLERK                                      0
PRESIDENT                                  0
```

6.3.2 数值函数

数值函数主要用于对数字进行有效处理，Oracle 提供的一些常用数值函数如表 6-2 所示。

表 6-2 常用数值函数

函数名称	描述
ROUND(列|数字 [,保留位数])	对小数进行四舍五入,可以指定保留位数,若不指定,小数点之后的数字全部四舍五入
TRUNC(列|数字 [,截取位数])	保留指定位数的小数,若不指定,不保留小数
MOD(列|数字,数字)	进行取模运算

上述常用数值函数的使用如下述示例所示。

【示例】 ROUND(列|数字 [,保留位数]) 的使用。

```
SQL> SELECT '168.888',ROUND(168.888),ROUND(168.888,2),ROUND(168.888, -1)
  2  FROM dual;
'168.888'          ROUND(168.888)     ROUND(168.888,2)    ROUND(168.888, -1)
--------------- --------------- ----------------- ------------------
168.888                  169             168.89                170
```

【示例】 TRUNC(列|数字 [,截取位数]) 的使用。

```
SQL> SELECT '168.888',TRUNC(168.888), TRUNC(168.888,2), TRUNC(168.888, -1)
  2  FROM dual;
'168.888'          TRUNC(168.888)     TRUNC(168.888,2)    TRUNC(168.888, -1)
--------------- --------------- ----------------- ------------------
168.888                  168             168.88                160
```

【示例】 MOD(列|数字,数字) 的使用。

```
SQL> SELECT MOD(1900, 400), MOD(2000, 400), MOD(300, 400) FROM dual;
MOD(1900,400)     MOD(2000,400)     MOD(300,400)
-------------- -------------- -------------
         300             0             300
```

6.3.3 日期函数

Oracle 数据库以内部数字格式存储日期,用来表示世纪、年、月、日、小时、分钟和秒。在 Oracle 12c 中,日期的默认显示和输入格式为 DD-MON-RR。可以通过 SYSDATE 伪列获取当前的系统时间,如下述示例所示。

【示例】 获得当前的系统时间。

```
SQL> SELECT sysdate FROM dual;
SYSDATE
---------------
08-12月-15
```

Oracle 默认的日期格式显然不符合中国的日期表示方法,此时可以通过修改系统参数 NLS_DATE_FORMAT 来改变当前会话日期的显示格式,如下述示例所示。

【示例】 修改日期显示格式。

```
SQL> ALTER SESSION SET NLS_DATE_FORMAT = 'yyyy-mm-dd hh24:mi:ss';
会话已更改。
```

```
SQL > SELECT SYSDATE FROM dual;
SYSDATE
--------------------
2015 - 12 - 08 14:24:25
```

由于数据库将日期作为数字进行存储，因此可以使用算术运算符对日期进行计算。Oracle 中日期的运算有如下 3 个操作公式：

【语法】

```
日期 - 数字(天数) = 日期
日期 + 数字(天数) = 日期
日期 - 日期 = 数字(天数)
```

【示例】 日期的计算 1。

```
SQL > SELECT SYSDATE, SYSDATE - 5, SYSDATE + 5 FROM dual;
SYSDATE                  SYSDATE - 5              SYSDATE + 5
--------------------  --------------------  ----------------------
2015 - 12 - 08 14:53:59     2015 - 12 - 03 14:53:59    2015 - 12 - 13 14:53:59
```

【示例】 日期的计算 2。

```
SQL > SELECT ename, hiredate, SYSDATE - hiredate FROM emp;
ENAME                 HIREDATE                  SYSDATE - HIREDATE
-----------------  --------------------  -----------------
SMITH                 1980 - 12 - 17 00:00:00     12774.6228
ALLEN                 1981 - 02 - 20 00:00:00     12709.6228
WARD                  1981 - 02 - 22 00:00:00     12707.6228
...
```

除了通过 SYSDATE 获取系统时间外，Oracle 数据库还提供了一些常用的日期函数对日期型数据进行操作，如表 6-3 所示。

表 6-3 常用日期函数

函数名称	描述
ADD_MONTHS(日期,数字)	对指定的日期增加指定的月数，求出新的日期
LAST_DAY(日期)	计算指定日期的最后一天日期
NEXT_DAY(日期,星期)	计算下一个星期的日期，星期可以为'星期一'到'星期日'或 1～7 的数字，1 代表星期日，以此类推
MONTHS_BETWEEN(日期 1,日期 2)	计算两个日期间的月数

上述常用日期函数的使用如下述示例所示。

【示例】 ADD_MONTHS(日期,数字)的使用。

```
SQL > SELECT SYSDATE, ADD_MONTHS(SYSDATE, 1), ADD_MONTHS(SYSDATE, - 1) FROM dual;
SYSDATE            ADD_MONTHS(SYS          ADD_MONTHS(SYS
--------------  --------------------  --------------
08 - 12 月 - 15       08 - 1 月  - 16            08 - 11 月 - 15
```

上述示例中，虽然使用“SYSDATE＋31”也可实现，但 Oracle 数据库对于 ADD_MONTHS()函数的提出，还考虑了闰年的问题，此时如果使用“SYSDATE＋天数”的方式则无法进行准确的日期操作。

【示例】 LAST_DAY(日期)的使用。

```
SQL > SELECT SYSDATE,LAST_DAY(SYSDATE),LAST_DAY(ADD_MONTHS(SYSDATE,2))
  2  FROM dual;
SYSDATE              LAST_DAY(SYSDA          LAST_DAY(ADD_M
---------------  --------------------  ---------------
08 - 12 月 - 15      31 - 12 月 - 15         29 - 2 月  - 16
```

【示例】 NEXT_DAY(日期,星期)的使用。

```
SQL > SELECT SYSDATE,NEXT_DAY(SYSDATE,'星期一'),NEXT_DAY(SYSDATE,'星期日')
  2  FROM dual;
SYSDATE              NEXT_DAY(SYSDA          NEXT_DAY(SYSDA
--------------   --------------------  ---------------
08 - 12 月 - 15      14 - 12 月 - 15         13 - 12 月 - 15
```

【示例】 MONTHS_BETWEEN(日期 1,日期 2)的使用 1。

```
SQL > SELECT hiredate,SYSDATE,MONTHS_BETWEEN(SYSDATE,hiredate) FROM emp;
HIREDATE             SYSDATE              MONTHS_BETWEEN(SYSDATE,HIREDATE)
---------------  ---------------  ------------------------------------
17 - 12 月 - 80      08 - 12 月 - 15                           419.731277
20 - 2 月  - 81      08 - 12 月 - 15                           417.634502
22 - 2 月  - 81      08 - 12 月 - 15                           417.569986
...
```

下述示例演示计算员工表中每名员工截止到当前日期的工龄。

【示例】 MONTHS_BETWEEN(日期 1,日期 2)的使用 2。

```
SQL > SELECT empno,ename,hiredate,
  2  TRUNC(MONTHS_BETWEEN(SYSDATE,hiredate)/12) 工龄
  3  FROM emp;
     EMPNO     ENAME                      HIREDATE             工龄
----------  ------------------  ---------------  ----------
      7369     SMITH                      17 - 12 月 - 80      34
      7499     ALLEN                      20 - 2 月  - 81      34
      7521     WARD                       22 - 2 月  - 81      34
...
```

6.3.4 转换函数

转换函数主要用于将一种数据库类型转换成另一种数据库类型。Oracle 提供了 3 个转换函数完成不同数据类型之间的显式转换，如表 6-4 所示。

表 6-4 常用转换函数

函数名称	描述
TO_CHAR(列|日期|数字,转换格式)	将指定的数据按照指定的转换格式转变为字符串
TO_DATE(列|字符串,转换格式)	将指定的数据按照指定的转换格式转变为日期型
TO_NUMBER(列|字符串)	将指定的数据转变为数字型

1. TO_CHAR()函数

由于日期型数据和数字型数据根据不同的国际化语言有多种表现形式,因此 Oracle 数据库提供了 TO_CHAR()函数解决此类问题。对于日期型数据的格式转换,提供了如表 6-5 所示的日期格式化标记。

表 6-5 常用日期格式化标记

转换格式	描述	转换格式	描述
YYYY	完整的年份数字表示	DY	星期几的英文表示
YEAR	年份的英文表示	HH	12 小时制的小时表示
MM	用两位数字表示月份	HH24	24 小时制的小时表示
MONTH	月份完整的英文表示	MI	分钟的表示
DD	月份中几号的数字表示	SS	秒的表示

【示例】 TO_CHAR(日期,转换格式)的使用 1。

```
SQL> SELECT SYSDATE, TO_CHAR(SYSDATE,'YYYY-MM-DD'),
  2  TO_CHAR(SYSDATE,'YYYY-MM-DD HH24:MI:SS'),
  3  FROM dual;
SYSDATE          TO_CHAR(SYSDATE,'YYY          TO_CHAR(SYSDATE,'YYYY-MM-DDHH24:MI:SS'
-----------  ---------------------  --------------------------------------
09-12月-15      2015-12-09               2015-12-09 10:41:09

SQL> SELECT SYSDATE, TO_CHAR(SYSDATE,'YEAR-MONTH-DD DY') FROM dual;
SYSDATE          TO_CHAR(SYSDATE,'YEAR-MONTH-DDDY')
-----------  ----------------------------------------
09-12月-15      TWENTY FIFTEEN-12月-09 星期三
```

下述示例演示查询不是在 1981 年加入公司的员工。

【示例】 TO_CHAR(日期,转换格式)的使用 2。

```
SQL> SELECT empno,ename,hiredate,TO_CHAR(hiredate,'YYYY-MM-DD')
  2  FROM emp
  3  WHERE TO_CHAR(hiredate,'YYYY')!= '1981';
     EMPNO      ENAME                 HIREDATE          TO_CHAR(HIREDATE,'YY
----------  ------------------  ---------------  ------------------------
      7369      SMITH                 17-12月-80        1980-12-17
      7934      MILLER                23-1月 -82        1982-01-23
```

TO_CHAR()函数对于数字型数据的格式转换,其格式化标记如表 6-6 所示。

表 6-6 常用数字格式化标记

转换格式	描述	转换格式	描述
9	一位数字	L	显示本地货币符
0	显示前导 0	.	显示小数点
$	显示美元符	,	显示千位符

【示例】 TO_CHAR(数字,转换格式)的使用 1。

```
SQL> SELECT TO_CHAR(12345.678,'999,999.999'),
  2  TO_CHAR(12345.678,'000,000.000') FROM dual;
TO_CHAR(12345.678,'999,9              TO_CHAR(12345.678,'000,0
----------------------------------  ------------------------------
  12,345.678                         012,345.678

SQL> SELECT TO_CHAR(12345.678,'L999,999.999'),
  2  TO_CHAR(12345.678,'$999,999.999') FROM dual;
TO_CHAR(12345.678,'L999,999.999')              TO_CHAR(12345.678,'$999,99
-------------------------------------------  ------------------------------
         ¥12,345.678                          $12,345.678
```

下述示例演示查询员工表中员工的名字和年薪，其中显示年薪时包括货币符、千位符和小数点，而且要显示小数点后两位数，即使小数点后为 0 也要显示。

【示例】 TO_CHAR(数字,转换格式)的使用 2。

```
SQL> SELECT ename,TO_CHAR(sal*12,'L99,999.00') 年薪 FROM emp;
ENAME                    年薪
---------------------  --------------------------------------
SMITH                    ¥9,600.00
ALLEN                    ¥19,200.00
WARD                     ¥15,000.00
...
```

2. TO_DATE()函数

TO_DATE()函数主要用于将一个字符串类型的数据转变为日期型。在格式转换时所使用的日期格式化标记与 TO_CHAR()函数所使用的相同。

【示例】 TO_DATE(字符串,转换格式)的使用 1。

```
SQL> SELECT TO_DATE('2015-12-09','YYYY-MM-DD'),
  2  TO_DATE('2015-12-09 13:20:45','YYYY-MM-DD HH24:MI:SS')
  3  FROM dual;
TO_DATE('2015-          TO_DATE('2015-
-----------------  ----------------
09-12月-15             09-12月-15
```

在上述示例中，可以发现使用 TO_DATE()函数并不能格式化转换含有时分秒的字符串，此时需要使用 TO_TIMESTAMP()函数。TO_TIMESTAMP()函数的语法格式与 TO_DATE()函数完全相同，如下述示例所示。

【示例】 **TO_TIMESTAMP(字符串,转换格式)的使用。**

```
SQL > SELECT TO_TIMESTAMP('2015 - 12 - 09 13:20:45','YYYY - MM - DD HH24:MI:SS')
  2  FROM dual;
TO_TIMESTAMP('2015 - 12 - 0913:20:45','YYYY - MM - DDHH24:MI:SS')
------------------------------------------------------------------------------------
09 - 12 月 - 15 01.20.45.000000000 下午
```

下述示例实现查询雇佣日期在1981年以后的员工。

【示例】 **TO_DATE(字符串,转换格式)的使用2。**

```
SQL > SELECT empno,ename,hiredate
  2  FROM emp
  3  WHERE hiredate > TO_DATE('1981 - 12 - 31','YYYY - MM - DD');
     EMPNO        ENAME                    HIREDATE
----------   ------------------    ---------------
      7934        MILLER                   23 - 1 月  - 82
```

3. TO_NUMBER()函数

TO_NUMBER()函数用于将一个是数字内容的字符串转变为数字型,如下述示例所示。

【示例】 **TO_NUMBER(字符串)的使用。**

```
SQL > SELECT TO_NUMBER('123') + TO_NUMBER('0123') FROM dual;
TO_NUMBER('123') + TO_NUMBER('0123')
------------------------------------
                              246
```

6.3.5 其他函数

Oracle还提供了一些对特殊数据进行处理或完成一些高级计算功能的函数,如表6-7所示。

表6-7 其他常用单行函数

函数名称	描述
NVL(列,替换值)	如果指定列的值为NULL,则返回替换值,否则返回列的值
NVL2(列,替换值1,替换值2)	如果指定列的值为NULL,返回替换值2,否则返回替换值1
NULLIF(表达式1,表达式2)	如果表达式1和表达式2相等则返回空值,如果表达式1和表达式2不相等则返回表达式1的结果
DECODE(列|值,判断值1,显示结果1,判断值2,显示结果2,……,默认值)	相当于用条件语句IF进行多值判断,如果指定列的值与判断值相同,则输出指定的显示结果,如果不满足所有判断条件,则显示默认值

在前面的NULL值操作讲解中,介绍了NULL值是无法参与运算的。NULL值和任意值进行算术运算时,结果仍然是NULL值。如下述示例所示的查询员工的年薪。

【示例】 NULL 值的算术运算。

```
SQL > SELECT empno, ename, sal, comm, (sal + comm) * 12 FROM emp;
     EMPNO      ENAME                   SAL        COMM         (SAL + COMM) * 12
 ---------- -------------------- ---------- ---------- -------------
      7369      SMITH                   800
      7499      ALLEN                  1600         300         22800
      7521      WARD                   1250         500         21000
      7566      JONES                  2975
      7654      MARTIN                 1250        1400         31800
      7698      BLAKE                  2850
      7782      CLARK                  2450
...
```

对于上述示例的情况，可以使用 NVL()函数进行处理，如下述示例所示。

【示例】 NVL(列，替换值)的使用。

```
SQL > SELECT empno, ename, sal, comm, (sal + NVL(comm, 0)) * 12 年薪 FROM emp;
     EMPNO      ENAME                   SAL        COMM        年薪
 ---------- -------------------- ---------- ---------- ----------
      7369      SMITH                   800                     9600
      7499      ALLEN                  1600         300        22800
      7521      WARD                   1250         500        21000
      7566      JONES                  2975                    35700
      7654      MARTIN                 1250        1400        31800
      7698      BLAKE                  2850                    34200
      7782      CLARK                  2450                    29400
...
```

NVL2()函数是在 Oracle 9i 之后新增加的一个功能函数，其作用是不管函数对列是否为 NULL 都可指定特定的替换值。

通过 NVL2()函数对员工年薪的查询实现如下所示。

【示例】 NVL2(列，替换值 1，替换值 2)的使用。

```
SQL > SELECT empno, ename, sal, comm, NVL2(comm, sal + comm, sal) * 12 年薪 FROM emp;
     EMPNO      ENAME                   SAL        COMM        年薪
 ---------- -------------------- ---------- ---------- ----------
      7369      SMITH                   800                     9600
      7499      ALLEN                  1600         300        22800
      7521      WARD                   1250         500        21000
      7566      JONES                  2975                    35700
      7654      MARTIN                 1250        1400        31800
      7698      BLAKE                  2850                    34200
      7782      CLARK                  2450                    29400
...
```

NULLIF(表达式 1，表达式 2)函数也是 Oracle 9i 之后新增加的功能函数，用于判断两个表达式的值是否相等，如果相等则返回 NULL 值，如果不相等则返回表达式 1 的结果。NULLIF()函数的使用如下述示例所示。

【示例】 **NULLIF(表达式1,表达式2)的使用。**

```
SQL> SELECT empno,ename,sal,comm,
  2  NULLIF(sal + comm,sal + NVL(comm,0)) "NULLIF()"
  3  FROM emp;
     EMPNO  ENAME                     SAL        COMM       NULLIF()
---------- -------------------- ---------- ---------- ----------
      7369  SMITH                     800
      7499  ALLEN                    1600        300
      7521  WARD                     1250        500
      7566  JONES                    2975
      7654  MARTIN                   1250       1400
      7698  BLAKE                    2850
      7782  CLARK                    2450
...
```

DECODE()函数类似于程序语言中的if...else if...else if...else结构,如果指定的值与判断值相同,则输出指定的显示结果,如果不满足所有判断条件,则显示默认值。其使用示例如下所示。

【示例】 **DECODE(列|值,判断值1,显示结果1,判断值2,显示结果2,……,默认值)的使用1。**

```
SQL> SELECT empno,ename,job,
  2  DECODE(job,'CLERK','业务员','SALESMAN','销售员','ANALYST','分析员','其他')
  3  FROM emp;
     EMPNO  ENAME             JOB           DECODE(JOB,'CLERK'
---------- ----------------- ------------ -------------------
      7369  SMITH             CLERK         业务员
      7499  ALLEN             SALESMAN      销售员
      7521  WARD              SALESMAN      销售员
      7566  JONES             MANAGER       其他
      7654  MARTIN            SALESMAN      销售员
      7698  BLAKE             MANAGER       其他
      7782  CLARK             MANAGER       其他
      7839  KING              PRESIDENT     其他
...
```

下述示例实现对不同职位的员工进行不同比例的薪资调整,并将调整后的结果进行显示。需求要求销售人员涨薪10%,分析员涨薪8%,业务员涨薪5%,其他人员工资不变。

【示例】 **DECODE(列|值,判断值1,显示结果1,判断值2,显示结果2,……,默认值)的使用2。**

```
SQL> SELECT empno,ename,job,sal 原薪水,
  2   DECODE(job,
  3     'SALESMAN',sal * 1.1,
  4     'ANALYST',sal * 1.08,
  5     'CLERK',sal * 1.05,sal) 新薪水
  6   FROM emp;
     EMPNO  ENAME              JOB                原薪水       新薪水
---------- ------------------ ---------------- ---------- ----------
      7369  SMITH              CLERK                800        840
      7499  ALLEN              SALESMAN            1600       1760
      7521  WARD               SALESMAN            1250       1375
```

```
        7566     JONES          MANAGER           2975     2975
        7654     MARTIN         SALESMAN          1250     1375
        7698     BLAKE          MANAGER           2850     2850
        7782     CLARK          MANAGER           2450     2450
        7839     KING           PRESIDENT         5000     5000
...
```

6.4 分组函数

6.4.1 常用分组函数

前面介绍的单行函数一次只对一行记录进行操作，每个操作行都返回一行输出结果。本节所介绍的分组函数是对一批(一组)数据进行操作之后返回一个值。这批数据可能是整个表，也可能是按某种条件把该表分成的组。分组函数主要用于数据统计或数据汇总等操作。

Oracle 常用的分组函数如表 6-8 所示。

表 6-8 常用的分组函数

函数名称	描述	函数名称	描述
COUNT(* | [DISTINCT]列)	计算全部记录数	MAX(列)	求最大值
AVG(列)	计算平均值	MIN(列)	求最小值
SUM(列)	计算总和		

1. COUNT()函数

COUNT()函数用于统计记录数。例如，下述示例实现统计公司的员工总数。

【示例】 **COUNT(* |列)的使用。**

```
SQL> SELECT COUNT( * ),COUNT(empno) FROM emp;
  COUNT( * )     COUNT(EMPNO)
 ---------- ------------
        12           12
```

上述示例中，使用 COUNT(*)与 COUNT(empno)都可以实现对员工数的统计。其中 COUNT(*)表示统计表中的所有记录行数；COUNT(empno)表示统计 empno 列不为 NULL 的记录行数。由于 empno 是 emp 表的主键(非空、不重复)，因此通过此参数所得的统计结果与使用 * 操作符相同。

对于 COUNT(列)函数不对 NULL 值进行统计，如下述示例所示。例如，查询公司里有多少员工是由经理管理的、多少员工是有奖金的。

【示例】 **COUNT(列)的使用。**

```
SQL> SELECT COUNT(mgr),COUNT(comm) FROM emp;
COUNT(MGR)      COUNT(COMM)
 ---------- -----------
        11            4
```

COUNT(DISTINCT 列)函数用于统计消除此列重复值所在的记录行后,剩下的记录行数。例如,下述示例实现对员工表中工种的统计。

【示例】 **COUNT(DISTINCT 列)的使用**。

```
SQL> SELECT COUNT(job),COUNT(DISTINCT job) FROM emp;
COUNT(JOB)     COUNT(DISTINCTJOB)
----------  -------------------
        12                  5
```

2. AVG()和 SUM()函数

AVG(列)函数用于计算值为数字的列的平均值。SUM(列)函数用于对值为数字的列求和。例如,下述示例求公司员工的平均工资和工资总和。

【示例】 **AVG(列)和 SUM(列)的使用 1**。

```
SQL> SELECT AVG(sal),SUM(sal)/COUNT(sal),ROUND(AVG(sal),2),SUM(sal) FROM emp;
  AVG(SAL)     SUM(SAL)/COUNT(SAL)      ROUND(AVG(SAL),2)      SUM(SAL)
----------  --------------------  ------------------  ----------
2077.08333          2077.08333          2077.08             24925
```

AVG()函数和 SUM()函数同样不会处理 NULL 值,如下述示例求员工的平均奖金和奖金总和。

【示例】 **AVG(列)和 SUM(列)的使用 2**。

```
SQL> SELECT AVG(comm),SUM(comm),SUM(comm)/COUNT(*) FROM emp;
AVG(COMM)      SUM(COMM)     SUM(COMM)/COUNT(*)
----------  ----------  -------------------
       550       2200         183.333333
```

从上述示例可见,AVG(comm)计算的是有奖金的员工的平均奖金,因此与 SUM(comm)/COUNT(*)计算的所有员工的平均奖金不同。

3. MAX()和 MIN()函数

MAX(列)和 MIN(列)函数分别用于求此列中的最大值和最小值。例如,下述示例查找公司中员工的最低工资和最高工资。

【示例】 **MAX(列)和 MIN(列)的使用 1**。

```
SQL> SELECT MAX(sal),MIN(sal) FROM emp;
  MAX(SAL)     MIN(SAL)
----------  ----------
      5000        800
```

与 AVG()和 SUM()函数只能操作数字型数据不同,MIN()和 MAX()函数不但可用于数字型数据,而且还可以用于字符型数据和日期型数据。例如,下述示例查找公司雇佣的第一个员工的日期和公司雇佣的最后一个员工的日期。

【示例】 **MAX(列)和 MIN(列)的使用 2**。

```
SQL > SELECT TO_CHAR(MIN(hiredate),'YYYY - MM - DD'),
  2  TO_CHAR(MAX(hiredate),'YYYY - MM - DD')
  3  FROM emp;
TO_CHAR(MIN(HIREDATE          TO_CHAR(MAX(HIREDATE
--------------------- ---------------------
1980 - 12 - 17                1982 - 01 - 23
```

6.4.2 GROUP BY 子句的应用

分组函数是一次对一批(一组)数据进行操作,这批数据可能是整个表,也可能是按某种条件把该表分成的组。对表进行分组使用 GROUP BY 子句,其使用方式如下。

【语法】

```
SELECT 分组字段| 分组函数
FROM 表
[WHERE 条件]
[GROUP BY 分组字段]
[ORDER BY 排序字段 ASC|DESC];
```

对于 GROUP BY 子句的使用需要注意以下几点。

- GROUP BY 子句需要写在 WHERE 子句之后,ORDER BY 子句之前。
- SELECT 子句中只允许出现与 GROUP BY 子句中相同的分组字段和分组函数,其他的非分组字段不能出现。
- 如果不使用 GROUP BY 子句,则 SELECT 子句中只允许出现分组函数,不能出现其他任何字段。

下述示例演示 GROUP BY 子句的使用。例如,查询公司中按职位(job)分类,每类员工的平均工资、最高工资和最低工资。

【示例】 **GROUP BY 子句的使用 1**。

```
SQL > SELECT job, AVG(sal), MAX(sal), MIN(sal) FROM emp GROUP BY job;
JOB                    AVG(SAL)       MAX(SAL)       MIN(SAL)
----------------- ---------- ---------- ----------
CLERK                1016.66667       1300          800
SALESMAN                   1400       1600         1250
PRESIDENT                  5000       5000         5000
MANAGER              2758.33333       2975         2450
ANALYST                    3000       3000         3000
```

下述示例实现对每个部门人数的统计。

【示例】 **GROUP BY 子句的使用 2**。

```
SQL > SELECT deptno 部门编号, COUNT( * ) 部门人数 FROM emp GROUP BY deptno;
  部门编号      部门人数
---------- ----------
        30          6
        20          3
        10          3
```

GROUP BY 子句还可以组成形式为"SELECT…FROM…WHERE…GROUP BY…ORDER BY…"的较为复杂的查询语句。此格式 SQL 语句的各子句执行顺序如下：

① 执行 FROM 子句，确定要检索的数据来源。

② 执行 WHERE 子句，使用限定条件对数据进行筛选。

③ 执行 GROUP BY 子句，根据指定字段对筛选的数据分组。

④ 执行 SELECT 子句，确定要查询的分组字段和分组函数。

⑤ 执行 ORDER BY 子句，对查询的记录进行排序。

例如，下述示例实现查询各个管理者手下员工的最低工资和最高工资，按照管理者编号由小到大排序，没有管理者的员工不计算在内。

【示例】 WHERE…GROUP…BY 子句的使用。

```
SQL > SELECT mgr,MIN(sal),MAX(sal)
  2  FROM emp
  3  WHERE mgr IS NOT NULL
  4  GROUP BY mgr
  5  ORDER BY mgr ASC;
       MGR    MIN(SAL)    MAX(SAL)
---------- ---------- ----------
      7566       3000       3000
      7698        950       1600
      7782       1300       1300
      7839       2450       2975
      7902        800        800
```

6.4.3 HAVING 子句的使用

在由"SELECT…FROM…WHERE…GROUP BY"组成的查询语句中，WHERE 子句用于在数据分组前先对数据进行筛选，然后再通过 GROUP BY 子句对筛选后的数据进行分组。接下来，如果需要再对分组后的数据进行筛选该如何实现呢？例如，下述示例实现查询各个管理者手下员工的最低工资和最高工资，其中最低工资不能低于 800，没有管理者的员工不计算在内。此示例如若使用 WHERE 子句进行条件筛选，则执行效果如下。

【示例】 WHERE…GROUP BY 子句的使用。

```
SQL > SELECT mgr,MIN(sal),MAX(sal)
  2  FROM emp
  3  WHERE mgr IS NOT NULL AND MIN(sal)> = 800
  4  GROUP BY mgr;
WHERE mgr IS NOT NULL AND MIN(sal)> = 800
                          *
第 3 行出现错误:
ORA - 00934: 此处不允许使用分组函数
```

由上述示例结果可以看出，WHERE 子句并不能对分组函数进行限定筛选。

数据在分组后对组记录进行筛选使用 HAVING 子句。HAVING 子句的使用方式如下。

【语法】

```
SELECT 分组字段| 分组函数
FROM 表
[WHERE 条件]
[GROUP BY 分组字段]
[HAVING 过滤条件]
[ORDER BY 排序字段 ASC|DESC];
```

对于上述示例，使用 HAVING 子句改进后的实现如下。

【示例】 **HAVING 子句的使用 1。**

```
SQL> SELECT mgr,MIN(sal),MAX(sal)
  2  FROM emp
  3  WHERE mgr IS NOT NULL
  4  GROUP BY mgr;
  5  HAVING MIN(sal)>=800;
       MGR      MIN(SAL)       MAX(SAL)
---------- ---------- ----------
      7839       2450        2975
      7782       1300        1300
      7698        950        1600
      7902        800         800
      7566       3000        3000
```

上述示例中，首先使用 WHERE 子句筛选出有管理者的员工，然后按管理者进行分组，随后把所得到的分组应用于分组函数，获得每个管理者手下员工的最低工资和最高工资，最后再通过 HAVING 子句筛选出最低工资不低于 800 的分组信息。

下述示例演示查询平均工资高于 2000 元的职位。

【示例】 **HAVING 子句的使用 2。**

```
SQL> SELECT job, AVG(sal) FROM emp GROUP BY job HAVING AVG(sal)>2000;
JOB                         AVG(SAL)
------------------- ----------
PRESIDENT                       5000
MANAGER                   2758.33333
ANALYST                         3000
```

6.5 多表查询

多表查询是指在一条查询语句中，从两个或两个以上表中查询出需要的数据。多表查询是通过各个表之间共同列的关联性来查询数据，是关系数据库查询的主要特征。

Oracle 提供了 5 种多表间的连接查询：等值连接、内连接、外连接、自连接和不等连接。

6.5.1 等值连接

等值连接是指使用相等比较符“=”指定连接条件的连接查询，这种连接查询主要用于检索主从表之间的相关数据。等值连接的语法如下。

【语法】

```
SELECT [table1.]column1,...,[table2.]column1,...
FROM table1,table2
WHERE table1.column = table2.column;
```

等值连接需要两个表中的某列值完全相等时才进行连接。通常这种连接查询涉及主键和外键。等值连接的使用需要注意以下事项。

- 要连接的表都要放在 FROM 子句中,表名用逗号分开。
- 连接的条件放在 WHERE 子句中。
- 要进行 n 个表的连接至少需要 $n-1$ 个连接条件。
- 如果查询的列在参加连接的各表中是唯一的,则可以省略表名前缀。
- 如果多个表中有相同列名,则在这些列的前面要加上表名区别它们。

下述示例演示查询每位员工所属部门的名称和地点。

【示例】 等值连接。

```
SQL> SELECT empno, ename, emp.deptno, dname, loc
  2  FROM emp, dept
  3  WHERE emp.deptno = dept.deptno;
     EMPNO    ENAME                    DEPTNO   DNAME        LOC
 ---------  ---------------------- ------  ---------  ---------
      7839    KING                     10       ACCOUNTING   NEWYORK
      7782    CLARK                    10       ACCOUNTING   NEWYORK
      7934    MILLER                   10       ACCOUNTING   NEWYORK
      7902    FORD                     20       RESEARCH     DALLAS
      7369    SMITH                    20       RESEARCH     DALLAS
      7566    JONES                    20       RESEARCH     DALLAS
      7900    JAMES                    30       SALES        CHICAGO
...
```

在上述示例中,因为 emp 表中的 deptno 列为 dept 表的外键,其取值来源于 dept 表的 deptno 列,因此通过 deptno 列可以实现 emp 表和 dept 表的等值连接。同时,为了区分 SELECT 子句中所查询的 deptno 列的来源,deptno 列前的表名称不能省略,否则将会出现如下报错信息。

```
SQL> SELECT empno, ename, deptno, dname, loc
  2  FROM emp, dept
  3  WHERE emp.deptno = dept.deptno;
SELECT empno, ename, deptno, dname, loc
                     *
第 1 行出现错误:
ORA - 00918: 未明确定义列
```

在多表的关联查询中,在同名的列前面增加表名,不仅可以用来区分来源,还可以提高关联查询的效率。同时,为了避免表名的冗长,Oracle 数据库还定义了表别名的使用。表别名的使用语法如下。

【语法】

```
SELECT a.column1,...,b.column1,...
FROM table1 a,table2 b
WHERE a.column = b.column;
```

其中：

- a、b 表示自定义的表别名。

表别名在使用时需要注意以下事项：

- 表的别名在 FROM 子句中定义，别名放在表名之后，它们之间用空格隔开。
- 别名一经定义，在整个查询语句中就只能使用表的别名而不能再使用表名。
- 表的别名只在所定义的查询语句中有效。
- 应该选择有意义的别名，表的别名最长为 30 个字符。

下述示例演示查询工资为 2000 元或以上的员工所属部门名称和地点。

【示例】 表别名的使用。

```
SQL > SELECT e.empno,e.ename,e.deptno,d.dname,d.loc
  2   FROM emp e,dept d
  3   WHERE e.deptno = d.deptno AND e.sal >= 2000
  4   ORDER BY d.loc;
     EMPNO     ENAME                          DEPTNO    DNAME          LOC
---------  -----------------------------  ------   ----------   --------
      7698     BLAKE                          30        SALES          CHICAGO
      7902     FORD                           20        RESEARCH       DALLAS
      7566     JONES                          20        RESEARCH       DALLAS
      7782     CLARK                          10        ACCOUNTING     NEW YORK
      7839     KING                           10        ACCOUNTING     NEW YORK
```

6.5.2 自连接

自连接是指在同一张表之间的连接查询，主要用于显示上下级关系或者层次关系。例如，员工表 EMP 中包含一列 MGR，它表示每位员工直属管理者的编号，如果某个员工没有管理者，则 MGR 列为空值。这种员工及其管理者之间的对应关系，便可以使用自连接表示。

下述示例演示查询每一位销售人员的直属领导信息。

【示例】 自连接 1。

```
SQL > SELECT e.empno,e.ename,e.job,e.mgr,m.ename 经理,m.job 职位
  2   FROM emp e,emp m
  3   WHERE e.mgr = m.empno AND e.job LIKE 'SAL%';
     EMPNO     ENAME      JOB                      MGR      经理      职位
---------  --------   ------------------   ------   ------   ---------
      7499     ALLEN      SALESMAN                 7698     BLAKE     MANAGER
      7844     TURNER     SALESMAN                 7698     BLAKE     MANAGER
      7654     MARTIN     SALESMAN                 7698     BLAKE     MANAGER
      7521     WARD       SALESMAN                 7698     BLAKE     MANAGER
```

通过上述示例可以看出，Oracle是通过把一个表定义了两个不同的别名的方法完成自连接的。

下述示例演示查询职位为文员和分析员的员工的姓名、职位、直属经理姓名和部门名称，显示结果按员工编号升序排序。

【示例】 自连接2。

```
SQL> SELECT e.ename 员工名称, e.job 职位, m.ename 经理名称, d.dname 部门名称
  2  FROM emp e,emp m,dept d
  3  WHERE e.mgr = m.empno
  4  AND e.deptno = d.deptno
  5  AND e.job IN('CLERK','ANALYST')
  6  ORDER BY e.empno;
员工名称            职位                经理名称        部门名称
------------------ ------------------ ------------ ----------
SMITH              CLERK              FORD         RESEARCH
JAMES              CLERK              BLAKE        SALES
FORD               ANALYST            JONES        RESEARCH
MILLER             CLERK              CLARK        ACCOUNTING
```

6.5.3 内连接

内连接与等值连接功能相同，都用于返回满足连接条件的记录。其语法如下。

【语法】

```
SELECT table1.column1,...,table2.column1,...
FROM table1 [INNER] JOIN table2
ON table1.column = table2.column;
```

其中：

- INNER JOIN表示内连接。
- ON用以指定两个表间的连接条件。

下述示例演示查询部门号为20的部门的名称及员工姓名。

【示例】 内连接1。

```
SQL> SELECT e.ename,dname
  2  FROM emp e INNER JOIN dept d
  3  ON e.deptno = d.deptno AND d.deptno = 20;
ENAME              DNAME
------------------ ------------------------------
SMITH              RESEARCH
JONES              RESEARCH
FORD               RESEARCH
```

下述示例演示三个表间的内连接查询。例如，使用内连接查询职位为文员和分析员的员工的姓名、职位、直属经理姓名和部门名称，显示结果按员工编号升序排序。

【示例】 内连接2。

```
SQL> SELECT e.ename 员工名称, e.job 职位, m.ename 经理名称, d.dname 部门名称
  2  FROM emp e
```

```
  3  JOIN emp m ON e.mgr = m.empno
  4  JOIN dept d ON e.deptno = d.deptno
  5  WHERE e.job IN('CLERK','ANALYST')
  6  ORDER BY e.empno;
员工名称              职位              经理名称        部门名称
------------------ ----------------- ------------ ----------
SMITH              CLERK             FORD         RESEARCH
JAMES              CLERK             BLAKE        SALES
FORD               ANALYST           JONES        RESEARCH
MILLER             CLERK             CLARK        ACCOUNTING
```

6.5.4 外连接

外连接是内连接的扩展,它不仅会返回满足连接条件的所有记录,而且还会返回不满足条件的记录。外连接具体又可分为3种:左外连接、右外连接和全外连接。

1. 左外连接

左外连接不仅会返回连接表中满足连接条件的所有记录,而且还会返回不满足连接条件的连接操作符左边表的其他行。

【语法】

```
SELECT table1.column1,...,table2.column1,...
FROM table1 LEFT [OUTER] JOIN table2
ON table1.column = table2.column;
```

除使用LEFT OUTER JOIN操作符外,外连接还可通过操作符"+"实现,作用与LEFT OUTER JOIN关键字相同,使用语法如下。

【语法】

```
SELECT table1.column1,...,table2.column1,...
FROM table1,table2
WHERE table1.column = table2.column(+);
```

下述示例演示左外连接的使用。例如,查看部门表会发现其中有一个第40号部门,而员工表中并没有一名员工是这个部门的,因此使用等值连接关联查询员工及所属部门信息时,并不显示此部门的信息。此时若需要同时将所有部门(包括没有员工的部门)的信息都显示出来,则可以通过外连接实现。

【示例】 左外连接1。

```
SQL> SELECT e.empno,e.ename,d.deptno,d.dname,d.loc
  2  FROM dept d LEFT JOIN emp e
  3  ON d.deptno = e.deptno
  4  ORDER BY d.deptno DESC;
  EMPNO ENAME         DEPTNO      DNAME             LOC
-------------------  --------  ---------------  ----------
                       40      OPERATIONS        BOSTON
   7900 JAMES          30      SALES             CHICAGO
   7698 BLAKE          30      SALES             CHICAGO
   7499 ALLEN          30      SALES             CHICAGO
```

```
...
已选择 13 行。
```

由上述示例可以看出，LEFT JOIN 操作符左侧表中的所有记录都已显示出来，对于 40 号部门由于没有员工与其关联，查询的员工信息列使用空值填充。

上述示例使用"+"操作符表示如下。

【示例】 左外连接 2。

```
SQL > SELECT e.empno,e.ename,d.deptno,d.dname,d.loc
  2  FROM dept d,emp e
  3  WHERE d.deptno = e.deptno( + )
  4  ORDER BY d.deptno DESC;
```

2. 右外连接

右外连接与左外连接功能类似，不仅会返回满足连接条件的所有记录，而且还会返回不满足连接条件的连接操作符右边表的其他行。右外连接语法如下。

【语法】

```
SELECT table1.column1,...,table2.column1,...
FROM table1 RIGHT [OUTER] JOIN table2
ON table1.column = table2.column;
```

或

【语法】

```
SELECT table1.column1,...,table2.column1,...
FROM table1,table2
WHERE table1.column( + ) = table2.column;
```

例如，使用左外连接实现与右外连接相同的关于查询所有部门信息及其对应的员工信息的操作，如下述示例所示。

【示例】 左外连接 3。

```
SQL > SELECT e.empno,e.ename,d.deptno,d.dname,d.loc
  2  FROM emp e RIGHT JOIN dept d
  3  ON e.deptno = d.deptno
  4  ORDER BY d.deptno DESC;
     EMPNO    ENAME        DEPTNO      DNAME             LOC
---------- ---------- ---------- -------------- ----------
                           40      OPERATIONS        BOSTON
      7900    JAMES        30      SALES             CHICAGO
      7698    BLAKE        30      SALES             CHICAGO
      7499    ALLEN        30      SALES             CHICAGO
...
已选择 13 行。
```

上述示例若使用"+"操作符，则表示如下。

【示例】 右外连接。

```
SQL> SELECT e.empno,e.ename,d.deptno,d.dname,d.loc
  2  FROM emp e,dept d,
  3  WHERE e.deptno(+) = d.deptno
  4  ORDER BY d.deptno DESC;
```

注意

"+"连接运算符既可以放在等号的左面也可以放在等号的右面，使用时往往很难抉择，其实记住"放在缺少相应信息的那一方"即可。例如，放在 emp.deptno 所在一方。

3. 全外连接

全外连接是在内连接的基础上将连接操作符左边表和右边表的未匹配数据全部都加上。其语法如下。

【语法】

```
SELECT table1.column1,...,table2.column1,...
FROM table1 FULL [OUTER] JOIN table2
ON table1.column = table2.column;
```

为了在不破坏 scott 模式对象的基础上演示全外连接的使用效果，这里首先依据 EMP 表创建一个雇员表 employee，并将 employee 表中某个部门员工所属的部门编号设置为空值，模拟一些无归属部门的员工。相应实现语句如下。

【示例】 创建 **employee** 表。

```
SQL> CREATE TABLE employee AS SELECT * FROM emp;
表已创建。
SQL> UPDATE employee SET deptno = null WHERE deptno = 30;
已更新 6 行。
SQL> COMMIT;
提交完成。
```

依据 employee 表和 dept 表查询员工及所属部门的信息，无对应关系的员工及部门用空值填充。使用全外连接实现如下。

【示例】 全外连接的使用。

```
SQL> SELECT e.ename,e.deptno,d.deptno,d.dname,d.loc
  2  FROM employee e FULL JOIN dept d
  3  ON e.deptno = d.deptno
  4  ORDER BY d.deptno;
ENAME                    DEPTNO     DEPTNO   DNAME                      LOC
------------------- --------- ------ -------------------- --------
CLARK                        10         10   ACCOUNTING                  NEW YORK
MILLER                       10         10   ACCOUNTING                  NEW YORK
KING                         10         10   ACCOUNTING                  NEW YORK
FORD                         20         20   RESEARCH                    DALLAS
JONES                        20         20   RESEARCH                    DALLAS
```

```
SMITH                   20      20    RESEARCH          DALLAS
                                30    SALES             CHICAGO
                                40    OPERATIONS        BOSTON
ALLEN
WARD
JAMES
BLAKE
MARTIN
TURNER
已选择 14 行。
```

6.5.5 不等连接

不等连接是指两个表之间通过相关的两列的比较操作而进行的相互关联。比较操作一般采用>、<、BETWEEN...AND 等操作符。

例如,下述示例演示查询员工的编号、姓名、职位、工资、以及工资所对应的级别。其中工资级别保存在 scott 的模式对象 salgrade(工资等级表)中。

【示例】 不等连接的使用。

```
SQL > SELECT e.empno,e.ename,e.job,e.sal,s.grade
  2  FROM emp e,salgrade s
  3  WHERE e.sal BETWEEN s.losal AND s.hisal;
     EMPNO   ENAME              JOB                  SAL         GRADE
---------  -----------------  -------------------  ----------  ----------
      7369   SMITH              CLERK                 800        1
      7900   JAMES              CLERK                 950        1
      7521   WARD               SALESMAN             1250        2
      7654   MARTIN             SALESMAN             1250        2
...
```

6.6 子查询

子查询是指嵌套在其他 SQL 语句中的 SELECT 语句,也称为嵌套查询。根据子查询在查询语句中的使用位置,可以分为在 WHERE 子句中使用的子查询、在 HAVING 子句中使用的子查询、在 FROM 子句中使用的子查询以及在 SELECT 子句中使用的子查询等。

6.6.1 在 WHERE 子句中使用子查询

在 WHERE 子句中使用的子查询,根据查询返回结果的不同,子查询又可以划分成单行单列子查询,单行多列子查询、多行单列子查询、多行多列子查询。

1. 单行单列子查询

单行单列子查询是指子查询只返回一行一列的数据。在 WHERE 子句中使用单行单列子查询时，可以使用单行比较运算符，如>、>=、<、<=、=、<>或!=等。在编写单行单列子查询时应注意以下要求：

- 单行单列子查询使用单行比较关系符。
- 单行单列子查询放在单行比较符的右边。
- 单行单列子查询放在括号中。
- 单行单列子查询中不能使用 ORDER BY 子句。

例如，下述示例查询工资高于平均工资的员工信息。

【示例】 单行单列子查询 1。

```
SQL > SELECT empno, ename, sal FROM emp WHERE sal >(SELECT AVG(sal) FROM emp);
     EMPNO      ENAME                          SAL
---------- -------------------- ----------
      7566      JONES                          2975
      7698      BLAKE                          2850
      7782      CLARK                          2450
      7839      KING                           5000
      7902      FORD                           3000
```

在使用子查询的查询语句中，括号中的查询叫子查询或内查询，括号外的查询叫主查询或外查询。如果子查询中没有与主查询结果的关联，则这种子查询也被称为非关联子查询。对于非关联子查询，其执行顺序为先执行子查询，子查询的返回结果作为主查询的条件，再执行主查询。在上述示例中，首先求出公司平均工资，然后利用 WHERE 语句，筛选工资比平均工资高的员工。

下述示例演示查询每个部门最高工资的员工信息。

【示例】 单行单列子查询 2。

```
SQL > SELECT a.empno, a.ename, a.sal, a.deptno FROM emp a
  2  WHERE (SELECT COUNT( * ) FROM emp WHERE deptno = a.deptno AND sal > a.sal) = 0;
     EMPNO     ENAME                            SAL        DEPTNO
--------- ---------------------- ---------- ----------
      7902     FORD                             3000        20
      7839     KING                             5000        10
      7698     BLAKE                            2850        30
```

在上述示例中，子查询的查询条件用到了主查询的结果，这种子查询也被称为关联子查询。在关联子查询中，对于主查询返回的每一行数据，子查询都要执行一次。关联子查询中信息流是双向的，主查询的每行数据传递一个值给子查询，然后子查询为每一行数据执行一次并返回它的记录，最后主查询根据返回的记录做出决策。对于上述示例，主查询将每条记录的工资和部门值传递给子查询，子查询再判断该部门中比该工资更高的员工数量，然后主查询根据 WHERE 子句限定条件筛选出相同部门没有比他工资更高的员工。

在一个查询语句中可以使用多个子查询，这些子查询所构成的条件再与逻辑运算连接在一起。主查询和子查询的数据可以来自不同的表。而且每个子查询的数据也可以来自不同的表。例如，下述示例查找职位与 SMITH 相同，且工资等级高于 SMITH 的员工。

【示例】 单行单列子查询 3。

```
SQL > SELECT e.empno, e.ename, e.sal, e.job, s.grade
  2  FROM emp e, salgrade s
  3  WHERE e.sal BETWEEN losal AND hisal AND e.job = (
  4     SELECT job FROM emp WHERE ename = 'SMITH') AND s.grade >(
  5     SELECT grade FROM salgrade, emp
  6     WHERE ename = 'SMITH' AND sal BETWEEN losal AND hisal);

    EMPNO  ENAME                    SAL         JOB               GRADE
---------  -------------------  ----------  ----------------  ----------
     7934  MILLER                   1300        CLERK             2
```

2. 单行多列子查询

单行多列子查询是指子查询返回一行多列的数据。

例如，下述示例演示查询与 WARD 职位和工资等级都相同的员工。

【示例】 单行多列子查询 1。

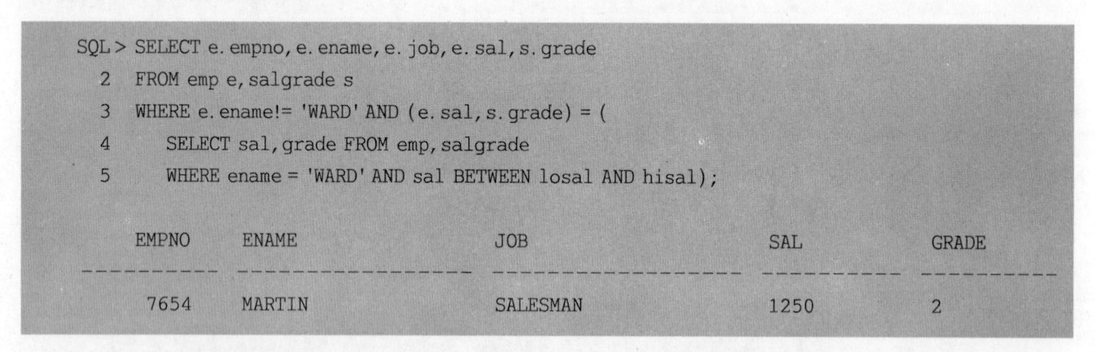

```
SQL > SELECT e.empno, e.ename, e.job, e.sal, s.grade
  2  FROM emp e, salgrade s
  3  WHERE e.ename!= 'WARD' AND (e.sal, s.grade) = (
  4     SELECT sal, grade FROM emp, salgrade
  5     WHERE ename = 'WARD' AND sal BETWEEN losal AND hisal);

    EMPNO    ENAME                 JOB                     SAL         GRADE
----------  ------------------  -------------------  ----------  ----------
      7654   MARTIN                SALESMAN                1250        2
```

下述示例演示查询与 ALLEN 职位和加入公司年份都相同的员工。

【示例】 单行多列子查询 2。

```
SQL > SELECT empno, ename, job, hiredate
  2  FROM emp
  3  WHERE (job, TO_CHAR(hiredate, 'YYYY')) = (
  4     SELECT job, TO_CHAR(hiredate, 'YYYY') FROM emp WHERE ename = 'ALLEN');

    EMPNO    ENAME                     JOB                       HIREDATE
----------  ----------------------  -------------------  ---------------
      7499   ALLEN                     SALESMAN                  20 - 2月 - 81
      7521   WARD                      SALESMAN                  22 - 2月 - 81
      7654   MARTIN                    SALESMAN                  28 - 9月 - 81
      7844   TURNER                    SALESMAN                  08 - 9月 - 81
```

3. 多行单列子查询

多行单列子查询是指子查询返回多行一列的数据。当在 WHERE 子句中使用多行单列子查询时，需要使用多行比较运算符，如表 6-9 所示。

表 6-9 多行比较运算符

运 算 符	含 义
IN | NOT IN	与子查询返回结果中任何一个值相等或不等
> | < | = ANY	比子查询返回结果中某一个值大或小或相等
> | < ALL	比子查询返回结果中所有值都大或小
EXISTS	子查询至少返回一行时条件为 TRUE
NOT EXISTS	子查询不返回任何一行时条件为 TRUE

例如，下述示例查询哪些员工的工资为所任职位最高的。

【示例】 多行比较运算符 **IN** 的用法。

```
SQL > SELECT empno, ename, job, sal
  2  FROM emp
  3  WHERE sal IN (SELECT MAX(sal) FROM emp GROUP BY job);
     EMPNO     ENAME                    JOB                  SAL
----------  --------------------  ------------------  ----------
      7499     ALLEN                    SALESMAN             1600
      7566     JONES                    MANAGER              2975
      7839     KING                     PRESIDENT            5000
      7902     FORD                     ANALYST              3000
      7934     MILLER                   CLERK                1300
```

下述示例查询哪些员工的工资高于最低的职位平均工资。

【示例】 多行比较运算符 **ANY** 的用法。

```
SQL > SELECT empno, ename, job, sal
  2  FROM emp
  3  WHERE sal > ANY(SELECT AVG(sal) FROM emp GROUP BY job);
     EMPNO     ENAME                    JOB                  SAL
----------  --------------------  ------------------  ----------
      7839     KING                     PRESIDENT            5000
      7902     FORD                     ANALYST              3000
      7566     JONES                    MANAGER              2975
...
已选择 10 行。
```

下述示例查询哪些员工的工资比任何一个职位的平均工资都低。

【示例】 多行比较运算符 **ALL** 的用法。

```
SQL > SELECT empno, ename, job, sal
  2  FROM emp
  3  WHERE sal < ALL(SELECT AVG(sal) FROM emp GROUP BY job);
     EMPNO     ENAME                    JOB                  SAL
----------  --------------------  ------------------  ----------
      7900     JAMES                    CLERK                950
      7369     SMITH                    CLERK                800
```

使用 EXISTS 比较运算符的子查询只返回逻辑真或逻辑假判断是否有数据返回。EXISTS 运算符的使用如下述示例所示，查询有所属员工的部门信息。

【示例】 多行比较运算符 EXISTS 的用法。

```
SQL> SELECT deptno,dname,loc
  2  FROM dept d
  3  WHERE EXISTS(SELECT * FROM emp e WHERE d.deptno = e.deptno);
   DEPTNO    DNAME                        LOC
---------- ---------------------------- ------------------------------
        10   ACCOUNTING                   NEW YORK
        20   RESEARCH                     DALLAS
        30   SALES                        CHICAGO
```

对于使用 EXISTS 子查询的查询语句,在执行时会优先查询主表,然后再与子表匹配。上述示例中,首先查询出部门表中的所有部门信息,然后执行子查询判断是否有员工属于此部门,如果有,则显示此部门的信息。

下述示例查询没有任何员工的部门的信息。

【示例】 多行比较运算符 NOT EXISTS 的用法。

```
SQL> SELECT deptno,dname,loc
  2  FROM dept
  3  WHERE NOT EXISTS(SELECT * FROM emp WHERE emp.deptno = dept.deptno);

   DEPTNO    DNAME                            LOC
---------- -------------------------------- ------------------------------
        40   OPERATIONS                       BOSTON
```

4. 多行多列子查询

多行多列子查询是指子查询返回多行多列数据。

例如,下述示例查询各部门除经理和董事长外工资最高的员工的信息。

【示例】 多行多列子查询。

```
SQL> SELECT empno,ename,job,deptno,sal
  2  FROM emp
  3  WHERE (deptno,sal) IN(
  4      SELECT deptno,MAX(sal) FROM emp
  5      WHERE job!= 'MANAGER' AND job NOT LIKE 'PRE%' GROUP BY deptno);
    EMPNO   ENAME               JOB                    DEPTNO       SAL
---------- ------------------- --------------------- ------------ ------------
     7499   ALLEN               SALESMAN               30           1600
     7902   FORD                ANALYST                20           3000
     7934   MILLER              CLERK                  10           1300
```

6.6.2 在 HAVING 子句中使用子查询

HAVING 子句主要用于对分组数据的过滤,在 HAVING 子句中使用子查询,则此子查询表示分组过滤的条件,此时子查询往往会返回当行单列数据。

下述示例演示 HAVING 子句的使用。查询哪些部门的平均工资低于公司的平均工资。

【示例】 **HAVING 子句中的子查询 1。**

```
SQL> SELECT deptno,ROUND(AVG(sal),2)
  2  FROM emp
  3  GROUP BY deptno
  4  HAVING AVG(sal)<(SELECT AVG(sal) FROM emp);

    DEPTNO      ROUND(AVG(SAL),2)
 ----------  ------------------
        30           1566.67
```

下述示例查询所有的职位中哪些职位的平均工资高于最低平均工资。

【示例】 **HAVING 子句中的子查询 2。**

```
SQL> SELECT job,MIN(sal),MAX(sal),AVG(sal)
  2  FROM emp
  3  GROUP BY job
  4  HAVING AVG(sal)>(
  5     SELECT MIN(AVG(sal)) FROM emp GROUP BY job);

JOB                  MIN(SAL)    MAX(SAL)     AVG(SAL)
------------------- ---------- ----------  ----------
SALESMAN             1250        1600              1400
PRESIDENT            5000        5000              5000
MANAGER              2450        2975        2758.33333
ANALYST              3000        3000              3000
```

6.6.3 在 FROM 子句中使用子查询

当子查询返回一个结果集时,它就相当于一个普通的表,因此,在 FROM 子句中同样可以使用子查询。由于该子查询会被作为临时表对待,因此必须为该子查询指定别名。

下述示例演示 FROM 子句中子查询的用法。查询各部门的部门编号、部门名称、部门总人数以及部门的平均工资。

【示例】 **FROM 子句中的子查询 1。**

```
SQL> SELECT d.deptno,d.dname,e.amount,e.avgsal
  2  FROM dept d,(
  3     SELECT deptno,COUNT(*) amount,AVG(sal) avgsal
  4     FROM emp
  5     GROUP BY deptno) e
  6  WHERE d.deptno = e.deptno;

   DEPTNO    DNAME                            AMOUNT       AVGSAL
---------  ------------------------------  ----------  ----------
       10    ACCOUNTING                       3            2916.66667
       20    RESEARCH                         3            2258.33333
       30    SALES                            6            1566.66667
```

下述示例演示查询各个员工的编号、姓名以及所属部门的名称、部门经理名称、部门的平均工资。

【示例】 **FROM 子句中的子查询 2**。

```
SQL> SELECT e.empno,e.ename,d.dname,m.ename,temp.avgsal
  2  FROM emp e,emp m,dept d,(
  3     SELECT deptno,ROUND(AVG(sal),2) avgsal FROM emp GROUP BY deptno) temp
  4  WHERE e.mgr = m.empno AND e.deptno = d.deptno AND e.deptno = temp.deptno;
     EMPNO   ENAME                 DNAME      ENAME      AVGSAL
--------- -------------------- --------- --------- ----------
      7698   BLAKE                 SALES      KING       1566.67
      7900   JAMES                 SALES      BLAKE      1566.67
      7844   TURNER                SALES      BLAKE      566.67
...
      7369   SMITH                 RESEARCH   FORD       2258.33
...
      7782   CLARK                 ACCOUNTING KING       2916.67
...
已选择 11 行。
```

6.6.4 在 SELECT 子句中使用子查询

在 SELECT 子句中也可以使用子查询，但相对于在 WHERE、FROM 等子句中一般使用较少。例如，下述示例演示 SELECT 子句中子查询的使用。查询各个员工的编号、姓名、工资、所属部门名称及工资等级。

【示例】 **SELECT 子句中的子查询 1**。

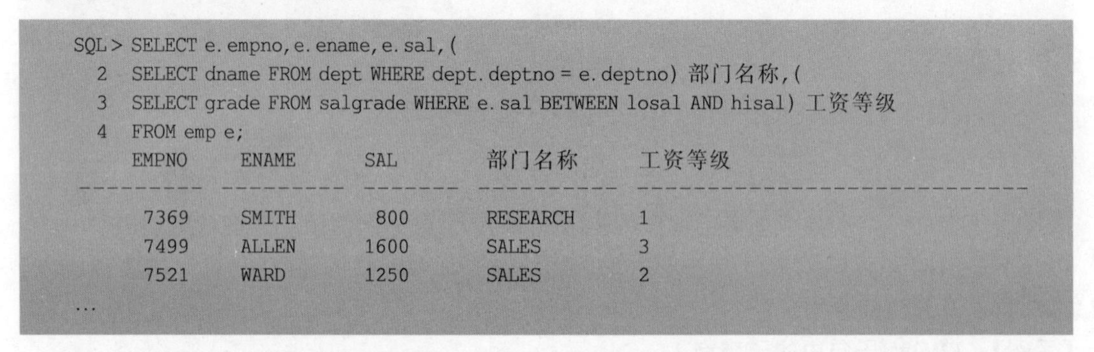

```
SQL> SELECT e.empno,e.ename,e.sal,(
  2  SELECT dname FROM dept WHERE dept.deptno = e.deptno) 部门名称,(
  3  SELECT grade FROM salgrade WHERE e.sal BETWEEN losal AND hisal) 工资等级
  4  FROM emp e;
     EMPNO   ENAME     SAL     部门名称     工资等级
--------- --------- ------- ---------- ------------------------------
      7369   SMITH      800    RESEARCH     1
      7499   ALLEN     1600    SALES        3
      7521   WARD      1250    SALES        2
...
```

下述示例演示查询各部门的名称、地址、部门经理以及部门人数。

【示例】 **SELECT 子句中的子查询 2**。

```
SQL> SELECT d.deptno,d.dname,d.loc,(
  2     SELECT ename FROM emp
  3     WHERE job = 'MANAGER' AND emp.deptno = d.deptno) 部门经理,(
  4     SELECT COUNT(*) FROM emp
  5     WHERE emp.deptno = d.deptno) 部门人数
  6  FROM dept d;
    DEPTNO   DNAME                LOC           部门经理     部门人数
--------- ------------------ ------------ ---------- ----------
        10   ACCOUNTING           NEW YORK      CLARK        3
        20   RESEARCH             DALLAS        JONES        3
        30   SALES                CHICAGO       BLAKE        6
        40   OPERATIONS           BOSTON                     0
```

虽然这种方式可以实现子查询的使用，但在每行记录显示时都需要重复地进行统计查询，因此这种查询方式会影响查询的效率。

6.6.5 使用WITH子句的子查询

如果在一个SQL语句中多次使用同一个子查询，则可以通过WITH子句给子查询指定一个名字，从而可以通过名字引用该子查询，而不必每次都完整写出该子查询。

例如，下述示例演示查询人数最多的部门的信息，实现语句如下。

【示例】 普通子查询。

```
SQL> SELECT deptno,dname,loc
  2  FROM dept
  3  WHERE deptno IN(
  4     SELECT deptno
  5     FROM emp
  6     GROUP BY deptno
  7     HAVING COUNT( * )> = ALL(
  8           SELECT COUNT( * ) FROM emp GROUP BY deptno));
```

在上述语句中，两个子查询的功能相似并且出现了两次，因此可以使用WITH子句按如下格式重新实现该查询。

【示例】 WITH子句中的子查询1。

```
SQL> WITH subdept AS(
  2     SELECT deptno,COUNT( * ) count
  3     FROM emp
  4     GROUP BY deptno)
  5  SELECT deptno,dname,loc
  6  FROM dept
  7  WHERE deptno IN(
  8     SELECT deptno FROM subdept
  9     WHERE count = (SELECT MAX(count) FROM subdept));

    DEPTNO    DNAME                               LOC
---------- ------------------------------ ----------------------------
        30    SALES                               CHICAGO
```

下述示例演示查询每个部门的编号、名称、位置、平均工资和人数。

【示例】 WITH子句中的子查询2。

```
SQL> WITH subemp AS(
  2     SELECT deptno,ROUND(AVG(sal),2) avgsal,COUNT( * ) count
  3     FROM emp
  4     GROUP BY deptno)
  5  SELECT d.deptno,d.dname,d.loc,s.avgsal,s.count
  6  FROM dept d LEFT JOIN subemp s ON d.deptno = s.deptno;

    DEPTNO  DNAME              LOC             AVGSAL      COUNT
---------  ----------------  -------------  ---------  -------
        10  ACCOUNTING         NEW YORK        2916.67     3
        20  RESEARCH           DALLAS          2258.33     3
        30  SALES              CHICAGO         1566.67     6
        40  OPERATIONS         BOSTON
```

6.7 集合查询

集合查询是指使用集合运算符将多个查询的结果集进行合并。集合运算是一种二目运算,有并、交、差、笛卡儿积 4 种运算符。Oracle 数据库分别使用 UNION、UNION ALL 表示并运算;INTERSECT 表示交运算;MINUS 表示差运算;CROSS 表示笛卡儿积运算。UNION、UNION ALL、INTERSECT、MINUS 的集合运算可通过图 6-1 表示。图中灰色部分表示运算结果。

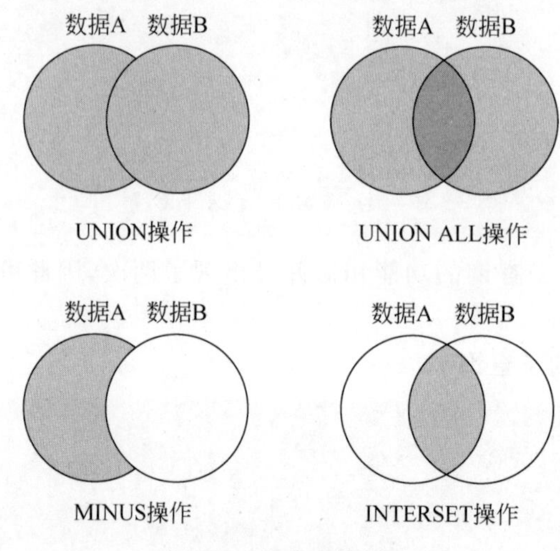

图 6-1 集合运算图示

在使用集合查询时,需要注意以下几点:

- 参加集合操作的各查询的结果集必须具有相同的列数与数据类型。
- 如果要对最终的集合查询结果集排序,只能在最后一个查询通过 ORDER BY 排序。

1. 并集操作:UNION、UNION ALL

UNION 操作符返回两个查询结果集的并集,不包括两个结果集重复部分;UNION ALL 操作符返回两个查询结果集的并集以及两个结果集的重复部分。

并集操作符的使用如下述示例所示。例如,查询 20 号部门和 30 号部门所拥有的职位。

【示例】 UNION 集合查询 1。

```
SQL > SELECT job FROM emp WHERE deptno = 30
  2  UNION
  3  SELECT job FROM emp WHERE deptno = 20;
JOB
------------------
ANALYST
CLERK
MANAGER
SALESMAN
```

【示例】 UNION ALL 集合查询 1。

```
SQL> SELECT job FROM emp WHERE deptno = 30
  2  UNION ALL
  3  SELECT job FROM emp WHERE deptno = 20;
JOB
------------------
SALESMAN
SALESMAN
SALESMAN
MANAGER
SALESMAN
CLERK
CLERK
MANAGER
ANALYST
```

下述示例查询 20 号部门和 30 号部门各自所拥有的职位。

【示例】 UNION 集合查询 2。

```
SQL> SELECT deptno, job FROM emp WHERE deptno = 30
  2  UNION
  3  SELECT deptno, job FROM emp WHERE deptno = 20;
    DEPTNO   JOB
---------- ------------------
        20   ANALYST
        20   CLERK
        20   MANAGER
        30   CLERK
        30   MANAGER
        30   SALESMAN
已选择 6 行。
```

下述示例查询 10 号部门的办事员和 20 号部门的经理的编号、姓名、工资、职位和部门编号。

【示例】 UNION ALL 集合查询 2。

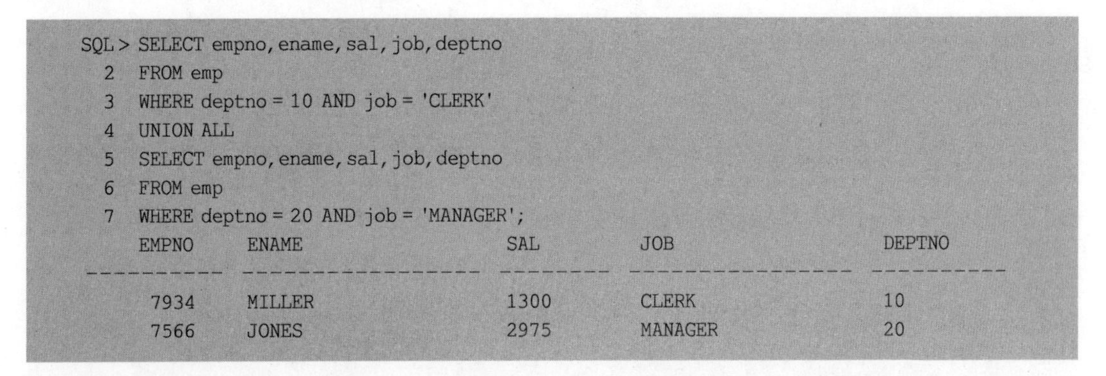

```
SQL> SELECT empno, ename, sal, job, deptno
  2  FROM emp
  3  WHERE deptno = 10 AND job = 'CLERK'
  4  UNION ALL
  5  SELECT empno, ename, sal, job, deptno
  6  FROM emp
  7  WHERE deptno = 20 AND job = 'MANAGER';
     EMPNO   ENAME                SAL        JOB                 DEPTNO
---------- ------------------ ---------- ------------------ ----------
      7934   MILLER               1300       CLERK               10
      7566   JONES                2975       MANAGER             20
```

2. 交集操作：INTERSECT

INTERSECT 操作符返回两个结果集的交集。例如，下述示例查询 20 号部门和 30 号部门都有的职位。

【示例】 **INTERSECT 集合查询**。

```
SQL> SELECT job FROM emp WHERE deptno = 20
  2  INTERSECT
  3  SELECT job FROM emp WHERE deptno = 30;
JOB
------------------
CLERK
MANAGER
```

3．差集操作：MINUS

MINUS 操作符返回两个结果集的补集。例如，下述示例查询 30 号部门中有，而 20 号部门中没有的职位。

【示例】 **MINUS 集合查询**。

```
SQL> SELECT job FROM emp WHERE deptno = 30
  2  MINUS
  3  SELECT job FROM emp WHERE deptno = 20;
JOB
------------------
SALESMAN
```

4．笛卡儿积操作

在多表查询时，如果不指定表之间的连接关系，那么查询的结果就会在这些表的各个记录间逐条匹配，产生的结果集所含结果个数为这些表的行数之积，这种查询操作就称为笛卡儿积操作。笛卡儿积查询的结果集包括所查询的表中的所有行的组合。笛卡儿积并没有太大的用处，而且会对系统性能产生极大的冲击，因此，在实际工作中要尽可能地避免产生笛卡儿积。对于 n 个表的多表查询，要想避免笛卡儿积，至少要有 $n-1$ 个关联条件。

下述示例演示查询员工和部门信息时产生的笛卡儿积现象。

【示例】 **笛卡儿积查询 1**。

```
SQL> SELECT empno, ename, emp.deptno, dept.deptno, dname
  2  FROM emp, dept;
     EMPNO    ENAME                   DEPTNO     DEPTNO     DNAME
---------- -------------------- --------- --------- ----------------
      7369    SMITH                   20         10         ACCOUNTING
      7499    ALLEN                   30         10         ACCOUNTING
...
     7369     SMITH                   20         20         RESEARCH
     7499     ALLEN                   30         20         RESEARCH
...
     7369     SMITH                   20         30         SALES
     7499     ALLEN                   30         30         SALES
....
     7369     SMITH                   20         40         OPERATIONS
     7499     ALLEN                   30         40         OPERATIONS
...
已选择 48 行。
```

多表查询中使用CROSS JOIN关联查询也可产生与上述示例相同的笛卡儿积现象。CROSS JOIN的使用如下述示例所示。

【示例】 笛卡儿积查询2。

```
SQL > SELECT empno, ename, emp.deptno, dept.deptno, dname
  2  FROM emp CROSS JOIN dept;
     EMPNO      ENAME                  DEPTNO      DEPTNO     DNAME
 ----------  ------------------  ---------  ---------  ---------------
      7369      SMITH                  20          10         ACCOUNTING
      7499      ALLEN                  30          10         ACCOUNTING
...结果集与上一个示例完全相同,此处省略...
已选择 48 行。
```

使用CROSS JOIN进行关联查询时,需要注意,CROSS JOIN子句后不能使用ON关键字,只能用WHERE子句设置关联条件或其他查询条件。

6.8 TopN查询

6.8.1 基于ROWNUM的TopN查询

在进行数据查询时,如果被查询的表的数据量非常大,基于对系统性能影响的考虑,往往很少使用类似“SELECT * FROM table”的语句将表中的所有记录一次性查出,而是会采用多次分批提取的方式,每次从表中提取一部分数据进行显示。TopN查询即是指筛选显示一个查询结果集的前*N*行记录。在Oracle数据库中TopN查询通过ROWNUM伪列实现。

ROWNUM伪列是Oracle系统自动为查询返回结果的每行记录分配的编号,第1行分配的是1,第2行是2,以此类推。ROWNUM伪列可以用于限制查询返回的总行数,且不能以任何表的名称作为前缀。ROWNUM可以通过下述示例的方式进行查询。

【示例】 ROWNUM查询。

```
SQL > SELECT ROWNUM, empno, ename, job FROM emp WHERE deptno = 20;
    ROWNUM      EMPNO       ENAME                      JOB
 ----------  ----------  ---------------------  -------------------
          1      7369       SMITH                      CLERK
          2      7566       JONES                      MANAGER
          3      7902       FORD                       ANALYST
```

伪列可以理解为一个表的列,但是它并没有存储在表中。伪列可以从表中查询,但不能插入、更新和删除它们的值。

ROWNUM除了可以自动进行行号显示外,还可以完成以下常用操作。

- 取出查询的第1行记录。
- 取出查询的前*N*行记录。
- 取出查询的第*N*行记录。

- 取出查询的第 N 行到第 M 行记录。

分别介绍如下。

1. 取出查询的第1行记录

例如,查询员工表中的第1行员工的信息,实现如下。

【示例】 **使用 ROWNUM 查询第1行记录。**

```
SQL> SELECT * FROM emp WHERE ROWNUM = 1;
    EMPNO    ENAME    JOB      MGR    HIREDATE       SAL      COMM     DEPTNO
    -------- -------- -------- ------ -------------- -------- -------- ---------
      7369   SMITH    CLERK    7902   17-12月-80     800               20
```

通过上述示例可见,使用 ROWNUM=1 的限定条件可以查询到结果集的第1行记录。如果需要查询员工表中的第2行员工的信息,此时必然会想到下述示例所示的查询条件。

【示例】 **使用 ROWNUM 查询第2行记录。**

```
SQL> SELECT * FROM emp WHERE ROWNUM = 2;
未选定行
```

通过示例结果可以发现,ROWNUM 伪列使用"="运算符并不能确定第2行的记录,同样也不能确定除第1行外其他行的显示,这是因为 ROWNUM 是为查询结果自动添加的伪列,并且总是从1开始,因此当执行到限定条件 ROWNUM=2 时,第1条记录的 ROWNUM 为1,不满足条件,于是过滤掉,然后把第2条记录的 ROWNUM 赋值为1,再判断第2条记录是否满足条件,同样不满足,…,依次比较,最终返回空结果集。

2. 取出查询的前 N 行记录

ROWNUM 伪列可以使用比较运算符"<"或"<="查询结果集的前 N 行记录。例如,下述示例查询员工表中的前2行员工的信息。

【示例】 **使用 ROWNUM 查询前 N 行记录。**

```
SQL> SELECT empno, ename, job, sal FROM emp WHERE ROWNUM < 3;
     EMPNO    ENAME                     JOB                    SAL
    ---------- ------------------------ ---------------------- ----------
      7369    SMITH                     CLERK                   800
      7499    ALLEN                     SALESMAN               1600
```

在多数查询应用中,通常都需要对查询的结果集进行排序。例如,按照下述示例查询工资最高的前3名员工的信息。

【示例】 **使用 ROWNUM 取查询的前 N 行记录排序。**

```
SQL> SELECT empno, ename, job, sal FROM emp WHERE ROWNUM <= 3 ORDER BY sal DESC;
     EMPNO    ENAME                     JOB                    SAL
    ---------- ------------------------ ---------------------- ----------
      7499    ALLEN                     SALESMAN               1600
      7521    WARD                      SALESMAN               1250
      7369    SMITH                     CLERK                   800
```

```
SQL> --查询EMP表中的所有记录,按工资由高到低排序
SQL> SELECT empno,ename,job,sal FROM emp ORDER BY sal DESC;
     EMPNO     ENAME                      JOB                     SAL
---------  --------------------  -------------------  ----------
     7839      KING                       PRESIDENT               5000
     7902      FORD                       ANALYST                 3000
     7566      JONES                      MANAGER                 2975
...
```

通过示例结果可以看出,所查询的是EMP表的前3行记录按工资由高到低的排列,而并不是将所有记录按工资由高到低排列,然后取前3行。出现这种现象的原因是:当WHERE子句中有ROWNUM的判断,并且存在ORDER BY时,ROWNUM的优先级高于ORDER BY。此时Oracle会先执行ROWNUM的判断,然后对判断后的结果进行排序,这样就产生了上述示例的错误结果。因此对于含有ROWNUM限定条件的排序查询,应该保证先对查询进行排序,然后再对排序后的结果集执行ROWNUM限定。此时可以通过嵌套子查询实现,如下述示例所示。

【示例】 **使用ROWNUM取排序查询的前*N*行记录。**

```
SQL> SELECT temp.* FROM(
  2     SELECT empno,ename,job,sal
  3     FROM emp
  4     ORDER BY sal DESC) temp
  5  WHERE ROWNUM <= 3;
     EMPNO     ENAME                      JOB                     SAL
----------  --------------------  -------------------  ----------
      7839     KING                       PRESIDENT               5000
      7902     FORD                       ANALYST                 3000
      7566     JONES                      MANAGER                 2975
```

3. 取出查询的第*N*行记录

如果要查询员工表中第2行员工的信息,通过比较运算符是否可以实现呢?例如,下述示例所示的查询方式。

【示例】 **使用ROWNUM查询第*N*行记录1。**

```
SQL> SELECT empno,ename,job,sal FROM emp WHERE ROWNUM > 1 AND ROWNUM < 3;
未选定行
```

由查询结果可以发现,同ROWNUM=2原因相同,ROWNUM>1的查询限定条件也会使最终结果集为空。此时,可以转换一下思路,先查询出符合ROWNUM<3条件的记录,此时每条记录已分配好相应的ROWNUM,然后再在这些记录中筛选出ROWNUM>1的记录。实现方式如下。

【示例】 **使用ROWNUM查询第*N*行记录2。**

```
SQL> SELECT temp.* FROM(
  2     SELECT ROWNUM rn,empno,ename,job,sal FROM emp WHERE ROWNUM < 3) temp
  3  WHERE temp.rn > 1;
```

```
        RN  EMPNO       ENAME                JOB                  SAL
---------- ---------- -------------------- -------------------- ----------
         2  7499       ALLEN                SALESMAN             1600
```

除采用上述嵌套查询的方式实现第 N 行记录的查询外，还可以通过差集操作方式实现，如下述示例所示。

【示例】 使用 ROWNUM 查询第 N 行记录 3。

```
SQL > SELECT empno, ename, job, sal FROM emp WHERE ROWNUM < 3
  2  MINUS
  3  SELECT empno, ename, job, sal FROM emp WHERE ROWNUM < 2;
     EMPNO  ENAME                  JOB                  SAL
---------- ---------------------- -------------------- ----------
      7499  ALLEN                  SALESMAN             1600
```

4. 取出查询的第 N 行到第 M 行记录

在基于数据查询的应用中，除需要查询结果集的第 N 行记录和前 N 行记录外，更多的需要实现查询结果集的第 N 行到第 M 行的记录的获取。例如，在各种基于数据库的信息发布系统应用中，常见的信息分页显示功能等。

使用 ROWNUM 伪列进行第 N 行到第 M 行记录查询的语法如下。

【语法】

```
SELECT temp. * FROM (
    SELECT ROWNUM rn, column1, ...
    FROM table
    WHERE ROWNUM <= m) temp
WHERE temp.rn >= n;
```

例如，下述示例取出查询的第 6 行到第 10 行的记录。

【示例】 使用 ROWNUM 取出查询的第 N 行到第 M 行记录。

```
SQL > SELECT tmp. * FROM (
  2      SELECT ROWNUM rn, empno, ename, job, sal
  3      FROM emp
  4      WHERE ROWNUM <= 10) tmp
  5  WHERE tmp.rn >= 6;
        RN  EMPNO  ENAME              JOB                SAL
----------- ------ ------------------ ------------------ ----------
         6  7698   BLAKE              MANAGER            2850
         7  7782   CLARK              MANAGER            2450
         8  7839   KING               PRESIDENT          5000
         9  7844   TURNER             SALESMAN           1500
        10  7900   JAMES              CLERK               950
```

在使用 ROWNUM 伪列进行第 N 行到第 M 行记录查询时，如果还需要对查询进行排序操作，则相应的语法如下。

【语法】 排序语法

```
SELECT temp2. * FROM (
    SELECT ROWNUM rn,temp1. * FROM (
        SELECT column1,... FROM table
        WHERE condition
        ORDER BY column ASC|DESC)
    ) temp1
    WHERE ROWNUM <= m) temp2
WHERE temp2.rn >= n;
```

例如，下述示例查询工资大于2000的员工，并且按工资由高到低排序，然后取出其中的第2行到第5行记录。

【示例】 使用ROWNUM取出查询排序后的第*N*行到第*M*行记录。

```
SQL> SELECT temp2. * FROM (
  2     SELECT ROWNUM rn,temp1. * FROM (
  3             SELECT empno,ename,job,sal
  4             FROM emp
  5             WHERE sal > 2000
  6             ORDER BY sal DESC) temp1
  7     WHERE ROWNUM <= 5) temp2
  8  WHERE temp2.rn >= 2;

        RN     EMPNO     ENAME              JOB                  SAL
---------- --------- ------------------ -------------------- ----------
         2     7902      FORD               ANALYST              3000
         3     7566      JONES              MANAGER              2975
         4     7698      BLAKE              MANAGER              2850
         5     7782      CLARK              MANAGER              2450
```

在实际应用中，基于排序的TopN查询操作更为常用。

注意

> 不同的数据库使用的TopN查询方式是不同的。ROWNUM伪列是Oracle数据库才支持的TopN查询操作，对于SQL Server数据库，TopN查询采用TOP操作符实现，而对于MySQL数据库，则使用LIMIT操作符实现。

6.8.2 Oracle 12c 新特性 FETCH

由于基于ROWNUM的TopN查询相对复杂，Oracle 12c专门提供了FETCH子句，使用此子句可以方便地获取指定范围内的查询数据。FETCH子句的语法如下。

【语法】

```
SELECT column1,...
FROM table
WHERE conditions
[GROUP BY column HAVING conditions]
```

```
[ORDER BY coulumn ASC|DESC]
[FETCH FIRST rows] |
[OFFSET startposition ROWS FETCH NEXT num] |
[FETCH NEXT per PERCENT]
ROW ONLY;
```

上述语法中,FETCH 子句放在所有查询语句的最后位置,该子句有以下 3 种使用方式:

- FETCH FIRST rows ROW ONLY 表示取得前 rows 行记录。
- OFFSET startposition ROWS FETCH NEXT num ROW ONLY 表示通过指定起始行的位置 startposition 以及查询行数 num,取得指定范围的记录。
- FETCH NEXT per PERCENT ROW ONLY 表示按照指定的百分比 per%取得相关行数的记录。

FETCH 子句语法的使用示例如下所示。例如,查询员工表中工资最高的 3 位员工的信息。

【示例】 使用 FETCH 取前 *N* 行记录。

```
SQL > SELECT empno, ename, job, sal FROM emp ORDER BY sal DESC
  2  FETCH FIRST 3 ROW ONLY;
     EMPNO    ENAME                       JOB                       SAL
----------  ---------------------  -------------------  ----------
      7839    KING                        PRESIDENT                 5000
      7902    FORD                        ANALYST                   3000
      7566    JONES                       MANAGER                   2975
```

下述示例演示 OFFSET startposition ROWS FETCH NEXT num ROW ONLY 子句的使用。在此子句中,需要设置查询范围的起始行位置以及查询行数。查询结果的起始行位置从 0 开始。例如,要查询从第 1 行到第 5 行的记录,则语句为“OFFSET 0 ROWS FETCH NEXT 5 ROW ONLY”。下述示例按工资由高到低排序,从第 2 行开始取 3 行记录,即第 2 行到第 4 行记录。

【示例】 使用 FETCH 取第 *N* 行到第 *M* 行记录。

```
SQL > SELECT empno, ename, job, sal
  2  FROM emp
  3  ORDER BY sal DESC
  4  OFFSET 1 ROWS FETCH NEXT 3 ROW ONLY;
     EMPNO    ENAME                       JOB                       SAL
----------  ---------------------  -------------------  ----------
      7902    FORD                        ANALYST                   3000
      7566    JONES                       MANAGER                   2975
      7698    BLAKE                       MANAGER                   2850
```

对于 FETCH NEXT per PERCENT ROW ONLY 子句,其中所指定的百分比 per%为所查询的总记录行数的百分比,同时在计算结果为小数时进位取整。例如,下述示例查询工资水平最高的前 20%位员工的信息。

【示例】 使用 FETCH 按百分比查询第 *N* 行到第 *M* 行记录。

```
SQL > SELECT empno, ename, job, sal
  2  FROM emp
  3  ORDER BY sal DESC
  4  FETCH NEXT 20 PERCENT ROW ONLY;
     EMPNO      ENAME                          JOB                          SAL
----------- ----------------------- --------------------- -----------
      7839      KING                           PRESIDENT                    5000
      7902      FORD                           ANALYST                      3000
      7566      JONES                          MANAGER                      2975
```

上述示例中，emp 表共有 12 条记录，这 12 条记录的 20%即 2.4，因此取了前 3 行记录。

注意

FETCH 子句的语法非常类似于 MySQL 数据库的 LIMIT 语句，此子句目前仅可用于 Oracle 12c 版本，Oracle 数据库的其他版本还不支持 FETCH 子句。

6.9 层次化查询

层次化查询又称为树状查询，能够将一个表中的数据按照记录之间的联系以树状结构的形式显示出来。例如，在员工表 emp 中，记录与记录之间存在着员工(empno)与领导(mgr)之间的层次关系，如图 6-2 所示。

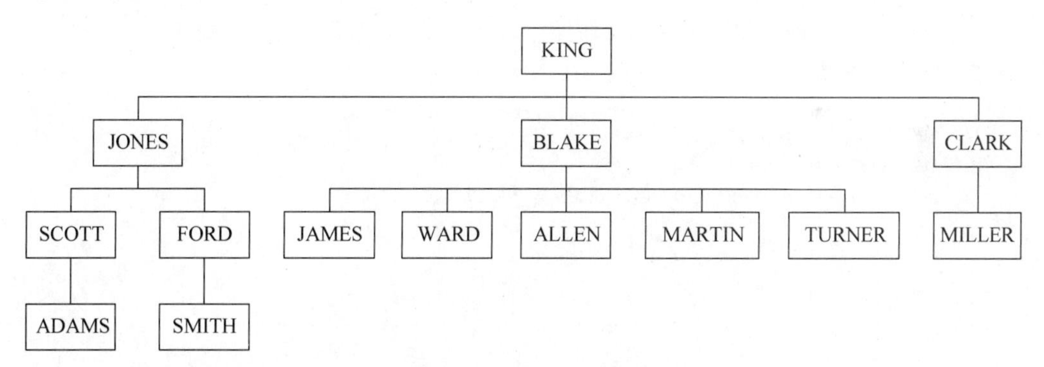

图 6-2 emp 表中员工与领导之间的层次关系图

层次化查询的语法如下。

【语法】

```
SELECT [LEVEL], column[, expression...]
FROM table
[WHERE condition]
[START WITH column = value]
[CONNECT BY [PRIOR column1 = column2 | column1 = PRIOR column2]];
```

其中：

- LEVEL是层次查询的一个伪列，表示在整个查询记录中的层次编号，如1,2,3…。
- START WITH用于指定从哪个节点记录开始遍历访问。
- CONNECT BY PRIOR用于指定父记录与子记录之间的关系及分支选择条件。

下述示例演示查询员工之间的领导关系，职位由高到低排列。

【示例】 层次化查询1。

```
SQL> SELECT empno,ename,mgr
  2  FROM emp
  3  START WITH job = 'PRESIDENT'
  4  CONNECT BY PRIOR empno = mgr;
     EMPNO     ENAME                     MGR
---------  --------------------  ----------
      7839     KING
      7566     JONES                     7839
      7902     FORD                      7566
      7369     SMITH                     7902
      7698     BLAKE                     7839
      7499     ALLEN                     7698
      7521     WARD                      7698
      7654     MARTIN                    7698
      7844     TURNER                    7698
      7900     JAMES                     7698
      7782     CLARK                     7839
      7934     MILLER                    7782
已选择 12 行。
```

下述示例演示查询RESEARCH部门由JONES直接或间接领导的员工。

【示例】 层次化查询2。

```
SQL> SELECT empno,ename,mgr,d.dname
  2  FROM emp e,dept d
  3  WHERE e.deptno = d.deptno AND d.dname = 'RESEARCH'
  4  START WITH ename = 'JONES'
  5  CONNECT BY PRIOR empno = mgr;
     EMPNO      ENAME                     MGR        DNAME
----------  --------------------  ------  --------------
      7566      JONES                     7839       RESEARCH
      7902      FORD                      7566       RESEARCH
      7369      SMITH                     7902       RESEARCH
```

下述示例演示查询员工之间的领导关系，职位由高到低排列，但不包括JONES直接或间接领导的员工。

【示例】 层次化查询3。

```
SQL> SELECT empno,ename,mgr
  2  FROM emp
  3  START WITH job = 'PRESIDENT'
  4  CONNECT BY PRIOR empno = mgr AND ename!= 'JONES';
```

```
     EMPNO     ENAME                          MGR
----------  --------------------  ----------
      7839     KING
      7698     BLAKE                          7839
      7499     ALLEN                          7698
      7521     WARD                           7698
      7654     MARTIN                         7698
      7844     TURNER                         7698
      7900     JAMES                          7698
      7782     CLARK                          7839
      7934     MILLER                         7782

已选择 9 行。
```

下述示例利用伪列 LEVEL 查询员工与其领导之间的关系，以树形结构显示。

【示例】 层次化查询 4。

```
SQL> SELECT LPAD('|-',3*LEVEL-1)||empno||' '||ename AS 员工层级关系
  2  FROM emp
  3  START WITH job='PRESIDENT'
  4  CONNECT BY PRIOR empno=mgr;
员工层级关系
------------------------------
|-7839 KING
   |-7566 JONES
      |-7902 FORD
         |-7369 SMITH
   |-7698 BLAKE
      |-7499 ALLEN
      |-7521 WARD
      |-7654 MARTIN
      |-7844 TURNER
      |-7900 JAMES
   |-7782 CLARK
      |-7934 MILLER
已选择 12 行。
```

上述示例中，LPAD(列|字符，填充长度，填充字符)函数表示从左边对指定的列按照填充长度用填充字符进行填充，填充字符默认为空格，可省略。

6.10 课程贯穿项目：【任务 6-1】 项目业务的数据查询

根据以下各查询类型，完成 Q_MicroChat 项目所需业务数据的查询。

1）基本查询

【任务 6-1】 (1) 查询注册用户的基本信息，列名用中文表示。

```
SQL> SELECT user_id AS 用户编号,username 用户姓名,nickname 用户昵称,sex 性别
  2  FROM  tb_users;
```

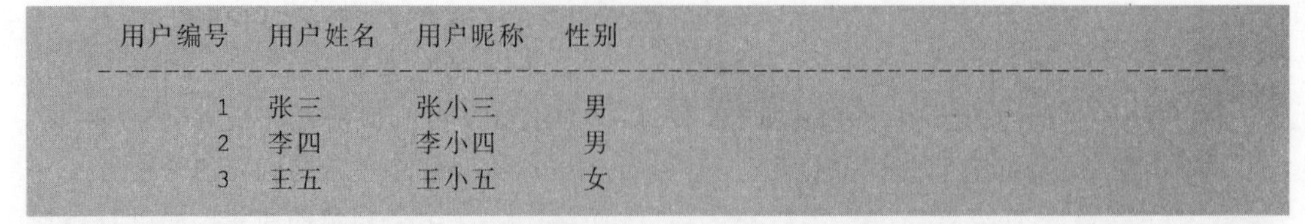

```
  用户编号  用户姓名  用户昵称  性别
------------------------------------------------------------ ------
         1  张三      张小三      男
         2  李四      李小四      男
         3  王五      王小五      女
```

【任务 6-1】（2）查询注册用户的基本信息，用连接运算符连续显示。

```
SQL> SELECT '编号'||user_id||'的用户名为: '||username||',昵称为: '||nickname
  2     AS 用户基本信息
  3  FROM tb_users;

用户基本信息
--------------------------------------------------------------------------------
编号 1 的用户名为: 张三,昵称为: 张小三
编号 2 的用户名为: 李四,昵称为: 李小四
编号 3 的用户名为: 王五,昵称为: 王小五
```

2）限定查询与排序

【任务 6-1】（3）查询没有上传头像的用户的编号、用户名、性别。

```
SQL> SELECT user_id,username,sex FROM tb_users WHERE uprofile IS NULL;

   USER_ID  USERNAME                                            SEX
---------- ---------------------------------------------------- ------
         1  张三                                                 男
         2  李四                                                 男
         3  王五                                                 女
```

【任务 6-1】（4）查询 2013 年到 2015 年间的群编号、群名称、创建人编号和创建时间。

```
SQL> SELECT group_id,group_name,user_id,creation_time
  2    FROM tb_groups
  3    WHERE creation_time BETWEEN '1-1月 -13' AND '31-12月 -15';

  GROUP_ID  GROUP_NAME          USER_ID     CREATION_TIME
----------- ------------------ ----------- ---------------
         1  数据库技术交流群    1           29-6月 -15
         3  大数据技术交流群    2           29-6月 -13
```

【任务 6-1】（5）查询动态感想中包含“是”关键字的动态信息，并按发布人编号升序显示。

```
SQL> SELECT dynamic_id,user_id,idea FROM tb_personal_dynamics
  2  WHERE idea LIKE '%是%' ORDER BY user_id;

DYNAMIC_ID   USER_ID    IDEA
--------------------------------------------------------------------------------
         1          1   现在是凌晨 3 点
         3          2   今天是六一儿童节
```

3）单行函数查询

【任务6-1】（6）查询用户编号、用户姓名和密码，其中密码用＊代替。

```
SQL > SELECT user_id,username,replace(userpwd,userpwd,'******') password
  2  FROM tb_users;

  USER_ID    USERNAME       PASSWORD
--------------------------------------------
        1    张三           ******
        2    李四           ******
        3    王五           ******
```

【任务6-1】（7）查询2013年到2015年间的群编号、群名称、创建时间。

```
SQL > SELECT group_id,group_name,to_char(creation_time,'yyyy-mm-dd') time
  2  FROM tb_groups
  3  WHERE creation_time BETWEEN to_date('2013-01-01','yyyy-mm-dd')
  4     AND to_date('2015-12-31','yyyy-mm-dd');

  GROUP_ID    GROUP_NAME              TIME
--------------------------------------------------
         1    数据库技术交流群        2015-06-29
         3    大数据技术交流群        2013-06-29
```

4）分组函数查询

【任务6-1】（8）查询系统中相册动态和文章动态的个数。

```
SQL > SELECT dtype,count(*) FROM tb_personal_dynamics GROUP BY dtype;

     DTYPE    COUNT(*)
----------  ----------
         1           1
         2           2
```

【任务6-1】（9）查询每个用户发表的动态个数，并按降序排序。

```
SQL > SELECT user_id,count(*) num FROM tb_personal_dynamics
  2  GROUP BY user_id ORDER BY num DESC;

   USER_ID         NUM
----------  ----------
         1           2
         2           1
```

【任务6-1】（10）查询1号群中每个用户的发言次数。

```
SQL > SELECT user_id,count(*) FROM tb_group_chat
  2  WHERE group_id=1 GROUP BY user_id;

   USER_ID    COUNT(*)
----------  ----------
         1           2
         3           1
```

【任务 6-1】（11）查询发言次数最多的群的编号及发言数量。

```
SQL> SELECT group_id,count( * ) FROM tb_group_chat
  2  GROUP BY group_id
  3  HAVING count( * ) = (
  4      SELECT max(count( * )) FROM tb_group_chat GROUP BY group_id);

  GROUP_ID    COUNT( * )
---------- ----------
         1          3
```

5）多表查询

【任务 6-1】（12）查询 1 号用户发布的动态感想及文章动态地址。

```
SQL> SELECT p.dynamic_id,p.idea,a.article_url
  2  FROM tb_personal_dynamics p,tb_artics_dynamics a
  3  WHERE p.dynamic_id = a.dynamic_id AND user_id = 1;

DYNAMIC_ID    IDEA         ARTICLE_URL
---------------------------------------------------------------------
         2    新年快乐     http://www.itshixun.com
```

【任务 6-1】（13）查询 1 号动态的所有评论及评论回复。

```
SQL> SELECT c.comment_id,c.dycomment,c.user_id,r.reply_content,r.user_id
  2  FROM tb_comment c LEFT JOIN tb_comment_reply r
  3  ON c.comment_id = r.comment_id
  4  WHERE c.dynamic_id = 1;

COMMENT_ID    DYCOMMENT    USER_ID    REPLY_CONTENT    USER_ID
---------------------------------------------------------------------
         1    拍的不错...  3          谢谢夸奖         1
```

【任务 6-1】（14）查询 1 号群的名称以及该群的群聊发言内容、发言人昵称。

```
SQL> SELECT g.group_name,u.group_nickname,c.send_content,c.send_time
  2  FROM tb_groups g RIGHT JOIN tb_group_chat c ON g.group_id = c.group_id
  3  INNER JOIN users_groups u ON c.user_id = u.user_id
  4  WHERE g.group_id = 1;
SQL> --上述语句也可写成如下形式
SQL> SELECT g.group_name,u.group_nickname,c.send_content,c.send_time
  2  FROM tb_groups g,tb_group_chat c,users_groups u
  3  WHERE g.group_id = c.group_id AND c.user_id = u.user_id AND g.group_id = 1;

GROUP_NAME          GROUP_NICKNAME       SEND_CONTENT       SEND_TIME
------------------------------------------------------------------------
数据库技术交流群    无敌                 大家好!            12-5月 -16
数据库技术交流群    无敌                 欢迎大家!          14-5月 -16
数据库技术交流群    西伯利亚             我来啦!            17-5月 -16
```

6）子查询

【任务 6-1】（15）查询阅读次数最多的文章的动态信息。

```
SQL> SELECT p.dynamic_id,p.user_id,p.idea,a.article_id,
  2     a.article_url,a.reading_num
  3  FROM tb_personal_dynamics p,tb_artics_dynamics a
  4  WHERE p.dynamic_id = a.dynamic_id AND a.reading_num = (
  5     SELECT max(reading_num) FROM tb_artics_dynamics);

DYNAMIC_ID   USER_ID IDEA            ARTICLE_ID ARTICLE_URL                    READING_NUM
-------------------------------------------------------------------------------------------
         3   2             今天是六一儿童节   2          http://book.moocollege.cn 50
```

【任务 6-1】（16）查询在 1 号群中发言最多的用户的信息。

```
SQL> SELECT user_id,username,sex FROM tb_users
  2  WHERE user_id = (
  3     SELECT max(count(*)) FROM tb_group_chat
  4     WHERE group_id = 1 GROUP BY user_id);

  USER_ID     USERNAME                                    SEX
----------  ----------------------------------------   ------
         2    李四                                          男
```

【任务 6-1】（17）查询最活跃的群的信息及该群总发言数量。

```
SQL> SELECT g.group_id,g.group_name,g.user_id,c.num
  2  FROM tb_groups g ,
  3     (SELECT group_id,count(*) num FROM tb_group_chat
  4     GROUP BY group_id
  5     HAVING count(*) = (
  6               SELECT max(count(*)) FROM tb_group_chat GROUP BY group_id)) c
  7  WHERE g.group_id = c.group_id;

  GROUP_ID   GROUP_NAME       USER_ID      NUM
--------------------------------------------------------------------------------------
         1    数据库技术交流群    1              3
```

7）集合查询

【任务 6-1】（18）查询 1 号用户和 3 号用户的私聊记录。

```
SQL> SELECT userchat_id,chat_content,to_char(chat_time,'yyyy-mm-dd hh:mi:ss')
  2  FROM tb_user_chat
  3  WHERE send_user_id = 1 AND receive_user_id = 3
  4  UNION
  5  SELECT userchat_id,chat_content,to_char(chat_time,'yyyy-mm-dd hh:mi:ss')
  6  FROM tb_user_chat
  7  WHERE send_user_id = 3 AND receive_user_id = 1;

USERCHAT_ID  CHAT_CONTENT  TO_CHAR(CHAT_TIME,'YYYY-MM-DDHH:MI:SS'
--------------------------------------------------------------------------------------
          1  在干嘛?         2015-07-29 09:00:00
          2  学习呢!         2015-07-29 09:00:07
```

【任务6-1】（19）查询1号用户和2号用户共同的好友。

```
SQL> SELECT f.friend_id,u.username
  2  FROM tb_friends f,tb_users u
  3  WHERE f.friend_id = u.user_id AND f.user_id = 1
  4  INTERSECT
  5  SELECT f.friend_id,u.username
  6  FROM tb_friends f,tb_users u
  7  WHERE f.friend_id = u.user_id AND f.user_id = 2;

 FRIEND_ID   USERNAME
----------- ----------------------------------------------
         3   王五
```

【任务6-1】（20）查询加入1号群而没有加入3号群的用户。

```
SQL> SELECT group_id,user_id FROM users_groups WHERE group_id = 1
  2  MINUS
  3  SELECT group_id,user_id FROM users_groups WHERE group_id = 3;

  GROUP_ID     USER_ID
----------- -----------
         1           1
         1           3
```

8）TopN查询

【任务6-1】（21）查询用户表的第一行记录信息。

```
SQL> SELECT ROWNUM,user_id,username,nickname FROM tb_users WHERE ROWNUM = 1;

    ROWNUM   USER_ID   USERNAME   NICKNAME
------------------------------------------------------
         1    1          张三         张小三
```

【任务6-1】（22）查询最新发布的前两条个人动态信息。

```
SQL> SELECT temp.* FROM(
  2     SELECT dynamic_id,user_id,idea,to_char(send_time,'yyyy-mm-dd hh:mi:ss')
  3     FROM tb_personal_dynamics
  4     ORDER BY send_time DESC) temp
  5  WHERE ROWNUM <= 2;

DYNAMIC_ID  USER_ID      IDEA                TO_CHAR(SEND_TIME,'YYYY-MM-DDHH:MI:SS'
--------------------------------------------------------------------------------------
         2    1          新年快乐              2016-12-29 12:00:00
         3    2          今天是六一儿童节      2016-06-01 05:03:02

SQL> --使用12c新特性FETCH实现如下
SQL> SELECT dynamic_id,user_id,idea,to_char(send_time,'yyyy-mm-dd hh:mi:ss')
  2     FROM tb_personal_dynamics ORDER BY send_time DESC
  3     FETCH FIRST 2 ROW ONLY;
```

```
DYNAMIC_ID  USER_ID       IDEA                 TO_CHAR(SEND_TIME,'YYYY-MM-DDHH:MI:SS'
--------------------------------------------------------------------------------
         2       1        新年快乐              2016-12-29 12:00:00
         3       2        今天是六一儿童节        2016-06-01 05:03:02
```

【任务6-1】（23）查询最新发布的个人动态的第2条到第3条记录信息。

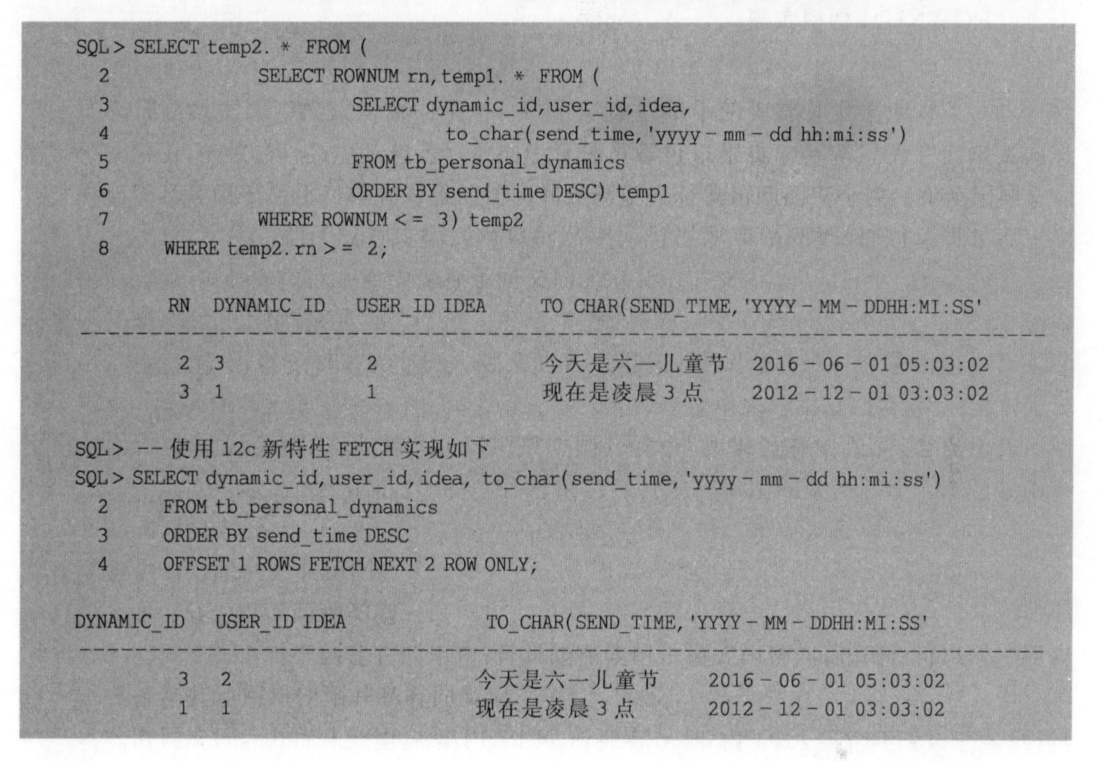

```
SQL> SELECT temp2.* FROM (
  2         SELECT ROWNUM rn,temp1.* FROM (
  3                SELECT dynamic_id,user_id,idea,
  4                       to_char(send_time,'yyyy-mm-dd hh:mi:ss')
  5                FROM tb_personal_dynamics
  6                ORDER BY send_time DESC) temp1
  7         WHERE ROWNUM <= 3) temp2
  8     WHERE temp2.rn >= 2;

       RN  DYNAMIC_ID   USER_ID IDEA      TO_CHAR(SEND_TIME,'YYYY-MM-DDHH:MI:SS'
--------------------------------------------------------------------------------
        2  3               2              今天是六一儿童节   2016-06-01 05:03:02
        3  1               1              现在是凌晨3点      2012-12-01 03:03:02

SQL> --使用12c新特性FETCH实现如下
SQL> SELECT dynamic_id,user_id,idea, to_char(send_time,'yyyy-mm-dd hh:mi:ss')
  2     FROM tb_personal_dynamics
  3     ORDER BY send_time DESC
  4     OFFSET 1 ROWS FETCH NEXT 2 ROW ONLY;

DYNAMIC_ID   USER_ID IDEA              TO_CHAR(SEND_TIME,'YYYY-MM-DDHH:MI:SS'
--------------------------------------------------------------------------------
         3   2                         今天是六一儿童节     2016-06-01 05:03:02
         1   1                         现在是凌晨3点        2012-12-01 03:03:02
```

本章小结

小结

- NULL在SQL中是一个特殊的值，称为空值。它既不是0，也不是空格。它的值是没有定义的、未知的、不确定的。
- 单行函数同时只能对表中的一行数据进行操作，并且对每一行数据只产生一个输出结果。
- 单行函数主要包括字符函数、数值函数、日期函数、转换函数。
- 分组函数是对一批（一组）数据进行操作之后返回一个值，这批数据可能是整个表，也可能是按某种条件把该表分成的组，分组函数主要用于数据统计或数据汇总等操作。
- Oracle提供了5种多表间的连接查询：等值连接、内连接、外连接、自连接和不等连接。
- 子查询可以分别在WHERE子句、HAVING子句、FROM子句及SELECT子句中使用。

- 集合查询是指使用集合运算符将多个查询的结果集进行合并；集合运算是一种二目运算，有并、交、差、笛卡儿积 4 种运算符。
- Oracle 数据库分别使用 UNION、UNION ALL 表示并运算；INTERSECT 表示交运算；MINUS 表示差运算；CROSS 表示笛卡儿积运算。
- TopN 查询是指筛选显示一个查询结果集的前 N 行记录，在 Oracle 数据库中通过 ROWNUM 伪列实现。
- 由于基于 ROWNUM 的 TopN 查询相对复杂，所以 Oracle 12c 专门提供了 FETCH 子句。

Q&A

1. 问：SQL 语句中 in 和 exists 关键字的使用有何不同？

答：Oracle 执行 exists 子查询时，会首先检查主查询，然后运行子查询直到找到第一个匹配项，节省了时间；执行 in 子查询时，首先执行子查询，然后匹配外层查询，并将获得的结果列表存放在一个加了索引的临时表中，在执行子查询之前，系统先将主查询挂起，待子查询执行完毕，存放在临时表中以后再执行主查询。因此，根据最优化匹配原则：拿最小记录匹配大记录。若子查询结果集比较小，优先使用 in，若外层查询比子查询小，优先使用 exists。

2. 问：Oracle 提供了哪几种多表关联查询？

答：Oracle 提供了 5 种多表间的连接查询：等值连接、内连接、外连接、自连接和不等连接。其中，内连接与等值连接功能相同，都用于返回满足连接条件的记录；外连接是内连接的扩展，它不仅会返回满足连接条件的所有记录，而且还会返回不满足条件的记录；外连接具体又可分为 3 种：左外连接、右外连接和全外连接；自连接是指在同一张表之间的连接查询，主要用于显示上下级关系或者层次关系；不等连接是指两个表之间通过相关的两列的比较操作(一般采用“＞”、“＜”、“BETWEEN...AND”等操作符)而进行的相互关联。

章节练习

习题

1. 下列(　　)在 SELECT 语句中用于排序结果集。

A. HAVING 子句　　B. WHERE 子句
C. FROM 子句　　D. ORDER BY 子句

2. 为了去除结果集中重复的行，可在 SELECT 语句中使用关键字(　　)。

A. ALL　　B. DISTINCT　　C. SPOOL　　D. HAVING

3. 下列(　　)用来限定查询结果集中的行。

A. SELECT　　B. WHERE　　C. UPDATE　　D. INSERT

4. GROUP BY 子句的作用是(　　)。

A. 查询结果的分组条件　　B. 组的筛选条件
C. 限定返回的行的判断条件　　D. 对结果集进行排序

5. 下列(　　)子句是SELECT语句中的必选项。

A. FROM　　B. WHERE　　C. HAVING　　D. ORDER BY

6. 下列(　　)与逗号分隔连接执行的效果相同。

A. 外连接　　B. 交叉连接　　C. 自然连接　　D. 内连接

7. 如果只需要返回匹配的列,则应当使用(　　)。

A. 内连接　　B. 交叉连接　　C. 左连接　　D. 全连接

8. 下列SELECT语句中,(　　)子句可以包含子查询。

A. SELECT　　B. GROUP BY　　C. WHERE　　D. ORDER BY

9. 如果使用逗号连接查询两个表,其中一个表有20行,而另一个表有50行,如果未使用WHERE子句,则将返回(　　)行。

A. 20　　B. 1000　　C. 50　　D. 500

10. 在需要滤除查询结果中重复的行时,必须使用关键字________;在需要返回查询结果中的所有行时,可以使用关键字ALL。

11. 如果需要在SELECT子句中包括一个表的所有列,可使用符号________。

12. 当进行模糊查询时,应使用关键字________和通配符________或百分号%。

13. WHERE子句可以接收FROM子句输出的数据,而HAVING子句则可以接收来自________、FROM或________子句的输入。

14. 在使用逗号连接的多表查询中,为了防止出现笛卡儿积,需要SELECT语句的________子句提供连接条件。

15. ________为具有相同名称的列自动进行记录匹配,它不必指定任何同等连接条件。

16. 使用关键字连接子查询时,________关键字只注重子查询是否返回行,如果子查询返回一个或多个行,那么便返回为真,否则为假。

17. 外连接的三种类型是什么?

18. 简述集合查询的类型及作用。

上机

训练目标:数据查询。

培养能力	熟练掌握数据查询SQL语句		
掌握程度	★★★★★	难度	中等
代码行数	10	实施方式	重复编码
结束条件	独立编写,运行不出错		

参考训练内容:

(1) 根据表6-10、表6-12的表结构,创建employee、dept表。

(2) 根据表6-11、表6-13的表记录,为employee、dept表添加记录。

(3) 查询employee表中总共有几条记录。

(4) 查询销售人员(salesman)的最低工资。

(5) 查询员工姓名以字母N或者S结尾的记录。

(6) 查询在Beijing工作的员工的姓名和职务。

(7) 使用左连接方式查询employee和dept表。

(8) 查询所有2001—2005年入职的员工的信息。

(9) 查询部门编号为20和30的员工信息并使用UNION合并两个查询结果。

(10) 使用LIKE查询员工姓名中包含字母"a"的记录

表 6-10　employee 表结构

字　段　名	字段说明	数 据 类 型	主键	外键	非空	唯一
e_no	员工编号	NUMBER(11)	是	否	是	是
e_name	员工姓名	VARCHAR2(50)	否	否	是	否
e_gender	员工性别	VARCHAR2(2)	否	否	否	否
dept_no	部门编号	NUMBER(11)	否	否	是	否
e_job	职位	VARCHAR2(50)	否	否	是	否
e_salary	薪水	NUMBER(11)	否	否	是	否
hireDate	入职时间	DATE	否	否	是	否

表 6-11　employee 表记录

e_no	e_name	e_gender	dept_no	e_job	e_salary	hireDate
1001	SMITH	m	20	CLERK	800	2005-11-12
1002	ALLEN	f	30	SALESMAN	1600	2003-05-12
1003	WARD	f	30	SALESMAN	1250	2003-05-12
1004	JONES	m	20	MANAGER	2975	1998-05-18
1005	MARTIN	m	30	SALESMAN	1250	2001-06-12
1006	BLAKE	f	30	MANAGER	2850	1997-02-15
1007	CLARK	m	10	MANAGER	2450	2002-09-12
1008	SCOTT	m	20	ANALYST	3000	2003-05-12
1009	KING	f	10	PRESIDENT	5000	1995-01-01
1010	TURNER	f	30	SALESMAN	1500	1997-10-12

表 6-12　dept 表结构

字　段　名	字段说明	数 据 类 型	主键	外键	非空	唯一
dept_no	部门编号	Number(11)	是	否	是	是
d_name	部门名称	varhchar2(50)	否	否	是	否
d_location	部门地址	varhchar2(100)	否	否	否	否

表 6-13　dept 表记录

dept_no	d_name	d_location
10	ACCOUNTING	ShangHai
20	RESEARCH	BeiJing
30	SALES	ShenZhen
40	OPERATIONS	FuJian

常用模式对象

本章任务完成 Q_MicroChat 微聊项目所需的视图、序列和索引的创建。具体任务分解如下：

- 【任务 7-1】 创建项目所需视图
- 【任务 7-2】 创建项目所需序列
- 【任务 7-3】 创建项目所需索引

学习导航/课程定位

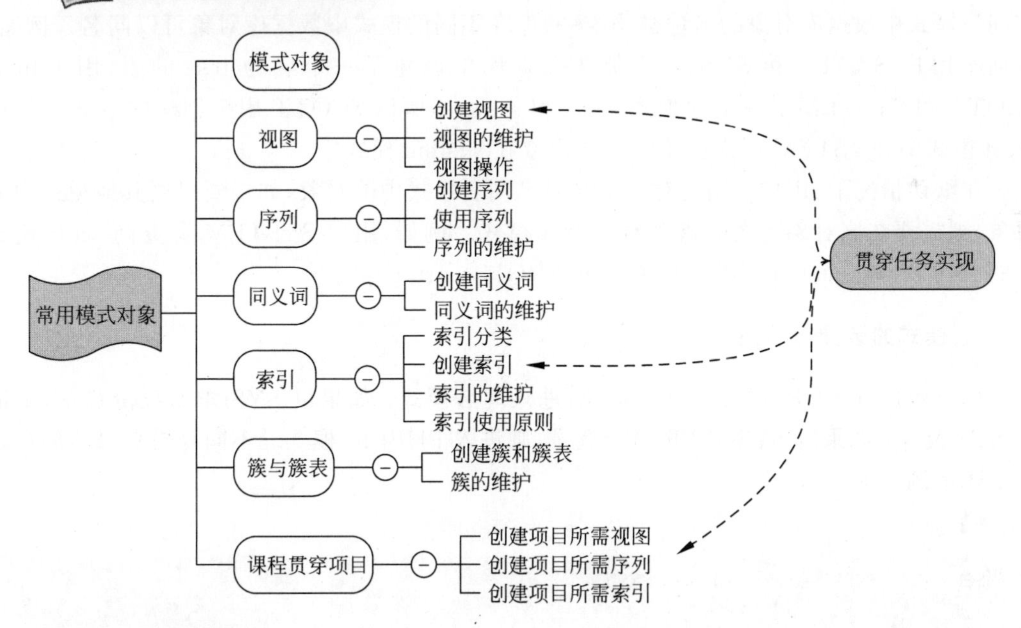

本章目标

知 识 点	Listen(听)	Know(懂)	Do(做)	Revise(复习)	Master(精通)
模式对象	★	★	★	★	★
视图	★	★	★	★	★

续表

知　识　点	Listen(听)	Know(懂)	Do(做)	Revise(复习)	Master(精通)
序列	★	★	★	★	★
同义词	★	★	★	★	★
索引	★	★	★	★	★
簇与簇表	★	★	★		

7.1 模式对象

在Oracle数据库中，用户数据是以对象的形式存在的，并以模式为单位进行组织。Oracle数据库对象又称为模式对象，最基本的模式对象是表。除此以外，常用的模式对象还包括：视图、序列、同义词、索引等。

1. 模式的概念

所谓模式是指一系列逻辑数据结构或对象的集合。Oracle数据库中数据对象都是以模式为单位进行组织和管理的。

模式与用户相对应，一个模式只能被一个数据库用户所拥有，并且模式的名称与这个用户的名称相同。在通常情况下，用户所创建的数据库对象都保存在与自己同名的模式中。在同一模式中数据库对象的名称必须唯一，但在不同的模式中数据库对象可以同名。例如，数据库用户SCOTT和SYSTEM都在数据库中创建了一个名为test的表，因为用户SCOTT和SYSTEM分别对应模式scott和system，所以SCOTT用户创建的test表放在scott模式中，SYSTEM用户创建的test表放在system模式中。

在默认情况下，用户引用的对象是与自己同名模式中的对象，如果要引用其他模式中的对象，则需要在该对象名之前指明对象所属模式。例如，用户SYSTEM要查询scott模式中的test表，则查询语句为“SELECT * FROM scott.test”。

2. 模式的选择与切换

如果用户以NORMAL身份登录，则进入同名模式；如果以SYSDBA身份登录，则进入SYS模式；如果以SYSOPER身份登录，则进入PUBLIC模式。不同身份登录后的模式如下述示例所示。

【示例】

```
SQL> CONN SYSTEM/QSTqst2015 AS SYSDBA;
已连接。
SQL> SHOW USER;
USER 为 "SYS"
SQL> GRANT SYSOPER TO scott;
授权成功。
SQL> CONN scott/tiger AS SYSOPER;
已连接。
SQL> SHOW USER;
```

```
USER 为 "PUBLIC"
SQL > CONN scott/tiger;
已连接。
SQL > SHOW USER;
USER 为 "SCOTT"
```

3. 数据库对象类型

Oracle 数据库中并不是所有的对象都是模式对象。表、索引、索引化表、分区表、视图、数据库链接、序列、同义词、PL/SQL 包、函数、存储过程等属于特定的模式，称为模式对象；表空间、用户、角色、目录、概要文件及上下文等数据库对象不属于任何模式，称为非模式对象。

7.2 视图

视图是一种数据库对象，是从一个或者多个数据表或视图中导出的虚表，在数据库中只有视图的定义，而没有实际对应表的存在。视图本质就是一个查询语句，被编译后存储在数据字典里。视图所对应的数据并不真正地存储在视图中，而是存储在所引用的数据表(也称"基表")中，视图的结构和数据是对数据表(基表)进行查询的结果。

视图的使用具有以下优势。

- 简化数据查询：对于较复杂的 SELECT 语句的查询，可以使用视图降低执行这些查询的复杂度。
- 着重于特定数据：不必要的数据或敏感数据可以不出现在视图中。
- 提供一个简单而有效的安全机制：可以定制不同用户对数据的访问权限。
- 自定义数据：视图允许用户以不同方式查看数据。
- 导出和导入数据：可使用视图将数据导出到其他应用程序。

根据视图定义时复杂程度的不同，其可分为简单视图和复杂视图。简单视图的数据来源于一个基表，不包含函数、分组等，可以直接进行 DML 操作；复杂视图的数据来源于一个或多个基表，可以包含连接、函数、分组、伪列、表达式等，能否直接进行 DML 操作取决于视图的具体定义。

7.2.1 创建视图

可以使用 CREATE VIEW 语句创建视图，其语法如下。

【语法】

```
CREATE [OR REPLACE] [FORCE] VIEW [schema.]view_name
[(alias[,alias]...)]
AS
subquery
[WITH CHECK OPTION [CONSTRAINT constraint]]
[WITH READ ONLY];
```

其中：

- OR REPLACE 表示若所创建的视图已经存在，自动重建该视图。
- FORCE 表示不管基表是否存在都创建视图。如果省略，表示仅当基表存在时才创建视图。
- alias 表示为视图产生的列定义的别名。
- subquery 表示一条完整的 SELECT 语句。
- WITH CHECK OPTION 表示在对视图的数据行进行插入或修改操作时，检查数据是否满足视图中 SELECT 语句定义的约束条件；选项 CONSTRAINT 用于为指定的约束命名。
- WITH READ ONLY 表示该视图为只读视图，不能进行任何 DML 操作。

使用 CREATE VIEW 语句创建视图时，还必须满足以下要求：

- 如果用户是在自己模式中创建视图，需要具有 CREATE VIEW 系统权限；如果在其他模式中创建视图，需要具有 CREATE ANY VIEW 系统权限。
- 视图的所有者必须显式获得视图定义中基表的操作权限，而不能通过角色间接获得对基表的操作权限。通过视图可以进行的操作取决于视图所有者对基表的操作权限。例如，如果视图所有者仅具有对视图基表 SCOTT. EMP 的 UPDATE 对象权限，那么通过该视图只能进行数据更新操作，而无法实现 SELECT、INSERT、DELETE 等操作。
- 如果视图所有者要将视图的操作权限授予其他用户，视图所有者在获得基表操作权限时必须具有权限的传递性，即授权时需使用 WITH GRANT OPTION 或 WITH ADMIN OPTION 选项。

1. 创建简单视图

简单视图的 SELECT 查询只从一个基表中导出数据，并且不包含表的关联、分组函数等。例如，下述示例创建一个包含员工编号、姓名、工资和部门编号，并按员工编号升序排序的员工基本信息视图。

【示例】 创建简单视图。

```
SQL> CONN SYSTEM/QSTqst2015@QST;
已连接。
SQL> CREATE VIEW scott.v_emp_base
  2  AS
  3  SELECT empno,ename,sal,deptno FROM emp ORDER BY empno;
视图已创建。
```

> 用户需要具有创建视图的系统权限才可以创建视图。通过查询数据字典 USER_SYS_PRIVS 可以判断当前用户是否具有 CREATE VIEW 权限。

上述示例通过 SYSTEM 用户为 scott 模式创建了一个视图模式对象 v_emp_base。视图创建完成后，便可以像普通表一样对视图进行查询操作。例如，下述示例实现对 v_emp_

base视图的查询。

【示例】 查询简单视图。

```
SQL> CONN SYSTEM/QSTqst2015@QST;
已连接。
SQL> SELECT * FROM scott.v_emp_base;
     EMPNO     ENAME                    SAL          DEPTNO
---------- -------------------- ---------- ----------
      7369     SMITH                    800          20
      7499     ALLEN                    1600         30
      7521     WARD                     1250         30
...
已选择 12 行。
SQL> CONN scott/tiger;
已连接。
SQL> SELECT ename,deptno FROM v_emp_base;
ENAME                     DEPTNO
-------------------- ----------
SMITH                     20
ALLEN                     30
WARD                      30
...
已选择 12 行。
```

下述示例演示创建一个简单只读视图。只读视图仅能查询,不能对其进行DML操作。

【示例】 创建简单只读视图。

```
SQL> CREATE VIEW scott.v_emp_base_read
  2  AS
  3  SELECT empno,ename,sal,deptno FROM emp ORDER BY empno
  4  WITH READ ONLY;
视图已创建。
```

2. 创建复杂视图

复杂视图的SELECT查询包含函数、数据组或经过运算得到的数据,也可以是从多个表中获取数据。例如,下述示例创建一个包含多表连接以及分组查询的视图。

【示例】 创建复杂视图1。

```
SQL> CONN SYSTEM/QSTqst2015@QST;
已连接。
SQL> GRANT create view TO scott;
授权成功。
SQL> CONN scott/tiger;
已连接。
SQL> CREATE OR REPLACE VIEW v_dept_sal
  2  (name,minsal,maxsal,avgsal)
  3  AS
  4  SELECT d.dname,MIN(e.sal),MAX(e.sal),AVG(e.sal)
  5  FROM dept d,emp e
  6  WHERE d.deptno = e.deptno
```

```
  7  GROUP BY d.dname;
视图已创建。
SQL> SELECT * FROM v_dept_sal;
NAME                              MINSAL      MAXSAL      AVGSAL
------------------------------ ---------- ---------- ----------
ACCOUNTING                        1300        5000        2916.66667
RESEARCH                          800         3000        2258.33333
SALES                             950         2850        1566.66667
```

上述示例中，首先由 SYSTEM 用户为 SCOTT 用户授予创建视图的权限，然后由 SCOTT 创建按照部门进行分组统计的视图，同时为 SELECT 查询的列指定简易的别名。

如果视图中的 SELECT 子句包含限定条件，创建视图时可以使用 WITH CHECK OPTION 选项。例如，下述示例创建一个工资大于 2000 的员工年薪信息的视图。

【示例】 创建复杂视图 2。

```
SQL> CREATE VIEW v_emp_salary
  2  AS
  3  SELECT empno, ename, sal * 12 salary
  4  FROM emp
  5  WHERE sal > 2000
  6  WITH CHECK OPTION;
视图已创建。
SQL> SELECT * FROM v_emp_salary;
    EMPNO  ENAME                    SALARY
 -------- -------------------- ----------
     7566  JONES                    35700
     7698  BLAKE                    34200
     7782  CLARK                    29400
     7839  KING                     60000
     7902  FORD                     36000
```

7.2.2 视图的维护

1. 修改视图

使用 CREATE OR REPLACE VIEW 语句可以修改视图，其实质是删除原视图并重建该视图，但是会保留该视图授予的各种权限。例如，修改视图 v_emp_salary，增加对部门的限制条件，视图修改语句如下。

【示例】 修改视图。

```
SQL> CREATE OR REPLACE VIEW v_emp_salary
  2  AS
  3  SELECT empno, ename, sal * 12 salary
  4  FROM emp
  5  WHERE sal > 2000 AND deptno = 10
  6  WITH CHECK OPTION;
视图已创建。
```

```
SQL> SELECT * FROM v_emp_salary;
     EMPNO     ENAME                          SALARY
----------- --------------------- -----------
      7782     CLARK                          29400
      7839     KING                           60000
```

2. 查看视图

可以通过以下数据字典查询视图的相关信息：

- DBA_VIEWS：包含数据库中所有视图的信息。
- ALL_VIEWS：包含当前用户可以访问的所有视图的信息。
- USER_VIEWS：包含当前用户拥有的所有视图的信息。

例如，下述示例演示查询当前用户拥有的所有视图名称及视图定义信息。

【示例】

```
SQL> SELECT view_name,text FROM user_views;
VIEW_NAME          TEXT
---------------  --------------------------------------------------------
V_EMP_BASE         SELECT empno,ename,sal,deptno FROM emp ORDER BY empno
V_DEPT_SAL         SELECT d.dname,MIN(e.sal),MAX(e.sal),AVG(e.sal)
                   FROM dept d,emp e
                   WHERE d.deptno
...
```

3. 删除视图

可以使用 DROP VIEW 命令删除视图。删除视图后，该视图的定义也从数据字典中删除，同时基于被删除视图的其他视图或应用将无效，但是对基表中的数据没有任何影响。

例如，下述示例删除视图 v_emp_salary。

【示例】

```
SQL> DROP VIEW v_emp_salary;
视图已删除。
```

在删除视图时，还需要注意只有视图的所有者和具备 DROP VIEW 权限的用户才可以删除视图。

7.2.3 视图操作

在视图上也可以进行修改数据的 DML 操作(INSERT、UPDATE 和 DELETE)。因为视图是“虚表”，因此对视图的操作最终会转换为对基表的操作。视图上的 DML 操作会有如下限制：

- 只能修改一个底层的基表。
- 如果修改违反了基表的约束条件，则无法更新视图。
- 如果视图包含连接操作符、DISTINCT 关键字、集合操作符(UNION、MINUS、

INTERSECT等)、聚合函数(SUM、AVG 等)、GROUP BY、CONNECT BY、START WITH子句,则无法更新视图。

- 如果视图包含伪列(ROWID、ROWNUM等)或表达式,则无法更新视图。

通过下述示例创建一个雇员表employee,创建一个对此表进行查询操作的视图v_test,演示对此视图数据的修改操作。

【示例】 创建视图。

```
SQL> CREATE TABLE employee AS SELECT * FROM emp;
表已创建。
SQL> CREATE OR REPLACE VIEW v_test
  2  AS
  3  SELECT empno,ename,sal,deptno
  4  FROM employee
  5  WHERE deptno = 20
  6  WITH CHECK OPTION;
视图已创建。
SQL> SELECT * FROM v_test;
     EMPNO    ENAME                      SAL        DEPTNO
----------  --------------------- ---------  -----------
      7369    SMITH                      800        20
      7566    JONES                     2975        20
      7902    FORD                      3000        20
```

下述示例演示对视图v_test的数据进行更新,并查看更新后基表的数据变化。

【示例】 更新视图数据1。

```
SQL> UPDATE v_test SET sal = 1000 WHERE ename = 'SMITH';
已更新 1 行。
SQL> SELECT empno,ename,sal,deptno FROM employee WHERE ename = 'SMITH';
     EMPNO    ENAME                      SAL        DEPTNO
----------  --------------------- ---------  -----------
      7369    SMITH                     1000        20
```

由上述示例可见,对视图的更新操作改变了基表的数据。

在v_test视图中,使用WITH CHECK OPTION选项设置了对视图中数据操作的约束条件检查,即该视图中员工所在的部门编号为20号。下述示例演示违反此约束条件的操作结果。

【示例】 更新视图数据2。

```
SQL> UPDATE v_test SET deptno = 10 WHERE ename = 'SMITH';
UPDATE v_test SET deptno = 10 WHERE ename = 'SMITH'
       *
第 1 行出现错误:
ORA-01402: 视图 WITH CHECK OPTION where 子句违规
```

下述示例演示无法对一个包含表达式列的视图进行更新和插入操作。

【示例】 更新含表达式列的视图数据。

```
SQL> CREATE OR REPLACE VIEW v_test
  2  (empno,ename,salary,deptno)
```

```
  3  AS
  4  SELECT empno,ename,sal * 12,deptno
  5  FROM employee
  6  WHERE deptno = 20
  7  WITH CHECK OPTION;
视图已创建。
SQL> UPDATE v_test SET salary = 960 WHERE ename = 'SMITH';
UPDATE v_test SET salary = 960 WHERE ename = 'SMITH'
                   *
第 1 行出现错误:
ORA - 01733: 此处不允许虚拟列
SQL> INSERT INTO v_test(empno,ename,salary,deptno)
  2  VALUES(1111,'ZHANGS',30000,20);
INSERT INTO v_test(empno,ename,salary,deptno)
                                  *
第 1 行出现错误:
ORA - 01733: 此处不允许虚拟列
```

下述示例演示对上述示例中的 v_test 视图进行数据删除操作。

【示例】 删除视图数据。

```
SQL> DELETE FROM v_test WHERE ename = 'SMITH';
已删除 1 行。
SQL> SELECT * FROM v_test;
     EMPNO    ENAME                      SALARY       DEPTNO
----------  --------------------  ----------  ----------
      7566    JONES                      35700        20
      7902    FORD                       36000        20
```

同样,对包含多表连接查询的视图也无法进行数据更新操作,如下述示例所示。

【示例】 更新多表连接的视图数据。

```
SQL> CREATE OR REPLACE VIEW v_emp_dept
  2  AS
  3  SELECT ename,sal,dname
  4  FROM emp e,dept d
  5  WHERE e.deptno = d.deptno;
视图已创建。
SQL> UPDATE v_emp_dept SET sal = 800 WHERE ename = 'SMITH';
UPDATE v_emp_dept SET sal = 800 WHERE ename = 'SMITH'
                       *
第 1 行出现错误:
ORA - 01779: 无法修改与非键值保存表对应的列
```

7.3 序列

序列是用于生成唯一、连续序号的数据库对象,可以为多个数据库用户依次生成不重复的连续整数,通常会使用序列自动生成表中的主键值。序列产生的数字最大长度可达到 38 位十进制数。序列不占用实际的存储空间,在数据字典中只存储序列的定义描述。

7.3.1 创建序列

创建序列使用 CREATE SEQUENCE 语句，语法如下。

【语法】

```
CREATE SEQUENCE sequence
[START WITH n]
[INCREMENT BY m]
[MAXVALUE max | NOMAXVALUE]
[MINVALUE min | NOMINVALUE]
[CYCLE | NOCYCLE]
[CACHE  cache | NOCACHE];
```

其中：

- START WITH 用于设置序列的初始值，默认值为 1。
- INCREMENT BY 用于设置相邻两个元素之间的差值，即步长，默认值为 1。
- MAXVALUE 用于设置序列的最大值，默认情况下，递增序列的最大值为 10^{27}，递减序列的最大值为－1。
- MINVALUE 用于设置序列的最小值，默认情况下，递增序列的最小值为 1，递减序列的最小值为 -10^{26}。
- CYCLE 用于指定当序列达到其最大或最小值后，是否循环生成值，默认不循环。
- CACHE 用于设置 Oracle 服务器预先分配并保留在内存中的值的个数，默认 Oracle 服务器高速缓存中有 20 个值。

例如，创建一个初始值为 1、最大值为 1000、步长为 1 的序列，如下述示例所示。

【示例】 **创建序列 1**。

```
SQL> CREATE SEQUENCE seq_emp
  2  START WITH 1
  3  INCREMENT BY 1
  4  MAXVALUE 1000;
序列已创建。
```

下述示例创建一个初始值为 10、步长为 10、最大值为 50、最小值为 10、达到最大值时继续循环产生值、服务器预先缓存 3 个值的序列。

【示例】 **创建序列 2**。

```
SQL> CREATE SEQUENCE seq_dept
  2  START WITH 10
  3  INCREMENT BY 10
  4  MAXVALUE 50
  5  MINVALUE 10
  6  CYCLE
  7  CACHE 3;
序列已创建。
```

7.3.2 使用序列

序列的使用是指通过序列的伪列来访问序列的值，序列有以下两个伪列：

- NEXTVAL：返回序列的下一个值。
- CURRVAL：返回序列的当前值，并且只有在发出至少一个 NEXTVAL 之后才可以使用 CURRVAL。

序列的值可以应用于查询的选择列表、INSERT 语句的 VALUES 子句、UPDATE 语句的 SET 子句，但不能应用在 WHERE 子句或 PL/SQL 过程性语句中。例如，利用 7.3.1 节中创建的序列 seq_dept 向表 department 中添加、查询、修改数据，如下述示例所示。

【示例】 使用序列。

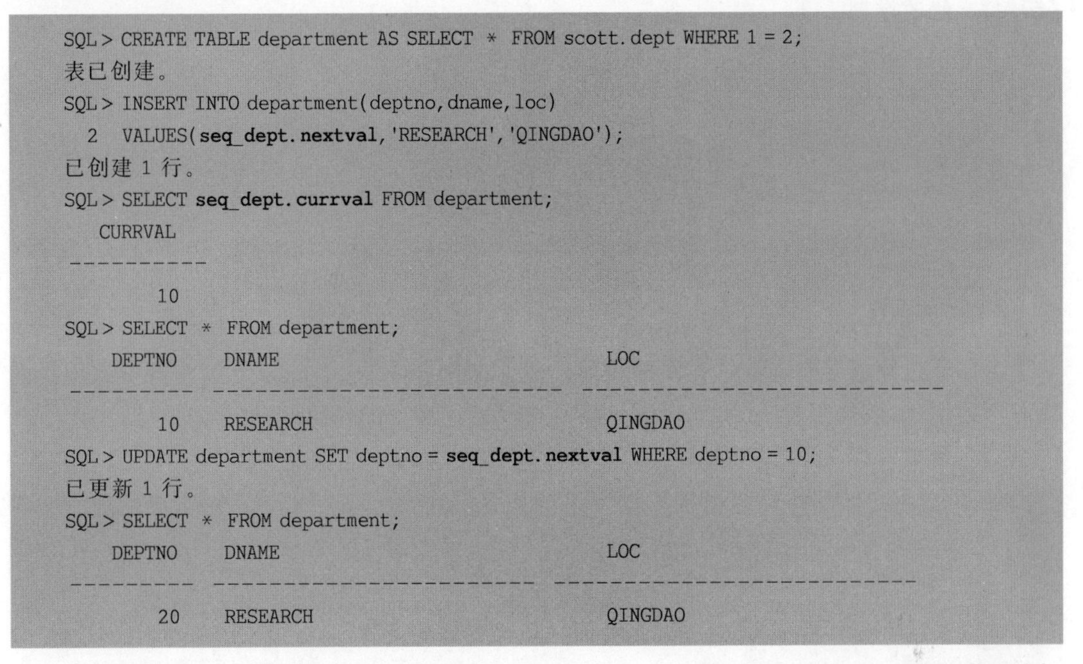

```
SQL> CREATE TABLE department AS SELECT * FROM scott.dept WHERE 1 = 2;
表已创建。
SQL> INSERT INTO department(deptno,dname,loc)
  2  VALUES(seq_dept.nextval,'RESEARCH','QINGDAO');
已创建 1 行。
SQL> SELECT seq_dept.currval FROM department;
   CURRVAL
----------
        10
SQL> SELECT * FROM department;
    DEPTNO   DNAME                        LOC
---------  -------------------------  --------------------------
        10   RESEARCH                     QINGDAO
SQL> UPDATE department SET deptno = seq_dept.nextval WHERE deptno = 10;
已更新 1 行。
SQL> SELECT * FROM department;
    DEPTNO   DNAME                        LOC
---------  -----------------------  --------------------------
        20   RESEARCH                     QINGDAO
```

在实际应用中，序列值多用在 INSERT 语句的 VALUES 子句中，用于自动生成表的主键值。对于序列 seq_dept，由于其设置了 CYCLE 属性，因此当序列值达到指定的最大值 50 时，会循环产生序列值，如下述示例所示的现象。如果 department 表设置了主键约束，则会出现异常。

【示例】 CYCLE 属性序列的使用现象。

```
SQL> INSERT INTO department(deptno,dname,loc)
  2  VALUES(seq_dept.nextval,'RESEARCH','QINGDAO');
已创建 1 行。
...省略重复上述 INSERT 操作 5 次
SQL> SELECT * FROM department;
    DEPTNO   DNAME                        LOC
----------  -------------------------  --------------------------
        20   RESEARCH                     QINGDAO
        30   RESEARCH                     QINGDAO
        40   RESEARCH                     QINGDAO
        50   RESEARCH                     QINGDAO
        10   RESEARCH                     QINGDAO
        20   RESEARCH                     QINGDAO
```

7.3.3 序列的维护

1. 修改序列

序列创建完成后,可以使用 ALTER SEQUENCE 语句修改序列。除了不能修改序列起始值外,可以对序列其他任何子句和参数进行修改。如果要修改 MAXVALUE 参数值,需要保证修改后的最大值大于序列的当前值。此外,序列的修改只影响以后生成的序列号。

【示例】 修改序列。

```
SQL >  ALTER SEQUENCE seq_dept
  2  INCREMENT BY 1
  3  MAXVALUE 1000
  4  NOCYCLE
  5  CACHE 10;
序列已更改。
```

2. 查看序列

可以通过数据字典查询已存在的序列。数据字典 dba_sequences 可以查看所有用户的所有序列信息,数据字典 user_sequences 可以查看当前用户的所有序列信息。

【示例】 查看当前用户的序列信息。

```
SQL > CONN scott/tiger;
SQL > SELECT sequence_name,min_value,max_value,
  2  increment_by,cycle_flag,cache_size
  3  FROM user_sequences;
SEQUENCE_NAME      MIN_VALUE   MAX_VALUE        INCREMENT_BY     CY       CACHE_SIZE
-------------   ---------   ------------    -------------    ------   -----------
SEQ_DEPT           10          1000             1                N        10
SEQ_EMP             1          1000             1                N        20
```

【示例】 查看所有用户的所有序列信息。

```
SQL > CONN system/QSTqst2015;
SQL > SELECT sequence_owner,sequence_name,min_value,max_value,
  2  increment_by,cycle_flag,cache_size
  3  FROM dba_sequences;
SEQUENCE_OWNER     SEQUENCE_NAME    MIN_VALUE      MAX_VALUE    INCREMENT_BY   CY   CACHE_SIZE
-------------   ------------    ---------    ---------    ----------    --   ---------
...
SCOTT              SEQ_DEPT         10             1000         1              N    10
SCOTT              SEQ_EMP           1             1000         1              N    20
...
```

3. 删除序列

当不再需要某个序列时,可以使用 DROP SEQUENCE 语句删除序列。例如,下述示例删除前面创建的 seq_dept 序列。

【示例】 删除序列。

```
SQL > DROP SEQUENCE seq_dept;
序列已删除。
```

7.4 同义词

同义词是数据库中模式对象的别名。Oracle 数据库中的大部分数据库对象(如表、视图、序列、索引、函数、存储过程、包等),数据库管理员都可以根据实际情况为它们定义同义词。同义词经常用于简化对模式对象的访问和提高模式对象访问的安全性。在使用同义词时,Oracle 数据库将它翻译成对应模式对象的名字。与视图和序列类似,同义词并不占用实际存储空间,只是在数据字典中保存了同义词的定义。

同义词具有以下优势:

- 简化 SQL 语句。如果某个模式对象的名字很长,可以为该模式对象创建一个同义词简化 SQL 开发。
- 隐藏对象的名称和所有者。在多用户协同开发中,如果没有同义词,当操作其他用户的模式对象时,必须通过"用户名.对象名"的形式,采用同义词后便可以隐藏用户名和对象名。
- 提供对对象的公共访问。

同义词可分为以下两种类型。

- 私有同义词:属于创建它的用户,且只能在该用户模式内访问,此用户可以通过授权来控制其他用户使用其私有同义词。
- 公有同义词:由特殊的用户组 PUBLIC 所拥有,一般由 DBA、SYSTEM、SYS 创建,数据库中的每个用户都能够访问。公用同义词往往用来标示一些比较普通、常用的数据库对象。

7.4.1 创建同义词

可以使用 CREATE SYNONYM 语句创建同义词,语法如下。

【语法】

```
CREATE [PUBLIC] SYNONYM synonym_name
FOR schema_object;
```

其中:

- PUBLIC 用来指定创建的同义词是否为公有同义词。
- synonym_name 为创建的同义词名称。
- schema_object 为同义词所针对的模式对象。

用户需要具有与同义词相关的权限才可创建同义词。与同义词相关的权限有 CREATE SYNONYM、CREATE ANY SYNONYM、CREATE PUBLIC SYNONYM 权限。如果用户在自己的模式下创建私有同义词,则需要拥有 CREATE SYNONYM 权限;

如果需要在其他用户模式下创建私有同义词，则必须具有 CREATE ANY SYNONYM 权限；如果需要创建公有同义词，则需要 CREATE PUBLIC SYNONYM 权限。

下述示例演示为 scott 授予创建私有同义词的权限，然后为 scott 模式下的 emp 表创建同义词 scottemp。

【示例】 创建私有同义词。

```
SQL > CONN system/QSTqst2015;
已连接。
SQL > GRANT create synonym TO scott;
授权成功。
SQL > CONN scott/tiger;
已连接。
SQL > CREATE SYNONYM scottemp FOR emp;
同义词已创建。
SQL > SELECT empno, ename FROM scottemp;
    EMPNO    ENAME
--------- --------------------
     7369    SMITH
     7499    ALLEN
     7521    WARD
...
SQL > CONN system/QSTqst2015;
已连接。
SQL > SELECT empno, ename FROM scottemp;
SELECT empno, ename FROM scottemp
                         *
第 1 行出现错误:
ORA - 00942: 表或视图不存在
```

通过上述示例可见，私有同义词只能被创建它的用户所访问。

下述示例演示为 scott 授予创建公有同义词的权限，然后为 scott 模式下的 dept 表创建同义词 scottdept，并使用 PUBLIC 关键字指定其为公有同义词，这样在其他用户模式中便可以通过此同义词访问 dept 表中的数据。

【示例】 创建公有同义词。

```
SQL > CONN system/QSTqst2015;
已连接。
SQL > GRANT create public synonym TO scott;
授权成功。
SQL > CONN scott/tiger;
已连接。
SQL > CREATE PUBLIC SYNONYM scottdept FOR dept;
同义词已创建。
SQL > CONN system/QSTqst2015;
已连接。
SQL > SELECT * FROM scottdept;
    DEPTNO    DNAME                       LOC
---------- ---------------------------- ---------------------------------
        10    ACCOUNTING                  NEW YORK
        20    RESEARCH                    DALLAS
        30    SALES                       CHICAGO
        40    OPERATIONS                  BOSTON
```

7.4.2　同义词的维护

1. 创建或替换现有的同义词

可以通过 CREATE OR REPLACE 语句创建或替换现有的同义词。例如，下述示例替换公有同义词 scottdept 所对应的表，将对应的表由 dept 改为前面示例创建的 department。

【示例】 替换现有的同义词。

```
SQL > CONN scott/tiger;
已连接。
SQL > CREATE OR REPLACE PUBLIC SYNONYM scottdept FOR SCOTT.department;
同义词已创建。
SQL > CONN system/QSTqst2015;
已连接。
SQL > SELECT * FROM scottdept;
    DEPTNO     DNAME                          LOC
 ---------- ------------------------------ --------------------------
        20     RESEARCH                       QINGDAO
        30     RESEARCH                       QINGDAO
        40     RESEARCH                       QINGDAO
        50     RESEARCH                       QINGDAO
        10     RESEARCH                       QINGDAO
        20     RESEARCH                       QINGDAO
已选择 6 行。
```

2. 查看同义词

可以通过数据字典来查询已存在的同义词。数据字典 user_synonyms 用来查看当前用户所拥有的同义词；数据字典 all_synonyms 用来查看所有用户所拥有的同义词。使用如下述示例所示。

【示例】 查看用户所创建的同义词。

```
SQL > CONN scott/tiger;
已连接。
SQL > SELECT synonym_name,table_owner,table_name FROM user_synonyms;
SYNONYM_NAME        TABLE_OWNER         TABLE_NAME
-------------- -------------- --------------
SCOTTEMP            SCOTT               EMP
```

【示例】 查看所有同义词。

```
SQL > SELECT owner,synonym_name,table_owner,table_name
  2  FROM all_synonyms
  3  WHERE table_owner = 'SCOTT';
OWNER              SYNONYM_NAME         TABLE_OWNER        TABLE_NAME
------------ -------------- -------------- ------------
PUBLIC             SCOTTDEPT            SCOTT              DEPARTMENT
SCOTT              SCOTTEMP             SCOTT              EMP
```

3. 删除同义词

删除同义词使用 DROP SYNONYM 语句。如果是删除公有同义词，则还需要指定

PUBLIC 关键字。例如，下述示例删除私有同义词 scottemp 和公有同义词 scottdept。

【示例】 删除同义词。

```
SQL > CONN scott/tiger;
已连接。
SQL > DROP SYNONYM scottemp;
同义词已删除。
SQL > CONN system/QSTqst2015;
已连接。
SQL > DROP PUBLIC SYNONYM scottdept;
同义词已删除。
```

7.5 索引

索引是建立在表列上的数据库对象，但无论其物理结构还是逻辑结构都不依赖于表。在一个表上是否创建索引和创建什么类型的索引，都不会对表的使用方式产生影响，仅会影响表中数据的查询效率。

索引之所以能够提高查询效率，是因为如果一个表没有创建索引，则对该表进行查询时需要进行全表扫描，如果对该表创建了索引，那么当查询条件包含索引列时，系统会先对索引进行查询，在索引结构中保存了索引值及其对应的表记录的物理地址（即 rowid），并且按照索引值进行排序，系统利用特定的排序算法（如快速查找、二分查找等）在索引结构中很快就能查询到相应的索引值和 rowid，然后根据 rowid 就可以迅速查询到表中符合条件的数据记录。

7.5.1 索引分类

索引根据索引值是否唯一，可以分为唯一性索引和非唯一性索引；根据索引的组织结构不同，可以分为平衡树索引（B-Tree 索引）和位图索引；根据索引基于的列数不同，可以分为单列索引和复合索引。各类索引依次介绍如下。

1. 唯一性索引和非唯一性索引

唯一性索引是索引值不重复的索引，非唯一性索引是索引值可以重复的索引。唯一性索引和非唯一性索引的索引值都允许为 NULL。当在表中定义主键约束或唯一性约束时，Oracle 会自动在相应列上创建唯一性索引。在默认情况下，Oracle 创建的索引是非唯一性索引。

2. 平衡树索引和位图索引

1）平衡树索引

平衡树索引也称为 B-Tree 索引，按平衡树算法来组织索引。其存储结构由根节点、分支节点及叶子节点三部分构成。整个结构类似于书的目录索引结构，分支节点相当于书的大目录，叶子节点相当于具体到页的索引。分支节点中含有多个按顺序排列的索引条目，每个索引条目由该分支节点下的子节点中包含的最小键值和子节点的地址组成。叶子节点与分支节点一样，也含有多个按顺序排列的索引条目，所不同的是，每个索引条目由所查询的表的索引值及索引值所在的记录行的 rowid 组成。例如，如果对 emp 表的 empno 列建立平衡树索引，其索引结构可如图 7-1 所示。

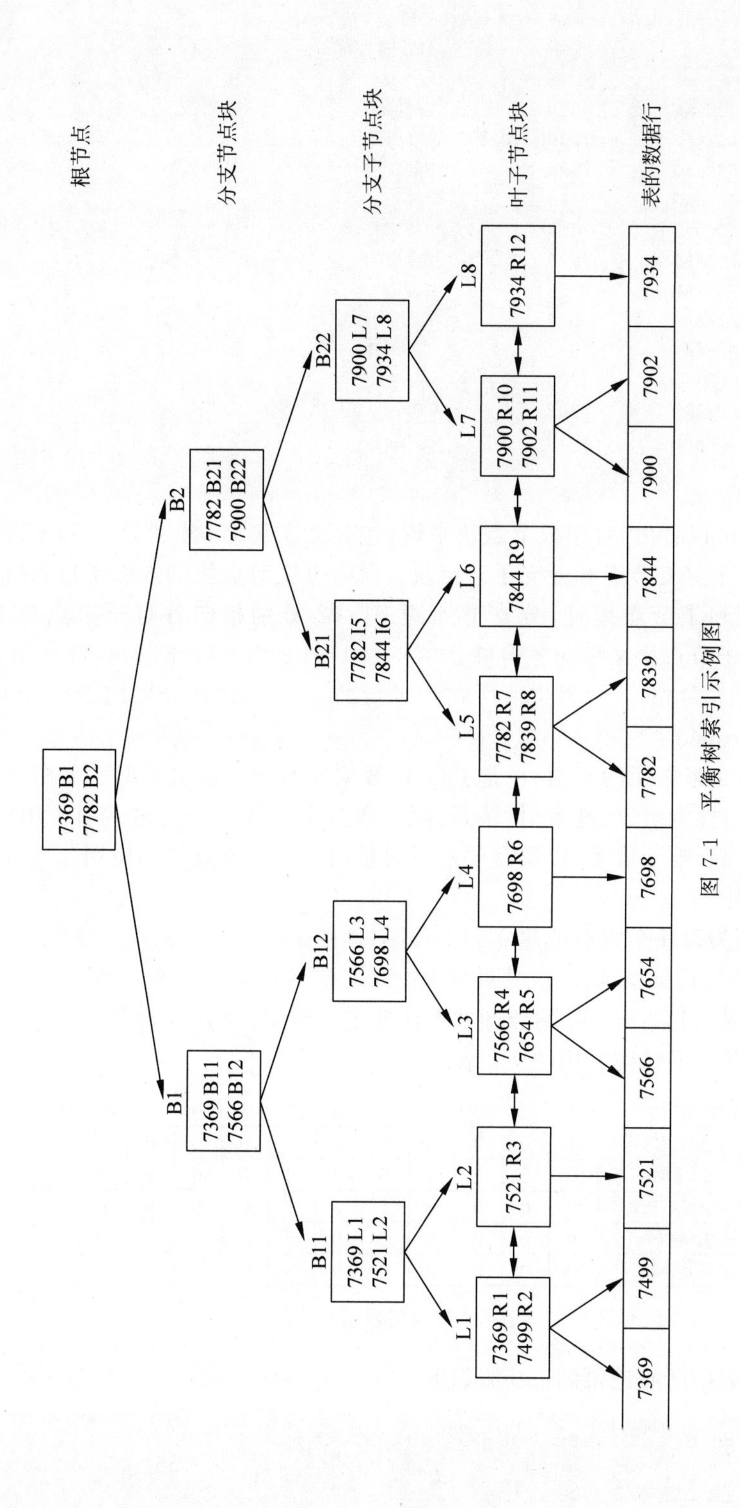

图 7-1 平衡树索引示例图

其中,emp 表中所有记录的 rowid、empno 值如下。

```
SQL> SELECT rowid, empno, ename FROM emp ORDER BY empno;
ROWID                  EMPNO        ENAME
------------------   ----------   --------------------
AAAWaNAAGAAAADEAAA     7369         SMITH
AAAWaNAAGAAAADEAAB     7499         ALLEN
AAAWaNAAGAAAADEAAC     7521         WARD
AAAWaNAAGAAAADEAAD     7566         JONES
AAAWaNAAGAAAADEAAE     7654         MARTIN
AAAWaNAAGAAAADEAAF     7698         BLAKE
AAAWaNAAGAAAADEAAG     7782         CLARK
AAAWaNAAGAAAADEAAH     7839         KING
AAAWaNAAGAAAADEAAI     7844         TURNER
AAAWaNAAGAAAADEAAJ     7900         JAMES
AAAWaNAAGAAAADEAAK     7902         FORD
AAAWaNAAGAAAADEAAL     7934         MILLER
已选择 12 行。
```

从图 7-1 中可以看出,对于根节点块来说,包含 2 条记录,分别为 7369 B1、7782 B2,它们又各自指向 2 个分支节点和分支子节点块。每个分支节点块的索引条目为所链接的各子节点的最小键值和子节点地址,分支节点块 B1、B2 分别指向各自子节点块 B11、B12 和 B21、B22。分支子节点块又指向各自叶子节点,L1～L8 均为叶子节点,叶子节点索引条目为 emp 表的索引值 empno 及索引值所在记录行的 rowid,此处分别用 R1～R12 表示 emp 表 12 行记录的 rowid。

平衡树索引是最常用的索引,也是 Oracle 数据库的默认索引类型。平衡树索引包括唯一性索引、非唯一性索引、反键索引、单列索引、复合索引等。平衡树索引占用空间较多,适合索引值基数较高(唯一值多)以及需要进行大量的增、删、改操作的应用。

2) 位图索引

位图索引是为每一个索引值建立一个位图,位图中每个位元对应一条记录,位元的取值仅为 1 或 0,如果该位元值为 1,则说明与该位元对应的记录包含此位图索引值。当根据键值查询时,可以根据起始 rowid 和位图状态快速定位数据。例如,如果对 emp 表中的 job 列建立位图索引,其索引结构可用图 7-2 表示。

键值/记录行	1	2	3	4	5	6	7	8	9	10	11	12
ANALYST	1	0	0	0	0	0	0	0	0	0	0	0
CLERK	0	1	1	1	0	0	0	0	0	0	0	0
MANAGER	0	0	0	0	1	1	1	0	0	0	0	0
PRESIDENT	0	0	0	0	0	0	0	1	0	0	0	0
SALESMAN	0	0	0	0	0	0	0	0	1	1	1	1

图 7-2 位图索引示例图

其中,emp 表中所有记录的 job 值如下。

```
SQL> SELECT rowid, empno, ename, job FROM emp ORDER BY job;
ROWID                  EMPNO      ENAME                  JOB
------------------   --------   --------------------   --------------------
AAAWaNAAGAAAADEAAK     7902       FORD                   ANALYST
```

```
AAAWaNAAGAAAADEAAL      7934      MILLER          CLERK
AAAWaNAAGAAAADEAAJ      7900      JAMES           CLERK
AAAWaNAAGAAAADEAAA      7369      SMITH           CLERK
AAAWaNAAGAAAADEAAD      7566      JONES           MANAGER
AAAWaNAAGAAAADEAAF      7698      BLAKE           MANAGER
AAAWaNAAGAAAADEAAG      7782      CLARK           MANAGER
AAAWaNAAGAAAADEAAH      7839      KING            PRESIDENT
AAAWaNAAGAAAADEAAI      7844      TURNER          SALESMAN
AAAWaNAAGAAAADEAAC      7521      WARD            SALESMAN
AAAWaNAAGAAAADEAAB      7499      ALLEN           SALESMAN
AAAWaNAAGAAAADEAAE      7654      MARTIN          SALESMAN
已选择 12 行。
```

上述位图索引所对应的存储逻辑结构如表 7-1 所示。

表 7-1 位图索引存储结构

索引键值	起始 ROWID	结束 ROWID	位图向量
ANALYST	AAAWaNAAGAAAADEAAK	AAAWaNAAGAAAADEAAK	100000000000
CLERK	AAAWaNAAGAAAADEAAL	AAAWaNAAGAAAADEAAA	011100000000
MANAGER	AAAWaNAAGAAAADEAAD	AAAWaNAAGAAAADEAAG	000011100000
PRESIDENT	AAAWaNAAGAAAADEAAH	AAAWaNAAGAAAADEAAH	000000010000
SALESMAN	AAAWaNAAGAAAADEAAI	AAAWaNAAGAAAADEAAE	000000001111

从图 7-2 中可以看出,EMP 表中的 5 种职位对应了 5 个键值,每个键值对应一个位图,位图中每个位元对应一条含有此位图表示的键值的记录。位图索引实际上是一个二维数组,行数由索引值的基数决定,列数由表中记录个数决定。

位图索引具有以下优点:

- 由于位图索引创建时不需要排序,因此索引生成速度较快。
- 位图索引用一个位来表示一个索引的键值,占用空间少。
- 位图索引适合索引值基数少、重复率高的应用。
- 当根据键值做 AND、OR、IN(x,y,…)查询时,可直接用索引的位图进行或运算,索引查询效率高。
- 当进行对索引值的统计查询时,直接访问索引中的一个位图就能快速得出统计数据。

位图索引是在 Oracle 数据库 7.3 版本中加入的,Oracle 8i 和 Oracle 9i 的标准版不支持此索引。另外因为位图索引中的每个索引指向的是多行数据,而不是像普通索引只指向一行数据,因此并不适合频繁进行插入、删除或更新的数据操作应用,而多用于对数据的统计分析系统。

3. 单列索引和复合索引

索引可以创建在一列上,也可以创建在多列上。创建在一列上的索引称为单列索引,创建在多列上的索引称为复合索引。

4. 函数索引

函数索引是指基于包含列的函数或表达式创建的索引(索引值为计算后的值)。在函数索引的表达式中可以使用各种算数运算符、PL/SQL 函数和内置 SQL 函数。函数索引是常规的 B-Tree 索引。

7.5.2 创建索引

创建索引使用 CREATE INDEX 语句,语法如下。

【语法】

```
CREATE [UNIQUE]|[BITMAP] INDEX index_name
ON table_name([column_name [ASC|DESC],...]|[expression])
[parameter_list];
```

其中:

- UNIQUE 表示建立唯一性索引。
- BITMAP 表示建立位图索引。
- index_name 为创建的索引名称。
- table_name(column_name)表示索引基于的表名和列名。
- ASC/DESC 用于指定索引值的排列顺序,ASC 表示按升序排列,DESC 表示按降序排列,为默认值。
- parameter_list 用于指定索引的存放位置、存储空间分配和数据块参数设置。

1. 创建平衡树索引

在默认情况下,CREATE INDEX 语句创建的是非唯一性的平衡树索引,如下述示例所示。

【示例】 创建非唯一性 B-Tree 索引 1。

```
SQL> CREATE INDEX index_employee_ename ON employee(ename);
索引已创建。
```

在上述示例中,不指明表空间,表示索引存储在用户默认表空间,不指明存储参数,表示索引将继承所处表空间的存储参数设置。例如,下述示例有存储空间的显式表示方式。

【示例】 创建非唯一性 B-Tree 索引 2。

```
SQL> CREATE INDEX index_employee_ename
  2  ON employee(ename)
  3  TABLESPACE users STORAGE(INITIAL 20K NEXT 10K PCTINCREASE 65);
```

下述示例演示为 department 表中的 deptno 列创建唯一性索引。

【示例】 创建唯一性 B-Tree 索引。

```
SQL> CREATE UNIQUE INDEX index_department_deptno ON department(deptno);
索引已创建。
```

默认情况下，当表中的某列被设置成唯一性约束或主键约束时，系统会自动为其创建一个唯一性索引。例如，下述示例在创建 new_employee 表的主键约束时，为产生的索引指定存储空间分配。

【示例】 定义约束时创建索引。

```
SQL> CREATE TABLE new_employee(
  2  empno NUMBER(4) PRIMARY KEY USING INDEX TABLESPACE users PCTFREE 0,
  3  ename VARCHAR2(10));
```

2. 创建位图索引

位图索引通常创建在表中具有较小基数的列上。例如，下述示例为 EMPLOYEE 表的 DEPTNO 列创建一个位图索引。

【示例】 创建位图索引。

```
SQL> CREATE BITMAP INDEX index_employee_deptno ON employee(deptno);
索引已创建。
```

创建位图索引后，系统可以根据列上的位图进行 AND 或 OR 运算提高查询的速度。

【示例】 使用位图索引。

```
SQL> SELECT empno,ename,deptno FROM employee WHERE deptno = 10 OR deptno = 20;
```

3. 创建函数索引

为了提高在查询条件中使用函数和表达式的查询语句的执行速度，可以创建函数索引。在创建函数索引时，Oracle 首先对包含索引列的函数值或表达式进行求值，然后对求值后的结果进行排序，最后再将排序后的结果存储到索引结构中。函数索引的结构属于平衡树索引。

下述示例演示为 employee 表中的 hiredate 列创建一个基于函数 TO_CHAR()的函数索引。

【示例】 创建函数索引。

```
SQL> CREATE INDEX index_employee_hiredate
  2  ON employee(TO_CHAR(hiredate,'YYYY-MM-DD'));
索引已创建。
```

创建函数索引后，如果在查询条件中包含有相同的函数，则可以提高查询的执行速度。例如，下述查询示例将会使用 index_employee_hiredate 索引。

【示例】 使用函数索引。

```
SQL> SELECT empno,ename,hiredate
  2  FROM employee
  3  WHERE TO_CHAR(hiredate,'YYYY-MM-DD') = '1981-11-17';
```

4. 创建复合索引

前述示例所创建的索引均为单列索引，下述示例演示为 employee 表的 empno 列和 ename 列创建复合索引。

【示例】 创建复合索引。

```
SQL > CREATE INDEX index_empno_ename ON employee(empno,ename);
索引已创建。
```

复合索引的多列的顺序是不受限制的，但索引的使用效率会受到列顺序的影响。例如，对于上述示例中的复合索引，相当于创建了 empno 和(empno,ename)两个索引；如果在 A、B、C 三列上创建了复合索引，则相当于创建了 A、AB、ABC 三个索引。因此，在实际应用中，应将频繁使用的列放在其他列的前面。

复合索引还有一个特点就是键压缩，在创建索引时，如果使用键压缩，则可以节省存储索引的空间。索引越小，读取索引所需的磁盘 I/O 也会减少，从而使得索引读取的性能得到提高。

创建索引时，启用键压缩需要使用 COMPRESS 子句，如下述示例所示。

【示例】 创建复合索引并启用键压缩。

```
SQL > CREATE INDEX index_empno_ename
  2  ON employee(empno,ename)
  3  COMPRESS 2;
```

压缩并不是只能用于复合索引，只要是非唯一索引的列具有较多的重复值，即使单独的列，也可以考虑使用压缩。但是对单独列上的唯一索引进行压缩是没有意义的，因为所有的列值都是不重复的。只有当唯一索引是复合索引且其他列的基数较小时，对其进行压缩才有意义。

7.5.3 索引的维护

1. 修改索引

索引创建完成后，使用 ALTER INDEX 语句可以对索引进行修改。索引的修改包括索引的合并、索引的重建、索引的重命名等。

1) 合并索引

随着对表不断地进行更新操作，索引会产生越来越多的存储碎片，影响索引的使用效率，这时可以通过合并索引和重建索引两种方法清理存储碎片。

ALTER INDEX...COALESCE 语句可以对索引进行合并操作，但只是简单地将平衡树叶子节点中的存储碎片进行合并，并不会改变索引的物理组织结构(如存储空间参数和表空间参数等)。例如，下述示例对 employee 表的 ename 列创建的平衡树索引 index_employee_ename 的存储碎片进行合并。

【示例】 合并索引。

```
SQL> ALTER INDEX index_employee_ename COALESCE DEALLOCATE UNUSED;
索引已更改。
```

假设 index_employee_ename 索引合并前的平衡树结构如图 7-3 所示，图中有两个叶子节点的数据块使用的存储空间为 50%，如果对此索引进行合并，则合并后的结构如图 7-4 所示。合并索引后，第一个叶子节点的数据块使用的存储空间变成了 100%，第二个叶子节点的数据块则被释放掉。

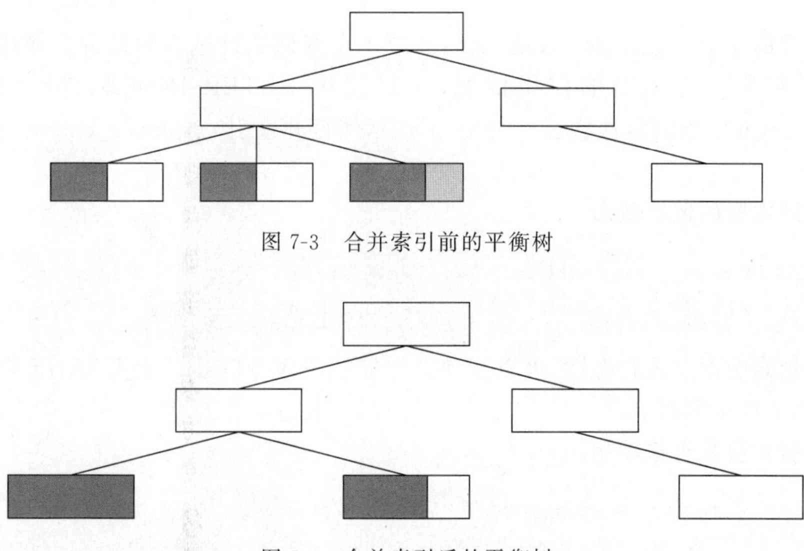

图 7-3　合并索引前的平衡树

图 7-4　合并索引后的平衡树

2）重建索引

清除索引碎片的另一种方法是使用 ALTER INDEX...REBUILD 语句重建索引。重建索引的实质是在指定的表空间中重新建立一个新的索引，然后再删除原来的索引。这样不仅能够清除存储碎片，还可以改变索引的存储参数设置，并且将索引移动到其他的表空间中。

例如，下述示例重建 index_employee_ename 索引。

【示例】 重建索引。

```
SQL> ALTER INDEX index_employee_ename REBUILD;
索引已更改。
```

【示例】 重建索引的同时修改索引存储的表空间。

```
SQL> ALTER INDEX index_employee_ename REBUILD TABLESPACE myspace;
```

平衡树索引经过大量的插入删除操作以后容易使树不平衡，再有就是删除后空间不回收，所以定期重建索引非常有必要。

3）索引重命名

可以使用 ALTER INDEX...RENAME TO 语句为索引重命名。例如，下述示例将索引 index_employee_ename 重命名为 employee_ename_index。

【示例】 **重命名索引。**

```
SQL> ALTER INDEX index_employee_ename RENAME TO employee_ename_index;
索引已更改。
```

2. 监视索引

已经建立的索引是否能够有效地工作，取决于在查询执行过程中是否会使用到这个索引。要查看某个指定索引的使用情况，可以使用 ALTER INDEX... MONITORING USAGE 语句打开索引的监视状态。例如，下述示例打开索引 employee_ename_index 的监视状态。

【示例】 **打开索引的监视状态。**

```
SQL> ALTER INDEX employee_ename_index MONITORING USAGE;
索引已更改。
```

打开指定索引的监视状态后，可以在动态性能视图 V$OBJECT_USAGE 中查看它的使用情况，如下述示例所示。

【示例】 **查看索引是否被使用。**

```
SQL> SELECT * FROM V$OBJECT_USAGE;
INDEX_NAME            TABLE_NAME   MONITO   USED   START_MONITORING   END_MONITORING
--------------------  -----------  -------  -----  -----------------  ---------------
EMPLOYEE_ENAME_INDEX  EMPLOYEE     YES      NO     01/07/2016         09:02:35

SQL> SELECT * FROM employee WHERE ename LIKE 'S%';
EMPNO   ENAME   JOB     MGR    HIREDATE       SAL    COMM    DEPTNO
-----------------------------------------------------------------------------
7369    SMITH   CLERK   7902   17-12月-80    1000   20

SQL> SELECT * FROM V$OBJECT_USAGE;
INDEX_NAME            TABLE_NAME   MONITO   USED   START_MONITORING   END_MONITORING
--------------------  -----------  -------  -----  -----------------  ---------------
EMPLOYEE_ENAME_INDEX  EMPLOYEE     YES      YES    01/07/2016         09:02:35
```

其中 USED 列为 YES 表示索引正被引用，否则为 NO。

使用 ALTER INDEX...NOMONITORING USAGE 语句可以关闭索引的监视状态。例如，下述示例演示关闭索引 employee_ename_index 的监视状态。

【示例】 **关闭索引的监视状态。**

```
SQL> ALTER INDEX employee_ename_index NOMONITORING USAGE;
索引已更改。
SQL> SELECT * FROM V$OBJECT_USAGE;
```

```
INDEX_NAME               TABLE_NAME  MONI  USED  START_MONITORING     END_MONITORING
-------------------      ----------  ----  ----  ----------------     ----------------
EMPLOYEE_ENAME_INDEX     EMPLO       NO    YES   01/07/2016 09:02:35 01/07/2016 09:03:15
```

对于索引监控有以下使用建议：

- 选择数据库高峰期实施索引监控，以及尽可能使用较长的监控周期来判断索引是否被使用。
- 索引监控在一定程度上耗用系统资源，一旦监控完毕后应及时关闭以避免其带来的额外开销。
- 索引监控仅仅从索引的使用与否来描述索引使用，并未提供详细的索引使用频率，仅为 YES 或 NO 所表示的粗略值。

3. 查询索引

可以通过查询数据字典视图或动态性能视图获取索引信息。视图 dba_indexes 用来描述数据库中的所有索引信息；视图 user_indexes 用来描述属于当前用户的索引信息。例如，下述示例通过 user_indexes 视图查询当前用户所拥有的所有索引的名称、类型、对应表的所有者、表名称、是否唯一索引、索引的存储表空间等。

【示例】 查询索引。

```
SQL > SELECT index_name,table_owner,uniqueness,tablespace_name
  2   FROM user_indexes WHERE table_name = 'EMPLOYEE';
INDEX_NAME                          TABLE_OWNER
----------------------------        ------------------
INDEX_EMPNO_ENAME                   SCOTT
INDEX_EMPLOYEE_HIREDATE             SCOTT
INDEX_EMPLOYEE_DEPTNO               SCOTT
EMPLOYEE_ENAME_INDEX                SCOTT
```

4. 删除索引

在下面几种情况下，可以考虑删除索引：

- 该索引不再使用。
- 通过一段时间监视，发现几乎没有查询或只有极少数查询会使用该索引。
- 由于索引中包含损坏的数据块或包含过多的存储碎片等，需要删除该索引，然后重建索引。
- 由于移动了表数据而导致索引失效。

如果索引是通过 CREATE INDEX 语句创建的，则可以使用 DROP INDEX 语句删除该索引。例如，下述示例删除索引 employee_ename_index。

【示例】 删除索引。

```
SQL > DROP INDEX employee_ename_index;
索引已删除。
```

如果索引是定义约束时自动建立的，则在禁用约束或删除约束时会自动删除对应的索引。此外，在删除表时会自动删除与其相关的所有索引。

7.5.4 索引使用原则

虽然索引可以提高检索相应的表的速度，但由于索引作为一个独立的数据库对象存在，占用存储空间，并且需要系统进行维护，因此是否创建索引和创建什么样的索引需要遵循一定的原则。

(1) 在表中插入数据后再创建索引。每当向表中插入数据时，Oracle 都需要对索引内容进行更新。因此，如果导入大量的数据，Oracle 就需要对索引进行大量的更新操作，会影响数据导入的效率。

(2) 在适当的表和列上创建适当的索引。这一点可以从以下条件考虑：

- 经常查询的记录数目少于表中所有记录总数的 5%时应当创建索引。
- 经常进行表连接查询时，在连接列上建立索引能够显著提高查询的速度。
- 对于取值范围很大的列应当创建平衡树索引。
- 对于取值范围很小的列应当创建位图索引。
- 不能在 LONG、LONG ROW、LOB 数据类型的列上创建索引。
- Oracle 会自动在 PRIMARY KEY 和 UNIQUE 约束的列上创建唯一性索引。

(3) 限制表中索引的数量。尽管表可以有任意数量的索引，而且表中索引越多，查询速度越快，但在修改表数据时，对索引做出相应更改的工作量也越大，效率也越低。同样，对于目前不用的索引也应该及时删除。

(4) 选择存储索引的表空间。在默认情况下，索引与表存储在同一表空间中，这样有利于数据库维护操作，具有较高的可用性；反之，若将索引与表存储在不同的表空间中，则可提高系统的存取性能，减少硬盘 I/O 冲突，但是表与索引可用状态可能会出现不一致，如一个处于联机状态，而另一个可能处于脱机状态。

(5) 为索引设置合适的 PCTFREE 参数。当向表中插入记录时，会将新增记录所对应的索引条目保留在相应数据块的保留空闲空间(PCTFREE)中，因此，如果经常要对某个表执行数据插入操作，就应该为这个表的索引设置一个较高的 PCTFREE 参数值。

7.6 簇与簇表

簇是一种存储数据的方法，一个簇由共享相同数据块的一组表组成，这些表共享某些公共列。簇也被定义为是相互关联的表基于共同列集中存储的一种存储结构。对于经常需要访问这些公共列的应用来说，能够减少磁盘读取时间，改善连接查询的效率。

例如，scott 模式中 emp 表和 dept 表共享 deptno 列，可以将 emp 表和 dept 表存储在一个簇中，这样 Oracle 数据库在物理存储上以部门为单位，将 emp 和 dept 表中相同部门的员工信息和部门信息存储到同一个数据块中。图 7-5 分别显示了将 emp 表和 dept 表基于 deptno 列建立簇并进行存储的物理结构，以及这两个表独立存储的物理结构。

簇中相互关联的表所基于的共同列称为聚簇列；簇中共享聚簇列的表称为聚簇表。在使用簇结构存储数据时，可以从以下几个方面考虑：

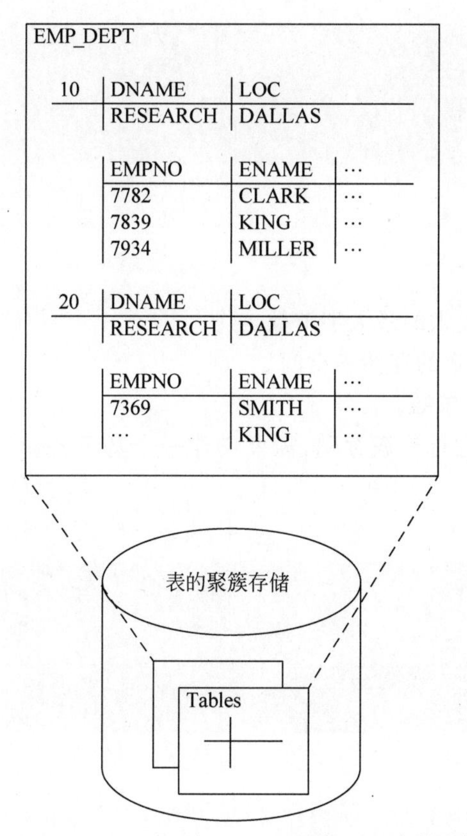

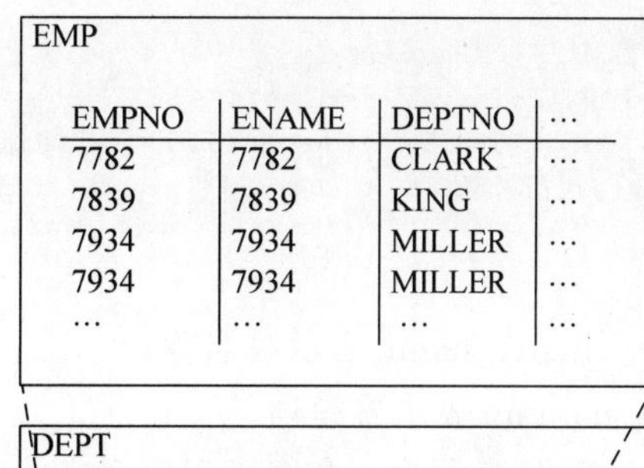

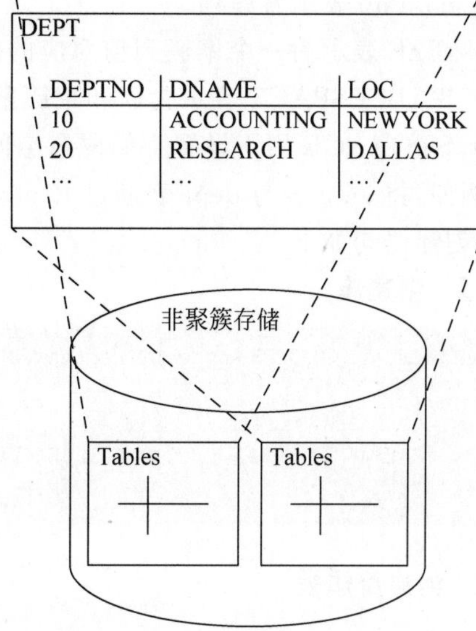

图 7-5 表的聚簇存储与非聚簇存储

- 选择合适的聚簇表。簇结构主要用于存储有相同列、经常进行关联查询的表,以提高查询效率。对于没有关联、经常进行单独查询的表不适合采用簇结构。
- 选择合适的聚簇列。如果聚簇表连接时使用多列,那么聚簇列就是由这些列组合而成的复合列,需要在这些复合列上创建复合的聚簇索引,因此,需要合理地设置组成聚簇列的这些列的顺序。

由于簇将不同表中相关记录存储在相同的数据块中,因此具有下列优点:

- 对聚簇表的连接查询,能够显著减少硬盘 I/O 冲突,提高查询效率。
- 节省了重复存储聚簇列值的磁盘空间。无论簇中保存多少个聚簇表、多少条相关记录,聚簇列的值只保存一次。

7.6.1 创建簇和簇表

1. 创建簇

具有 CREATE CLUSTER 系统权限的用户可以创建簇。在数据库中,簇占据实际的存储空间,因此用户必须具有足够的表空间配额。

【语法】

```
CREATE CLUSTER [schema.]cluster_name(column data_type[,column data_type]...)
[SIZE integer [K|M]]
```

```
[TABLESPACE tablespace]
[STORAGE(INITIAL integer K|M NEXT integer K|M
    MINEXTENTS integer MAXEXTENTS integer|UNLIMITED
    PCTINCREASE integer...)]
```

其中：

- cluster_name 表示簇名称。
- column 表示聚簇列。
- SIZE 表示为一个聚簇列值对应的记录提供的最大字节数。
- TABLESPACE 表示为簇和聚簇索引指定的存储表空间。
- STORAGE 用于设置存储磁盘空间分配参数。

例如，将 emp 表与 dept 表通过 deptno 列进行聚簇存储，需要创建一个基于 deptno 列的簇，创建语句如下。

【示例】 创建簇。

```
SQL> CREATE CLUSTER emp_dept(deptno NUMBER(2))
  2  SIZE 500
  3  TABLESPACE users
  4  STORAGE(INITIAL 200K NEXT 300K MINEXTENTS 2 MAXEXTENTS 20);
簇已创建。
```

2. 创建聚簇表

簇创建完成后，接下来需要在簇中创建共享聚簇列的两个或多个聚簇表。在簇中创建的表称为聚簇表。通过将两个或多个聚簇表保存在同一个簇中，可以将两个表中具有相同的聚簇列的记录集中存放在同一个数据块(或相邻的多个数据块)中。

聚簇表的创建方式为在创建表时通过 CLUSTER 子句来指定表所使用的簇和聚簇列。例如，在簇 emp_dept 中创建 employee 表和 department 表，如下述示例所示。

【示例】 创建聚簇表。

```
SQL> CREATE TABLE department(
  2  deptno NUMBER(2) PRIMARY KEY,
  3  dname VARCHAR2(14)
  4  ) CLUSTER emp_dept(deptno);
表已创建。
SQL> CREATE TABLE employee(
  2  empno NUMBER(4) PRIMARY KEY,
  3  ename VARCHAR2(10),
  4  deptno NUMBER(2) REFERENCES department
  5  ) CLUSTER emp_dept(deptno);
表已创建。
```

在创建聚簇表时，需要注意，聚簇表中的聚簇列必须与创建簇时指定的聚簇列具有相同的名称和数据类型，如上述示例中的聚簇列 deptno。

3. 创建聚簇索引

在簇的聚簇列上创建的索引，称为聚簇索引。在向聚簇表中插入数据之前，必须首先在聚簇列上创建聚簇索引。

创建聚簇索引的用户需要具有相应的系统权限及表空间配额。用户可以在自己的模式中创建聚簇索引，如果要在其他模式中创建聚簇索引，用户需要具有 CREATE ANY INDEX 系统权限。

下述示例演示在簇 emp_dept 的 deptno 列上创建一个聚簇索引。

【示例】　创建聚簇索引。

```
SQL> CREATE INDEX index_emp_dept
  2  ON CLUSTER emp_dept
  3  TABLESPACE users
  4  STORAGE(INITIAL 50K NEXT 50K MINEXTENTS 2 MAXEXTENTS 10 PCTINCREASE 20);
索引已创建。
```

7.6.2　簇的维护

1. 修改簇

簇创建完成后，用户可以对簇的物理存储参数(STORAGE 等)和 SIZE 参数值进行修改。例如，下述示例修改簇 emp_dept 的存储参数。

【示例】　修改簇。

```
SQL> ALTER CLUSTER emp_dept SIZE 600;
簇已变更。
```

当修改簇的 SIZE 参数时，新的参数值将影响簇中所有的数据块，包括已分配的数据块和随后分配的数据块。

2. 删除簇

如果不再使用簇，可以删除簇，同时删除相应的聚簇表和聚簇索引。根据簇中是否包含聚簇表，簇删除可以分为下述 3 种情况。

(1) 使用 DROP CLUSTER 删除不包含聚簇表的簇。

【示例】　删除不包含聚簇表的簇。

```
SQL> DROP CLUSTER emp_dept;
```

(2) 使用 DROP CLUSTER…INCLUDING TABLES 删除包含聚簇表的簇。

【示例】　删除包含聚簇表的簇。

```
SQL> DROP CLUSTER emp_dept INCLUDING TABLES;
```

(3) 使用 CASCADE CONSTRAINTS 子句删除包含外键约束列的聚簇表的簇。

【示例】　删除包含外键约束列的聚簇表的簇。

```
SQL> DROP CLUSTER emp_dept INCLUDING TABLES CASCADE CONSTRAINTS;
```

3. 查询簇信息

与簇相关的数据字典视图如下：

- DBA_CLUSTERS：包含数据库中所有簇的信息。
- ALL_CLUSTERS：包含当前用户可以访问的簇的信息。
- USER_CLUSTERS：包含当前用户拥有的簇的信息。
- DBA_CLU_COLUMNS：包含数据库中所有聚簇表与聚簇列信息。
- USER_CLU_COLUMNS：包含当前用户拥有的聚簇表与聚簇列信息。

下述示例演示查询当前用户模式下所有的聚簇表的簇名、聚簇列名、聚簇表名、表中聚簇列名信息。

【示例】 查询当前用户模式中所有的聚簇表信息。

```
SQL> SELECT cluster_name,clu_column_name,table_name,tab_column_name
  2  FROM user_clu_columns;
CLUSTER_NAME        CLU_COLUMN_NAME        TABLE_NAME        TAB_COLUMN_NAME
-------------       -----------------      ------------      ---------------------
EMP_DEPT            DEPTNO                 DEPARTMENT        DEPTNO
EMP_DEPT            DEPTNO                 EMPLOYEE          DEPTNO
```

7.7 课程贯穿项目

7.7.1 【任务7-1】 创建项目所需视图

为了简化Q_MicroChat微聊项目用户的一些常用数据查询操作，现根据业务需求创建如下视图，方便用户及管理员进行查询。

【任务7-1】 (1) 创建对所有用户发表的文章动态的查询视图。

```
SQL> CONN system/Qmicrochat2015;
已连接。
SQL> GRANT create view TO qmicrochat_admin;
授权成功。
SQL> CONN qmicrochat_admin/admin2015;
已连接。
SQL> CREATE OR REPLACE VIEW v_dynamics_article
  2   AS
  3   SELECT p.dynamic_id,p.user_id,p.idea,a.article_id,a.picture,a.article_url
  4   FROM tb_personal_dynamics p,tb_artics_dynamics a
  5   WHERE p.dynamic_id = a.dynamic_id
  6   ORDER BY send_time desc;
视图已创建。
SQL> SELECT * FROM v_dynamics_article;
DYNAMIC_ID    USER_ID IDEA        ARTICLE_ID       PICTURE     ARTICLE_URL
---------    --------------    --------------    --------    --------------------
        2    1                 新年快乐           1           http://www.itshixun.com
        3    2                 今天是六一儿童节    2           http://book.moocollege.cn
```

【任务 7-1】 (2) 创建对最活跃的群信息的查询视图。

```
SQL> CREATE OR REPLACE VIEW v_activity_group
  2      AS
  3      SELECT g.group_id,g.group_name,g.user_id
  4      FROM tb_groups g
  5      WHERE g.group_id = (
  6               SELECT group_id FROM tb_group_chat
  7               GROUP BY group_id
  8               HAVING count( * ) = (
  9                        SELECT max(count( * )) FROM tb_group_chat GROUP BY group_id)
 10      )
 11      WITH READ ONLY;
视图已创建。
SQL> SELECT * FROM v_activity_group;
  GROUP_ID       GROUP_NAME                USER_ID
----------- ------------------- ----------------
         1       数据库技术交流群            1
```

7.7.2 【任务 7-2】 创建项目所需序列

根据项目需求,分别为用户表及微聊群表创建主键生成序列。

【任务 7-2】 (1) 创建用于生成用户表主键的序列。

```
SQL> CREATE SEQUENCE seq_users
  2     START WITH 1
  3     INCREMENT BY 1;
序列已创建。
SQL> --使用用户表主键序列更新已有数据的主键值及插入新的用户信息
SQL> UPDATE tb_users SET user_id = seq_users.nextval WHERE user_id = 1;
已更新 1 行。
SQL> UPDATE tb_users SET user_id = seq_users.nextval WHERE user_id = 2;
已更新 1 行。
SQL> UPDATE tb_users SET user_id = seq_users.nextval WHERE user_id = 3;
已更新 1 行。
SQL> SELECT seq_users.currval FROM dual;
   CURRVAL
----------
         3
SQL> INSERT INTO tb_users(user_id,username,userpwd,nickname,uprofile,sex,
  2     telephone,email,address,signature,note)
  3  VALUES(seq_users.nextval,'fengjj','123456','jenny',null,'女',
  4     '13515426543','fengjj@test.com','青岛','青软实训','');
已创建 1 行。
SQL> SELECT user_id,username FROM tb_users;
   USER_ID     USERNAME
---------- --------------------
         1     张三
         2     李四
         3     王五
         4     fengjj
```

【任务 7-2】 (2) 创建用于生成微聊群表主键的序列。

```
SQL > CREATE SEQUENCE seq_groups
  2    START WITH 4
  3    INCREMENT BY 1;
序列已创建。
SQL >  INSERT INTO tb_groups(group_id,group_name,user_id,creation_time,
  2     max_person_num,real_person_num)
  3   VALUES(seq_groups.nextval,'MySQL技术交流群',3,
  4     to_date('2016 - 06 - 20 21:00:00','yyyy - mm - dd hh24:mi:ss'),500,100);
已创建 1 行。
SQL > SELECT group_id,group_name FROM tb_groups;
  GROUP_ID      GROUP_NAME
 ----------  --------------------
         1      数据库技术交流群
         2      Java技术分享群
         3      大数据技术交流群
         4      MySQL技术交流群
```

7.7.3 【任务 7-3】 创建项目所需索引

根据以下业务需求,创建项目所需索引。

- 为了提高对用户信息及其所发表的个人动态的查询效率,为其关联列创建 B-Tree 索引。
- 为了提高对不同动态类型和开放权限的个人动态的查询效率,为动态类型和开放权限创建位图索引。
- 为了提高对查询条件包含 TRIM()函数的查询语句的效率,为其创建函数索引。

【任务 7-3】 (1) 为关联列创建 **B-Tree** 索引。

```
SQL > CREATE INDEX index_users_dynamics ON tb_personal_dynamics(user_id);
索引已创建。
SQL > -- 使用索引
SQL > SELECT u.user_id,u.username,d.dynamic_id,d.idea,d.send_time,d.dtype
  2  FROM tb_users u,tb_personal_dynamics d
  3  WHERE u.user_id = d.user_id;

USER_ID     USERNAME    DYNAMIC_ID    IDEA              SEND_TIME          DTYPE
-------  --------  ----------  ---------------  -----------------  ------
   1        张三        1           现在是凌晨3点       01 - 12 月 - 12      1
   1        张三        2           新年快乐            29 - 12 月 - 16      2
   2        李四        3           今天是六一儿童节     01 - 6 月  - 16      2
```

【任务 7-3】 (2) 为动态类型和开放权限创建位图索引。

```
SQL > CREATE BITMAP INDEX index_dynamics_type ON tb_personal_dynamics(dtype);
索引已创建。
SQL > CREATE BITMAP INDEX index_dynamics_authority
  2  ON tb_personal_dynamics(authority);
索引已创建。
SQL > -- 使用索引
```

```
SQL > SELECT dynamic_id, idea, send_time, dtype, authority
  2  FROM tb_personal_dynamics
  3  WHERE dtype = 2 AND authority = 1;

DYNAMIC_ID   IDEA              SEND_TIME             DTYPE            AUTHORITY
---------  ---------------  ------------------  -------------  --------
        2   新年快乐           29 - 12 月 - 16        2                1
        3   今天是六一儿童节    01 - 6 月  - 16        2                1
```

【任务 7-3】（3）创建复合函数索引。

```
SQL > CREATE INDEX index_users_trim
  2     ON tb_users(trim(username),trim(userpwd));
索引已创建。
SQL > --使用索引
SQL > SELECT user_id, username, userpwd
  2  FROM tb_users
  3  WHERE trim(username) = trim('张三 ') AND trim(userpwd) = trim('123456 ');

   USER_ID   USERNAME       USERPWD
----------  -----------  ------------------------------
         1   张三            123456
```

本章小结

小结

- 在 Oracle 数据库中，用户数据是以对象的形式存在的，并以模式为单位进行组织。
- 模式与用户相对应，一个模式只能被一个数据库用户所拥有，并且模式的名称与这个用户的名称相同。在通常情况下，用户所创建的数据库对象都保存在与自己同名的模式中。
- 视图是一种数据库对象，是从一个或者多个数据表或视图中导出的虚表，在数据库中只有视图的定义，而没有实际对应表的存在，视图的结构和数据是对数据表（基表）进行查询的结果。
- 对视图的操作最终会转换为对基表的操作，视图上的 DML 操作需要注意语句中是否包含如聚合函数、GROUP BY 操作符等一些限制条件。
- 序列是用于生成唯一、连续序号的数据库对象，可以为多个数据库用户依次生成不重复的连续整数，通常会使用序列自动生成表中的主键值。
- 同义词经常用于简化对模式对象的访问和提高模式对象访问的安全性。
- 在索引结构中保存了索引值及其对应的表记录的物理地址（即 ROWID），并且按照索引值进行排序，进行索引查询时，系统利用特定的排序算法（如快速查找、二分查找等）在索引结构中可以很快查询到相应的索引值和 ROWID，然后根据 ROWID 迅速查询到表中符合条件的数据记录。

- 索引根据索引值是否唯一,可以分为唯一性索引和非唯一性索引；根据索引的组织结构不同,可以分为平衡树索引(B-Tree 索引)和位图索引；根据索引基于的列数不同,可以分为单列索引和复合索引。
- 簇是相互关联的表基于共同列集中存储的一种存储结构。对于经常需要访问这些公共列的应用来说,能够减少磁盘读取时间,提高连接查询的效率。
- 簇创建完成后,便可以基于聚簇列创建聚簇表,向聚簇表插入数据之前,必须先在聚簇列上创建聚簇索引,用户可以在聚簇表上创建或删除附加的索引。

Q&A

1. 问：简单视图和复杂视图有何区别?

答：视图分为简单视图和复杂视图。简单视图只从单表里获取数据；复杂视图从多表里获取数据。简单视图不包含函数和数据组；复杂视图包含函数和数据组。简单视图可以实现 DML 操作；复杂视图不可以。

2. 问：Oracle 常用索引类型及应用有哪些?

答：默认情况下,Oracle 创建的索引是非唯一性索引。当在表中定义主键约束或唯一性约束时,Oracle 会自动在相应列上创建唯一性索引。平衡树索引是最常用的索引,也是 Oracle 数据库的默认索引类型。平衡树索引占用空间较多,适合索引值基数较高(唯一值多)以及需要进行大量的增、删、改操作的应用。位图索引中的每个索引指向的是多行数据,而不是像普通索引只指向一行数据,因此并不适合频繁进行插入、删除或更新数据操作的应用,而多用于对数据的统计分析系统。

3. 问：合并索引与重建索引有何区别?

答：合并索引与重建索引都可以清除索引碎片,但两者之间有一定的区别,应该根据需要进行选择。区别一：重建索引能把索引移到另一个表空间,合并索引则不行；区别二：重建索引需要两倍的磁盘空间,合并索引则不需要；区别三：重建索引会创建新树,根据需要增长树高,合并索引叶都在每个树枝范围内。

章节练习

习题

1. 如果允许用户对视图进行更新和插入操作,但又要防止用户将不符合视图约束条件的记录添加到视图,应当在定义视图时指定下列(　　)子句。

A. WITH GRANT OPTION　　B. WITH READ ONLY

C. WITH CHECK OPTION　　D. WITH CHECK ONLY

2. 在下列模式对象中,(　　)不会占用实际的存储空间。

A. 视图　　B. 表　　C. 索引　　D. 簇

3. 如果想查看视图中哪些字段是可以更新的,应当查询数据字典视图(　　)。

A. dba_views　　B. dba_objects

C. dba_clu_columns　　D. dba_updateble_columns

4. 在下列选项中，关于序列的描述(　　)是不正确的。

A. 序列是 Oracle 提供的用于产生一系列唯一数字的数据库对象

B. 序列并不占用实际的存储空间

C. 使用序列时，需要用到序列的两个伪列 NEXTVAL 与 CURRVAL。其中，NEXTVAL 将返回序列生成的下一个值，而 CURRVAL 返回序列的当前值

D. 在任何时候都可以使用序列的伪列 CURRVAL，以返回当前序列值

5. 在下列选项中，关于同义词的描述(　　)是不正确的。

A. 同义词是数据库对象的一个替代名，在使用同义词时，Oracle 会将其翻译为对应的对象名称

B. 在创建同义词时，所替代的模式对象必须存在

C. Oracle 中的同义词分为公有同义词和私有同义词

D. 公有同义词数据库中所有的用户都可以使用，私有同义词由创建它的用户所拥有

6. 使用 ALTER INDEX...REBUILD 语句不可以执行下面的任务(　　)。

A. 将反向键索引重建为普通索引

B. 将一个索引移动到另一个表空间

C. 将位图索引更改为普通索引

D. 将一个索引分区移动到另一个表空间

7. 下列关于约束与索引的说法中，(　　)是不正确的。

A. 在字段上定义 PRIMARY KEY 约束时会自动创建 B-Tree 唯一索引

B. 在字段上定义 UNIQUE 约束时会自动创建一个 B-Tree 唯一索引

C. 默认情况下，禁用约束会删除对应的索引，而激活约束会自动重建相应的索引

D. 定义 FOREIGN KEY 约束时会创建一个 B-Tree 唯一索引

8. 假设 employee 表包含 marriage 列，用于描述职工的婚姻状况，则应该在该字段上创建(　　)。

A. B-Tree 唯一索引　　B. B-Tree 不唯一索引

C. 基于函数的索引　　D. 位图索引

9. 在不为视图指定列名的情况下，视图列的名称将使用________。

10. 视图与数据库中的表非常相似，用户也可以在视图中进行 INSERT、UPDATE 和 DELETE 操作。通过视图修改数据时，实际是在修改________中的数据；相应地，改变________中的数据也会反映到________中。

11. 视图是否可以更新，这取决于定义视图的________语句，通常情况下，该语句越复杂，创建的视图可以更新的可能性也就________。

12. 在为表中某列定义 PRIMARY KEY 约束 PK_ID 后，则系统默认创建的索引名为________。

13. 如果表中某列的基数比较低，则应该在该列上创建________索引。

14. 如果要获知索引的使用情况，可以通过查询________视图；而要获知索引的当前状态可以查询________视图。

上机

1. 训练目标：序列的创建和使用。

培养能力	熟练掌握序列的使用		
掌握程度	★★★★★	难度	容易
代码行数	3	实施方式	重复编码
结束条件	独立编写，运行不出错		

参考训练内容：

(1) 根据表结构，创建表 customer。

(2) 创建一个起始值为 5、步长为 5、最大值为 20 的序列 seq_test，并利用 seq_test. nextvalue 验证这些属性。

(3) 修改序列 seq_test 的最大值为 1000

2. 训练目标：簇的创建。

培养能力	熟练掌握簇的使用		
掌握程度	★★★★★	难度	容易
代码行数	2	实施方式	重复编码
结束条件	独立编写，运行不出错		

参考训练内容：

(1) 创建一个 class_number 簇，聚簇字段名为 cno，类型为 NUMBER(2)。

(2) 根据表 7-2 和表 7-3 的表结构，在 class_number 簇中创建 student 和 class 两个聚簇表

表 7-2　class 表结构

字段名	数据类型	约束	备注
cno	NUMBER(2)	主键	班级号
cname	VARCHAR2(20)		班名
num	NUMBER(3)		人数

表 7-3　student 表结构

字段名	数据类型	约束	备注
sno	NUMBER(4)	主键	学号
sname	VARCHAR2(10)	唯一	姓名
sage	NUMBER		年龄
sex	CHAR(2)		性别
cno	NUMBER(2)		班级号

PL/SQL基础

本章任务完成 Q_MicroChat 微聊项目通过 PL/SQL 及游标进行的业务处理功能。具体任务分解如下：

- 【任务 8-1】 使用 PL/SQL 进行业务处理
- 【任务 8-2】 使用游标进行业务处理

学习导航/课程定位

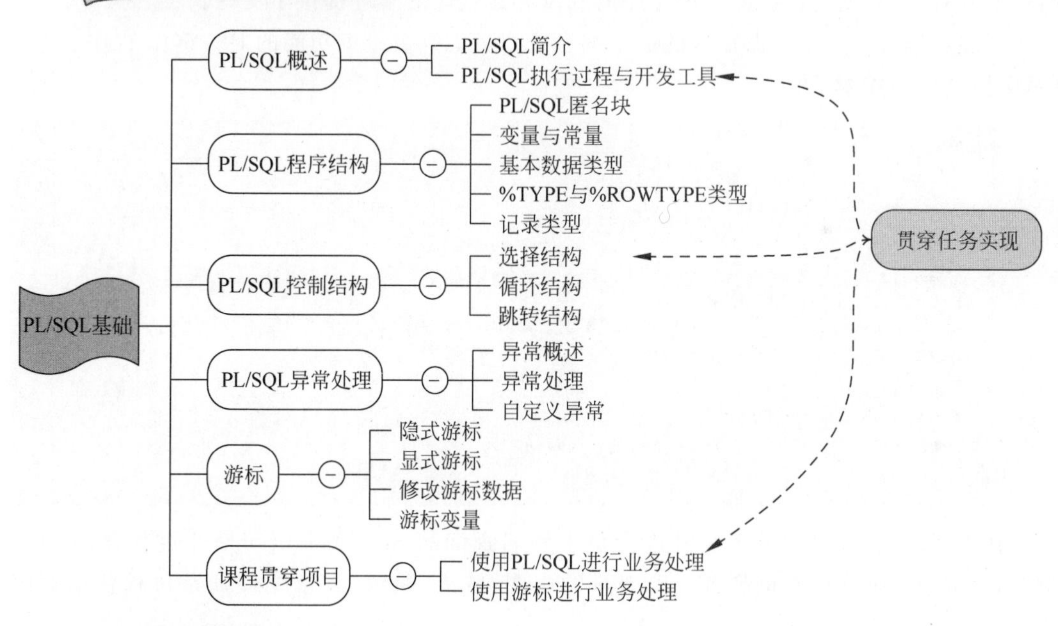

本章目标

知　识　点	Listen(听)	Know(懂)	Do(做)	Revise(复习)	Master(精通)
PL/SQL 执行过程	★	★			
PL/SQL 程序结构	★	★	★	★	★

续表

知 识 点	Listen(听)	Know(懂)	Do(做)	Revise(复习)	Master(精通)
PL/SQL 控制结构	★	★	★	★	★
PL/SQL 异常处理	★	★	★	★	★
游标	★	★	★	★	★

8.1 PL/SQL 概述

8.1.1 PL/SQL 简介

PL/SQL(Procedural Language extensions to SQL)是 Oracle 对标准 SQL 语言的过程化扩展，是 Oracle 数据库专用的一种高级程序设计语言。

由于 SQL 语言是关系数据库的结构化查询语言，无法对数据的业务逻辑进行处理，因此 Oracle 数据库对 SQL 语言进行了扩展，在 SQL 语言的基础上引入了过程化的程序设计因素，包括变量、数据类型、流程控制、游标、异常处理等。这些过程化因素与 SQL 语言结合，开发出具有结构化和过程化的 Oracle 程序，创建出包括存储过程、函数、包、触发器等新的数据库对象，为复杂数据库应用程序的开发和数据库的管理提供了支持。

下述示例演示一个根据输入的员工编号进行员工姓名查询功能的 PL/SQL 程序。

【示例】 PL/SQL 样例。

```
DECLARE
    v_empno NUMBER;
    v_ename VARCHAR2(10);
BEGIN
    DBMS_OUTPUT.put_line('请输入员工编号: ');
    v_empno: = &input_empno;
    SELECT ename INTO v_ename FROM emp WHERE empno = v_empno;
    DBMS_OUTPUT.put_line('编号为: '||v_empno||'姓名为: '||v_ename);
EXCEPTION
    WHEN no_data_found THEN
    DBMS_OUTPUT.put_line('此编号的员工不存在');
END;
```

在上述示例中，根据员工编号进行员工姓名查询的 SELECT 语句是非过程化的 SQL 语言，完成对数据库的查询操作；而变量的声明、输入、赋值、异常处理则是过程化语言的应用。

PL/SQL 语言具有以下特点：

- 与 SQL 语言紧密集成，所有 SQL 语句在 PL/SQL 中都可以得到支持。
- 减少网络流量，提高应用程序的运行性能。如果应用程序需要执行多条 SQL 语句，每条 SQL 语句会逐一地通过网络发送给数据库；而如果应用程序执行的是包含多条 SQL 语句的 PL/SQL 程序，则可以一次性地将这多条 SQL 语句一起发送给数据库，以减少网络流量。两者网络传输对比如图 8-1 所示。

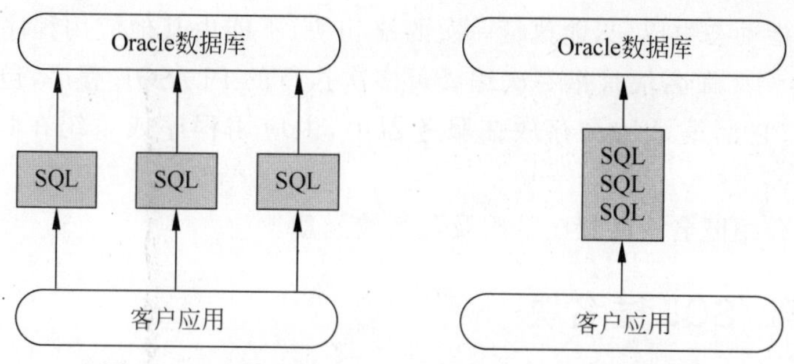

图 8-1 SQL 语句与 PL/SQL 程序的网络传输对比

- 模块化的程序设计功能，提高了系统的可靠性。PL/SQL 程序以块为单位，每个块就是一个完整的程序，实现特定的功能。块与块之间相互独立。客户端应用程序可以通过接口调用数据库服务器端的程序块。
- 服务器端程序设计可移植性好。PL/SQL 程序主要用于开发 Oracle 数据库服务器端的应用程序，以编译的形式存储在数据库中，可以在任何平台的 Oracle 数据库上运行。

8.1.2 PL/SQL 执行过程与开发工具

PL/SQL 程序的编译与执行是通过 Oracle 数据库服务器的 PL/SQL 引擎完成的。PL/SQL 程序的执行过程如图 8-2 所示。

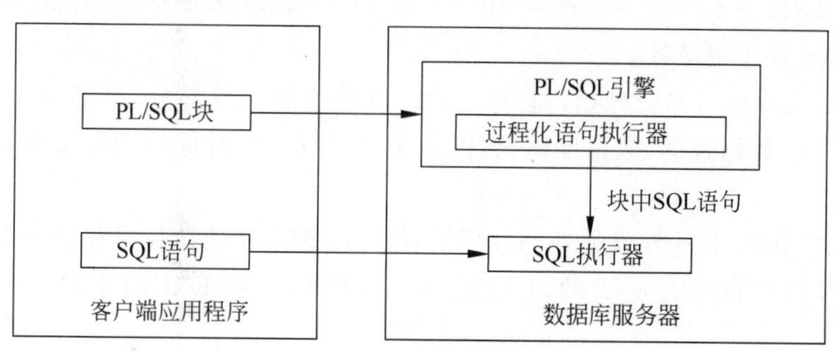

图 8-2 PL/SQL 程序的执行过程

客户端应用程序向数据库服务器提交 PL/SQL 块和单独的 SQL 语句，数据库服务器接收到应用程序的内容后，SQL 语句会直接传递给服务器内部的 SQL 语句执行器，进行分析执行；而 PL/SQL 块将传递给 PL/SQL 引擎，PL/SQL 块中的过程化语句(如变量定义、流程控制等)会由 PL/SQL 引擎负责处理，同时 PL/SQL 引擎将 PL/SQL 块中的 SQL 语句传递给 SQL 语句执行器执行。

常用的 PL/SQL 开发工具有 PL/SQL Developer、SQL * Plus、Oracle Form、Oracle Reports 等。本章实例将在 SQL * Plus 工具下开发。

8.2 PL/SQL 程序结构

PL/SQL 程序的基本单元是语句块，所有的 PL/SQL 程序都是由语句块构成的，每个语句块可以完成特定的功能。PL/SQL 语句块分为两类：一类称为匿名块，另一类称为命名块。匿名块是指动态生成、只能执行一次的语句块,不能由其他应用程序调用,如前面介绍的 PL/SQL 样例。命名块是指一次编译可多次执行的 PL/SQL 程序,包括函数、存储过程、包、触发器等,它们编译后会存放在服务器中,由应用程序或系统在特定条件下调用执行。

本节中主要介绍匿名块的程序结构及各组成元素。

8.2.1 PL/SQL 匿名块

一个完整的 PL/SQL 匿名语句块由声明、执行、异常处理 3 部分组成,其语法如下。

【语法】

```
[DECLARE]
    --声明部分:定义变量、数据类型、异常、局部子程序等
BEGIN
    --执行部分:实现块的功能
[EXCEPTION]
    --异常处理部分:处理程序执行过程中产生的异常
END;
/
```

其中:

- DECLARE 表示声明部分开始,用于声明变量、常量、数据类型、游标、异常处理名称和局部子程序定义等。
- BEGIN 表示执行部分开始,是 PL/SQL 块的功能实现部分,该部分通过变量赋值、流程控制、数据查询、数据操纵、数据定义、事务控制、游标处理等操作实现语句块的功能。
- EXCEPTION 表示异常处理部分开始,用于处理语句块执行过程中产生的异常。
- BEGIN 执行部分是必需的,DECLARE 声明部分和 EXCEPTION 异常部分是可选的。
- PL/SQL 语句块的执行部分和异常处理部分可以嵌套其他的 PL/SQL 语句块。
- 所有的 PL/SQL 语句块都要以"END;"结束。
- "/"表示立即执行此匿名语句块。

下述示例分别演示由声明、执行、异常处理这 3 部分组成的 PL/SQL 语句块。

【示例】 只包含执行部分的 PL/SQL 块。

```
SQL> SET SERVEROUTPUT ON;
SQL> BEGIN
  2    DBMS_OUTPUT.put_line('Hello,PL/SQL!');
  3  END;
  4  /
Hello,PL/SQL!
PL/SQL 过程已成功完成。
```

上述示例代码中,若要查看 DBMS_OUTPUT.put_line()方法输出的结果信息,需要使用 SET SERVEROUTPUT ON 语句将 SQL * Plus(或 SQL Developer)的环境变量

SERVEROUTPUT 的值设置为 ON，在一个 SQL * Plus 窗口中只需设置一次。

【示例】 包含声明、执行部分的 PL/SQL 块。

```
SQL > DECLARE
  2     v_num NUMBER;
  3   BEGIN
  4     v_num: = 100;
  5     DBMS_OUTPUT.put_line('变量 v_num 的值为: '||v_num);
  6   END;
  7   /
变量 v_num 的值为: 100
PL/SQL 过程已成功完成。
```

【示例】 包含声明、执行和异常处理的 PL/SQL 块。

```
SQL > DECLARE
  2     v_num NUMBER;
  3   BEGIN
  4     v_num: = 100/0;
  5   EXCEPTION
  6     WHEN ZERO_DIVIDE THEN
  7           DBMS_OUTPUT.put_line('除 0 异常');
  8   END;
  9   /
除 0 异常
PL/SQL 过程已成功完成。
```

在 PL/SQL 语句块中，执行部分和异常处理部分可以嵌套其他语句块，如下述示例所示。

【示例】 包含子块的 PL/SQL 块 1。

```
SQL > DECLARE
  2     v_x NUMBER: = 10;                     -- 全局变量
  3   BEGIN
  4     DECLARE
  5           v_x NUMBER: = 20;               -- 局部变量
  6     BEGIN
  7           DBMS_OUTPUT.put_line('子块变量 v_x = '||v_x);
  8     END;
  9     DBMS_OUTPUT.put_line('外部语句块变量 v_x = '||v_x);
 10   END;
 11   /
子块变量 v_x = 20
外部语句块变量 v_x = 10
PL/SQL 过程已成功完成。
```

通过 PL/SQL 语句块的嵌套可以实现对一个程序功能的拆分。例如，下述示例演示实现根据用户输入的员工编号，计算该员工所属部门的平均工资。

【示例】 包含子块的 PL/SQL 块 2。

```
SQL > CONN scott/tiger;
已连接。
```

```
SQL> SET SERVEROUTPUT ON;
SQL> DECLARE
  2    v_empno NUMBER;
  3    v_deptno NUMBER;
  4    v_sal NUMBER;
  5  BEGIN
  6    BEGIN
  7         v_empno: = &input_empno;
  8         SELECT deptno INTO v_deptno FROM emp WHERE empno = v_empno;
  9    END;
 10    SELECT ROUND(AVG(sal),2) INTO v_sal FROM emp WHERE deptno = v_deptno;
 11    DBMS_OUTPUT.put_line(v_empno||'员工所在部门的平均工资为'||v_sal);
 12  END;
 13  /
输入 input_empno 的值:  7369
原值    7:            v_empno: = &input_empno;
新值    7:            v_empno: = 7369;
7369 员工所在部门的平均工资为 2258.33

PL/SQL 过程已成功完成。
```

上述示例中，通过嵌套子语句块获取用户输入的员工编号，然后根据员工编号查询出该员工所属部门的编号；主语句块中通过部门编号统计出此部门的平均工资。

上述示例代码中 &input_empno 表示 SQL * Plus 的替代变量，用户接收用户输入的数据。如果接收的数据类型为字符型或日期型，必须在"& 替代变量"的前后用单引号括起来，如'&input_ename'，否则会在输入时发生错误；如果接收的数据是数值类型，则不需要加单引号。

8.2.2 变量与常量

PL/SQL 是一种强类型的编程语言，所有变量都必须先声明再使用。变量的声明在 PL/SQL 语句块的 DECLARE 部分进行。声明语法如下。

【语法】

```
DECLARE
    变量名称 [CONSTANT] 类型 [NOT NULL][: = value];
    ...
BEGIN
```

其中：

- CONSTANT 不省略表示定义常量，此时必须在声明时为其赋默认值。
- NOT NULL 表示此变量不允许设置为 NULL，称为非空变量；非空变量在声明时必须赋初始值。
- :=value 表示在变量声明时为其设置初始值。

对于变量名称有如下规定：

- 变量名称可以由字母、数字、$、#、下画线等字符组成。
- 变量名称必须以字母开头、不能是 Oracle 中的保留字。

● 变量的最大长度为 30 个字符。

例如，v_$、v#$、V、v_hello_world 等都是有效的变量名，而_var、v-s、2var、exception 等都是无效的变量名。

下述示例演示变量的定义以及赋初始值。

【示例】 定义变量。

```
SQL> DECLARE
  2    v_str1 VARCHAR2(10):= 'hello';                          --定义变量同时赋值
  3    v_str2 VARCHAR2(10):= 'world';
  4    v_result VARCHAR2(30);                                  --定义变量不赋值
  5  BEGIN
  6    IF v_result IS NULL THEN
  7          v_result:= v_str1||v_str2;
  8    END IF;
  9    DBMS_OUTPUT.put_line('字符串拼接结果是: '||v_result);
 10  END;
 11  /
字符串拼接结果是: helloworld
PL/SQL 过程已成功完成。
```

通过上述示例的运行结果可以看出，如果在定义变量时没有为其赋初始值，则将以 NULL 作为默认值。

如果要限制一个变量的取值不能为空，需要在变量定义时设置 NOT NULL 属性，同时必须赋予默认值，否则程序将出现错误。此外，如果非空变量在代码执行过程中被赋值为 NULL，也会出现语法错误，如下述示例所示。

【示例】 定义非空变量。

```
SQL> DECLARE
  2    v1 VARCHAR2(5) NOT NULL:= 'hello';             --定义一个非空变量同时赋初始化值
  3    v2 VARCHAR2(5) NOT NULL;                       --定义一个非空变量没有赋初始化值
  4  BEGIN
  5    v1:= NULL;                                     --为一个非空变量赋空值
  6    DBMS_OUTPUT.put_line('v1 值为: '||v1);
  7  END;
  8  /
    v2 VARCHAR2(5) NOT NULL;
                       *
第 3 行出现错误:
ORA-06550: 第 3 行, 第 5 列:
PLS-00218: 声明为 NOT NULL 的变量必须有初始化赋值
ORA-06550: 第 5 行, 第 6 列:
PLS-00382: 表达式类型错误
ORA-06550: 第 5 行, 第 2 列:
PL/SQL: Statement ignored
```

在 PL/SQL 语句块中，声明的变量会有相应的作用域。如果 PL/SQL 语句块相互嵌套，则在内部块中声明的变量是局部的，只能在内部块中引用，而外部块中声明的变量是全局的，既可以在外部块中引用，也可以在内部块中引用。如果内部块与外部块定义了同名的变量，则在内部块中引用外部块的全局变量时要使用外部块名进行标识，如下述示例所示。

【示例】 变量的作用域。

```
SQL> << OUTER >>
  2  DECLARE
  3    v_empno NUMBER;                          -- 全局变量
  4    v_deptno NUMBER;                         -- 全局变量
  5  BEGIN
  6    v_empno: = &input_empno;
  7    SELECT deptno INTO v_deptno FROM scott.emp WHERE empno = v_empno;
  8    DECLARE
  9      v_deptno NUMBER;                       -- 局部同名变量
 10      v_avgsal NUMBER: = 0;                  -- 局部变量
 11    BEGIN
 12      v_deptno: = OUTER.v_deptno;
 13      SELECT ROUND(AVG(sal),2) INTO v_avgsal FROM scott.emp
 14        WHERE deptno = v_deptno;
 15      DBMS_OUTPUT.put_line(v_empno||'员工所在'||v_deptno
 16        ||'部门的平均工资为'||v_avgsal);
 17    END;
 18  END;
 19  /
输入 input_empno 的值:  7369
原值     6:  v_empno: = &input_empno;
新值     6:  v_empno: = 7369;
7369 员工所在 20 部门的平均工资为 2258.33
PL/SQL 过程已成功完成。
```

上述示例中，使用<< OUTER >>对外部块进行了标识，然后在内部块中通过 OUTER.v_deptno 对外部块查询出来的部门编号进行引用。

在 PL/SQL 语句块中，通过关键字 CONSTANT 声明常量。常量值通常包括以下类型：

- 字符型文字：以单引号引起来的字符串，字符串中的字符区分大小写。
- 数字型文字：包括整数和小数，或用科学记数法表示的数字型文字。
- 布尔型文字：包括 TRUE、FALSE、NULL 3 个值。
- 日期型文字：以单引号引起来的日期值，其格式随日期类型格式的不同而不同。

使用 CONSTANT 定义常量，常量在其声明时就必须为其设置具体值，并且在程序中不能对此常量值进行修改。具体使用如下述示例所示。

【示例】 定义常量。

```
SQL> DECLARE
  2    v_cons CONSTANT VARCHAR2(20): = 'Hello,world.';
  3  BEGIN
  4    DBMS_OUTPUT.put_line('v_cons 常量值为: '||v_cons);
  5  END;
  6  /
v_cons 常量值为: Hello,world.
PL/SQL 过程已成功完成。
```

8.2.3 基本数据类型

数据类型是程序组成的重要部分，任何变量定义时都需要为其设置指定的数据类型。本节主要介绍 PL/SQL 中的几种常用数据类型，包括数字类型、字符类型、日期类型、布尔类型、%TYPE 与%ROWTYPE 类型、记录类型。由于后两种类型比较特别，因此各用一个小节的篇幅来详细讲解。

1. 数字类型

数字类型包括 NUMBER、BINARY_INTEGER、BINARY_FLOAT、BINARY_DOUBLE。

- NUMBER(p[,s])：数值型数据类型，p 表示数据总长度，s 表示小数位长度，数据总长度的取值范围为 1～38，采用十进制方式存储数据。
- BINARY_INTEGER：带符号整数类型，范围为－2 147 483 647～＋2 147 483 647 之间的整数，如果运算时操作的数据大于其数据范围，将自动转换成 NUMBER 类型。
- BINARY_FLOAT：单精度 32 位浮点数类型，采用二进制方式存储数据。
- BINARY_DOUBLE：双精度 64 位浮点数类型，采用二进制方式存储数据。

下述示例演示数字类型变量的定义。

【示例】 定义数字类型变量。

```
SQL> DECLARE
  2     v_num1 NUMBER(3):= 100;                    --定义 3 位整数变量
  3     v_num2 NUMBER(5,2):= 100.99;               --定义 3 位整数和 2 位小数变量
  4     v_binary BINARY_INTEGER:= -100;
  5     v_float BINARY_FLOAT:= 1000.99F;
  6     v_double BINARY_DOUBLE:= 10000.99D;
  7  BEGIN
  8     v_num1:= v_num1 + v_num2;
  9     v_binary:= v_binary + 100;
 10     v_float:= v_float + 1000.99;
 11     v_double:= v_double + 10000.99;
 12     DBMS_OUTPUT.put_line('NUMBER 类型数据计算和: '||v_num1);
 13     DBMS_OUTPUT.put_line('BINARY_INTEGER 类型数据计算和:'||v_binary);
 14     DBMS_OUTPUT.put_line('BINARY_FLOAT 类型数据计算和: '||v_float);
 15     DBMS_OUTPUT.put_line('BINARY_DOUBLE 类型数据计算和: '||v_double);
 16  END;
 17  /
NUMBER 类型数据计算和: 201
BINARY_INTEGER 类型数据计算和:0
BINARY_FLOAT 类型数据计算和: 2.00197998E+003
BINARY_DOUBLE 类型数据计算和: 2.000198E+004
PL/SQL 过程已成功完成。
```

在数据库中，NUMBER 数据类型的数据会以十进制格式进行存储，在计算时，系统需要先将其转换为二进制数据后再进行运算，而对于 BINARY_INTEGER 类型的数据，采用的是二进制的补码形式进行存储，因此，BINARY_INTEGER 类型的数据要比 NUMBER 类型的数据运算性能高。同理，BINARY_FLOAT 与 BINARY_DOUBLE 类型也采用二进

制方式存储数据，并且表示的数据范围也比 NUMBER 类型大，因此这两种类型的性能也优于 NUMBER 类型。

2. 字符类型

PL/SQL 中的字符类型包括：CHAR、VARCHAR2、NCHAR、NVARCHAR2、ROWID。

- CHAR(n)：定长字符串类型。如果数据内容达不到定义的长度，则自动以空格补充。
- VARCHAR2(n)：变长字符串类型。用于存储可变长度的字符串。
- NCHAR(n)：定长字符串类型。用于存储 UNICODE 编码数据。
- NVARCHAR2(n)：变长字符串类型。用于存储 UNICODE 编码数据。
- ROWID：表示表中每行记录的唯一物理地址，由 18 个字符组合而成，与 ROWID 伪列功能相同。

下述示例演示字符类型变量的定义。

【示例】 定义字符类型变量。

```
SQL> DECLARE
  2     v_char CHAR(20);
  3     v_varchar2 VARCHAR2(20);
  4     v_nchar NCHAR(20);
  5     v_nvarchar2 NVARCHAR2(20);
  6     v_dept_rowid ROWID;
  7   BEGIN
  8     v_char:='青软实训';
  9     v_varchar2:='青软实训';
 10     v_nchar:='青软实训';
 11     v_nvarchar2:='青软实训';
 12     SELECT ROWID INTO v_dept_rowid FROM scott.dept WHERE deptno=10;
 13     DBMS_OUTPUT.put_line('v_char 内容长度：'||LENGTH(v_char));
 14     DBMS_OUTPUT.put_line('v_varchar2 内容长度：'||LENGTH(v_varchar2));
 15     DBMS_OUTPUT.put_line('v_nchar 内容长度：'||LENGTH(v_nchar));
 16     DBMS_OUTPUT.put_line('v_nvarchar2 内容长度：'||LENGTH(v_nvarchar2));
 17     DBMS_OUTPUT.put_line('10 号部门的 ROWID：'||v_dept_rowid);
 18   END;
 19   /
v_char 内容长度：12
v_varchar2 内容长度：4
v_nchar 内容长度：20
v_nvarchar2 内容长度：4
10 号部门的 ROWID：AAAWZ/AAGAAAACOAAA
PL/SQL 过程已成功完成。
```

使用 CHAR 定义的字符串，如果设置内容的长度不足其定义长度，会自动以空格补充，而 VARCHAR2 只保存需要的内容，不补充空格。使用 UNICODE 方式保存中文，每一位中文都只占一位，NCHAR 会自动使用空格补齐内容，而 NVARCHAR2 不会补充空格。

3. 日期类型

PL/SQL 中的日期类型主要包括 DATE、TIMESTAMP，分别用于操作日期、时间、时间间隔。

- DATE：表示日期和时间数据类型。范围从公元前4712年1月1日到公元9999年12月31日，可通过SYSDATE或SYSTIMESTAMP两个伪列获取当前的日期和时间。
- TIMESTAMP：表示更为精确的日期和时间类型，可通过SYSTIMESTAMP伪列来为其赋值，如果使用SYSDATE赋值，则与DATE类型没有任何区别。

下述示例演示各日期类型的用法。

【示例】 定义日期类型变量。

```
SQL> DECLARE
  2     v_date1 DATE:= SYSDATE;
  3     v_date2 DATE:= SYSTIMESTAMP;
  4     v_date3 DATE:= '20 - 12 月 - 2015';
  5     v_timestamp1 TIMESTAMP:= SYSTIMESTAMP;
  6     v_timestamp2 TIMESTAMP:= SYSDATE;
  7     v_timestamp3 TIMESTAMP:= '20 - 12 月 - 2015 12.20.40 上午';
  8   BEGIN
  9     DBMS_OUTPUT.put_line('v_date1:'
             ||TO_CHAR(v_date1,'yyyy - mm - dd hh24:mi:ss'));
 10     DBMS_OUTPUT.put_line('v_date2:'||v_date2);
 11     DBMS_OUTPUT.put_line('v_date3:'||v_date3);
 12     DBMS_OUTPUT.put_line('v_timestamp1:'||v_timestamp1);
 13     DBMS_OUTPUT.put_line('v_timestamp2:'||v_timestamp2);
 14     DBMS_OUTPUT.put_line('v_timestamp3:'||v_timestamp3);
 15   END;
 16   /
v_date1:2015 - 12 - 24 17:08:06
v_date2:24 - 12 月 - 15
v_date3:20 - 12 月 - 15
v_timestamp1:24 - 12 月 - 15 05.08.06.223000 下午
v_timestamp2:24 - 12 月 - 15 05.08.06.000000 下午
v_timestamp3:20 - 12 月 - 15 12.20.40.000000 上午
PL/SQL 过程已成功完成。
```

4. 布尔类型

PL/SQL中的布尔类型为BOOLEAN，用于逻辑处理。该类型的数据值为：TRUE、FALSE或NULL。该类型的变量定义如下述示例所示。

【示例】 定义布尔类型变量。

```
DECLARE
    v_flag BOOLEAN;
BEGIN
    v_flag:= TRUE;
    IF v_flag THEN
        DBMS_OUTPUT.put_line('条件为真');
    END IF;
END;
```

8.2.4 %TYPE与%ROWTYPE类型

在大多数数据库操作中，PL/SQL程序中的变量最常被用来存储数据库表中的数据，此时，变量需要具有与列类型相同的数据类型。为方便记忆查找，PL/SQL提供了%TYPE类型用于表示表中某一列的类型；同时为进一步方便对表中一行记录的查找，PL/SQL定义了%ROWTYPE类型用于表示表中一行记录的类型。

1. %TYPE类型

在PL/SQL语句块中，使用"变量名称 表名称.列名称%TYPE"的形式定义一个与指定列相同类型的变量，如下述示例所示。

【示例】 使用%TYPE定义变量。

```
SQL> DECLARE
  2    v_name emp.ename%TYPE;
  3    v_salary emp.sal%TYPE;
  4    v_hiredate emp.hiredate%TYPE;
  5  BEGIN
  6    SELECT ename,sal,hiredate INTO v_name,v_salary,v_hiredate
  7          FROM emp WHERE empno = &empno;
  8    DBMS_OUTPUT.put_line('雇员号: '||v_name);
  9    DBMS_OUTPUT.put_line('工资: '||v_salary);
 10    DBMS_OUTPUT.put_line('入职日期: '||v_hiredate);
 11  EXCEPTION
 12    WHEN NO_DATA_FOUND THEN
 13          DBMS_OUTPUT.put_line('你输入的员工号不存在');
 14  END;
 15  /
输入 empno 的值:  7369
原值     7:             FROM emp WHERE empno = &empno;
新值     7:             FROM emp WHERE empno = 7369;
雇员号: SMITH
工资: 800
入职日期: 17-12月-80
PL/SQL 过程已成功完成。
```

上述示例中v_name、v_salary和v_hiredate 3个变量的数据类型分别参考了emp表的ename、salary和hiredate 3列的类型。使用%TYPE声明变量类型具有以下优点：

- 所引用的数据库列的数据类型及长度可以不必知道。
- 所引用的数据库列的数据类型可以实时改变。
- 提高PL/SQL块的效率和健壮性。

2. %ROWTYPE类型

%ROWTYPE类型不同于%TYPE，%TYPE只能定义某列的类型，而%ROWTYPE是用于定义表中某行记录的类型。使用SELECT...INTO...语句可以将表中的一行记录设置到%ROWTYPE类型的变量中，利用"变量名称.列名称"的方式取得表中每行的对应列数据。具体使用如下述示例。

【示例】 使用%ROWTYPE装载一行记录。

```
SQL > DECLARE
  2     emp_record emp % ROWTYPE;
  3  BEGIN
  4     SELECT * INTO emp_record FROM emp WHERE empno = &empno;
  5     DBMS_OUTPUT.put_line('雇员号：'||emp_record.ename);
  6     DBMS_OUTPUT.put_line('工资：'||emp_record.sal);
  7     DBMS_OUTPUT.put_line('入职日期：'||emp_record.hiredate);
  8  EXCEPTION
  9     WHEN NO_DATA_FOUND THEN
 10           DBMS_OUTPUT.put_line('你输入的员工号不存在');
 11  END;
 12  /
输入 empno 的值： 7369
原值    4:      SELECT * INTO emp_record FROM emp WHERE empno = &empno;
新值    4:      SELECT * INTO emp_record FROM emp WHERE empno = 7369;
雇员号：SMITH
工资：800
入职日期：17 - 12 月 - 80
PL/SQL 过程已成功完成。
```

%ROWTYPE类型的变量还可用于INSERT语句为表添加一条记录，如下述示例所示。

【示例】 在INSERT语句中使用%ROWTYPE类型变量。

```
DECLARE
    dept_record scott.dept % ROWTYPE;
BEGIN
    dept_record.deptno: = 40;
    dept_record.dname: = 'TEACH';
    dept_record.loc: = 'TSINGDAO';
    INSERT INTO scott.dept VALUES dept_record;
END;
```

上述示例中需要注意的是，%ROWTYPE类型变量中各分量的个数、顺序、类型都需要与表中列的个数、顺序、类型完全匹配。

%ROWTYPE类型的变量还可在UPDATE语句的SET子句中使用，同时使用ROW关键字进行记录的更新，如下述示例所示。

【示例】 在UPDATE语句中使用%ROWTYPE类型变量。

```
DECLARE
    dept_record scott.dept % ROWTYPE;
BEGIN
    dept_record.deptno: = 40;
    dept_record.dname: = 'TEACH';
    dept_record.loc: = 'TSINGDAO';
    UPDATE scott.dept SET ROW = dept_record WHERE deptno = 40;
END;
```

8.2.5 记录类型

在前面的数据类型介绍中，若要保留从表中查询出的某个列值，可以使用和该列类型相同的基本数据类型变量，也可以使用%TYPE类型变量；若要保留从表中查询出的一行完整记录可以使用%ROWTYPE类型的变量，而如果要保留查询出的某几列数据，则要定义多个基本数据类型变量或%TYPE类型变量，在应用开发中，当保留的列数据较多时会非常麻烦。例如，下述示例查询编号为7369的员工的姓名、职位、入职日期和工资信息。

【示例】 使用%TYPE类型变量存储查询的员工信息。

```
DECLARE
    v_ename scott.emp.ename%TYPE;
    v_job scott.emp.job%TYPE;
    v_hiredate scott.emp.hiredate%TYPE;
    v_sal scott.emp.sal%TYPE;
BEGIN
    SELECT ename,job,hiredate,sal INTO v_ename,v_job,v_hiredate,v_sal
        FROM scott.emp WHERE empno = 7369;
    DBMS_OUTPUT.put_line('ename:'||v_ename||'job:'||v_job
        ||'hiredate:'||v_hiredate||'sal:'||v_sal);
END;
```

当上述示例中查询列数增加时，变量定义个数也会随之增加。

PL/SQL提供了一种类似于C语言中的结构体类型，其中包含若干个成员分量，称为记录类型。记录类型完全由用户自己来定义结构，属于用户自定义数据类型。其语法如下。

【语法】

```
TYPE 类型名称 IS RECORD(
    成员名称 数据类型 [[NOT NULL][:=默认值] 表达式],
    ...
    成员名称 数据类型 [[NOT NULL][:=默认值] 表达式]
);
```

在使用记录类型时，需要先在PL/SQL声明部分定义记录类型和记录类型的变量，然后在执行部分引用该记录类型变量或其成员分量，如下述示例所示。

【示例】 使用记录类型变量存储查询的员工信息。

```
SQL> DECLARE
  2    TYPE emp_type IS RECORD(
  3            ename scott.emp.ename%TYPE,
  4            job scott.emp.job%TYPE,
  5            hiredate scott.emp.hiredate%TYPE,
  6            sal scott.emp.sal%TYPE
  7    );
  8    v_emp emp_type;                    --定义记录类型变量
  9  BEGIN
 10    SELECT ename,job,hiredate,sal INTO v_emp
 11         FROM scott.emp WHERE empno = 7369;
 12    DBMS_OUTPUT.put_line('ename:'|| v_emp.ename||'job:'||v_emp.job
```

```
13          ||'hiredate:'||v_emp.hiredate||'sal:'||v_emp.sal);
14  END;
15  /
ename:SMITH job:CLERK hiredate:17-12月-80 sal:800
PL/SQL 过程已成功完成。
```

在上述示例中，在 SELECT 子句中使用 INTO 操作将查询到的列数据存储到记录类型变量中，从而省略了过多变量的定义。在取出数据时，使用“记录变量.成员”的方式进行访问。

记录类型与%ROWTYPE 类型类似，也可用在 INSERT 和 UPDATE 语句中，如下述示例所示。

【示例】 在 INSERT 和 UPDATE 语句中使用记录类型。

```
DECLARE
    TYPE dept_type IS RECORD(
        deptno dept.deptno%TYPE:=50,
        dname dept.dname%TYPE,
        loc dept.loc%TYPE
    );
    v_dept dept_type;
BEGIN
    v_dept.dname:='TEACH';
    v_dept.loc:='TSINGTAO';
    INSERT INTO dept VALUES v_dept;
    v_dept.loc:='QINGDAO';
    UPDATE dept SET ROW=v_dept WHERE deptno=v_dept.deptno;
END;
```

8.3 PL/SQL 控制结构

PL/SQL 程序与其他编程语言一样，也拥有自己的 3 种程序控制结构，即选择结构、循环结构和跳转结构。

8.3.1 选择结构

PL/SQL 程序中的选择结构分为两种：IF 语句和 CASE 语句，用于进行条件判断。

1. IF 语句

IF 语句有 3 类语法格式，分别为 IF、IF...ELSE、IF...ELSIF...ELSE，语法结构如下。

【语法】

```
IF 判断条件 1 THEN
    满足条件 1 时执行的语句;
[ ELSIF 判断条件 2 THEN
    满足条件 2 时执行的语句; ]
...
```

```
[ ELSE
    所有条件都不满足时执行的语句; ]
END IF;
```

例如,下述示例演示使用 IF 语句实现对用户输入的数进行奇偶判断。

【示例】 **IF...ELSE 语句。**

```
DECLARE
    v_num NUMBER;
BEGIN
    v_num: = &num;
    IF MOD(v_num,2) THEN
        DBMS_OUTPUT.put_line('偶数');
    ELSE
        DBMS_OUTPUT.put_line('奇数');
    END IF;
END;
```

在 IF 语句的判断条件中,除了可以使用关系运算符(>、<、=、<>、>=、<=),还支持一些在 SQL 语句中使用的比较运算符,如 AND、BETWEEN...AND、IN、IS NULL、LIKE、NOT、OR 等。例如,下述示例演示使用 IF 语句实现员工加薪。加薪原则为:如果原工资小于 1000,则加 200 元,如果原工资大于等于 1000 且小于 2000,则加 150 元,否则加 100 元。

【示例】 **IF...ELSIF...ELSE 语句。**

```
DECLARE
    v_sal NUMBER;
BEGIN
    SELECT sal into v_sal FROM emp WHERE empno = 7934;
    IF v_sal < 1000 THEN
       UPDATE emp SET sal = sal + 200 WHERE empno = 7934;
    ELSIF v_sal > = 1000 AND v_sal < 2000 THEN
       UPDATE emp SET sal = sal + 150 WHERE empno = 7934;
    ELSE
       UPDATE emp SET sal = sal + 100 WHERE empno = 7934;
    END IF;
END;
```

2. CASE 语句

CASE 语句有两种形式:一种是进行等值比较;另一种是进行多条件比较。其语法如下。

【语法】

```
CASE [变量]
    WHEN [值|表达式] THEN
        执行语句块
    WHEN [值|表达式] THEN
        执行语句块
```

```
    ...
    [ ELSE
        所有 WHEN 条件都不满足时执行语句块 ]
END CASE;
```

CASE 语句进行多条件比较时，其功能与 IF...ELSIF...ELSE 类似。CASE 语句对每一个 WHEN 条件进行判断，当条件为真时，则执行其后的语句；如果所有的条件都不为真，则执行 ELSE 后面的语句。同样对于前面介绍的 IF 语句实现员工加薪的示例，使用 CASE 语句实现如下。

【示例】 CASE 语句的使用 1。

```
DECLARE
    v_sal NUMBER;
BEGIN
    SELECT sal INTO v_sal FROM emp  WHERE empno = 7934;
    CASE
       WHEN v_sal < 1000 THEN
          UPDATE emp SET sal = sal + 200 WHERE empno = 7934;
       WHEN v_sal >= 1000 AND v_sal < 2000 THEN
          UPDATE emp SET sal = sal + 150 WHERE empno = 7934;
       ELSE
          UPDATE emp SET sal = sal + 100 WHERE empno = 7934;
     END CASE;
END;
```

对于 CASE 语句，当第一个 WHEN 条件为真时，执行其后的操作，操作完后，会直接结束此 CASE 语句，其他的 WHEN 条件不会再判断，其后的操作也不会再被执行。因此上述示例也可改写为如下形式。

【示例】 CASE 语句的使用 2。

```
DECLARE
    v_sal NUMBER;
BEGIN
    SELECT sal INTO v_sal FROM emp WHERE empno = 7934;
    CASE
       WHEN v_sal < 1000 THEN
          UPDATE emp SET sal = sal + 200 WHERE empno = 7934;
       WHEN v_sal < 2000 THEN
          UPDATE emp SET sal = sal + 150 WHERE empno = 7934;
       ELSE
          UPDATE emp SET sal = sal + 100 WHERE empno = 7934;
     END CASE;
END;
```

CASE 语句进行等值比较时，需要在 CASE 语句中指定一个变量值，然后与在各 WHEN 语句中指定的不同常量值进行等值判断，如果相等则执行相应 WHEN 语句后的操作。例如，下述示例对根据用户输入的员工编号所查询出的职位进行等值选择，对不同职位员工的工资进行相应的更新操作。

【示例】 CASE 语句的使用 3。

```
DECLARE
    v_job VARCHAR2(10);
    v_empno NUMBER(4);
BEGIN
    v_empno: = &empno;
    SELECT job INTO v_job FROM emp WHERE empno = v_empno;
    CASE v_job
        WHEN  'CLERK'  THEN
           UPDATE emp SET sal = sal + 200 WHERE empno = v_empno;
        WHEN  'SALESMAN' THEN
           UPDATE emp SET sal = sal + 300 WHERE empno = v_empno;
        WHEN  'ANALYST' THEN
           UPDATE emp SET sal = sal + 400 WHERE empno = v_empno;
        WHEN  'MANAGER' THEN
           UPDATE emp SET sal = sal - 100 WHERE empno = v_empno;
        WHEN  'PRESIDENT' THEN
           UPDATE emp SET sal = sal - 200 WHERE empno = v_empno;
    END CASE;
END;
```

8.3.2 循环结构

在 PL/SQL 程序中,循环结构有两种：LOOP 循环和 FOR 循环,和其他程序语言中的 WHILE 循环和 FOR 循环类似。

1. LOOP 循环

LOOP 循环又分为 LOOP 和 WHILE...LOOP 两种结构,类似于程序语言中的 DO...WHILE 和 WHILE 结构。两种 LOOP 循环结构的基本区别在于：LOOP 循环会先执行再进行条件判断,即不管条件是否满足都至少执行一次,而 WHILE...LOOP 循环是先进行条件判断,在条件满足后再执行。

LOOP 循环结构的语法如下。

【语法】

```
LOOP
    循环执行的语句块;
    EXIT WHEN 循环结束条件;
    循环结束条件修改;
END LOOP;
```

其中,EXIT WHEN 用于设置在某个条件下退出包含它的最内层循环体。

WHILE...LOOP 循环结构的语法如下。

【语法】

```
WHILE(循环结束条件) LOOP
    循环执行的语句块;
```

```
    循环结束条件修改;
END LOOP;
```

下述示例分别演示 LOOP 循环和 WHILE...LOOP 循环的使用。

【示例】 使用 LOOP 循环计算 1～100 的和。

```
DECLARE
    v_i NUMBER: = 1;
    v_sum NUMBER: = 0;
BEGIN
    LOOP
        v_sum: = v_sum + v_i;
        v_i: = v_i + 1;
        EXIT WHEN v_i > 100;
    END LOOP;
    DBMS_OUTPUT.put_line('1～100 的和为: '||v_sum);
END;
```

【示例】 使用 WHILE...LOOP 循环计算 1～100 的和。

```
DECLARE
    v_i NUMBER: = 1;
    v_sum NUMBER: = 0;
BEGIN
    WHILE v_i < = 100 LOOP
        v_sum: = v_sum + v_i;
        v_i: = v_i + 1;
    END LOOP;
    DBMS_OUTPUT.put_line('1～100 的和为: '||v_sum);
END;
```

2. FOR 循环

FOR 循环是一种固定次数的循环结构，是在已经明确知道了循环次数的情况下所使用的循环操作，所以在使用 FOR 循环的过程中需要给出循环变量的上界值和下界值，只有循环变量值满足此上下界值时才可以执行循环体的内容。

FOR 循环结构的语法如下。

【语法】

```
FOR 循环变量 IN [REVERSE] 循环变量下界..循环变量上界 LOOP
    循环体;
END LOOP;
```

其中：

- 循环变量不需要显式定义，系统隐含将其声明为 BINARY_INTEGER 变量。
- 循环变量默认从下界往上界递增计数，若使用 REVERSE 则表示循环变量从上界向下界递减计数。
- 循环变量只能在循环体中使用，不能在循环体外使用。

下述示例演示 FOR 循环结构的使用。

【示例】 **使用 FOR 循环计算 1～100 的和。**

```
DECLARE
    v_sum NUMBER: = 0;
BEGIN
    FOR v_i IN 1..100 LOOP
        v_sum := v_sum + v_i;
    END LOOP;
    DBMS_OUTPUT.put_line('v_sum = '||v_sum);
END;
```

默认情况下,FOR 循环是按照升序的方式进行增长的,如果需要进行降序循环操作,可以使用 REVERSE 关键字。例如,下述示例实现一个倒三角的九九乘法表。

【示例】 **REVERSE 降序循环。**

```
SQL > BEGIN
  2     FOR v_i IN REVERSE 1..9 LOOP
  3           FOR v_j IN 1..v_i LOOP
  4                 DBMS_OUTPUT.put(v_i||'*'||v_j||'='||v_i*v_j||'   ');
  5           END LOOP;
  6           DBMS_OUTPUT.put_line('');
  7     END LOOP;
  8   END;
  9   /
9*1=9  9*2=18  9*3=27  9*4=36  9*5=45  9*6=54  9*7=63  9*8=72  9*9=81
8*1=8  8*2=16  8*3=24  8*4=32  8*5=40  8*6=48  8*7=56  8*8=64
7*1=7  7*2=14  7*3=21  7*4=28  7*5=35  7*6=42  7*7=49
6*1=6  6*2=12  6*3=18  6*4=24  6*5=30  6*6=36
5*1=5  5*2=10  5*3=15  5*4=20  5*5=25
4*1=4  4*2=8   4*3=12  4*4=16
3*1=3  3*2=6   3*3=9
2*1=2  2*2=4
1*1=1
PL/SQL 过程已成功完成。
```

3. 循环控制

在正常循环的操作中,如果要结束循环或者退出当前循环,可以使用 EXIT 与 CONTINUE 语句来完成。EXIT 语句会强制性地结束整个循环体,继续执行循环体之后的程序; CONTINUE 语句仅会结束当次循环,不会退出整个循环体,当次循环中 CONTINUE 语句之后的代码不再执行。下述示例分别演示 EXIT 与 CONTINUE 语句的使用效果。

【示例】 **EXIT 语句对循环的控制。**

```
SQL > BEGIN
  2     FOR v_i IN 1..5 LOOP
  3           IF v_i = 3 THEN
  4                 EXIT;
```

```
  5          END IF;
  6          DBMS_OUTPUT.put_line('v_i = '||v_i);
  7      END LOOP;
  8      DBMS_OUTPUT.put_line('END LOOP');
  9  END;
 10  /
v_i = 1
v_i = 2
END LOOP
PL/SQL 过程已成功完成。
```

【示例】 **CONTINUE 语句对循环的控制。**

```
SQL > BEGIN
  2      FOR v_i IN 1..5 LOOP
  3          IF v_i = 3 THEN
  4              CONTINUE;
  5          END IF;
  6          DBMS_OUTPUT.put_line('v_i = '||v_i);
  7      END LOOP;
  8      DBMS_OUTPUT.put_line('END LOOP');
  9  END;
 10  /
v_i = 1
v_i = 2
v_i = 4
v_i = 5
END LOOP
PL/SQL 过程已成功完成。
```

8.3.3 跳转结构

跳转结构是指利用 GOTO 语句实现程序流程的强制跳转。GOTO 语句为无条件转移语句,可以直接转移到指定标号处。

【示例】

```
SQL > BEGIN
  2      FOR v_i IN 1..5 LOOP
  3          IF v_i = 3 THEN
  4              GOTO LABEL;
  5          END IF;
  6          DBMS_OUTPUT.put_line(' v_i = '||v_i);
  7      END LOOP;
  8      << LABEL >>
  9      DBMS_OUTPUT.put_line('FOR 循环体结束');
 10  END;
 11  /
v_i = 1
v_i = 2
FOR 循环体结束
PL/SQL 过程已成功完成。
```

GOTO 语句在使用时需要注意以下事项：

- 在 PL/SQL 语句块内，GOTO 语句可以从内层块跳转到外层块，但不能从外层块跳转到内层块。
- GOTO 语句不能从 IF 语句外部跳转入 IF 语句内部，不能从循环体外跳转到循环体内。
- GOTO 语句所编写的程序可读性差，所以在开发中建议尽量少使用。

8.4 PL/SQL 异常处理

8.4.1 异常概述

在 PL/SQL 程序开发中经常会由于设计错误、编码错误、硬件故障或其他原因引起程序的运行错误。因此，在程序设计时应充分考虑程序运行时可能出现的各种错误，使用特定的异常处理机制，在程序出现某些错误时，使程序可以从错误中恢复，继续执行，避免造成程序的终止。异常处理是程序健壮性的重要体现，同时也可以为程序的正常执行完毕提供保证。

PL/SQL 程序的错误可以分为两类：编译型异常和运行时异常。

- 编译型异常：程序的语法出现错误所导致的异常，由 PL/SQL 编译器发出错误报告。
- 运行时异常：程序在运行时因程序运算过程或返回结果而出现错误，由 PL/SQL 的运行时引擎发出错误报告。

下述示例分别演示编译型异常和运行时异常现象。

【示例】 编译型异常。

```
SQL> DECLARE
  2    v_var NUMBER: = 1;
  3  BEGIN
  4    IF v_var = 1                    -- 此处有语法错误,缺少 THEN
  5          DBMS_OUTPUT.put_line('编译错误');
  6    END IF;
  7  END;
  8  /
           DBMS_OUTPUT.put_line('编译错误');
                      *
第 5 行出现错误:
ORA - 06550: 第 5 行, 第 3 列:
PLS - 00103: 出现符号 "DBMS_OUTPUT"在需要下列之一时:
 * & -
 + / at mod remainder rem then < an exponent ( ** )> and or ||
multiset
符号 " * " 被替换为 "DBMS_OUTPUT" 后继续。
```

【示例】 运行时异常。

```
SQL> DECLARE
  2    v_result NUMBER;
```

```
  3  BEGIN
  4    v_result: = 10/0;
  5  END;
  6  /
DECLARE
*
第 1 行出现错误:
ORA - 01476: 除数为 0
ORA - 06512: 在 line 4
```

对于编译型异常，主要是语法方面的错误，只能修改代码，否则程序无法执行；而对于运行时异常，错误可能是随着运行环境的变化而随时出现的，因此需要在程序中尽可能地考虑各种可能的错误，有针对性地进行处理。

Oracle 对运行时异常采用了异常处理机制。一个错误对应一个异常，当错误产生时就抛出相应的异常，并被异常处理器捕获，将程序控制权传递给异常处理器，由异常处理器来处理运行时错误。

8.4.2 异常处理

在 PL/SQL 中，使用 EXCEPTION 语句块实现异常处理，在异常处理之前，还需要判断出现的是何种异常。异常处理的语法如下。

【语法】

```
EXCEPTION
    WHEN 异常类型|用户自定义异常|异常代码|OTHERS THEN
        异常处理;
END;
```

其中：

- EXCEPTION 语句块中可以同时编写多个 WHEN 子句，用于判断不同的异常类型。
- 异常类型可以是系统预定义的、用户自定义的异常类型，也可以是一些异常编码。如果不知道所要处理的异常是何种类型，可以直接使用 OTHERS 来捕获任意异常。
- OTHERS 异常处理器是一个特殊的异常处理器，可以捕获所有的异常。通常 OTHERS 异常处理器总是作为异常处理部分的最后一个异常处理器，负责处理那些没有被其他异常处理器捕获的异常。

表 8-1 列举了常见的系统预定义异常。

表 8-1 常见的系统预定义异常

异常名称	异常代码	触发条件
NO_DATA_FOUND	ORA-01403	没有发现数据
TOO_MANY_ROWS	ORA-01422	SELECT INTO 语句返回多个数据行
INVALID_CURSOR	ORA-01001	不合法的游标操作
CURSOR_ALREADY_OPEN	ORA-06511	尝试打开已经打开的游标
INVALID_NUMBER	ORA-01722	转换数字失败
ZERO_DIVIDE	ORA-01476	除数为零

续表

异常名称	异常代码	触发条件
LOGIN_DENIED	ORA-01017	无效用户名/密码
VALUE_ERROR	ORA-06502	赋值时变量长度小于值长度
STORAGE_ERROR	ORA-06500	PL/SQL 内部错误
PROGRAM_ERROR	ORA-06501	PL/SQL 内部错误

当错误产生时，与错误对应的预定义异常会被自动抛出，通过捕获该异常就可以对错误进行处理。其使用如下述示例所示。

【示例】 除数为0异常。

```
DECLARE
    v_result NUMBER;
BEGIN
    v_result: = 10/0;
    DBMS_OUTPUT.put_line('异常之后的代码将不再执行!');
EXCEPTION
    WHEN zero_divide THEN
        DBMS_OUTPUT.put_line('被除数不能为零');
END;
```

【示例】 没有发现数据或返回多行数据异常。

```
DECLARE
    v_empno scott.emp.empno%TYPE;
BEGIN
    SELECT empno INTO v_empno FROM scott.emp WHERE ename LIKE '%M%';
    DBMS_OUTPUT.put_line('员工编号为: '||v_empno);
EXCEPTION
    WHEN no_data_found THEN
        DBMS_OUTPUT.put_line('没有查到此姓名的员工编号!');
    WHEN too_many_rows THEN
        FOR v_emp IN (SELECT * FROM scott.emp WHERE ename LIKE '%M%') LOOP
            DBMS_OUTPUT.put_line('员工编号为: '||v_emp.empno);
        END LOOP;
END;
```

程序出现了异常后，异常之后的代码将不再执行，直接跳转到 EXCEPTION 中查找 WHEN 子句中与其匹配的异常捕获类型，如果异常类型匹配则执行相应的程序进行异常处理。

Oracle 提供的异常种类很多，为了方便异常处理，可以直接使用 OTHERS 进行所有异常的捕获，捕获之后可以使用 SQLERRM 或 SQLCODE 输出异常信息或异常代码，如下述示例所示。

【示例】

```
SQL> DECLARE
  2     v_ename scott.emp.ename%TYPE;
  3  BEGIN
```

```
  4    SELECT ename INTO v_ename FROM emp WHERE comm IS NULL;
  5          DBMS_OUTPUT.put_line(v_ename);
  6  EXCEPTION
  7    WHEN no_data_found THEN
  8          DBMS_OUTPUT.put_line('没有符合条件的员工');
  9    WHEN others THEN
 10          DBMS_OUTPUT.put_line('SQLCODE = '||SQLCODE);
 11          DBMS_OUTPUT.put_line('SQLERRM = '||SQLERRM);
 12  END;
 13  /
SQLCODE = -1422
SQLERRM = ORA-01422: 实际返回的行数超出请求的行数

PL/SQL 过程已成功完成。
```

PL/SQL 提供了 SQLCODE 和 SQLERRM 两个函数来获取错误的相关信息。

- SQLCODE：返回当前错误代码。如果是用户自定义错误，返回值为 1；如果是 Oracle 内部错误则返回相应的错误号。
- SQLERRM：返回当前错误的消息文本。如果是 Oracle 内部错误，则返回系统内部的错误描述；如果是用户自定义错误，则返回信息文本 User-defined Exception。

8.4.3 自定义异常

用户自定义异常是指有些操作并不会产生 Oracle 错误，但是从业务规则角度考虑认为是一种错误。用户自定义异常需要在 PL/SQL 程序块的声明部分中进行声明。用户自定义异常声明的语法如下。

【语法】

```
异常名称 EXCEPTION;
PRAGMA EXCEPTION_INIT(异常名称,Oracle 异常代码);
```

其中：

- EXCEPTION 用于定义异常的名称。
- PRAGMA 用于将异常名称和 Oracle 异常代码进行关联。
- Oracle 异常代码必须是−20 000～−20 999 范围内的负整数。

用户自定义异常需要使用 RAISE 语句进行显式触发，然后再进行异常处理。具体使用如下述示例所示。

【示例】

```
SQL> DECLARE
  2    v_myexp EXCEPTION;
  3    v_sal scott.emp.sal%TYPE;
  4  BEGIN
  5    UPDATE scott.emp SET sal = sal + 500 WHERE empno = 7369
  6    RETURNING sal INTO v_sal;
  7    IF v_sal > 1000 THEN
  8          RAISE v_myexp;                    --抛出异常
```

```
  9     END IF;
 10   EXCEPTION
 11     WHEN v_myexp THEN
 12            DBMS_OUTPUT.put_line('工资更新超过限额');
 13            DBMS_OUTPUT.put_line('SQLCODE = '||SQLCODE);
 14            DBMS_OUTPUT.put_line('SQLERRM = '||SQLERRM);
 15            ROLLBACK;
 16   END;
 17   /
工资更新超过限额
SQLCODE = 1
SQLERRM = User - Defined Exception

PL/SQL 过程已成功完成。
```

上述示例首先声明了一个用户自定义异常对象，然后使用 RAISE 进行用户异常的抛出，再在 WHEN 子句中进行判断接收。在默认情况下，所有用户自定义的异常都只有一个 SQLCODE 且值为 1；SQLERRM 输出的错误信息内容为 User-Defined Exception。

如果用户需要为自定义异常指定 Oracle 异常代码，则实现示例如下所示。

【示例】

```
SQL > DECLARE
  2     v_myexp EXCEPTION;
  3     PRAGMA EXCEPTION_INIT(v_myexp, - 20777);
  4   BEGIN
  5     DELETE FROM scott.emp WHERE empno = 1000;
  6     IF SQL % NOTFOUND THEN
  7            RAISE v_myexp;                     -- 抛出异常
  8     END IF;
  9   EXCEPTION
 10     WHEN v_myexp THEN
 11            DBMS_OUTPUT.put_line('所删除的员工不存在');
 12            DBMS_OUTPUT.put_line('SQLCODE = '||SQLCODE);
 13            DBMS_OUTPUT.put_line('SQLERRM = '||SQLERRM);
 14   END;
 15   /
所删除的员工不存在
SQLCODE = - 20777
SQLERRM = ORA - 20777:

PL/SQL 过程已成功完成。
```

在上述示例中，使用 PRAGMA 语句将声明的自定义异常对象(v_myexp)和一个异常代码(-20777)进行了关联。当异常被捕获后输出的 SQLCODE 值为自定义的异常代码。由于没有设置异常信息，所以 SQLERRM 仅输出异常代码。

另外，Oracle 还提供了 RAISE_APPLICATION_ERROR 函数用于在 PL/SQL 执行块中构建动态异常，在运行时指派错误消息，而无须对异常进行事先声明和异常代码的绑定。构建动态异常的语法如下。

【语法】

```
RAISE_APPLICATION_ERROR(异常代码,异常信息[,是否添加到异常堆栈]);
```

其中:

- 异常代码必须是-20 000～-20 999 范围内的负整数。
- 异常信息用于定义在使用 SQLERRM 输出时的错误提示信息,长度不能超过 2048B。
- 是否添加到异常堆栈为可选参数,如果设置为 TURE,表示将异常添加到任意已有的异常堆栈,默认为 FALSE,会替换先前所有异常。

下述示例演示如何构建一个动态异常。

【示例】

```
SQL> DECLARE
  2    v_empno scott.emp.empno%TYPE;
  3    v_comm scott.emp.comm%TYPE;
  4  BEGIN
  5    v_empno: = &inputEmpno;
  6    SELECT comm INTO v_comm FROM scott.emp WHERE empno = v_empno;
  7    IF v_comm IS NULL THEN
  8          RAISE_APPLICATION_ERROR( - 20888,'该员工无奖金');        -- 抛出异常
  9    END IF;
 10  EXCEPTION
 11    WHEN others THEN
 12          DBMS_OUTPUT.put_line('SQLCODE = '||SQLCODE);
 13          DBMS_OUTPUT.put_line('SQLERRM = '||SQLERRM);
 14  END;
 15  /
输入 inputempno 的值:  7369
原值    5:    v_empno: = &inputEmpno;
新值    5:    v_empno: = 7369;
SQLCODE = - 20888
SQLERRM = ORA - 20888: 该员工无奖金

PL/SQL 过程已成功完成。
```

对于上述自定义动态异常,由于没有声明异常名称,因此需要使用 OTHERS 进行异常的匹配接收。

8.5 游标

在使用 SQL 语句进行查询时,获得和处理的结果单元是整个查询结果集,若需要进一步对查询结果中的每条数据进行业务操作,仅靠 SQL 语句则无法实现,所以 PL/SQL 提出了游标的概念来解决此类问题。

游标是一种特殊的指针,提供了对一个结果集进行逐行处理的能力。使用游标可以对结果集按行、按条件进行数据的提取、修改和删除操作。在物理结构上,游标是 Oracle 为用

户开设的一个数据缓冲区，存放 SQL 语句的执行结果。

在 Oracle 数据库中执行的每个 SQL 语句都有对应的单独的游标。Oracle 主要有以下两种类型的游标。

- 隐式游标：由系统自动进行操作，用于处理 DML 语句和返回单行数据的 SELECT 查询。通过隐式游标属性可以获取 SQL 语句信息。
- 显式游标：由用户显式声明和操作的游标，用于处理返回多行数据的 SELECT 查询。

游标需要对结果集中的每一条数据分别进行操作，当数据量较大时，游标的使用会带来性能的降低，因此在实际开发中，在使用游标前需要考虑其使用的必要性。

8.5.1 隐式游标

在 Oracle 数据库中，所有的 SQL 语句都有一个执行的缓冲区，隐式游标就是指向该缓冲区的指针，由系统自动隐含地打开、处理和关闭。隐式游标又称为 SQL 游标。隐式游标主要用于处理 DML 操作（INSERT、DELETE、UPDATE）及单行的 SELECT... INTO 语句。

隐式游标有以下特点：

- 在使用 DML（增删改）语句和单行查询语句时系统会自动创建隐式游标。
- 隐式游标由系统自动声明、打开和关闭。
- 通过隐式游标的属性可以获得最近所执行的 SQL 语句的结果信息。

隐式游标的属性如表 8-2 所示。

表 8-2　隐式游标的属性

属性名称	描　述
SQL%ISOPEN	判断隐式游标是否已经打开，该属性对任何的隐式游标总是返回 FALSE，因为其操作时会由系统自动打开，操作完后立即自动关闭
SQL%FOUND	当 DML 操作影响到数据行或单行查询到数据时，该属性返回 TRUE，否则返回 FALSE
SQL%NOTFOUND	当 DML 操作没有影响的数据行或没有查询到数据时，返回 TRUE，否则返回 FALSE
SQL%ROWCOUNT	返回 DML 操作影响的行数或单行查询返回的行数。如果没有影响任何行，返回 0；在执行操作前，值为 NULL

下述示例演示隐式游标的使用。

【示例】　数据更新影响行数判断。

```
BEGIN
    UPDATE employee SET deptno = 20 WHERE ename LIKE '%S%';
    IF SQL%ROWCOUNT = 0 THEN
        DBMS_OUTPUT.PUT_LINE('数据更新失败');
    ELSE
        DBMS_OUTPUT.PUT_LINE('数据已更新'||SQL%ROWCOUNT||'行');
  END IF;
END;
```

【示例】 根据员工编号查询员工信息。

```
DECLARE
    v_empno emp.empno%TYPE;
    v_emp emp%ROWTYPE;
BEGIN
    v_empno:=&职员编号;
    SELECT * INTO v_emp FROM emp WHERE empno=v_empno;
    IF SQL%FOUND THEN
        DBMS_OUTPUT.put_line('职员的姓名是 '||v_emp.ename);
    END IF;
EXCEPTION
     WHEN NO_DATA_FOUND THEN
         DBMS_OUTPUT.PUT_LINE('该编号的职员未找到');
END;
```

上述示例中,需要注意的是,当 SELECT...INTO 语句没有查询到任何数据时,会产生 NO_DATA_FOUND 异常。

8.5.2 显式游标

显式游标是可以由用户显式声明和操作的游标,专用于处理 SELECT 语句返回的多行数据。

1. 显式游标的处理过程

显式游标处理的步骤包括:定义游标、打开游标、检索游标、关闭游标。显式游标的处理过程如图 8-3 所示。

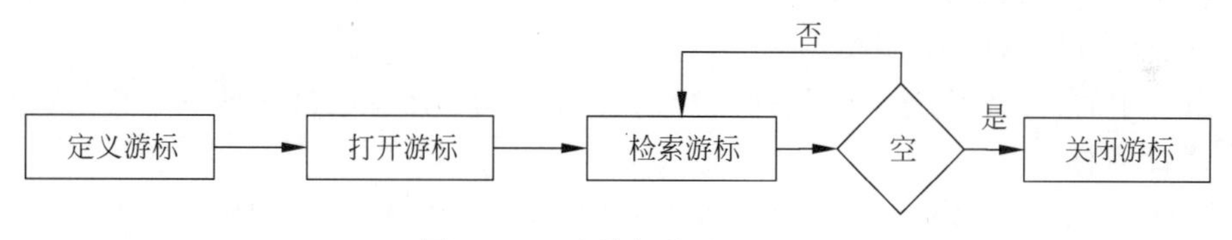

图 8-3 显式游标的处理过程

1) 定义游标

可以使用 CURSOR 关键字在 PL/SQL 块的声明部分定义游标,语法如下。

【语法】

```
CURSOR 游标名称 IS 查询语句;
```

其中:

- 游标必须定义在 PL/SQL 语句块的声明部分。
- 定义游标时必须明确定义要使用的 SQL 查询语句。
- 定义游标时并没有生成数据,只是将定义信息保存在数据字典中。
- 游标定义后,可以使用“游标名称%ROWTYPE”定义记录类型的变量。

2) 打开游标

使用 OPEN 操作为查询打开游标。当执行游标打开操作后,系统首先会检查绑定此游标的变量内容,然后分配缓冲区,之后执行游标定义时的查询语句,将查询结果集在缓冲区中缓存,最后游标将指针指向缓冲区中结果集的第1行。打开游标的语法如下。

【语法】

```
OPEN 游标名称;
```

其中:

- 只有打开游标时,才能真正创建缓冲区,并从数据库中检索数据。
- 如果游标定义中的变量值发生变化,则只能在下次打开游标时才起作用。
- 游标一旦打开,就无法再次打开,除非先关闭。

3) 检索游标

游标打开后,可以使用FETCH操作将游标中的数据以记录为单位检索出来放入PL/SQL变量中,然后进行过程化的处理。检索游标的语法如下。

【语法】

```
FETCH 游标名称 INTO 变量;
```

其中:

- 在检索游标之前必须先打开游标,保证缓冲区中有数据。
- 第一次使用FETCH语句时,游标指针指向第1条记录,操作完后,游标指针自动指向下一条记录。
- 游标指针只能向下移动,不能回退。若想返回到之前的记录,只能关闭游标,然后重新打开。
- INTO子句中变量的个数、顺序、数据类型必须与缓冲区中查询结果记录的字段数量、顺序以及数据类型相匹配。
- 游标中的查询语句通常会返回多行记录,因此检索游标的过程是一个循环的过程。

4) 关闭游标

游标对应缓冲区的数据处理完后,可以使用CLOSE操作关闭游标。及时关闭游标可以尽快释放其所占用的系统资源。关闭游标的语法如下。

【语法】

```
CLOSE 游标名称;
```

其中,在操作游标前必须先打开,关闭后的游标不可再用。

显式游标也同样具有与隐式游标相同的属性,从而来判断当前游标的状态。显式游标的属性如表8-3所示。

表8-3 显式游标的属性

属性名称	描述
游标名称%ISOPEN	判断显式游标是否已经打开,如果已经打开,返回TRUE,否则返回FALSE
游标名称%FOUND	判断最近一次使用FETCH语句时是否从缓冲区中检索到数据,如果检索到数据返回TRUE,否则返回FALSE

续表

属性名称	描述
游标名称%NOTFOUND	与%FOUND相反。如果最近一次使用FETCH语句没有从缓冲区中检索到数据返回TRUE,否则返回FALSE
游标名称%ROWCOUNT	返回到目前为止从游标缓冲区检索的记录的个数

下述示例通过查询emp表中的员工编号和姓名演示显式游标的操作过程。

【示例】

```
DECLARE
    CURSOR cursor_emp IS SELECT empno,ename FROM emp;             -- 声明游标
    v_empno emp.empno%TYPE;
    v_ename emp.ename%TYPE;
BEGIN
      OPEN cursor_emp;                                            -- 打开游标
      LOOP
           FETCH cursor_emp INTO v_empno,v_ename;                 -- 检索游标数据赋值给变量
           EXIT WHEN cursor_emp%NOTFOUND;
           DBMS_OUTPUT.put_line('员工号:'||v_empno||',姓名:'||v_ename);
      END LOOP;
      CLOSE cursor_emp;                                           -- 关闭游标
END;
```

2. 显式游标的检索

由于显式游标主要用于处理返回多行数据的SELECT查询,因此对游标对应的缓冲区中结果集的检索需要采用循环的方式进行。根据循环方法的不同,游标的检索分为3种方式:LOOP循环检索、WHILE循环检索、FOR循环检索。

例如,下述示例使用LOOP循环检索emp表中所有员工的编号、姓名及工资信息。

【示例】 **使用LOOP循环检索游标。**

```
SQL> DECLARE
  2    CURSOR cursor_emp IS SELECT empno,ename,sal FROM emp;
  3    v_emp cursor_emp%ROWTYPE;
  4  BEGIN
  5    OPEN cursor_emp;
  6    LOOP
  7          FETCH cursor_emp INTO v_emp;
  8          EXIT WHEN cursor_emp%NOTFOUND;
  9          DBMS_OUTPUT.put_line(cursor_emp%ROWCOUNT
 10                 ||' '||v_emp.empno||' '||v_emp.ename||' '|| v_emp.sal);
 11    END LOOP;
 12    CLOSE cursor_emp;
 13  END;
 14  /
1 7369 SMITH 800
2 7499 ALLEN 1600
3 7521 WARD 1250
...
```

下述示例使用 WHILE 循环检索并输出每个部门的编号和平均工资。

【示例】 使用 WHILE 循环检索游标。

```
SQL> DECLARE
  2    CURSOR cursor_sal IS
  3         SELECT deptno,ROUND(AVG(sal),2) avgsal FROM emp GROUP BY deptno;
  4    v_sal cursor_sal%ROWTYPE;
  5  BEGIN
  6    IF cursor_sal%ISOPEN THEN
  7         NULL;
  8    ELSE
  9         OPEN cursor_sal;
 10    END IF;
 11    FETCH cursor_sal INTO v_sal;            --游标指向第一行
 12    WHILE cursor_sal%FOUND LOOP
 13         DBMS_OUTPUT.put_line(v_sal.deptno||' '||v_sal.avgsal);
 14         FETCH cursor_sal INTO v_sal;       --把游标指向下一行
 15    END LOOP;
 16    CLOSE cursor_sal;
 17  END;
 18  /
30 1566.67
20 2258.33
10 2916.67
PL/SQL 过程已成功完成。
```

下述示例使用 FOR 循环检索并输出记录的序号和员工姓名。

【示例】 使用 FOR 循环检索游标。

```
SQL> DECLARE
  2    CURSOR cursor_emp IS SELECT * FROM emp;
  3  BEGIN
  4    FOR v_emp IN cursor_emp LOOP
  5         DBMS_OUTPUT.put_line(cursor_emp%ROWCOUNT||' '||v_emp.ename);
  6    END LOOP;
  7  END;
  8  /
1 SMITH
2 ALLEN
3 WARD
...
```

通过上述示例可以看出，不论使用 WHILE 循环检索还是 LOOP 循环检索，都需要由用户手动打开和关闭游标，而 FOR 循环检索会由系统自动为用户打开和关闭游标。因此在实际应用中使用 FOR 循环检索游标不仅编码简单，而且可以将游标的状态交由系统去完成。

3. 参数化游标

参数化游标是指在定义游标时使用参数，当通过不同的参数值打开游标时，可以产生不同的结果集。参数化游标的定义语法如下。

【语法】

```
CURSOR 游标名称(参数名称 类型[,参数名称 类型...]) IS 查询语句;
```

定义参数化游标时,只能指定参数的类型,而不能指定参数的长度和精度。

参数化游标的打开语法如下。

【语法】

```
OPEN 游标名称(参数值[,参数值...])
```

打开参数化游标时,实参的个数和数据类型必须与游标定义时的形参的个数和数据类型相匹配。

下述示例演示参数化游标的定义和使用。

【示例】 参数化游标的定义和使用。

```
DECLARE
    CURSOR cursor_emp(p_empno emp.empno%TYPE) IS
        SELECT * FROM emp WHERE empno = p_empno;
    v_emp cursor_emp%ROWTYPE;
BEGIN
    OPEN cursor_emp(7369);
    LOOP
        FETCH cursor_emp INTO v_emp;
        EXIT WHEN cursor_emp%NOTFOUND;
        DBMS_OUTPUT.put_line(v_emp.empno||' '||v_emp.ename);
    END LOOP;
    CLOSE cursor_emp;
    -- 重新打开游标,传递新的参数
    OPEN cursor_emp(7499);
    LOOP
        FETCH cursor_emp INTO v_emp;
        EXIT WHEN cursor_emp%NOTFOUND;
        DBMS_OUTPUT.put_line(v_emp.empno||' '||v_emp.ename);
    END LOOP;
    CLOSE cursor_emp;
END;
```

8.5.3 修改游标数据

显式游标在处理 SELECT 语句返回的多行数据时,还可以对检索的游标数据进行修改操作。在利用游标更新或删除数据库中的数据时,需要在游标定义中使用 FOR UPDATE 子句对游标提取出来的数据进行行级锁定,这样在某个用户的数据库操作会话期间,其他用户的会话就不能再对当前游标中的数据行进行修改操作了。

1. 修改游标数据的游标的定义

需要修改游标数据的游标的定义方法如下。

【语法】

```
CURSOR 游标名称 IS
查询语句 [FOR UPDATE [OF 数据列,...] [NOWAIT]];
```

其中：

- 打开游标时，为游标中的数据增加行级锁定，游标在更新时，其他用户的会话将无法更新。
- 若操作数据已经被其他会话加锁，则当前会话挂起等待，若指定了 NOWAIT 子句，则不等待，返回 Oracle 错误。
- 多表查询时，可以通过 OF 子句指定某个要加锁的表的列，从而只对该表加锁，而其他表不加锁，否则所有表都加锁。
- 当用户执行 COMMIT 或 ROLLBACK 操作时，数据上的锁会自动被释放。

下述示例演示需要修改游标数据的游标的几种定义。

【示例】 需要修改游标数据的游标定义。

```
CURSOR cursor_emp IS
SELECT * FROM emp FOR UPDATE;
```

【示例】 需要修改多表查询游标数据的游标定义。

```
CURSOR cursor_emp IS
SELECT e.empno,e.ename,e.sal,d.dname FROM emp e,dept d
WHERE e.deptno = d.deptno FOR UPDATE OF e.sal;
```

上述多表查询的游标示例中，仅会对 emp 表中的 sal 列加上行级锁，当前会话程序中便可对 sal 列数据进行修改操作，其他用户的会话操作将不能对此行数据进行 DML 操作。

【示例】 避免死锁的游标定义。

```
CURSOR cursor_emp IS
SELECT * FROM emp FOR UPDATE NOWAIT;
```

在上述示例中，使用了 NOWAIT 子句，这样在游标数据进行更新操作时，如果发现所操作的数据行已经被锁定，将不会等待立即返回，从而避免游标出现死锁的情况。

2. 利用游标修改游标数据

若使用 FOR UPDATE 语句对游标数据进行了行锁定，可以利用 WHERE CURRENT OF 子句对游标中当前行所对应的数据库中的数据进行更新或删除操作。WHERE CURRENT OF 子句的语法如下。

【语法】

```
UPDATE 语句|DELETE 语句 WHERE CURRENT OF 游标名称;
```

下述示例演示对游标数据的修改。

【示例】 修改游标数据。

```
DECLARE
    CURSOR cursor_emp IS SELECT * FROM employee WHERE comm IS NULL FOR UPDATE;
BEGIN
    FOR v_emp IN cursor_emp LOOP
        UPDATE employee SET comm = 500 WHERE CURRENT OF cursor_emp;
    END LOOP;
    COMMIT;
END;
```

上述示例中,COMMIT 语句用于释放会话拥有的锁。需要注意的是,一定要避免在检索游标的循环内使用 COMMIT 语句,那样会释放定义游标时对数据加的锁,从而导致利用游标修改或删除数据的操作失败。

8.5.4 游标变量

之前的游标都是针对一条固定的 SQL 查询语句而定义的,也被称为静态游标。如果在定义游标时不绑定具体的查询,而是动态地打开指定类型的查询,这样的游标将更加灵活,游标变量便是这样一种游标。游标变量是一个指向多行查询结果集的指针,不与特定的查询绑定,只在打开游标变量时才定义查询。

游标变量的使用包括定义游标引用类型、声明游标变量、打开游标变量、检索游标变量、关闭游标变量 5 个步骤。具体语法如下。

【语法】 定义游标引用类型

```
TYPE 游标引用类型名称 IS REF CURSOR [RETURN 数据类型];
```

其中:

- RETURN 子句用于指定定义的游标类型返回结果集的类型,该类型必须是记录类型。
- 如果 RETURN 子句不省略,表示此游标只能匹配指定的查询返回结果,用其定义的变量称为强游标变量;否则称为弱游标变量,表示此游标类型可以保存任何的查询结果。

【语法】 声明游标变量

```
游标变量名称 游标引用类型;
```

【语法】 打开游标变量

```
OPEN 游标变量 FOR 查询语句;
```

其中:

- 在打开游标变量时指定该游标变量所对应的查询语句。
- 如果打开的游标变量是强游标变量,则查询语句的返回类型必须与游标引用类型定义中 RETURN 子句指定的返回类型相匹配。

【语法】 检索游标变量

```
LOOP
    FETCH 游标变量 INTO 变量;
    EXIT WHEN 游标变量 % NOTFOUND;
    ...
END LOOP;
```

其中,检索游标变量时只能使用 LOOP 循环或 WHILE 循环,不能采用 FOR 循环。

【语法】 关闭游标变量

```
CLOSE 游标变量;
```

下述示例演示根据用户的输入选项,通过游标变量动态绑定相应的查询语句进行数据检索。

【示例】 弱游标变量的定义。

```
DECLARE
    TYPE ref_cursor_type IS REF CURSOR;
    ref_cursor ref_cursor_type;
    v_emp emp % ROWTYPE;
    v_dept dept % ROWTYPE;
    v_choose VARCHAR2(1): = UPPER(SUBSTR('&E 或 D',1,1));
BEGIN
    IF v_choose = 'E' THEN
        OPEN ref_cursor FOR SELECT * FROM emp;
        DBMS_OUTPUT.put_line('员工信息');
        LOOP
          FETCH ref_cursor INTO v_emp;
          EXIT WHEN ref_cursor % NOTFOUND;
          DBMS_OUTPUT.put_line(v_emp.empno||''||v_emp.ename);
        END LOOP;
        CLOSE ref_cursor;
    ELSIF v_choose = 'D' THEN
        OPEN ref_cursor FOR SELECT * FROM dept;
        DBMS_OUTPUT.put_line('部门信息');
        LOOP
          FETCH ref_cursor INTO v_dept ;
          EXIT WHEN ref_cursor % NOTFOUND;
          DBMS_OUTPUT.put_line(v_dept.deptno||''||v_dept.dname);
        END LOOP;
        CLOSE ref_cursor;
    ELSE
        DBMS_OUTPUT.put_line('请输入 E(员工信息)或 D(部门信息)');
    END IF;
END;
```

上述示例演示的为弱游标变量的定义,此游标类型可以保存不同表的查询结果。下述示例演示强游标变量的定义,要求查询返回结果类型为 dept 表的行记录。

【示例】 强游标变量的定义。

```
DECLARE
    TYPE ref_cursor_type IS REF CURSOR RETURN dept % ROWTYPE;
```

```
    cursor_dept ref_cursor_type;
    v_dept dept%ROWTYPE;
BEGIN
    OPEN cursor_dept FOR SELECT * FROM dept;
    LOOP
        FETCH cursor_dept INTO v_dept;
        EXIT WHEN cursor_dept%NOTFOUND;
        DBMS_OUTPUT.put_line(v_dept.deptno||' '||v_dept.dname);
    END LOOP;
    CLOSE cursor_dept;
END;
```

8.6 课程贯穿项目

8.6.1 【任务8-1】 使用PL/SQL进行业务处理

Q_MicroChat微聊项目有以下业务需求，要求数据库操作员通过PL/SQL程序实现。

- 根据用户选择的动态类型，为3号用户添加相应类型的动态信息。
- 实现新增用户前的用户名唯一性和密码长度的判断，并进行错误信息提示。

【任务8-1】 (1) 根据动态类型，添加相应动态信息。

```
SQL> DECLARE
  2    v_dtype NUMBER;
  3  BEGIN
  4    DBMS_OUTPUT.put_line('请输入动态类型(1:相册;2:文章):');
  5    v_dtype:=&input_dtype;
  6    IF v_dtype=1 THEN
  7          --为3号用户添加个人动态,并指定动态类型为相册
  8          INSERT INTO tb_personal_dynamics
  9          VALUES(4,3,to_date('2015-12-12 08:03:02','yyyy-mm-dd hh24:mi:ss'),
 10                 '青岛','看看我拍的照片',1,1);
 11          --为3号用户添加的个人动态添加相册动态
 12          INSERT INTO tb_photos_dynamics(photo_id,dynamic_id,display_order)
 13          VALUES(3,4,1);
 14          COMMIT;
 15    ELSIF v_dtype=2 THEN
 16          --为3号用户添加个人动态,并指定动态类型为文章
 17          INSERT INTO tb_personal_dynamics
 18          VALUES(5,3,to_date('2015-10-23 12:03:02','yyyy-mm-dd hh24:mi:ss'),
 19          '青岛','鸡汤分享',2,1);
 20          --为3号用户添加的个人动态添加文章动态
 21          INSERT INTO tb_artics_dynamics(article_id,dynamic_id,article_url)
 22          VALUES(3,5,'http://book.moocollege.cn/oracle.html');
 23          COMMIT;
 24    ELSE
 25          RAISE_APPLICATION_ERROR(-20888,'请输入数字1或2的动态类型!');
 26    END IF;
 27  EXCEPTION
```

```
 28     WHEN others THEN
 29           DBMS_OUTPUT.put_line('SQLERRM = '||SQLERRM);
 30   END;
 31   /
输入 input_dtype 的值:  1
原值    5:      v_dtype:= &input_dtype;
新值    5:      v_dtype:= 1;

PL/SQL 过程已成功完成。
```

【任务 8-1】（2）增加新用户前的业务逻辑判断。

```
SQL> DECLARE
  2     TYPE users_type IS RECORD(
  3           user_id tb_users.user_id%TYPE:= seq_users.nextval,
  4           username tb_users.username%TYPE,
  5           userpwd tb_users.userpwd%TYPE
  6     );
  7     v_users users_type;
  8     v_count NUMBER;
  9   BEGIN
 10     DBMS_OUTPUT.put_line('请输入登录用户名: ');
 11     v_users.username:= '&input_username';
 12     SELECT count(*) INTO v_count FROM tb_users WHERE username = v_users.username;
 13     IF v_count = 0 THEN
 14           DBMS_OUTPUT.put_line('请输入登录密码: ');
 15           v_users.userpwd:= '&input_userpwd';
 16           IF length(v_users.userpwd)< 6 THEN
 17                 RAISE_APPLICATION_ERROR(-20111,'密码长度不能小于6位!');
 18           ELSE
 19                 INSERT INTO tb_users(user_id,username,userpwd)
                     VALUES (v_users.user_id,v_users.username,v_users.userpwd);
 20           END IF;
 21     ELSE
 22           RAISE_APPLICATION_ERROR(-20222,'用户名已被占用!');
 23     END IF;
 24   EXCEPTION
 25     WHEN others THEN
 26       DBMS_OUTPUT.put_line('SQLERRM = '||SQLERRM);
 27   END;
 28   /
输入 input_username 的值:  张三
原值   11:      v_users.username:= '&input_username';
新值   11:      v_users.username:= '张三';
输入 input_userpwd 的值:  12345
原值   15:              v_users.userpwd:= '&input_userpwd';
新值   15:              v_users.userpwd:= '12345';
请输入登录用户名:
SQLERRM = ORA-20222: 用户名已被占用!

PL/SQL 过程已成功完成。
```

8.6.2 【任务8-2】 使用游标进行业务处理

使用 PL/SQL 程序的游标功能实现以下业务需求：

- 查询某个用户发表的动态及其评论和评论回复。
- 使用弱游标变量，根据用户的选择，进行不同类型动态信息的查询。

【任务8-2】（1）用户动态及评论和评论回复查询。

```
SQL> DECLARE
  2    CURSOR cursor_dynamics(p_userid NUMBER) IS
  3           SELECT dynamic_id, idea, send_time, dtype
  4           FROM tb_personal_dynamics
  5           WHERE user_id = p_userid;
  6    CURSOR cursor_comment(p_dynamicid NUMBER) IS
  7           SELECT * FROM tb_comment
  8           WHERE dynamic_id = p_dynamicid;
  9    CURSOR cursor_photo(p_dynamicid NUMBER) IS
 10           SELECT * FROM tb_photos_dynamics
 11           WHERE dynamic_id = p_dynamicid
 12           ORDER BY display_order;
 13    v_dynamics cursor_dynamics%ROWTYPE;
 14    v_comment cursor_comment%ROWTYPE;
 15    v_photo cursor_photo%ROWTYPE;
 16    v_article tb_artics_dynamics%ROWTYPE;
 17    v_reply tb_comment_reply%ROWTYPE;
 18  BEGIN
 19    OPEN cursor_dynamics(1); --假设要查询的用户编号为1
 20    LOOP
 21      FETCH cursor_dynamics INTO v_dynamics;
 22      EXIT WHEN cursor_dynamics%NOTFOUND;
 23      DBMS_OUTPUT.put_line('动态: '||v_dynamics.idea||'-'
              ||v_dynamics. send_time
 24      --查询动态对应的照片动态或文章动态
 25      IF v_dynamics.dtype = 1 THEN
 26           OPEN cursor_photo(v_dynamics.dynamic_id);
 27           LOOP
 28                FETCH cursor_photo INTO v_photo;
 29                EXIT WHEN cursor_photo%NOTFOUND;
 30                DBMS_OUTPUT.put_line('相册:'||v_photo.photo_id);
 31           END LOOP;
 32           CLOSE cursor_photo;
 33        ELSIF v_dynamics.dtype = 2 THEN
 34           SELECT * INTO v_article FROM tb_artics_dynamics
 35           WHERE dynamic_id = v_dynamics.dynamic_id;
 36           DBMS_OUTPUT.put_line('文章:'||v_article.article_url);
 37        END IF;
 38        --查询动态对应的评论及评论回复
 39        OPEN cursor_comment(v_dynamics.dynamic_id);
 40        LOOP
 41           FETCH cursor_comment INTO v_comment;
 42           EXIT WHEN cursor_comment%NOTFOUND;
```

```
43              DBMS_OUTPUT.put_line(v_comment.user_id||'评论：'
44                        || v_comment.dycomment);
45              SELECT * INTO v_reply FROM tb_comment_reply
46              WHERE comment_id = v_comment.comment_id;
47              DBMS_OUTPUT.put_line(v_reply.user_id||'回复：'
48                     || v_reply.reply_content);
49          END LOOP;
50          CLOSE cursor_comment;
51     DBMS_OUTPUT.put_line('------------------------------');
52     END LOOP;
53     CLOSE cursor_dynamics;
54   EXCEPTION
55       WHEN NO_DATA_FOUND THEN
56          DBMS_OUTPUT.PUT_LINE('');
57   END;
58   /
动态：现在是凌晨3点-01-12月-12
相册:1
相册:2
3评论：拍得不错...
1回复：谢谢夸奖
------------------------------
动态：新年快乐-29-12月-16
文章:http://www.itshixun.com
3评论：好文章!

PL/SQL 过程已成功完成。
```

【任务8-2】（2）根据用户选择查询不同类型动态信息。

```
SQL> DECLARE
  2    TYPE ref_cursor_type IS REF CURSOR;
  3    cursor_ref ref_cursor_type;
  4    TYPE photo_type IS RECORD(
  5          dynamic_id tb_personal_dynamics.dynamic_id%TYPE,
  6          idea tb_personal_dynamics.idea%TYPE,
  7          photo_id tb_photos_dynamics.photo_id%TYPE,
  8          photo tb_photos_dynamics.photo%TYPE
  9    );
 10    TYPE article_type IS RECORD(
 11          dynamic_id tb_personal_dynamics.dynamic_id%TYPE,
 12          idea tb_personal_dynamics.idea%TYPE,
 13          article_id tb_artics_dynamics.article_id%TYPE,
 14          article_url tb_artics_dynamics.article_url%TYPE
 15    );
 16    v_photo photo_type;
 17    v_article article_type;
 18    v_choose VARCHAR2(1);
 19  BEGIN
 20    DBMS_OUTPUT.put_line('请选择动态类型P(相册)A(文章)');
 21    v_choose:='&input_type';
 22    IF UPPER(v_choose) = 'P' THEN
```

```
23          OPEN cursor_ref FOR
24          SELECT d.dynamic_id,d.idea,p.photo_id,p.photo
25          FROM tb_personal_dynamics d RIGHT OUTER JOIN tb_photos_dynamics p
26          ON d.dynamic_id = p.dynamic_id;
27          DBMS_OUTPUT.put_line('所有的相册动态：');
28          LOOP
29                  FETCH cursor_ref INTO v_photo;
30                  EXIT WHEN cursor_ref % NOTFOUND;
31                  DBMS_OUTPUT.put_line(v_photo.dynamic_id||','
32                  ||v_photo.idea ||','||v_photo.photo_id);
33          END LOOP;
34          CLOSE cursor_ref;
35      ELSIF UPPER(v_choose) = 'A' THEN
36          OPEN cursor_ref FOR
37          SELECT d.dynamic_id,d.idea,a.article_id,a.article_url
38          FROM tb_personal_dynamics d INNER JOIN tb_artics_dynamics a
39          ON d.dynamic_id = a.dynamic_id;
40          DBMS_OUTPUT.put_line('所有文章动态：');
41          LOOP
42                  FETCH cursor_ref INTO v_article;
43                  EXIT WHEN cursor_ref % NOTFOUND;
44                  DBMS_OUTPUT.put_line(v_article.dynamic_id||','
45                  ||v_article.idea ||','||v_article.article_id
                    ||','||v_article.article_url);
46          END LOOP;
47          CLOSE cursor_ref;
48      ELSE
49          DBMS_OUTPUT.put_line('请选择动态类型 P(相册)A(文章)');
50      END IF;
51  END;
52  /
输入 input_type 的值：  a
原值   21:     v_choose: = '&input_type';
新值   21:     v_choose: = 'a';
请选择动态类型 P(相册)A(文章)
所有文章动态：
2,新年快乐,1,http://www.itshixun.com
3,今天是六一儿童节,2,http://book.moocollege.cn

PL/SQL 过程已成功完成。
```

本章小结

小结

- PL/SQL 是 Oracle 对标准 SQL 语言的过程化扩展，是 Oracle 数据库专用的一种高级程序设计语言。

- PL/SQL 程序的编译与执行通过 Oracle 数据库服务器的 PL/SQL 引擎完成。
- PL/SQL 语句块分为两类，一类称为匿名块，另一类称为命名块。匿名块是指动态生成、只能执行一次的语句块，不能由其他应用程序调用；命名块是指一次编译可多次执行的 PL/SQL 程序，包括函数、存储过程、包、触发器等；它们编译后会存放在服务器中，由应用程序或系统在特定条件下调用执行。
- %TYPE 类型用于表示表中某一列的类型；%ROWTYPE 类型用于表示表中一行记录的类型。
- 记录类型类似于 C 语言中的结构体类型，完全由用户自己定义结构，属于用户自定义数据类型。
- PL/SQL 异常处理可以使程序从错误中恢复，继续执行，避免造成程序的终止，是程序健壮性的重要体现。
- PL/SQL 程序的错误可以分为两类：编译型异常和运行时异常。其中，编译型异常是由程序的语法出现错误所导致的异常，由 PL/SQL 编译器发出错误报告；运行时异常是程序在运行时因程序运算过程或返回结果而出现错误，由 PL/SQL 的运行时引擎发出错误报告。
- 游标是一种特殊的指针，提供了对一个结果集进行逐行处理的能力；使用游标，可以对结果集按行、按条件进行数据的提取、修改和删除操作。
- 隐式游标由系统自动进行操作，用于处理 DML 语句和返回单行数据的 SELECT 查询；显式游标是可以由用户显式声明和操作的游标，专用于处理 SELECT 语句返回的多行数据。
- 显式游标处理的步骤包括：定义游标、打开游标、检索游标、关闭游标 4 个步骤。
- 如果在定义游标时不绑定具体的查询，而是动态地打开指定类型的查询，这样的游标称为游标变量，其使用更加灵活。

Q&A

1. 问：显式游标与隐式游标有何区别？

答：显式游标主要用于对查询语句的处理，尤其是在查询结果为多条记录的情况下；而对于非查询语句，如修改、删除操作，则由 Oracle 系统自动地为这些操作设置游标并创建其工作区，这些由系统隐含创建的游标称为隐式游标。对于隐式游标的操作，如定义、打开、取值及关闭操作，都由 Oracle 系统自动完成，无须用户进行处理，用户只能通过隐式游标的相关属性完成相应的操作。在隐式游标的工作区中，所存放的数据是与用户自定义的显式游标无关的、最新处理的一条 SQL 语句所包含的数据。

2. 问：NO_DATA_FOUND、%NOTFOUND 和 SQL%NOTFOUND 有何区别？

答：NO_DATA_FOUND 异常由 SELECT INTO 语句触发；当一个显式游标的 FETCH 语句未能从缓冲区中检索到数据时触发%NOTFOUND；当 DML 操作没有影响的数据行时，触发 SQL%NOTFOUND；在循环中要用%NOTFOUND 或%FOUND 确定循环的退出条件，而不能用 NO_DATA_FOUND。

章节练习

习题

1. 以下定义中变量(　　)是非法的。
   A. var_ab NUMBER(3)
   B. var_ab NUMBER(3) NOT NULL：='0'
   C. var_ab NUMBER(3) NOT NULL：=1
   D. var_ab NUMBER(3)：=3
2. 下列(　　)不是 BOOLEAN 变量可能的取值。
   A. TRUE　　B. FALSE　　C. NULL　　D. BLANK
3. 只能存储一个值的变量是(　　)。
   A. 游标　　B. 标量变量　　C. 游标变量　　D. 记录变量
4. 声明%TYPE 类型的变量时,服务器将会(　　)。
   A. 为该变量检索数据库列的数据库类型
   B. 复制一个变量
   C. 检索数据库中的数据
   D. 为该变量检索列的数据类型和值
5. 下列(　　)可以正确地引用记录变量中的一个值。
   A. rec_abc(1)　　B. rec_abc(1).col　　C. rec_abc.col　　D. rec_abc.first()
6. 下列语句(　　)允许检查 UPDATE 语句所影响的行数。
   A. SQL%FOUND　　B. SQL%ROWCOUNT
   C. SQL%COUNTD　　D. SQL%NOTFOUND
7. 对于游标 FOR 循环,以下说法(　　)是不正确的。
   A. 循环隐含使用 FETCH 获取数据　　B. 循环隐含使用 OPEN 打开记录集
   C. 终止循环操作也就关闭了游标　　D. 游标 FOR 循环不需要定义游标
8. 下列关键字(　　)用来在 IF 语句中检查多个条件。
   A. ELSE IF　　B. ELSIF　　C. ELSEIF　　D. ELSIFS
9. 通过下列方式中的(　　)终止 LOOP 循环,不会出现死循环。
   A. 在 LOOP 语句中的条件为 FALSE 时停止
   B. 这种循环限定了循环次数,它会自动终止循环
   C. EXIT WHEN 语句中的条件为 TRUE
   D. EXIT WHEN 语句中的条件为 FALSE
10. 如果 PL/SQL 程序块的可执行部分引发了一个错误,则(　　)。
   A. 程序将转到 EXCEPTION 部分运行
   B. 程序将终止运行
   C. 程序仍然正常运行
   D. 以上都不对

11. PL/SQL 程序块主要包含 3 个主要部分：声明部分、可执行部分和________部分。

12. 使用显式游标主要有 4 个步骤：声明游标、________、检索数据和________。

13. 在 PL/SQL 中，如果 SELECT 语句没有返回列，则会引发 Oracle 错误，并引发________异常。

14. 自定义异常必须使用________语句引发。

15. 查看操作在数据表中所影响的行数，可通过游标的________属性实现。

上机

1. 训练目标：PL/SQL 程序块的编写。

培养能力	掌握 PL/SQL 程序块的编写		
掌握程度	★★★★★	难度	中等
代码行数	20	实施方式	重复编码
结束条件	独立编写，运行不出错		

参考训练内容：

(1) 编写一个程序块，从 emp 表中显示名为 SMITH 的雇员的薪水和职位。

(2) 编写一个程序块，接收用户输入一个部门号，从 dept 表中显示该部门的名称与所在位置。

(3) 编写一个程序块，利用%TYPE 属性，接收一个雇员号，从 emp 表中显示该雇员的整体薪水信息(即薪水加佣金)

2. 训练目标：游标的编写。

培养能力	掌握游标的编写		
掌握程度	★★★★★	难度	中等
代码行数	100	实施方式	重复编码
结束条件	独立编写，运行不出错		

参考训练内容：

(1) 仿照 emp 表和 dept 表创建 employee 表和 department 表。

(2) 对 dept 表的任意记录执行一个 UPDATE 操作，用隐式游标 SQL 的属性%FOUND，%NOTFOUND，%ROWCOUNT，%ISOPEN 观察 UPDATE 语句的执行情况。

(3) 使用游标和 LOOP 循环来显示 department 表中所有部门的名称。

(4) 使用游标和 WHILE 循环来显示所有部门的地理位置(用%FOUND 属性)。

(5) 接收用户输入的部门编号，用 FOR 循环和游标，打印出此部门的所有雇员的所有信息(使用循环游标)。

(6) 向游标传递一个工种，显示此工种的所有雇员的所有信息(使用参数游标)。

(7) 对名字以 A 或 S 开始的所有雇员按他们的基本薪水(sal)的 10%给他们加薪。

(8) 提升两个资格最老的职员为 MANAGER(工作时间越长，资格越老)。提示：可以定义一个变量作为计数器控制游标只提取两条数据；也可以在声明游标的时候把雇员中资格最老的两个人查出来放到游标中。

(9) 对所有雇员按他们的基本薪水(sal)的 20%为他们加薪，如果增加的薪水大于 300 就取消加薪。

(10) 对每位员工的薪水进行判断，如果该员工薪水高于其所在部门的平均薪水，则将其薪水减 50 元，输出更新前后的薪水、员工姓名、所在部门编号。

(11) 将每位员工工作了多少年零多少月零多少天显示出来

第9章 PL/SQL高级应用

本章任务完成 Q_MicroChat 微聊项目通过子程序和触发器进行的业务处理。具体任务分解如下：

- 【任务 9-1】 使用子程序进行业务处理
- 【任务 9-2】 使用触发器进行业务处理

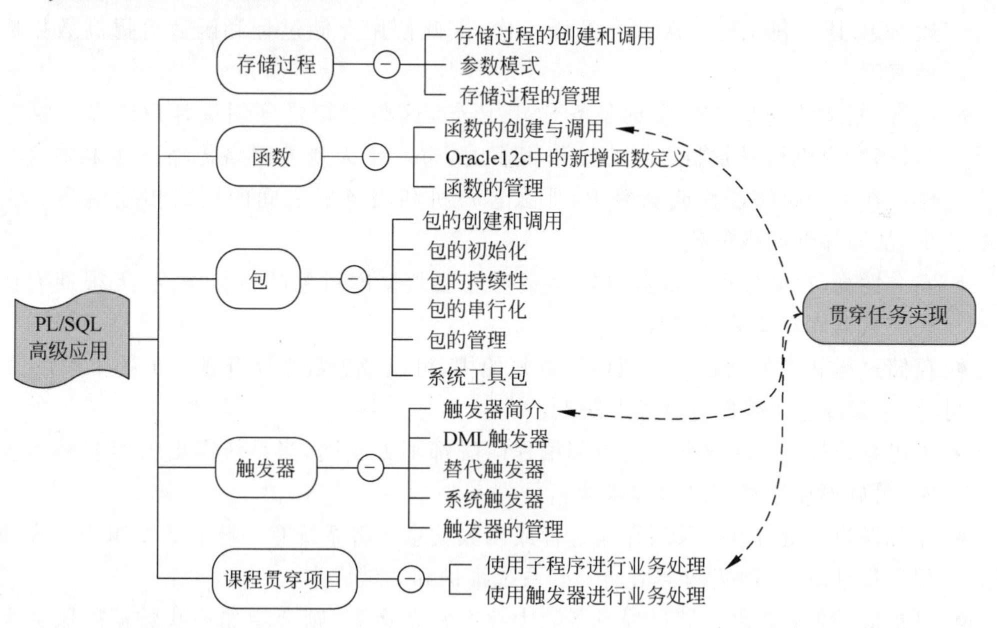

本章目标

知 识 点	Listen(听)	Know(懂)	Do(做)	Revise(复习)	Master(精通)
存储过程	★	★	★	★	★
函数	★	★	★	★	★
包	★	★	★		

续表

知 识 点	Listen(听)	Know(懂)	Do(做)	Revise(复习)	Master(精通)
DML 触发器	★	★	★	★	★
替代触发器	★	★	★	★	★
系统触发器	★	★	★		
触发器的管理	★	★	★	★	★

9.1 存储过程

在 PL/SQL 程序中除匿名块外,还有一类被命名的 PL/SQL 程序块,称为存储子程序。存储子程序以编译的形式存储在数据库服务器中,可以在应用程序中进行多次调用,是 PL/SQL 程序模块化的一种体现。PL/SQL 存储子程序包括存储过程和(存储)函数两种。存储过程用于执行特定的操作,不需要返回值;函数用于返回特定的数据。在调用时,存储过程可以作为一个独立的表达式被调用,而函数只能作为表达式的一个组成部分被调用。

存储过程和函数具有以下优点:

- 存储过程和函数只在创建时进行编译,以后每次执行时都不需要再重新编译,而一般 SQL 语句每执行一次就会编译一次,因此使用存储过程和函数可提高数据库执行速度。
- 通常,复杂的业务逻辑需要多条 SQL 语句,这些语句要分别从客户机发送到服务器,当客户机和服务器之间的操作很多时,将产生大量的网络传输。如果将这些操作放在一个存储过程或函数中,那么客户机和服务器之间的网络传输就会大大减少,从而降低网络负载。
- 安全性高,存储过程和函数可以屏蔽对底层数据库对象的直接访问,无须拥有访问底层数据库对象的显式权限。
- 存储过程和函数创建一次便可以重复使用,可以减少数据库开发人员的工作量。

同时,存储过程和函数也有以下缺点:

- 不可移植性:每种数据库的内部编程语法都不太相同,当系统需要兼容多种数据库时,最好不要用存储过程或函数。
- 业务逻辑多处存在:采用存储过程或函数就意味着系统有一些业务逻辑不是在应用程序里处理,这种架构会增加一些系统维护和调试成本。
- 可扩展性低:如果存储过程或函数中存在复杂运算,则会增加一些数据库服务端的处理成本,对于集中式数据库可能会导致系统可扩展性问题。
- 引用对象的结构变更对高并发数据库性能影响较大。为了提高性能,数据库会把存储过程或函数代码编译成中间运行代码(类似于 Java 的 class 文件),所以其更像静态语言,当存储过程或函数引用的对象(如表、视图等)结构改变后,存储过程或函数需要重新编译才能生效,对于一些高并发应用场景,在线变更结构的瞬间同时编译存储过程或函数,可能会导致数据库瞬间压力上升而引起故障。

9.1.1 存储过程的创建和调用

存储过程创建的基本语法如下。

【语法】

```
CREATE [OR REPLACE] PROCEDURE 过程名称[(
    参数名称 [参数模式] 数据类型 [DEFAULT|: = value],...)]
AS|IS
    声明部分;
BEGIN
    程序部分;
EXCEPTION
    异常处理;
END;
```

其中：

- CREATE OR REPLACE 表示创建或替换存储过程，如果存储过程存在则替换它，否则就创建一个新的。
- 参数模式表示存储过程的数据接收操作，包括 IN、OUT、IN OUT 三种，默认为 IN。

用户创建及操作存储过程时，需要具有此数据库对象的相关操作权限，如表 9-1 所示。

表 9-1 存储过程相关操作权限

权限名称	作用
CREATE ANY PROCEDURE	为任意用户创建存储过程的权限
CREATE PROCEDURE	为用户创建存储过程的权限
ALTER PROCEDURE	修改拥有的存储过程的权限
EXECUTE ANY PROCEDURE	执行任意存储过程的权限
EXECUTE PROCEDURE	执行用户存储过程的权限
DROP ANY PROCEDURE	删除任意存储过程的权限

例如，下述示例演示创建一个名为 qst 的用户，并授予其创建存储过程的权限。

【示例】 授权并创建存储过程。

```
SQL> CONN SYSTEM/QSTqst2015;
已连接。
SQL> CREATE USER qst IDENTIFIED BY qst123;
用户已创建。
SQL> GRANT CREATE PROCEDURE TO qst;
授权成功。
SQL> CONN qst/qst123;
已连接。
SQL> CREATE OR REPLACE PROCEDURE proc_demo
  2  IS
  3  BEGIN
  4    dbms_output.put_line('欢迎你 '||USER);
  5    dbms_output.put_line('现在是: '||TO_CHAR(sysdate,'YYYY - mm - DD hh:MM:ss'));
  6  END;
```

```
  7  /
过程已创建。
```

存储过程创建后，会以编译的形式存储于数据库服务器端，需要用户通过命令显式调用才会执行。在 PL/SQL 程序中，存储过程可以作为一个独立的表达式直接通过名称调用，而在 SQL * Plus 中调用存储过程的语法如下。

【语法】

```
EXECUTE|EXEC|CALL 存储过程名称(实参...);
```

通过存储过程名称调用存储过程时，实参的数量、顺序、类型要与形参的数量、顺序、类型相匹配。下述示例演示在 SQL * Plus 中调用前面所创建的存储过程 proc_demo。

【示例】 在 SQL * Plus 中调用存储过程。

```
SQL> SET SERVEROUTPUT ON;
SQL> EXEC proc_demo;
欢迎你 QST
现在是: 2016-04-06 03:04:59
PL/SQL 过程已成功完成。
```

下述示例演示在 PL/SQL 中直接通过存储过程名称调用存储过程。

【示例】 在 PL/SQL 程序中调用存储过程。

```
SQL> CREATE OR REPLACE PROCEDURE proc_test(p_str1 VARCHAR2,p_str2 VARCHAR2)
  2  AS
  3  BEGIN
  4     DBMS_OUTPUT.PUT_LINE(p_str1||p_str2);
  5  END;
  6  /
过程已创建。
SQL> --定义一个 PL/SQL 块调用存储过程
SQL> DECLARE
  2     v_var1 VARCHAR2(20):='Hello,';
  3     v_var2 VARCHAR2(20):='Prodcedure!';
  4  BEGIN
  5     proc_test(v_var1,v_var2);
  6  END;
  7  /
Hello,Prodcedure!
PL/SQL 过程已成功完成。
```

注意

对于存储过程和函数编译过程中产生的错误，Oracle 解释器将只会提示有编译错误，但不会进行具体的错误显示，此时可以使用 show error 显示具体的错误提示。

9.1.2 参数模式

存储过程定义中的参数有 3 种参数模式，分别是 IN、OUT、IN OUT。此 3 种模式的含义如下。

- IN：默认的参数模式，表示数值传递，可以是常量或表达式，在子程序中所做的修改不会影响原始参数值。
- OUT：不带任何数值到子程序中，初始值为 NULL，只能是变量，不能是常量或表达式，子程序可以通过此变量将数值返回给调用处。
- IN OUT：将值传递到子程序中，同时将子程序中对变量的修改返回到调用处，参数只能是变量，不能是常量或表达式。

在存储过程中声明形参时，不能定义形参的长度或精度，它们是作为参数传递机制的一部分被传递的，是由实参决定的。

下述示例分别演示 3 种参数模式的用法。

【示例】 IN 参数模式。

```
SQL> CONN scott/tiger;
已连接。
SQL> GRANT ALL ON scott.emp TO qst;
授权成功。
SQL> GRANT ALL ON scott.dept TO qst;
授权成功。
SQL> CONN qst/qst123;
已连接。
SQL> CREATE OR REPLACE PROCEDURE proc_in(p_empno IN NUMBER)
  2  AS
  3    v_ename scott.emp.ename%TYPE;
  4    v_sal scott.emp.sal%TYPE;
  5  BEGIN
  6    SELECT ename, sal INTO v_ename, v_sal FROM scott.emp
  7           WHERE empno = p_empno;
  8    DBMS_OUTPUT.PUT_LINE('雇员的姓名是: '||v_ename||'工资是: '||v_sal);
  9  EXCEPTION
 10    WHEN NO_DATA_FOUND THEN
 11           DBMS_OUTPUT.PUT_LINE('雇员编号未找到');
 12  END;
 13  /
过程已创建。
SQL> --定义一个 PL/SQL 块调用存储过程
SQL> BEGIN
  2    proc_in(7369);
  3  END;
  4  /
雇员的姓名是: SMITH 工资是: 800
PL/SQL 过程已成功完成。
```

使用 IN 参数模式传递参数时，也可使用 DEFAULT 关键字为参数设置默认值，这样在调用时不传递此参数程序也不会出错。但需要注意的是，有默认值的参数应该放在参数列表的最后。下述示例演示参数默认值的设置。

【示例】 参数默认值。

```
SQL> CREATE OR REPLACE PROCEDURE proc_dept_insert(
  2    v_deptno NUMBER,
```

```
  3    v_dname VARCHAR2 DEFAULT 'TEMP',
  4    v_loc VARCHAR2 DEFAULT 'TEMP')
  5  AS
  6  BEGIN
  7    INSERT INTO scott.dept VALUES(v_deptno,v_dname,v_loc);
  8    COMMIT;
  9  EXCEPTION
 10    WHEN OTHERS THEN
 11          DBMS_OUTPUT.PUT_LINE('添加失败!原因为'||SQLERRM);
 12          ROLLBACK;
 13  END;
 14  /
过程已创建。
SQL> EXEC proc_dept_insert(41);
PL/SQL 过程已成功完成。
SQL> SELECT * FROM scott.dept;
    DEPTNO   DNAME                          LOC
---------- ------------------------------ ---------------------------
        10   ACCOUNTING                     NEW YORK
        20   RESEARCH                       DALLAS
        30   SALES                          CHICAGO
        40   OPERATIONS                     BOSTON
        41   TEMP                           TEMP
```

下述示例演示 OUT 参数模式的使用。此时参数只是作为一个形参标记使用,其内容不会传递到存储过程中,在过程中对参数值的修改将返回给相应的实参。

【示例】 OUT 参数模式。

```
SQL> CREATE OR REPLACE PROCEDURE proc_out(
  2    p_deptno NUMBER,
  3    p_num OUT NUMBER,
  4    p_avgsal OUT NUMBER)
  5  AS
  6  BEGIN
  7    SELECT COUNT(*) num ,ROUND(AVG(sal),2) avgsal INTO p_num,p_avgsal
  8    FROM scott.emp WHERE deptno = p_deptno;
  9  EXCEPTION
 10    WHEN NO_DATA_FOUND THEN
 11          RAISE_APPLICATION_ERROR(-20000,'该部门编号不存在');
 12  END;
 13  /
过程已创建。
SQL> --定义一个 PL/SQL 块调用存储过程
SQL> DECLARE
  2    v_num NUMBER;
  3    v_avgsal NUMBER;
  4  BEGIN
  5    proc_out(10,v_num,v_avgsal);
  6    DBMS_OUTPUT.put_line('10 号部门的总人数为'||v_num||',平均工资为'||v_avgsal);
  7  END;
  8  /
10 号部门的总人数为 3,平均工资为 2916.67
PL/SQL 过程已成功完成。
```

下述示例演示 IN OUT 参数模式的使用。IN OUT 参数模式相当于 IN 和 OUT 两种模式的集合，可以将变量的内容传递到过程中，也可以将过程中对变量的修改返回到原始变量。

【示例】 **IN OUT 参数模式**。

```
SQL> CREATE OR REPLACE PROCEDURE proc_dept_dname_exist(
  2    p_io_value IN OUT VARCHAR2)
  3  IS
  4    v_count NUMBER;
  5  BEGIN
  6    SELECT COUNT(*) INTO v_count FROM scott.dept WHERE dname = p_io_value;
  7    IF(v_count > 0) THEN
  8          p_io_value: = '已存在';
  9    ELSE
 10          p_io_value: = '不存在';
 11    END IF;
 12  END;
 13  /
过程已创建。
SQL> -- 定义一个 PL/SQL 块调用存储过程
SQL> DECLARE
  2    v_io_value VARCHAR2(20): = 'ACCOUNTING';
  3  BEGIN
  4    proc_dept_dname_exist(v_io_value);
  5    DBMS_OUTPUT.PUT_LINE('部门名称 ACCOUNTING'||v_io_value||'!');
  6  END;
  7  /
部门名称 ACCOUNTING 已存在!
PL/SQL 过程已成功完成。
```

9.1.3 存储过程的管理

1. 修改存储过程

修改存储过程可以先删除该存储过程，然后重新创建，这样需要为新创建的存储过程重新进行权限分配，因此通常采用 CREATE OR REPLACE PROCEDURE 方式重新创建并覆盖原有的存储过程，这样会保留存储过程原有的权限分配。

2. 查询存储过程及其源码

可以通过以下数据字典查看存储过程及其源码信息。

- user_procedures：查看当前用户所有的存储过程、函数信息。
- user_source：查看当前用户所有对象的源代码。
- user_errors：查看当前所有的存储过程或函数的错误信息。

【示例】 **查看当前用户的子程序信息**。

```
SQL> CONN qst/qst123;
已连接。
```

```
SQL > SELECT object_name,object_type FROM user_procedures;
OBJECT_NAME                   OBJECT_TYPE
-----------------------------------------
PROC_IN                       PROCEDURE
PROC_DEMO                     PROCEDURE
PROC_TEST                     PROCEDURE
PROC_DEPT_INSERT              PROCEDURE
PROC_OUT                      PROCEDURE
PROC_DEPT_DNAME_EXIST         PROCEDURE
已选择 6 行。
```

【示例】 查看存储过程定义内容。

```
SQL > SELECT name,text FROM user_source WHERE type = 'PROCEDURE';
NAME          TEXT
------------------------------------------------------------------------
PROC_TEST     PROCEDURE proc_test(p_str1 VARCHAR2,p_str2 VARCHAR2)
PROC_TEST     AS
PROC_TEST     BEGIN
PROC_TEST            DBMS_OUTPUT.put_line(p_str1||p_str2);
PROC_TEST     END;
PROC_OUT      PROCEDURE proc_out(
PROC_OUT           p_deptno NUMBER,
PROC_OUT           p_num OUT NUMBER,
PROC_OUT           p_avgsal OUT NUMBER)
...
```

3. 重新编译存储过程

在编写存储过程时,往往需要用到某些数据库对象,如前面示例中所使用到的 SCOTT 模式对象 EMP 和 DEPT 表,这种存储过程与数据库对象存在的依赖关系,可以通过数据字典 USER_DEPENDENCIES 进行查询,如下述示例所示。

【示例】 查询存储过程与数据库对象的依赖关系。

```
SQL > SELECT name,type,referenced_name FROM user_dependencies
  2   WHERE referenced_name = 'EMP' OR referenced_name = 'DEPT';
NAME                         TYPE           REFERENCED_NAME
---------------------------- -------------- ---------------------------
PROC_OUT                     PROCEDURE      EMP
PROC_IN                      PROCEDURE      EMP
PROC_DEPT_INSERT             PROCEDURE      DEPT
PROC_DEPT_DNAME_EXIST        PROCEDURE      DEPT
```

从上述查询结果可以看出,每个存储过程所依赖的数据库对象。在存储过程的操作中,如果存储过程所依赖的数据库对象发生了改变,如 EMP 的表结构被修改了,那么存储过程的状态也将被改变,此时即使改回原 EMP 表结构,存储过程仍为无效状态。这种情况下,如果要将存储过程转回有效状态,则需要将其重新编译。存储过程的重新编译使用 ALTER PROCEDURE...COMPILE 语句,如下述示例所示。

【示例】 重新编译存储过程。

```
SQL > ALTER PROCEDURE proc_dept_insert COMPILE;
过程已更改。
```

4. 删除存储过程

删除存储过程使用 DROP PROCEDURE 命令,如下述示例所示。

【示例】

```
SQL > DROP PROCEDURE proc_test;
过程已删除。
SQL > SELECT object_name,object_type FROM user_procedures;
OBJECT_NAME                      OBJECT_TYPE
----------------------- --------------------
PROC_IN                          PROCEDURE
PROC_DEMO                        PROCEDURE
PROC_DEPT_INSERT                 PROCEDURE
PROC_OUT                         PROCEDURE
PROC_DEPT_DNAME_EXIST            PROCEDURE
```

9.2 函数

函数又称存储函数、存储结构,用户定义的函数可以被 SQL 语句或 PL/SQL 程序直接调用。函数与存储过程的不同之处在于,函数有一个显式的返回值,而存储过程只能依靠 OUT 或 IN OUT 返回数据。

9.2.1 函数的创建和调用

函数创建的基本语法如下所示。

【语法】

```
CREATE [OR REPLACE] FUNCTION 函数名称[(参数名称 参数类型,…)]
RETURN 返回值类型
AS|IS
    声明部分;
BEGIN
    程序部分;
    [RETURN 返回值;]
[EXCEPTION
    异常处理;]
END [函数名];
```

其中:

- RETURN 语句用于指明函数返回值的类型,但不能约束返回值的长度、精度等。
- 在 BEGIN 函数体中,必须至少包含一个 RETURN 语句指明函数返回值。

【示例】 创建无参函数。

```
SQL> CREATE OR REPLACE FUNCTION func_hello
  2  RETURN VARCHAR2
  3  AS
  4  BEGIN
  5    RETURN 'hello function!';
  6  END;
  7  /
函数已创建。
```

【示例】 创建有参函数。

```
SQL> conn scott/tiger;
已连接。
SQL> CREATE OR REPLACE FUNCTION func_get_dname(p_deptno dept.deptno%TYPE)
  2  RETURN VARCHAR2
  3  AS
  4    v_dname dept.dname%TYPE;
  5  BEGIN
  6    SELECT dname INTO v_dname FROM scott.dept WHERE deptno = p_deptno;
  7    RETURN v_dname;
  8  END;
  9  /
函数已创建。
```

下述示例演示在SQL语句和PL/SQL块中调用上述两个函数,并接收其返回值进行输出。

【示例】 无参函数的调用。

```
SQL> -- 在SQL语句中调用func_hello函数
SQL> SELECT func_hello FROM dual;
FUNC_HELLO
--------------------------------------------------
hello function!
SQL> -- 在PL/SQL块中调用func_hello函数
SQL> DECLARE
  2    v_info varchar2(100);
  3  BEGIN
  4    v_info:= func_hello;
  5    DBMS_OUTPUT.PUT_LINE('返回:'||v_info);
  6  END;
  7  /
返回:hello function!
PL/SQL过程已成功完成。
```

【示例】 有参函数的调用。

```
SQL> -- 在SQL语句中调用func_get_dname函数
SQL> SELECT func_get_dname(10) FROM dual;
FUNC_GET_DNAME(10)
----------------------------------------------
```

```
ACCOUNTING
SQL> -- 在 PL/SQL 块中调用 func_get_dname 函数
SQL> DECLARE
  2    v_no NUMBER;
  3    v_info VARCHAR2(50);
  4  BEGIN
  5    v_no := &no;
  6    v_info:= func_get_dname(v_no);
  7    DBMS_OUTPUT.PUT_LINE('部门名称: '||v_info);
  8  END;
  9  /
输入 no 的值:  10
原值    5:      v_no := &no;
新值    5:      v_no := 10;
部门名称: ACCOUNTING
PL/SQL 过程已成功完成。
```

函数可以在 SQL 语句的以下部分调用：

- SELECT 语句的目标列。
- WHERE 和 HAVING 子句。
- CONNECT BY、START WITH、ORDER BY、GROUP BY 子句。
- INSERT 语句的 VALUES 子句中。
- UPDATE 语句的 SET 子句中。

9.2.2 Oracle 12c 中新增函数定义

在 Oracle 12c 版本中，开始支持在 SQL 语句中编写函数，用来实现 SQL 语句操作需要使用函数的部分功能。该功能适用于在数据库中新建的函数或数据库是 READ ONLY 模式时要使用新函数实现某种功能的情况。通过这种函数实现方式，可以提高 SQL 调用的性能，增加 Oracle 数据库的灵活性。

对于新增函数的定义，通过 WITH 子句在 SQL 中定义函数，然后从查询语句中调用返回结果。下述示例分别通过原有函数定义方式和 WITH 函数定义方式创建一个简单函数，用来判断输入数据值是否为数字，如果是数字输出 Y，否则输出 N。

【示例】 原有方式创建函数。

```
SQL> CREATE OR REPLACE FUNCTION fun_isnumber(param IN VARCHAR2)
  2  RETURN VARCHAR2
  3  IS
  4  BEGIN
  5    IF(to_number(param) IS NOT NULL) THEN
  6          RETURN 'Y';
  7    ELSE
  8          RETURN 'N';
  9    END IF;
 10  EXCEPTION
 11    WHEN others THEN
 12          RETURN 'N';
 13  END;
```

```
 14  /

函数已创建。
```

对上述示例函数的调用方式如下：

【示例】 函数调用。

```
SQL> SELECT fun_isnumber('abcd') FROM dual;

FUN_ISNUMBER('ABCD')
------------------------------------------------------------
N
```

【示例】 使用 WITH 子句在 SQL 中定义及调用函数。

```
SQL> WITH FUNCTION fun_isnumber(param IN VARCHAR2)
  2  RETURN VARCHAR2
  3  IS
  4  BEGIN
  5    IF(to_number(param) IS NOT NULL) THEN
  6          RETURN 'Y';
  7    ELSE
  8          RETURN 'N';
  9    END IF;
 10  EXCEPTION
 11    WHEN others THEN
 12          RETURN 'N';
 13  END;
 14  SELECT fun_isnumber('abcd') FROM dual;
 15  /

FUN_ISNUMBER('ABCD')
---------------------------------------------------------------------------
N
```

通过上述示例对比可以看出，在 Oracle 12c 中可以一次性地在 SQL 语句中创建及调用一个函数。这种方式延伸了 SQL 语言的使用，同时对 SQL 和 PL/SQL 执行引擎间的切换进行了优化，使 SQL 引擎无须再执行一次影响性能的上下文切换到 PL/SQL 引擎。

对于使用 WITH 子句在 SQL 中定义的函数，需要注意此函数只能在当前 SQL 语句中被使用，不能重复使用，如下述示例所示。

【示例】 WITH 子句函数的使用。

```
SQL> WITH FUNCTION fun_substr(
  2    string_in IN VARCHAR2,
  3    start_in IN PLS_INTEGER,
  4    end_in IN PLS_INTEGER)
  5  RETURN VARCHAR2
  6  IS
  7  BEGIN
  8    RETURN(SUBSTR(string_in,start_in,end_in - start_in + 1));
```

```
  9  END;
 10  SELECT ename,fun_substr(ename,1,3) FROM scott.emp;
 11  /

ENAME  FUN_SUBSTR(ENAME,1,3)
------------------------------------------------------------------
SMITH  SMI
ALLEN  ALL
...
SQL > SELECT ename,fun_substr(ename,1,3) FROM scott.emp;
SELECT ename,fun_substr(ename,1,3) FROM scott.emp
             *
第 1 行出现错误:
ORA - 00904: "FUN_SUBSTR": 标识符无效
```

9.2.3 函数的管理

1. 查看函数及其源代码

可以通过查询数据字典视图 USER_SOURCE 查看当前用户的所有函数及其源码,如下述示例所示。

【示例】

```
SQL > SELECT name,text FROM user_source WHERE type = 'FUNCTION';
NAME                TEXT
--------------  -------------------------------------------------------
FUNC_HELLO          FUNCTION func_hello
FUNC_HELLO          RETURN VARCHAR2
FUNC_HELLO          AS
FUNC_HELLO          BEGIN
FUNC_HELLO            RETURN 'hello function! ';
FUNC_HELLO          END;
FUNC_GET_DNAME      FUNCTION func_get_dname(p_deptno dept.deptno % TYPE)
FUNC_GET_DNAME      RETURN VARCHAR2
...
```

2. 函数的修改

CREATE OR REPLACE FUNCTION 语句既可以新创建函数,也可以重新创建并覆盖原有函数,同时不需要重新设置该函数的权限分配。

3. 函数重编译

使用 ALTER FUNCTION...COMPILE 语句可以重编译函数,如下述示例所示。

【示例】

```
SQL > ALTER FUNCTION func_get_dname COMPILE;
函数已更改。
```

4. 删除函数

使用 DROP FUNCTION 语句可以删除函数，如下述示例所示。

【示例】

```
SQL > DROP FUNCTION func_hello;
函数已删除。
```

9.3 包

在 PL/SQL 程序开发中，为了方便实现模块化程序的管理，可以将 PL/SQL 元素（如存储过程、函数、变量、常量、自定义数据类型、游标等）根据模块所需的程序结构组织在一起，存放在一个包中，成为一个完整的单元，并在编译后存储在数据库服务器中，作为一种全局结构，供应用程序调用。

在 Oracle 数据库中，包有两类，一类是系统内置的包，每个包实现特定应用的过程、函数、常量等的集合，如 DBMS_OUTPUT. put_line()就是调用了 DBMS_OUTPUT 包中的 put_line()函数；另一类是根据应用需要由用户创建的包。

9.3.1 包的创建和调用

包由包规范(Specification)和包体(Body)两部分组成，在数据库中独立存储。包的创建包括包规范和包体的创建。

1. 创建包规范

包规范是指定义包中可以被外部访问的部分，在包规范中声明的内容可以从应用程序和包的任何地方访问，语法如下。

【语法】

```
CREATE [OR REPLACE] PACKAGE 包名称
IS|AS
    元素名称定义(类型、变量、存储过程、函数、游标、异常等)
END [包名称];
```

其中：

- 元素声明的顺序可以是任意的，但必须先声明后使用。
- 过程和函数只声明，不进行具体实现。

例如，下述示例创建一个包，其中元素包括变量、存储过程、函数和异常。

【示例】 创建包规范。

```
CREATE OR REPLACE PACKAGE pkg_demo
AS
    v_earlyhirdate DATE;
    v_nowdate DATE: = SYSDATE;
```

```
    PROCEDURE proc_insert_emp(p_empno NUMBER,p_hiredate DATE);
    PROCEDURE proc_update_emp(p_empno NUMBER,p_hiredate DATE);
    FUNCTION func_isempnoexist(p_empno NUMBER) RETURN BOOLEAN;
    e_myexcep EXCEPTION;
END pkg_demo;
```

上述示例所定义的包可以用来描述对 emp 表的数据维护操作。其中,定义的两个变量分别用来表示第一位员工的雇佣日期和当前的系统日期;存储过程 proc_insert_emp()用来实现员工信息的添加操作;存储过程 proc_update_emp()用来实现员工信息的更新操作;函数 func_isempnoexist()用来判断员工编号是否已存在;e_myexcep 表示一个用户自定义异常。这几个元素间相互关联,作为一个整体共同实现对 emp 表的数据操作。

2. 创建包体

包体负责包规范中定义的函数或存储过程的具体代码实现,如果在包体中定义了包规范中没有的元素,则此部分元素将被设置为私有访问,只能由同一包中的函数或存储过程使用。此外,只有在包规范已经创建的条件下,才可以创建包体,如果包规范中不包含任何函数或存储过程,则可以不创建包体。包体的创建语法如下。

【语法】

```
CREATE [OR REPLACE] PACKAGE BODY 包名称
IS|AS
    元素结构实现;
END [包名称];
```

其中:

- 包体中的包名称应与包规范中的包名称一致。
- 包体中存储过程和函数的声明格式必须与包规范中的声明完全一致。

下述示例演示 pkg_demo 包规范的包体实现。

【示例】 包体实现。

```
CREATE OR REPLACE PACKAGE BODY pkg_demo
AS
    -- 函数:判断员工编号是否存在
    FUNCTION func_isempnoexist(p_empno NUMBER) RETURN BOOLEAN
    AS
        v_num NUMBER;
    BEGIN
        SELECT COUNT( * ) INTO v_num FROM scott.emp WHERE empno = p_empno;
        IF v_num!= 0 THEN
          RETURN TRUE;
        ELSE
          RETURN FALSE;
        END IF;
    END func_isempnoexist;
    --存储过程:员工信息添加
    PROCEDURE proc_insert_emp(p_empno NUMBER,p_hiredate DATE)
    AS
```

```
    BEGIN
        IF func_isempnoexist(p_empno) THEN
            RAISE e_myexcep;
        END IF;
        SELECT MIN(hiredate) INTO v_earlyhirdate FROM scott.emp;
        IF p_hiredate BETWEEN v_earlyhirdate AND v_nowdate THEN
            INSERT INTO scott.emp(empno,hiredate) VALUES(p_empno,p_hiredate);
        ELSE
            RAISE e_myexcep;
        END IF;
    EXCEPTION
        WHEN e_myexcep THEN
            DBMS_OUTPUT.PUT_LINE('员工编号已存在或雇佣日期错误!');
    END proc_insert_emp;
    --存储过程:员工信息更新
    PROCEDURE proc_update_emp(p_empno NUMBER,p_hiredate DATE)
    AS
    BEGIN
        IF NOT func_isempnoexist(p_empno) THEN
            RAISE e_myexcep;
        END IF;
        SELECT MIN(hiredate) INTO v_earlyhirdate FROM scott.emp;
        IF p_hiredate BETWEEN v_earlyhirdate AND v_nowdate THEN
            UPDATE scott.emp SET hiredate = p_hiredate WHERE empno = p_empno;
        ELSE
            RAISE e_myexcep;
        END IF;
    EXCEPTION
        WHEN e_myexcep THEN
            DBMS_OUTPUT.PUT_LINE('员工编号不存在或雇佣日期错误!');
    END proc_update_emp;
END pkg_demo;
```

在包规范中声明的任何元素都是公有的,在包外可以通过"包名.元素名称"的方式进行调用,在包体中可以直接通过元素名称调用。

下述示例演示调用 pkg_demo 包中的存储过程和函数。

【示例】 包的调用。

```
BEGIN
    pkg_demo.proc_insert_emp(1111,TO_DATE('2012-09-09','yyyy-mm-dd'));
    pkg_demo.proc_update_emp(1111,TO_DATE('2012-10-10','yyyy-mm-dd'));
END;
/
```

9.3.2 包的初始化

包会在第一次被调用其中子程序时被初始化。初始化时,该包将从磁盘中被读入共享池中,并启用调用的子程序的编译代码,系统为该包中定义的所有变量分配内存单元,并在整个会话的持续期间保持。每个会话都有打开包变量的副本,以确保执行同一个包子程序的两个会话使用不同的内存单元。

包的初始化过程只会在包第一次被调用时执行一次，因此也称为一次性过程。包的初始化过程是一个匿名的 PL/SQL 块，定义在包体结构的最后，以 BEGIN 开始。语法如下。

【语法】

```
CREATE [OR REPLACE] PACKAGE BODY 包名称
IS|AS
    元素结构实现(类型、变量、存储过程、函数、游标、异常等);
BEGIN
    包初始化程序代码;
END [包名称];
```

其中，初始化代码需要放在包体结构的最后，并且以 BEGIN 关键字开始。

下述示例演示对前面介绍的示例 pkg_demo 包加入初始化代码。在 pkg_demo 包中，负责员工添加的存储过程和负责员工信息更改的存储过程都用到了对最早入职员工的雇佣日期的查询，因此可以将这部分结果固定且频繁使用的功能放在包初始化时实现。

【示例】 包的初始化。

```
CREATE OR REPLACE PACKAGE BODY pkg_demo
AS
    FUNCTION func_isempnoexist(p_empno NUMBER) RETURN BOOLEAN
    AS
        v_num NUMBER;
    BEGIN
        SELECT COUNT(*) INTO v_num FROM scott.emp WHERE empno = p_empno;
        IF v_num!= 0 THEN
           RETURN TRUE;
        ELSE
           RETURN FALSE;
    END IF;
    END func_isempnoexist;
    PROCEDURE proc_insert_emp(p_empno NUMBER,p_hiredate DATE)
    AS
    BEGIN
        IF func_isempnoexist(p_empno) THEN
           RAISE e_myexcep;
        END IF;
        IF p_hiredate BETWEEN v_earlyhirdate AND v_nowdate THEN
           INSERT INTO scott.emp(empno,hiredate) VALUES(p_empno,p_hiredate);
        ELSE
           RAISE e_myexcep;
        END IF;
    EXCEPTION
        WHEN e_myexcep THEN
           DBMS_OUTPUT.PUT_LINE('员工编号已存在或雇佣日期错误!');
    END proc_insert_emp;
    PROCEDURE proc_update_emp(p_empno NUMBER,p_hiredate DATE)
    AS
    BEGIN
        IF NOT func_isempnoexist(p_empno) THEN
           RAISE e_myexcep;
        END IF;
```

```
        IF p_hiredate BETWEEN v_earlyhirdate AND v_nowdate THEN
           UPDATE scott.emp SET hiredate = p_hiredate WHERE empno = p_empno;
        ELSE
           RAISE e_myexcep;
        END IF;
    EXCEPTION
        WHEN e_myexcep THEN
           DBMS_OUTPUT.PUT_LINE('员工编号不存在或雇佣日期错误!');
    END proc_update_emp;
--包的初始化代码
BEGIN
    SELECT MIN(hiredate) INTO v_earlyhirdate FROM scott.emp;
END pkg_demo;
```

9.3.3 包的持续性

在包规范中,所有声明的元素都具有全局作用域,元素的值在整个用户会话期间将一直存在,因此在用户会话期间,元素可以在应用程序各个部分的代码中被引用。每个用户会话都会维护属于自己会话的元素的副本,用户之间的元素互不干扰。这种在用户会话期间元素值和状态的持续性被称为包的持续性。包的持续性具体可以体现在包中变量的持续性和游标持续性上。

1. 变量的持续性

变量的持续性是指,当用户调用包时,系统会为每个调用者创建属于该用户的变量副本,并在用户的整个会话期间持续存在。包变量对当前会话用户是私有的。

下述示例演示由两个不同用户同时对一个包变量进行存取操作,通过变量值验证包变量在用户会话期间的持续性。首先创建一个包含变量的包以及用于设置和访问包变量的子程序。

【示例】 创建包变量及设置和访问包变量的子程序。

```
SQL> CONN scott/tiger;
已连接。
SQL> --创建包含变量的包
SQL> CREATE OR REPLACE PACKAGE pkg_var
  2  AS
  3    pkgvar NUMBER := 0;
  4  END pkg_var;
  5  /
程序包已创建。
SQL> --创建设置包变量值的存储过程
SQL> CREATE OR REPLACE PROCEDURE proc_set_var(p_var NUMBER)
  2  AS
  3  BEGIN
  4    pkg_var.pkgvar := p_var;
  5  END proc_set_var;
  6  /
```

```
过程已创建。
SQL> -- 创建获取包变量值的函数
SQL> CREATE OR REPLACE FUNCTION fun_get_var RETURN NUMBER
  2  AS
  3  BEGIN
  4    RETURN pkg_var.pkgvar;
  5  END fun_get_var;
  6  /
函数已创建。
```

下述示例演示通过用户 scott 登录 SQL * Plus 设置和访问包变量的结果。

【示例】 通过 scott 用户访问。

```
SQL> CONN scott/tiger;
已连接。
SQL> EXECUTE proc_set_var(10);
PL/SQL 过程已成功完成。
SQL> SELECT fun_get_var FROM dual;
FUN_GET_VAR
-----------
         10
```

由上述结果可以看出，此时包变量的值为 10。接下来通过用户 system 启动另一个 SQL * Plus 窗口，此时访问包变量的值仍为初始值 0，然后重新设置包变量值为 20，如下述示例所示。

【示例】 通过 system 用户访问。

```
SQL> CONN system/QSTqst2015;
已连接。
SQL> SELECT scott.fun_get_var FROM dual;
FUN_GET_VAR
-----------
         0
SQL> EXECUTE scott.proc_set_var(20);
PL/SQL 过程已成功完成。
SQL> SELECT scott.fun_get_var FROM dual;
FUN_GET_VAR
-----------
         20
```

接下来回到 scott 用户下，此时再次查询包变量的值，会发现包变量仍为 10，并没有受 system 用户操作的影响，如下述示例所示。

【示例】 通过 scott 用户访问。

```
SQL> SELECT fun_get_var FROM dual;
FUN_GET_VAR
-----------
         10
```

2. 游标持续性

游标持续性是指，当用户在会话期间多次调用包中的游标时，游标中的结果集会进行连续的检索，而不是每次都从第一条记录开始检索。

下述示例演示对包中游标进行多次调用，输出连续的检索结果。

【示例】 创建包含游标的包。

```
SQL > CREATE OR REPLACE PACKAGE pkg_cursor
  2  AS
  3    CURSOR cur_emp IS SELECT * FROM scott.emp;
  4    PROCEDURE proc_emp_list;
  5  END pkg_cursor;
  6  /
程序包已创建。
SQL > CREATE OR REPLACE PACKAGE BODY pkg_cursor
  2  AS
  3    PROCEDURE proc_emp_list
  4    AS
  5           v_emp scott.emp%ROWTYPE;
  6    BEGIN
  7           IF NOT cur_emp%ISOPEN THEN
  8                OPEN cur_emp;
  9           END IF;
 10           FETCH cur_emp INTO v_emp;
 11           DBMS_OUTPUT.PUT_LINE(v_emp.empno||':'||v_emp.ename);
 12    END proc_emp_list;
 13  END pkg_cursor;
 14  /
程序包体已创建。
```

【示例】 访问包中的游标1。

```
SQL > EXECUTE  pkg_cursor.proc_emp_list;
7369:SMITH
PL/SQL 过程已成功完成。
SQL > EXECUTE  pkg_cursor.proc_emp_list;
7499:ALLEN
PL/SQL 过程已成功完成。
```

9.3.4 包的串行化

由于在包规范中定义的元素都为全局元素，每个会话用户都会维护一个元素空间，因此随着用户数量的增加，内存消耗也将越来越大。为此，把包标志为 SERIALIY_REUSABLE，串行化包的运行时状态。串行化包的运行时状态将仅在每次数据库调用期间而非整个会话期间保持，从而包状态在每一次数据调用结束后会被重置，重新设置所有的全局变量，关闭打开的所有游标。

串行化包的实现方法是在包头和包体中添加 PRAGMA SERIALLY_REUSABLE 语句。

【示例】

```
SQL > CREATE OR REPLACE PACKAGE pkg_cursor
AS
    PRAGMA SERIALLY_REUSABLE;
```

```
    CURSOR cur_emp IS SELECT * FROM scott.emp;
    PROCEDURE proc_emp_list;
END pkg_cursor;
/
程序包已创建。
SQL> CREATE OR REPLACE PACKAGE BODY pkg_cursor
AS
    PRAGMA SERIALLY_REUSABLE;
    PROCEDURE proc_emp_list
    AS
        v_emp scott.emp%ROWTYPE;
    BEGIN
        IF NOT cur_emp%ISOPEN THEN
           OPEN cur_emp;
        END IF;
        FETCH cur_emp INTO v_emp;
        DBMS_OUTPUT.PUT_LINE(v_emp.empno||':'||v_emp.ename);
    END proc_emp_list;
END pkg_cursor;
/
程序包体已创建。
```

【示例】 访问包中的游标 2。

```
SQL> EXECUTE  pkg_cursor.proc_emp_list;
7369:SMITH
PL/SQL 过程已成功完成。
SQL> EXECUTE  pkg_cursor.proc_emp_list;
7499:ALLEN
PL/SQL 过程已成功完成。
```

9.3.5 包的管理

1. 查看包及其源代码

通过查询数据字典视图 user_objects、user_source 查看当前用户的所有包规范、包体及其源代码。

【示例】 查看当前用户下的包规范及包体对象的状态。

```
SQL> SELECT object_type,object_name,status FROM user_objects
  2  WHERE object_type IN('PACKAGE','PACKAGE BODY');
OBJECT_TYPE      OBJECT_NAME      STATUS
----------------------------------------------------
PACKAGE          PKG_DEMO         VALID
PACKAGE BODY     PKG_DEMO         VALID
PACKAGE          PKG_VAR          VALID
PACKAGE          PKG_CURSOR       VALID
PACKAGE BODY     PKG_CURSOR       VALID
```

【示例】 查看当前用户下某个包规范的源码。

```
SQL > SELECT name, text FROM user_source WHERE type = 'PACKAGE' AND name = 'PKG_VAR';
NAME            TEXT
--------------------------------
PKG_VAR         PACKAGE pkg_var
PKG_VAR         AS
PKG_VAR           pkgvar NUMBER : =  0;
PKG_VAR         END pkg_var;
```

2. 修改包

CREATE OR REPLACE PACKAGE 语句也可以用于重建包规范，CREATE OR REPLACE PACKAGE BODY 语句也可以用于重建包体，通过这种方式可以在修改包的情况下不用重新分配包的权限。

3. 重编译包

包的重编译包括对包规范和包体整体进行重新编译或者分别进行重新编译。其语法如下。

【语法】

```
ALTER PACKAGE 包名称 COMPILE;
ALTER PACKAGE 包名称 COMPILE SPECIFICATION;
ALTER PACKAGE 包名称 COMPILE BODY;
```

其中：

- COMPILE 表示重新编译包规范和包体。
- COMPILE SPECIFICATION 表示重新编译包规范。
- COMPILE BODY 表示重新编译包体。

【示例】 分别重新编译包规范和包体。

```
SQL > ALTER PACKAGE pkg_demo COMPILE SPECIFICATION;
程序包已变更。
SQL > ALTER PACKAGE pkg_demo COMPILE BODY;
程序包体已变更。
```

4. 删除包

当不需要再使用定义的包规范或包时，用户可以使用 DROP PACKAGE 删除整个包，也可以使用 DROP PACKAGE BODY 语句只删除包体。

【示例】

```
SQL > DROP PACKAGE pkg_test;
程序包已删除。
```

删除包规范的同时会将其对应的包体一起删除。

9.3.6 系统工具包

在 Oracle 中，除了可以使用用户创建的包外，还可以利用 Oracle 系统所提供的开发包进行代码的编写，方便应用程序的开发。下述是几个常用的系统包。

- DBMS_OUTPUT 包：是最常用的一个系统包，DBMS_OUTPUT. put_line()函数就是其中的一个子程序。
- DBMS_ALERT 包：用于数据库报警，允许会话间通信。
- DBMS_JOB 包：用于任务调度服务。
- DBMS_LOB 包：用于处理大对象操作。
- DBMS_PIPE 包：用于数据库管道，允许会话间通信。
- DBMS_SQL 包：用于执行动态 SQL。
- UTL_FILE 包：用于文件的输入输出。

除了 UTL_FILE 包存储在服务器和客户端外，其他的包均存储在服务器中。

9.4 触发器

9.4.1 触发器简介

触发器是一种特殊类型的存储过程，其基本定义形式与存储过程和函数类似，唯一不同的是所有的存储过程与函数均需用户显式调用，而触发器是当某个特定事件发生时，由系统自动调用执行，不能接收参数，即触发器是自动隐式运行的。特定事件通常是指对数据库对象的某个操作，如对数据库表进行的 DML 操作或对视图进行的类似操作，同时 Oracle 还将触发器的功能扩展到对如数据库的启动与关闭等事件的触发，所以触发器常用来完成由数据库的完整性约束难以完成的复杂业务规则的约束，或监视对数据库的各种操作。

1. 触发器的组成

触发器由以下几部分组成。

- 触发事件：引起触发器被触发的事件，如 DML 语句、DDL 语句、数据库系统事件(如系统启动或退出及异常错误)、用户事件(如登录或退出数据库)等。
- 触发时间：指该触发器是在触发事件发生之前(BEFORE)还是之后(AFTER)触发，也就是触发事件和该触发器的操作顺序。
- 触发操作：即触发器被触发之后所执行的 PL/SQL 块。
- 触发对象：包括表、视图、模式、数据库。只有在这些对象上发生了符合触发条件的触发事件时，才会执行触发操作。
- 触发条件：由 WHEN 子句指定的一个逻辑表达式。只有当该表达式的值为 TRUE 时，遇到触发事件才会自动执行触发器，使其执行触发操作。
- 触发频率：说明触发器内定义的动作被执行的次数，即语句级触发器和行级触发器。

2. 编写触发器的注意事项

在编写触发器时需要注意以下几点：

- 触发器不接收任何参数，并且只能是在产生了某一触发事件之后才会自动调用。
- 一个数据表最多只能有12个触发器(语句级、行级、BEFORE、AFTER和DML操作的组合)；同一时间、同一事件、同一类型的触发器只能有一个，并且各触发器之间不能有矛盾。
- 一个触发器最大为32KB，所以如果需要编写的代码较多，可以通过过程或函数调用完成。
- 默认情况下，触发器中不能使用事务处理操作。因为触发器是触发语句的一部分，触发语句被提交、回退时，触发器也被提交、回退。
- 一个表上的触发器越多，对在该表上的DML操作的性能影响就越大。
- 在触发器的执行部分只能用DML语句，不能使用DDL语句。
- 在触发器主体中不能申明任何LONG和BLOB变量。
- 不同类型的触发器(如DML触发器、INSTEAD-OF触发器、系统触发器)的语法格式和作用有较大区别。

3. 触发器的分类

根据触发器作用的对象不同，触发器可以分为以下3类。

- DML触发器：建立在基本表上的触发器，响应基本表的INSERT、UPDATE、DELETE操作。
- 替代触发器(INSTEAD-OF触发器)：建立在视图上的触发器，响应视图上的INSERT、UPDATE、DELETE操作。
- 系统触发器：建立在数据库系统和模式对象上的触发器，响应模式对象的CREATE、ALTER、DROP、GRANT等DDL操作，以及响应数据库服务的打开、关闭、错误等系统事件，或监控用户的行为操作。

9.4.2 DML触发器

DML触发器主要由DML语句进行触发，当用户对表执行了增加、修改、删除操作时触发。DML触发器的语法如下。

【语法】

```
CREATE [OR REPLACE] TRIGGER 触发器名称
    [BEFORE|AFTER]
    [INSERT|DELETE|UPDATE[OF 列名称[,列名称...]]
    ON 表名称
    [FOR EACH ROW]
    [FOLLOWS 触发器名称]
    [DISABLE]
    [WHEN 触发条件]
[DECLARE]
```

```
    [程序声明部分;]
BEGIN
    程序代码部分;
END [触发器名称];
```

其中:

- BEFORE|AFTER: 指出触发器的触发时间是前触发还是后触发,前触发是在执行触发事件之前触发当前所创建的触发器,后触发是在执行触发事件之后触发当前所创建的触发器。
- INSERT|DELETE|UPDATE [OF 列名称]: 表示触发的事件,包括对表的增删改操作。
- FOR EACH ROW: 表示定义行级触发器,若省略则表示定义语句级触发器。
- FOLLOWS: 用于指定配置多个触发器时执行的先后次序。
- DISABLE: 表示触发器的启用状态,默认启用,若使用此选项定义为禁用状态。
- WHEN 触发条件: 在行级触发器中,用来控制触发器是否被执行的一个控制条件。

DML 触发器根据触发的频率可以分为以下两类。

- 语句级(STATEMENT)DML 触发器: 是将整个 DML 语句操作作为触发事件,在 DML 操作之前或之后进行触发操作,并且只会触发一次。
- 行级(ROW)DML 触发器: 是指当一个 DML 语句操作影响数据库中的多行数据时,对于其中的每个数据行,只要它们符合触发约束条件,均激活一次触发器; 行级触发器需要使用 FOR EACH ROW 选项。

1. 语句级 DML 触发器

下述示例演示创建一个针对 emp 表的语句级 DML 触发器,要求在非工作时间禁止对 emp 表进行 DML 操作。

【示例】 语句级 DML 触发器 1。

```
CREATE OR REPLACE TRIGGER trig_emp_dml
  BEFORE INSERT OR UPDATE OR DELETE ON scott.emp
BEGIN
  IF (TO_CHAR(SYSDATE,'DAY') IN ('星期六', '星期日'))
    OR (TO_CHAR(SYSDATE, 'HH24:MI') NOT BETWEEN '08:30' AND '17:30') THEN
    RAISE_APPLICATION_ERROR( - 20002, '只能在工作时间进行操作。');
  END IF;
END trig_emp_dml;
```

下述示例演示通过 scott 用户创建一个语句级 DML 触发器,实现只有 scott 用户才可以对 emp 表进行 DML 操作的权限验证功能。

【示例】 语句级 DML 触发器 2。

```
SQL > CONN scott/tiger;
已连接。
SQL > CREATE OR REPLACE TRIGGER  trig_emp_authority
  2     BEFORE INSERT OR UPDATE OR DELETE ON emp
```

```
  3  BEGIN
  4    IF user <> 'SCOTT' THEN
  5      RAISE_APPLICATION_ERROR( - 20001,'您无权修改 EMP 表!');
  6    END IF;
  7  END trig_emp_authority;
  8  /
触发器已创建。
```

当有用户对 emp 表进行 DML 操作时，上述示例创建的 trig_emp_authority 触发器会被触发执行，如下述示例所演示的触发器的触发效果。首先通过 system 系统用户创建一个新用户并赋予其操作 scott 模式 emp 表的权限，然后通过此新用户对 emp 表记录执行删除操作，具体操作如下。

【示例】 触发器测试。

```
SQL > CONN system/QSTqst2015;
已连接。
SQL > CREATE USER qst identified by qst123;
用户已创建。
SQL > GRANT ALL ON SCOTT.EMP TO qst;
授权成功。
SQL > CONN qst/qst123;
已连接。
SQL > DELETE FROM scott.emp WHERE empno = 7369;
DELETE FROM scott.emp WHERE empno = 7369
                   *
第 1 行出现错误:
ORA - 20001: 您无权修改 EMP 表!
ORA - 06512: 在 "SCOTT.TRIG_EMP_AUTHORITY", line 3
ORA - 04088: 触发器 'SCOTT.TRIG_EMP_AUTHORITY' 执行过程中出错
```

2. 行级 DML 触发器

行级 DML 触发器的创建需要使用 FOR EACH ROW 选项。由于行级 DML 触发器是基于行级别的，因此可以对当前正在处理的行记录数据进行访问。伪记录:NEW 和:OLD 用来实现对当前行记录数据的访问。其中，“:NEW.字段”访问操作完成后列的值(新值)；“:OLD.字段”访问操作完成前列的值(旧值)。在不同触发器事件中，“:NEW.字段”和“:OLD.字段”的意义不同，如表 9-2 所示。

表 9-2 触发事件中:NEW 和:OLD 的含义

触发事件	:OLD.字段	:NEW.字段
INSERT	未定义，字段内容为 NULL	INSERT 操作结束后，所增加的数据值
UPDATE	更新数据前的原始值	UPDATE 操作结束后，所更新后的新数据值
DELETE	删除前的原始值	未定义，字段内容均为 NULL

下述示例演示创建一个行级 DML 触发器，对 emp 表工资的更新进行限制，要求加薪比例最高不能超过 10%。分别通过伪记录:NEW 和:OLD 获取新工资和原工资实现如下。

【示例】 :NEW 和:OLD 伪记录的用法。

```
CREATE OR REPLACE TRIGGER trig_emp_addsal
    BEFORE UPDATE OF sal ON emp
    FOR EACH ROW
DECLARE
    v_scale NUMBER;
BEGIN
    v_scale: = (:NEW.sal - :OLD.sal)/:OLD.sal;
    IF v_scale > 0.1 THEN
        :NEW.sal: = :OLD.sal * 1.1;
        DBMS_OUTPUT.put_line('加薪不能超过 10 %,薪水更新成: '||:NEW.sal);
    END IF;
END;
```

虽然 Oracle 12c 中提供了序列功能,但是要通过该功能实现数据列的自动增长,操作起来依然非常麻烦,如果希望像 MySQL 数据库那样实现数据列的自动增长,可以用触发器实现,如下述示例所示。

【示例】 创建一个测试表及序列。

```
SQL > CREATE TABLE dept_test AS SELECT * FROM scott.dept WHERE 1 = 2;
表已创建。
SQL > CREATE SEQUENCE seq_dept_test START WITH 10 INCREMENT BY 10 MAXVALUE 90;
序列已创建。
```

【示例】 使用触发器实现数据列自增长。

```
SQL > CREATE OR REPLACE TRIGGER trig_col_autoincrement
  2     BEFORE INSERT ON dept_test
  3     FOR EACH ROW
  4   BEGIN
  5     SELECT seq_dept_test.NEXTVAL INTO :NEW.deptno FROM dual;
  6   END;
  7   /
触发器已创建。
```

【示例】 测试。

```
SQL > INSERT INTO dept_test(dname,loc) VALUES('ACCOUNTING','NEW YORK');
已创建 1 行。
SQL > INSERT INTO dept_test(dname,loc) VALUES('RESEARCH','QING DAO');
已创建 1 行。
SQL > SELECT * FROM dept_test;
    DEPTNO    DNAME                          LOC
---------- ------------------------------ ----------------------------
        10    ACCOUNTING                     NEW YORK
        20    RESEARCH                       QING DAO
```

在行级 DML 触发器中,如果需要进一步控制触发器是否被执行,可以使用 WHEN 子句作为触发器的控制条件。WHEN 子句的控制条件为一个逻辑表达式,其中可以使用:NEW 和:OLD 伪记录访问修改前后的数据,并且可以省略伪记录前面的":";同时

WHEN 子句的控制条件中不能包含查询语句，也不能调用 PL/SQL 函数。

下述示例演示在增加员工时，判断其雇佣日期是否准确，并给予错误提示。

【示例】 WHEN 子句的用法。

```
SQL > CREATE OR REPLACE TRIGGER trig_emp_insert
  2     BEFORE INSERT ON emp
  3     FOR EACH ROW
  4     WHEN(NEW.hiredate > SYSDATE)
  5  BEGIN
  6     RAISE_APPLICATION_ERROR( - 20001, :NEW.empno||'的雇佣日期输入错误。');
  7  END;
  8  /
触发器已创建。
SQL > INSERT INTO emp(empno,hiredate)
  2           VALUES(9999,TO_DATE('2017 - 07 - 07','yyyy - mm - dd'));
INSERT INTO emp(empno,hiredate)
            *
第 1 行出现错误:
ORA - 20001: 9999 的雇佣日期输入错误。
ORA - 06512: 在 "SCOTT.TRIG_EMP_INSERT", line 2
ORA - 04088: 触发器 'SCOTT.TRIG_EMP_INSERT' 执行过程中出错
```

注意

> when 子句指定的触发约束条件只能用在行级 dml 触发器中，而不能用在例如 instead-of 行触发器和其他类型的触发器中。

3. 触发器谓词

如果触发器响应了多个 DML 事件，并且需要根据不同的 DML 事件进行不同的操作，则可以在触发器中使用以下 3 个触发器谓词。

- INSERTING：如果触发事件为 INSERT，该触发器谓词返回 TRUE，否则返回 FALSE。
- UPDATING：如果触发事件为 UPDATE，该触发器谓词返回 TRUE，否则返回 FALSE。
- DELETING：如果触发事件为 DELETE，该触发器谓词返回 TRUE，否则返回 FALSE。

下述示例演示对 dept 表执行一个操作日志的功能，当用户对 dept 表执行增加、修改、删除操作时，自动在 dept 的日志记录表 dept_log 中进行相关记录的保存。

【示例】 创建日志记录表 dept_log 及序列。

```
SQL > CREATE TABLE dept_log(
  2     logid NUMBER,
  3     type VARCHAR2(20) NOT NULL,
  4     logdate DATE,
  5     deptno NUMBER(2),
  6     dname VARCHAR2(20) NOT NULL,
  7     loc VARCHAR2(30) NOT NULL,
  8     CONSTRAINT pk_logid PRIMARY KEY(logid)
  9  );
表已创建。
```

```
SQL> CREATE SEQUENCE seq_dept_log;
序列已创建。
```

【示例】 触发器谓词的使用。

```
SQL> CREATE OR REPLACE TRIGGER trig_dept_dml
  2    BEFORE INSERT OR UPDATE OR DELETE ON dept
  3    FOR EACH ROW
  4  BEGIN
  5    CASE
  6    WHEN INSERTING THEN
  7          INSERT INTO dept_log(logid,type,logdate,deptno,dname,loc)
  8                VALUES(seq_dept_log.nextval,'INSERT',
  9                SYSDATE,:NEW.deptno,:NEW.dname,:NEW.loc);
 10    WHEN UPDATING THEN
 11          INSERT INTO dept_log(logid,type,logdate,deptno,dname,loc)
 12                VALUES(seq_dept_log.nextval,'UPDATE',
 13                SYSDATE,:NEW.deptno,:NEW.dname,:NEW.loc);
 14    WHEN DELETING THEN
 15          INSERT INTO dept_log(logid,type,logdate,deptno,dname,loc)
 16                VALUES(seq_dept_log.nextval,'DELETE',
 17                SYSDATE,:OLD.deptno,:OLD.dname,:OLD.loc);
 18    END CASE;
 19  END;
 20  /
触发器已创建。
SQL> --触发器测试
SQL> INSERT INTO dept VALUES(50,'DESIGN','QING DAO');
已创建 1 行。
SQL> SELECT * FROM dept_log;
     LOGID    TYPE         LOGDATE            DEPTNO     DNAME          LOC
---------- ---------- --------------- --------- ------------ --------
         1    INSERT       11-5月 -16         50         DESIGN         QING DAO
SQL> UPDATE dept SET loc='BEI JING' WHERE deptno=50;
已更新 1 行。
SQL> SELECT * FROM dept_log;
     LOGID    TYPE         LOGDATE            DEPTNO     DNAME          LOC
---------- ---------- --------------- --------- ------------ --------
         1    INSERT       11-5月 -16         50         DESIGN         QING DAO
         2    UPDATE       11-5月 -16         50         DESIGN         BEI JING
SQL> DELETE FROM dept WHERE deptno=50;
已删除 1 行。
SQL> SELECT * FROM dept_log;
     LOGID    TYPE         LOGDATE            DEPTNO     DNAME          LOC
---------- ---------- --------------- --------- ------------ --------
         1    INSERT       11-5月 -16         50         DESIGN         QING DAO
         2    UPDATE       11-5月 -16         50         DESIGN         BEI JING
         3    DELETE       11-5月 -16         50         DESIGN         BEI JING
```

上述示例中，通过3个触发器谓词分别对不同的操作进行判断，当满足某一个DML操作时，在dept_log表中保存操作日志信息。其中，对于删除操作，需要使用:OLD伪记录获取要删除的记录信息。

上述示例也可以通过在触发器中调用存储过程实现，改进代码如下。

【示例】 在触发器中调用存储过程。

```
SQL> --创建添加 dept 操作记录的存储过程
SQL> CREATE OR REPLACE PROCEDURE proc_dept_log(
  2    p_logid   dept_log.logid%type,
  3    p_type   dept_log.type%type,
  4    p_logdate   dept_log.logdate%type,
  5    p_deptno   dept_log.deptno%type,
  6    p_dname   dept_log.dname%type,
  7    p_loc   dept_log.loc%type)
  8  IS
  9  BEGIN
 10    INSERT INTO dept_log(logid,type,logdate,deptno,dname,loc)
 11           VALUES(p_logid,p_type,p_logdate,p_deptno,p_dname,p_loc);
 12  END proc_dept_log;
 13  /
过程已创建。
SQL> --创建触发器调用存储过程
SQL> CREATE OR REPLACE TRIGGER trig_dept_dml
  2    BEFORE INSERT OR UPDATE OR DELETE ON dept
  3    FOR EACH ROW
  4  BEGIN
  5    CASE
  6    WHEN INSERTING THEN
  7           proc_dept_log(seq_dept_log.nextval,'INSERT',
  8                  SYSDATE,:NEW.deptno,:NEW.dname,:NEW.loc);
  9    WHEN UPDATING THEN
 10           proc_dept_log(seq_dept_log.nextval,'UPDATE',
 11                  SYSDATE,:NEW.deptno,:NEW.dname,:NEW.loc);
 12    WHEN DELETING THEN
 13           proc_dept_log(seq_dept_log.nextval,'DELETE',
 14                  SYSDATE,:OLD.deptno,:OLD.dname,:OLD.loc);
 15    END CASE;
 16  END;
 17  /
触发器已创建。
```

注意

由于编写一个触发器的代码不能超过32KB，因此如果要编写的代码较多，可以将这些代码定义在存储过程或函数中，再通过在触发器中调用的方式实现。

4. 触发器的执行顺序

语句级触发器和行级触发器按照触发时间（BEFORE和AFTER）不同，又分为语句级前触发器（BEFORE STATEMENT）、语句级后触发器（AFTER STATEMENT）、行级前触发器（BEFORE ROW）、行级后触发器（AFTER ROW）4类。当用户执行更新操作时，这4类触发器的执行顺序为：语句级前触发器→行级前触发器→更新操作→行级后触发器→语句级后触发器。下述示例对这4类触发器的执行顺序进行演示。

【示例】 触发器的执行顺序。

```
SQL > CREATE OR REPLACE TRIGGER trig_berfore_state
  2    BEFORE UPDATE ON dept
  3  BEGIN
  4    DBMS_OUTPUT.put_line('开始 dept 表的更新操作。');
  5  END trig_berfore_state;
  6  /
触发器已创建。
SQL > CREATE OR REPLACE TRIGGER trig_after_state
  2    AFTER UPDATE ON dept
  3  BEGIN
  4    DBMS_OUTPUT.put_line('结束 dept 表的更新操作。');
  5  END trig_after_state;
  6  /
触发器已创建。
SQL > CREATE OR REPLACE TRIGGER trig_berfore_row
  2    BEFORE UPDATE OF dname ON dept
  3    FOR EACH ROW
  4  BEGIN
  5    DBMS_OUTPUT.put_line('更新前的部门名称为: '||:OLD.dname);
  6  END trig_berfore_row;
  7  /
触发器已创建。
SQL > CREATE OR REPLACE TRIGGER trig_after_row
  2    AFTER UPDATE OF dname ON dept
  3    FOR EACH ROW
  4  BEGIN
  5    DBMS_OUTPUT.put_line('更新后的部门名称为: '||:NEW.dname);
  6  END trig_after_row;
  7  /
触发器已创建。
SQL > INSERT INTO dept VALUES(50,'TEACHING','QINGDAO');
已创建 1 行。
SQL > UPDATE dept SET dname = 'WRITING' WHERE deptno = 50;
开始 dept 表的更新操作。
更新前的部门名称为: TEACHING
更新后的部门名称为: WRITING
结束 dept 表的更新操作。
已更新 1 行。
```

虽然触发器的类型决定了其执行顺序，但是，如果在一个表上定义了同一类型的多个触发器，如在 dept 表上定义了两个语句级前触发器，那么会先触发哪个呢？对于同一类型的触发器，其触发顺序往往是无法预期的。对此，自 Oracle 11g 之后提供了 FOLLOWS 子句指定触发器的执行顺序。下述示例演示 FOLLOWS 子句的使用。

【示例】 FOLLOWS 子句的使用。

```
SQL > CREATE OR REPLACE TRIGGER dept_insert_one
  2    BEFORE INSERT ON dept
  3    FOR EACH ROW
  4  BEGIN
  5    DBMS_OUTPUT.put_line('执行第 1 个触发器');
```

```
  6   END;
  7   /
触发器已创建。
SQL > CREATE OR REPLACE TRIGGER dept_insert_two
  2     BEFORE INSERT ON dept
  3     FOR EACH ROW
  4     FOLLOWS dept_insert_one
  5   BEGIN
  6     DBMS_OUTPUT.put_line('执行第 2 个触发器');
  7   END;
  8   /
触发器已创建。
SQL > CREATE OR REPLACE TRIGGER dept_insert_three
  2     BEFORE INSERT ON dept
  3     FOR EACH ROW
  4     FOLLOWS dept_insert_two
  5   BEGIN
  6     DBMS_OUTPUT.put_line('执行第 3 个触发器');
  7   END;
  8   /
触发器已创建。
SQL > -- 触发器执行顺序测试
SQL > INSERT INTO dept VALUES(50,'TEACHING','QINGDAO');
执行第 1 个触发器
执行第 2 个触发器
执行第 3 个触发器

已创建 1 行。
```

通过上述示例结果可以看出，通过 FOLLOWS 子句可以指定同一对象上同一类型触发器的执行顺序。

5. 复合触发器

复合触发器是在 Oracle 11g 之后引入的一种新结构的触发器，复合触发器既是语句级触发器又是行级触发器。在之前如果要在一张数据表上完成语句级(BEFORE 和 AFTER)触发与行级(BEFORE 和 AFTER)触发需要编写 4 个触发器才可以完成，而通过复合触发器，只需要一个就可以定义完成全部的 4 个功能。

复合触发器的语法如下。

【语法】

```
CREATE [OR REPLACE] TRIGGER 触发器名称
    FOR [INSERT | UPDATE | UPDATE OF 列名称[,列名称,...] | DELETE] ON 表名称
    COMPOUND TRIGGER
        [ BEFORE STATEMENT IS
            [ 声明部分 ; ]
        BEGIN
            程序主体部分 ;
        END BEFORE STATEMENT; ]
        [ BEFORE EACH ROW IS
```

```
            [ 声明部分 ; ]
        BEGIN
            程序主体部分 ;
        END BEFORE EACH ROW; ]
        [ AFTER STATEMENT IS
            [ 声明部分 ; ]
        BEGIN
            程序主体部分 ;
        END AFTER STATEMENT; ]
        [ AFTER EACH ROW IS
            [ 声明部分 ; ]
        BEGIN
            程序主体部分 ;
        END AFTER EACH ROW; ]
END;
```

其中：

- INSERT|DELETE|UPDATE [OF 列名称]：表示触发的事件，包括对表的增删改操作。
- BEFORE STATEMENT IS：表示语句级前触发。
- BEFORE EACH ROW IS：表示行级前触发。
- AFTER STATEMENT IS：表示语句级后触发。
- AFTER EACH ROW IS：表示行级后触发。
- 复合触发器要求至少有一个事件处理块。
- 复合触发器仅限执行DML操作，不支持DDL和系统操作。

下述示例演示复合触发器的使用。

【示例】 复合触发器的使用1。

```
SQL> CREATE OR REPLACE TRIGGER trig_compound
  2    FOR INSERT OR UPDATE OR DELETE   ON dept
  3    COMPOUND TRIGGER
  4          BEFORE STATEMENT IS
  5          BEGIN
  6                  DBMS_OUTPUT.put_line('BEFORE STATEMENT EXECUTE.') ;
  7          END BEFORE STATEMENT;
  8          BEFORE EACH ROW IS
  9          BEGIN
 10                  DBMS_OUTPUT.put_line('BEFORE EACH ROW EXECUTE.') ;
 11          END BEFORE EACH ROW;
 12          AFTER STATEMENT IS
 13          BEGIN
 14                  DBMS_OUTPUT.put_line('AFTER STATEMENT EXECUTE.') ;
 15          END AFTER STATEMENT;
 16          AFTER EACH ROW IS
 17          BEGIN
 18                  DBMS_OUTPUT.put_line('AFTER EACH ROW EXECUTE.') ;
 19          END AFTER EACH ROW;
 20  END trig_compound;
 21  /
```

```
触发器已创建。
SQL> --复合触发器测试
SQL> INSERT INTO dept(deptno,dname,loc) VALUES(50,'TEACHING','QINGDAO');
BEFORE STATEMENT EXECUTE.
BEFORE EACH ROW EXECUTE.
AFTER EACH ROW EXECUTE.
AFTER STATEMENT EXECUTE.
已创建 1 行。
```

从上述示例结果可以看出，复合触发器中各事件处理块依然会按照"语句级前触发→行级前触发→行级后触发→语句级后触发"顺序执行。

下述示例演示定义一个复合触发器，要求此触发器可以完成如下功能：周末时间不允许更新 emp 表数据；更新和新增的所有数据的 ename 和 job 字段值转换为大写；新增员工的工资不得高于公司的平均工资。

【示例】 复合触发器的使用 2。

```
SQL> CREATE OR REPLACE TRIGGER trig_emp_compound
  2    FOR INSERT OR UPDATE OR DELETE on emp
  3    COMPOUND TRIGGER
  4          BEFORE STATEMENT IS
  5                v_week VARCHAR2(20);
  6          BEGIN
  7                IF (TO_CHAR(SYSDATE,'DAY') IN ('星期六', '星期日')) THEN
  8                  raise_application_error(-20001,'周末不允许更新员工表 EMP');
  9                END IF;
 10          END BEFORE STATEMENT;
 11
 12          BEFORE EACH ROW IS
 13                v_avgsal emp.sal%TYPE;
 14          BEGIN
 15                IF inserting OR updating THEN
 16                      :NEW.ename:=UPPER(:NEW.ename);
 17                      :NEW.job:=upper(:NEW.job);
 18                END IF;
 19                IF inserting THEN
 20                      SELECT AVG(sal) INTO v_avgsal FROM emp;
 21                      IF :NEW.sal > v_avgsal THEN
 22                      raise_application_error(-20002,'新员工工资不得高于公司平均工资!');
 23                      END IF;
 24                END IF;
 25          END BEFORE EACH ROW;
 26  END trig_emp_compound;
 27  /

触发器已创建。
SQL>  --设定一个较高的基本工资测试
SQL> INSERT INTO emp(empno,ename,job,mgr,hiredate,sal,deptno)
  2     VALUES(1111,'test','clerk',7369,SYSDATE,3000,10);
INSERT INTO emp(empno,ename,job,mgr,hiredate,sal,deptno)
            *
第 1 行出现错误:
```

```
ORA - 20002: 新员工工资不得高于公司平均工资!
ORA - 06512: 在 "SCOTT.TRIG_EMP_COMPOUND", line 20
ORA - 04088: 触发器 'SCOTT.TRIG_EMP_COMPOUND' 执行过程中出错

SQL>  -- 将系统时间改为周末测试
SQL> INSERT INTO emp(empno,ename,job,mgr,hiredate,sal,deptno)
  2    VALUES(1111,'test','clerk',7369,SYSDATE,3000,10);
INSERT INTO emp(empno,ename,job,mgr,hiredate,sal,deptno)
            *
第 1 行出现错误:
ORA - 20001: 周末不允许更新员工表 EMP
ORA - 06512: 在 "SCOTT.TRIG_EMP_COMPOUND", line 6
ORA - 04088: 触发器 'SCOTT.TRIG_EMP_COMPOUND' 执行过程中出错
```

9.4.3 替代触发器

替代(INSTEAD-OF)触发器是指建立在视图上的触发器,用来响应视图上的 DML 操作。替代触发器的主要作用是更新一个本来不可以更新的视图。例如,如果一个视图的数据是由多张数据表组成的,那么此视图是无法直接进行更新的。如果想实现此类视图的更新操作,只能利用替代触发器。替代触发器是自 Oracle 8i 版本后专门为进行视图操作提供的一种处理方法。

下述示例演示试图对一个多表视图进行更新操作的报错现象。

【示例】 对多表视图的更新操作。

```
SQL> CREATE OR REPLACE VIEW v_empdept AS
  2    SELECT e.empno,e.ename,e.job,d.deptno,d.dname,d.loc
  3    FROM emp e,dept d
  4    WHERE e.deptno = d.deptno;
视图已创建。
SQL> -- 向视图中插入一条记录
SQL> INSERT INTO v_empdept(empno,ename,job,deptno,dname,loc)
  2    VALUES(8888,'zs','developer',50,'development','qingdao');
INSERT INTO v_empdept(empno,ename,job,deptno,dname,loc)
                                        *
第 1 行出现错误:
ORA - 01776: 无法通过联接视图修改多个基表
```

上述示例显示,仅对视图进行更新操作并不能实现该视图所关联基表的一起更新。

对于替代触发器,在对视图进行 DML 操作时,会首先激发替代触发器的执行,由替代触发器将此 DML 操作转换为对关联基表的操作。替代触发器的创建语法如下。

【语法】

```
CREATE [OR REPLACE] TRIGGER 触发器名称
    INSTEAD OF
    [INSERT|DELETE|UPDATE|UPDATE OF 列名称,...] ON 视图名称
    [FOR EACH ROW]
    [WHEN 触发条件]
[DECLARE]
```

```
    [程序声明部分;]
BEGIN
    程序代码部分;
END [触发器名称];
```

其中：

- INSTEAD OF：表示创建替代触发器，不能指定 BEFORE 或 AFTER 选项。
- INSERT|DELETE|UPDATE [OF 列名称]：表示增删改触发事件，操作对象为视图。
- FOR EACH ROW：表示定义行级触发器，此处是可选项，因为替代触发器只能在行级上触发，不必指定。
- WHEN 触发条件：表示控制触发器是否被执行的一个控制条件，仅用在行级触发器中。

下述示例演示通过替代触发器实现对前面所创建视图 v_empdept 数据的 DML 操作。

【示例】 实现视图添加数据的替代触发器。

```
SQL> CREATE OR REPLACE TRIGGER trig_empdept_insert
  2     INSTEAD OF INSERT ON v_empdept
  3  DECLARE
  4     v_empNum NUMBER;
  5     v_deptNum NUMBER;
  6  BEGIN
  7     -- 判断要增加的员工是否存在
  8     SELECT COUNT(empno) INTO v_empNum FROM emp WHERE empno = :new.empno;
  9     -- 判断要增加的部门是否存在
 10     SELECT COUNT(deptno) INTO v_deptNum FROM dept WHERE deptno = :new.deptno;
 11     IF v_deptNum = 0 THEN
 12             INSERT INTO dept(deptno,dname,loc)
 13                     VALUES(:new.deptno,:new.dname,:new.loc);
 14     END IF;
 15     IF v_empNum = 0 THEN
 16             INSERT INTO emp(empno,ename,job,deptno)
 17                     VALUES(:new.empno,:new.ename,:new.job,:new.deptno);
 18     END IF;
 19  END;
 20  /
触发器已创建。
SQL> -- 向视图中插入一条记录
SQL> INSERT INTO v_empdept(empno,ename,job,deptno,dname,loc)
  2          VALUES(8888,'zs','developer',50,'development','qingdao');
已创建 1 行。
```

对于视图 v_empdept 的增加操作，由于其基于两个数据基表：emp 与 dept，因此在替代触发器 trig_empdept_insert 的实现中，需要分别对这两个基表进行相应记录字段的添加操作。

注意

没有必要在针对一个表的视图上创建替代触发器，这种情况创建 DML 触发器即可。

【示例】 实现视图更新数据的替代触发器。

```
SQL> CREATE OR REPLACE TRIGGER trig_empdept_update
  2    INSTEAD OF UPDATE ON v_empdept
  3  BEGIN
  4    UPDATE emp SET ename = :new.ename, job = :new.job WHERE empno = :new.empno;
  5    UPDATE dept SET dname = :new.dname, loc = :new.loc WHERE deptno = :new.deptno;
  6  END;
  7  /
触发器已创建。
SQL> --执行视图更新操作
SQL> UPDATE v_empdept SET ename = 'zhangsan' WHERE empno = 8888;
已更新 1 行。
```

【示例】 实现视图删除数据的替代触发器。

```
SQL> CREATE OR REPLACE TRIGGER trig_empdept_delete
  2    INSTEAD OF DELETE ON v_empdept
  3  DECLARE
  4    v_empNum NUMBER;
  5  BEGIN
  6    DELETE FROM emp WHERE empno = :old.empno;
  7    SELECT COUNT(empno) INTO v_empNum FROM emp WHERE deptno = :old.deptno;
  8    IF v_empNum = 0 THEN
  9          DELETE FROM dept WHERE deptno = :old.deptno;
 10    END IF;
 11  END;
 12  /
触发器已创建。
SQL> --执行视图更新操作
SQL> DELETE FROM v_empdept WHERE deptno = 50;
已删除 1 行。
```

下述示例演示对使用聚合函数(SUM、COUNT 等)及 GROUP BY 子句所创建视图的更新操作。

【示例】 替代触发器的使用。

```
SQL> CREATE OR REPLACE VIEW v_empSalCount AS
  2    SELECT deptno, COUNT(*) empNum, SUM(sal) totalSal
  3          FROM emp GROUP BY deptno;
视图已创建。

SQL> --对此视图执行删除操作是非法的
SQL> DELETE FROM v_empSalCount WHERE deptno = 50;
DELETE FROM v_empSalCount WHERE deptno = 50
            *
第 1 行出现错误:
ORA-01732: 此视图的数据操纵操作非法

SQL> --创建替代触发器来实现视图数据的删除操作
SQL> CREATE OR REPLACE TRIGGER trig_empSalCount_view
  2    INSTEAD OF DELETE ON v_empSalCount
```

```
  3  BEGIN
  4    DELETE FROM emp WHERE deptno = :old.deptno;
  5  END trig_empSalCount_view;
  6  /
触发器已创建。

SQL> --对此视图执行删除操作
SQL> DELETE FROM v_empSalCount WHERE deptno = 50;
已删除 1 行。
```

9.4.4 系统触发器

系统触发器是建立在数据库或模式之上的触发器，触发事件包括 DDL 事件和数据库事件。DDL 事件是指创建、修改或删除数据库模式对象的事件。系统触发器用于对这些数据库模式对象的 DDL 操作进行监控。常用的 DDL 触发事件及触发时间如表 9-3 所示。

表 9-3　常用的 DDL 触发事件及触发时间

触发事件	触发时间	描　述
CREATE	BEFORE/AFTER	创建数据库对象的结构时触发
ALTER	BEFORE/AFTER	修改对象的结构时触发
DROP	BEFORE/AFTER	删除数据库对象时触发
GRANT	BEFORE/AFTER	用户授权时触发
RENAME	BEFORE/AFTER	数据库对象重命名时触发
REVOKE	BEFORE/AFTER	用户撤销权限时触发
TRUNCATE	BEFORE/AFTER	截断数据表时触发
DDL	BEFORE/AFTER	对出现的所有 DDL 事件触发

数据库事件是指 Oracle 数据库系统运行过程中产生的事件，如系统的启动与关闭等。系统触发器通过数据库事件监视数据库服务的打开、关闭以及错误等信息的获取，或者监控用户的行为操作等。常用的数据库触发事件及触发时间如表 9-4 所示。

表 9-4　常用的数据库触发事件及触发时间

触发事件	触发时间	描　述
STARTUP	AFTER	数据库实例启动之后触发
SHUTDOWN	BEFORE	数据库实例关闭之前触发
SERVERERROR	AFTER	出现错误时触发
LOGON	AFTER	用户成功连接到数据库时触发
LOGOFF	BEFORE	用户注销前触发

系统触发器的创建语法如下。

【语法】

```
CREATE [OR REPLACE] TRIGGER 触发器名称
    BEFORE|AFTER DDL 事件|数据库事件
    ON SCHEMA|DATABASE
```

```
    [WHEN 触发条件]
[DECLARE]
    [程序声明部分;]
BEGIN
    程序代码部分;
END [触发器名称];
```

其中:

- ON SCHEMA:表示对一个具体模式的触发,每个用户都可以直接创建。
- ON DATABASE:表示对数据库级的触发,需要管理员权限才可以创建。

在根据触发事件编写触发器时,通常需要获取一些系统信息,如当前操作对象名称、操作用户、数据库信息等,此时可以使用 Oracle 的 DBMS_STANDARD 包中定义的一些事件属性函数,如表 9-5 所示。

表 9-5 常用的事件属性函数

事件属性函数	返回值类型	描 述
ORA_CLIENT_IP_ADDRESS	VARCHAR2	获得客户端 IP 地址,如果是本地连接则返回 NULL
ORA_DATABASE_NAME	VARCHAR2	取得数据库名称
ORA_DICT_OBJ_NAME	VARCHAR2	取得对象名称
ORA_DICT_OBJ_NAME_LIST(name_list OUT ORA_NAME_LIST_T)	BINARY_INTEGER	取得特定事件所修改的对象个数,参数取得事件所修改的对象名列表
ORA_DICT_OBJ_OWNER	VARCHAR2	取得对象的所有者名称
ORA_DICT_OBJ_OWNER_list(name_list OUT ORA_NAME_LIST_T)	BINARY_INTEGER	取得特定事件所修改的对象的所有者个数,参数取得所修改的对象所有者列表
ORA_DICT_OBJ_TYPE	VARCHAR2	取得 DDL 操作所对应对象的类型
ORA_LOGIN_USER	VARCHAR2	取得登录用户名
ORA_PRIVILEGE_LIST(privilege_list OUT ORA_NAME_LIST_T)	BINARY_INTEGER	取得被授予或者被收回权限的个数,参数取得被授予或回收的权限列表
ORA_REVOKEE(name_list OUT ORA_NAME_LIST_T)	BINARY_INTEGER	取得撤销的权限或角色列表,参数取得被回收权限的用户列表
ORA_SERVER_ERROR(point NUMBER)	NUMBER	取得错误堆栈信息中的错误号,1 表示错误堆栈顶端
ORA_SERVER_ERROR_MSG(position BINARY_INTEGER)	VARCHAR2	取得错误堆栈信息中特定错误位置的错误信息

下述示例实现对数据库所有模式对象的 DDL 操作的日志记录,每当对象发生 DDL 操作后,便进行日志的记录。首先需要创建一个日志记录表,创建脚本如下。

【示例】 创建日志记录表。

```
SQL> conn system/QSTqst2015;
已连接。
```

```
SQL > CREATE TABLE operate_log(
  2    logid NUMBER CONSTRAINT pk_logid PRIMARY KEY,          --日志主键标识
  3    operater VARCHAR2(50),                                  --操作者名称
  4    operate_date DATE,                                      --操作时间
  5    object_name VARCHAR2(50),                               --对象名称
  6    object_type VARCHAR2(50),                               --对象类型
  7    object_owner VARCHAR2(50)                               --对象所有者名称
  8  );
表已创建。
SQL > --创建日志表所需序列
SQL > CREATE SEQUENCE seq_operate_log;
序列已创建。
```

【示例】 **创建 DDL 事件的系统触发器。**

```
SQL > CREATE OR REPLACE TRIGGER trig_object_ddl
  2    AFTER DDL ON DATABASE
  3  BEGIN
  4    INSERT INTO operate_log(logid,operater,operate_date,object_name,
  5          object_type,object_owner) VALUES(seq_operate_log.nextval,
  6          ORA_LOGIN_USER,SYSDATE,ORA_DICT_OBJ_NAME,
  7          ORA_DICT_OBJ_TYPE,ORA_DICT_OBJ_OWNER);
  8  END;
  9  /
触发器已创建。
```

【示例】 **系统触发器测试。**

```
SQL > CONN system/QSTqst2015;
已连接。
SQL > CREATE USER trigtest IDENTIFIED BY trigtest123;
用户已创建。
SQL > CONN scott/tiger;
已连接。
SQL > CREATE TABLE t_tab(tid NUMBER);
表已创建。
SQL > SELECT * FROM operate_log;
    LOGID OPERATER   OPERATE_DATE   OBJECT_NAME  OBJECT_TYPE          OBJECT_OWNER
-------------------------------------------------------------------   -------------
        1 SYSTEM     24-5月 -16     TRIGTEST     USER
        2 SCOTT      24-5月 -16     T_TAB        TABLE                SCOTT
```

上述示例中,通过管理员用户 system 创建了对数据库所有对象的任何 DDL 操作的触发器,这样对于每一个用户对数据库对象的 DDL 操作都会被记录到 operate_log 表中。示例代码中,添加语句中的事件属性 ORA_LOGIN_USER 用来获取对象操作用户;事件属性 ORA_DICT_OBJ_NAME 用来获取操作对象名称;事件属性 ORA_DICT_OBJ_TYPE 用来获取操作对象类型;事件属性 ORA_DICT_OBJ_OWNER 用来获取对象所有者名称。

注意

对于基于数据库(ON DATABASE)的系统触发器,必须是具有管理员权限的用户才可以创建,并且只要系统中有满足条件的触发事件发生,触发器就会执行;而对于基于模式(ON SCHEMA)的系统触发器,每个模式用户都可以创建,并且只有该模式中的触发事件发生时,触发器才执行。

下述示例演示创建一个监控用户登录及注销的系统触发器,将监控信息保存到一个日志记录表。

【示例】 创建监控信息日志表。

```
SQL> CONN system/QSTqst2015;
已连接。
SQL> CREATE TABLE userlogon_log(
  2    logid NUMBER CONSTRAINT pk_userlogon_logid PRIMARY KEY,        -- 日志主键标识
  3    username VARCHAR2(50) NOT NULL,                                -- 用户名称
  4    logon_date DATE,                                               -- 登录系统时间
  5    logoff_date DATE,                                              -- 退出系统时间
  6    userip VARCHAR2(30),                                           -- 用户 IP
  7    logtype VARCHAR2(30)                                           -- 日志类型
  8  );
表已创建。
SQL> CREATE SEQUENCE seq_userlogon;
序列已创建。
```

【示例】 创建数据库事件的系统触发器。

```
SQL> -- 监控用户登录的系统触发器
SQL> CREATE OR REPLACE TRIGGER trig_userlogon
  2    AFTER LOGON ON DATABASE
  3  BEGIN
  4    INSERT INTO userlogon_log
  5          VALUES(seq_userlogon.nextval,ORA_LOGIN_USER,SYSDATE,NULL,
  6          ORA_CLIENT_IP_ADDRESS,'LOGON');
  7  END;
  8  /
触发器已创建。
SQL> -- 监控用户注销的系统触发器
SQL> CREATE OR REPLACE TRIGGER trig_userlogoff
  2    BEFORE LOGOFF ON DATABASE
  3  BEGIN
  4    INSERT INTO userlogon_log
  5          VALUES(seq_userlogon.nextval,ORA_LOGIN_USER,NULL,SYSDATE,
  6          ORA_CLIENT_IP_ADDRESS,'LOGOFF');
  7  END;
  8  /
触发器已创建。
```

上述示例代码中,分别基于数据库事件 LOGON(即用户登录)之后及数据库事件 LOGOFF(即用户退出)之前进行触发器的实现。在触发器体中,通过 INSERT 语句向日志

记录表中写入监控到的用户信息,其中事件属性 ORA_CLIENT_IP_ADDRESS 用于获取客户端的 IP 地址,这里使用的是本地连接,因此值为 NULL。

下述示例分别使用几个用户进行登录与断开连接操作,然后回到 system 用户下,对日志记录表数据进行查询和结果验证。

【示例】 测试 1。

```
SQL > CONN scott/tiger;
已连接。
SQL > DISC;
从 Oracle Database 12c Enterprise Edition Release 12.1.0.2.0 - 64bit Production
With the Partitioning, OLAP, Advanced Analytics and Real Application Testing options 断开
SQL > CONN system/QSTqst2015;
已连接。
     LOGID    USERNAME      LOGON_DATE            LOGOFF_DATE      USERIP      LOGTYPE
-----------------------------------------------------------------------------------------
         1    SCOTT         25 - 5 月  - 16                                    LOGON
         2    SCOTT                               25 - 5 月  - 16              LOGOFF
         2    SYSTEM        25 - 5 月  - 16                                    LOGON
```

在数据库开发或使用过程中不可避免地会出现一些错误信息,这些错误信息对分析及解决问题有相当重要的作用。系统触发器通过 SERVERERROR 触发事件即可在数据库出现错误时进行触发。下述示例利用系统触发器实现对数据库错误信息的记录功能。

【示例】 创建基于数据库报错事件的系统触发器。

```
SQL > CONN system/QSTqst2015;
已连接。
SQL > --创建数据库错误信息记录表
SQL > CREATE TABLE tberror_log(
  2     logid NUMBER CONSTRAINT pk_tberror_logid PRIMARY KEY,          --日志主键标识
  3     dbname VARCHAR2(50),                                           --数据库名称
  4     username VARCHAR2(30),                                         --用户名
  5     error_date DATE,                                               --报错日期
  6     error_content CLOB                                             --错误内容
  7  );
表已创建。
SQL > CREATE SEQUENCE seq_tberror;
序列已创建。
SQL > --创建系统触发器
SQL > CREATE OR REPLACE TRIGGER trig_tberror
  2     AFTER SERVERERROR ON DATABASE
  3  BEGIN
  4     INSERT INTO tberror_log VALUES(seq_tberror.nextval,ORA_DATABASE_NAME,
  5            ORA_LOGIN_USER,SYSDATE,ORA_SERVER_ERROR_MSG(1));
  6  END;
  7  /
触发器已创建
```

上述示例代码中,使用 AFTER SERVERERROR ON DATABASE 表示在数据库错误发生后对该系统触发器进行触发,在触发器体中向数据库错误信息记录表中添加监控记录,其中事件属性函数 ORA_DATABASE_NAME 用来获取当前数据库名称,事件属性函数

ORA_SERVER_ERROR_MSG(1)用来获取错误堆栈顶端的错误信息。

下述示例通过执行一些错误指令演示 trig_tberror 系统触发器的执行效果。

【示例】 测试2。

```
SQL > CREATE TABLE demo;
CREATE TABLE demo
                  *
第 1 行出现错误:
ORA - 00906: 缺失左括号
SQL > INSERT INTO scott.dept VALUES(50,'test');
INSERT INTO scott.dept VALUES(50,'test')
                  *
第 1 行出现错误:
ORA - 00947: 没有足够的值
SQL > SELECT * FROM tberror_log;
     LOGID  DBNAME  USERNAME  ERROR_DATE       ERROR_CONTENT
------------------------------------------------------------------------------
         1  QST     SYSTEM    25 - 5 月  - 16   ORA - 00906: 缺失左括号
         2  QST     SYSTEM    25 - 5 月  - 16   ORA - 00947: 没有足够的值
```

9.4.5 触发器的管理

1. 触发器的查询

通过数据字典 user_triggers、all_triggers 或 dba_triggers,分别查询当前用户的、用户可以访问的、数据库中所有的触发器及其源代码等信息。

【示例】

```
SQL > SELECT trigger_name,status,trigger_type, trigger_body,
  2   triggering_event,table_name
  3   FROM user_triggers;
TRIGGER_NAME      STATUS    TRIGGER_TYPE  TRIGGER_BODY              TRIGGERING_EVENT
------------------------------------------------------------------------------
TRIG_OBJECT_DDL   ENABLED   AFTER EVENT   BEGIN DDL                 DDL
                                          INSERT INTO
                                          operate_log(logid,operater,
TRIG_USERLOGOFF   ENABLED   BEFORE EVENT  BEGIN LOGOFF              LOGOFF
                                          INSERT INTO userlogon_log
                                          VALUES(seq_userlogon.nextval,
...
```

2. 启用或禁用触发器

触发器有以下两种操作状态。

- ENABLE:有效状态。当触发器事件发生时处于有效状态的数据库触发器将被触发。
- DISABLE:无效状态。当触发器事件发生时处于无效状态的数据库触发器将不会被触发,相当于触发器不存在。

触发器创建完成后的默认状态为启用,如果要修改触发器的状态,其语法如下。

【语法】

```
ALTER TRIGGER 触发器名称 [DISABLE|ENABLE];
```

【示例】 禁用某触发器。

```
ALTER TRIGGER trig_object_ddl DISABLE;
```

当触发器被禁用后,即使出现了指定的触发器操作事件,也不会导致触发器的运行。

ALTER TRIGGER 语句一次只能改变一个触发器的状态,如果有一张表的多个触发器要进行状态的维护,则可以使用下述语句。

【语法】

```
ALTER TABLE [schema.]表名称 [ENABLE|DISABLE] ALL TRIGGERS;
```

【示例】

```
ALTER TABLE scott.emp ENABLE ALL TRIGGERS;
```

ALTER TABLE 语句可以一次改变与指定表相关的所有触发器的使用状态。

3. 修改触发器

可以使用 CREATE OR REPLACE TRIGGER 语句修改触发器,此时不需要为触发器重新分配权限。

4. 重新编译触发器

如果在触发器内调用其他函数或过程,当这些函数或过程被删除或修改后,触发器的状态将被标识为无效,此时可以调用 ALTER TRIGGER 语句重新编译已经创建的触发器,其语法格式如下。

【语法】

```
ALTER TRIGGER 触发器名称 COMPILE;
```

【示例】

```
ALTER TRIGGER trig_object_ddl COMPILE;
```

5. 删除触发器

当不再需要触发器时,可以使用以下语句删除触发器。

【语法】

```
DROP TRIGGER 触发器名称;
```

【示例】

```
DROP TRIGGER trig_object_ddl;
```

触发器对象被删除后，数据字典中便无法再查询到此触发器的相关信息。此外，当删除某些数据库对象（如表或视图）时，建立在这些对象上的触发器也会被随之删除。

注意

> 当删除其他用户模式中的触发器时，用户需要具有DROP ANY TRIGGER系统权限，当删除建立在数据库上的触发器时，用户需要具有ADMINISTER DATABASE TRIGGER系统权限。

9.5 课程贯穿项目

9.5.1 【任务9-1】 使用子程序进行业务处理

使用子程序完成Q_MicroChat微聊项目的以下业务需求：

- 使用存储过程实现用户与好友私聊信息的添加功能，要求发送信息前判断接收者是否为发送者的好友。
- 使用函数实现用户名唯一性的验证；创建新增用户存储过程，在新增用户时调用该函数进行用户名唯一性验证。
- 使用函数进行用户登录验证。

【任务9-1】（1）使用存储过程完成用户与好友私聊信息添加。

```
SQL> --创建私聊信息记录标识生成序列
SQL> CREATE SEQUENCE seq_user_chat
  2    START WITH 4
  3    INCREMENT BY 1;
序列已创建。
SQL> CREATE OR REPLACE PROCEDURE proc_user_chat(
  2    p_senduserid NUMBER,
  3    p_receiveuserid NUMBER,
  4    p_chatcontent tb_user_chat.chat_content%TYPE)
  5  IS
  6    v_friendid NUMBER;
  7  BEGIN
  8    SELECT friend_id INTO v_friendid FROM tb_friends
  9    WHERE user_id = p_senduserid;
 10    IF SQL%NOTFOUND THEN
 11      RAISE_APPLICATION_ERROR(-20222,'非好友用户不能私聊!');
 12    ELSE
 13      INSERT INTO tb_user_chat(userchat_id,send_user_id,
 14       receive_user_id,chat_content,chat_time)
 15      VALUES(seq_user_chat.nextval,p_senduserid,p_receiveuserid,
```

```
 16       p_chatcontent,sysdate);
 17      COMMIT;
 18    END IF;
 19  EXCEPTION
 20    WHEN others THEN
 21     DBMS_OUTPUT.put_line('SQLERRM = '||SQLERRM);
 22  END;
 23  /
过程已创建。
SQL> SHOW error;
没有错误。
SQL> --执行存储过程
SQL> EXEC proc_user_chat(2,3,'认识你很高兴!');
PL/SQL 过程已成功完成。
SQL> SELECT * FROM tb_user_chat;
USERCHAT_ID      SEND_USER_ID     RECEIVE_USER_ID      CHAT_CONTENT     CHAT_TIME
-----------------------------------------------------------------------------------
          1      1                3                    在干嘛?          29-7月 -15
          2      3                1                    学习呢!          29-7月 -15
          3      2                3                    你好?            29-7月 -15
          5      2                3                    认识你很高兴!    01-8月 -16
```

【任务 9-1】（2）使用函数实现用户名唯一性的验证，通过新增用户存储过程调用。

```
SQL> --创建用户名唯一性验证函数
SQL> CREATE OR REPLACE FUNCTION fun_isunique_username(p_username VARCHAR2)
  2  RETURN BOOLEAN
  3  AS
  4    v_count NUMBER;
  5  BEGIN
  6    SELECT count(*) INTO v_count FROM tb_users
  7    WHERE username = p_username;
  8    IF v_count = 0 THEN
  9           RETURN TRUE;
 10    ELSE
 11           RETURN FALSE;
 12    END IF;
 13  END;
 14  /
函数已创建。

SQL> --创建新增用户的存储过程,其中调用用户名唯一性验证函数进行判断
SQL> CREATE OR REPLACE PROCEDURE proc_insert_user(
  2    p_username tb_users.username%TYPE,
  3    p_userpwd tb_users.userpwd%TYPE)
  4  IS
  5    isUniqueUname BOOLEAN;
  6  BEGIN
  7    isUniqueUname:= fun_isunique_username(p_username);
  8     IF isUniqueUname THEN
  9          IF length(p_userpwd)< 6 THEN
 10                 RAISE_APPLICATION_ERROR(-20111,'密码长度不能小于6位!');
```

```
 11         ELSE
 12               INSERT INTO tb_users(user_id,username,userpwd)
 13               VALUES (seq_users.nextval,p_username,p_userpwd);
 14         END IF;
 15   ELSE
 16         RAISE_APPLICATION_ERROR( - 20222,'用户名已被占用!');
 17   END IF;
 18 EXCEPTION
 19   WHEN others THEN
 20     DBMS_OUTPUT.put_line('SQLERRM = '||SQLERRM);
 21 END;
 22 /
过程已创建。

SQL> --执行新增用户的存储过程
SQL> EXEC proc_insert_user('张三','123');
SQLERRM = ORA - 20222: 用户名已被占用!
PL/SQL 过程已成功完成。
```

【任务 9-1】（3）使用函数进行用户登录验证。

```
SQL> CREATE OR REPLACE FUNCTION fun_login_verify(
  2    p_username VARCHAR2,
  3    p_userpwd VARCHAR2)
  4  RETURN VARCHAR2
  5  IS
  6      v_userpwd VARCHAR2(50);
  7      o_result VARCHAR2(50);
  8  BEGIN
  9    SELECT userpwd INTO v_userpwd FROM tb_users
 10    WHERE username = p_username;
 11    IF SQL%FOUND THEN
 12          IF v_userpwd!= p_userpwd THEN
 13                o_result: = '密码错误!';
 14          ELSE
 15                o_result: = '用户名密码正确。';
 16          END IF;
 17     ELSE
 18          o_result: = '用户名错误!';
 19     END IF;
 20    RETURN o_result;
 21  END;
 22  /
函数已创建。

SQL> --通过 PL/SQL 调用登录验证函数
SQL> DECLARE
  2    v_result VARCHAR2(50);
  3  BEGIN
  4    v_result: = fun_login_verify('张三','123');
  5    DBMS_OUTPUT.PUT_LINE(v_result);
  6  END;
  7  /
```

```
密码错误!

PL/SQL 过程已成功完成。
```

9.5.2 【任务 9-2】 使用触发器进行业务处理

使用触发器完成 Q_MicroChat 微聊项目的以下业务需求：

- 用户加入群时，判断是否超过最多容纳人数，若没有超过，群的实际人数加 1；用户退出群时，群人数减 1。
- 非系统管理员无权删除用户信息。
- 创建用于记录数据库错误的系统触发器。

【任务 9-2】（1）控制群人数的触发器。

```
SQL> CREATE OR REPLACE TRIGGER trig_groups_personnum_compound
  2  FOR INSERT OR DELETE ON users_groups
  3  COMPOUND TRIGGER
  4    BEFORE EACH ROW IS
  5          v_realnum NUMBER;
  6          v_maxnum NUMBER;
  7    BEGIN
  8          IF inserting THEN
  9               SELECT real_person_num,max_person_num INTO v_realnum,v_maxnum
 10               FROM tb_groups WHERE group_id = :NEW.group_id;
 11               IF v_realnum >= v_maxnum THEN
 12                     raise_application_error(-20111,'该群已满,不能加入!');
 13               END IF;
 14          END IF;
 15    END BEFORE EACH ROW;
 16    AFTER EACH ROW IS
 17    BEGIN
 18          IF inserting THEN
 19                UPDATE tb_groups SET real_person_num = real_person_num + 1
 20                WHERE group_id = :NEW.group_id;
 21          END IF;
 22          IF deleting THEN
 23                UPDATE tb_groups SET real_person_num = real_person_num - 1
 24                WHERE group_id = :OLD.group_id;
 25          END IF;
 26    END AFTER EACH ROW;
 27  END trig_groups_personnum_compound;
 28  /

触发器已创建。
SQL> SHOW ERROR;
没有错误。
SQL> -- 加入群测试
SQL> SELECT group_id,max_person_num,real_person_num FROM tb_groups
  2    WHERE group_id = 3;
```

```
 GROUP_ID       MAX_PERSON_NUM     REAL_PERSON_NUM
----------  ---------------  ----------------
        3             500              400
SQL> INSERT INTO users_groups VALUES(1,3,'test',0,0);
1 行已插入。
SQL> SELECT group_id,max_person_num,real_person_num FROM tb_groups
  2    WHERE group_id = 3;
 GROUP_ID       MAX_PERSON_NUM     REAL_PERSON_NUM
----------  ---------------  ----------------
        3             500              401
SQL> --退出群测试
SQL> DELETE FROM users_groups WHERE user_id = 1 AND group_id = 3;
1 行已删除。
SQL> SELECT group_id,max_person_num,real_person_num FROM tb_groups
  2    WHERE group_id = 3;
 GROUP_ID       MAX_PERSON_NUM     REAL_PERSON_NUM
----------  ---------------  ----------------
        3             500              400
SQL> --将群实际人数更改为500,然后进行加入群测试
SQL> UPDATE users_groups SET real_person_num = 500 WHERE group_id = 3;
1 行已更新。
SQL> INSERT INTO users_groups VALUES(1,3,'test',0,0);
INSERT INTO users_groups VALUES(1,3,'test',0,0)
            *
第 1 行出现错误:
ORA-20111: 该群已满,不能加入!
ORA-06512: 在 "QMICROCHAT_ADMIN.TRIG_GROUPS_PERSONNUM_COMPOUND", line 10
ORA-04088: 触发器 'QMICROCHAT_ADMIN.TRIG_GROUPS_PERSONNUM_COMPOUND'
执行过程中出错
```

【任务 9-2】（2）非系统管理员无权删除用户信息。

```
SQL> CONN qmicrochat_admin/admin2015;
已连接。
SQL> CREATE OR REPLACE TRIGGER  trig_tbusers_authority
  2    BEFORE DELETE ON tb_users
  3  BEGIN
  4    IF user <> 'qmicrochat_admin' THEN
  5          RAISE_APPLICATION_ERROR(-20001,'非系统管理员无权删除用户表数据!');
  6    END IF;
  7  END trig_tbusers_authority;
  8  /
触发器已创建。

SQL> --使用 qmicrochat_guest 用户进行删除测试
SQL> conn qmicrochat_guest/guest2015;
已连接。
SQL> DELETE FROM qmicrochat_admin.tb_users where user_id = 4;
DELETE FROM qmicrochat_admin.tb_users where user_id = 4
                                              *
第 1 行出现错误:
ORA-20001: 非系统管理员无权删除用户表数据!
ORA-06512: 在 "QMICROCHAT_ADMIN.TRIG_TBUSERS_AUTHORITY", line 3
ORA-04088: 触发器 'QMICROCHAT_ADMIN.TRIG_TBUSERS_AUTHORITY' 执行过程中出错
```

【任务 9-2】（3）创建数据库报错事件的系统触发器。

```
SQL> --使用系统用户创建系统触发器
SQL> CONN system/Qmicrochat2015;
已连接。
SQL> --创建数据库错误信息记录表
SQL> CREATE TABLE tb_error_log(
  2    logid NUMBER CONSTRAINT pk_tberror_logid PRIMARY KEY,            --日志主键标识
  3    dbname VARCHAR2(50),                                             --数据库名称
  4    username VARCHAR2(30),                                           --用户名
  5    error_date DATE,                                                 --报错日期
  6    error_content CLOB                                               --错误内容
  7  );
表已创建。
SQL> --创建 tb_error_log 主键生成序列
SQL> CREATE SEQUENCE seq_tberror;
序列已创建。
SQL> --创建系统触发器
SQL> CREATE OR REPLACE TRIGGER trig_tberror
  2    AFTER SERVERERROR ON DATABASE
  3  BEGIN
  4    INSERT INTO tb_error_log VALUES(seq_tberror.nextval,ORA_DATABASE_NAME,
  5          ORA_LOGIN_USER,SYSDATE,DBMS_UTILITY.format_error_stack);
  6  END;
  7  /
触发器已创建。
SQL> --系统触发器测试
SQL> CONN qmicrochat_guest/guest2015;
已连接。
SQL> DELETE FROM qmicrochat_admin.tb_users where user_id=4;
SQL> CONN qmicrochat_guest/guest2015;
已连接。
SQL> DELETE FROM qmicrochat_admin.tb_users where user_id=4;
DELETE FROM qmicrochat_admin.tb_users where user_id=4
                                 *
第 1 行出现错误:
ORA-20001: 非系统管理员无权删除用户表数据!
ORA-06512: 在 "QMICROCHAT_ADMIN.TRIG_TBUSERS_AUTHORITY", line 3
ORA-04088: 触发器 'QMICROCHAT_ADMIN.TRIG_TBUSERS_AUTHORITY' 执行过程中出错
SQL> CONN system/Qmicrochat2015;
已连接。
SQL> SELECT * FROM tb_error_log;
LOGID DBNAME    USERNAME         ERROR_DATE   ERROR_CONTENT
---------------------------------------------------------------------------
1     QMICROCH QMICROCHAT_GUEST  02-8月 -16 ORA-20001: 非系统管理员无权删除用户表数据!
                                             ORA-06512: 在 "QMICROCHAT_ADMIN.TRIG_
```

本章小结

小结

- 存储过程用于执行特定的操作，不需要返回值；函数用于返回特定的数据；在调用

时，存储过程可以作为一个独立的表达式被调用，而函数只能作为表达式的一个组成部分被调用。

- 存储过程定义中的参数有3种参数模式，分别是IN、OUT和IN OUT。
- 在PL/SQL程序开发中，为了方便实现模块化程序的管理，可以将PL/SQL元素根据模块所需的程序结构组织在一起，存放在一个包中，成为一个完整的单元，并在编译后存储在数据库服务器中，作为一种全局结构，供应用程序调用。
- 在Oracle数据库中，包有两类，一类是系统内置的包，每个包实现特定应用的过程、函数、常量等的集合；另一类是根据应用需要由用户创建的包。
- 包初始化时，系统为该包中定义的所有变量分配内存单元，并在整个会话的持续期间保持；每个会话都有打开包变量的副本，以确保执行同一个包子程序的两个会话使用不同的内存单元。
- 游标持续性是指，当用户在会话期间多次调用包中的游标时，游标中的结果集会进行连续的检索，而不是每次都从第一条记录开始检索。
- 包的串行化可以使包状态在每次数据库调用期间而非整个会话期间保持，在每一次数据调用结束后重置，重新设置所有的全局变量，关闭所有打开的游标，从而减少内存的消耗。
- 触发器的基本定义形式与存储过程和函数类似，当某个特定事件发生时，由系统自动调用执行。
- 根据触发器作用的对象不同，触发器可以分为DML触发器、替代触发器和系统触发器。

Q&A

1. 问：存储过程和函数有何区别？

答：存储过程和函数有以下区别：一般情况下，存储过程实现的功能要复杂一点，而函数实现的功能针对性比较强；存储过程头部声明用PROCEDURE，函数声明用FUNCTION；存储过程头部声明时不需要描述返回类型，函数声明时需要描述返回类型，并且PL/SQL块中至少要包括一个有效的RETURN语句；存储过程可以作为一个独立的PL/SQL语句执行，函数不能独立执行，必须作为表达式的一部分被调用；存储过程可以通过out或in out返回零个或多个值，函数通过RETURN语句返回一个值或通过out参数返回变量值；在SQL语句中不可以调用存储过程，但可以调用函数。

2. 问：触发器的优点及使用注意事项有哪些？

答：触发器的主要优势在于其可以包含使用PL/SQL代码的复杂处理逻辑，同时触发器可以加强数据的完整性约束和业务规则，其不仅支持约束的所有功能，还可以强制用比CHECK约束定义的约束更为复杂的约束。虽然触发器功能强大，可以实现许多复杂的功能，但滥用会造成数据库及应用程序的维护困难。在数据库操作中，可以根据业务需求，使用约束、默认值等保证数据完整性；通过关系、触发器、存储过程、应用程序等实现数据操作，对触发器过分的依赖，会影响数据库的结构，同时增加数据库维护的复杂程度。

章节练习

习题

1. 下列语句(　　)可以在 SQL * Plus 中直接调用一个过程。

A. RETURN　　B. CALL　　C. SET　　D. EXEC

2. 下面(　　)不是过程中参数的有效模式。

A. IN　　B. IN　OUT　　C. OUT IN　　D. OUT

3. 函数头部中的 RETURN 语句的作用是(　　)。

A. 声明返回的数据类型　　B. 声明返回的大小和数据类型

C. 调用函数　　D. 函数头部不能使用 RETURN 语句

4. 如果在程序包的主体中包括了一个过程,但没有在程序包规范中声明这个过程,那么它将会被认为是(　　)。

A. 非法的　　B. 公有的　　C. 受限的　　D. 私有的

5. 当满足下列条件(　　)时,允许两个过程具有相同的名称。

A. 参数的名称或数量不相同时

B. 参数的数量或数据类型不相同时

C. 参数的数据类型和名称不相同时

D. 参数的数量和数据类型不相同时

6. 下列动作(　　)不会触发一个触发器。

A. 更新数据　　B. 查询数据　　C. 删除数据　　D. 插入数据

7. 在使用 CREATE TRIGGER 语句创建行级触发器时,语句(　　)用来引用旧数据。

A. FOR EACH　　B. ON

C. REFERENCING　　D. OLD

8. 在创建触发器时,语句(　　)决定触发器是针对每一行执行一次,还是针对每一个语句执行一次。

A. FOR EACH　　B. ON

C. REFERENCING　　D. NEW

9. 下列语句(　　)用于禁用触发器。

A. ALTER TABLE　　B. MODIFY TRIGGER

C. ALTER TRIGGER　　D. DROP TRIGGER

10. 条件谓词在触发器中的作用是(　　)。

A. 指定对不同的事件执行不同的操作

B. 在 UPDATE 中引用新值和旧值

C. 向触发器添加 WHEN 子句

D. 在执行触发器前必须满足谓词条件

11. 在下面程序的空白处填写代码,使该函数可以获取指定编码的商品价格。

```
Create  OR  REPLACE  FUNCTION  get_price(P_ID  varchar2)
________
IS
    v_price  NUMBER;
BEGIN
   SELECT  单价________
   FROM 商品信息  WHERE  商品编号 = ________;
   RETURN  v_price;
EXCEPTION
   WHEN  NO_DATA_FOUND  THEN
    DBMS_OUTPUT.PUT_LINE('查找的商品不存在!');
   WHEN  TOO_MANY_ROWS  THEN
    DBMS_OUTPUT.PUT_LINE('程序运行错误,请使用游标');
   WHEN  OTHERS  THEN
    DBMS_OUTPUT.PUT_LINE('发生其他错误!');
END  get_price;
```

12. ________和________指定了触发器的触发时间。当为一个表配置约束时,它们将会特别有用,________可以规定 Oracle 在应用约束前调用触发器,而________规定在应用约束后调用触发器。

13. 假设有一个表 test,它仅包含一个字段 data。现在创建一个触发器,实现将添加的数据变为大写。在下面的空白处填写适当的语句,使之正常运行。

```
create or replace trigger test_trigger
    after ________ on ________
    for each row
begin
      :new.data: = upper(________);
end;
```

14. 假设有一个名为 action_type 的表,它记录了对 student 表的操作。在空白处填写适当的代码,完成上述功能。

```
create or replace trigger student_trigger
    before ________ on student
declare
   action action_type.type % type;
begin
   if ________ then
      action: = 'INSERT';
   elsif ________ then
      action: = 'UPDATE';
   elsif ________ then
      action: = 'DELETE';
   end if;
   insert into action_type values(user,action);
end;
```

上机

1. 训练目标：函数的编写及使用。

培养能力	熟练掌握函数的编写		
掌握程度	★★★★★	难度	中等
代码行数	15	实施方式	重复编码
结束条件	独立编写，运行不出错		

参考训练内容：

（1）编写一个函数以检查所指定雇员的薪水是否在效范围内。不同职位的薪水范围为

- Clerk：1500～2500；
- Salesman：2501～3500；
- Analyst：3501～4500；
- Others：4501 以上。

（2）如果薪水在此范围内，则显示消息 Salary is OK，否则，更新薪水为该范围内的最小值

2. 训练目标：包的编写及使用。

培养能力	熟练掌握包的编写		
掌握程度	★★★★★	难度	中等
代码行数	20	实施方式	重复编码
结束条件	独立编写，运行不出错		

参考训练内容：

编写一个数据包，它有两个函数和两个过程以操作 emp 表。该数据包要执行的任务为：插入一个新雇员；删除一个现有雇员；显示指定雇员的整体薪水；显示指定雇员所在部门名称

3. 训练目标：触发器的编写及使用。

培养能力	熟练掌握触发器的编写		
掌握程度	★★★★★	难度	中等
代码行数	20	实施方式	重复编码
结束条件	独立编写，运行不出错		

参考训练内容：

（1）编写一个数据库触发器，当任何时候某个部门从 dept 表中删除时，该触发器将从 emp 表中删除该部门的所有雇员。

（2）其中，员工表的创建语句如下：

```
create table emp(emp_id number(5),emp_name varchar2(20),emp_salary number(4),job  varchar2(20), dept_id  number(3));
```

（3）部门表的创建语句如下：

```
create table dept(dept_id number(3), dept_name varchar2(20), loc varchar2(20));
```

第10章 数据库性能优化、备份与恢复

任务驱动

本章任务完成 Q_MicroChat 微聊项目数据库的备份与恢复。具体任务分解如下：

- 【任务 10-1】 数据库物理备份与恢复
- 【任务 10-2】 使用数据泵技术导出、导入数据

学习导航/课程定位

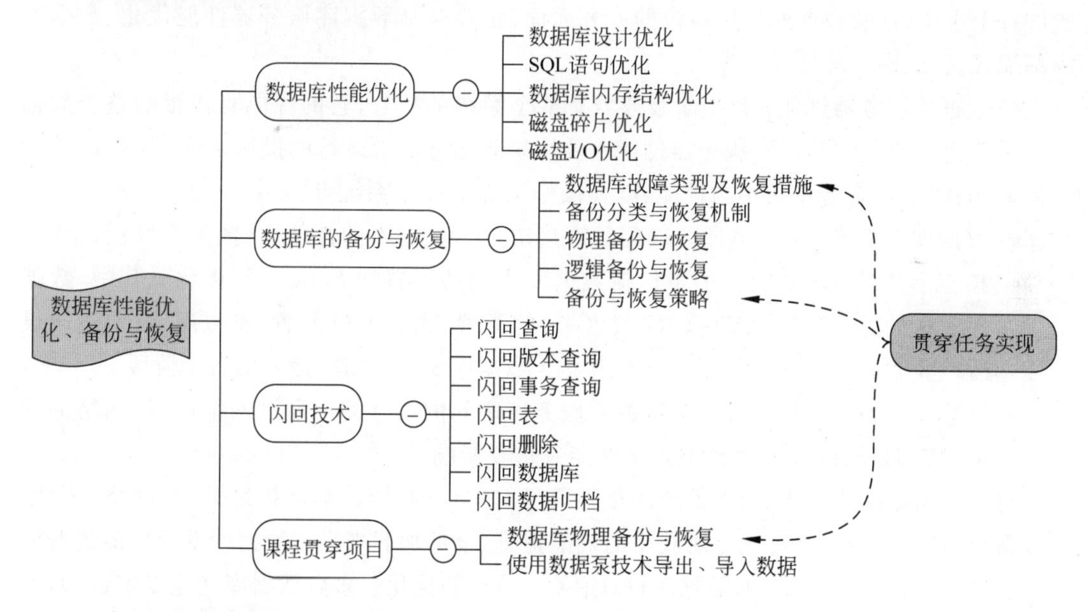

本章目标

知　识　点	Listen(听)	Know(懂)	Do(做)	Revise(复习)	Master(精通)
数据库性能优化	★	★			
SQL 语句优化	★	★	★		
数据库备份分类与恢复机制	★	★			

续表

知　识　点	Listen(听)	Know(懂)	Do(做)	Revise(复习)	Master(精通)
数据库物理备份与恢复	★	★	★		
数据库逻辑备份与恢复	★	★	★	★	★
备份与恢复策略	★	★	★		
闪回技术	★	★	★	★	★

10.1　数据库性能优化

随着数据库中数据量的增加以及并发用户数据的增多,数据库往往会出现吞吐量降低,响应时间变长的性能问题。数据库性能优化是指通过合理安排资源、调整系统参数使数据库运行更快、更节省资源。数据库性能优化的原则是减少系统瓶颈,减少资源占用,提高系统反应速度。数据库性能优化是数据库管理员和数据库开发人员的必备技能。

数据库性能优化、调整是一项复杂的系统工程,贯穿于数据库应用系统开发、运行与维护的各个阶段,涉及数据库应用系统的方方面面,主要包括数据库服务器性能优化、数据库内部配置优化、网络配置优化等。

- 数据库服务器性能:数据库服务器是整个系统的核心,它的性能直接影响整个数据库系统性能。数据库服务器性能主要取决于服务器上运行的操作系统、CPU 的数量与性能、内存容量大小与性能,以及操作系统 I/O 子系统等。
- 数据库内部配置:数据库内部配置直接决定了数据库的性能,是数据库性能优化的核心。数据库内部配置主要包括数据库实例的配置和 SQL 语句优化。其中,数据库实例的配置包括内存区(SGA、PGA)的配置、磁盘 I/O 配置、参数配置、回退段设置以及碎片整理等。数据库配置贯穿于数据库设计、创建、运行的各个阶段。
- 网络 I/O 配置:应用程序与数据库服务器之间的交互需要通过网络进行,网络的性能,特别是网络 I/O 对整个系统性能有重要影响。

对于数据库性能优化,最常见的优化手段是对硬件的升级,然而据统计,对网络、硬件、操作系统、数据库参数进行优化所获得的性能提升,全部加起来只占数据库系统性能提升的 40%左右,其余的 60%来自对数据库设计、SQL 语句的优化。多数数据库优化专家认为,对数据库进行配置优化可以得到 80%的系统性能的提升。

在数据库系统生命周期的设计、开发和上线三个阶段中,设计阶段进行数据库性能优化的成本最低,收益最大;上线阶段进行数据库性能优化的成本最高,收益最小。各阶段主要优化内容以及优化产生的收益和成本之间的关系如图 10-1 所示。

在数据库性能优化过程中,往往根据不同的优化内容由不同的人员负责相应的优化工作。具体的优化人员分类及工作组成如表 10-1 所示。

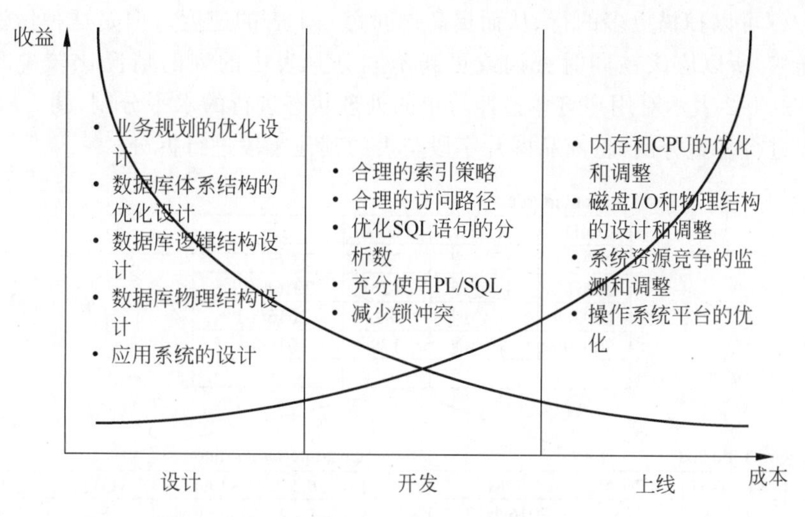

图 10-1 数据库性能优化过程中收益与成本的关系

表 10-1 优化过程中负责人员分类及工作

人员类型	负责工作	人员类型	负责工作
业务分析人员	业务需求优化	数据库管理人员	内存和 CPU 的优化
设计人员	数据库逻辑设计优化		磁盘 I/O 优化
	应用流程设计优化		系统资源竞争的监测和优化
应用开发人员	SQL 语句优化	操作系统管理员	操作系统优化
	数据库物理设计优化	网络管理员	网络配置优化

10.1.1 数据库设计优化

数据库设计是应用程序设计的基础，其性能直接影响应用程序的性能。数据库设计阶段主要包括数据库体系结构设计、逻辑结构设计、物理结构设计，此阶段优化的重点是逻辑结构设计中对表的规范化。关系数据库对表结构的规范提出了 6 种范式，分别为第一范式、第二范式、第三范式、BCNF 范式、第四范式和第五范式。一般来说，关系数据库设计都会满足规范化的前 3 级标准，并且由于满足第三范式的表结构容易维护且基本满足实际应用的要求，因此在实际应用中一般都按照第三范式的标准进行规范化。但是，规范化也有缺点：由于将一个表拆分成为多个表，所以在查询时需要多表连接，降低了查询速度。

鉴于规范化有可能导致查询速度慢的缺点，而一些应用又需要较快的响应速度，因此在设计表时应同时考虑对某些表进行反规范化。反规范化可以采用以下几种方法。

- 分割表：分割表包括水平分割和垂直分割。水平分割是按照行将一个表分割为多个表，从而提高每个表的查询速度，但查询和更新时要选择不同的表，统计时要汇总多个表，因此应用程序会更复杂；垂直分割是对于一个有很多列的表，若某些列的访问频率远远高于其他列或数据量相对较大，则将主键和这些列作为一个表，再将主键和其他列作为另外一个表。这样通过减少列的宽度，增加每个数据页的行数，使一次 I/O 可以扫描更多的行,从而提高访问每一个表的速度。但是这种做法会造成多表连接,所以应该在同时查询或更新不同分割表中的列的情况比较少时使用。例如,图 10-2 表示对用户订单按照订单的处理状态进行的水平分割,图 10-3 表示对商品表进行垂直分割,将商品图片字段与表的其他字段进行拆分。

CustomerOrder

OID	STATUS	TOTAL	TIME
200101	已处理	235	2016/1/12
200102	已处理	125	2016/1/13
200289	未处理	83	2016/8/1
200290	未处理	178	2016/8/1
…	…	…	…

CustomerOrder_dealed

OID	STATUS	TOTAL	TIME
200101	已处理	235	2016/1/12
200102	已处理	125	2016/1/13
…	…	…	…

CustomerOrder_undeal

OID	STATUS	TOTAL	TIME
200289	未处理	83	2016/8/1
200290	未处理	178	2016/8/1
…	…	…	…

图 10-2　表的水平分割

Product

PID	NAME	INFO	PIC
1001	name1	info1	<BLOB>
1002	name2	info2	<BLOB>
1003	name3	info3	<BLOB>
…	…	…	…

Product_info

PID	NAME	INFO
1001	name1	info1
1002	name2	info2
1003	name3	info3
…	…	…

Product_pic

PID	PIC
1001	<BLOB>
1002	<BLOB>
1003	<BLOB>
…	…

图 10-3　表的垂直分割

- 增加冗余列:当两个或多个表在查询中经常需要连接时,可以在其中一个表上增加若干冗余的列,从而避免表之间的连接过于频繁。由于对冗余列的更新操作必须对多个表同步进行,所以一般在冗余列的数据不经常变动的情况下使用。
  例如,图 10-4 所示的用户表和用户订单表,在进行用户订单查询时,通常会按照用户表主键 UID 进行关联查询出用户表中的用户名及订单表中的订单信息,此时就可以在订单表中增加一个用户名冗余列,避免两个表之间的关联查询。
- 增加派生列:派生列由表中的其他多列计算所得,增加派生列可以减少统计运算,在数据汇总时可以大大缩短运算时间。例如,图 10-5 中购买商品清单表中的金额字段值由商品单价字段值乘以购买数量字段值计算得来,此字段即是该表的派生列。

CustomerOrder

OID	STATUS	TOTAL	TIME
200101	已处理	235	2016/1/12
200102	已处理	125	2016/1/13
200103	未处理	83	2016/8/1
…	…	…	…

Customer

UID	USERNAME	USERPWD	REGIST
1	张三	123adaa	2016/8/1
2	李四	asdgasdg	2016/8/1
…	…	…	…

增加冗余列后

CustomerOrder

OID	STATUS	TOTAL	TIME	USERNAME
200101	已处理	235	2016/1/12	张三
200102	已处理	125	2016/1/13	张三
200103	未处理	83	2016/8/1	李四
…	…	…	…	…

图 10-4 增加冗余列

Product_List

PID	PRICE	NUM
1001	23.5	1000
1002	45	5000
1003	50	800
…	…	…

增加派生列后

Product_List

PID	PRICE	NUM	TOTAL
1001	23.5	2	47
1002	45	1	45
1003	50	3	150
…	…	…	…

图 10-5 增加派生列

10.1.2 SQL 语句优化

在数据库系统应用初期，由于数据量较少，故很难觉察到 SQL 语句性能的优劣，但是随着数据库中数据的增加，系统的响应速度就成为系统需要解决的主要问题之一。对于海量数据，劣质 SQL 语句和优质 SQL 语句的速度差别可以达到上百倍，因此对于一个系统，不是只需要简单地实现其功能，而是要写出高质量的 SQL 语句，提高系统的性能。

优化 SQL 语句主要可以从以下几个部分进行。

- 有效使用索引。
- 采用适当的多表连接技术。
- 掌握 SQL 语句使用技巧。

在优化 SQL 语句前，可以通过 Oracle 的执行计划(Explain Plan)查看查询语句的执行过程或访问路径以及花费时间等信息，从而决定是否需要优化以及所采用的优化策略。

1. 查看执行计划

获取 Oracle 的执行计划，可以采用多种方法和工具，如使用 SQL * Plus、SQL

Developer、TOAD、PL/SQL Developer 等。这里主要介绍在 SQL * Plus 和 SQL Developer 中如何查看执行计划。

在 SQL * Plus 中可以通过以下两种方法查看执行计划：

- 设置 autotrace 参数。
- 使用 EXPLAIN PLAN 命令。

autotrace 参数的设置方式如表 10-2 所示。

表 10-2 autotrace 参数的设置方式

命　令	含　义
SET AUTOTRACE OFF	默认值，表示关闭 autotrace
SET AUTOTRACE ON EXPLAIN	表示只显示执行计划
SET AUTOTRACE ON STATISTICS	表示只显示执行的统计信息
SET AUTOTRACE ON	表示同时显示执行计划和统计信息
SET AUTOTRACE TRACEONLY	与 ON 相似，但不显示语句的执行结果

下述示例演示通过设置 autotrace 参数查看一个 SQL 语句的执行计划。

【示例】 设置 autotrace 参数查看执行计划。

```
SQL> CONN scott/tiger;
已连接。
SQL> SET AUTOTRACE TRACEONLY
SQL>  SELECT e.empno,e.ename,d.dname
  2   FROM emp e,dept d
  3   WHERE e.deptno = d.deptno AND e.empno = '7369';
执行计划
----------------------------------------------------------
Plan hash value: 2385808155

---------------------------------------------------------------------------------------
| Id | Operation                    | Name    | Rows | Bytes | Cost (%CPU)| Time     |
---------------------------------------------------------------------------------------
|  0 | SELECT STATEMENT             |         |    1 |    26 |     2  (0) | 00:00:01 |
|  1 |  NESTED LOOPS                |         |    1 |    26 |     2  (0) | 00:00:01 |
|  2 |  TABLE ACCESS BY INDEX ROWID | EMP     |    1 |    13 |     1  (0) | 00:00:01 |
|* 3 |    INDEX UNIQUE SCAN         | PK_EMP  |    1 |       |     0  (0) | 00:00:01 |
|  4 |  TABLE ACCESS BY INDEX ROWID | DEPT    |    1 |    13 |     1  (0) | 00:00:01 |
|* 5 |    INDEX UNIQUE SCAN         | PK_DEPT |    1 |       |     0  (0) | 00:00:01 |
---------------------------------------------------------------------------------------

Predicate Information (identified by operation id):
---------------------------------------------------

   3 - access("E"."EMPNO" = 7369)
   5 - access("E"."DEPTNO" = "D"."DEPTNO")

统计信息
----------------------------------------------------------
          0  recursive calls
          0  db block gets
```

```
          4  consistent gets
          0  physical reads
          0  redo size
        697  bytes sent via SQL * Net to client
        551  bytes received via SQL * Net from client
          2  SQL * Net roundtrips to/from client
          0  sorts (memory)
          0  sorts (disk)
          1  rows processed
```

在上述执行计划结果中,各指标值的含义如下。

- Id:表示序号,但不是执行的先后顺序,执行的先后根据缩进来判断,当缩进相同时序号在前的先执行。
- Operation:表示当前操作的内容。
- Name:表示当前操作的对象名称。
- Rows:表示当前操作的返回结果集。
- Bytes:表示 Oracle 估算当前操作的影响的数据量(单位 byte)。
- Cost(%CPU):表示 Oracle 计算出来的 SQL 执行的代价。
- Time:是 Oracle 估计的当前操作的执行时间。

通过上述执行计划结果,可以看出该 SQL 语句的执行顺序及每步操作所花费的时间成本。执行顺序的原则是"由上至下,从右向左",由上至下是指在执行计划中一般含有多个节点,相同级别(或并列)的节点,靠上的优先执行,靠下的后执行;从右向左是指在某个节点下还存在多个子节点,先从最靠右的子节点开始执行。因此,对于该示例 SQL 语句的执行顺序为"3→5→2→4→1→0",即先按查询条件 e. empno='7369'和 e. deptno=d. deptno 进行索引扫描,然后以 emp 表为驱动表按照 rowid 嵌套循环查询与 dept 表关联的记录数据,最后按照 SELECT 条件筛选出记录的显示列。

示例中 Predicate Information 表示谓词信息,用来描述一个查询中的 WHERE 限制条件,其包含以下两个谓词。

- Access:表示这个谓词条件的值将会影响数据的访问路径,是访问表还是访问索引。
- Filter:表示谓词条件的值不会影响数据的访问路径,只是起到数据过滤的作用。

在上述示例中 3 号和 5 号的操作,即 WHERE 子句中的 e. deptno=d. deptno 条件和 e. empno='7369'条件会按照唯一索引的路径进行扫描访问。

上述示例中"统计信息"的各参数的含义如下。

- db block gets:从 buffer cache 中读取的数据块的数量。
- consistent gets:从 buffer cache 中读取的 undo 数据的数据块的数量。
- physical reads:从磁盘读取的数据块的数量。
- redo size:DML 操作生成的 redo 的大小。
- sorts (memory):在内存执行的排序量。
- sorts (disk):在磁盘上执行的排序量。
- bytes sent via SQL * Net to client:表示从 SQL * Net 向客户端发送了多少字节的数据。

● bytes received via SQL * Net from client：表示客户端向 SQL * Net 发送了多少字节的数据。

上述参数中，physical reads 通常是最需要关注的，如果这个值较高，则说明要从磁盘请求大量的数据到 buffer cache 里，意味着系统里存在大量全表扫描的 SQL 语句，会影响数据库的性能，此时就可以对这些全表扫描的 SQL 语句增加相关的索引，从而实现 SQL 语句的优化。

使用 EXPLAIN PLAN 命令查看执行计划的使用方法如下所示。

【语法】

```
SQL> EXPLAIN PLAN FOR <sql_statement>
SQL> SELECT * FROM table(DBMS_XPLAN.display());
```

上述语法中，EXPLAIN PLAN 命令用来对 sql_statement 指定的 SQL 语句进行解释；SELECT * FROM table(DBMS_XPLAN.display())语句用来查看执行计划。下述示例演示该命令的使用。

【示例】 使用 EXPLAIN PLAN 命令查看执行计划。

```
SQL> CONN scott/tiger;
已连接。
SQL> EXPLAIN PLAN FOR
  2  SELECT e.empno, e.ename, d.dname
  3  FROM emp e,dept d
  4  WHERE e.deptno = d.deptno AND e.empno = '7369';
已解释。

SQL> SELECT * FROM table(DBMS_XPLAN.display());

PLAN_TABLE_OUTPUT
------------------------------------------------------------------------------------
Plan hash value: 2385808155

------------------------------------------------------------------------------------
| Id  | Operation                    | Name     | Rows  | Bytes | Cost (%CPU)| Time     |
------------------------------------------------------------------------------------
|   0 | SELECT STATEMENT             |          |     1 |    26 |     2   (0)| 00:00:01 |
|   1 |  NESTED LOOPS                |          |     1 |    26 |     2   (0)| 00:00:01 |
|   2 |  TABLE ACCESS BY INDEX ROWID | EMP      |     1 |    13 |     1   (0)| 00:00:01 |
|*  3 |    INDEX UNIQUE SCAN         | PK_EMP   |     1 |       |     0   (0)| 00:00:01 |
|   4 |  TABLE ACCESS BY INDEX ROWID | DEPT     |     1 |    13 |     1   (0)| 00:00:01 |
|*  5 |    INDEX UNIQUE SCAN         | PK_DEPT  |     1 |       |     0   (0)| 00:00:01 |
------------------------------------------------------------------------------------

Predicate Information (identified by operation id):
---------------------------------------------------

   3 - access("E"."EMPNO" = 7369)
   5 - access("E"."DEPTNO" = "D"."DEPTNO")
```

在 SQL Developer 中查看执行计划与 SQL * Plus 相比更简单方便。首先，在 SQL 工作表中书写要查看的 SQL 语句,然后单击“解释计划”按钮或按 F10 快捷键即可。执行计划的结果如图 10-6 所示。

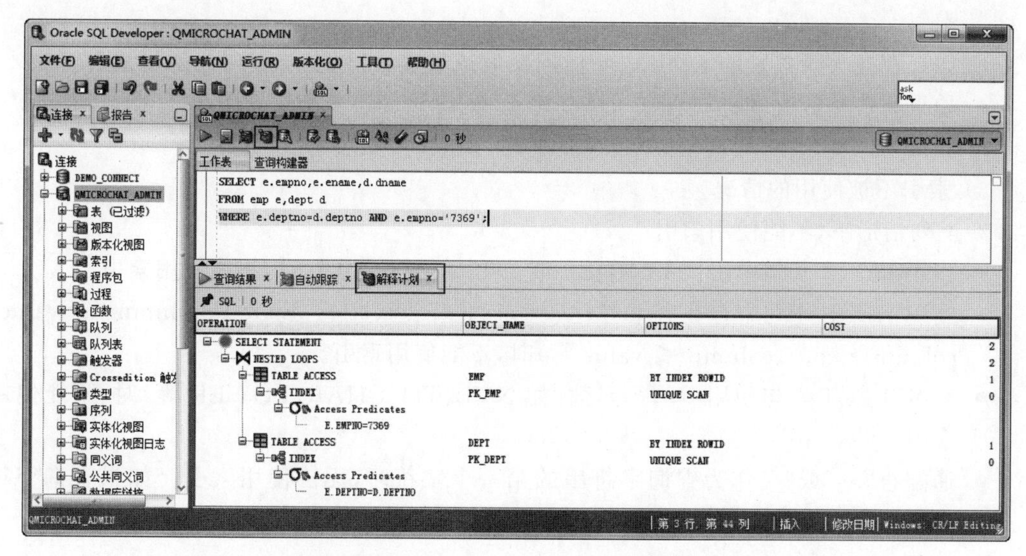

图 10-6　在 SQL Developer 中查看执行计划

由图 10-6 可以更加清楚地看出 SQL 语句执行的顺序及每个操作花费的时间。

2. 有效使用索引

索引是提高数据查询效率、降低磁盘 I/O 的重要手段。索引的原理非常简单,但在复杂的表中能正确使用索引并不容易。索引会大大增加表记录 DML 操作的开销,正确的索引可以让性能提升 100 到 1000 倍,不合理的索引也可能会让性能下降到只有原来的 1/100,因此在一个表中创建什么样的索引需要平衡各种业务需求。

1) 索引使用的一些原则

在大型应用开发或表较大的情况下,使用索引可以极大减少数据库读写次数,从而提高数据库访问速度,但如何正确使用索引以发挥它的优势需遵循以下原则:

- 在主键索引方面,不应该有超过 25%的列成为主键,而只有很少的普通列,这会浪费索引空间。
- 在索引的使用效率方面,当选择数据少于全表的 20%,并且表的大小超过 Oracle 的 5 个数据块时,使用索引才会有效,否则用于索引的 I/O 加上用于数据的 I/O 会大于做一次全表扫描的 I/O。
- 当指向被删除行的索引所占空间超过总索引空间的 20%时,就应删除并重建索引,以节省空间,提高性能。

2) 索引列及索引类型的选择

为表创建索引时,应该在表的适当列上创建适当类型的索引。索引列及索引类型的选择原则为:

- 在 WHERE 子句中频繁使用的列上创建索引。
- 在频繁用于表连接查询的列上创建索引。

- 不要在频繁修改的列上创建索引。
- 如果 WHERE 子句中的列在函数或表达式中出现，可以考虑在该列上创建函数索引。
- 如果存在大量并发的 DML 语句访问父表或子表，可以在外键列上创建索引。
- 如果列值基数大，取值范围广，重复率低，则应该创建平衡树索引。
- 如果列值基数小，取值范围窄，重复率高，则应该创建位图索引。

3）索引不被使用的情况

在下列情形下，不能使用索引：

- 当 WHERE 子句中出现 IS NULL 或者 IS NOT NULL 时，不能使用索引。
- 当 WHERE 子句中存在有不等比较（如 NOT IN、NOT EXIST、column<>value、column>value、column < value 等）时，不能使用索引。
- 当 SELECT 语句使用了单行函数（如 NVL、TO_CHAR、LOWER 等）时，不能使用索引。
- 通配符"%"或"_"作为查询字符串的第一个字符时，无法使用索引。如果查询字符串的第一个字符确定，则可以使用索引。

3. 采用适当的多表连接技术

在多表连接查询中，SQL 语句中表的顺序以及 WHERE 子句中条件的顺序将直接影响连接查询的效率，具体设计原则如下。

- 表的顺序：在连接查询中，第一个查询的表称为驱动表，Oracle 通常对驱动表进行全表扫描，因此应该将数据返回百分比高的表或数据量小的表作为驱动表。如果连接的表在连接列上都具有索引，则将 FROM 语句中最后的表作为驱动表，否则 Oracle 数据库将检查 SQL 语句中每个表的物理大小、索引状态以确定驱动表，然后选择成本最低的执行计划。
- WHERE 子句中条件的顺序：Oracle 采用从后向前的顺序对 WHERE 子句解析，因此表的连接条件应该写在其他过滤条件之前，这样可以先执行过滤条件进行记录的过滤，然后再将剩下的记录进行连接操作，从而提高连接查询的效率，而不是将所有记录先进行连接，然后再进行记录的过滤。
- 联合查询的主表的选择：尽量选择数据量较小的表作为主表，如下述多表联合查询的示例。

【示例】 多表联合查询。

```
SQL> SELECT a. *
FROM tb_a a, tb_b b, tb_c c
WHERE a.col between a.low and a.high
    AND b.col between b.low and b.high
    AND c.col between c.low and c.high
    AND a.key1 = b.key1
    AMD a.key2 = c.key2;
```

对于上述示例，首先选择需要查询的主表，因为主表要进行整个表数据的扫描，所以主表应该数据量最小，表 tb_a 的 col 列的范围应该比表 tb_b 和表 tb_c 相应列的范围小。

4. SQL 语句使用技巧

在书写 SQL 语句时，可以使用以下技巧：

- 多使用绑定变量。使用绑定变量的查询语句在第二次查询时，系统会直接从库缓存区中获得该语句以前执行时的分析、执行方案，大大提高了执行效率。
- 多使用 TRUNCATE 语句，删除表中所有数据时使用 TRUNCATE 语句替代 DELETE 语句。由于执行 TRUNCATE 语句时，并不将被删除的记录信息保存到回滚段中，而是直接释放数据空间，这样减少了系统资源的调用，缩短了执行时间。
- 多使用 COMMIT 语句。当执行 COMMIT 语句时，系统会释放当前事务所占用的资源、解锁以及释放日志空间等，提高了系统性能。
- 尽量避免排序操作。对查询结果排序将耗费大量的系统资源，因此尽量避免需要排序的查询操作。例如，带有 DISTINCT、UNION、MINUS、INTERSECT、ORDER BY、GROUP BY 的 SQL 语句都需要对查询结果进行一次或多次排序。
- 尽量指定具体的目标列，而不要使用 * 通配符。
- 避免使用 HAVING 子句。HAVING 只会在检索出所有记录之后才对结果集进行过滤，这个处理需要排序、统计等操作。如果通过 WHERE 子句限制记录的数目，就能减少这方面的开销。
- 合理选择(NOT)EXISTS 和(NOT)IN 关键字。使用 EXISTS 子查询时，Oracle 系统会首先检查主查询，然后运行子查询直到找到第一个匹配项；而在执行 IN 子查询时，系统会首先执行子查询，并将查询结果存放在一个加了索引的临时表中，然后再执行主查询。因此 IN 适合于主查询数据大而子查询数据小的情况，EXISTS 适合于主查询数据小而子查询数据大的情况。
- 尽量减少表的查询次数。
- 用规范的格式和访问数据库对象的一致顺序书写 SQL 语句，使得相同访问的 SQL 代码完全相同，以提高共享缓冲池的命中率。

10.1.3 数据库内存结构优化

Oracle 数据库的数据主要存储在内存缓冲区和磁盘中，而从内存中直接读取数据的速度要远远大于从磁盘中读取数据，因此提高其内存读取速度对优化数据库性能有很大帮助。影响数据库内存读取速度的因素有两个：内存的大小以及内存的分配、使用和管理方法。Oracle 一般采用自动内存管理方式管理和调整数据库实例的内存大小。在自动管理模式下，通过对初始化参数 MEMORY_TARGET(目标内存大小)和 MEMORY_MAX_TARGET(最大内存大小)进行配置调整数据库目标内存大小。

Oracle 中的内存主要包括两部分：系统全局区和程序全局区，它们既可以在数据库启动时进行加载，也可以在数据库使用中进行设置。

1. 系统全局区优化

系统全局区(System Global Area，SGA)，也称为共享全局区，主要用于存储数据库的公用信息。通过 SHOW PARAMETER SGA 命令或 V$SGA_TARGET_ADVICE 动态性能视图可以对 SGA 的状态信息进行查询。

【示例】 查看当前数据库的 SGA 状态。

```
SQL > CONN SYSTEM/QSTqst2015;
已连接。
SQL > SHOW PARAMETER SGA;
NAME                             TYPE               VALUE
-------------------------------- ------------------ ------------------
lock_sga                         boolean            FALSE
pre_page_sga                     boolean            TRUE
sga_max_size                     big integer        2432M
sga_target                       big integer        2432M
unified_audit_sga_queue_size     integer            1048576
```

其中,sga_max_size 表示为 SGA 分配的最大内存；sga_target 表示数据库可管理的最大内存,如果 sga_target 值为 0 则表示关闭共享内存区,每个缓冲区的大小由初始化参数文件中的相应参数决定。sga_max_size 与 sga_target 值均可以通过 ALTER SYSTEM 命令或 OEM 进行修改,其中 sga_target 值应小于或等于 sga_max_size 的值。

【示例】 修改 SGA 内存大小。

```
SQL > -- 修改 sga_max_size 值
SQL > ALTER system SET sga_max_size = 2000M scope = spfile;
system SET 已变更。
SQL > -- 修改 sga_target 值
SQL > ALTER system SET sga_target = 2000M scope = spfile;
system SET 已变更。
```

其中,spfile 表示设置作用到数据库启动文件中,一旦数据库重启,则该参数将立即重启。

> SGA 与操作系统、内存大小、CPU、同时登录的用户数有关,通常可占 OS 系统物理内存的 1/3 到 1/2。

SGA 主要包括数据缓冲区、共享池、大型池、Java 池和重做日志缓冲区。sga_target 值即为各组件内存区的总和,数据库将根据系统负载情况,自动为各内存区分配内存空间。如果某内存区需要一个最小的内存设置,可同样使用 ALTER SYSTEM 命令手动为其设置一个最小值。在设置 SGA 各组件内存区大小时,需要数据库管理员首先了解各内存区的作用,对各内存区在正常负荷下的使用情况进行统计监控分析,然后再进行调整。

1) SGA 各组件内存区的作用

SGA 各组件内存区的作用如下。

(1) 数据缓冲区。

数据缓冲区主要用于存储从数据库中检索的数据。如果用户请求的数据区在数据缓冲区中,则将数据从数据缓冲区中直接返回给用户,从而节省查询时间；如果用户请求的数据不在数据缓冲区中,则先由服务器进程将数据从数据文件读取到数据缓冲区中,然后再从数据缓冲区中将数据返回给用户,这样则会延迟查询时间。

合理设置数据缓冲区,保证尽量多的用户请求数据在缓冲区中,可以大大地提高数据的操作性能。

(2) 共享池。

共享池主要由库缓存、数据字典缓存及服务器结果缓存组成。其中库缓存主要用于存放已经解析并执行过的 SQL 语句和 PL/SQL 程序代码及其分析、执行计划等信息;数据字典缓存主要用于存放数据库对象信息以及用户权限信息;服务器结果缓存主要存储 SQL 查询语句与 PL/SQL 函数的执行结果。

合理设置共享池大小,可以有效降低系统资源消耗,保证库缓存中的 SQL 语句可以被多次执行,提高系统性能。

(3) 重做日志缓冲区。

重做日志缓冲区用于存放数据的修改信息。数据库更新操作所产生的重做日志首先会被写入重做日志缓冲区,然后在一定条件下由 LGWR 进程将重做日志缓冲区的信息写入重做日志文件。写入完成后,若有新的重做日志产生,用户进程会将新的重做日志写入重做日志缓冲区,覆盖那些已被写入重做日志文件的重做日志。

合理设置重做日志缓冲区大小,可以保证有足够的空间容纳新的重做日志记录,避免重做日志缓冲区写入失败,又可以为 LGWR 进程高效写入重做日志文件提供条件,提高数据库性能。

2) SGA 各组件内存区使用情况检测

(1) 数据缓冲区。

对于数据缓冲区,可通过查询数据缓冲区的命中率来检查缓冲区大小的设置是否合理。数据缓冲区的命中率是指 SQL 语句需要的数据块直接来自于数据冲区而不是磁盘的概率。首先,可以查询动态性能视图 V$SYSSTAT 获取一段时间内用户请求的次数、数据直接来自数据缓冲区的次数以及读取磁盘的次数等统计情况,如下述示例所示。

【示例】 查看数据缓冲区的使用情况。

```
SQL > SELECT name, value FROM V $ SYSSTAT
  2    WHERE name IN('db block gets from cache',
  3              'consistent gets from cache','physical reads cache')
  4    ORDER BY name;
NAME                                    VALUE
-----------------------------------------------------------------------------
consistent gets from cache              1287203
db block gets from cache                104082
physical reads cache                    20406
```

其中,consistent gets from cache 表示对数据缓冲区中一个数据块持续请求的次数;db block gets from cache 表示数据缓冲区中当前数据块被请求的次数;physical reads cache 表示读取磁盘数据写入数据缓冲区的数据块总数量。

利用查询结果,可以计算出数据缓冲区的命中率,公式为

```
命中率 = 1 - (('physical reads cache')/('db block gets from cache + 'consistent gets from cache'))
```

通常情况下,命中率在 90% 以上说明缓冲区大小调整是合理的,否则就需要增加数据

缓冲区的大小。上述示例中,命中率已经达到98%,所以命中率还是比较高的。

(2) 共享池。

共享池大小调整的主要依据是库缓存命中率,保证库缓存中的SQL语句尽可能多地被使用。通过查询动态性能视图V$LIBRARYCACHE可以统计库缓存命中率,该视图保存了数据库最近一次启动以来库缓存活动的统计信息,视图中的每一行记录反映了库缓存中一个条目类型的统计信息,通过NAMESPACE列值来识别每个条目类型。对V$LIBRARYCACHE视图的查询如下述示例所示。

【示例】 查看库缓存的使用情况。

```
SQL> SELECT NAMESPACE, PINS, PINHITS, RELOADS, INVALIDATIONS
  2     FROM V$LIBRARYCACHE ORDER BY NAMESPACE;
NAMESPACE            PINS          PINHITS       RELOADS       INVALIDATIONS
---------------    ----------    ----------    ----------    -------------
ACCOUNT_STATUS       0             0             0             0
AUDIT POLICY         4             2             0             0
BODY                 6010          5902          0             0
CLUSTER              445           434           0             0
DBINSTANCE           0             0             0             0
DBLINK               0             0             0             0
DIRECTORY            9             6             0             0
EDITION              1617          1615          0             0
INDEX                107           33            0             0
OBJECT ID            0             0             0             0
PDB                                0             0             00
QUEUE                6             0             0
RULESET              3             2             0             0
SCHEMA               0             0             0             0
SQL AREA             72288         67184         62            155
SQL AREA BUILD       0             0             0             0
SQL AREA STATS       1669          60            0             0
TABLE/PROCEDURE      25160         21686         129           0
TRIGGER              454           439           0             0
```

其中,PINS表示针对特定NAMESPACE的对象请求次数;PINHITS表示针对特定NAMESPACE的对象请求在库缓存中存在的次数;RELOADS表示需要从磁盘中加载对象的次数;INVALIDATIONS表示针对特定的NAMESPACE,由于依赖对象的改变而被标识为失败的对象的次数。

库缓存命中率计算公式如下:

```
命中率 = (SUM(PINHITS)/SUM(PINS))
```

可通过下述示例计算库缓存命中率。

【示例】 计算库缓存命中率。

```
SQL> SELECT SUM(PINHITS)/SUM(PINS) "Lib Ratio" FROM V$LIBRARYCACHE;
 Lib Ratio
----------
 .90440892
```

通常，库缓存命中率也应该在90%以上，否则需要增加共享池的大小。

对于共享池，如果其值设置过大，将会导致大量内存空闲，浪费内存资源，同时缓存内容过多，也将导致共享池内部查询速度降低。可以查询动态性能视图 V$SGASTA 来获取共享池空闲内存的数量，如下述示例所示。

【示例】 获取共享池空闲内存的数量。

```
SQL> SELECT * FROM V$SGASTAT WHERE name = 'free memory' AND pool = 'shared pool';
POOL            NAME                           BYTES         CON_ID
------------  ---------------------------  ----------  ----------
shared pool     free memory                    185978040     0
```

(3) 重做日志缓冲区。

对于重做日志缓冲区，如果其容量设置较大，则既可以保证有足够空间存储新产生的重做记录，又可以为 LGWR 进程高效写入重做日志文件提供条件；如果重做日志缓冲区已经满了，没有空间容纳新的重做日志记录，则新产生的重做日志记录将处于等待状态，称为重做日志缓冲区写入失败。过多的重做日志写入失败，则说明重做日志缓冲区偏小，这会影响数据库性能。可以通过如下方式检查重做日志缓冲区写入失败率。

【示例】 检查重做日志缓冲区写入失败率。

```
SQL> SELECT t1.NAME "request",t2.NAME,t1.VALUE/t2.VALUE "Fail Ratio"
  2    FROM V$SYSSTAT t1,V$SYSSTAT t2
  3    WHERE t1.name = 'redo log space requests' AND t2.NAME = 'redo entries';
request                          NAME                          Fail Ratio
--------------------------  ----------------------     -----------------
redo log space requests          redo entries                  0
```

通常，重做日志缓冲区的写入失败率应该接近于0，如果失败率大于1%，则说明重做日志缓冲区太小，应该增加 LOG_BUFFER 的大小。

注意

> 数据库系统参数调整是数据库性能优化的基础和必要条件，但不是充分条件。内部参数更多用于故障诊断，而故障诊断的更主要方式是安装补丁和版本升级，而不是设置内部参数。因此需要谨慎使用内部参数。

2. 程序全局区优化

每个客户端连接到 Oracle 服务器都由服务器分配一定内存来保持连接，并在该内存中实现用户的私有操作，所有这些用户连接的内存集合就是 Oracle 数据库的程序全局区(Program Global Area,PGA)。

PGA 是存放服务器进程私有数据和控制信息的内存区域，主要包括以下工作区。

- 排序区：存放排序操作所产生的临时数据。
- 游标信息区：存放执行游标操作时所产生的数据。
- 会话信息区：保存用户会话所具有的权限、角色、性能统计信息。

● 堆栈区：保存会话过程中的绑定变量、会话变量等信息。

PGA 中各工作区的大小可以动态调整。大的工作区可以显著提高对内存消耗较大的操作的性能。理想状态下，工作区应该足够大以容纳所有 SQL 操作所需的内存空间。这个理想状态下的工作区的大小就是最优大小，如果工作区小于最优大小，将导致系统响应时间延长。

【示例】 查看 PGA 的状态。

```
SQL> SHOW PARAMETER PGA;
NAME                                 TYPE        VALUE
------------------------------------ ----------------------
pga_aggregate_limit                  big integer 2G
pga_aggregate_target                 big integer 807M
```

上述示例中，pga_aggregate_target 表示 PGA 内存的最大值，当 pga_aggregate_target 值大于 0 时，Oracle 将自动管理 PGA 内存。

当 PGA 采用自动内存管理模式运行时，所有的会话工作区将根据各个活动工作区具体的内存要求自动进行分配，各个工作区大小相关参数的设置将被忽略。在自动 PGA 内存管理模式下，PGA 的调整主要是合理设置参数 pga_aggregate_target 的大小。

【示例】 修改 PGA 内存大小。

```
SQL> ALTER system SET pga_aggregate_target = 500M scope = both;
system SET 已变更。
```

其中，scope＝both 表示同时修改当前环境与启动文件 spfile。

通常，可以将参数 pga_aggregate_target 的值设置为 SGA 大小的 20%，然后在数据库中运行有代表性的工作负荷，统计检查 PGA 运行情况，再进行适当调整。

10.1.4 磁盘碎片优化

在数据库创建之后，磁盘的空间是连续的，但是随着对数据的 DML 操作，在数据库的数据块中就会出现一些磁盘碎片。磁盘碎片会影响磁盘 I/O 操作，浪费磁盘空间。例如，Oracle 数据库中的链化现象，通常链化行都会跨越不止一个数据块，所以当读取链化行时，磁盘 I/O 就需要读取不止一个数据块，从而增大了磁盘 I/O 操作，影响了数据库性能。

注意

在 Oracle 数据库中，如果某条记录需要利用多个数据库来保存，则把这行记录叫做链化行。而在访问一行记录时，访问多个数据块，会比访问单个数据块耗费更多的服务器资源，这种因为链化行而导致的数据库性能下降的现象叫做链化现象。

1. 数据库碎片监控

Oracle 数据库磁盘碎片的监控可以用 FSFI(Free Space Fragmentation Index，自由空间碎片索引)值来直观体现。FSFI 值的计算公式为

```
FSFI = 100 * SQRT(MAX(extent)/SUM(extents)) * 1/SQRT(SQRT(COUNT(extents)))
```

其中,MAX(extent)表示最大盘区；SUM(extents)表示盘区总空间；COUNT(extents)表示盘区数。可以使用如下 SQL 语句来计算 FSFI 值。

【示例】 计算 FSFI 值。

```
SQL > SELECT tablespace_name,
  2       SQRT(MAX(blocks)/SUM(blocks)) * (100/SQRT(SQRT(COUNT(blocks)))) FSFI
  3     FROM dba_free_space
  4     GROUP BY tablespace_name
  5     ORDER BY 1;
TABLESPACE_NAME                                                FSFI
------------------------------------------------------------ ----------
QSTSPACE                                                       65.3613301
SYSAUX                                                         39.9256277
SYSTEM                                                         100
UNDOTBS1                                                       41.482567
USERS                                                          18.8091866
```

对于 FSFI 值,其最大可能值为 100,表示一个理想的单文件表空间。随着范围的增加,FSFI 值缓慢下降,而随着最大范围尺寸的减少,FSFI 值会迅速下降。当 FSFI 值小于等于 30 时,表示需要做碎片整理。

2. 数据库碎片整理

数据库中碎片可分为表空间级、表级、索引级三类。

1）表空间级碎片整理

表空间级碎片是由于段的建立、扩展和删除引起的。表空间级碎片的整理可以采用以下两种方案来操作。

(1) 通过重组表空间,执行 ALTER TABLESPACE...COALESCES 命令。

【示例】 重组表空间。

```
SQL > ALTER TABLESPACE users COALESCE;
```

(2) 首先利用数据导出工具(如 Expdp、Export)将数据导出,然后利用 TRUNCATE 删除表中数据,最后利用数据导入工具(如 Impdp、Import)将数据导入,通过这种方法可以消除表空间级碎片。

2）表级碎片整理

表级碎片是由于行迁移导致数据存储不连续而形成的。可以通过设置合适大小的数据块以及 PCTFREE、PCTUSED 参数来尽量避免表级碎片的产生。通常在创建数据库时,根据应用中记录的大小来设置标准数据块大小,保证其可以存储一条完整的记录；对于频繁更新的表,应将参数 PCTFREE 设置较高,而将参数 PCTUSED 设置较低；对于频繁进行插入的表,应将参数 PCTFREE 设置较低,而将参数 PCTUSED 设置较高。

可以通过下述示例中的命令来查看分配给表的物理空间数量,以及表的实际使用空间。

【示例】 分配给表的物理空间数量。

```
SQL > SELECT segment_name,SUM(bytes)/1024/1024 FROM user_extents
GROUP BY segment_name;
SEGMENT_NAME              SUM(BYTES)/1024/1024
------------------- ---------------------------
DEPT                      0.0625
EMP                       0.0625
ACCOUNT                   0.0625
SALGRADE                  0.0625
...
```

【示例】 表的实际使用空间。

```
SQL > SELECT num_rows * avg_row_len FROM user_tables WHERE table_name = 'EMP';
NUM * ROWS * AVG_ROW_LEN
-------------------------
660
```

对于产生的表级碎片,可以通过以下命令对表的空闲空间进行回收。

【示例】 回收表的空闲空间。

```
SQL > ALTER TABLE emp DEALLOCATE UNUSED;
table EMP 已变更。
```

3) 索引级碎片整理

索引级碎片是由于索引太多、索引值变化频繁而导致 B-Tree 结构失衡、叶节点排序混乱引起的。可以通过减少表上索引数量,以及在数据变化频率较低的列上创建索引或先进行数据的插入操作,再为表创建索引等方法,减少索引表的变化,降低索引级碎片的产生。

10.1.5 磁盘 I/O 优化

磁盘 I/O 问题也是影响数据库系统性能的一个重要因素。在 Oracle 数据库中,通过查询数据字典视图 V$FILESTAT,可以知道数据库每个物理文件的使用频率。

【示例】 查询数据库物理文件的使用频率。

```
SQL > SELECT name, phyrds, phywrts
  2     FROM V$DATAFILE df, V$FILESTAT fs
  3     WHERE df.file# = fs.file#;
NAME                                                              PHYRDS     PHYWRTS
-------------------------------------------------------------------------------------
D:\APP\QRSX\ORADATA\QST\DATAFILE\O1_MF_SYSTEM_C30BXO63_.DBF       13326      634
D:\APP\QRSX\ORADATA\QST\DATAFILE\O1_MF_SYSAUX_C30BW7O2_.DBF       18231      2425
D:\APP\QRSX\ORADATA\QST\DATAFILE\O1_MF_UNDOTBS1_C30BZ3PB_.DBF     79         1125
D:\APP\QRSX\ORADATA\QST\DATAFILE\O1_MF_USERS_C30BZ2HL_.DBF        156        3
E:\ORACLE12C\USERSPACE\TBS.DBF                                    7          3
E:\ORACLE12C\USERSPACE\TBS2.DBF                                   8          3
E:\ORACLE12C\USERSPACE\TBS_1.DBF                                  7          3
已选择 7 行。
```

其中，phyrds表示每个数据文件读的次数，phywrts表示每个数据文件写的次数。

影响磁盘I/O的性能的主要因素包括磁盘竞争、I/O次数过多和数据块空间的分配管理。可以通过以下规则进行磁盘I/O调整：

- 数据库的物理文件，包括数据文件和日志文件以及控制文件，应尽量分散到不同磁盘空间，避免相互之间的磁盘竞争，同时还可以实现均衡磁盘负载。
- 将同一个表空间的数据文件尽量平均分配到多个磁盘，实现磁盘之间的负载均衡。
- 尽量将所有的日志文件分散到不同的磁盘上，减少日志文件对磁盘的竞争。
- 将表和索引分散到不同的表空间，并尽量将表数据和索引数据存储到不同磁盘，减少数据文件和索引数据文件对磁盘的竞争。
- 为不同的应用创建不同的表空间，并将表空间所对应的数据文件存放到不同的磁盘，减少不同应用之间对磁盘的竞争。
- 系统表空间(SYSTEM表空间)尽量不要再分配给其他应用使用，减少数据库系统与应用之间的磁盘竞争。
- 创建撤销表空间用于非系统回滚段的管理，防止磁盘竞争影响事务的完成。
- 创建临时表空间用于非系统临时段的管理，减少存储空间分配与回收时碎片的产生。
- 表空间的管理尽量采用本地管理方式，存储空间的分配采用自动管理，尽量避免碎片的产生以及行链接、行迁移的出现。
- 根据表的特点以及数据量大小等，采用分区表、分区索引、索引化表、聚簇等结构，合理地将数据分散到不同的数据文件中，提高系统的I/O性能。

10.2 数据库的备份与恢复

数据库在运行过程中出现故障是不可避免的，要想最大程度地恢复数据库、减少数据的丢失，就需要合理地制定数据库的备份与恢复策略。备份是指保存数据库中数据的副本，包括所有的用户数据和系统数据，如控制文件、数据文件、归档重做日志文件、初始化参数文件等。恢复是指在数据库出现故障时使用备份，利用归档重做日志文件与联机重做日志文件进行回滚或重做恢复数据库。

10.2.1 数据库故障类型及恢复措施

数据库在运行过程中可能出现多种类型的故障，不同类型的故障需要管理员采用不同的备份与恢复策略。下述列举了几种常见的故障类型及解决方法。

- 语句故障：语句故障是指执行SQL语句时发生的故障。例如，对不存在的表执行SELECT操作，向已无空间可用的表执行INSERT操作等，都会发生语句故障。故障发生后，Oracle将返回给用户一个错误信息，自动回滚产生错误的SQL语句操作，数据库不会因为语句故障而产生任何错误或不一致性。语句故障不需要DBA干预，开发人员只需根据Oracle错误提示找出故障原因加以解决。
- 进程故障：进程故障是指用户进程、服务器进程或数据库后台进程由于某种原因而意外终止，此时该进程无法使用，但不影响其他进程的运行。如果该进程是用户进程或服务器进程，Oracle 数据库的后台进程 PMON 将自动对其进行恢复；如果出现故障的进程是数据库的后台进程（如 DBWR、LGWR、CKPT、SNON、PMON），那么数据库实例将无法继续运行，需要数据库管理员关闭数据库并重新启动，系统会自动进行实例恢复。

- 用户错误：用户错误是指普通用户在使用数据库时产生的错误。例如，用户意外删除某个表或表中的数据。用户错误无法由 Oracle 自动进行恢复，管理员可以使用逻辑备份或闪回技术恢复。
- 介质故障：介质故障是指数据库在读写磁盘时发生的故障。介质故障通常是由存放数据库的硬件设备的物理损坏而导致的。例如，磁盘损坏导致数据库的数据文件、控制文件或重做日志文件损坏或丢失。介质故障需要管理员提前做好数据库的备份，否则将导致数据库无法恢复。

本节内容主要介绍针对介质故障的备份与恢复。

10.2.2 备份分类与恢复机制

1. 备份分类

Oracle 数据库为数据库的备份与恢复提供了多种技术支持，根据数据备份方式的不同，数据库备份分为物理备份和逻辑备份两类，功能如下。

- 物理备份是将组成数据库的数据文件、控制文件、归档重做日志文件等操作系统文件进行备份，将形成的副本保存到与当前系统独立的磁盘上。
- 逻辑备份是指利用 Oracle 提供的导出工具（如 Data Pump Export、Export）将数据库中的不同级别的模式对象抽取出来存放到一个二进制文件中，在数据库的逻辑对象出现故障时，利用 Oracle 提供的导入工具（如 Data Pump Import、Import）将二进制文件中的数据导入数据库中。

物理备份根据备份时数据库状态的不同，分为冷备份和热备份两种类型。冷备份又称为脱机备份，是在数据库关闭后进行的物理备份；热备份又称为联机备份，是在数据库打开状态下对数据库进行的备份。

物理备份根据备份的规模不同又分为完全备份和部分备份。完全备份是指对数据库当前所有的物理文件进行备份；部分备份是对部分数据文件、表空间、控制文件、归档重做日志文件等进行备份。

Oracle 有两种工作模式：归档模式和非归档模式。归档模式是指将所有历史重做日志内容都保存到归档日志中的日志操作模式，非归档模式是指仅保存日志切换后新的重做日志的日志操作模式。归档模式支持热备份，可以保证数据不丢失，并且可以做增量备份和部分恢复；非归档模式只能采用冷备份或逻辑备份，恢复时只能依靠完全备份，并且最近一次完全备份到系统出错期间的数据不能恢复。

2. 恢复机制

根据数据库恢复时使用的备份不同，恢复分为物理恢复和逻辑恢复两类。物理恢复是指利用物理备份来恢复数据库，即利用物理备份文件恢复损毁文件；逻辑恢复是指利用逻辑备份的二进制文件，使用 Oracle 提供的导入工具（如 Impdp、Import）将部分或全部信息重新导入数据库，恢复损毁或丢失的数据。

根据数据库恢复程度的不同，恢复可分为完全恢复和不完全恢复。完全恢复是指利用备份使数据库恢复到出现故障时的状态，所有已经提交的操作都进行恢复，确保数据库不丢失任何数据，完全恢复只用于归档模式；不完全恢复是将数据库恢复到备份点与介质失败点之间某个时刻的状态，并不恢复所有提交的操作，不完全恢复可能丢失部分数据。

数据库的完全恢复可通过以下 3 个步骤实现：

① 使用一个完全备份将数据库恢复到备份时刻的状态。

② 利用归档日志文件和联机重做日志文件中的日志信息，采用前滚技术重做备份以后已经完成并提交的事务。

③ 利用回滚技术取消发生故障时已写入日志文件但没有提交的事务，将数据库恢复到故障时刻的状态。

图 10-7 演示了一个数据库恢复过程的示例。在此示例中，在 T1 和 T3 时刻进行了两次数据库备份，T2 到 T4 时刻都写入了归档日志，T4 到 T5 时刻仅记录了联机重做日志，在 T5 时刻数据库出现故障。

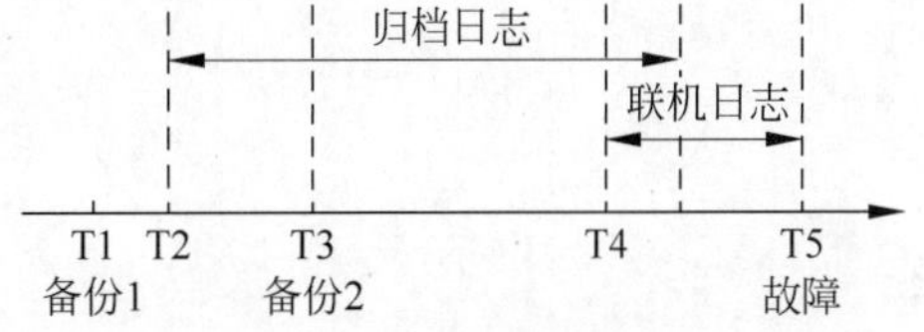

图 10-7 数据库恢复过程

在上述示例中，如果使用 T1 时刻的“备份 1”恢复数据库，则只能恢复到 T1 时刻的状态，因为缺少从 T1 时刻到 T2 时刻的归档日志，此时的恢复属于不完全恢复。如果使用 T3 时刻的“备份 2”恢复数据库，则可以恢复到 T3 时刻到 T5 时刻的任意状态，因为 T3 到 T5 时刻所有的归档日志文件和联机重做日志文件都是完整的，此时的恢复属于完全恢复。

从上述示例分析可以看出，如果数据库处于归档模式，且日志文件是完整的，则可以将数据库恢复到备份时刻后的任意状态，实现完全恢复或不完全恢复；如果数据库处于非归档模式，则只能将数据库恢复到备份时刻的状态，即实现不完全恢复。

10.2.3 物理备份与恢复

1. 冷备份

如果数据库可以正常关闭，而且允许关闭足够长的时间，则可以采用冷备份（脱机备份）。冷备份可以在归档模式下进行，也可以在非归档模式下进行。冷备份的实现方法是首先关闭数据库，然后备份所有的物理文件，包括数据文件、控制文件、联机重做日志文件等。

以作者数据库服务器为例，在 SQL * Plus 环境中进行数据库冷备份的步骤如下。

(1) 启动 SQL * Plus，以 SYSDBA 身份登录数据库。

```
SQL > CONN system/QSTqst2015 AS SYSDBA;
```

(2) 查询当前数据库所有数据文件、控制文件、联机重做日志文件的位置。

```
SQL > -- 查询当前数据库数据文件位置
SQL > SELECT file_name FROM dba_data_files;
```

```
D:\APP\QRSX\ORADATA\QST\DATAFILE\O1_MF_SYSTEM_C30BXO63_.DBF
D:\APP\QRSX\ORADATA\QST\DATAFILE\O1_MF_SYSAUX_C30BW7O2_.DBF
D:\APP\QRSX\ORADATA\QST\DATAFILE\O1_MF_UNDOTBS1_C30BZ3PB_.DBF
D:\APP\QRSX\ORADATA\QST\DATAFILE\O1_MF_USERS_C30BZ2HL_.DBF
E:\ORACLE12C\USERSPACE\TBS.DBF
E:\ORACLE12C\USERSPACE\TBS_1.DBF
SQL> --查询当前数据库控制文件位置
SQL> SELECT value FROM v$parameter WHERE name = 'control_files';
VALUE
------------------------------------------------------------------------
D:\APP\QRSX\ORADATA\QST\CONTROLFILE\O1_MF_C30C2PZ1_.CTL,
D:\APP\QRSX\FAST_RECOVERY_AREA\QST\CONTROLFILE\O1_MF_C30C2Q2C_.CTL
SQL> --查询当前数据库联机重做日志文件位置
SQL> SELECT member FROM v$logfile;
MEMBER
----------------------------------------------------------------------
D:\APP\QRSX\ORADATA\QST\ONLINELOG\O1_MF_3_C30C2WCH_.LOG
D:\APP\QRSX\FAST_RECOVERY_AREA\QST\ONLINELOG\O1_MF_3_C30C2WZ7_.LOG
D:\APP\QRSX\ORADATA\QST\ONLINELOG\O1_MF_2_C30C2VJ2_.LOG
D:\APP\QRSX\FAST_RECOVERY_AREA\QST\ONLINELOG\O1_MF_2_C30C2VVG_.LOG
D:\APP\QRSX\ORADATA\QST\ONLINELOG\O1_MF_1_C30C2TBK_.LOG
D:\APP\QRSX\FAST_RECOVERY_AREA\QST\ONLINELOG\O1_MF_1_C30C2TNZ_.LOG
已选择 6 行。
```

（3）关闭数据库。

```
SQL> SHUTDOWN IMMEDIATE;
数据库已经关闭。
已经卸载数据库。
ORACLE 例程已经关闭。
```

（4）复制所有数据文件、控制文件、联机重做日志文件到备份磁盘。

可以直接在操作系统中使用复制、粘贴方式进行，也可以使用 HOST COPY 命令实现，例如，下面代码实现将以下数据文件复制到磁盘目录 E:\ORACLEBACKUP\ORADATA\QST\DATAFILE\下。

```
SQL> HOST COPY
D:\APP\QRSX\ORADATA\QST\DATAFILE\O1_MF_SYSTEM_C30BXO63_.DBF
E:\ORACLEBACKUP\ORADATA\QST\DATAFILE\O1_MF_SYSTEM_C30BXO63_.DBF
```

（5）重新启动数据库。

```
SQL> STARTUP;
ORACLE 例程已经启动。

Total System Global Area 2550136832 bytes
Fixed Size                   3048872 bytes
Variable Size              671091288 bytes
Database Buffers          1862270976 bytes
Redo Buffers                13725696 bytes
数据库装载完毕。
数据库已经打开。
```

冷备份快速、安全、简便，能与不同归档方法相结合，做数据库最佳状态的恢复；同时冷备份也有一些不足，在备份过程中数据库必须处于脱机状态，这对于数据库要求较高的业务可能会造成损失，并且恢复过程中只能进行完全数据库恢复，不能进行更小粒度的恢复。

2. 热备份

虽然冷备份简单、快捷，但是如果数据库需要每天不间断的工作，或者没有足够的时间可以关闭数据库进行冷备份，这时只能采用热备份(联机备份)。热备份是在归档模式下进行的数据文件、控制文件、归档日志文件等的备份。

以作者数据库服务器为例，在 SQL * Plus 环境中进行数据库完全热备份的步骤如下。

(1) 启动 SQL * Plus，以 SYSDBA 身份登录数据库。

```
SQL> CONN system/QSTqst2015 AS SYSDBA;
```

(2) 查看数据库是否为归档模式，若不是，按照如下过程将数据库设置为归档模式。

```
SQL> -- 查看当前数据库的日志模式是否为归档模式
SQL> ARCHIVE LOG LIST;
数据库日志模式              非归档模式
自动存档               禁用
存档终点               USE_DB_RECOVERY_FILE_DEST
最早的联机日志序列        279
当前日志序列             281
SQL> -- 关闭数据库
SQL> SHUTDOWN IMMEDIATE;
数据库已经关闭。
已经卸载数据库。
ORACLE 例程已经关闭。
SQL> -- 启动 mount 实例,但是不启动数据库
SQL> STARTUP MOUNT;
ORACLE 例程已经启动。
Total System Global Area 2550136832 bytes
Fixed Size                  3048872 bytes
Variable Size             671091288 bytes
Database Buffers         1862270976 bytes
Redo Buffers               13725696 bytes
数据库装载完毕。
SQL> -- 更改数据库日志模式为归档模式
SQL> ALTER DATABASE ACHIVELOG;
数据库已更改。
SQL> -- 打开数据库
SQL> ALTER DATABASE OPEN;
数据库已更改。
SQL> -- 再次查询当前数据库的日志模式
SQL> ARCHIVE LOG LIST;
数据库日志模式              归档模式
自动存档               启用
存档终点               USE_DB_RECOVERY_FILE_DEST
最早的联机日志序列        279
下一个存档日志序列    281
当前日志序列             281
```

(3) 以表空间为单位,进行数据文件备份。

```
SQL > -- 查看数据库有哪些表空间以及每个表空间中有哪些数据文件
SQL > SELECT tablespace_name, file_name FROM dba_data_files
  2            ORDER BY tablespace_name;
TABLESPACE_NAME  FILE_NAME
-------------------------------------------------------------------------
QSTSPACE         E:\ORACLE12C\USERSPACE\TBS_1.DBF
QSTSPACE         E:\ORACLE12C\USERSPACE\TBS.DBF
SYSAUX           D:\APP\QRSX\ORADATA\QST\DATAFILE\O1_MF_SYSAUX_C30BW7O2_.DBF
SYSTEM           D:\APP\QRSX\ORADATA\QST\DATAFILE\O1_MF_SYSTEM_C30BXO63_.DBF
UNDOTBS1         D:\APP\QRSX\ORADATA\QST\DATAFILE\O1_MF_UNDOTBS1_C30BZ3PB_.DBF
USERS            D:\APP\QRSX\ORADATA\QST\DATAFILE\O1_MF_USERS_C30BZ2HL_.DBF
SQL > -- 将需要备份的表空间(如 USERS)设置为备份状态
SQL > ALTER TABLESPACE USERS BEGIN BACKUP;
表空间已更改。
SQL > -- 将表空间中所有的数据文件复制到备份磁盘(可以直接打开操作系统中相应文件夹,把文件复制到磁盘中的另一个文件夹或其他磁盘上,也可以使用以下命令进行复制)
SQL > HOST COPY
    D:\APP\QRSX\ORADATA\QST\DATAFILE\O1_MF_USERS_C30BZ2HL_.DBF
    E:\ORACLEBACKUP\ORADATA\QST\DATAFILE\O1_MF_USERS_C30BZ2HL_.DBF
已复制         1 个文件。
SQL > -- 结束表空间的备份状态
SQL > ALTER TABLESPACE USERS END BACKUP;
表空间已更改。
```

如果需要对数据库中所有的表空间进行备份,可以依次按上述步骤进行备份。

(4) 备份控制文件。

```
SQL > -- 将控制文件备份为二进制文件
SQL > ALTER DATABASE BACKUP CONTROLFILE TO 'E:\ORACLEBACKUP\CONTROL.BKP';
数据库已更改。
SQL > -- 或者将控制文件备份为文本文件
SQL > -- ALTER DATABASE BACKUP CONTROLFILE TO TRACE;
```

(5) 备份其他物理文件。

除上述数据文件、控制文件外,还需对归档日志文件以及初始化参数文件进行备份。首先将当前的联机重做日志文件进行归档,命令如下:

```
SQL > -- 归档当前的联机重做日志文件
SQL > ALTER SYSTEM ARCHIVE LOG CURRENT;
```

然后将所有的归档日志文件、初始化参数文件复制到备份磁盘中。

3. 非归档模式下数据库的恢复

非归档模式下数据库的恢复主要指利用非归档模式下的冷备份恢复数据库,其步骤如下。

(1) 关闭数据库。

```
SQL > SHUTDOWN IMMEDIATE;
```

(2) 将备份的所有数据文件、日志文件、联机重做日志文件还原到原来所在的位置。

例如,将前面冷备份示例中备份的数据文件 E:\ORACLEBACKUP\ORADATA\QST\DATAFILE\O1_MF_SYSTEM_C30BXO63_.DBF 复制到 D:\APP\QRSX\ORADATA\QST\DATAFILE\目录下。

(3) 重新启动数据库。

```
SQL> STARTUP;
```

非归档模式下的数据库恢复是不完全恢复,只能将数据库恢复到最近一次完全冷备份的状态。

4. 归档模式下数据库的恢复

在归档模式下可以对数据库进行完全恢复或不完全恢复。

完全恢复是指归档模式下数据文件损坏后,利用热备份的数据文件替换损坏的数据文件,再结合归档日志文件和联机重做日志文件,将数据库恢复到故障时刻的状态。完全恢复的前提是归档日志文件、联机重做日志文件以及控制文件都没有损坏。

不完全恢复主要是指归档模式下数据文件损坏后,没有将数据库恢复到故障时刻的状态。在进行不完全恢复时,必须先确保对数据库进行了完全备份,使用完整的数据文件备份将数据库恢复到备份时刻的状态,然后再结合归档日志文件和联机重做日志文件将备份时刻的数据库向前恢复到某个时刻。不完全恢复后,原来的归档日志文件将不再起作用,需要被移走或删除,新的归档日志文件序列号重新从1开始,此时再及时对恢复后的数据库进行备份。

本小节主要介绍归档模式下对数据库的完全恢复。数据库的完全恢复根据数据文件损坏程度的不同,可分为数据库级、表空间级、数据文件级3种类型。数据库级完全恢复主要指对所有或多数数据文件进行恢复;表空间级完全恢复是对指定表空间中的数据文件进行恢复;数据文件级完全恢复是针对特定的数据文件进行恢复。

1) 数据库级完全恢复

在 SQL * Plus 环境中进行数据库级完全恢复的步骤如下。

(1) 关闭数据库。

数据库级的完全恢复只能在数据库装载但没有打开的状态下进行,因此如果数据库没有关闭,需要先强制关闭数据库。

```
SQL> SHUTDOWN ABORT;
```

(2) 利用备份的数据文件还原所有损坏的数据文件。

例如,将前面热备份示例中备份的数据文件 E:\ORACLEBACKUP\ORADATA\QST\DATAFILE\O1_MF_USERS_C30BZ2HL_.DBF 复制到损坏的数据文件目录 D:\APP\QRSX\ORADATA\QST\DATAFILE\下。

(3) 将数据库启动到 MOUNT 状态。

```
SQL> STARTUP MOUNT;
```

(4) 执行数据库恢复命令。

```
SQL > RECOVER DATABASE;
```

(5) 打开数据库。

```
SQL > ALTER DATABASE OPEN;
```

2) 表空间级完全恢复

表空间级的完全恢复可以分别在数据库装载状态下以及数据库打开状态下进行。以USERS表空间的数据文件O1_MF_USERS_C30BZ2HL_. DBF损坏为例,模拟表空间级的完全恢复。具体操作步骤如下。

(1) 数据库装载状态下的恢复。

① 如果数据库没有关闭,则强制关闭数据库。

```
SQL > SHUTDOWN ABORT;
```

② 利用备份的数据文件O1_MF_USERS_C30BZ2HL_. DBF还原损坏的数据文件O1_MF_USERS_C30BZ2HL_. DBF。

③ 将数据库启动到MOUNT状态。

```
SQL > STARTUP MOUNT;
```

④ 执行表空间恢复命令。

```
SQL > RECOVER TABLESPACE EXAMPLE;
```

⑤ 打开数据库。

```
SQL > ALTER DATABASE OPEN;
```

(2) 数据库打开状态下的恢复。

如果数据文件损坏时数据库正处于打开状态,则按如下步骤恢复。

① 将损坏的数据文件所在的表空间脱机。

```
SQL > ALTER TABLESPACE USERS OFFLINE FOR RECOVER;
```

② 利用备份的数据文件O1_MF_USERS_C30BZ2HL_. DBF还原损坏的数据文件O1_MF_USERS_C30BZ2HL_. DBF。

③ 执行表空间恢复命令。

```
SQL > RECOVER TABLESPACE USERS;
```

④ 将表空间联机。

```
SQL > ALTER TABLESPACE USERS ONLINE;
```

如果数据文件损坏时数据库已经关闭,则操作步骤如下。

① 将数据库启动到 MOUNT 状态。

```
SQL> STARTUP MOUNT;
```

② 将损坏的数据文件设置为脱机状态。

```
SQL> ALTER DATABASE DATAFILE 'D:\APP\QRSX\ORADATA\QST\DATAFILE\
        O1_MF_USERS_C30BZ2HL_.DBF' OFFLINE;
```

③ 打开数据库。

```
SQL> ALTER DATABASE OPEN;
```

④ 执行前面介绍的数据文件损坏时数据库处于打开状态的恢复步骤①～④。

3）数据文件级完全恢复

数据文件级的完全恢复也可以分别在数据库装载状态下以及数据库打开状态下进行。以数据文件 D:\APP\QRSX\ORADATA \QST\DATAFILE \O1_MF_USERS_C30BZ2HL_. DBF 损坏为例模拟数据文件级的完全恢复。具体步骤如下。

(1) 数据库处于装载状态下的恢复。

① 如果数据库没有关闭，则强制关闭数据库。

```
SQL> SHUTDOWN ABORT;
```

② 利用备份的数据文件 O1_MF_USERS_C30BZ2HL_. DBF 还原损坏的数据文件 O1_MF_USERS_C30BZ2HL_. DBF。

③ 将数据库启动到 MOUNT 状态。

```
SQL> STARTUP MOUNT;
```

④ 执行数据文件恢复命令。

```
SQL> RECOVER DATAFILE
    'D:\APP\QRSX\ORADATA\QST\DATAFILE\O1_MF_USERS_C30BZ2HL_.DBF';
```

⑤ 将数据文件联机。

```
SQL> ALTER DATABASE DATAFILE
    'D:\APP\QRSX\ORADATA\QST\DATAFILE\O1_MF_USERS_C30BZ2HL_.DBF' ONLINE;
```

⑥ 打开数据库。

```
SQL> ALTER DATABASE OPEN;
```

(2) 数据库处于打开状态下的恢复。

如果数据文件损坏时数据库正处于打开状态，则执行步骤如下。

① 将损坏的数据文件设置为脱机状态。

```
SQL> ALTER DATABASE DATAFILE
    'D:\APP\QRSX\ORADATA\QST\DATAFILE\O1_MF_USERS_C30BZ2HL_.DBF' OFFLINE;
```

② 打开数据库。

```
SQL> ALTER DATABASE OPEN;
```

③ 利用备份的数据文件 O1_MF_USERS_C30BZ2HL_. DBF 还原损坏的数据文件 O1_MF_USERS_C30BZ2HL_. DBF。

④ 执行数据文件恢复命令。

```
SQL> RECOVER DATAFILE
     'D:\APP\QRSX\ORADATA\QST\DATAFILE\O1_MF_USERS_C30BZ2HL_.DBF';
```

⑤ 将数据文件联机。

```
SQL> ALTER DATABASE DATAFILE
     'D:\APP\QRSX\ORADATA\QST\DATAFILE\O1_MF_USERS_C30BZ2HL_.DBF' ONLINE;
```

如果数据文件损坏时数据库已经关闭,则执行步骤如下。

① 将数据库启动到 MOUNT 状态。

```
SQL> STARTUP MOUNT;
```

② 执行前面介绍的数据文件损坏时数据库处于打开状态的恢复步骤①~⑤。

10.2.4 逻辑备份与恢复

逻辑备份是指利用 Oracle 提供的导出工具(如 Data Pump Export、Export),将数据库中选定的记录集或数据字典的逻辑副本以二进制文件(DMP 格式)的形式存储到操作系统中。逻辑恢复是指利用 Oracle 提供的导入工具(如 Data Pump Import、Import),将逻辑备份的二进制文件中的数据导入数据库中。

与物理备份与恢复不同,逻辑备份与恢复必须在数据库运行的状态下进行,因此当数据库发生介质损坏而无法启动时,不能利用逻辑备份恢复数据库。所以,数据库的备份与恢复是以物理备份与恢复为主,逻辑备份与恢复为辅的。

在 Oracle 9i 及其之前的数据库版本中,Oracle 数据库提供了 Export 和 Import 实用程序用于实现数据库的逻辑备份与恢复,从 Oracle 10g 及其之后的版本中推出了数据泵技术,即 Data Pump Export(Expdp)和 Data Pump Import(Impdp)实用程序,实现数据库的逻辑备份与恢复。同时 Oracle 10g 及其之后的版本仍然对 Export 和 Import 实用程序进行了保留,但需要注意的是这两类实用程序虽然在使用上非常相似,但之间并不兼容,即使用 Export 备份的文件,不能使用 Impdp 进行导入,同样使用 Expdp 备份的文件,也不能使用 Import 进行导入。

与 Export 和 Import 是客户端实用程序不同,Expdp 和 Impdp 是服务器端实用程序,利用数据泵技术可以在服务器端多线程并行地执行大量数据的导出与导入操作,同时,数据泵技术具有重新启动作业的能力,即当数据泵作业故障时,DBA 或用户进行干预修正后,可以发出数据泵重新启动命令,使作业从发生故障的位置继续执行。因此 Oracle 建议用户最好使用 Expdp 和 Impdp 实用程序替换原有的 Export 和 Import 实用程序。

1. 使用 Expdp 导出数据

Expdp 实用程序提供了以下 3 种应用接口供用户调用实现数据的导出。

- 命令行接口：在命令行中直接指定参数设置。
- 参数文件接口：将需要的参数设置放到一个文件中，在命令行中用 PARFILE 参数指定参数文件。
- 交互式命令接口：用户可以通过交互命令进行导出操作管理。

Expdp 实用程序针对所要导出的数据内容范围提供了 5 种导出模式，在命令行中通过参数设置来指定。5 种导出模式如下所示。

- 全库导出模式：用于导出整个数据库，通过参数 FULL 指定。
- 模式导出模式：是默认的导出模式，用于导出指定模式中的所有对象，通过参数 SCHEMAS 指定。
- 表导出模式：用于导出指定模式中指定的所有表、分区及其依赖对象，通过参数 TABLES 指定。
- 表空间导出模式：用于导出指定表空间中所有表及其依赖对象的定义和数据，通过参数 TABLESPACES 指定。
- 传输表空间导出模式：用于导出指定表空间中所有表及其依赖对象的定义，通过该导出模式以及相应的导入模式，可以实现将一个数据库表空间的数据文件复制到另一个数据库中。该导出模式通过参数 TRANSPORT_TABLESPACES 指定。

使用 Expdp 导出数据，首先需要创建存放备份二进制文件的目录地址，由于 Expdp 和 Impdp 是服务器端程序，因此其备份和恢复的二进制文件只能存放在由 DIRECTORY 对象指定的特定数据库服务器操作系统目录中，而不能使用操作系统目录。同时，DIRECTORY 目录对象的使用需要用户拥有 READ 和 WRITE 权限。下述示例演示 DIRECTORY 对象的创建以及对使用该目录对象用户的权限授予。

【示例】 创建 DIRECTORY 目录对象。

```
SQL > CREATE OR REPLACE DIRECTORY mydirectory AS  'E:\ORACLEBACKUP\DIRECTORY';
目录已创建。
```

其中，mydirectory 为创建目录的名称；E:\ORACLEBACKUP\DIRECTORY 表示存放数据的文件夹名。

假设备份数据库的用户是 scott，则为其授予 DIRECTORY 目录使用权限的命令如下：

【示例】 为用户 scott 授予 READ 和 WRITE 权限。

```
SQL > GRANT READ,WRITE ON DIRECTORY mydirectory TO scott;
授权成功。
```

下述示例分别演示使用 Expdp 实用程序的命令行接口实现表导出模式、模式导出模式、表空间导出模式、传输表空间导出模式、数据库导出模式及按条件查询导出模式的执行过程。

1) 表导出模式

表导出模式可以将一个或多个表的结构及其数据导出到二进制文件中。下述示例演示将 scott 模式下的 emp 表和 dept 表导出到名称为 emp_dept.dmp 的二进制文件中。

【示例】 表导出模式。

```
C:\> EXPDP scott/tiger DIRECTORY = mydirectory DUMPFILE = emp_dept.dmp
       TABLES = emp,dept LOGFILE = emp_dept.log JOB_NAME = emp_dept_job PARALLEL = 3

Export: Release 12.1.0.2.0 - Production on 星期五 6月 24 10:53:33 2016

Copyright (c) 1982, 2014, Oracle and/or its affiliates.  All rights reserved.

连接到: Oracle Database 12c Enterprise Edition Release 12.1.0.2.0 - 64bit Production
With the Partitioning, OLAP, Advanced Analytics and Real Application Testing options
启动 "SCOTT"."EMP_DEPT_JOB":  scott/******** DIRECTORY = mydirectory DUMPFILE = emp_
dept.dmp TABLES = emp,dept LOGFILE = emp_dept.log JOB_NAME = emp_dept_job PARALLEL = 3
正在使用 BLOCKS 方法进行估计...
处理对象类型 TABLE_EXPORT/TABLE/TABLE_DATA
使用 BLOCKS 方法的总估计: 128 KB
. . 导出了 "SCOTT"."DEPT"                              6.039 KB       5 行
. . 导出了 "SCOTT"."EMP"                               9.195 KB      15 行
处理对象类型 TABLE_EXPORT/TABLE/TABLE
处理对象类型 TABLE_EXPORT/TABLE/GRANT/OWNER_GRANT/OBJECT_GRANT
处理对象类型 TABLE_EXPORT/TABLE/INDEX/INDEX
处理对象类型 TABLE_EXPORT/TABLE/CONSTRAINT/CONSTRAINT
处理对象类型 TABLE_EXPORT/TABLE/INDEX/STATISTICS/INDEX_STATISTICS
处理对象类型 TABLE_EXPORT/TABLE/CONSTRAINT/REF_CONSTRAINT
处理对象类型 TABLE_EXPORT/TABLE/TRIGGER
处理对象类型 TABLE_EXPORT/TABLE/STATISTICS/TABLE_STATISTICS
处理对象类型 TABLE_EXPORT/TABLE/STATISTICS/MARKER
已成功加载/卸载了主表 "SCOTT"."EMP_DEPT_JOB"
******************************************************************************
SCOTT.EMP_DEPT_JOB 的转储文件集为:
  E:\ORACLEBACKUP\DIRECTORY\EMP_DEPT.DMP
作业 "SCOTT"."EMP_DEPT_JOB" 已于 星期五 6月 24 10:53:42 2016 elapsed 0 00:00:09
成功完成
```

上述示例在DOS命令窗口执行，其中，参数 DIRECTORY 指定存放导出数据的目录名称；DUMPFILE 指定导出数据存放的文件名；TABLES 指定准备导出的表名，如果导出多个表，用逗号隔开；LOGFILE 指定日志文件名；JOB_NAME 指定当前作业名；PARALLEL＝3 表示导出操作启动 3 个进程。

2）模式导出模式

模式导出模式是将一个或多个模式中的对象结构及其数据导出到二进制文件中。下述示例演示使用该模式导出 scott 模式下的所有对象及其数据。

【示例】 模式导出模式。

```
C:\> EXPDP scott/tiger DIRECTORY = mydirectory DUMPFILE = scott.dmp
      SCHEMAS = scott LOGFILE = scott.log JOB_NAME = scott_job

Export: Release 12.1.0.2.0 - Production on 星期五 6月 24 10:58:06 2016
```

```
Copyright (c) 1982, 2014, Oracle and/or its affiliates.  All rights reserved.

连接到: Oracle Database 12c Enterprise Edition Release 12.1.0.2.0 - 64bit Production
With the Partitioning, OLAP, Advanced Analytics and Real Application Testing options
自动启用 FLASHBACK 以保持数据库完整性。
启动 "SCOTT"."SCOTT_JOB":  scott/******** DIRECTORY = mydirectory DUMPFILE = scott.d
mp SCHEMAS = scott LOGFILE = scott.log JOB_NAME = scott_job
正在使用 BLOCKS 方法进行估计...
处理对象类型 SCHEMA_EXPORT/TABLE/TABLE_DATA
使用 BLOCKS 方法的总估计: 1.187 MB
处理对象类型 SCHEMA_EXPORT/PRE_SCHEMA/PROCACT_SCHEMA
处理对象类型 SCHEMA_EXPORT/SEQUENCE/SEQUENCE
处理对象类型 SCHEMA_EXPORT/CLUSTER/CLUSTER
处理对象类型 SCHEMA_EXPORT/CLUSTER/INDEX
处理对象类型 SCHEMA_EXPORT/TABLE/TABLE
处理对象类型 SCHEMA_EXPORT/TABLE/GRANT/OWNER_GRANT/OBJECT_GRANT
处理对象类型 SCHEMA_EXPORT/TABLE/COMMENT
处理对象类型 SCHEMA_EXPORT/PACKAGE/PACKAGE_SPEC
处理对象类型 SCHEMA_EXPORT/FUNCTION/FUNCTION
处理对象类型 SCHEMA_EXPORT/PROCEDURE/PROCEDURE
处理对象类型
SCHEMA_EXPORT/PACKAGE/COMPILE_PACKAGE/PACKAGE_SPEC/ALTER_PACKAGE_SPEC
处理对象类型 SCHEMA_EXPORT/FUNCTION/ALTER_FUNCTION
处理对象类型 SCHEMA_EXPORT/PROCEDURE/ALTER_PROCEDURE
处理对象类型 SCHEMA_EXPORT/VIEW/VIEW
处理对象类型 SCHEMA_EXPORT/PACKAGE/PACKAGE_BODY
处理对象类型 SCHEMA_EXPORT/TABLE/INDEX/INDEX
处理对象类型 SCHEMA_EXPORT/TABLE/CONSTRAINT/CONSTRAINT
处理对象类型 SCHEMA_EXPORT/TABLE/INDEX/STATISTICS/INDEX_STATISTICS
处理对象类型 SCHEMA_EXPORT/TABLE/CONSTRAINT/REF_CONSTRAINT
处理对象类型 SCHEMA_EXPORT/TABLE/TRIGGER
处理对象类型 SCHEMA_EXPORT/VIEW/TRIGGER
处理对象类型 SCHEMA_EXPORT/TABLE/STATISTICS/TABLE_STATISTICS
处理对象类型 SCHEMA_EXPORT/STATISTICS/MARKER
. . 导出了 "SCOTT"."ACCOUNT"                          6.078 KB       6 行
. . 导出了 "SCOTT"."DEPT"                             6.039 KB       5 行
. . 导出了 "SCOTT"."EMP"                              9.195 KB      15 行
. . 导出了 "SCOTT"."SALGRADE"                         5.953 KB       5 行
. . 导出了 "SCOTT"."BONUS"                                0 KB       0 行
已成功加载/卸载了主表 "SCOTT"."SCOTT_JOB"
******************************************************************************
SCOTT.SCOTT_JOB 的转储文件集为:
  E:\ORACLEBACKUP\DIRECTORY\SCOTT.DMP
作业 "SCOTT"."SCOTT_JOB" 已于 星期五 6 月 24 10:58:26 2016 elapsed 0 00:00:20 成功完成
```

3）表空间导出模式

表空间导出模式是将一个或多个表空间中的所有对象结构及其数据导出到转储文件中。下述示例演示使用该模式导出 qstspace、users 表空间中的所有对象及其数据。

【示例】 表空间导出模式。

```
C:\> EXPDP scott/tiger DIRECTORY = mydirectory DUMPFILE = tabspace.dmp
       TABLESPACES = qstspace, users

Export: Release 12.1.0.2.0 - Production on 星期五 6 月 24 11:07:37 2016

Copyright (c) 1982, 2014, Oracle and/or its affiliates.  All rights reserved.

连接到: Oracle Database 12c Enterprise Edition Release 12.1.0.2.0 - 64bit Production
With the Partitioning, OLAP, Advanced Analytics and Real Application Testing options
启动 "SCOTT"."SYS_EXPORT_TABLESPACE_01":  scott/ ******** DIRECTORY = mydirectory D
UMPFILE = tabspace.dmp TABLESPACES = qstspace, users
正在使用 BLOCKS 方法进行估计...
处理对象类型 TABLE_EXPORT/TABLE/TABLE_DATA
使用 BLOCKS 方法的总估计: 1.187 MB
处理对象类型 TABLE_EXPORT/TABLE/TABLE
处理对象类型 TABLE_EXPORT/TABLE/GRANT/OWNER_GRANT/OBJECT_GRANT
处理对象类型 TABLE_EXPORT/TABLE/COMMENT
处理对象类型 TABLE_EXPORT/TABLE/INDEX/INDEX
处理对象类型 TABLE_EXPORT/TABLE/CONSTRAINT/CONSTRAINT
处理对象类型 TABLE_EXPORT/TABLE/INDEX/STATISTICS/INDEX_STATISTICS
处理对象类型 TABLE_EXPORT/TABLE/CONSTRAINT/REF_CONSTRAINT
处理对象类型 TABLE_EXPORT/TABLE/TRIGGER
处理对象类型 TABLE_EXPORT/TABLE/STATISTICS/TABLE_STATISTICS
处理对象类型 TABLE_EXPORT/TABLE/STATISTICS/MARKER
. . 导出了 "SCOTT"."DEPT"                              6.039 KB       5 行
. . 导出了 "SCOTT"."EMP"                               9.195 KB      15 行
. . 导出了 "SCOTT"."SALGRADE"                          5.953 KB       5 行
. . 导出了 "SCOTT"."BONUS"                                 0 KB       0 行
已成功加载/卸载了主表 "SCOTT"."SYS_EXPORT_TABLESPACE_01"
******************************************************************************
SCOTT.SYS_EXPORT_TABLESPACE_01 的转储文件集为:
  E:\ORACLEBACKUP\DIRECTORY\TABSPACE.DMP
作业 "SCOTT"."SYS_EXPORT_TABLESPACE_01" 已于 星期五 6 月 24 11:07:54 2016 elapsed
 0 00:00:16 成功完成
```

4）传输表空间导出模式

传输表空间导出模式是将一个或多个表空间中对象的定义信息导出到转储文件中。下述示例演示使用该模式导出 qstspace、users 表空间中数据对象的定义信息。

【示例】 传输表空间导出模式。

```
C:\> EXPDP scott/tiger DIRECTORY = mydirectory DUMPFILE = tran_tabspace.dmp
TRANSPORT_TABLESPACES = qstspace, users
TRANSPORT_FULL_CHECK = Y LOGFILE = tran_tabspace.log
```

当前用户不能使用传输表空间导出模式导出自己的默认表空间。

5）数据库导出模式

数据库导出模式是将数据库中的所有信息导出到转储文件中。下述示例演示将当前数据全部导出，不写日志文件。

【示例】 数据库导出模式。

```
C:\> EXPDP scott/tiger DIRECTORY = mydirectory DUMPFILE = fulldb.dmp
FULL = Y NOLOGFILE = Y
```

6）按条件查询导出模式

按条件查询导出模式主要指在表模式导出中使用 QUERY 参数设置导出条件。下述示例演示导出 EMP 表中 10 号部门且工资大于 2000 的员工信息。

【示例】 按条件查询导出模式。

```
C:\> EXPDP scott/tiger DIRECTORY = mydirectory DUMPFILE = emp_query.dmp TABLES = emp
QUERY = 'emp:"WHERE deptno = 10 AND sal > 2000"' NOLOGFILE = Y
```

2. 使用 Impdp 导入数据

使用 Expdp 导出数据后，可以使用 Impdp 将数据导入。与 Expdp 类似，Impdp 也提供了命令行、参数文件、交互式命令 3 种应用接口；提供了数据库导入、模式导入、表导入、表空间导入和传输表空间导入这 5 种导入模式。

下述示例分别演示使用 Impdp 实用程序的命令行接口实现表导入模式、模式导入模式、表空间导入模式、传输表空间导入模式、数据库导入模式、按条件查询导入模式以及追加导入模式的执行过程。

1）表导入模式

如果 scott 模式下的 emp 表或 dept 表中数据丢失，则可以使用前面通过 Expdp 导出的文件 emp_dept.dmp 进行恢复。

【示例】 表导入模式 1。

```
C:\> IMPDP scott/tiger DIRECTORY = mydirectory DUMPFILE = emp_dept.dmp
TABLES = emp,dept NOLOGFILE = Y CONTENT = DATA_ONLY
```

上述示例中，CONTENT＝DATA_ONLY 表示仅导入数据，适用于表结构已经存在的情况；如果表结构也损坏或不存在了，需要导入整个表结构及数据，则需省略此属性，如下述示例所示。

【示例】 表导入模式 2。

```
C:\> IMPDP scott/tiger DIRECTORY = mydirectory DUMPFILE = emp_dept.dmp
TABLES = emp,dept NOLOGFILE = Y
```

如果数据库中 emp 表已经存在，此时会报错，解决方式是在上面代码后加 ignore＝y。

2）模式导入模式

模式导入模式用于恢复某个模式丢失的所有数据。下述示例演示使用备份文件 scott.dmp 恢复 scott 模式中所有丢失的信息。

【示例】 模式导入模式。

```
C:\> IMPDP scott/tiger DIRECTORY = mydirectory DUMPFILE = scott.dmp SCHEMAS = scott
JOB_NAME = imp_scott_schema
```

3）表空间导入模式

表空间导入模式用于恢复一个表空间丢失的所有对象及数据。下述示例演示利用qstspace、users表空间的逻辑备份tabspace.dmp恢复users、qstspace表空间。

【示例】 表空间导入模式1。

```
C:\> IMPDP scott/tiger DIRECTORY = mydirectory DUMPFILE = tabspace.dmp
TABLESPACES = users,qstspace
```

如果要将备份的表空间导入另一个表空间中，可以使用REMAP_TABLESPACE参数设置，下述示例演示将users表空间的逻辑备份导入tbs_temp表空间。

【示例】 表空间导入模式2。

```
C:\> IMPDP scott/tiger DIRECTORY = mydirectory DUMPFILE = tabspace.dmp
REMAP_TABLESPACE = users:tbs_temp
```

4）传输表空间导入模式

传输表空间导入模式用于将表空间导入某个目标数据库中。导入前需要先将表空间中所有数据文件复制到目标数据库。例如，下述示例将USERS表空间的数据文件O1_MF_USERS_C30BZ2HL_.DBF复制到目标数据库的D:\ORACLEBACKUP\DATAFILE目录下，然后将使用Expdbp传输表空间导出模式导出的DMP文件（如下述示例中的tran_tabspace.dmp文件）复制到目标数据库的DIRECTORY目录中，最后再通过下述命令执行传输表空间的导入操作。

【示例】 传输表空间导入模式。

```
C:\> IMPDP scott/tiger DIRECTORY = mydirectory DUMPFILE = tran_tabspace.dmp
TRANSPORT_TABLESPACES = users TRANSPORT_FULL_CHECK = N
TRANSPORT_DATAFILES = 'D:\ORACLEBACKUP\DATAFILE\O1_MF_USERS_C30BZ2HL_.DBF'
```

5）数据库导入模式

数据库导入模式用于恢复完整的数据库。下述示例演示使用Expdp备份的文件fulldb.dmp对数据库进行恢复。

【示例】 数据库导入模式。

```
C:\> IMPDP scott/tiger DIRECTORY = mydirectory DUMPFILE = fulldb.dmp FULL = Y
NOLOGFILE = Y
```

6）按条件查询导入模式

按条件查询导入模式可以对导入的数据进行选择过滤。下述示例演示对备份文件emp_dept.dmp中的数据按照部门编号和工资水平进行过滤导入。

【示例】 按条件查询导入模式。

```
C:\> IMPDP scott/tiger DIRECTORY = mydirectory DUMPFILE = emp_dept.dmp
TABLES = emp,dept QUERY = 'emp:"WHERE deptno = 10 AND sal > 2000"' NOLOGFILE = Y
```

7）追加导入模式

追加导入模式可以将备份的数据追加到某个已存在数据的表中。下述示例演示将备份的 emp.dmp 文件中的数据追加到 tb_emp 表中。

【示例】 追加导入模式。

```
C:\> IMPDP scott/tiger DIRECTORY = mydirectory DUMPFILE = emp.dmp TABLES = tb_emp
TABLE_EXISTS_ACTION = APPEND
```

10.2.5 备份与恢复策略

数据库管理员应该根据数据库系统的运行特点，制定合适的数据库备份方案，以便在数据库出现故障时可以恢复数据库。数据库的备份可以参考以下策略：

- 如果数据库可以在晚间关闭，或者允许对数据库服务器进行升级，此时可以使用冷备份。
- 如果要求数据库不间断地工作，或者虽然允许关闭数据库但关闭的时间不足以完成冷备份工作，此时就只能使用热备份。
- 如果要对 Oracle 数据库的版本进行升级或者更换操作系统，则可以使用完全逻辑备份把整个数据库导出到一个文件中。
- 如果只需要对重要的表数据进行备份，则可以使用逻辑备份工具仅将指定的表数据备份出来。
- 在归档模式下，当数据库结构发生变化时(如创建或删除表空间、添加数据文件、重做日志文件等)，应该备份数据库的控制文件。
- 在非归档模式下，当数据库结构发生变化时，应该进行数据库的完全备份。
- 在归档模式下，对于经常使用的表空间，可以采用表空间备份方法提高备份效率。

数据库备份的目的是在数据库出现故障时，利用先前的备份，选择合适的恢复方法恢复数据库。数据库恢复同样需要遵循一定的策略，如下所示。

- 根据数据库介质故障原因，确定采用完全介质恢复还是不完全介质恢复。
- 如果数据库运行在非归档模式，则当介质故障发生时，只能进行数据库的不完全恢复，将数据库恢复到最近的备份时刻的状态。
- 如果数据库运行在归档模式，则当一个或多个数据文件损坏时，可以使用备份的数据文件进行数据库的完全或不完全恢复。
- 如果数据库运行在归档模式，则当数据库的控制文件损坏时，可以使用备份的控制文件实现数据库的不完全恢复。
- 如果数据库运行在归档模式，则当数据库的联机日志文件损坏时，可以使用备份的数据文件和联机重做日志文件实现数据库的不完全恢复。

10.3 闪回技术

任何预防措施都无法避免人为失误的发生。Oracle 数据库闪回技术是一组独特而丰富的数据恢复解决方案，能够有选择性地高效撤销一个错误的影响，从人为错误中恢复。Oracle 闪回技术最早出现于 Oracle 9i 提供的基于回滚段的闪回查询(Flashback Query)功能，即从回滚段中读取一定时间内对表进行操作的数据，从而恢复错误的 DML 操作。到了 Oracle 10g 对闪回查询做了较大改进，不再局限于闪回查询，还可用于恢复错误的 DDL 操作、闪回表、闪回数据库等。到 Oracle 11g，又引入了新的闪回技术——闪回数据归档。

Oracle 闪回技术支持在数据库所有层面上进行恢复，包括行、事务、表和整个数据库，而且操作简单，通过 SQL 语句就可以实现数据的恢复，极大地提高了数据库恢复的效率。Oracle 闪回技术可以分为以下几种。

- 闪回查询(Flashback Query)：查询过去某个时间点或某个 SCN(System Change Number，系统改变号，用来标识数据库的每一次改动)值时表中的数据信息。
- 闪回版本查询(Flashback Version Query)：查询过去某个时间段或某个 SCN 段，而非单一时间点内表中数据的变化情况。
- 闪回事务查询(Flashback Transaction Query)：查看某个事务或所有事务在过去一段时间对数据进行的修改，多用于当错误事务更改了多个行或表中的数据时。
- 闪回表(Flashback Table)：将表恢复到过去的某个时间点或某个 SCN 值时的状态，多用于当逻辑损坏仅限于一个或一组表，而不是整个数据库时。
- 闪回删除(Flashback Drop)：将已经删除的表及其关联对象(如索引、约束和触发器等)恢复到删除前的状态。
- 闪回数据库(Flashback Database)：将数据库恢复到过去某个事件点或某个 SCN 值时的状态。
- 闪回数据归档(Flashback Data Archive)：将数据库对象的更新操作记录在闪回数据归档区中，使得数据的闪回不再依赖于 UNDO 回滚段撤销数据。

上述闪回技术中，闪回查询、闪回版本查询、闪回事务查询以及闪回表主要基于撤销表空间中的回滚数据实现；闪回删除基于数据库回收站实现；闪回数据库基于闪回恢复区实现；闪回数据归档基于闪回数据归档区实现。

10.3.1 闪回查询

对于闪回查询，以及后续要介绍的闪回版本查询、闪回事务查询以及闪回表功能，在使用之前都需要先保证数据库使用撤销表空间来管理回滚信息。可以通过以下查询获取撤销表空间的相关参数信息。

【示例】 查询撤销表空间参数信息。

```
SQL> SHOW PARAMETER UNDO;
NAME                                 TYPE                   VALUE
------------------------------------ ---------------------- -------------------
temp_undo_enabled                    boolean                FALSE
undo_management                      string                 AUTO
undo_retention                       integer                900
undo_tablespace                      string                 UNDOTBS1
```

上述示例中，列出了与撤销表空间相关的 4 个参数信息，其中，参数 temp_undo_enabled 是 Oracle 12c 为了缩减回滚段的使用，同时减少 REDO 和归档的数据量推出的一个新特性，这个特性将对于临时表的回滚信息分离出去，独立存储在临时表空间中，从而减少对于回滚段的使用；参数 undo_management 表示回滚信息的管理方式，默认值 AUTO 表示采用撤销表空间自动管理回滚信息；参数 undo_retention 表示回滚信息在撤销表空间中的最长保留时间，默认为 900s；参数 undo_tablespace 表示撤销表空间的名称。

用户对表数据的修改操作，都记录在撤销表空间中，为表的闪回提供了数据恢复的基础。由于表空间的空间大小是有限的，所以需要设置记录的保留时间，从而保证所记录的操作是最新发生的。在撤销表空间的默认参数设置情况下，某个修改操作在提交后被记录在撤销表空间的保留时间为 900s，用户可以在这 900s 的时间内对表进行闪回操作，将表中的数据恢复到修改前的状态。如果用户创建的撤销表空间足够大，则可以考虑将保留时间设置长一些。可以使用 ALTER SYSTEM 命令修改撤销表空间保留时间参数的值及其他参数的值。下述示例演示将保留时间参数值修改为 30min。

【示例】 重设回滚信息在撤销表空间的保留时间。

```
SQL> ALTER SYSTEM SET UNDO_RETENTION = 1800;
```

闪回查询用于查询过去某个时间点已经提交的事务操作或某个 SCN 值时表中的数据信息，其基本语法如下。

【语法】

```
SELECT column_name[,...] FROM table_name
[AS OF SCN|TIMESTAMP expression]
[WHERE condition]
```

其中：

- AS OF SCN 表示按照 SCN 值进行闪回查询。
- AS OF TIMESTAMP 表示按照时间点进行闪回查询。

下述示例演示一个基于 TIMESTAMP 的闪回查询。

【示例】 基于 TIMESTAMP 的闪回查询。

```
SQL> CONN scott/tiger;
已连接。
SQL> -- 创建一个测试表
SQL> CREATE TABLE tb_emp AS SELECT * FROM emp;
表已创建。
SQL> -- 设置当前会话的日期显示格式
SQL> ALTER SESSION SET NLS_DATE_FORMAT = 'yyyy-mm-dd hh24:mi:ss';
会话已更改。
SQL> -- 在每个命令提示符前显示当前系统时间
SQL> SET TIME ON;
09:45:58 SQL> UPDATE tb_emp SET sal = 1000 WHERE empno = 7369;
已更新 1 行。
09:47:20 SQL> COMMIT;
提交完成。
09:47:27 SQL> UPDATE tb_emp SET sal = 2000 WHERE empno = 7369;
已更新 1 行。
09:47:37 SQL> COMMIT;
提交完成。
09:47:40 SQL> SELECT empno,sal FROM tb_emp WHERE empno = 7369;
```

```
     EMPNO        SAL
---------- ----------
      7369       2000
09:51:24 SQL> SELECT empno,sal FROM tb_emp AS OF TIMESTAMP
09:54:31  2  TO_TIMESTAMP('2016-6-15 09:47:37','yyyy-mm-dd hh24:mi:ss')
09:54:31  3  WHERE empno = 7369;
     EMPNO        SAL
---------- ----------
      7369       1000
```

上述示例中，对同一个雇员信息分别进行了两次更新操作并提交，然后使用基于TIMESTAMP的闪回查询获取在第二个事务提交之前时间点的该雇员的信息，查询结果为第一次事务提交后的更改数据。

注意

> 对表的DML操作需要使用COMMIT命令进行提交，否则撤销表空间中不记录这些操作。

通过闪回查询可以将数据恢复到过去某个时刻的状态。例如，下述示例演示将前面示例中的雇员工资恢复到第一次事务提交后的数值。

【示例】 基于TIMESTAMP闪回查询的数据恢复。

```
SQL> UPDATE tb_emp SET sal = (
    SELECT sal FROM tb_emp AS OF TIMESTAMP
        TO_TIMESTAMP('2016-6-15 09:47:37','YYYY-MM-DD HH24:MI:SS')
    WHERE empno = 7369)
    WHERE empno = 7369;
SQL> COMMIT;
SQL> SELECT empno,sal FROM tb_emp WHERE empno = 7369;
     EMPNO        SAL
---------- ----------
      7369       1000
```

在使用基于TIMESTAMP闪回查询的数据恢复中，如果操作对象为多个相互有主外键约束的表，则可能会由于时间点的不统一而造成数据恢复失败，而基于SCN值的方式则能够保证约束的一致性。事实上，在Oracle数据库内部都是使用SCN值的方式，即使指定的是TIMESTAMP，Oracle也会将其转换为SCN值。下述示例演示一个基于SCN值的闪回查询。

【示例】 基于SCN值的闪回查询。

```
10:46:07 SQL> CONN system/QSTqst2015;
已连接。
10:46:22 SQL> SELECT current_scn FROM v$database;
CURRENT_SCN
-----------
   19768560
10:46:26 SQL> SELECT empno,sal FROM scott.tb_emp WHERE empno = 7369;
```

```
     EMPNO        SAL
---------- ----------
      7369       1000
10:47:28 SQL> UPDATE scott.tb_emp SET sal = 3000 WHERE empno = 7369;
已更新 1 行。
10:47:44 SQL> COMMIT;
提交完成。
10:48:12 SQL> SELECT current_scn FROM v$database;
CURRENT_SCN
-----------
   19768605
10:48:23 SQL> SELECT empno, sal FROM scott.tb_emp AS OF SCN 19768560
     WHERE empno = 7369;
     EMPNO        SAL
---------- ----------
      7369       1000
```

上述示例中，首先在数据更新前查询系统当前的 SCN 值，然后进行数据更新操作，提交完成后，再次查询当前 SCN 值，最后使用事务提交前的 SCN 值进行闪回查询，可以发现闪回查询结果为更新前的数值。

10.3.2 闪回版本查询

闪回版本查询可以查看过去某个时间段或某个 SCN 段，而非单一时间点内表中数据的变化情况。例如，可以查询到一行记录的多个提交的版本信息，从而实现数据的行级恢复。

闪回版本查询的基本语法如下。

【语法】

```
SELECT column_name [,column_name,...]
FROM table_name
[VERSIONS BETWEEN SCN|TIMESTAMP expr|MINVALUE AND expr|MAXVALUE]
[AS OF SCN|TIMESTAMP expression]
[WHERE condition]
```

其中：

- VERSIONS BETWEEN 用于指定闪回版本查询时查询的时间段或 SCN 段。
- AS OF SCN|TIMESTAMP 用于指定闪回查询时查询的时间点或 SCN 值。

下述示例演示如何使用闪回版本查询获取对表的操作记录。

【示例】 闪回版本查询。

```
SQL> CREATE TABLE tb_dept AS SELECT * FROM scott.dept;
表已创建。
SQL> INSERT INTO tb_dept(deptno, dname, loc) VALUES(50, 'TEST', 'QINGDAO');
已创建 1 行。
SQL> COMMIT;
提交完成。
SQL> UPDATE tb_dept SET dname = 'RESEARCH' WHERE deptno = 50;
已更新 1 行。
SQL> COMMIT;
```

```
提交完成。
SQL > DELETE FROM tb_dept WHERE deptno = 50;
已删除 1 行。
SQL > COMMIT;
提交完成。
SQL > SELECT deptno, dname,
  2           versions_operation, versions_starttime, versions_endtime
  3     FROM tb_dept
  4     VERSIONS BETWEEN TIMESTAMP MINVALUE and MAXVALUE
  5     ORDER BY versions_starttime;
   DEPTNO  DNAME      VE  VERSIONS_STARTTIME              VERSIONS_ENDTIME
---------------------------------------------------------------------------------
       50   TEST      I   15 - 6 月  - 16 03.08.28 下午    15 - 6 月  - 16 03.08.37 下午
       50  RESEARCH   U   15 - 6 月  - 16 03.08.37 下午    15 - 6 月  - 16 03.08.46 下午
       50  RESEARCH   D   15 - 6 月  - 16 03.08.46 下午
       30  SALES
       20  RESEARCH
       10  SALES
       40  OPERATIONS
```

上述示例中，使用 VERSIONS BETWEEN TIMESTAMP 指定时间段对 tb_dept 表进行闪回版本查询。在查询的目标列中，使用了 versions_operation、versions_starttime、versions_endtime 几个伪列，其中，versions_operation 表示对表执行的操作类型，取值可以为 I、U、D，分别表示 INSERT、UPDATE 和 DELETE 操作；versions_starttime 表示版本开始时间，即此行记录执行操作的开始时间；versions_endtime 表示版本结束时间，即此行记录操作被其他操作替换的时间。时间段 MINVALUE 和 MAXVALUE 关键字表示查询回滚段中所有的版本信息，如果想要查询某一确定时间段内的版本信息，则参考下述示例。

【示例】 查询某一时间段内的闪回版本信息。

```
SQL > SELECT deptno, dname,
         versions_operation, versions_starttime, versions_endtime
     FROM tb_dept
     VERSIONS BETWEEN TIMESTAMP
         TO_TIMESTAMP('2016 - 06 - 15 02:00:23', 'yyyy - mm - dd hh24:mi:ss')
         AND TO_TIMESTAMP('2016 - 06 - 15 02:01:11', 'yyyy - mm - dd hh24:mi:ss')
     ORDER BY versions_starttime;
SQL > SELECT deptno, dname,
  2     versions_operation, versions_starttime, versions_endtime
  3   FROM tb_dept
  4   VERSIONS BETWEEN TIMESTAMP
  5     TO_TIMESTAMP('2016 - 06 - 15 15:08:28', 'yyyy - mm - dd hh24:mi:ss')
  6     AND TO_TIMESTAMP('2016 - 06 - 15 15:08:37', 'yyyy - mm - dd hh24:mi:ss')
  7   ORDER BY versions_starttime;
   DEPTNO  DNAME      VE    VERSIONS_STARTTIME              VERSIONS_ENDTIME
---------------------------------------------------------------------------------
       50  TEST       I     15 - 6 月  - 16 03.08.28 下午    15 - 6 月  - 16 03.08.46 下午
       20  RESEARCH
       40  OPERATIONS
       10  SALES
       30  SALES
```

上述示例查询出了 2016-06-15 15:08:28 到 2016-06-15 15:08:37 这个时间段内的闪回版本信息，在此段时间内，用户仅实现了添加操作。

注意

> 由于闪回查询的时间长度受参数 UNDO_RETENTION 限制，因此在使用闪回版本查询时也需要注意时间问题。

同闪回查询类似，闪回版本查询也可基于 SCN 段进行查询，如下述示例所示。

【示例】 基于 SCN 的闪回版本查询。

```
SQL> SELECT deptno,dname,
  2    versions_operation,versions_startscn,versions_endscn
  3  FROM tb_dept
  4  VERSIONS BETWEEN SCN MINVALUE and MAXVALUE
  5  ORDER BY versions_startscn;
   DEPTNO    DNAME                    VE   VERSIONS_STARTSCN    VERSIONS_ENDSCN
---------- --------------------- --- ----------------- --------------
        50    TEST                     I    19776530             19776535
        50    RESEARCH                 U    19776535             19776540
        50    RESEARCH                 D    19776540
        30    SALES
        20    RESEARCH
        10    SALES
        40    OPERATIONS
```

上述示例中，闪回版本查询的目标列中使用了 versions_startscn 和 versions_endscn 两个伪列，其中，versions_startscn 表示版本开始 SCN 值；versions_endscn 表示版本结束 SCN 值。

在进行闪回版本查询时，也可以同时使用 VERSIONS 子句和 AS OF 子句，VERSIONS 子句决定某个时间段或某个 SCN 段内的版本；AS OF 子句决定进行查询的时间点或 SCN 值。下述示例演示 VESRIONS 子句与 AS OF 子句的配合使用。

【示例】 VERSIONS 与 AS OF 配合的闪回版本查询。

```
SQL> SELECT deptno,dname,
  2    versions_operation,versions_startscn,versions_endscn
  3  FROM tb_dept
  4  VERSIONS BETWEEN SCN MINVALUE and MAXVALUE
  5  AS OF SCN 19776535
  6  ORDER BY versions_startscn;
   DEPTNO    DNAME                    VE   VERSIONS_STARTSCN    VERSIONS_ENDSCN
---------- --------------------- --- ----------------- --------------
        50    TEST                     I    19776530             19776535
        50    RESEARCH                 U    19776535
        30    SALES
        20    RESEARCH
        10    SALES
        40    OPERATIONS
```

10.3.3 闪回事务查询

通过闪回版本查询，可以了解过去某段时间内用户对某个表所做的改变，而当发现有错误操作时，闪回版本查询功能没有能力进行撤销处理，此时就需要使用闪回事务查询。闪回事务查询实际上是闪回版本查询的一个扩充，通过它可以查询或撤销一个已经提交的事务。

通过视图 flashback_transaction_query 可以获取回滚段中事务的历史操作记录以及撤销语句(UNDO_SQL)。该视图的结构如下。

【示例】 视图 FLASHBACK_TRANSACTION_QUERY 的结构。

```
SQL > DESC flashback_transaction_query;
名称                                        是否为空?  类型
 ----------------------------------------- --------- ------------------
 XID                                                  RAW(8)
 START_SCN                                            NUMBER
 START_TIMESTAMP                                      DATE
 COMMIT_SCN                                           NUMBER
 COMMIT_TIMESTAMP                                     DATE
 LOGON_USER                                           VARCHAR2(30)
 UNDO_CHANGE#                                         NUMBER
 OPERATION                                            VARCHAR2(32)
 TABLE_NAME                                           VARCHAR2(256)
 TABLE_OWNER                                          VARCHAR2(32)
 ROW_ID                                               VARCHAR2(19)
 UNDO_SQL                                             VARCHAR2(4000)
```

上述视图结构中，XID 表示事务标识；START_SCN 表示事务起始时的 SCN 值；START_TIMESTAMP 表示事务起始时的时间戳；COMMIT_SCN 表示事务提交时的 SCN 值；COMMIT_TIMESTAMP 表示事务提交时的时间戳；LOGON_USER 表示当前登录用户名；UNDO_CHANGE# 表示撤销改变号；OPERATION 表示事务所对应的操作；UNDO_SQL 表示用于撤销的 SQL 语句。

注意

> 从 Oracle 11g 开始，在首次对视图 flashback_transaction_query 进行查询时，必须先启用补充日志记录功能，操作语句为“alter database add supplemental log data;”。

闪回事务查询通常会与闪回版本查询配合使用，首先利用闪回版本查询获取事务 ID 及事务操作结果，然后利用事务 ID 查询事务的详细操作信息。下述示例演示闪回事务查询的使用。

【示例】 闪回事务查询。

```
SQL > CONN system/QSTqst2015;
已连接。
SQL > -- 根据 scott.dept 表结构创建表 tb_dept
SQL > CREATE TABLE tb_dept AS SELECT * FROM scott.dept WHERE 1 = 2;
表已创建。
```

```
SQL> INSERT INTO tb_dept(deptno,dname,loc) VALUES(10,'TEST10','LOC10');
已创建 1 行。
SQL> COMMIT;
提交完成。
SQL> UPDATE tb_dept SET dname = 'RESEARCH' WHERE deptno = 10;
已更新 1 行。
SQL> COMMIT;
提交完成。
SQL> DELETE tb_dept WHERE deptno = 10;
已删除 1 行。
SQL> COMMIT;
提交完成。
SQL> SELECT * FROM tb_dept;
未选定行
SQL> --闪回版本查询
SQL> SELECT deptno,versions_xid,versions_operation
  2  FROM tb_dept
  3  VERSIONS BETWEEN timestamp MINVALUE and MAXVALUE;
    DEPTNO      VERSIONS_XID         VE
----------  ----------------  --
        10      020008008B0D0000     D
        10      0D000C00F6020000     U
        10      0A001B00260D0000     I
SQL> --启用补充日志记录功能
SQL> ALTER database ADD supplemental log data;
数据库已更改。
SQL> --根据删除事务 ID 查询事务的操作信息及撤销语句
SQL> SELECT table_name,operation,undo_sql
  2  FROM flashback_transaction_query
  3  WHERE xid = HEXTORAW('020008008B0D0000');
TABLE_NAME      OPERATION        UNDO_SQL
----------  -----------  ---------------------------------------------
TB_DEPT         DELETE           insert into "SYSTEM"."TB_DEPT"("DEPTNO","DNAME","LOC")
values ('10','RESEARCH','LOC10');
SQL> --根据更新事务 ID 查询事务的操作信息及撤销语句
SQL> SELECT table_name,operation,undo_sql
  2  FROM flashback_transaction_query
  3  WHERE xid = HEXTORAW('0D000C00F6020000');
TABLE_NAME   OPERATION   UNDO_SQL
--------  --------  ---------------------------------------------
TB_DEPT       UPDATE      update "SYSTEM"."TB_DEPT" set "DNAME" = 'TEST10' where ROWID =
'AAAX9WAABAAAY5RAAA';
```

上述示例中首先对表 tb_dept 进行了增加、修改、删除 3 次事务操作，然后通过闪回版本查询出 3 次事务操作的事务 ID(即字段 VERSIONS_XID 的值)，最后分别以删除和修改操作的事务 ID 为查询条件，对视图 FLASHBACK_TRANSACTION_QUERY 进行闪回事务查询，获取事务的操作表、操作类型及撤销 SQL 语句(即字段 UNDO_SQL 的值)。

使用闪回事务查询不仅可以了解表的历史操作记录，还可以通过操作记录对应的撤销 SQL 语句进行事务的撤销。下述示例演示撤销对上述示例中 tb_dept 表所执行的 DELETE 事务操作。

【示例】 **DELETE 事务的撤销。**

```
SQL > insert into "SYSTEM"."TB_DEPT"("DEPTNO","DNAME","LOC")
  2  values ('10','RESEARCH','LOC10');
已创建 1 行。
SQL > SELECT rowid,deptno,dname,loc FROM system.tb_dept;
ROWID                  DEPTNO        DNAME              LOC
------------------- ---------- --------------- -------------
AAAX9WAABAAAY5RAAB     10            RESEARCH           LOC10
```

10.3.4 闪回表

闪回表是指将表快速恢复到过去的某个时间点或某个 SCN 值时的状态。与闪回查询不同,闪回查询只是得到表在过去某个时间点上的快照,并不改变表的当前状态,而闪回表则将表及其附属对象一起恢复到过去的某个时间点。Oracle 在利用闪回表技术恢复表中数据时,会自动维护与表相关联的索引、触发器、约束等,不需要 DBA 的参与。

闪回表的使用语法如下。

【语法】

```
FLASHBACK TABLE table_name
TO {[BEFORE DROP [RENAME TO new_table_name]] | [SCN|TIMESTAMP] expr
[ENABLE|DISABLE] TRIGGERS};
```

其中:

- BEFORE DROP 表示恢复到删除之前。
- RENAME TO 表示重新定义表名称。
- SCN|TIMESTAMP 表示需要恢复到指定的时间点或 SCN 值时的状态。
- ENABLE| DISABLE TRIGGERS 表示恢复表中数据的过程中,表上的触发器呈启用还是禁用状态,默认为禁用状态。

使用闪回表技术时,需要注意以下几点:

- 用户必须具有 FLASHBACK ANY TABLE 系统权限或该表的 FLASHBACK 对象权限。
- 用户必须具有该表的 SELECT、INSERT、DELETE 和 ALTER 权限。
- 被操作表的行移动功能(ROW MOVEMENT)需要启动,启动方式如下:

```
ALTER TABLE table_name ENABLE ROW MOVEMENT;
```

下述示例演示使用闪回表技术将一个表恢复到过去的一个时间点。

【示例】 **闪回表技术。**

```
SQL > CONN scott/tiger;
已连接。
SQL > CREATE TABLE tb_dept AS SELECT * FROM dept WHERE 1 = 2;
表已创建。
SQL > SET TIME ON;
```

```
14:03:31 SQL> INSERT INTO tb_dept VALUES(10,'name01','loc01');
已创建 1 行。
14:03:41 SQL> COMMIT;
提交完成。
14:03:55 SQL> UPDATE tb_dept SET dname = 'test01' WHERE deptno = 10;
已更新 1 行。
14:04:24 SQL> COMMIT;
提交完成。
14:04:29 SQL> DELETE FROM tb_dept WHERE deptno = 10;
已删除 1 行。
14:04:37 SQL> COMMIT;
提交完成。
14:04:41 SQL> SELECT * FROM tb_dept;
未选定行
14:04:44 SQL> --启动 tb_dept 表的 ROW MOVEMENT 行移动功能
14:04:51 SQL> ALTER TABLE tb_dept ENABLE ROW MOVEMENT;
表已更改。
14:04:58 SQL> --将表恢复到删除前的 TIMESTAMP 时刻状态
14:04:58 SQL> FLASHBACK TABLE tb_dept TO TIMESTAMP
14:05:46   2  TO_TIMESTAMP('2016-06-20 14:04:29','yyyy-mm-dd hh24:mi:ss');
闪回完成。
14:05:47 SQL> SELECT * FROM tb_dept;
    DEPTNO DNAME                          LOC
---------- ------------------------------ ----------------------------
        10 test01                         loc01
14:10:36 SQL> --将 TIMESTAMP 转换为 SCN
14:10:36 SQL> SELECT timestamp_to_scn(to_date('2016-06-20 14:03:55','yyyy-mm-dd hh24:
mi:ss')) FROM dual;
TIMESTAMP_TO_SCN(TO_DATE('2016-06-2014:03:55','YYYY-MM-DDHH24:MI:SS'))
-----------------------------------------------------------------------
                                                               20127012
14:10:36 SQL> --将表恢复到更新前的 SCN 值时的状态
14:10:36 SQL> FLASHBACK TABLE tb_dept TO SCN 20127012;
闪回完成。
14:10:51 SQL> SELECT * FROM tb_dept;
    DEPTNO DNAME                          LOC
---------- ------------------------------ ----------------------------
        10 name01                         loc01
```

上述示例中，分别通过获取操作时间点和 SCN 值将表数据恢复到过去指定的时刻。

注意

闪回表的实现同样依赖于撤销表空间，因此也需注意撤销表空间中对修改操作记录的保留时间。

10.3.5 闪回删除

使用闪回表技术可以恢复通过 DELETE 命令删除的表记录，而如果使用 DROP 命令对整个表进行了删除，那么闪回表技术就无能为力了。Oracle 数据库提供了闪回删除功能用于对 DDL 操作进行恢复。闪回删除功能主要是依赖于 Oracle 10g 版本后提供的回收站技术实现的。

1. 回收站

Oracle 回收站(Recycle Bin)是所有被删除对象及其相依对象的逻辑存储容器。例如,当一个表被删除时,该表及其相依对象并不会马上被数据库彻底删除,而是保存到回收站中,直到用户决定永久删除它们或存储该表的表空间不足时,表才真正被删除。因此利用回收站中的信息,可以很容易地恢复被意外删除的表,即闪回删除。

表的相依对象包括索引、约束、触发器、嵌套表、LOB 和 LOB 索引段等。

为了使用闪回删除技术,必须开启数据库的回收站。在 Oracle 12c 中,默认情况下回收站已处于启动状态,可通过如下命令进行查看。

【示例】 查看数据库回收站状态。

```
SQL> SHOW PARAMETER RECYCLEBIN;
NAME                                 TYPE                VALUE
------------------------------------ ------------------- --------
recyclebin                           string              on
SQL> -- 如果 RECYCLEBIN 值为 OFF,则可以执行 ALTER SYSTEM 设置
SQL> -- ALTER SYSTEM SET RECYCLEBIN = ON;
```

当对某个表进行删除后,表及其关联对象将被重命名后保存在回收站中,用户可以通过查询 USER_RECYCLEBIN 视图,管理员可以通过查询 DBA_RECYCLEBIN 视图获取被删除的表及其相依对象的信息。下述示例演示通过回收站查看普通用户所删除的表的记录。

【示例】 查看回收站中信息。

```
SQL> CONN SCOTT/tiger;
已连接。
SQL> CREATE TABLE tb_temp AS SELECT * FROM emp;
表已创建。
SQL> DROP TABLE tb_temp;
表已删除。
SQL> SELECT object_name,original_name,type,droptime FROM USER_RECYCLEBIN;
OBJECT_NAME                          ORIGINAL_NAME  TYPE     DROPTIME
-----------------------------------------------------------------------------------
BIN$cMlhXOR2Qcmm2tmjha7BRA==$0       TB_EMP         TABLE    2016-06-20:15:26:50
```

上述示例中,object_name 列表示被删除对象在回收站中的名字,该名字在整个数据库中是唯一的; orgiginal_name 列表示对象删除前的名字,object_name 是对 orgiginal_name 所对应对象名称的重命名,用来避免用户删除一个表后又重建同名表。

如果在删除表时使用了 PURGE 关键字,则表及其相依对象将被直接释放,信息不会进入回收站。另外,使用 DBA 身份删除的对象不会被记录到回收站中。

2. 使用闪回删除

使用闪回删除技术可以将回收站中被删除的对象还原，其基本语法如下：

【语法】

```
FLASHBACK TABLE table_name TO BEFORE DROP [RENAME TO table_name];
```

下述示例演示将前面回收站示例中删除的 tb_temp 表进行闪回删除恢复。

【示例】

```
SQL> FLASHBACK TABLE tb_temp TO BEFORE DROP;
闪回完成。
SQL> -- 闪回删除同时重命名
SQL> -- FLASHBACK TABLE tb_temp TO BEFORE DROP RENAME TO new_tb_temp;
```

10.3.6 闪回数据库

闪回表、闪回删除主要针对某一个对象或某一个事务，当需要恢复或撤销较多的对象与事务，甚至需要将整个数据库进行恢复时，闪回表等闪回技术就显得力不从心了。Oracle 提供了一个数据库级的闪回功能，即闪回数据库。闪回数据库就是指将数据库快速恢复到过去的某个时间点或 SCN 值时的状态。闪回数据库操作不需要使用备份重建数据文件，应用起来更加方便、快捷。

使用闪回数据库技术，需要应用闪回日志文件和归档日志文件。在数据库运行过程中，会周期性地将每个数据文件中发生改变的数据块的副本镜像写入闪回日志文件，当执行闪回数据库操作时，系统会先使用闪回日志重建数据库到目标时刻之前的某个状态，然后利用归档日志文件，将数据库恢复到指定的目标时刻。因此，为了使用闪回数据库技术，需要保证数据库处于归档模式，并且还需要启动数据库的 FLASHBACK 特性，生成闪回日志文件。

1. 启用闪回数据库功能

启用闪回数据库功能可以分两个步骤进行，首先查看数据库是否处于归档模式，如果不是，则设置为归档模式；然后启动数据库的 FLASHBACK 特性。

下述示例演示查看与设置数据库的归档模式。

【示例】 启动闪回数据库功能。

```
SQL> CONN SYS/QSTqst2015 as SYSDBA;
已连接。
SQL> -- 查看当前数据库的日志模式是否为归档模式
SQL> ARCHIVE LOG LIST;
数据库日志模式            非归档模式
自动存档               禁用
存档终点               USE_DB_RECOVERY_FILE_DEST
最早的联机日志序列          279
当前日志序列             281
SQL> -- 设置数据库为归档模式
```

```
SQL> SHUTDOWN IMMEDIATE;
数据库已经关闭。
已经卸载数据库。
ORACLE 例程已经关闭。
SQL> STARTUP MOUNT;
ORACLE 例程已经启动。
Total System Global Area 2550136832 bytes
Fixed Size                   3048872 bytes
Variable Size              671091288 bytes
Database Buffers          1862270976 bytes
Redo Buffers                13725696 bytes
数据库装载完毕。
SQL> ALTER DATABASE ARCHIVELOG;
数据库已更改。
SQL> ALTER DATABASE OPEN;
数据库已更改。
SQL> ALTER SYSTEM ARCHIVE LOG START;
系统已更改。
SQL> ARCHIVE LOG LIST;
数据库日志模式              存档模式
自动存档              启用
存档终点              USE_DB_RECOVERY_FILE_DEST
最早的联机日志序列      279
下一个存档日志序列    281
当前日志序列            281
```

Oracle 系统默认不自动启用数据库 FLASHBACK 特性，可以通过数据字典 V$DATABASE 查看当前闪回数据库 FLASHBACK 特性是否已经启用，若没有启用可以通过 ALTER DATABASE FLASHBACK ON 命令启用，如下述示例所示。

【示例】 查看并启用数据库 FLASHBACK 特性。

```
SQL> -- 查看 FLASHBACK 特性是否已启用
SQL> SELECT flashback_on FROM V$DATABASE;
FLASHBACK_ON
--------------------------------------
NO
SQL>-- 启用 FLASHBACK 特性
SQL> ALTER DATABASE FLASHBACK ON;
数据库已更改。
SQL> SELECT flashback_on FROM V$DATABASE;
FLASHBACK_ON
--------------------------------------
YES
```

启动数据库的 FLASHBACK 特性后，数据库便可以开始生成闪回日志文件。通过 V$FLASHBACK_DATABASE_LOG 视图可以了解数据库闪回日志的信息。下述示例演示查询闪回日志的存放位置、空间大小、闪回数据的保留时间等信息。

【示例】 查询闪回日志信息。

```
SQL> SELECT OLDEST_FLASHBACK_SCN scn, OLDEST_FLASHBACK_TIME time,
  2    RETENTION_TARGET rentention, FLASHBACK_SIZE flsize,
```

```
  3    ESTIMATED_FLASHBACK_SIZE estimated
  4  FROM   V$FLASHBACK_DATABASE_LOG;
       SCN      TIME                 RENTENTION      FLSIZE          ESTIMATED
----------  ---------------  ----------  ----------  ----------
  20245224      21-6月 -16           1440            104857600       57925632
```

其中,OLDEST_FLASHBACK_SCN 表示能够闪回的最早的 SCN 值; OLDEST_FLASHBACK_TIME 表示能够闪回的最早时间; RETENTION_TARGET 表示闪回日志的保留时间,单位为分钟,默认值为 1440,即一天; FLASHBACK_SIZE 表示闪回数据的大小; ESTIMATED_FLASHBACK_SIZE 表示闪回数据的估计大小。

注意

> 闪回日志保留时间是指数据库可以恢复到过去的最大时间,闪回日志文件不是永久保存的,因此需要合理设置闪回日志的保留时间。

2. 使用闪回数据库

闪回数据库的基本语法如下。

【语法】

```
FLASHBACK [STANDBY] DATABASE database_name
[TO [SCN | TIMESTAMP] expr | TO BEFORE [SCN | TIMESTAMP] expr];
```

其中:

- STANDBY 表示恢复一个备用数据库,如果没有相应的备用数据库,则系统返回一个错误。如果不指定该选项,则所恢复的数据库可以是主数据库,也可以是备用数据库。
- TO SCN|TIMESTAMP 表示指定一个需要恢复到的目标 SCN 值或时间戳。
- TO BEFORE SCN 表示将数据库恢复到指定 SCN 的前一个 SCN 状态。
- TO BEFORE TIMESTAMP 表示将数据库恢复到指定时间戳前 1s 的状态。

下述示例演示将数据库中所有对象的数据恢复到过去的某个时间点时的状态。

【示例】 闪回数据库的使用。

```
SQL> CONN SYS/QSTqst2015 as sysdba;
已连接。
SQL> -- 查询数据库当前能够闪回的最早 SCN 值和时间
SQL> SELECT OLDEST_FLASHBACK_SCN,
  2       TO_CHAR(OLDEST_FLASHBACK_TIME,'yyyy-mm-dd hh24:mi:ss')
  3  FROM   v$flashback_database_log;
OLDEST_FLASHBACK_SCN          TO_CHAR(OLDEST_FLASHBACK_TIME,'YYYY-MM
--------------------  --------------------------------------
            20245224          2016-06-21 11:42:02
SQL> SET TIME ON;
SQL> -- 改变数据库的数据
14:02:02 SQL> CREATE TABLE tb_tempdb AS SELECT * FROM SCOTT.EMP;
```

```
表已创建。
14:03:23 SQL> DELETE FROM tb_tempdb WHERE empno = 7369;
已删除 1 行。
14:03:59 SQL> COMMIT;
提交完成。
SQL> -- 使用闪回数据库功能对数据库进行恢复
14:04:03 SQL> SHUTDOWN IMMEDIATE;
数据库已经关闭。
已经卸载数据库。
ORACLE 例程已经关闭。
14:06:29 SQL> STARTUP MOUNT EXCLUSIVE;
ORACLE 例程已经启动。
Total System Global Area 2550136832 bytes
Fixed Size                    3048872 bytes
Variable Size               671091288 bytes
Database Buffers           1862270976 bytes
Redo Buffers                 13725696 bytes
数据库装载完毕。
14:07:13 SQL> FLASHBACK DATABASE TO TIMESTAMP(
14:08:50   2     TO_TIMESTAMP('2016-06-21 14:02:02','yyyy-mm-dd hh24:mi:ss'));
闪回完成。
14:08:55 SQL> ALTER DATABASE OPEN RESETLOGS;
数据库已更改。
SQL> -- 查询表 tb_tempdb 是否存在
14:11:03 SQL> SELECT * FROM tb_tempdb;
SELECT * FROM tb_tempdb
              *
第 1 行出现错误:
ORA-00942: 表或视图不存在
```

上述示例中，首先查询数据库当前能够闪回的最早 SCN 值和时间，保证接下来的闪回操作不要早于此 SCN 值或时间点，然后在 SYS 用户下关闭数据库并启动数据库例程后，使用 FLASHBACK DATABASE 语句将数据库闪回到创建表 tb_tempdb 前的系统时间点上，最后通过查询 tb_tempdb 表是否还存在验证数据库是否进行了闪回恢复。

注意

ALTER DATABASE OPEN RESETLOGS 表示在打开数据库时，重置重做日志。因为在不完全恢复后，原来的重做日志里包含的是未做恢复前的数据，而这些数据对于恢复后的数据库不再有效，所以数据库会要求在打开之前先重置重做日志。

10.3.7 闪回数据归档

在前面所介绍的 Oracle 数据库闪回技术的几种闪回形式中，除了闪回数据库依赖于闪回日志以外，其他 5 种闪回形式都依赖于 UNDO 回滚段撤销数据，都与参数 UNDO_RETENTION 设置的保留时间密切相关。这种实现机制的缺陷在于过分依赖 UNDO 撤销数据，而 UNDO 段是循环使用的，一旦撤销数据被覆盖，闪回就失去了基础，而通过 UNDO_RETENTION 延长数据保留时间，将可能导致撤销表空间的快速膨胀。

闪回数据归档的实现机制与前面5种闪回形式不同，它将变化数据另外存储到创建的闪回数据归档区(Flashback Archive)中，这样可以为闪回归档区单独设置存储策略，让闪回不再受UNDO数据的限制，也不影响UNDO策略。

1. 创建闪回数据归档区

闪回数据归档区是指闪回数据归档的历史数据存储区域，它是一个逻辑概念，实际上是从一个或多个表空间中拿出一定的空间来保存对象的数据修改操作，也正因如此，闪回数据归档区不再依赖UNDO撤销数据。

Oracle系统中可以也只可以有一个默认的闪回数据归档区，但可以自行创建多个闪回数据归档区。创建的闪回数据归档区可以有属于自己的数据管理策略，如设置自己的数据保留期限而互不影响。创建闪回数据归档区，用户必须拥有DBA角色或拥有系统权限FLASHBACK ARCHIVE ADMINISTER。

下述示例演示基于一个表空间的闪回数据归档区的创建。

【示例】 创建闪回数据归档区。

```
SQL> CONN system/QSTqst2015;
已连接。
SQL> CREATE TABLESPACE qst_space
  2    DATAFILE 'e:\oracle12c\userspace\tbs_qst.dbf' SIZE 20M;
表空间已创建。
SQL> CREATE FLASHBACK ARCHIVE arch_qst TABLESPACE qst_space QUOTA 10M
  2  RETENTION 3 DAY;
闪回档案已创建。
```

上述示例中，通过system用户创建了一个名为arch_qst的闪回数据归档区，其大小为10MB，数据保留时限为3天，所在表空间为qst_space。其中，表空间要为自动段空间管理的表空间，即属性要为segment space management auto，因该属性是默认值，这里采用最简写法。

下述示例演示创建一个默认闪回数据归档区。对于默认闪回数据归档区，用户必须使用DBA身份创建。

【示例】 创建默认闪回数据归档区。

```
SQL> CONN sys/QSTqst2015 AS SYSDBA;
已连接。
SQL> CREATE FLASHBACK ARCHIVE DEFAULT arch_default
  2  TABLESPACE qst_space QUOTA 10M
  3  RETENTION 1 YEAR;
闪回档案已创建。
```

闪回数据归档区不仅可以是从一个表空间中拿出来的存储空间，还可以是从多个表空间中拿出来的存储空间，如果想要某个闪回数据归档区基于多个表空间，可以使用ALTER FLASHBACK ARCHIVE语句添加表空间。下述示例演示为前面创建的闪回数据归档区arch_qst添加一个表空间。

【示例】 为闪回数据归档区添加表空间。

```
SQL> ALTER FLASHBACK ARCHIVE arch_qst
  2  ADD TABLESPACE users QUOTA 5M;
闪回档案已变更。
```

上述示例为闪回数据归档区 arch_qst 添加了一个 5MB 的存储空间，该空间由 USERS 表空间提供。

同理，也可以从闪回数据归档区中撤除某个表空间。下述示例演示撤除闪回数据归档区 arch_qst 的 users 表空间。

【示例】 撤除闪回数据归档区的某个表空间。

```
SQL> ALTER FLASHBACK ARCHIVE arch_qst
  2  REMOVE TABLESPACE users;
闪回档案已变更。
```

闪回归档区创建完成后，还可以对闪回数据归档区的表空间存储大小、数据保留时限进行修改，如下述示例所示。

【示例】 修改闪回数据归档区表空间大小。

```
SQL> ALTER FLASHBACK ARCHIVE arch_qst
  2  MODIFY TABLESPACE qst_space QUOTA 20M;
闪回档案已变更。
```

【示例】 修改闪回数据归档区的数据保留时限。

```
SQL> ALTER FLASHBACK ARCHIVE arch_qst
  2  MODIFY RETENTION 1 MONTH;
闪回档案已变更。
```

如果不再使用某闪回数据归档区，可以使用 DROP FLASHBACK ARCHIVE 命令删除闪回数据归档区，如下述示例所示。

【示例】 删除闪回数据归档区。

```
SQL> DROP FLASHBACK ARCHIVE arch_qst;
闪回档案已删除。
```

2. 使用闪回数据归档

闪回数据归档区可以针对一个或多个数据库对象，在为一个数据库对象指定归档区时有两种情况，一种是在创建这个对象时为其指定归档区；另一种是为已存在的对象指定归档区。

下述示例演示在创建一个表时为其指定使用一个闪回数据归档区。

【示例】 创建表时指定其闪回数据归档区。

```
SQL> CREATE TABLE tb_dept(
  2      deptno NUMBER,
```

```
  3    dname VARCHAR2(20),
  4    loc VARCHAR2(30)
  5  )FLASHBACK ARCHIVE arch_default;
表已创建。
```

上述示例创建了一个表 tb_dept，并且使用 FLASHBACK ARCHIVE 子句为其指定闪回数据归档区为 arch_default。

下述示例演示为现有表指定一个闪回数据归档区。

【示例】 为现有表指定闪回数据归档区。

```
SQL> CREATE TABLE tb_emp AS SELECT * FROM scott.emp;
表已创建。
SQL> ALTER TABLE tb_emp FLASHBACK ARCHIVE arch_default;
表已更改。
```

上述示例使用 ALTER TABLE 语句为一个已创建的表 tb_emp 表指定闪回数据归档区为 arch_default。

注意

使用 FLASHBACK ARCHIVE 子句为表指定闪回数据归档区时，如果不指定归档区名，则表示为该表指定默认归档区。如果不存在默认归档区，则系统会提示错误。

为表指定闪回数据归档区后，可以通过视图 dba_flashback_archive_tables 查看哪些表使用了闪回归档。

【示例】 查看哪些表使用了闪回数据归档。

```
SQL> SELECT * FROM dba_flashback_archive_tables;
TABLE_NAME   OWNER_NAME   FLASHBACK_ARCHIVE_NAME   ARCHIVE_TABLE_NAME   STATUS
------------------------------------------------------------------------------
TB_DEPT      SYSTEM       ARCH_DEFAULT             SYS_FBA_HIST_98176   ENABLED
TB_EMP       SYSTEM       ARCH_DEFAULT             SYS_FBA_HIST_98287   ENABLED
```

上述示例中，TABLE_NAME 表示被指定闪回数据归档区的表；OWNER_NAME 表示表的所属用户名称；FLASHBACK_ARCHIVE_NAME 表示指定的闪回数据归档区名称；ARCHIVE_TABLE_NAME 表示记录该表历史操作数据的归档表名；STATUS 表示该表使用闪回数据归档区的状态。

如果需要关闭某个表的闪回数据归档特性，则可通过 ALTER TABLE... NO FLASHBACK ARCHIVE 命令实现，如下述示例所示。

【示例】 关闭表的闪回数据归档特性。

```
SQL> ALTER TABLE tb_dept NO FLASHBACK ARCHIVE;
表已更改。
```

通过闪回数据归档区，可以采用基于时间戳或者基于 SCN 值的方式查找之前操作的历史记录。下述示例利用前面示例创建的 tb_emp 表演示闪回数据归档功能。

【示例】 闪回数据归档。

```
SQL> SET TIME ON;
11:03:05 SQL> SELECT empno,sal FROM tb_emp WHERE empno = '7369';
     EMPNO        SAL
---------- ----------
      7369        800
11:03:14 SQL> UPDATE tb_emp SET sal = 1000 WHERE empno = '7369';
已更新 1 行。
11:04:00 SQL> COMMIT;
提交完成。
11:04:05 SQL> UPDATE tb_emp SET sal = 2000 WHERE empno = '7369';
已更新 1 行。
11:04:16 SQL> COMMIT;
提交完成。
11:14:02 SQL> SELECT empno,sal FROM tb_emp AS OF TIMESTAMP
11:14:23  2  TO_TIMESTAMP('2016-06-22 11:04:16','yyyy-mm-dd hh24:mi:ss')
11:14:23  3  WHERE empno = '7369';
     EMPNO        SAL
---------- ----------
      7369       1000
11:16:39 SQL> SELECT timestamp_to_scn(to_date('2016-06-22 11:03:14','yyyy-mm-dd hh24:
mi:ss')) scn FROM dual;
       SCN
----------
  20368252
11:17:04 SQL> SELECT empno,sal FROM tb_emp AS OF SCN 20368252
11:17:59  2  WHERE empno = '7369';
     EMPNO        SAL
---------- ----------
      7369        800
```

上述示例中，分别采用基于时间戳和基于 SCN 值的方式对 tb_emp 表进行闪回查询，由于 tb_emp 表使用了 arch_default 闪回归档区，因此 tb_emp 表的闪回数据是由闪回数据归档区 arch_default 提供的。

通过闪回数据归档，可以对已修改的数据进行恢复，如下述示例将 tb_emp 表中的数据恢复到第一次更新前的状态。

【示例】 使用闪回数据归档进行数据恢复。

```
SQL> UPDATE tb_emp SET sal = (
2    SELECT sal FROM tb_emp AS OF SCN 20368252 WHERE empno = '7369')
3    WHERE empno = '7369';
已更新 1 行。
SQL> SELECT empno,sal FROM tb_emp WHERE empno = '7369';
     EMPNO        SAL
---------- ----------
      7369        800
```

3. 清除闪回数据归档区数据

虽然闪回归档数据在保留时间过期后会自动被清除，但用户也可以通过 PURGE 关键字主动清除以尽早释放所占用的空间。下述示例分别演示删除指定时间戳、SCN值之前的数据，以及一次性删除归档区的所有数据。

【示例】 删除指定时间戳以前的数据。

```
SQL> -- 清除 2016-06-22 11:03:14 前的闪回归档数据
SQL> ALTER FLASHBACK ARCHIVE arch_test
    PURGE BEFORE TIMESTAMP
    TO_TIMESTAMP('2016-06-22 11:03:14','yyyy-mm-dd hh24:mi:ss');
SQL> -- 清除 2 天前的闪回归档数据
SQL> ALTER FLASHBACK ARCHIVE arch_test
    PURGE BEFORE TIMESTAMP (SYSTIMESTAMP - INTERVAL '2' DAY);
```

【示例】 删除指定 SCN 值以前的数据。

```
SQL> ALTER FLASHBACK ARCHIVE arch_test PURGE BEFORE SCN 20368252;
```

【示例】 删除闪回数据归档区的所有数据。

```
SQL> ALTER FLASHBACK ARCHIVE arch_test PURGE ALL;
```

注意

关于 SYSTIMESTAMP 的用法还有如下几种：

```
SYSTIMESTAMP - INTERVAL '60' SECOND        -- 过去 60s 前
SYSTIMESTAMP - INTERVAL '7' DAY            -- 过去 7 天前
SYSTIMESTAMP - INTERVAL '12' MONTH         -- 过去 12 个月前
```

10.4 课程贯穿项目

10.4.1 【任务 10-1】 数据库物理备份与恢复

分别针对以下情境对 Q_MicroChat 微聊项目进行数据库的物理备份与恢复。

- 情境一：qmicrochat 数据库在非归档模式完成脱机备份的情况下，管理员误删除了表空间 TS_QMICROCHAT 中的 tb_group_chat 表，需要根据脱机备份数据进行数据库的不完全恢复。
- 情境二：qmicrochat 数据库在归档模式完成联机备份的情况下，管理员误删除了表空间 TS_QMICROCHAT 中的数据文件 TS_QMICROCHAT.DBF，需要根据联机备份数据进行数据库的完全恢复。

1. 情境一的实现

针对情境一的情况，进行数据库冷备份与不完全恢复的操作步骤如下。

(1) 查询验证当前 tb_group_chat 表的数据信息。

```
SQL > CONN system/Qmicrochat2015 AS SYSDBA;
已连接。
SQL > SELECT * FROM qmicrochat_admin.tb_group_chat;

GROUPCHAT_ID       GROUP_ID       USER_ID SEND_TIME       SEND_CONTENT
---------------------------------------------------------------------------
           1              1             1 12-5月 -16         大家好!
           2              1             1 14-5月 -16         欢迎大家!
           3              1             3 17-5月 -16         我来啦!
```

(2) 对 QMICROCHAT 数据库进行脱机备份。

```
SQL > -- 查询当前数据库数据文件位置
SQL > SELECT file_name FROM dba_data_files;
FILE_NAME
------------------------------------------------------------------------------
D:\APP\QRSX\ORADATA\QMICROCHAT\DATAFILE\O1_MF_SYSTEM_CQP7W0Z2_.DBF
D:\APP\QRSX\ORADATA\QMICROCHAT\DATAFILE\O1_MF_SYSAUX_CQP7TMLN_.DBF
D:\APP\QRSX\ORADATA\QMICROCHAT\DATAFILE\O1_MF_UNDOTBS1_CQP7XHRS_.DBF
D:\APP\QRSX\ORADATA\QMICROCHAT\DATAFILE\O1_MF_USERS_CQP7XGCH_.DBF
E:\ORACLE12C\USERSPACE\TS_QMICROCHAT.DBF
SQL > -- 查询当前数据库控制文件位置
SQL > SELECT value FROM v$parameter WHERE name = 'control_files';
VALUE
-------------------------------------------------------------------------------
D:\APP\QRSX\ORADATA\QMICROCHAT\CONTROLFILE\O1_MF_CQP8104Y_.CTL,
D:\APP\QRSX\FAST_RECOVERY_AREA\QMICROCHAT\CONTROLFILE\O1_MF_CQP8107M_.CTL
SQL > -- 查询当前数据库联机重做日志文件位置
SQL > SELECT member FROM v$logfile;
MEMBER
------------------------------------------------------------------------------
D:\APP\QRSX\ORADATA\QMICROCHAT\ONLINELOG\O1_MF_3_CQP81W7G_.LOG
D:\APP\QRSX\FAST_RECOVERY_AREA\QMICROCHAT\ONLINELOG\O1_MF_3_CQP81WJD_.LOG
D:\APP\QRSX\ORADATA\QMICROCHAT\ONLINELOG\O1_MF_2_CQP81V4T_.LOG
D:\APP\QRSX\FAST_RECOVERY_AREA\QMICROCHAT\ONLINELOG\O1_MF_2_CQP81VMH_.LOG
D:\APP\QRSX\ORADATA\QMICROCHAT\ONLINELOG\O1_MF_1_CQP81S3R_.LOG
D:\APP\QRSX\FAST_RECOVERY_AREA\QMICROCHAT\ONLINELOG\O1_MF_1_CQP81SXN_.LOG
已选择 6 行。
SQL > -- 关闭数据库
SQL > SHUTDOWN IMMEDIATE;
数据库已经关闭。
已经卸载数据库。
ORACLE 例程已经关闭。
SQL > -- 复制所有数据文件到备份磁盘
SQL > HOST COPY D:\app\qrsx\oradata\QMICROCHAT\DATAFILE\*.DBF
                E:\ORACLEBACKUP\ORADATA\QMICROCHAT\DATAFILE
D:\app\qrsx\oradata\QMICROCHAT\DATAFILE\O1_MF_SYSAUX_CQP7TMLN_.DBF
D:\app\qrsx\oradata\QMICROCHAT\DATAFILE\O1_MF_SYSTEM_CQP7W0Z2_.DBF
D:\app\qrsx\oradata\QMICROCHAT\DATAFILE\O1_MF_UNDOTBS1_CQP7XHRS_.DBF
D:\app\qrsx\oradata\QMICROCHAT\DATAFILE\O1_MF_USERS_CQP7XGCH_.DBF
已复制         4 个文件。
```

```
SQL > HOST COPY E:\ORACLE12C\USERSPACE\TS_QMICROCHAT.DBF
                E:\ORACLEBACKUP\ORADATA\QMICROCHAT\DATAFILE
已复制          1 个文件。
SQL > -- 复制所有控制文件到备份磁盘
SQL > HOST COPY D:\APP\QRSX\ORADATA\QMICROCHAT\CONTROLFILE\ * .CTL
                E:\ORACLEBACKUP\ORADATA\QMICROCHAT\CONTROLFILE
已复制          1 个文件。
SQL > HOST COPY
      D:\APP\QRSX\FAST_RECOVERY_AREA\QMICROCHAT\CONTROLFILE\O1_MF_CQP8107M_.CTL
      E:\ORACLEBACKUP\ORADATA\QMICROCHAT\CONTROLFILE
已复制          1 个文件。
SQL > -- 复制所有联机重做日志文件到备份磁盘
SQL > HOST COPY
      D:\APP\QRSX\ORADATA\QMICROCHAT\ONLINELOG\ * .LOG
      E:\ORACLEBACKUP\ORADATA\QMICROCHAT\ONLINELOG
D:\APP\QRSX\ORADATA\QMICROCHAT\ONLINELOG\O1_MF_1_CQP81S3R_.LOG
D:\APP\QRSX\ORADATA\QMICROCHAT\ONLINELOG\O1_MF_2_CQP81V4T_.LOG
D:\APP\QRSX\ORADATA\QMICROCHAT\ONLINELOG\O1_MF_3_CQP81W7G_.LOG
已复制          3 个文件。
SQL > HOST COPY
      D:\APP\QRSX\FAST_RECOVERY_AREA\QMICROCHAT\ONLINELOG\ * .LOG
      E:\ORACLEBACKUP\ORADATA\QMICROCHAT\ONLINELOG
D:\APP\QRSX\FAST_RECOVERY_AREA\QMICROCHAT\ONLINELOG\O1_MF_1_CQP81SXN_.LOG
D:\APP\QRSX\FAST_RECOVERY_AREA\QMICROCHAT\ONLINELOG\O1_MF_2_CQP81VMH_.LOG
D:\APP\QRSX\FAST_RECOVERY_AREA\QMICROCHAT\ONLINELOG\O1_MF_3_CQP81WJD_.LOG
已复制          3 个文件。
SQL > -- 重新启动数据库
SQL > STARTUP;
ORACLE 例程已经启动。

Total System Global Area 2550136832 bytes
Fixed Size                  3048872 bytes
Variable Size             671091288 bytes
Database Buffers         1862270976 bytes
Redo Buffers               13725696 bytes
数据库装载完毕。
数据库已经打开。
```

(3) 模拟冷备份后的新操作及误操作：在 tb_group_chat 表中增加一条记录，提交，然后删除 tb_group_chat 表。

```
SQL > -- 添加一条记录
SQL > INSERT INTO qmicrochat_admin.tb_group_chat VALUES(4,1,3,SYSDATE,'找到组织啦');
已创建 1 行。
SQL > COMMIT;
提交完成。
SQL > -- 删除表
SQL > DROP TABLE qmicrochat_admin.tb_group_chat;
表已删除。
SQL > SELECT * FROM qmicrochat_admin.tb_group_chat;
SELECT * FROM qmicrochat_admin.tb_group_chat
                                    *
```

```
第 1 行出现错误:
ORA - 00942: 表或视图不存在
```

(4) 使用脱机备份数据进行数据库恢复。

```
SQL > --关闭数据库
SQL > SHUTDOWN IMMEDIATE;
数据库已经关闭。
已经卸载数据库。
ORACLE 例程已经关闭。
SQL > --将备份的所有数据文件、日志文件、联机重做日志文件还原到原来所在的位置,此处在操作系统手动完成
SQL > --重新启动数据库
SQL > STARTUP;
ORACLE 例程已经启动。
Total System Global Area 2550136832 bytes
Fixed Size                   3048872 bytes
Variable Size              671091288 bytes
Database Buffers          1862270976 bytes
Redo Buffers                13725696 bytes
数据库装载完毕。
数据库已经打开。
```

(5) 查询 tb_group_chat 表的数据恢复情况。

```
SQL > SELECT * FROM qmicrochat_admin.tb_group_chat;

GROUPCHAT_ID    GROUP_ID        USER_ID     SEND_TIME           SEND_CONTENT
-----------------------------------------------------------------------------
           1           1              1     12 - 5 月  - 16       大家好!
           2           1              1     14 - 5 月  - 16       欢迎大家!
           3           1              3     17 - 5 月  - 16       我来啦!
```

由上述恢复情况可见,冷备份后进行的添加记录操作以及表的删除操作并没有得到恢复,通过冷备份数据文件仅实现了对备份前操作的不完全恢复。

2. 情境二的实现

针对情境二的情况,进行数据库热备份与完全恢复的操作步骤如下。

(1) 在归档模式下对数据文件、控制文件、归档日志文件等进行热备份,在此情境中,仅需要对 TS_QMICROCHAT 表空间的数据文件进行备份即可。

```
SQL > CONN system/Qmicrochat2015 AS SYSDBA;
已连接。
SQL > --更改数据库日志模式为归档模式(默认为非归档模式)
SQL > ALTER DATABASE ACHIVELOG;
数据库已更改。
SQL > --查看当前数据库的日志模式是否为归档模式
SQL > ARCHIVE LOG LIST;
数据库日志模式              归档模式
自动存档                启用
```

```
存档终点                USE_DB_RECOVERY_FILE_DEST
最早的联机日志序列        46
下一个存档日志序列    48
当前日志序列              48
SQL> --查看数据库有哪些表空间以及每个表空间中有哪些数据文件
SQL> SELECT tablespace_name,file_name FROM dba_data_files
    ORDER BY tablespace_name;
TABLESPACE_NAME FILE_NAME
------------------------------------------------------------------------
SYSAUX D:\APP\QRSX\ORADATA\QMICROCHAT\DATAFILE\O1_MF_SYSAUX_CQP7TMLN_.DBF
SYSTEM D:\APP\QRSX\ORADATA\QMICROCHAT\DATAFILE\O1_MF_SYSTEM_CQP7W0Z2_.DBF
TS_QMICROCHAT E:\ORACLE12C\USERSPACE\TS_QMICROCHAT.DBF
UNDOTBS1 D:\APP\QRSX\ORADATA\QMICROCHAT\DATAFILE\O1_MF_UNDOTBS1_CQP7XHRS_.DBF
USERS D:\APP\QRSX\ORADATA\QMICROCHAT\DATAFILE\O1_MF_USERS_CQP7XGCH_.DBF
SQL> --以表空间为单位,进行数据文件备份
SQL> --将需要备份的表空间 TS_QMICROCHAT 设置为备份状态
SQL> ALTER TABLESPACE TS_QMICROCHAT BEGIN BACKUP;
表空间已更改。
SQL> --将表空间 TS_QMICROCHAT 中所有的数据文件复制到备份磁盘
SQL> HOST COPY E:\ORACLE12C\USERSPACE\TS_QMICROCHAT.DBF
                    E:\ORACLEBACKUP\ONLINEBACKUP\USERSPACE
已复制          1 个文件。
SQL> --结束表空间 TS_QMICROCHAT 的备份状态
SQL> ALTER TABLESPACE TS_QMICROCHAT END BACKUP;
表空间已更改。
```

(2) 模拟热备份后的新操作及误操作：向 TB_GROUP_CHAT 表中添加一条记录，删除数据文件 TS_QMICROCHAT.DBF。

```
SQL> --向 TB_GROUP_CHAT 表添加一条记录
SQL> INSERT INTO qmicrochat_admin.tb_group_chat VALUES(4,1,3,SYSDATE,'找到组织啦');
已创建 1 行。
SQL> COMMIT;
提交完成。
SQL> --使表空间 TS_QMICROCHAT 脱机
SQL> ALTER tablespace TS_QMICROCHAT OFFLINE;
表空间已更改。
SQL> --删除数据文件 TS_QMICROCHAT.DBF
SQL> HOST DEL E:\ORACLE12C\USERSPACE\TS_QMICROCHAT.DBF
SQL> --将表空间 TS_QMICROCHAT 联机,出现错误提示恢复数据文件
SQL> ALTER tablespace TS_QMICROCHAT ONLINE;
ALTER tablespace TS_QMICROCHAT ONLINE
*
第 1 行出现错误:
ORA-01157: 无法标识/锁定数据文件 7 - 请参阅 DBWR 跟踪文件
ORA-01110: 数据文件 7: 'E:\ORACLE12C\USERSPACE\TS_QMICROCHAT.DBF'
```

(3) 使用热备份的数据文件进行表空间级的完全恢复。

```
SQL> --利用备份的数据文件还原损坏的数据文件
SQL> HOST COPY E:\ORACLEBACKUP\ONLINEBACKUP\USERSPACE\TS_QMICROCHAT.DBF
                E:\ORACLE12C\USERSPACE\TS_QMICROCHAT.DBF
```

```
已复制          1 个文件。
SQL> -- 执行表空间 TS_QMICROCHAT 恢复命令
SQL> RECOVER TABLESPACE TS_QMICROCHAT;
完成介质恢复。
SQL> -- 将表空间 TS_QMICROCHAT 联机
SQL> ALTER TABLESPACE TS_QMICROCHAT ONLINE;
表空间已更改。
```

(4) 查询 TB_GROUP_CHAT 表的恢复情况。

```
SQL> SELECT * FROM qmicrochat_admin.tb_group_chat;
GROUPCHAT_ID  GROUP_ID      USER_ID     SEND_TIME         SEND_CONTENT
-----------------------------------------------------------------------
           4       1           3        10-8月 -16        找到组织啦
           1       1           1        12-5月 -16        大家好!
           2       1           1        14-5月 -16        欢迎大家!
           3       1           3        17-5月 -16        我来啦!
```

从上述执行结果可以看出,在归档模式下进行联机备份后,向 TB_GOUP_CHAT 表添加的记录,在数据文件被损坏后,仍可实现完全恢复。

10.4.2 【任务 10-2】 使用数据泵技术导出、导入数据

使用数据泵技术可以完成数据库的逻辑备份与恢复,即数据的导入与导出。以下操作完成对 Q_MicroChat 微聊项目数据库模式数据的导出,然后在误删除某个数据表的情况下,使用导出的二进制文件对数据进行导入恢复。具体操作步骤及 SQL 语句如下。

(1) 创建 DIRECTORY 目录对象 qmicrochat_directory,并将目录对象的读、写权限授予执行导出、导入操作的数据库用户 qmicrochat_admin。

(2) 使用模式导出模式导出 qmicrochat_admin 模式下的所有对象及其数据。

(3) 模拟误删除 tb_group_chat 表,然后使用模式导入模式导入备份的数据进行恢复。

【任务 10-2】 (1) 使用数据泵技术导出数据。

```
SQL> CONN system/Qmicrochat2015;
已连接。
SQL> -- 创建 DIRECTORY 目录对象
SQL> CREATE OR REPLACE DIRECTORY qmicrochat_directory
  2  AS  'E:\ORACLEBACKUP\QMICROCHAT_DIRECTORY';
目录已创建。
SQL> -- 为 qmicrochat_admin 用户授予目录对象 READ 和 WRITE 权限
SQL> GRANT READ,WRITE ON DIRECTORY qmicrochat_directory TO qmicrochat_admin;
授权成功。
SQL> -- 退出 SQL*Plus,进入 DOS 窗口,导出 qmicrochat_admin 模式下的所有对象及其数据
SQL> EXIT;
从 Oracle Database 12c Enterprise Edition Release 12.1.0.2.0 - 64bit Production
With the Partitioning, OLAP, Advanced Analytics and Real Application Testing opt
ions 断开
C:\> EXPDP qmicrochat_admin/admin2015 DIRECTORY = qmicrochat_directory
 DUMPFILE = qmicrochat_admin.dmp SCHEMAS = qmicrochat_admin
```

```
 LOGFILE = qmicrochat_admin.log JOB_NAME = qmicrochat_admin_job

Export: Release 12.1.0.2.0 - Production on 星期一 8月 8 14:28:56 2016
Copyright (c) 1982, 2014, Oracle and/or its affiliates.  All rights reserved.
连接到: Oracle Database 12c Enterprise Edition Release 12.1.0.2.0 - 64bit Production
With the Partitioning, OLAP, Advanced Analytics and Real Application Testing options
启动 "QMICROCHAT_ADMIN"."QMICROCHAT_ADMIN_JOB":  qmicrochat_admin/******** DIRECTORY =
qmicrochat_directory
DUMPFILE = qmicrochat_admin.dmp SCHEMAS = qmicrochat_admin
 LOGFILE = qmicrochat_admin.log JOB_NAME = qmicrochat_admin_job
正在使用 BLOCKS 方法进行估计...
处理对象类型 SCHEMA_EXPORT/TABLE/TABLE_DATA
使用 BLOCKS 方法的总估计: 1.187 MB
处理对象类型 SCHEMA_EXPORT/PRE_SCHEMA/PROCACT_SCHEMA
处理对象类型 SCHEMA_EXPORT/SEQUENCE/SEQUENCE
处理对象类型 SCHEMA_EXPORT/TABLE/TABLE
处理对象类型 SCHEMA_EXPORT/TABLE/GRANT/OWNER_GRANT/OBJECT_GRANT
处理对象类型 SCHEMA_EXPORT/TABLE/COMMENT
处理对象类型 SCHEMA_EXPORT/FUNCTION/FUNCTION
处理对象类型 SCHEMA_EXPORT/PROCEDURE/PROCEDURE
处理对象类型 SCHEMA_EXPORT/FUNCTION/ALTER_FUNCTION
处理对象类型 SCHEMA_EXPORT/PROCEDURE/ALTER_PROCEDURE
处理对象类型 SCHEMA_EXPORT/VIEW/VIEW
处理对象类型 SCHEMA_EXPORT/TABLE/INDEX/INDEX
处理对象类型 SCHEMA_EXPORT/TABLE/INDEX/FUNCTIONAL_INDEX/INDEX
处理对象类型 SCHEMA_EXPORT/TABLE/CONSTRAINT/CONSTRAINT
处理对象类型 SCHEMA_EXPORT/TABLE/INDEX/STATISTICS/INDEX_STATISTICS
处理对象类型
SCHEMA_EXPORT/TABLE/INDEX/STATISTICS/FUNCTIONAL_INDEX/INDEX_STATISTICS
处理对象类型 SCHEMA_EXPORT/TABLE/CONSTRAINT/REF_CONSTRAINT
处理对象类型 SCHEMA_EXPORT/TABLE/INDEX/BITMAP_INDEX/INDEX
处理对象类型 SCHEMA_EXPORT/TABLE/INDEX/STATISTICS/BITMAP_INDEX/INDEX_STATISTICS
处理对象类型 SCHEMA_EXPORT/TABLE/TRIGGER
处理对象类型 SCHEMA_EXPORT/TABLE/STATISTICS/TABLE_STATISTICS
处理对象类型 SCHEMA_EXPORT/STATISTICS/MARKER
. . 导出了 "QMICROCHAT_ADMIN"."TB_ARTICS_DYNAMICS"    7.273 KB     2 行
. . 导出了 "QMICROCHAT_ADMIN"."TB_GROUPS"              7.890 KB     4 行
. . 导出了 "QMICROCHAT_ADMIN"."TB_PHOTOS_DYNAMICS"    6.382 KB     3 行
. . 导出了 "QMICROCHAT_ADMIN"."TB_USERS"              10.49 KB     4 行
. . 导出了 "QMICROCHAT_ADMIN"."TB_COMMENT"            6.859 KB     3 行
. . 导出了 "QMICROCHAT_ADMIN"."TB_COMMENT_REPLY"      6.390 KB     2 行
. . 导出了 "QMICROCHAT_ADMIN"."TB_FRIENDS"            5.507 KB     2 行
. . 导出了 "QMICROCHAT_ADMIN"."TB_GROUP_CHAT"          6.875 KB     3 行
. . 导出了 "QMICROCHAT_ADMIN"."TB_PERSONAL_DYNAMICS"  7.812 KB     4 行
. . 导出了 "QMICROCHAT_ADMIN"."TB_USER_CHAT"          6.914 KB     4 行
. . 导出了 "QMICROCHAT_ADMIN"."USERS_GROUPS"          6.835 KB     3 行
已成功加载/卸载了主表 "QMICROCHAT_ADMIN"."QMICROCHAT_ADMIN_JOB"
******************************************************************************
QMICROCHAT_ADMIN.QMICROCHAT_ADMIN_JOB 的转储文件集为:
  E:\ORACLEBACKUP\QMICROCHAT_DIRECTORY\QMICROCHAT_ADMIN.DMP
作业 "QMICROCHAT_ADMIN"."QMICROCHAT_ADMIN_JOB" 已于 星期一 8月 8 14:55:32 2016 e
lapsed 0 00:00:30 成功完成
```

【任务 10-2】（2）删除表 tb_group_chat，使用数据泵技术导入数据恢复。

```
SQL> --删除表 TB_GROUP_CHAT
SQL> DROP TABLE qmicrochat_admin.tb_group_chat;
表已删除。
SQL> EXIT;
C:\> IMPDP qmicrochat_admin/admin2015 DIRECTORY = QMICROCHAT_DIRECTORY
DUMPFILE = QMICROCHAT_ADMIN.DMP
SCHEMAS = qmicrochat_admin
JOB_NAME = imp_qmicrochat_schema

Import: Release 12.1.0.2.0 - Production on 星期三 8 月 10 15:53:52 2016
Copyright (c) 1982, 2014, Oracle and/or its affiliates.  All rights reserved.
连接到: Oracle Database 12c Enterprise Edition Release 12.1.0.2.0 - 64bit Production
With the Partitioning, OLAP, Advanced Analytics and Real Application Testing options
已成功加载/卸载了主表 "QMICROCHAT_ADMIN"."IMP_QMICROCHAT_SCHEMA"
启动 "QMICROCHAT_ADMIN"."IMP_QMICROCHAT_SCHEMA":
qmicrochat_admin/******** DIRE
CTORY = QMICROCHAT_DIRECTORY DUMPFILE = QMICROCHAT_ADMIN.DMP SCHEMAS = qmicrochat_admin JOB_
NAME = imp_qmicrochat_schema
处理对象类型 SCHEMA_EXPORT/PRE_SCHEMA/PROCACT_SCHEMA
处理对象类型 SCHEMA_EXPORT/SEQUENCE/SEQUENCE
ORA-31684: 对象类型 SEQUENCE:"QMICROCHAT_ADMIN"."SEQ_ARTIC_DYNAMIC" 已存在
ORA-31684: 对象类型 SEQUENCE:"QMICROCHAT_ADMIN"."SEQ_PERSONAL_DYNAMIC" 已存在
ORA-31684: 对象类型 SEQUENCE:"QMICROCHAT_ADMIN"."SEQ_GROUPS" 已存在
ORA-31684: 对象类型 SEQUENCE:"QMICROCHAT_ADMIN"."SEQ_PHOTO_DYNAMIC" 已存在
ORA-31684: 对象类型 SEQUENCE:"QMICROCHAT_ADMIN"."SEQ_USERS" 已存在
ORA-31684: 对象类型 SEQUENCE:"QMICROCHAT_ADMIN"."SEQ_USER_CHAT" 已存在
处理对象类型 SCHEMA_EXPORT/TABLE/TABLE
ORA-39151: 表 "QMICROCHAT_ADMIN"."TB_FRIENDS" 已存在。由于跳过了 table_exists_ac
tion, 将跳过所有相关元数据和数据。
ORA-39151: 表 "QMICROCHAT_ADMIN"."TB_PERSONAL_DYNAMICS" 已存在。由于跳过了 table
_exists_action, 将跳过所有相关元数据和数据。
ORA-39151: 表 "QMICROCHAT_ADMIN"."TB_COMMENT" 已存在。由于跳过了 table_exists_ac
tion, 将跳过所有相关元数据和数据。
ORA-39151: 表 "QMICROCHAT_ADMIN"."TB_COMMENT_REPLY" 已存在。由于跳过了 table_exi
sts_action, 将跳过所有相关元数据和数据。
ORA-39151: 表 "QMICROCHAT_ADMIN"."TB_USER_CHAT" 已存在。由于跳过了 table_exists_
action, 将跳过所有相关元数据和数据。
ORA-39151: 表 "QMICROCHAT_ADMIN"."USERS_GROUPS" 已存在。由于跳过了 table_exists_
action, 将跳过所有相关元数据和数据。
ORA-39151: 表 "QMICROCHAT_ADMIN"."TB_USERS" 已存在。由于跳过了 table_exists_acti
on, 将跳过所有相关元数据和数据。
ORA-39151: 表 "QMICROCHAT_ADMIN"."TB_PHOTOS_DYNAMICS" 已存在。由于跳过了 table_e
xists_action, 将跳过所有相关元数据和数据。
ORA-39151: 表 "QMICROCHAT_ADMIN"."TB_ARTICS_DYNAMICS" 已存在。由于跳过了 table_e
xists_action, 将跳过所有相关元数据和数据。
ORA-39151: 表 "QMICROCHAT_ADMIN"."TB_GROUPS" 已存在。由于跳过了 table_exists_act
ion, 将跳过所有相关元数据和数据。
处理对象类型 SCHEMA_EXPORT/TABLE/TABLE_DATA
. . 导入了 "QMICROCHAT_ADMIN"."TB_GROUP_CHAT"          6.875 KB       3 行
```

```
处理对象类型 SCHEMA_EXPORT/TABLE/GRANT/OWNER_GRANT/OBJECT_GRANT
处理对象类型 SCHEMA_EXPORT/FUNCTION/FUNCTION
ORA-31684: 对象类型 FUNCTION:"QMICROCHAT_ADMIN"."FUN_ISUNIQUE_USERNAME" 已存在
ORA-31684: 对象类型 FUNCTION:"QMICROCHAT_ADMIN"."FUN_LOGIN_VERIFY" 已存在
处理对象类型 SCHEMA_EXPORT/PROCEDURE/PROCEDURE
ORA-31684: 对象类型 PROCEDURE:"QMICROCHAT_ADMIN"."PROC_INSERT_USER" 已存在
ORA-31684: 对象类型 PROCEDURE:"QMICROCHAT_ADMIN"."PROC_LOGIN_VERIFY" 已存在
ORA-31684: 对象类型 PROCEDURE:"QMICROCHAT_ADMIN"."PROC_PERSONAL_DYNAMIC" 已存在
ORA-31684: 对象类型 PROCEDURE:"QMICROCHAT_ADMIN"."PROC_USER_CHAT" 已存在
处理对象类型 SCHEMA_EXPORT/FUNCTION/ALTER_FUNCTION
ORA-39111: 跳过从属对象类型 ALTER_FUNCTION:"QMICROCHAT_ADMIN"."FUN_LOGIN_VERIFY"
，基本对象类型 FUNCTION:"QMICROCHAT_ADMIN"."FUN_LOGIN_VERIFY" 已存在
ORA-39111: 跳过从属对象类型 ALTER_FUNCTION:"QMICROCHAT_ADMIN"."FUN_ISUNIQUE_USER
NAME", 基本对象类型 FUNCTION:"QMICROCHAT_ADMIN"."FUN_ISUNIQUE_USERNAME" 已存在
处理对象类型 SCHEMA_EXPORT/PROCEDURE/ALTER_PROCEDURE
ORA-39111: 跳过从属对象类型 ALTER_PROCEDURE:"QMICROCHAT_ADMIN"."PROC_PERSONAL_DY
NAMIC", 基本对象类型 PROCEDURE:"QMICROCHAT_ADMIN"."PROC_PERSONAL_DYNAMIC" 已存在
ORA-39111: 跳过从属对象类型 ALTER_PROCEDURE:"QMICROCHAT_ADMIN"."PROC_LOGIN_VERIF
Y", 基本对象类型 PROCEDURE:"QMICROCHAT_ADMIN"."PROC_LOGIN_VERIFY" 已存在
ORA-39111: 跳过从属对象类型 ALTER_PROCEDURE:"QMICROCHAT_ADMIN"."PROC_INSERT_USER
", 基本对象类型 PROCEDURE:"QMICROCHAT_ADMIN"."PROC_INSERT_USER" 已存在
ORA-39111: 跳过从属对象类型 ALTER_PROCEDURE:"QMICROCHAT_ADMIN"."PROC_USER_CHAT",
 基本对象类型 PROCEDURE:"QMICROCHAT_ADMIN"."PROC_USER_CHAT" 已存在
处理对象类型 SCHEMA_EXPORT/VIEW/VIEW
ORA-31684: 对象类型 VIEW:"QMICROCHAT_ADMIN"."V_DYNAMICS_ARTICLE" 已存在
ORA-31684: 对象类型 VIEW:"QMICROCHAT_ADMIN"."V_ACTIVITY_GROUP" 已存在
处理对象类型 SCHEMA_EXPORT/TABLE/INDEX/INDEX
处理对象类型 SCHEMA_EXPORT/TABLE/INDEX/FUNCTIONAL_INDEX/INDEX
处理对象类型 SCHEMA_EXPORT/TABLE/CONSTRAINT/CONSTRAINT
处理对象类型 SCHEMA_EXPORT/TABLE/INDEX/STATISTICS/INDEX_STATISTICS
处理对象类型
SCHEMA_EXPORT/TABLE/INDEX/STATISTICS/FUNCTIONAL_INDEX/INDEX_STATISTICS
处理对象类型 SCHEMA_EXPORT/TABLE/CONSTRAINT/REF_CONSTRAINT
处理对象类型 SCHEMA_EXPORT/TABLE/INDEX/BITMAP_INDEX/INDEX
处理对象类型 SCHEMA_EXPORT/TABLE/INDEX/STATISTICS/BITMAP_INDEX/INDEX_STATISTICS
处理对象类型 SCHEMA_EXPORT/TABLE/TRIGGER
处理对象类型 SCHEMA_EXPORT/TABLE/STATISTICS/TABLE_STATISTICS
处理对象类型 SCHEMA_EXPORT/STATISTICS/MARKER
作业 "QMICROCHAT_ADMIN"."IMP_QMICROCHAT_SCHEMA" 已经完成，但是有 30 个错误 (于
星期三 8 月 10 15:54:16 2016 elapsed 0 00:00:23 完成)

SQL> --查询 TB_GROUP_CHAT 表数据进行验证
SQL> SELECT * FROM qmicrochat_admin.tb_group_chat;
GROUPCHAT_ID   GROUP_ID    USER_ID SEND_TIME   SEND_CONTENT
------------------------------------------------------------
           4          1          3 10-8月 -16      找到组织啦
           1          1          1 12-5月 -16      大家好!
           2          1          1 14-5月 -16      欢迎大家!
           3          1          3 17-5月 -16      我来啦!
```

本章小结

小结

- 数据库性能优化的原则是减少系统瓶颈，减少资源占用，提高系统反应速度。
- 数据库设计优化的重点是在逻辑结构设计时合理地对表进行规范化和反规范化。
- 优化 SQL 语句的主要方式包括：有效使用索引、采用适当的多表连接技术以及掌握 SQL 语句使用技巧。
- 数据库内存结构优化主要是对内存的大小以及内存的分配、使用和管理进行优化，包括对系统全局区优化和程序全局区优化。
- 随着对数据的 DML 操作不断增多，产生的磁盘碎片增大了磁盘的 I/O 操作，影响了数据库的性能，磁盘碎片优化主要是指对磁盘碎片进行监控和整理。
- 磁盘 I/O 优化主要是对磁盘竞争、I/O 次数过多和数据块空间的分配管理进行优化。
- 备份是指保存数据库中数据的副本，包括所有的用户数据和系统数据。
- 恢复是指在数据库出现故障时使用备份的副本，利用归档重做日志文件与联机重做日志文件进行回滚或重做恢复数据库。
- 根据数据备份方式的不同，数据库备份分为物理备份和逻辑备份。
- 物理备份根据备份时数据库状态的不同，分为冷备份和热备份两种类型。冷备份又称为脱机备份，是在数据库关闭后进行的物理备份；热备份又称为联机备份，是在数据库打开状态下对数据库进行备份。
- 归档模式支持热备份，可以保证数据的不丢失，并且可以做增量备份和部分恢复；非归档模式只能采用冷备份或逻辑备份，恢复时只能依靠完全备份，并且最近一次完全备份到系统出错期间的数据不能恢复。
- 根据数据库恢复时使用的备份不同，恢复分为物理恢复和逻辑恢复两类。物理恢复是指利用物理备份来恢复数据库，即利用物理备份文件恢复损毁文件；逻辑恢复是指利用逻辑备份的二进制文件，使用 Oracle 提供的导入工具将部分或全部信息重新导入数据库，恢复损毁或丢失的数据。
- Oracle 闪回技术支持在数据库所有层面上进行恢复，包括行、事务、表和整个数据库，而且操作简单，通过 SQL 语句就可以实现数据的恢复，极大地提高了数据库恢复的效率。
- Oracle 闪回技术包括闪回查询、闪回版本查询、闪回事务查询、闪回表、闪回删除、闪回数据库和闪回数据归档。
- 闪回查询、闪回版本查询、闪回事务查询以及闪回表主要基于撤销表空间中的回滚数据实现；闪回删除基于数据库回收站实现；闪回数据库基于闪回恢复区实现；闪回数据归档基于闪回数据归档区实现。

Q&A

1. 问：对数据库性能进行优化需要重点关注哪些方面？

答：①优化应用程序和业务逻辑，这个是最重要的。②数据库设计阶段范式和反范式的灵活应用。一般情况下，对于频繁访问但是不频繁修改的数据，内部设计应当物理不规范化；对于频繁修改但并不频繁访问的数据，内部设计应当物理规范化。③充分利用内存，优化SGA、PGA等。④优化SQL语句。⑤优化I/O。将不同的数据文件、控制文件、日志文件放在不同的磁盘，表和索引放在不同的表空间，设置合适的block大小，设置异步I/O等。

2. 问：某个数据文件的磁盘失效后如何保护和恢复数据库？

答：可以考虑按如下流程处理：首先在日常工作时，保证每天晚上备份数据库，包含所有数据文件；在磁盘损坏后，把有问题的磁盘更换为新的磁盘；将最近的数据库备份存入新的磁盘中以恢复丢失的数据文件，但是，恢复的数据文件会丢失备份发生后所提交的事务工作；最后执行数据库恢复工作，在恢复过程中，Oracle读取事务日志，把过去提交的事务工作重做，使数据库文件成为当前文件。

章节练习

习题

1. Oracle支持多种类型的不完全备份，下列(　　)不是Oracle所支持的不完全备份。

A. 基于时间的不完全备份　　B. 基于用户的不完全备份

C. 基于撤销的不完全备份　　D. 基于更改的不完全备份

2. 下面(　　)需要使用SCN号作为参数。

A. 基于时间的不完全恢复　　B. 基于撤销的不完全恢复

C. 基于更改的不完全恢复　　D. 基于顺序的不完全恢复

3. 执行不完全恢复时，数据库必须处于(　　)状态。

A. 关闭　　B. 卸载　　C. 打开　　D. 装载

4. 手动进行物理备份时，可以进行________、部分联机备份和________。

5. 当数据库在________模式中运行时，无法使用单个备份文件对数据库进行恢复。因为对模式数据库进行恢复时，必须使用所有的数据库文件备份，使数据库恢复后处于一致状态。

6. 手动进行介质恢复时，按照数据库恢复后的运行状态不同，介质恢复分为________和________。________就是恢复所有已经提交的事务，即数据库、表空间或数据文件的备份更新到最近的时间。________使用数据库的备份来对数据库进行恢复，即将数据库恢复到某一特定的时刻。

7. 在闪回技术中，闪回查询、闪回版本查询、闪回事务查询以及闪回表主要基于撤销表空间中的________实现；闪回删除基于________实现；闪回数据库基于________实现；闪回数据归档基于________实现。

上机

1. 训练目标：数据库的物理备份与恢复。

培养能力	掌握数据库的物理备份步骤		
掌握程度	★★★★★	难度	中等
代码行数	20	实施方式	命令操作
结束条件	独立操作，运行不出错		

参考训练内容：

(1) 在非归档模式下完成对某个数据库的脱机备份，模拟对某个表进行误删除操作，然后根据脱机备份数据进行数据库的不完全恢复。

(2) 在归档模式完成对某个数据库的联机备份，模拟删除某个数据文件，需要根据联机备份数据进行数据库的完全恢复

2. 训练目标：数据库的逻辑备份与恢复。

培养能力	掌握对数据库的逻辑备份		
掌握程度	★★★★★	难度	中等
代码行数	10	实施方式	命令操作
结束条件	独立操作，运行不出错		

参考训练内容：

(1) 对某个数据库中 scott 用户下的所有数据使用数据泵技术进行逻辑备份。

(2) 模拟在误删除 dept 数据表的情况下，使用数据泵技术对数据进行导入恢复

参考文献

[1] Bob Bryla(OCP). Oracle Database 12c DBA 官方手册[M]. 明道洋,译. 8 版. 北京：清华大学出版社,2016.

[2] Steven Feuerstein,Bill Pribyl. Oracle PL/SQL 程序设计[M]. 方鑫,译. 6 版. 北京：人民邮电出版社,2017.

[3] Karen Morton,Kerry Osborne,Robyn Sands,等. 精通 Oracle SQL[M]. 朱浩波,译. 2 版. 北京：人民邮电出版社,2014.

[4] Jason Price. 精通 Oracle Database 12c SQL & PL/SQL 编程. 卢涛,译. 3 版. 北京：清华大学出版社,2014.

数据字典

数据字典的相关内容如表 A-1～表 A-3 所示。

表 A-1　基本的数据字典

字典名称	说　　明
DBA_TABLES	所有用户的所有表的信息
DBA_TAB_COLUMNS	所有用户的表的字段信息
DBA_VIEWS	所有用户的所有视图信息
DBA_SYNONYMS	所有用户的同义词信息
DBA_SEQUENCES	所有用户的序列信息
DBA_CONSTRAINTS	所有用户的表的约束信息
DBA_INDEXES	所有用户的表的索引简要信息
DBA_IND_COLUMNS	所有用户的索引的字段信息
DBA_TRIGGERS	所有用户的触发器信息
DBA_SOURCES	所有用户的存储过程信息
DBA_SEGMENTS	所有用户的段的使用空间信息
DBA_EXTENTS	所有用户的段的扩展信息
DBA_OBJECTS	所有用户对象的基本信息
CAT	当前用户可以访问的所有基表
TAB	当前用户创建的所有基表、视图和同义词等
DICT	构成数据字典的所有表的信息

表 A-2　与数据库组件相关的数据字典

数据库组件	数据字典中的表或视图	说　　明
数据库	V$DATAFILE	记录系统的运行情况
表空间	DBA_TABLESPACES	记录系统表空间的基本信息
	DBA_FREE_SPACE	记录系统表空间的空闲空间的信息
控制文件	V$CONTROLFILE	记录系统控制文件的基本信息
	V$CONTROLFILE_RECORD_SECTION	记录系统控制文件中记录文档段的信息
	V$PARAMETER	记录系统各参数的基本信息
数据文件	DBA_DATA_FILES	记录系统数据文件以及表空间的基本信息
	V$FILESTAT	记录来自控制文件的数据文件信息
	V$DATAFILE_HEADER	记录数据文件头部分的基本信息
段	DBA_SEGMENTS	记录段的基本信息
数据区	DBA_EXTENTS	记录数据区的基本信息

续表

数据库组件	数据字典中的表或视图	说　明
日志	V$THREAD	记录日志线程的基本信息
	V$LOG	记录日志文件的基本信息
	V$LOGFILE	记录日志文件的概要信息
归档	V$ARCHIVED_LOG	记录归档日志文件的基本信息
	V$ARCHIVE_DEST	记录归档日志文件的路径信息
数据库实例	V$INSTANCE	记录实例的基本信息
	V$SYSTEM_PARAMETER	记录实例当前有效的参数信息
内存结构	V$SGA	记录 SGA 区的大小信息
	V$SGASTAT	记录 SGA 的使用统计信息
	V$DB_OBJECT_CACHE	记录对象缓存的大小信息
	V$SQL	记录 SQL 语句的详细信息
	V$SQLTEXT	记录 SQL 语句的语句信息
	V$SQLAREA	记录 SQL 区的 SQL 基本信息
后台进程	V$BGPROCESS	显示后台进程信息
	V$SESSION	显示当前会话信息

表 A-3　常用动态性能视图

视 图 名 称	说　明
V$FIXED_TABLE	显示当前发行的固定对象的说明
V$INSTANCE	显示当前实例信息
V$LATCH	显示锁存器的统计数据
V$LIBRARYCACHE	显示有关库缓存性能的统计数据
V$ROLLSTAT	显示联机的回滚段的名字
V$ROWCACHE	显示活动数据字典的统计
V$SGA	显示有关系统全局区的总结信息
V$SGASTAT	显示有关系统全局区的详细信息
V$SORT_USAGE	显示临时段的大小及会话
V$SQLAREA	显示 SQL 区的 SQL 信息
V$SQLTEXT	显示在 SGA 中属于共享游标的 SQL 语句内容
V$STSSTAT	显示基本的实例统计数据
V$SYSTEM_EVENT	显示一个事件的总计等待时间
V$WAITSTAT	显示块竞争统计数据

附录B Oracle在Java开发中的应用

B.1 JDBC 简介

一种数据库可以为多种编程语言所用，同样，一种编程语言中也可以使用多种数据库。在 Java 语言中，通过 JDBC 方式访问和操作各种数据库。

JDBC(Java DataBase Connectivity standard)是一个面向对象的应用程序接口(API)，通过它可以访问各类关系数据库。JDBC 相当于访问数据库的模板，它独立于具体的关系数据库。JDBC 提供以下三大功能：

- 同数据库建立连接；
- 向数据库发送 SQL 语句；
- 处理数据库返回的结果。

JDBC 也是 Java 核心类库的一部分。Java 提供了若干类来处理数据库操作，例如提供了 Connection 类用来获得数据库连接，Statement 类用来封装 SQL 语句，ResultSet 类用来存储由数据库返回的结果集合等。

通过 JDBC 访问不同的数据库，需要不同的数据库驱动支持。数据库驱动中封装了数据库相关操作的所有类，这些数据库驱动类大多由数据库厂商提供。

B.2 JDBC 访问 Oracle

使用 JDBC 访问数据库通常要经过下列几个步骤。

1) 加载数据库驱动程序

对于 Oracle 数据库的 JDBC 驱动程序，需要根据所使用的 Oracle 数据库版本到其官方网站下载，例如 Oracle 12c 数据库的下载网址为 http://www.oracle.com/technetwork/database/features/jdbc/jdbc-drivers-12c-download-1958347.html，下载页面如图 B-1 所示，下载后的驱动 JAR 包为 ojdbc7.jar，同时要求 JDBC 所在的 JDK 版本为 JDK 7 或 JDK 8。

2) 与数据库建立连接

通过 JDBC 与数据库建立连接的语法如下。

【语法】

```
Connection conn = DriverManager.getConnection("url","user","password");
```

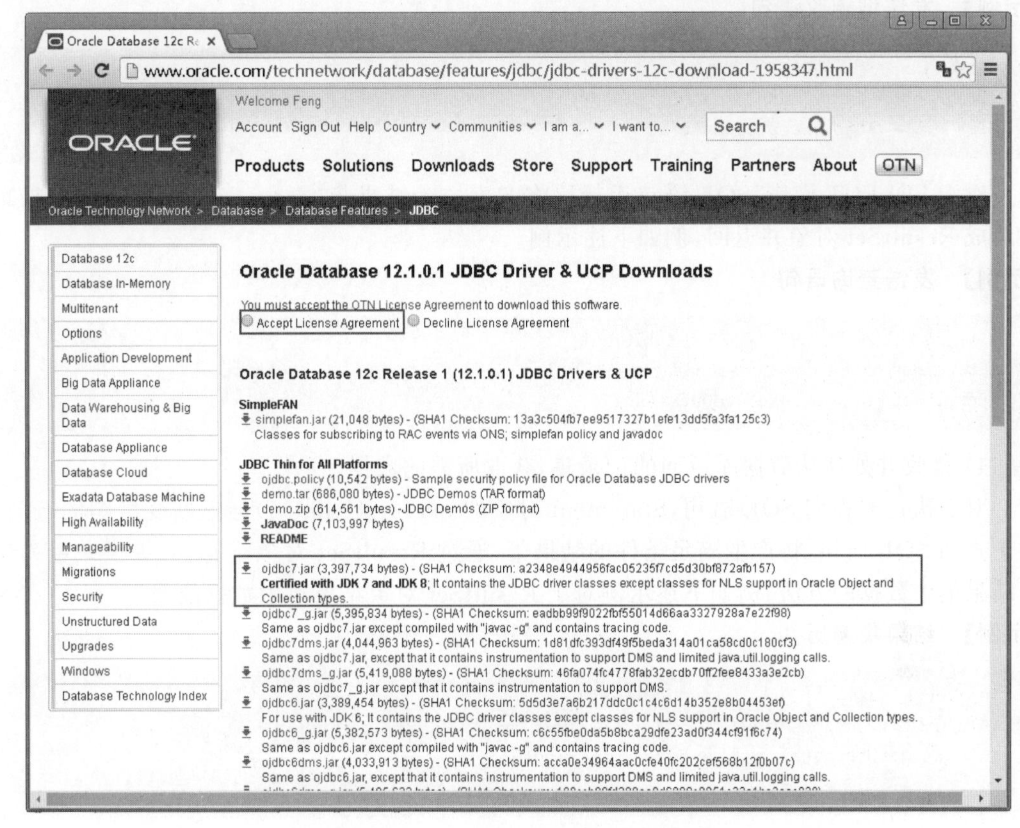

图 B-1　Oracle 12c JDBC 驱动下载页面

其中：

- url 表示数据库连接地址，对于不同的数据库，JDBC 提供的连接字符串不同，对于 Oracle 数据库，其连接地址为"jdbc:oracle:thin:@服务名或 IP:端口号:数据库名"；
- user 表示连接数据库的用户名；
- password 表示用户名对应的密码。

下述示例演示连接本机 Oracle 数据库服务器，服务器使用默认端口 1521，访问数据库实例为 ORCL，连接用户为 scott，密码为 tiger。

【示例】 获取 Oracle 数据库连接。

```
Connection conn = DriverManager.getConnection(
    "jdbc:oracle:thin:@127.0.0.1:1521:ORCL",
    "scott",
    "tiger");
```

通过上述连接，便可以获得数据库连接对象：Connection 接口的实例。

3）将 SQL 语句从 Java 程序发送到数据库

创建连接之后，可以通过此连接向目标数据库发送 SQL 语句。在发送 SQL 语句之前，须创建一个 Statement 类的对象，该对象负责将 SQL 语句发送给数据库，并返回相应的执行结果。例如，对于 INSERT、DELETE、UPDATE 操作，其发送 SQL 语句的示例如下。

【示例】 发送增删改语句。

```
String sql = "UPDATE table SET ...";
Statement stmt = conn.createStatement()
int num = stmt.executeUpdate(sql);
```

对于 SELECT 操作,SQL 语句运行后将产生一个结果集,Statement 对象会将结果集封装成 ResultSet 对象并返回,例如下述示例。

【示例】 发送查询语句。

```
String sql = "SELECT * FROM table ...";
Statement stmt = conn.createStatement()
ResultSet rs = st.executeQuery(sql);
```

4) 接收并处理从数据库返回的记录集,获取所需的数据

对于执行非查询 SQL 语句,Statement 对象的 executeUpdate()会返回受影响的行数;对于查询 SQL 语句,将产生满足条件的结果集,通过 ResultSet 对象维持,并提供一系列访问结果集中数据的方法,例如下述示例对于 ResultSet 对象结果集中数据的遍历。

【示例】 结果集遍历。

```
while(rs.next()){
    System.out.println("行 " + rs.getRow() + ":" + rs.getInt(1) + "," +
    rs.getString(2) + "," + rs.getString(3));
}
```

5) 操作结束,关闭连接

操作结束后,需要调用各 JDBC 对象,包括 ResultSet、Statement、Connection 接口对象的 close()方法释放资源。各 JDBC 接口对象的使用原则是:尽可能晚创建,尽可能早释放。因为数据库的连接是有限的,如果不及时释放将导致系统的崩溃。下述示例演示对各对象资源的释放。

【示例】 释放资源。

```
rs.close();
stmt.close();
conn.close();
```

B.3 利用 JDBC 操作数据

在获得数据库连接后,便可以调用 JDBC 各接口对象进行数据库操作。下述内容分别对常见的 CRUD(INSERT、SELECT、UPDATE、DELETE)操作、二进制数据操作、存储过程调用进行介绍。

1. 利用 JDBC 进行 CRUD 操作

下述实例演示通过 JDBC 进行对数据库实例 QST 中 SCOTT 模式下的 DEPT 表的增

加、修改和删除操作。

【代码 B-1】 JDBCCrud. java。

```
package com.qst.jdbc;

import java.sql.Connection;
import java.sql.DriverManager;
import java.sql.ResultSet;
import java.sql.SQLException;
import java.sql.Statement;

public class JDBCCrud {

    public static void main(String[] args) {
        //加载驱动
        try {
            Class.forName("oracle.jdbc.driver.OracleDriver");
        } catch (ClassNotFoundException e) {
            e.printStackTrace();
        }
        //建立连接
        String url = "jdbc:oracle:thin:@127.0.0.1:1521:QST";
        String username = "scott";
        String password = "tiger";
        Connection con = null;
        try {
            con = DriverManager.getConnection(url, username, password);
            //获得 Statement 对象
            Statement stmt1 = con.createStatement();

            //执行添加操作
            String sql = "INSERT INTO dept VALUES(50,'TEST','QINGDAO')";
            int resultnum = stmt1.executeUpdate(sql);
            System.out.println("已插入记录" + resultnum + "条。");

            //执行查询操作
            Statement stmt2 = con.createStatement();
            ResultSet rs = stmt2
                    .executeQuery("SELECT * FROM dept WHERE deptno = 50");
            rs.next();
            int deptno = rs.getInt(1);
            String dname = rs.getString(2);
            String loc = rs.getString("loc");
            System.out.println("记录编号为: " + deptno + "名称为: " + dname
                    + "地址为: " + loc);

            //执行更新操作
            Statement stmt3 = con.createStatement();
            resultnum = stmt3.executeUpdate(
                    "UPDATE dept SET loc = 'SHANDONG' WHERE deptno = 50");
            System.out.println("已更新记录" + resultnum + "条。");

            //执行删除操作
```

```
                Statement stmt4 = con.createStatement();
                resultnum = stmt4.executeUpdate("DELETE dept WHERE deptno = 50");
                System.out.println("已删除记录" + resultnum + "条。");

                //关闭 Statement 对象
                stmt4.close();
                stmt3.close();
                stmt2.close();
                stmt1.close();
            } catch (SQLException e) {
                e.printStackTrace();
            } finally {
                try {
                    if (con != null)
                        //关闭连接
                        con.close();
                } catch (SQLException e) {
                    e.printStackTrace();
                }
            }
        }
    }
```

运行结果如下：

```
已插入记录 1 条。
记录编号为: 50 名称为: TEST 地址为: QINGDAO
已更新记录 1 条。
已删除记录 1 条。
```

2. 利用 JDBC 操作二进制数据

在 Oracle 数据库中，经常会使用 BLOB 型的字段存储二进制数据，例如图片、媒体、音乐以及压缩文件等；使用 CLOB 型的字段存储大型文本数据，例如大篇幅文献或 XML 文件等。下述实例演示利用 JDBC 对表中的 BLOB 字段和 CLOB 字段数据进行添加和查询的操作。

【代码 B-2】 创建测试表的 SQL 语句。

```
CREATE TABLE tb_lob (
    ID NUMBER NOT NULL,
    PICTURE BLOB,
    INTRODUCE CLOB
);
```

【代码 B-3】 JDBCLob.java。

```
package com.qst.jdbc;

import java.io.BufferedInputStream;
import java.io.BufferedOutputStream;
```

```
import java.io.File;
import java.io.FileInputStream;
import java.io.FileOutputStream;
import java.io.IOException;
import java.io.InputStream;
import java.io.InputStreamReader;
import java.io.OutputStream;
import java.io.OutputStreamWriter;
import java.io.Reader;
import java.sql.Connection;
import java.sql.DriverManager;
import java.sql.PreparedStatement;
import java.sql.ResultSet;
import java.sql.SQLException;
import java.sql.Statement;

public class JDBCLob {

    public static void main(String[] args) {
        //添加 CLOB、BLOB 数据
        insertLob();
        //查询 CLOB、BLOB 数据
        queryLob();
    }
    /**
     * 添加 CLOB、BLOB 数据
     */
    public static void insertLob() {
        Connection conn = JDBCLob.getConnection();
        PreparedStatement ps = null;
        try {
            String sql = "INSERT INTO tb_lob (id, picture, introduce) VALUES (?, ?, ?)";
            ps = conn.prepareStatement(sql);
            ps.setInt(1, 1);
            //设置二进制 BLOB 参数
            File file_blob = new File("D:\\qst.jpg");
            InputStream is = new BufferedInputStream(new FileInputStream(
                    file_blob));
            ps.setBinaryStream(2, is, (int) file_blob.length());
            //设置二进制 CLOB 参数
            File file_clob = new File("D:\\qst.txt");
            InputStreamReader reader = new InputStreamReader(
                    new FileInputStream(file_clob));
            ps.setCharacterStream(3, reader, (int) file_clob.length());

            ps.executeUpdate();
            reader.close();
            is.close();
        } catch (IOException e) {
            e.printStackTrace();
        } catch (SQLException e) {
            e.printStackTrace();
        } finally {
```

```
            JDBCLob.closeConnection(conn);
        }
    }
    /**
     * 查询 CLOB、BLOB 数据
     */
    public static void queryLob() {
        Connection conn = JDBCLob.getConnection();
        Statement stmt = null;
        ResultSet rs = null;
        try {
            String sql = "SELECT picture,introduce FROM tb_lob WHERE id = 1";
            stmt = conn.createStatement();
            rs = stmt.executeQuery(sql);
            if (rs.next()) {
                //读取 Oracle 的 BLOB 字段
                InputStream in = rs.getBinaryStream(1);
                File file_blob = new File("D:\\qst1.jpg");
                OutputStream out = new BufferedOutputStream(
                        new FileOutputStream(file_blob));
                byte[] buff1 = new byte[1024];
                for (int i = 0; (i = in.read(buff1)) > 0;) {
                    out.write(buff1, 0, i);
                }
                in.close();
                out.flush();
                out.close();
                //读取 Oracle 的 CLOB 字段
                char[] buff2 = new char[1024];
                File file_clob = new File("D:\\qst1.txt");
                OutputStreamWriter writer = new OutputStreamWriter(
                        new FileOutputStream(file_clob));
                Reader reader = rs.getCharacterStream(2);
                for (int i = 0; (i = reader.read(buff2)) > 0;) {
                    writer.write(buff2, 0, i);
                }
                reader.close();
                writer.flush();
                writer.close();
            }
            rs.close();
            stmt.close();
        } catch (IOException e) {
            e.printStackTrace();
        } catch (SQLException e) {
            e.printStackTrace();
        } finally {
            JDBCLob.closeConnection(conn);
        }
    }
    /**
     * 获取数据库连接
     * @return
```

```
     */
    public static Connection getConnection() {
        try {
            Class.forName("oracle.jdbc.driver.OracleDriver");
        } catch (ClassNotFoundException e) {
            e.printStackTrace();
        }
        String url = "jdbc:oracle:thin:@127.0.0.1:1521:QST";
        Connection con = null;
        try {
            con = DriverManager.getConnection(url, "scott", "tiger");
        } catch (SQLException e) {
            e.printStackTrace();
        }
        return con;
    }
    /**
     * 关闭数据库连接
     * @param conn
     */
    public static void closeConnection(Connection conn) {
        if (conn != null)
            try {
                conn.close();
            } catch (SQLException e) {
                e.printStackTrace();
            }
    }
}
```

3. 利用 JDBC 调用存储过程

在 Oracle 数据库中可以通过存储过程封装一些复杂的 SQL 业务操作，从而方便用户的使用以及提高执行效率，对于应用程序端，只需要调用这些存储过程获取执行结果。下述示例演示创建一个实现分页功能的存储过程，然后通过 JDBC 对其进行调用、获取执行结果。

【代码 B-4】 分页存储过程 pkg_page.sql。

```
CREATE OR REPLACE PACKAGE pkg_page
IS
  TYPE ref_pageCursor IS REF CURSOR;
  PROCEDURE proc_page(
    p_pageSize IN OUT INTEGER,               --每页输出的记录数
    p_curPageNo IN OUT INTEGER,              --当前页码
    p_totalPages OUT INTEGER,                --总页数
    p_totalRecords OUT INTEGER,              --总记录数
    p_sqlSelect VARCHAR2,                    --查询语句,含排序
    p_outCursor OUT ref_pageCursor           --返回当前页的记录集
  );
END pkg_page;
```

```
/
CREATE OR REPLACE PACKAGE BODY pkg_page
IS
  PROCEDURE proc_page(
    p_pageSize IN OUT INTEGER,                --每页输出的记录数
    p_curPageNo IN OUT INTEGER,               --当前页码
    p_totalPages OUT INTEGER,                 --总页数
    p_totalRecords OUT INTEGER,               --总记录数
    p_sqlSelect VARCHAR2,                     --查询语句,含排序
    p_outCursor OUT ref_pageCursor            --返回当前页的记录集
    )
  IS
    v_countSql VARCHAR2(1000);                --统计记录数 SQL
    v_sql VARCHAR2(1000);                     --分页查询语句
    v_startRownum INTEGER;                    --每页起始记录号
  BEGIN
    --查询需要分页的总记录数
    v_countSql := 'SELECT TO_CHAR(COUNT(*)) FROM ('||p_sqlSelect||')';
    EXECUTE IMMEDIATE v_countSql INTO p_totalRecords;
    --验证每页的记录数
    IF p_pageSize < 0 THEN
      p_pageSize := 10;
    END IF;
    --根据每页记录数计算总页数
    IF MOD(p_totalRecords,p_pageSize) = 0 THEN
      p_totalPages := p_totalRecords/p_pageSize;
    ELSE
      p_totalPages := FLOOR(p_totalRecords/p_pageSize) + 1;
    END IF;
    --验证页码
    IF p_curPageNo < 1 THEN
      p_curPageNo := 1;
    END IF;
    IF p_curPageNo > p_totalPages THEN
      p_curPageNo := p_totalPages;
    END IF;
    --分页查询
    v_startRownum := p_curPageNo * p_pageSize;
    v_sql := p_sqlSelect || 'OFFSET '|| TO_CHAR(v_startRownum) || 'ROWS FETCH NEXT '|| TO_
CHAR(p_pageSize) || 'ROW ONLY';
    OPEN p_outCursor FOR v_sql;
  END proc_page;
END pkg_page;
/
```

【代码 B-5】 JDBCProcedure.java。

```
package com.qst.jdbc;

import java.sql.CallableStatement;
import java.sql.Connection;
import java.sql.DriverManager;
```

```
import java.sql.ResultSet;
import java.sql.SQLException;

import oracle.jdbc.OracleCallableStatement;
import oracle.jdbc.OracleTypes;

public class JDBCProcedure {

    public static void main(String[] args) {
        Connection conn = null;
        //分页查询语句,含排序
        String sqlSelect = "SELECT empno,ename,job,sal FROM scott.emp ORDER BY empno DESC";
        //当前要查询的页码
        int pageNo = 2;
        //每页显示的记录数
        int pageSize = 3;
        try {
            conn = JDBCProcedure.getConnection();
            String sql = "{call pkg_page.proc_page(?,?,?,?,?,?)}";
            CallableStatement proc = conn.prepareCall(sql);
            proc.setInt(1, pageSize);                               //每页记录数
            proc.registerOutParameter(1, OracleTypes.INTEGER);
            proc.setInt(2, pageNo);                                 //当前页码
            proc.registerOutParameter(2, OracleTypes.INTEGER);
            proc.registerOutParameter(3, OracleTypes.INTEGER); //总页数
            proc.registerOutParameter(4, OracleTypes.INTEGER); //总记录数
            proc.setString(5, sqlSelect);                           //分页查询语句,含排序
            proc.registerOutParameter(6, OracleTypes.CURSOR);  //返回当前页的记录集游标
            proc.execute();

            int pages = ((OracleCallableStatement) proc).getInt(3);  //总页数
            int rows = ((OracleCallableStatement) proc).getInt(4);   //总记录数
            ResultSet rs = ((OracleCallableStatement) proc).getCursor(6);
                                                                    //当前页的记录集游标

            System.out.println("分页查询数据的总页数为: " + pages);
            System.out.println("分页查询的总记录数为: " + rows);
            System.out.println("第" + pageNo + "页的记录为: ");
            while (rs.next()) {
                System.out.println(rs.getInt("empno") + "|"
                        + rs.getString("ename") + "|" + rs.getString("job")
                        + "|" + rs.getFloat("sal"));
            }
            proc.close();
            rs.close();
        } catch (SQLException e) {
            e.printStackTrace();
        } finally {
            JDBCProcedure.closeConnection(conn);
        }
    }
    /**
     * 获取数据库连接
```

```
     *
     * @return
     */
    public static Connection getConnection() {
        try {
            Class.forName("oracle.jdbc.driver.OracleDriver");
        } catch (ClassNotFoundException e) {
            e.printStackTrace();
        }
        String url = "jdbc:oracle:thin:@127.0.0.1:1521:QST";
        Connection con = null;
        try {
            con = DriverManager.getConnection(url, "scott", "tiger");
        } catch (SQLException e) {
            e.printStackTrace();
        }
        return con;
    }
    /**
     * 关闭数据库连接
     *
     * @param conn
     */
    public static void closeConnection(Connection conn) {
        if (conn != null)
            try {
                conn.close();
            } catch (SQLException e) {
                e.printStackTrace();
            }
    }
}
```

运行结果如下：

```
分页查询数据的总页数为: 4
分页查询的总记录数为: 12
第 2 页的记录为:
7698|BLAKE|MANAGER|2850.0
7654|MARTIN|SALESMAN|1250.0
7566|JONES|MANAGER|2975.0
```

MySQL数据库

C.1 MySQL 简介

MySQL 是一个开放源代码的关系数据库管理系统(RDBMS),其使用最常用的数据库管理语言——结构化查询语言(SQL)进行数据库管理。MySQL 数据库最早由瑞典 MySQL AB 公司开发,该公司于 2008 年被 Sun 公司收购。2009 年,Oracle 公司收购 Sun 公司,MySQL 成为 Oracle 公司旗下产品。

MySQL 是目前最流行的关系型数据库管理系统之一,MySQL 软件采用了双授权政策,分为社区版和商业版,其中社区版为免费版本。与其他大型数据库如 Oracle、IBM DB2、SQL Server 等相比,MySQL 自有它的不足之处,如规模小、功能有限等,但是这丝毫也没有减少它受欢迎的程度。对于一般的个人用户和中小型企业,MySQL 提供的功能已经绰绰有余,而且由于 MySQL 是开放源代码软件,因此可以大大降低总体拥有成本。随着 MySQL 的不断成熟,它也逐渐用于更多大规模网站和应用,例如维基百科、Google 和 Facebook 等网站。非常流行的开源软件组合 LAMP(Linux Apache MySQL PHP),即是用 Linux 作为操作系统,Apache 作为 Web 服务器,MySQL 作为数据库,PHP(部分网站也使用 Perl 或 Python)作为服务器端脚本解释器。由于这 4 个软件都是开放源代码软件,因此使用这种方式可以以较低的成本创建起一个稳定、免费的网站系统。

MySQL 从 1998 年发布第一个版本以来,截至目前已发展到 5.7 版本,各版本的发展历史及主要特性如表 C-1 所示。

表 C-1　MySQL 发展史

发布时间	版　　本	主要特性
1998 年 1 月	MySQL 1.0	提供完全的多线程运行模式,并提供了面向 C、C++、Eiffel、Java、Perl、PHP、Python 及 Tcl 等编程语言的编程接口(API),支持多种字段类型,并且提供了完整的操作符支持
1999—2000 年	MySQL 2.0	开发出 Berkeley DB 引擎,MySQL 从此开始支持事务处理
2000 年 4 月	MySQL 3.0	对旧的存储引擎 ISAM 进行了整理,将其命名为 MyISAM
2003 年 3 月	MySQL 4.0	集成存储引擎 InnoDB,该引擎同样支持事务处理,还支持行级锁。该引擎被证明是最为成功的 MySQL 事务存储引擎
2003 年 12 月	MySQL 5.0	提供视图、存储过程等功能

续表

发布时间	版　本	主要特性
2008年1月	—	MySQL AB公司被Sun公司以10亿美元收购,Sun公司对其进行了大量的推广、优化、bug修复等工作
2008年11月	MySQL 5.1	提供了分区、事件管理,以及基于行的复制和基于磁盘的NDB集群系统,同时修复了大量的bug
2009年4月	—	Oracle公司以74亿美元收购Sun公司,自此MySQL数据库进入Oracle时代,而其第三方的存储引擎InnoDB早在2005年就被Oracle公司收购
2010年12月	MySQL 5.5	主要新特性包括半同步的复制及对SIGNAL/RESIGNAL的异常处理功能的支持,最重要的是InnoDB存储引擎终于成为当前MySQL的默认存储引擎
2013年2月	MySQL 5.6	对InnoDB引擎进行了改造,提供全文索引能力,使InnoDB适合各种应用场景
2015年10月	MySQL 5.7	比MySQL 5.6快3倍,同时还提高了可用性、可管理性和安全性;改进InnoDB的可扩展性和临时表的性能,从而实现快的网络和大数据加载等操作;增加对JSON的支持等

注意

存储引擎是指如何存储数据、如何为存储的数据建立索引和如何更新、查询数据等技术的实现方法。MySQL常用的存储引擎有MyISAM和InnoDB。MyISAM适用于大量的读操作的表,采用表级锁定,不支持事务,读写是串行方式;InnoDB适用于大量的写读操作的表,采用行级锁定,支持事务,读写是并行方式,索引和数据存放在同一个表空间,表空间可以包含数个文件。

C.2 MySQL下载及安装

MySQL数据库目前的最新版本为5.7,其免费社区版的官方下载网址为http://dev.mysql.com/downloads/mysql/,下载页面如图C-1所示。在此页面中,用户可以根据自身机器操作系统的类型进行相应下载资源的选择。这里以Windows 64位操作系统为例,选择下载安装文件mysql-installer-community-5.7.14.0.msi。

MySQL安装文件下载完成后,双击mysql-installer-community-5.7.14.0.msi安装程序,进入图C-2所示的安装许可协议提示界面。

在图C-2中选中I accept the license terms选项,然后单击Next按钮,进入图C-3所示的数据库版本类型选择界面。因作者的机器为Windows 64位系统,这里选择MySQL Server 5.7.14 -X64选项,然后单击Next按钮。

接着进入图C-4所示的MySQL服务器安装界面。

安装完成后,进入图C-5所示的服务器类型和网络配置界面。这里选择服务器类型为Development Machine,网络连接采用TCP/IP协议,服务端口号采用默认值3306,若此处提示端口号被占用,可配置其他端口号。

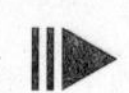

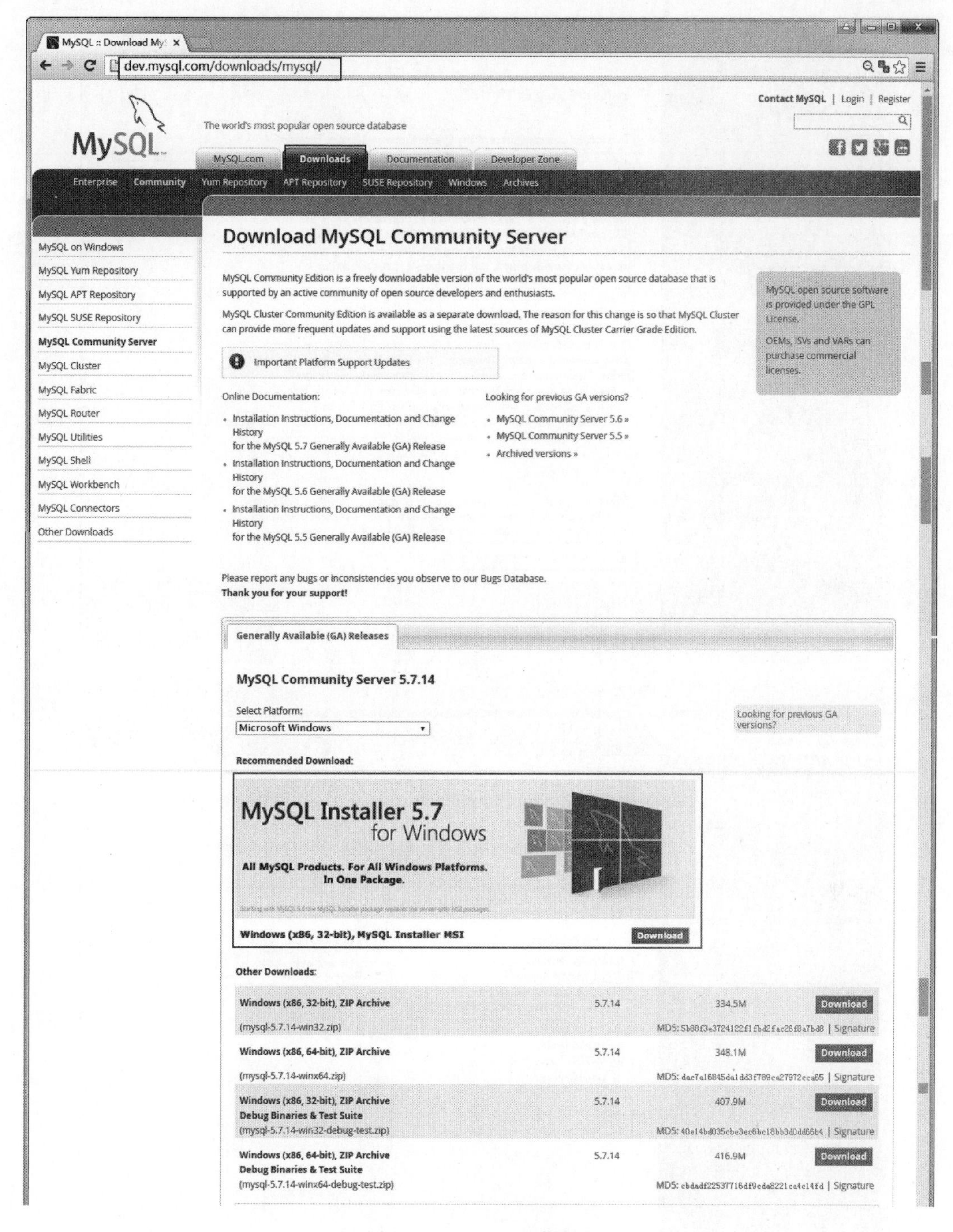

图 C-1　MySQL 下载页面

单击图 C-5 中的 Next 按钮，进入图 C-6 所示的账户和角色配置界面。MySQL 数据库默认使用 root 账户作为超级管理员，拥有所有系统权限，此处需要为 root 用户设置密码。界面下方还可以添加新用户并为其指定相应的权限，此处不进行添加。单击 Next 按钮，进入图 C-7 所示的界面。

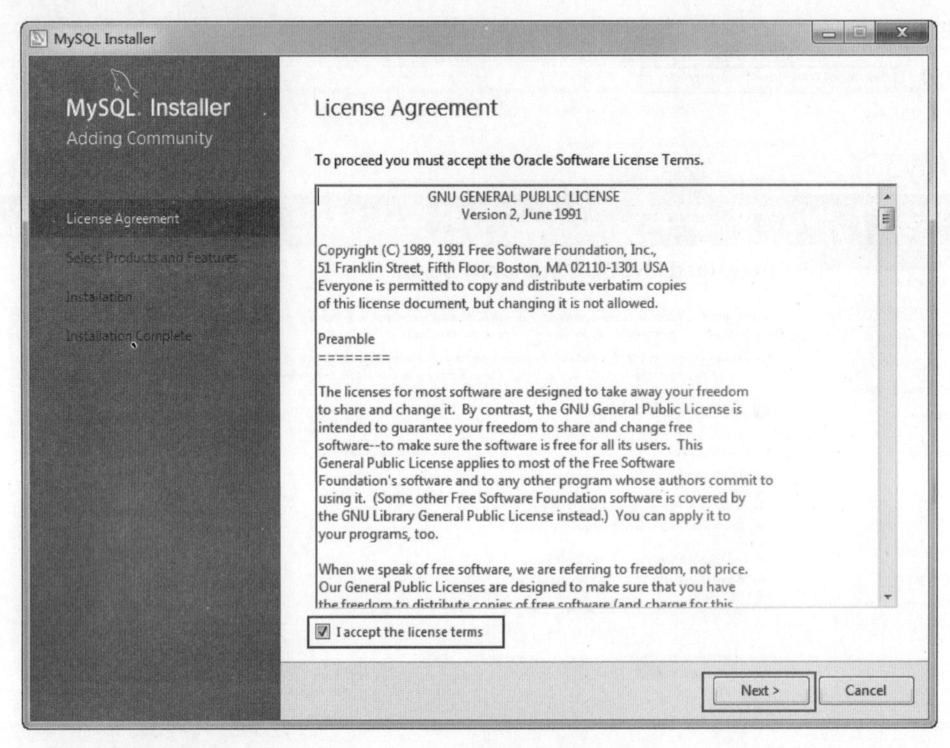

图 C-2　MySQL 安装许可协议界面

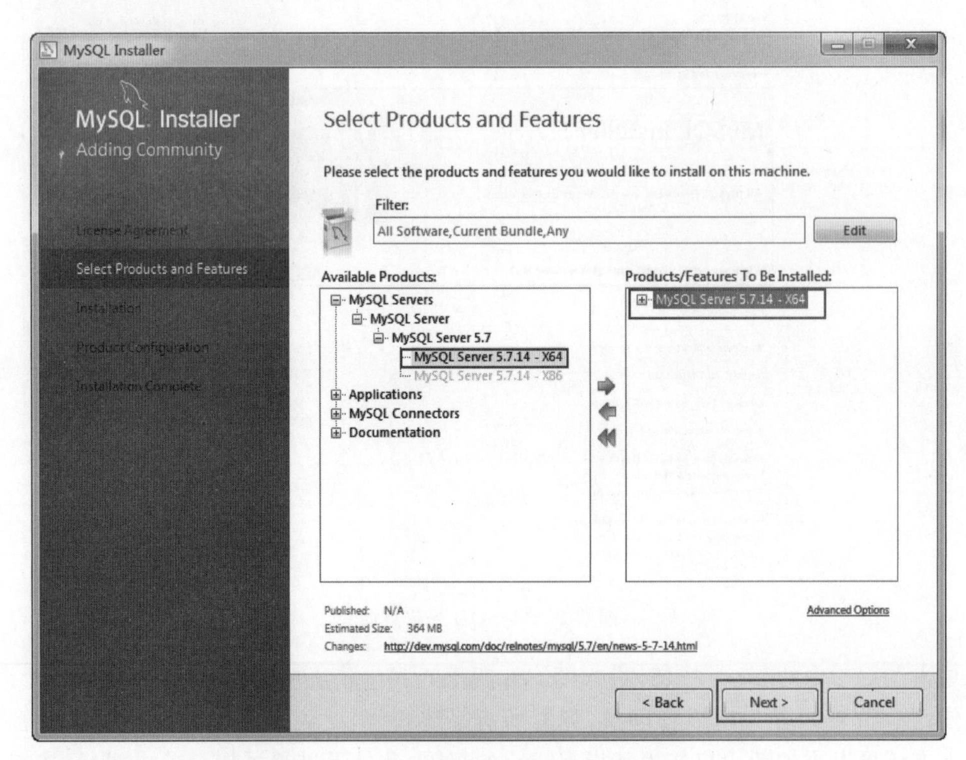

图 C-3　MySQL 服务器版本选择界面

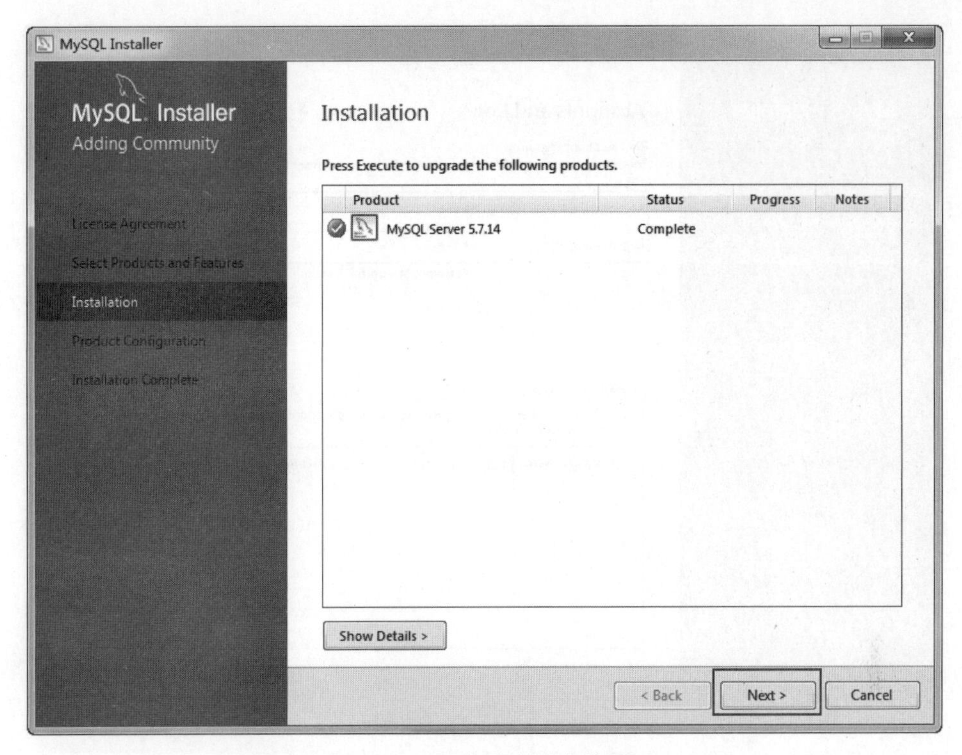

图 C-4　MySQL 服务器安装界面

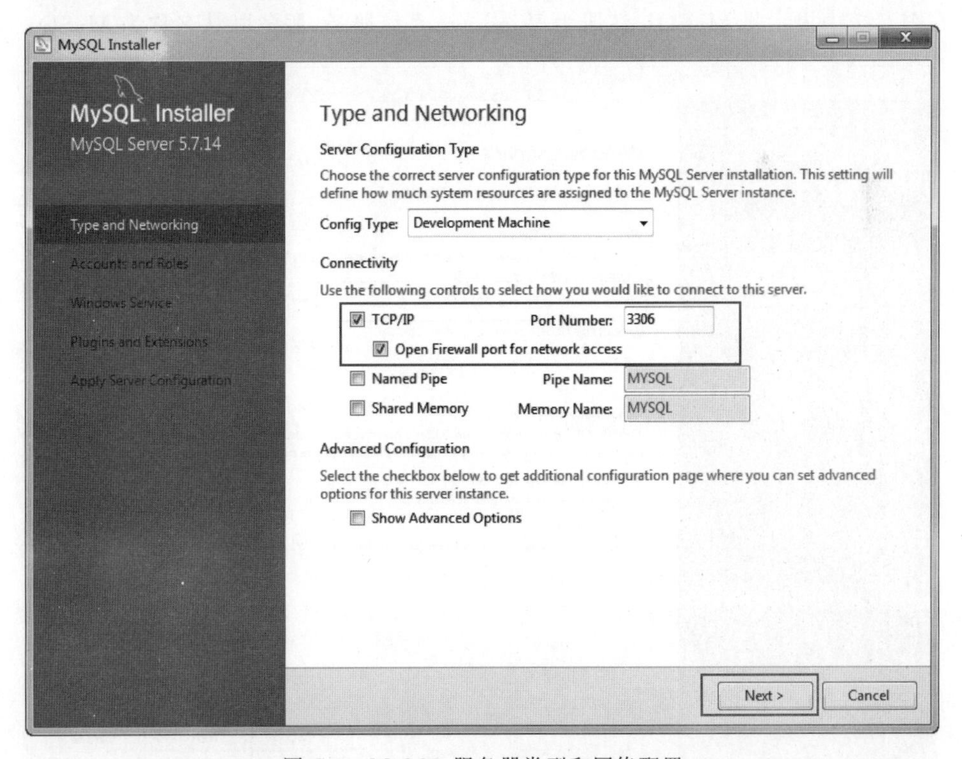

图 C-5　MySQL 服务器类型和网络配置

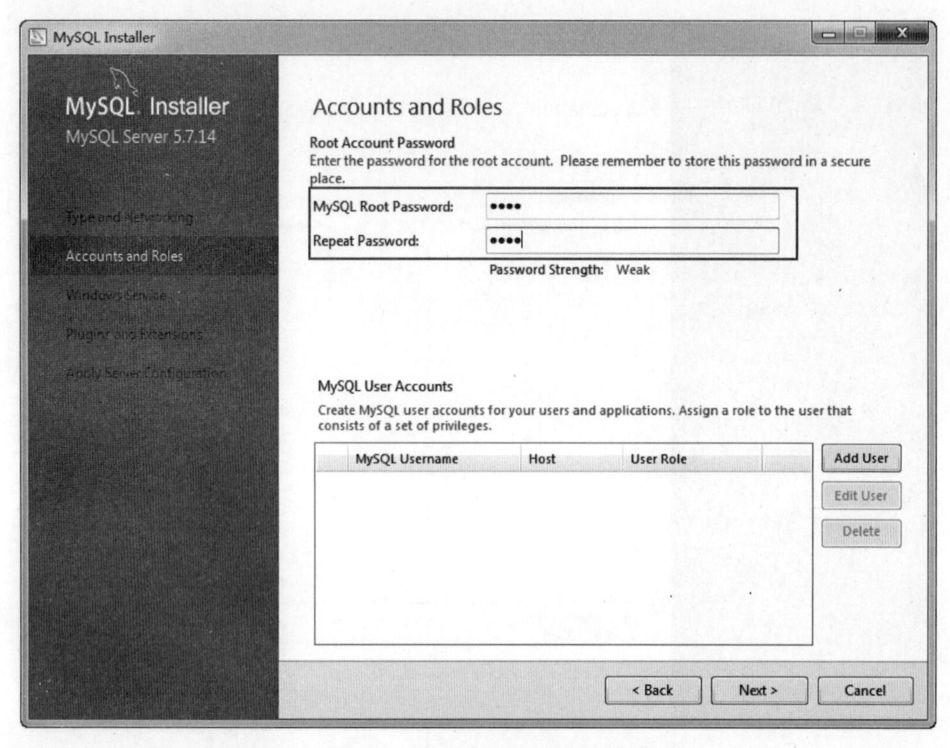

图 C-6　账户和角色配置界面

在图 C-7 中提示将 MySQL 注册为 Windows 系统服务，服务默认名称为 MySQL57。

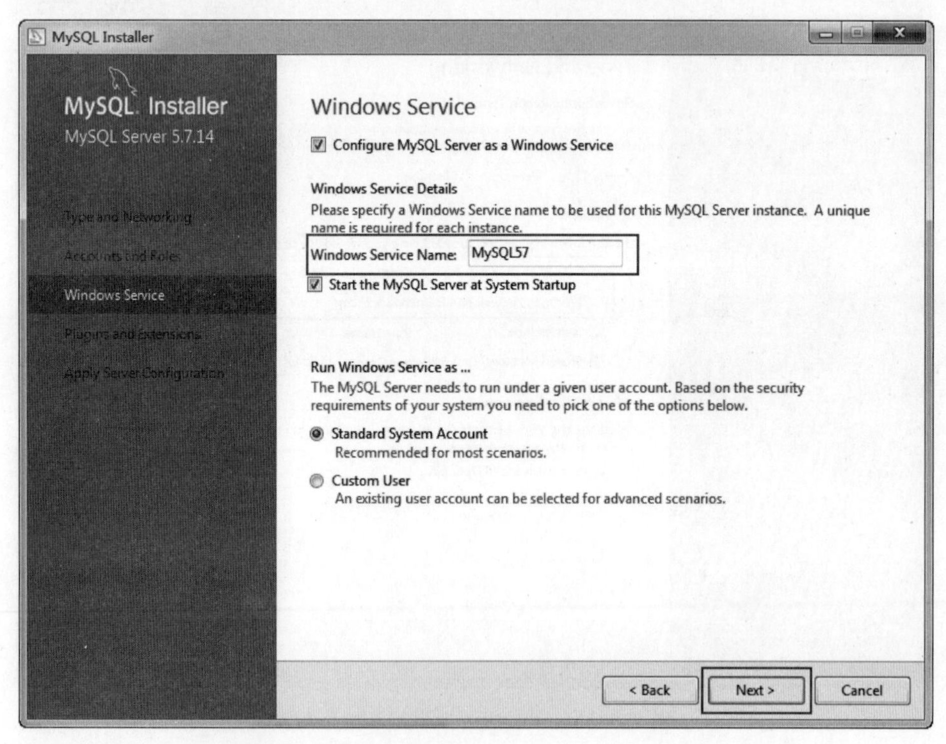

图 C-7　将 MySQL 配置为 Windows 系统服务

单击 Next 按钮，进入图 C-8 所示的应用服务配置进度界面。

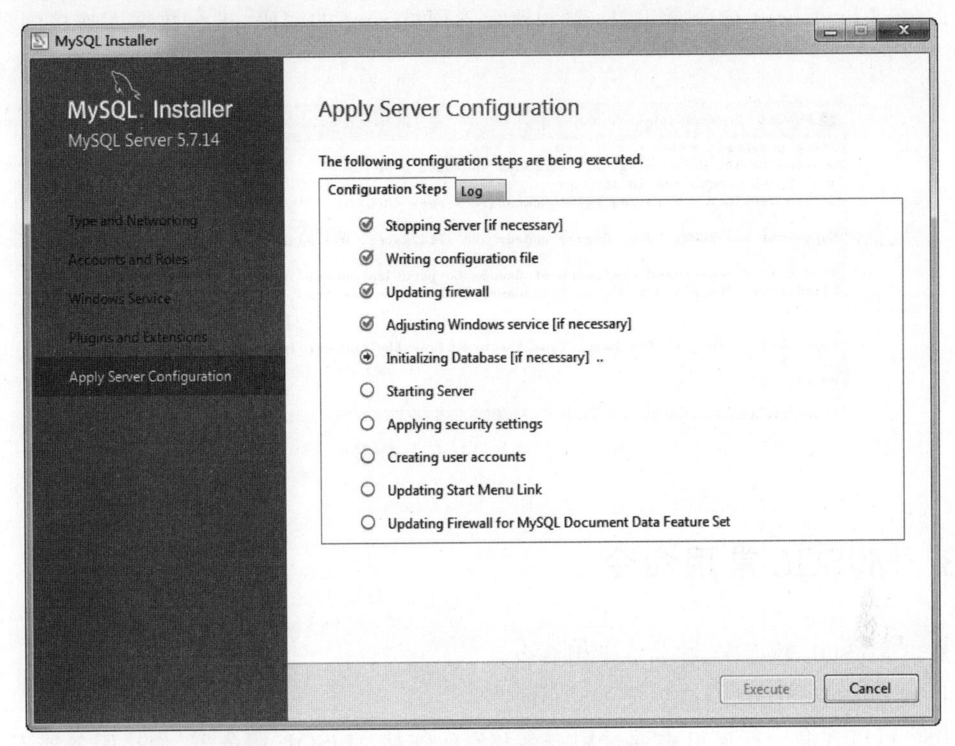

图 C-8　MySQL 服务配置进度界面

图 C-8 中所有配置均执行完成后，单击 Execute 按钮，MySQL 5.7 数据库安装完成。此时打开 Windows 服务，如图 C-9 所示，可以发现 MySQL57 服务已被注册并被自动启动。

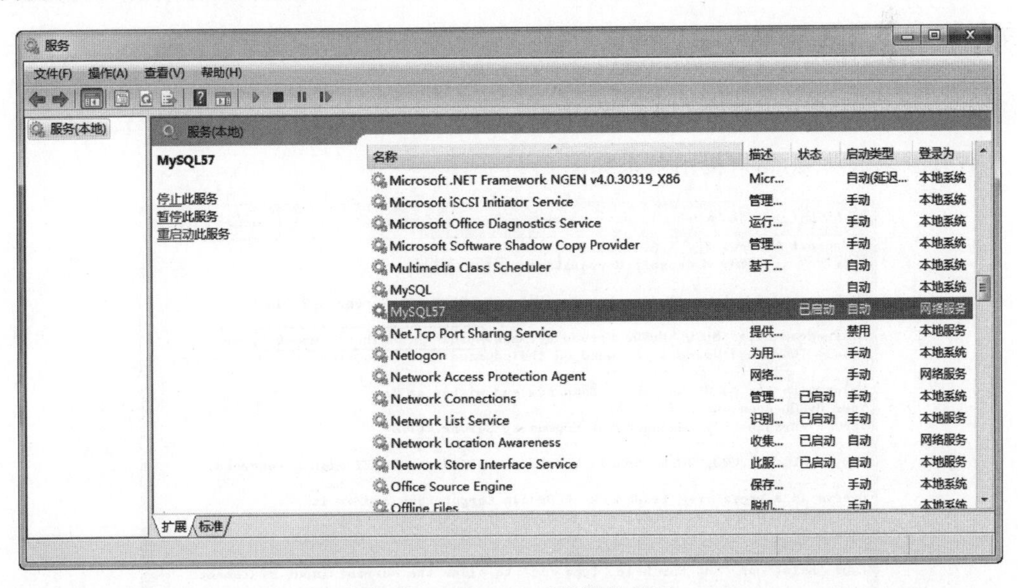

图 C-9　Windows 系统服务界面

MySQL 服务启动后，可以在 Windows 启动菜单的 MySQL 目录下找到 MySQL 5.7 Command Line Client 命令行工具，输入超级管理员 root 的密码，进行数据库连接测试，如图 C-10 所示。

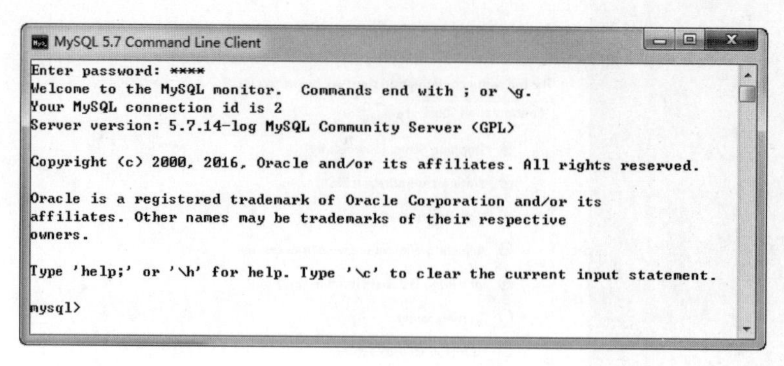

图 C-10　连接 MySQL 数据库

C.3　MySQL 常用命令

对于 MySQL 数据库，有如下常用命令。

1）通过命令行窗口连接登录 MySQL

用户可以在命令行窗口中通过用户名和密码连接 MySQL 服务器，如果服务器不在本机，则可通过主机名或 IP 指定服务器的位置。具体连接格式如下：

【语法】

```
mysql －h主机地址 －u用户名 －p密码
```

【示例】　连接登录 MySQL。

```
C:\Program Files\MySQL\MySQL Server 5.7\bin> mysql －hlocalhost －uroot －proot
```

连接登录成功后，窗口提示效果如图 C-11 所示。

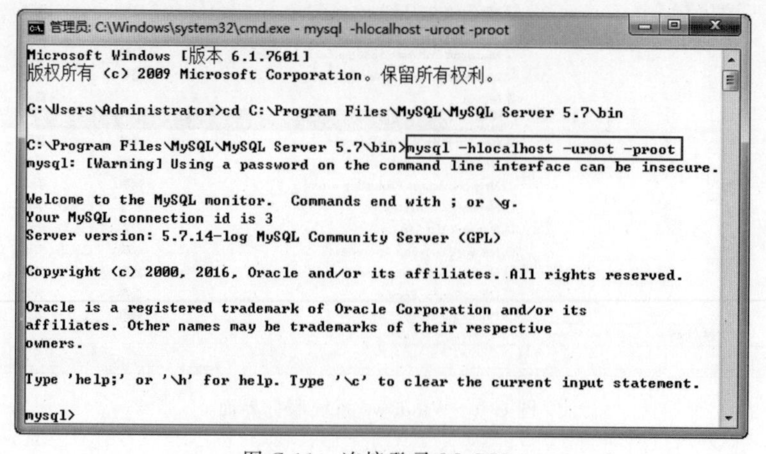

图 C-11　连接登录 MySQL

2）显示当前数据库的版本和当前日期

【示例】 显示当前数据库的版本和当前日期。

```
mysql > SELECT version(),current_date;
+------------+--------------+
| version()  | current_date |
+------------+--------------+
| 5.7.14-log | 2016-08-23   |
+------------+--------------+
1 row in set (0.08 sec)
```

3）退出 MySQL 客户端

使用 EXIT 命令退出 MySQL 客户端,示例如下：

【示例】 退出 MySQL。

```
mysql > exit
Bye
C:\Program Files\MySQL\MySQL Server 5.7\bin >
```

4）更改用户密码

【语法】

```
set password for 用户名@主机地址 = password('新密码');
```

【示例】 更改密码。

```
mysql > set password for root@localhost = password('myroot');
Query OK, 0 rows affected, 1 warning (0.29 sec)
```

5）数据库的创建、显示、选择和删除

【语法】

```
-- 创建数据库
CREATE DATABASE databasename [CHARACTER SET 字符集];
-- 显示所有数据库
SHOW DATABASES;
-- 选择使用的数据库
USE databasename;
--删除数据库
DROP DATABASE databasename;
```

【示例】 数据库的创建、显示、选择和删除。

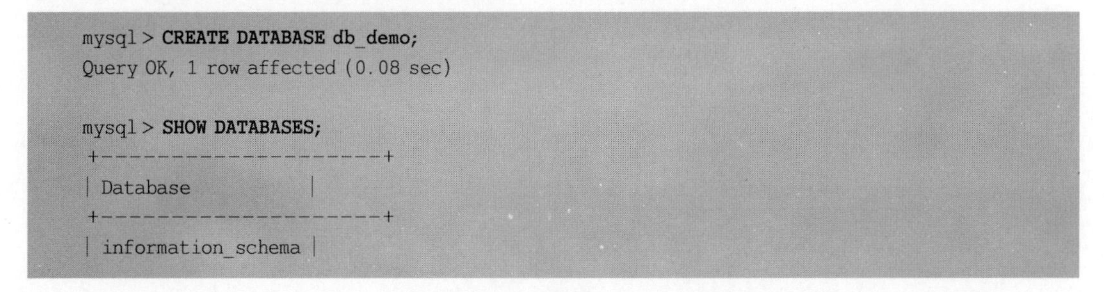

```
mysql > CREATE DATABASE db_demo;
Query OK, 1 row affected (0.08 sec)

mysql > SHOW DATABASES;
+--------------------+
| Database           |
+--------------------+
| information_schema |
```

```
| db_demo            |
| mysql              |
| performance_schema |
| sys                |
+--------------------+
5 rows in set (0.00 sec)

mysql > USE db_demo;
Database changed

mysql > DROP DATABASE db_demo;
Query OK, 0 rows affected (0.39 sec)

mysql >
```

6）创建数据库用户

【语法】

```
CREATE USER username1 IDENTIFIED BY 'password' [,username2 IDENTIFIED BY 'password'...];
```

【示例】 创建用户。

```
mysql > CREATE USER test IDENTIFIED BY 'pwd123';
Query OK, 0 rows affected (0.19 sec)

mysql > CREATE USER test02 IDENTIFIED BY 'pwd123',test03 IDENTIFIED BY 'pwd123';
Query OK, 0 rows affected (0.00 sec)

mysql > -- 查看所有用户的名称
mysql > SELECT user FROM mysql.user;
+-----------+
| user      |
+-----------+
| test      |
| test02    |
| test03    |
| mysql.sys |
| root      |
+-----------+
5 rows in set (0.00 sec)
```

7）用户的权限控制

【语法】

```
GRANT 权限 ON [数据库.表|视图|存储过程|函数] TO 用户名@登录主机
```

【示例】

```
mysql > -- 授予用户 test 查询 MySQL 中所有数据库中的表的权限
mysql > GRANT select ON * . * TO test@localhost;

mysql > -- 授予用户 test 管理 MySQL 中的所有数据库
```

```
mysql > GRANT all ON * . * TO test@localhost;

mysql > -- 授予用户 test 查询数据库 db_demo 中的表的权限
mysql > GRANT select ON db_demo. * TO test@localhost;

mysql > -- 授予用户 test 对数据库 db_demo 中的表进行 DML 操作的权限
mysql > GRANT select, insert, update, delete ON db_demo. * TO test@localhost;

mysql > -- 授予用户 test 查询 student 表中 id, name, sex 列的权限
mysql > GRANT select(id, name, sex) ON db_demo. student TO test@localhost;

mysql > -- 授予用户 test 在数据库 db_demo 中创建视图的权限
mysql > GRANT create view ON db_demo. * TO test@loalhost;

mysql > -- 授予用户 test 执行存储过程 proc_test 的权限
mysql > GRANT execute ON procedure db_demo. proc_test TO test@localhost;

mysql > -- 授予用户 test 在所用主机执行函数 fun_test 的权限
mysql > GRANT execute ON function db_demo. fun_test TO test@'%';
```

除上述命令外，MySQL 数据库还有一些常用命令，如表 C-2 所示。

表 C-2 MySQL 常用数据库命令

操　　作	命　　令
查看当前数据库名称	select database()；
查看当前用户	select user()；
查看所有用户信息	select * from mysql. user；
显示数据库中的所有表	show tables；
查看数据库编码	show variables like 'character%'；
导出整个数据库	mysqldump -u 用户名 -p 数据库名 > 导出的文件名
导出一个表	mysqldump -u 用户名 -p 数据库名 表名 > 导出的文件名
导入数据脚本. sql	source 路径/数据脚本文件. sql

C.4 MySQL 内置数据类型

MySQL 内置数据类型可以分为数值型、日期时间型和字符串型。各种数据类型的表示如表 C-3～表 C-5 所示。

表 C-3 数值数据类型

类　　型	描　　述
tinyint	有符号范围是－128～127，无符号范围是 0～255
smallint	有符号范围是－32 768 到 32 767，无符号范围是 0～65 535
mediumint	有符号范围是－8 388 608 到 8 388 607，无符号范围是 0～16 777 215
int	有符号范围是－2 147 483 648 到 2 147 483 647，无符号的范围是 0～4 294 967 295
bigInt	有符号范围是－9 223 372 036 854 775 808～9 223 373 036 854 775 807，无符号范围是 0～18 446 744 073 709 551 615

续表

类　型	描　述
float(M,D)	一个小(单精度)浮点数字,长度为 4B
double(M,D)	一个正常大小(双精度)浮点数字,长度为 8B
decimal(M,D)	有效取值范围由 M 和 D 值决定
numeric(M,D)	有效取值范围由 M 和 D 值决定

表 C-4　日期时间数据类型

类　型	描　述
date	格式为 YYYY-MM-DD,日期范围为 1000-01-01—9999-12-31
datetime	格式为 YYYY-MM-DD HH:MI:SS,日期范围为 1000-01-01 00:00:00—9999-12-31 23:59:59
timestamp	格式为 YYYY-MM-DD HH:MI:SS:FF6,可以保存小数形式的秒数,小数的位数可以指定为 0～9,默认为 6
year	格式为 YYYY,日期范围为 1901—2155
time	格式为 HH:MM:SS,时间范围为－838:59:59—838:59:59

表 C-5　字符串数据类型

类　型	描　述
char(n)	定长字符串,长度为 0～255B
varchar(n)	可变长度字符串,长度为 0～255B
tinyblob	二进制字符串,长度为 0～255B
tinytext	短文本字符串,长度为 0～255B
blob	二进制形式的长文本数据,长度为 0～65 535B
text	长文本数据,长度为 0～65 535B
mediumblob	二进制形式的中等长度文本数据,长度为 0～16 777 215B
mediumtext	中等长度文本数据,长度为 0～16 777 215B
longblob	二进制形式的极大文本数据,长度为 0～4 294 967 295B
longtext	极大文本数据,长度为 0～4 294 967 295B

C.5　MySQL 管理工具

除了可以使用命令行工具管理 MySQL 数据库外,目前市场上还流行很多图形化的 MySQL 管理工具,如 phpMyAdmin、MySQLDumper、Navicat 等,分别介绍如下。

(1) phpMyAdmin 是一款免费的 MySQL 数据库系统管理工具,用 PHP 编写,其最大的优势在于它跟其他 PHP 程序一样在网页服务器上运行,使用者可以在任何地方使用这些程序产生的 HTML 页面远程管理自己的 MySQL 数据库。phpMyAdmin 支持多种 MySQL 操作,最常用的操作包括管理数据库、表、字段、关系、索引、用户和权限等,同时还允许直接执行 SQL 语句。其不足之处在于对大数据库的备份和恢复不方便。

(2) MySQLDumper 是使用 PHP 开发的 MySQL 数据库备份恢复程序,解决了使用

PHP 进行大数据库备份和恢复的问题，数百兆字节的数据库都可以方便地备份恢复，不用担心网速太慢导致的中断问题，非常方便易用。此软件由德国人开发，目前还没有中文语言包。

(3) Navicat for MySQL 是一套专为 MySQL 设计的强大数据库管理及开发工具。它适用于 3.21 以上版本的任何 MySQL 数据库服务器，并且支持包括触发器、存储过程、函数、事件、预览和用户管理在内的绝大多数最新的 MySQL 功能。

本节以 Navicat 工具为例，介绍如何通过此工具进行 MySQL 数据库、表的创建，以及对数据的 DML 操作使用。

Navicat 工具的官方下载地址为 http://www.navicat.com/download/navicat-for-mysql，下载页面如图 C-12 所示。

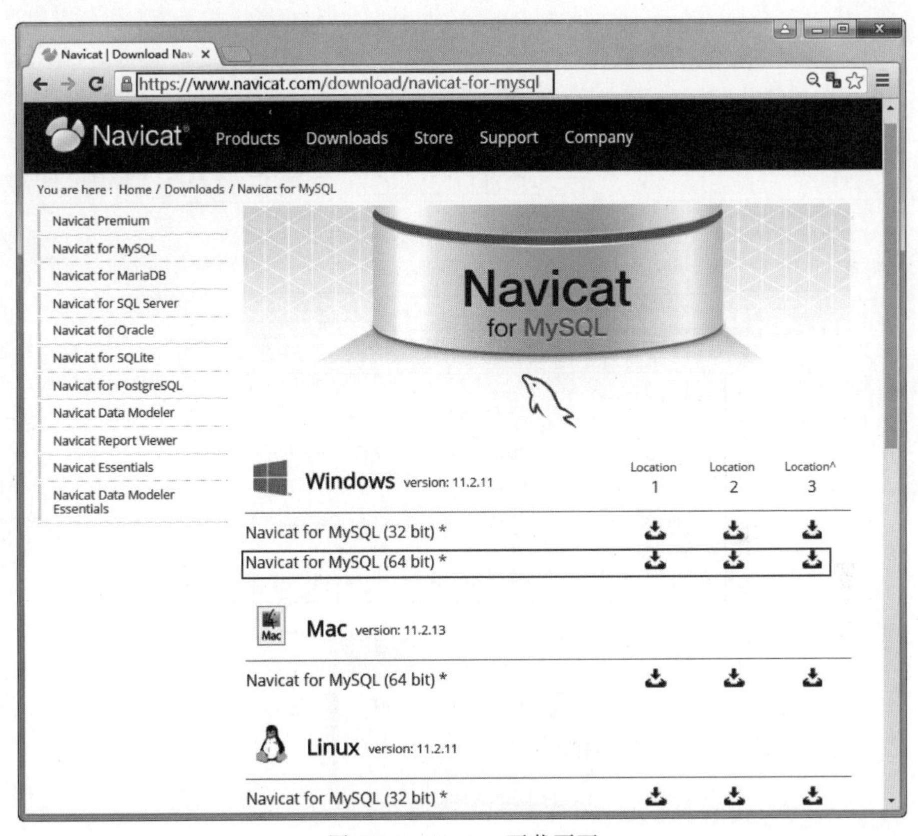

图 C-12 Navicat 下载页面

以 Windows 64 位操作系统为例，下载后的安装程序为 navicat112_mysql_en_x64.exe，安装完成后，运行界面如图 C-13 所示。

通过 Navicat 工具连接管理 MySQL 数据库，首先需要创建一个与数据库的连接。选择图 C-13 中的 Connection→MySQL 选项，会弹出图 C-14 所示的新连接创建对话框。其中，Connection Name 选项为新建连接的名称，可以任意命名，其余选项分别为要连接的 MySQL 服务器地址、端口号、用户名、密码。填写完成后，可以先单击窗口左下方的 Test Connection 按钮，进行连接是否成功的测试，若测试成功，则会弹出 Connection Successful 对话框，此时用户单击 OK 按钮，则连接创建完成。

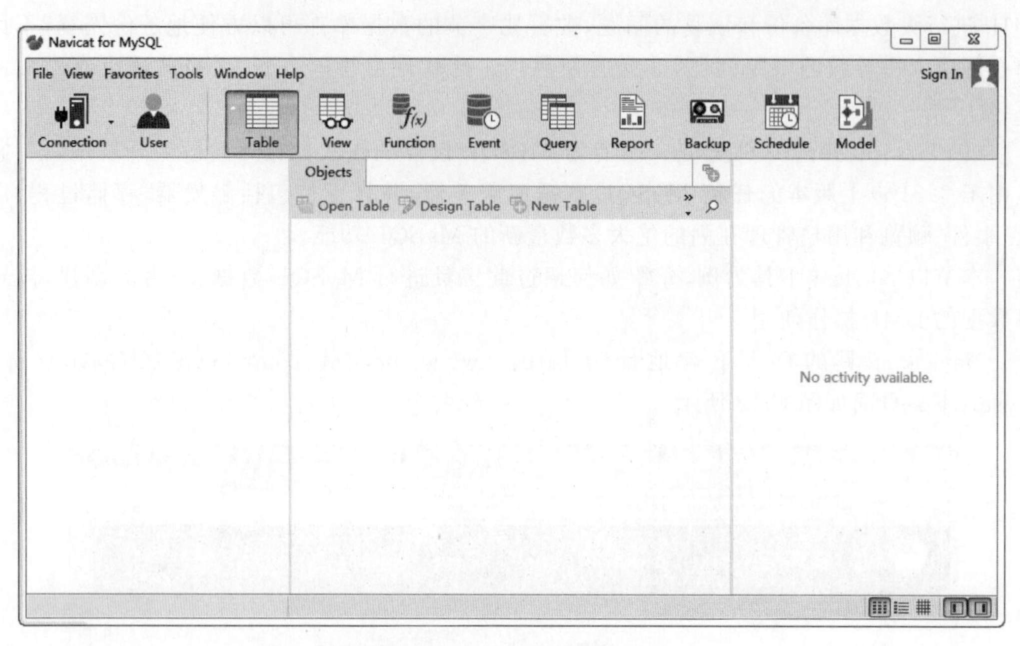

图 C-13　Navicat 启动界面

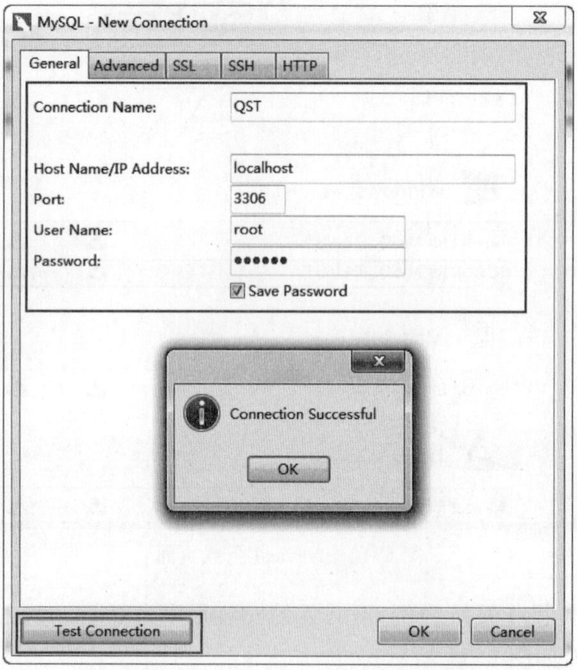

MySQL - New Connection
General Advanced SSL SSH HTTP
Connection Name: QST
Host Name/IP Address: localhost
Port: 3306
User Name: root
Password: ••••••
Save Password
Connection Successful
OK
Test Connection
OK Cancel

图 C-14　创建与 MySQL 服务器的连接

连接创建完成后，在工具左侧菜单中会显示此连接名称及此连接用户下的所有数据库对象，如图 C-15 所示。选中连接名称并右击，可以查看到能够执行的功能操作菜单，如新建查询窗口(New Query)、新建数据库(New Database)、执行 SQL 文件(Execute SQL File)等常用功能。

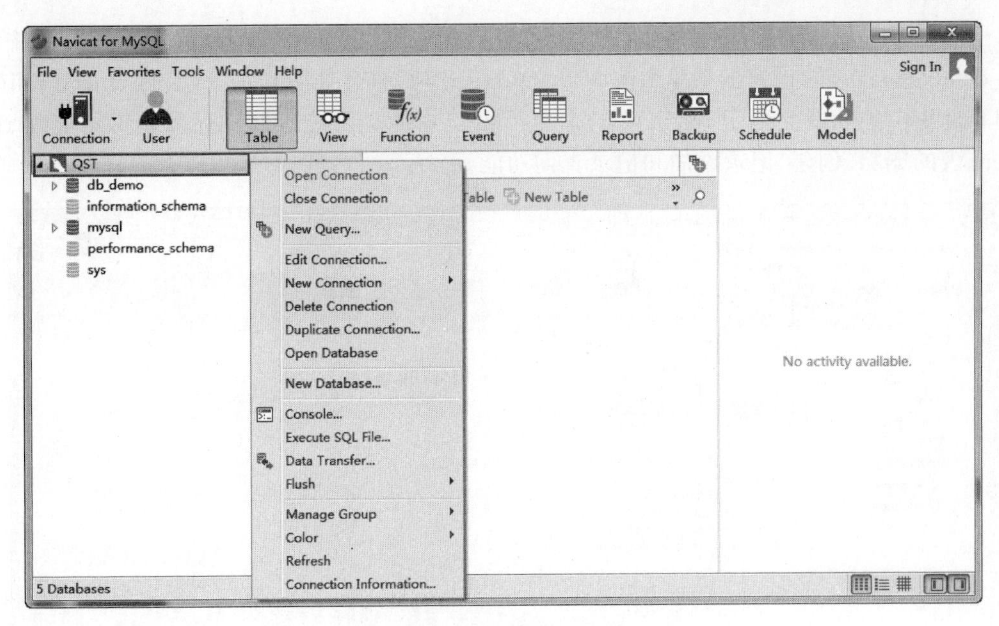

图 C-15 连接管理界面

这里以前面通过命令行创建的 db_demo 数据库为例，介绍如何通过 Navicat 工具在该数据库下创建表以及对表记录的添加和查询操作。

首先选中 Navicat 界面左侧目录中 db_demo 数据库下的 Tables 子目录并右击，选择菜单中的 New Table 选项，则弹出如图 C-16 所示的新建表的窗口界面。在此界面中，可以依次添加表的字段，设置字段的名称、类型、长度、精度、是否为空、值是否自动增长等，同时还提供创建索引、设置外键、创建触发器等功能。在图 C-16 中，依次创建了 6 个不同类型的字段，并设置 uid 字段为主键且自动增长。字段添加完成后，单击 Save 按钮，进行表的命名和保存。

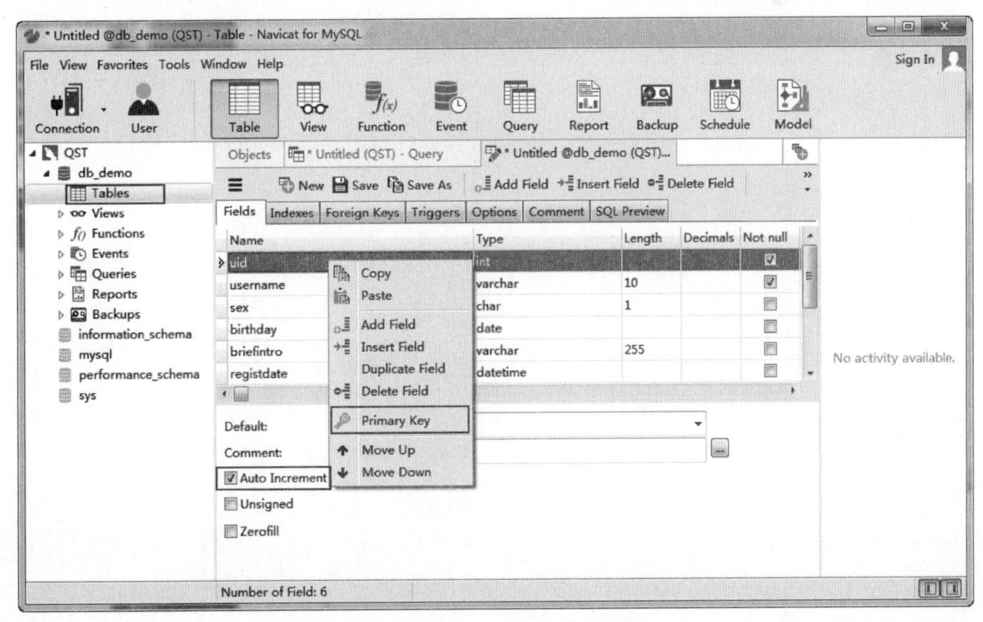

图 C-16 New Table 窗口界面

图 C-16 中创建表的操作也可以通过 SQL 语句实现。选中 Navicat 界面左侧目录中的 db_demo 并右击，选择弹出菜单中的 New Query 选项，打开如图 C-17 所示的 Query Editor 窗口，此窗口的功能类似于 MySQL 的命令行窗口功能。此处通过该查询编辑器实现 tb_users 表的删除、创建、记录添加和记录查询功能。

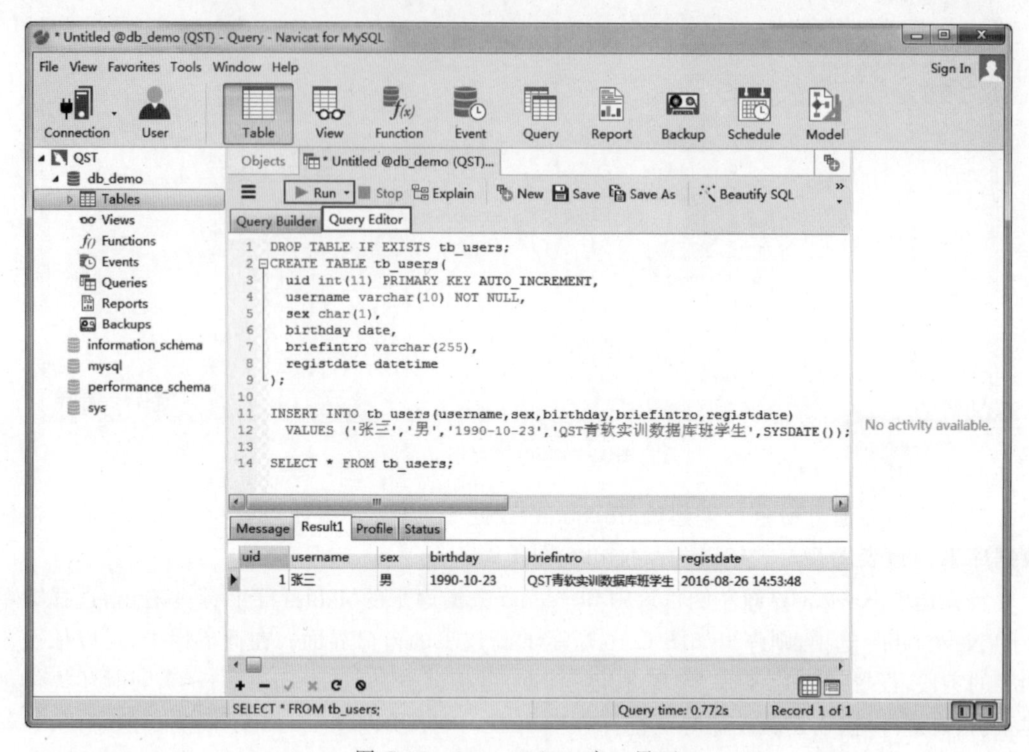

图 C-17 Query Editor 窗口界面